Kalide/Sigloch/Gehrke

Energieumwandlung in Kraft- und Arbeitsmaschinen

Wolfgang Kalide †
Herbert Sigloch
Volker Gehrke

Energieumwandlung in Kraft- und Arbeitsmaschinen

Kolbenmaschinen – Strömungsmaschinen – Kraftwerke

12., vollständig überarbeitete und erweiterte Auflage

HANSER

Bearbeiter:

Prof. Dipl.-Ing. Wolfgang Kalide (†)
ehemals Fachhochschule Dortmund

Prof. Dipl.-Ing. Herbert Sigloch
früher Hochschule Reutlingen und jetzt Duale Hochschule Baden-Württemberg

Volker Gehrke, M. Eng.
Dozent an der Wilhelm Büchner Hochschule Darmstadt

MIX
Papier aus verantwortungsvollen Quellen
FSC® C083411

Bibliografische Information der Deutschen Nationalbibliothek:
Die Deutsche Nationalbibliothek verzeichnet diese Publikation in der Deutschen Nationalbibliografie; detaillierte bibliografische Daten sind im Internet über http://dnb.d-nb.de abrufbar.

Internet: www.hanser-fachbuch.de

Lektorat: Dipl.-Ing. Natalia Silakova-Herzberg
Herstellung: Der Buchmacher, Arthur Lenner, Windach
Coverkonzept: Marc Müller-Bremer, www.rebranding.de, München
Titelbild: © shutterstock.com/Kmannn
Satz: Eberl & Koesel Studio, Kempten
Druck und Bindung: CPI books GmbH, Leck
Printed in Germany

Print-ISBN 978-3-446-47569-4
E-Book-ISBN 978-3-446-47727-8

Vorwort

Vorwort zur 11. Auflage

Aufgabe dieses Buches ist es, den Studierenden der Ingenieurwissenschaften eine leicht verständliche und doch grundlegende Einführung in das komplexe Gebiet der Energieumwandlungen zu geben, die sie befähigt, sich bei Bedarf mit den zahlreich vorhandenen Spezialwerken weiterzubilden. Diese Aufgabenstellung erhält durch die Betonung der Grundlagen in der Ingenieurausbildung ihre Berechtigung, sie bedingt jedoch eine Straffung des Stoffes, ohne dass jedoch Wesentliches unterschlagen wird.

Das Buch gibt in einfacher Form zunächst einen Einblick in die physikalischen Grundlagen der Wärme- und Strömungslehre. Danach werden die technischen Vorgänge in Kolben- und Strömungsmaschinen erläutert, wobei weniger auf eine katalogmäßige Beschreibung als vielmehr auf die Verständlichkeit und physikalisch richtige Wiedergabe der Energieumwandlungsvorgänge Wert gelegt wurde. Den Kraftanlagen ist ein weiteres Kapitel gewidmet, weil im Zeitalter der Energiekrisen die Kenntnis der Umwandlungen von Primär- in Sekundärenergie mit den dabei auftretenden Verlusten zur technischen Grundausbildung gehören muss.

Im Vordergrund stand, den einzelnen Maschinen entsprechend ihrer heutigen Bedeutung gerecht zu werden. Dennoch wird es nicht ausbleiben, dass Hochschullehrer und Fachleute aus der Industrie gerade in ihrem Fachgebiet oder bei der von ihnen hergestellten oder betriebenen Maschine diesen oder jenen Hinweis vermissen werden. Die Interessenten dieses Buches mögen bitte berücksichtigen, dass ein Kompendium anderen Regeln unterliegt als ein ausführliches Fachbuch. Und wenn bei der einen oder anderen Maschine die Abbildungen nicht den allerletzten Stand der Technik widerspiegeln, dann ist das nicht ein fehlerhaftes Versäumnis des Verfassers, sondern vielmehr gewollt, weil solche Abbildungen die technischen Zusammenhänge meist übersichtlicher veranschaulichen als allermodernste, bei denen oft nur noch der Fachmann in der Fülle des Dargestellten das ursprüngliche Konzept erkennt.

Das früher von Prof. Wolfgang Kalide betreute Buch wurde weitgehend sowie sinnvoll aktualisiert und ergänzt. Auch wurden Unklarheiten beseitigt.

Dem Carl Hanser Verlag und der zuständigen Lektorin, Frau Dipl.-Ing. Natalia Silakova-Herzberg, gebührt großer Dank für die Herausgabe des Buches.

Herbert Sigloch

Vorwort zur 12. Auflage

In der vorliegenden 12. Auflage wurden die Ausführungen zur Energiewirtschaft, insbesondere zur Stromerzeugung, den aktuellen Fragen angepasst und die Darstellungen zu den thermischen Kraftwerken neu bearbeitet und vertieft dargestellt. So sind die Beschreibungen und Wärmeschaltbilder der für die Versorgungssicherheit wichtigsten konventionellen Kraftwerkstypen auf dem heutigen Stand der Technik. Die grundsätzliche Arbeitsweise der Kernkraftwerke wird in einem eigenen Kapitel kurz behandelt, weil die Kernkraftwerke außerhalb Deutschlands an Bedeutung zunehmen.

Die Aspekte der deutschen Energiewende werden in der Öffentlichkeit kontrovers und oft emotional diskutiert. Die neutrale, faktenbasierte Darstellung der Probleme und des Handlungsbedarfs bei der Umsetzung der Energiewende und Aufrechterhaltung der Versorgungssicherheit ist ein Hauptanliegen der Autoren.

Den kombinierten Gas-und Dampfturbinenkraftwerken ist ein eigenes an den heutigen Stand der Technik angepasstes Kapitel gewidmet.

Die Wasserstoffherstellung durch die Wasserelektrolyse, die Speicherung, das Brennverhalten und die Rückverstromung des Wasserstoffs wurde neu aufgenommen und energetisch bewertet.

Die Behandlung der Kraft-Wärmekopplung wurde nochmals vertieft und in mehreren aktuellen Anwendungsformen dargestellt.

Aus den neu aufgenommenen Themen lassen sich die neuen Anwendungsbereiche der Kraft- und Arbeitsmaschinen erkennen.

Die bewährte und im Umfang und in der Tiefe stimmende Darstellung der theoretischen Grundlagen wurde beibehalten. Bei den Themen Brennstoffe und Verbrennung wurden die Darstellungen vertieft und erweitert, um die chemischen Umsetzungen verständlich zu machen und um die Heizwerte, den Brennstoffverbrauch und die Zusammensetzung der Verbrennungsgase auf dieser Basis berechnen zu können.

An dem bewährten Konzept des Buches, eine verständliche und praxisorientierte Einführung für Studierende und die im Bereich der Kraft- und Arbeitsmaschinen tätigen Ingenieurinnen und Ingenieure auf einer soliden theoretischen Basis zu liefern, wurde nichts geändert.

Anregungen zu möglichen Verbesserungen und konstruktive Kritik sind dem Verlag und den Autoren willkommen.

Unser Dank gilt dem Carl Hanser Verlag und der Lektorin, Frau Dipl.-Ing. Natalia Silakova-Herzberg, für die konstruktive Zusammenarbeit und die Herausgabe der neuen Auflage des Buches.

Herbert Sigloch und *Volker Gehrke*

Inhalt

Formelzeichen und Einheiten

Zeichen	Maßeinheit	Bedeutung
A	m^2	Fläche, Querschnitt
a	m/s	Schallgeschwindigkeit
a	m/s^2	Beschleunigung
a	l	variable Zahl
b	m	Breite
c	m/s	absolute Geschwindigkeit
$\overline{c}$	m/s	mittlere Geschwindigkeit
C_a	l	Auftriebsbeiwert
c_p	kJ/(kg · K)	spezifische Wärmekapazität bei konstantem Druck
c_v	kJ/(kg · K)	spezifische Wärmekapazität bei konstantem Volumen
C_w	l	Widerstandsbeiwert
C_S	$W/(m^2 \cdot K^4)$	Strahlungszahl des schwarzen Körpers, Zahlenwert 5,7685
d	m	Durchmesser
D	$Nms = kg \cdot m^2/s$	Drall, Impulsmoment
E	J = Nm	Energiemenge
$\dot{E}$	W = J/s	Energiestrom, Energieleistung
e	m	Längenmaß
F	N	Kraft
G	N	Gewichtskraft
g	m/s^2	Fallbeschleunigung
H	kJ	Enthalpie
H_u	kJ/kg	Heizwert
h	$kJ/kg = 10^3\ m^2/s^2$	spezifische Enthalpie
h	m^2/s^2	spezifische Energie
h_v	m^2/s^2	spezifische Verlustenergie
I	Ns = kg · m/s	Impuls

Zeichen	Maßeinheit	Bedeutung
J	kg m^2	Massenträgheitsmoment
k	mm	Rauigkeit
k	W/(m^2 · K)	Wärmedurchgangszahl
l; L	m	Länge
M	Nm	Moment
M	kg/kmol	Molmasse
Ma	l	Mach-Zahl
m	kg	Masse
$\dot{m}$	kg/s	Massenstrom, Mengenstrom
n	s^{-1}	Drehzahl, Drehfrequenz
n	l	Polytropen-Exponent
n	l	Luftzahl
n	mol; kmol	Stoffmenge
P	W	Leistung
p	Pa = N/m^2; bar	absoluter Druck
p_B	mbar = hPa	Barometerdruck
p_L	mbar = hPa	Luftdruck
$p_ü$	Pa = N/m^2; bar	Überdruck = absoluter Druck abzüglich Luftdruck
Q	kJ	Wärmemenge
$\dot{Q}$	kW	Wärmestrom, Wärmeleistung
q	J/kg = m^2/s^2	bezogene Wärmemenge
R	J/(kg · K)	Gaskonstante
Re	l	Reynolds-Zahl
r	m	Radius
r	kJ/kg	Verdampfungswärme
r	l	Reaktionsgrad
S	kJ/K	Entropie
s	kJ/(kg · K)	spezifische Entropie
s	m	Strecke, Weg, Wandstärke
T	K	absolute Temperatur
t	°C	Temperatur über dem Gefrierpunkt des Wassers bei 1013,25 mbar
t	s	Zeit, Zeitpunkt, Zeitspanne
t	m	Teilung
t	m	Körpertiefe
U	m	Umfang
U	kJ	innere Energie
u	kJ/kg = 10^3 m^2/s^2	spezifische innere Energie

Zeichen	Maßeinheit	Bedeutung
u	m/s	Umfangsgeschwindigkeit
V	m^3	Rauminhalt, Volumen
$\dot{V}$	m^3/s	Volumenstrom, Durchsatz
v	m^3/kg	spezifisches Volumen
v	kmol/kg Brennstoff	spezifische Verbrennungsgasstoffmenge
W	kJ	Arbeit
w	$kJ/kg = 10^3\ m^2/s^2$	spezifische Arbeit bei thermischen Maschinen
w	m/s	relative Geschwindigkeit
x	1 oder %	Dampfanteil des Nassdampfes
x	g/kg	Wasseranteil der feuchten Luft
Y	$Nm/kg = m^2/s^2$	spezifische Arbeit bei hydraulischen Maschinen
z	l	Schaufelzahl
z	m	Höhe
α	$W/(m^2 \cdot K)$	Wärmeübergangszahl
α	l	Kontraktionszahl
α	Bogengrad rad	Winkel zwischen c und u
β	Bogengrad rad	Winkel zwischen w und u
δ	l	Ungleichförmigkeitsgrad
ε	l	Verdichtungsverhältnis
ε	l	Kälteleistungszahl
ε	l	Emissionsverhältnis
η	l	Wirkungsgrad
η	$Pa \cdot s = kg/(m \cdot s)$	dynamische Viskosität
ζ	l	Widerstandszahl
$\varkappa$	l	Isentropen-Exponent
λ	l	Rohrreibungszahl
λ	l	Luftüberschusszahl, Luftverhältnis
λ	l	Schubstangenverhältnis
λ	$W/(m \cdot K)$	Wärmeleitzahl
ν	m^2/s	kinematische Viskosität
ϱ	kg/m^3	Dichte
σ	l	Radformzahl
φ	l	relative Luftfeuchtigkeit
φ	l	Lieferzahl; Geschwindigkeitszahl
ψ	l	Nusseltsche Ausflussfunktion
ψ	l	Druckzahl
ω	s^{-1}	Winkelgeschwindigkeit

1 Einleitung

1.1 Allgemeine Betrachtungen zur Energieumwandlung

Energieumwandlung und Wirkungsgrad sind zwei untrennbare Begriffe. Bei allen Energieumwandlungen treten unvermeidbare Verluste auf. Diese Verluste so klein wie möglich zu halten, ist eine Daueraufgabe aller Beteiligten in der Planung, der Konstruktion und bei dem Betrieb der technischen Anlagen. Wenn heute bei der Umwandlung von Primärenergie in mechanische Energie oder in Elektrizität in thermischen Kraftwerken mit fossilen Brennstoffen Wirkungsgrade von maximal ca. 60% erreicht werden, so ist dies ein Ergebnis jahrzehntelanger beharrlicher Entwicklungsarbeit. Dennoch ist der verbleibende Verlust entlang der Umwandlungskette relativ groß.

Umwandlungsverluste in den Kraft- und Arbeitsmaschinen und in den zugehörigen Rohrleitungen und Apparaten verursachen einen erhöhten Verbrauch von nicht unbegrenzt zur Verfügung stehenden Ressourcen und damit auch eine Erhöhung der Umweltbelastung durch Abgase, Reststoffe und Treibhausgasemissionen.

Die Umsetzung der deutschen Energiewende mit dem Ausstieg aus der Kernenergie und dem Hauptziel, die Nutzung von fossilen Energieträgern soweit wie möglich zu reduzieren und durch eine ökologische und nachhaltige Energieversorgung zu ersetzen, betrifft nahezu alle Bereiche des wirtschaftlichen Handelns. Industrielle Prozesse, Energiewirtschaft, öffentlicher Verkehr, Landwirtschaft und die Gebäudeheizung sind bereits von gesetzlichen Vorschriften zur Begrenzung von Abgasbelastungen allgemein und insbesondere zu der Begrenzung von Treibhausgasemissionen betroffen und werden es in der Zukunft noch stärker sein.

Die erneuerbare Energie aus Windkraft, Sonnenenergie, Biomasse und Wasserkraft soll in Deutschland die Abkehr von der Nutzung der Kernenergie und von den fossilen Brennstoffen ermöglichen, dennoch werden die konventionellen Kraftwerke auf der Basis fossiler Brennstoffe noch lange die Hauptlast der gesicherten Stromerzeugung tragen müssen.

Der Stromerzeugung in Kernkraftwerken kommt weltweit eine große und weiter zunehmende Rolle zu, u. a., weil die Energieumwandlung in Kernkraftwerken ohne das Entstehen von Treibhausgasen möglich ist.

Das Hauptproblem der Gewinnung von nutzbarer Energie aus Windkraft und Sonnenenergie ist das jahreszeitlich, tageszeitlich und wetterabhängig volatile Auftreten dieser Energieträger. Ein sehr großes Aufgabenfeld der nächsten Jahre zur Aufrechterhaltung der Versorgungssicherheit ist daher die Entwicklung von leistungsfähigen Anlagen zur Energiespeicherung, insbesondere zur Stromspeicherung.

Die Umwandlung der in Windkraftanlagen und Photovoltaikanlagen gewonnenen Elektrizität in speicherbaren Wasserstoff steht aktuell im Zentrum dieser notwendigen Entwicklung. Der gespeicherte Wasserstoff kann ohne das Entstehen des Treibhausgases CO_2 in Fahrzeugen, in Kraftwerken, zu Heizzwecken und auch stofflich in der chemischen Industrie eingesetzt werden. Auch bei dieser Kette der Energieumwandlungen ist der Wirkungsgrad mäßig, bei der Rückumwandlung in Elektrizität sogar enttäuschend gering.

Eine gewisse Hoffnung für die fernere Zukunft verbindet sich mit der weiteren Entwicklung des Fusionsreaktors, eine Entwicklung, die noch im Bereich der experimentellen Plasmaphysik liegt und von der sicheren Stromerzeugung noch sehr weit entfernt ist. Es wird von dem Fusionsreaktor eine im Vergleich mit den heutigen Reaktoren problemlosere Betriebsweise erwartet, was die Maßnahmen zur Reaktorsicherheit und den Anfall von Reststoffen betrifft.

Bei allen thermischen Kraftanlagen sind in Deutschland die Umweltauswirkungen bei der Genehmigung zur Errichtung und zum Betrieb gemäß des Bundesimmissionsschutzgesetzes zentrale Aspekte. Die Entnahme und Rückführung von Wasser aus Flüssen, meistenteils verbunden auch mit Wärmeeinleitung in die Flüsse, Geräuschemissionen, Fahrzeugverkehr zur Versorgung der Anlage werden in der Planungsphase detailliert und sorgfältig von den zuständigen Genehmigungsbehörden geprüft. Der für die Planung und den Betrieb der Anlage wichtigste Aspekt ist jedoch die Begrenzung der Konzentration von Schwefeldioxid SO_2, Stickoxiden NOx, Kohlenmonoxid CO und Staub in dem Rauchgas aus der Verbrennung fossiler Energieträger.

1.2 Energieumwandlung in der Technik

Maschinen sind technische Geräte mit beweglichen Teilen, die Arbeitsgänge selbstständig verrichten und damit Muskelkraft einsparen. Innerhalb der Maschinen spielen die *Kraftmaschinen* eine wichtige Rolle, weil es erst mit ihrer Hilfe möglich ist, die Kräfte der Natur in eine für den Menschen nutzbare Form umzuwandeln (Bild 1.1). Alle anderen Maschinen sind im Prinzip *Arbeitsmaschinen* und werden von Kraftmaschinen, aber auch von menschlicher oder tierischer Muskelarbeit angetrieben. Grundsätzlich kann gesagt werden, dass in jeder Kraft- und Arbeitsmaschine eine Umwandlung von Energie aus einer Form in eine andere Form stattfindet.

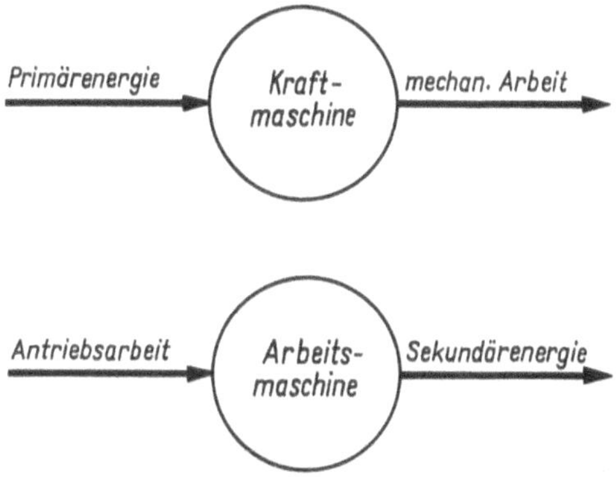

Bild 1.1
Energieumsetzung in Kraft- und Arbeitsmaschinen

Die im Sprachgebrauch übliche Bezeichnung **Kraftmaschine** ist dimensionsfalsch. Zur Erzeugung von **Kräften** dienen beispielsweise Pressen und Schraubstöcke. Die sogenannten **Kraftmaschinen** liefern jedoch nicht Kräfte, sondern **Arbeit** (mechanische Energie). ***Kraftmaschinen*** entnehmen dem Arbeitsmedium Energie und geben sie in Form von mechanischer Arbeit an den Verbraucher ab. Ihre Umkehrung sind die sogenannten ***Arbeitsmaschinen*** (Pumpen, Verdichter, Kältemaschinen). Sie geben die ihnen zugeführte mechanische Arbeit an das Arbeitsmedium weiter und erhöhen dessen Energiegehalt.

Die Energie kann man bei großzügiger Auslegung in vier Formbereiche einordnen, wie in Bild 1.2 dargestellt. Mit Primärform sind die natürlichen Energievorkommen bezeichnet, Sekundärformen sind erst durch Umwandlung aus Primärformen entstanden. Bild 1.2 gibt ohne Anspruch auf Vollständigkeit einen Überblick über die Aussage des *Energiegesetzes*, das lautet:

> Energie kann nicht aus dem Nichts entstehen und nicht vernichtet werden *(Robert Mayer)*. Jede Energieform kann mehr oder weniger weitgehend in eine andere Erscheinungsform umgewandelt werden, wobei in einem abgeschlossenen System die Summe der Energiebeträge konstant bleibt.

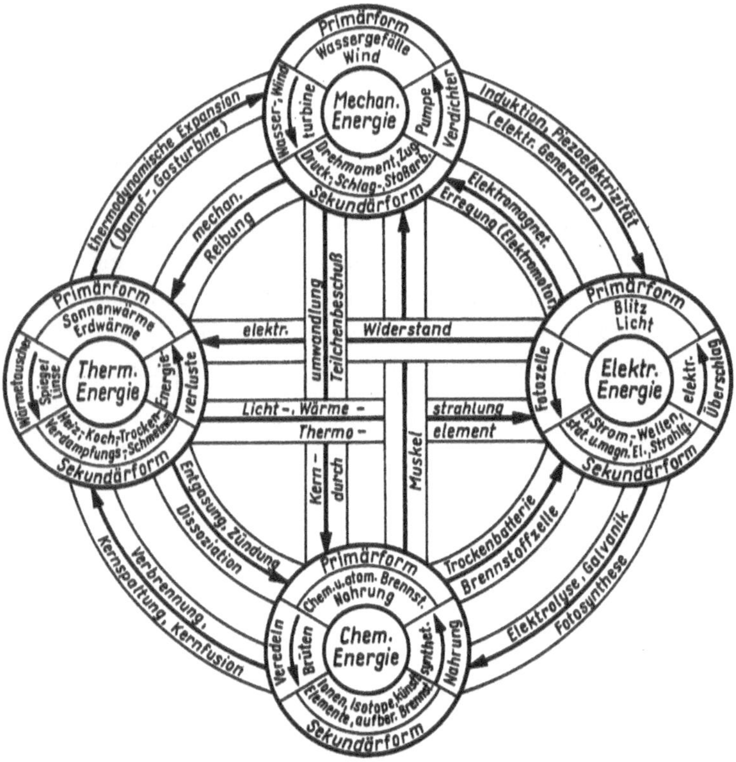

Ausnutzung:

Chemisch - Thermisch	80 - 92 %
Thermisch - Mechanisch	20 - 60 %
Mechanisch - Elektrisch	90 - 98 %
Chemisch - Elektrisch	50 - 70 %

Bild 1.2 Schematische Verdeutlichung der technischen Möglichkeiten von Energieumwandlungen (Derzeitiger Stand der Technik)

Im Einzelnen versteht man unter Kraftmaschinen: Verbrennungsmotor, Gasturbine, Kolbendampfmaschine, Dampfturbine, Wasserturbine, Windrad. Selbstverständlich ist auch der Elektromotor eine Kraftmaschine, ebenso wie der elektrische Generator eine Arbeitsmaschine ist. Arbeitsmaschinen sind im Prinzip alle Maschinen, die von einer Kraftmaschine angetrieben werden. In unserem speziellen Falle versteht man darunter jedoch nur: Kolbenpumpe, Kreiselpumpe, Kolbenverdichter, Turboverdichter.

Unterschiedskennzeichen somit:

- Kraftmaschinen liefern mechanische Energie.
- Arbeitsmaschinen benötigen mechanische Energie.

Die Einordnung der genannten Maschinen in das Energieumwandlungsschema von Bild 1.2 zeigt Bild 1.3.

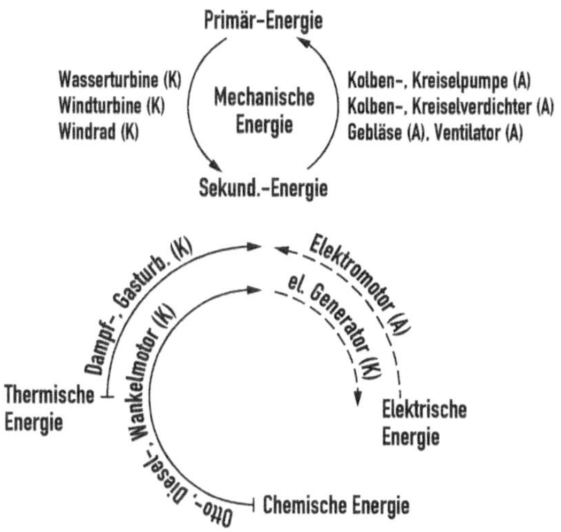

Bild 1.3
Einordnung der Kraftmaschinen (K) und Arbeitsmaschinen (A) in das Energieschema von Bild 1.2

2 Theoretische Grundlagen

2.1 Allgemeine physikalische Größen

Masse

Die Masse ist eine physikalische Größe, allgemein durch die Gewichtskraft F_G (auch mit G bezeichnet) und Trägheit eines Körpers gekennzeichnet.

$$m = F_G / g \tag{2.1}$$

Die Massebestimmung eines Körpers erfolgt durch Vergleichen mit Wägestücken bekannter Masse auf Waagen.

Bei beschleunigten Körpern ist

$$m = F / a \tag{2.2}$$

Dichte

Die Dichte ϱ eines Stoffes ist das Verhältnis seiner Masse m zu seinem Volumen V.

$$\varrho = m / V \tag{2.3}$$

Das spezifische Volumen ist der Kehrwert der Dichte.

$$v = 1/\varrho = V/m \tag{2.4}$$

Druck

Druck entsteht durch Wirkung einer Kraft auf eine Fläche, Dehnung (Erhöhung der kinetischen Molekularenergie) im geschlossenen Gefäß oder Verkleinerung des Volumens einer Masse, z. B. durch Kolben in einem Zylinder.

$$p = F_\mathrm{n} / A \qquad F_\mathrm{n} = \text{Normalkraft} \perp \text{Fläche} \tag{2.5}$$

Druck ist auch eine spezifische Energiegröße.

$$p = E/V \tag{2.6}$$

Die Druckmessmethoden, die es im Allgemeinen nur erlauben, Druckdifferenzen zu messen (Ausnahme: Barometer), zwingen zur Unterscheidung in

- Absolutdruck p, $p = 0$ bedeutet 100 % Vakuum
- Differenzdrücke
- Überdruck $p_ü = p - p_B$ mit p_B barometrischer Luftdruck (Atmosphärendruck)
- Unterdruck $p_u = p_B - p = -p_ü$ (Bild 2.1).

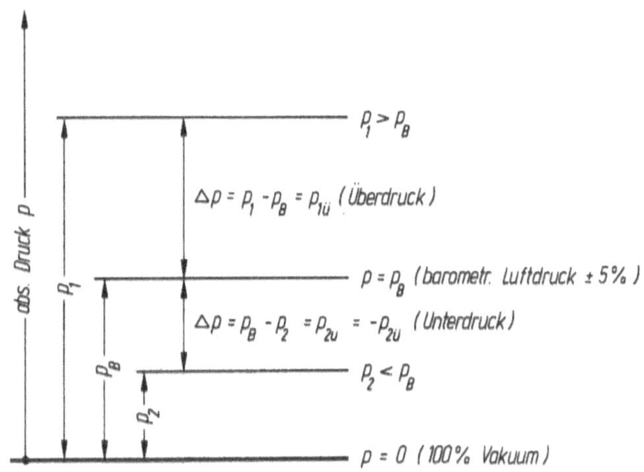

Bild 2.1 Absoluter Druck, Über- und Unterdruck

Fallbeschleunigung

Die Fallbeschleunigung ist die Beschleunigung, die einem Körper durch die Schwerkraft einer Masse erteilt wird, wenn der Körper in freiem, ungebremstem Fall auf die Masse zufällt.

Die Fallbeschleunigung bzw. Schwerebeschleunigung, die durch eine große Masse wie z.B. die Erde verursacht wird, lässt sich mithilfe der Gesetze von *Newton* ermitteln.

Die Fallbeschleunigung g der Erde ist nicht an allen Punkten der Erde gleich groß, sondern abhängig von der geografischen Breite. Aus diesem Grunde wurde international die Normalfallbeschleunigung $g_n = 9{,}806\,65\ \mathrm{m/s^2} \approx 9{,}81\ \mathrm{m/s^2}$ vereinbart und Index n meist weggelassen.

Kraft

Eine Kraft F ist nur an ihrer Wirkung erkennbar. Man unterscheidet Kraftwirkung, die eine Änderung der Geschwindigkeit (Beschleunigung) einer Masse verursacht

$$F = m \cdot a \tag{2.7}$$

und Kraftwirkung, die eine Änderung der äußeren Form eines Körpers verursacht

$$F = p \cdot A \tag{2.8}$$

Drehmoment

Ein Drehmoment M (auch mit T bezeichnet) wird ausgeübt durch eine Kraft, die an einem Hebelarm r angreift

$$M = F \cdot r \quad \text{mit} \quad r \perp F \tag{2.9}$$

Arbeit

Arbeit ist eine Energieform, die der Energieübertragung dient als Druck- oder Zugarbeit

$$W = F \cdot s \tag{2.10}$$

oder als Hubarbeit

$$W = G \cdot z \tag{2.11}$$

bei Rotation mit konstantem Drehmoment

$$W = M \cdot \alpha \tag{2.12}$$

Spezifische technische Arbeit (Index t) bei Kolbenmaschinen (KoM)

$$w_t = W/m$$

jedoch bei Strömungsmaschinen (StM)

$$Y = w_t = W/m$$

Y bei hydraulischen, w_t bei thermischen Maschinen (KoM und StM)

um Verwechslungen mit der Relativgeschwindigkeit w auszuschließen.

Leistung

Unter Leistung versteht man die auf die Zeiteinheit bezogene Arbeit bzw. die Stärke eines gleichbleibenden Energiestromes bei Umwandlungsvorgängen, also da zeitlinear gilt

$$\begin{aligned} & \mathrm{d}W/\mathrm{d}t = \Delta W/\Delta t = W/t: \\ & P = W/t = F \cdot c = E/t = Q/t \end{aligned} \tag{2.13}$$

Energie

Energie ist eine messbare Größe in verschiedenen Erscheinungsformen, deren Gesamtbetrag sich nicht ändert. Sie befähigt ein System, äußere Wirkungen hervorzubringen. Sie kann gespeichert, an ein System gebunden oder systemgrenzenüberschreitend auftreten. Ein Teilbetrag der Energie, die Exergie, ist ihr größtmöglicher, in technische Arbeit oder jede andere Energieform umwandelbarer Anteil. Den verbleibenden, nicht mechanisch nutzbaren Energierest nennt man Anergie.

Energieformen

- Mechanische Energie, bestehend aus potenzieller Energie (Energie der Lage und Energie der Spannung) und kinetischer Energie.
- Thermische Energie (innere Energie, Enthalpie, Wärme).
- Elektrische Energie, magnetische Energie und Strahlungsenergie.
- Chemische Energie, d. h. molekulare und atomare Bindungsenergie.
- Massenenergie, also Kernspaltung (Fission) und Kernverschmelzung (Fusion).

2.2 Hydromechanik

2.2.1 Hydrostatik

Eine ruhende Flüssigkeit (tropfbares Fluid) kann nur Normalkräfte und von diesen wiederum nur Druckkräfte aufnehmen.

Die Oberfläche einer ruhenden Flüssigkeit ist bestrebt, ein Minimum anzunehmen. Sie stellt sich in jedem Punkt senkrecht zur Resultierenden aller auf diesen Punkt wirkenden Kräfte, da gemäß *Newton*-Fluidreibungsgesetz keine Scherkräfte vorhanden sind.

Der hydrostatische Druck im Innern von Flüssigkeiten wirkt gleichmäßig nach allen Richtungen, *Druckfortpflanzungsgesetz* nach *Pascal.*

Der hydrostatische Druck nimmt linear proportional zur Tiefe der Flüssigkeit zu, sog. *hydrostatisches Grundgesetz.* Er ist nur abhängig von der Höhe z der Flüssigkeitssäule über dem Messpunkt und von der Dichte ϱ der Flüssigkeit.

$$p = p_B + g \cdot \varrho \cdot z \tag{2.14}$$

p_B barometrischer Luftdruck (Umgebungsdruck)

Wenn die Flüssigkeit in einem abgeschlossenen Behälter unter dem Überdruck $p_ü$ steht oder wenn auf die eingeschlossene Flüssigkeit an irgendeiner Stelle der Überdruck $p_ü$ ausgeübt wird, pflanzt sich dieser durch die Flüssigkeit gleichmäßig fort und addiert sich deshalb an jeder Stelle dem vorhandenen Schweredruck nach Formel 2.14.

$$p = p_B + p_ü + g \cdot \varrho \cdot z \tag{2.15}$$

Auf einen in ein Fluid getauchten Körper wirkt eine Auftriebskraft F_A, die gleich der Gewichtskraft F_G des vom Körper verdrängten Fluidvolumens V_{Fl} ist.

$$F_A = \varrho_{Fl} \cdot g \cdot V_{Fl} = g \cdot m_{Fl} \quad \left(V_{Fl} = V_K \text{ bei vollständigem Eintauchen}\right) \tag{2.16}$$

Die Auftriebskraft greift im Massenschwerpunkt des verdrängten Fluidkörpers an.

Im Schwimmgleichgewicht ist die Auftriebskraft F_A gleich der Schwere- oder Gewichtskraft F_G oder G des schwimmenden Körpers mit Volumen V_K, also wenn $F_A = F_G = V_K \cdot \varrho_K \cdot g$.

2.2.2 Kontinuitätsgleichung

Der einfachste Fall einer eindimensionalen Strömung besteht in einer geraden Rohrleitung mit wechselndem Querschnitt (Bild 2.2). Die Strömung soll **stationär** sein, d.h. in jedem Punkt des Feldes soll die zugeordnete Geschwindigkeit nach Größe und Richtung sowie Zeit unveränderlich bleiben c_1 anstelle 1 und c_2 anstelle 2.

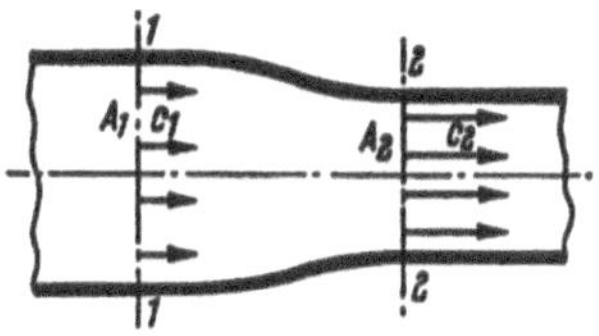

Bild 2.2
Rohrleitung mit wechselndem Querschnitt

Wenn die Flüssigkeit, besser das Fluid, kontinuierlich strömen soll, so muss in jedem Querschnitt, z.B. 1-1 oder 2-2, die sekundlich durchströmende Menge, d.h. der **Durchsatz**

$$dm/dt = \dot{m} = \varrho \cdot \dot{V} = \varrho \cdot A \cdot c \tag{2.17a}$$

sog. *Durchflussgleichung* sein.

Gemäß Massenerhaltung muss $\dot{m} = \text{konst.}$ sein, also

$$\dot{m} = A_1 \cdot c_1 \cdot \varrho_1 = A_2 \cdot c_2 \cdot \varrho_2 \tag{2.17b}$$

Kontinuitätsgleichung für kompressible Fluide

Für einen beliebigen Querschnitt gilt somit allgemein die Kontinuitätsgleichung, kurz Kontigleichung

$$\dot{m} = A \cdot c \cdot \varrho = \text{konst.} \tag{2.18}$$

Der Ausdruck $\frac{\dot{m}}{A}$ ist die **Stromdichte** $c \cdot \varrho$ oder $= \frac{c}{v}$ mit $v = \frac{1}{\varrho}$ spezifisches Volumen.

In Differenzialform geschrieben (über Produktregel) lautet die Kontinuitätsgleichung

$$\frac{dA}{A} + \frac{dc}{c} + \frac{d\varrho}{\varrho} = 0 \tag{2.19}$$

Wegen $\varrho = 1/v$ ist $\varrho \cdot v = 1$ und differenziert $\varrho \cdot dv + v \cdot d\varrho = 0$.

Daraus $d\varrho/\varrho = -dv/v$ und die Kontinuitätsgleichung

$$\frac{dv}{v} = \frac{dA}{A} + \frac{dc}{c} \tag{2.20}$$

Für inkompressible, d.h. raumbeständige Flüssigkeiten ist, da die Dichte ϱ konstant,

$$\varrho_1 = \varrho_2 = \varrho$$

und damit

$$A_1 \cdot c_1 = A_2 \cdot c_2 \tag{2.21}$$

Kontinuitätsgleichung für inkompressible Fluide

oder

$$\dot{V} = A \cdot c = \text{konst.} \tag{2.22}$$

2.2.3 Bernoullische Gleichung

Wenn die beiden Strömungsquerschnitte A_1 und A_2 in Bild 2.2 nicht auf gleicher Höhe z liegen, sondern auf z_1 und z_2 über einer beliebig gewählten Bezugsebene, gilt nach *Bernoulli*

$$z_1 + \frac{p_1}{\varrho \cdot g} + \frac{c_1^2}{2g} = z_2 + \frac{p_2}{\varrho \cdot g} + \frac{c_2^2}{2g} \tag{2.23}$$

Man bezeichnet

$$\left.\begin{array}{ll} z & \text{als Ortshöhe} \\ \dfrac{p}{\varrho \cdot g} & \text{als Druckhöhe} \end{array}\right\} z_1 + \frac{p}{\varrho \cdot g} \text{ als statische oder potenzielle Druckhöhe}$$

und

$\dfrac{c^2}{2g}$ als Geschwindigkeitshöhe = kinetische oder dyn. Druckhöhe

$$z + \frac{p}{\varrho \cdot g} + \frac{c^2}{2g} = z_g \quad \text{Gesamthöhe} \tag{2.24}$$

Die Bernoullische Gleichung ist nichts weiter als eine besondere Form des allgemeinen Gesetzes von der Erhaltung der Energie (Energiegleichung) und besagt, dass in jedem Querschnitt einer Stromröhre die Summe aller mechanischen Energien gleich groß ist (Gesamthöhe z_g = konst.), solange keine mechanische Energie, z. B. in Turbinen oder Pumpen, abgegeben oder zugeführt wird und solange die mechanischen Energieverluste, z. B. Reibungsverluste, d. h. Umsetzung von mechanischer Energie in Wärme, vernachlässigbar sind.

In Wärmekraftmaschinen sind die geringen Unterschiede der Ortshöhen ohne Einfluss. Dagegen darf bei thermodynamischen Vorgängen in Formel 2.24 bei Gasen/Dämpfen die Änderung der inneren Energie nicht mehr außer Acht gelassen werden.

$$z + \frac{p}{\varrho \cdot g} + \frac{c^2}{2g} + \frac{u}{g} = \text{konst.} \tag{2.25}$$

Höhengleichung

kann auch geschrieben werden

$$g \cdot z + \frac{p}{\varrho} + \frac{c^2}{2} + u = \text{konst.}$$

Energiegleichung

dann bleibt unter Vernachlässigung der Energie der Lage für Wärmekraftmaschinen

$$\frac{p}{\varrho}+u+\frac{c^2}{2}=\text{konst.}=h+\frac{c^2}{2} \tag{2.26}$$

u spezifische innere Energie
h spezifische Enthalpie $(h=p\cdot v+u=p/\varrho+u)$

Im Gegensatz dazu sind bei Wasserkraftmaschinen die Unterschiede des Luftdruckes zwischen Wasser-Ein- und -Auslaufstelle und die Änderung der inneren Energie vernachlässigbar klein. Sie betragen z. B. zwischen 0 und 1000 m Höhe über dem Meeresspiegel rd. 0,1 bar ≈ 1 m WS (Meter Wassersäule), d. h. 1 ‰. Die Bernoullische Gleichung für *Wasserkraftmaschinen* lautet also vereinfacht

$$z+\frac{c^2}{2g}=\text{konst.} \tag{2.27}$$

Ein in Stromrichtung verjüngtes Rohrstück wird als **Düse** bezeichnet. In einer Düse nimmt die Geschwindigkeit laut Formel 2.21 zu und der statische Druck nach Formel 2.23 bzw. Formel 2.25 ab. Umwandlung von Druckenergie (statische) in Geschwindigkeitsenergie (kinetische).

Ein in Stromrichtung erweitertes Rohrstück nennt man **Diffusor**. In einem Diffusor nimmt die Geschwindigkeit gemäß Formel 2.21 ab und der statische Druck nach Formel 2.23 bzw. Formel 2.26 zu. Umwandlung von Geschwindigkeits-Energie in Druck-Energie. Kurz und unscharf: **Geschwindigkeit und Druck**.

2.2.3.1 Düse und Diffusor

Die Bernoullische Gleichung gilt in Reinform nur für verlustlose, also reibungsfreie Strömungen, d. h. für einen Wirkungsgrad η = 1. Tatsächlich ist der Wirkungsgrad einer Düsenströmung sehr gut, η = 0,95 bis 0,99, und die Strömung stabil. Die Querschnittsverjüngung kann auf kurzer Wegstrecke erfolgen, sofern nur die axialen und radialen Beschleunigungen der Flüssigkeitsteilchen in tragbaren Grenzen bleiben. Bei raumbeständigen Flüssigkeiten genügt meist eine gut gerundete Mündung (Bild 2.3).

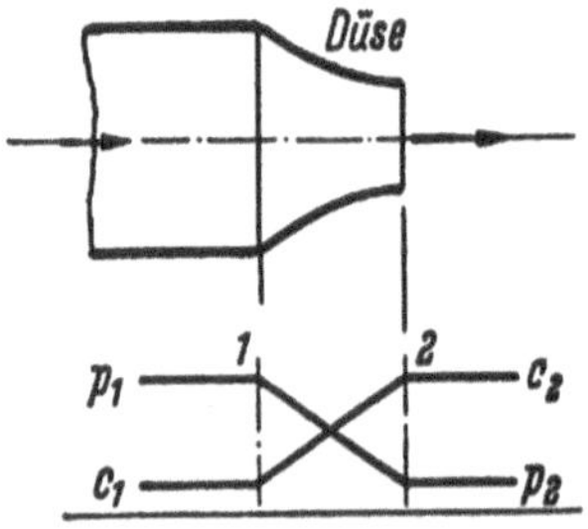

Bild 2.3 Düse, Mündung

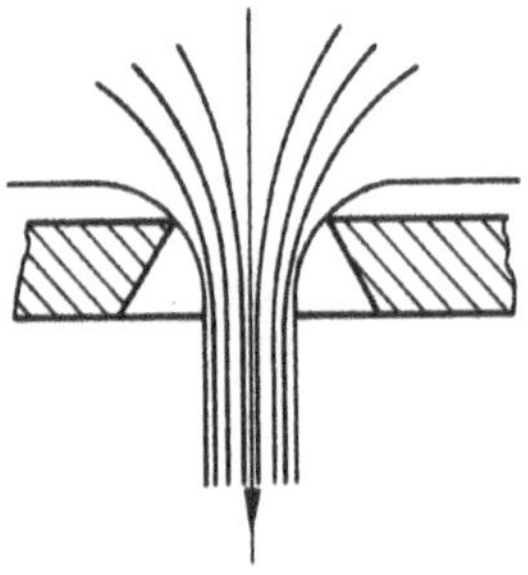

Bild 2.4 Blende mit Strahlkontraktion

Ist statt der Düse nur eine scharfrandige Öffnung (Blende, Bild 2.4) vorhanden, entsteht eine Kontraktion des Strahles aufgrund der Massenträgheit der auch radial beschleunigten, zulaufenden Flüssigkeitsteilchen.

Der Wirkungsgrad eines Diffusors erreicht wegen Dissipation (mechanische Arbeit durch Reibung in Wärme) nicht mehr als 70 bis 85 %, d. h., die wirkliche Drucksteigerung erreicht somit nur 70 bis 85 % der Bernoullischen Drucksteigerung, der theoretischen.

Der Erweiterungswinkel δ eines Diffusors (Bild 2.5) darf nicht größer als 10° bis 12° sein und die Querschnittserweiterung A_2/A_1 nicht zu groß, weil sonst die Strömung sich von der Wand ablöst (Grenz- oder Randschicht). Das Strömungsverhalten ist labil und dann sehr verlustreich. Es wird verständlich durch Betrachtung der Geschwindigkeitsverteilung über dem Radius in einer Rohrströmung (Bild 2.6).

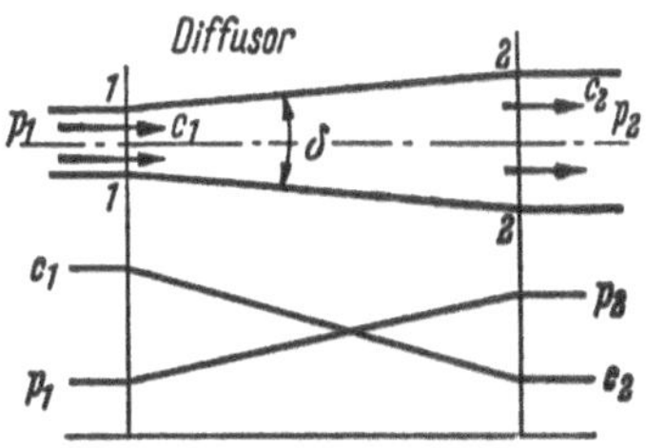

Bild 2.5 Diffusor

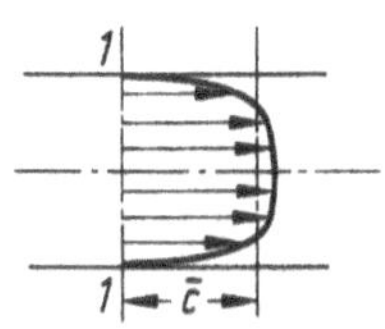

Bild 2.6 Geschwindigkeitsverteilung bei einer Strömung im Rohr

An der Rohrwand ist wegen Adhäsion die Geschwindigkeit der Flüssigkeit null (Haftbedingung) und in einer wandnahen Grenzschicht noch klein. Als Grenzschicht bezeichnet *Prandtl* eine relativ dünne Flüssigkeitsschicht längs der begrenzenden Wand, in der ein starkes Geschwindigkeitsgefälle vorhanden ist (siehe Abschnitt 2.2.4). In Rohrmitte ist die Geschwindigkeit größer als die mittlere Geschwindigkeit $\bar{c}$.

Die zentralen Stromteile haben vergleichsweise große kinetische Energie, die sich in statischen Überdruck = **Staudruck** verwandeln lässt. Die Grenzschicht hat eine viel zu geringe kinetische Energie, um von sich aus den steigenden Gegendruck zu überwinden; sie wird in beschränkten Grenzen durch Reibung der Flüssigkeitsteilchen untereinander von den zentraleren Stromteilen mitgeschleppt. Ist jedoch der Erweiterungswinkel oder das Erweiterungsverhältnis zu groß, wodurch es insgesamt zu einem zugehörigen Druckverlust kommt, kann unter der Wirkung des steigenden Gegendruckes die Grenzschicht zurückströmen. Die Strömung löst sich von den Wänden ab. Auch ein zu kleiner Erweiterungswinkel $\delta < 5°$ bis 8° ist ungünstig, weil der Diffusor bei gegebenem Erweiterungsverhältnis A_2/A_2 sehr lang und dann die Oberflächenreibung groß wird. Besonders labil sind Diffusoren mit gekrümmter Achse, wie sie bei Strömungsmaschinen vorkommen. Die Strömung löst sich dann zuerst an der Innenwand der Krümmung ab.

Bei Düsen besteht ein statisches Druckgefälle in Richtung der Strömung, wodurch auch die Grenzschicht mitgezogen wird. Die Düsenströmung wird dadurch stabilisiert und deshalb verlustärmer.

2.2.3.2 Messung von Strömungsgeschwindigkeiten

Im Querschnitt *1* einer Rohrströmung (Bild 2.7) befinden sich eine Bohrung *a* senkrecht zur Stromrichtung *c* und die Mündung *b* einer Rohrsonde entgegen der Stromrichtung *c*.

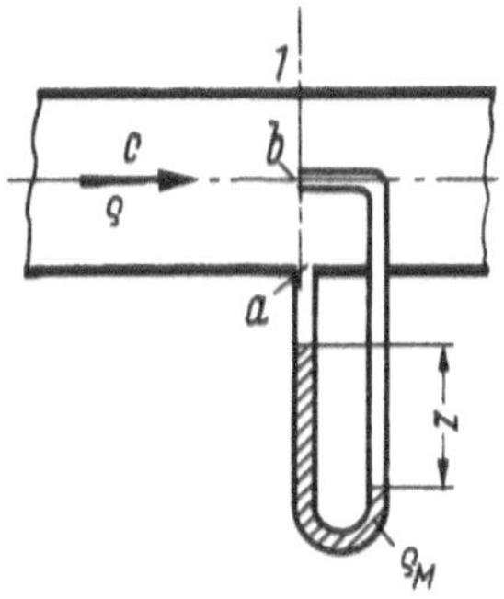

Bild 2.7
Staurohr (Sonden), Eintritt a Piezorohr, b Pitotrohr

In *a* wirkt der statische Druck *p*; in *b* der Gesamtdruck = statischer Druck plus Staudruck

$$p_g = p + \frac{\varrho}{2} \cdot c^2$$

Schaltet man beide Drücke z. B. an einem U-Rohr-Manometer gegeneinander, ergibt sich als Anzeige der Staudruck (dynamischer Druck)

$$z \cdot g \cdot \varrho_M = p_g - p = \frac{\varrho}{2} \cdot c^2 \tag{2.28}$$

woraus die Geschwindigkeit *c* bestimmbar ist:

$$c = \sqrt{2 \cdot g \cdot z \cdot \frac{\varrho_M}{\varrho}} \tag{2.29}$$

Beim **Prandtlschen Staurohr** sind beide Öffnungen *a* und *b* in der etwa bleistiftdicken Sonde konstruktiv vereinigt, weshalb nur eine Einschubsöffnung im Rohr notwendig ist.

Die Sonde misst nur örtliche Geschwindigkeiten. Um die mittlere Geschwindigkeit $\bar{c}$ zu erhalten, muss man die Geschwindigkeitsverteilung über dem Radius messen und über den Rohrquerschnitt entsprechend mitteln.

Kennt man das in der Zeiteinheit durchgesetzte Volumen $\dot{V} = \dot{m}/\varrho$, ergibt sich mit dem Rohrquerschnitt A die mittlere Geschwindigkeit direkt aus Formel 2.17 oder Formel 2.22 zu

$$\overline{c} = \frac{\dot{V}}{A} \tag{2.30}$$

2.2.4 Strömung in Rohrleitungen

Es gibt zwei grundsätzlich verschiedene Strömungsformen:

Bei ausreichend kleiner Geschwindigkeit c, kleinem Rohrdurchmesser d und genügend großer Viskosität der Flüssigkeit, wie z. B. bei dickflüssigen Ölen, kann die Strömung **laminar** sein, d. h. die Stromlinien laufen parallel nebeneinander her. Der Energieaustausch zwischen den einzelnen Stromfäden ist klein und erfolgt nur durch Reibung.

Technische Strömungen sind fast immer **turbulent**, d. h. die einzelnen Flüssigkeitspartikel stoßen sich (Impulsaustausch) und führen dadurch ungeregelte Bewegungen, auch Querbewegungen, aus. Für die Gesamtströmung gleichen sich diese Unregelmäßigkeiten soweit aus, dass man mit zeitlichen Mittelwerten rechnen kann. Die Energieübertragung innerhalb der Flüssigkeit ist größer als bei Laminarströmung und erfolgt außer durch Reibung überwiegend durch teilelastische Stöße zwischen den Molekülen (vgl. Billard).

Man erkennt die verschiedenen Strömungsformen durch das folgende einfache Experiment: Lässt man in die Achse einer Strömung einen dünnen Faden Farbtinte T einfließen, so bleibt er bei laminarer Strömung (Bild 2.8) lange erhalten; bei turbulenter Strömung (Bild 2.9) dagegen mischt sich die Tinte bald mit der übrigen Flüssigkeit und verteilt sich immer mehr über den ganzen Querschnitt.

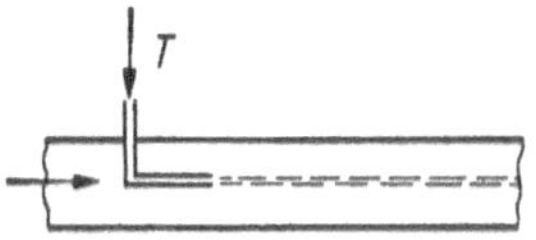

Bild 2.8 Laminare Strömung

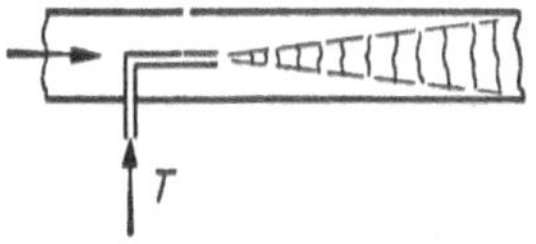

Bild 2.9 Turbulente Strömung

Bei laminarer Strömung ist die Geschwindigkeitsverteilung parabolisch über dem Radius (Bild 2.10a); die maximale Geschwindigkeit c_{max} in Rohrmitte ist doppelt so groß wie die mittlere Geschwindigkeit $\overline{c}$, also $\overline{c} = c_{max}/2$.

Bei turbulenter Strömung (Bild 2.10b) sind infolge des größeren Energieaustausches die Geschwindigkeiten weniger verschieden. Abgesehen von einer sehr dünnen, wandnahen, laminaren *Grenzschicht*, kann die Geschwindigkeitsverteilung mit guter Annäherung proportional der siebenten Wurzel aus dem Wandabstand gesetzt werden. Die Turbulenz wird durch fortlaufende Ablösung von der sich ständig neu bildenden Grenzschicht immer wieder neu angefacht. Die Stoßwege der Turbulenzschwankungen verringern sich dabei fortlaufend. Durch den Impulsaustausch gehen die Teilchenwege (Moleküle, Atome) von den makroskopischen der Turbulenz in die mikroskopische der Wärme (kinematische Gastheorie) über. Dieser Vorgang wird auch mit Dissipation bezeichnet.

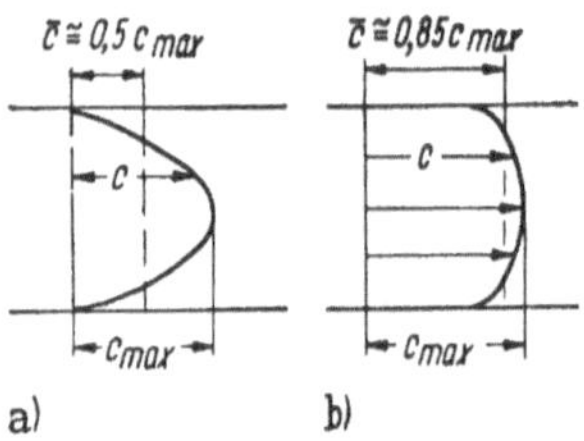

Bild 2.10
Geschwindigkeitsverteilung über dem Radius bei a) laminarer Strömung, b) turbulenter Strömung

Der Geschwindigkeitsanstieg (-gradient) dc/dr an der Wand ist bei turbulenter Strömung außerordentlich steil. An der Wand selbst ist die Geschwindigkeit in allen Fällen null, und zwar, wie erwähnt, wegen Adhäsion (Haftbedingung). Mittelwert:

$$\bar{c} \approx 0{,}85\, c_{\text{max}}$$

Die vorher genannten Einflussgrößen, Geschwindigkeit $\bar{c}$, Rohrdurchmesser d und die **kinematische Viskosität ν** der Flüssigkeit, lassen sich zu einer Zahl mit der Einheit 1 (also dimensionslos)

$$Re = \frac{c \cdot d}{\nu} \tag{2.31}$$

zusammenfassen, die als **Reynolds-Zahl** bezeichnet wird.

Darin ist c - wie auch im Folgenden - die **mittlere Geschwindigkeit** $\bar{c} = \dot{V}/A$ (der obere Querstrich bei $\bar{c}$ wird der Einfachheit halber wie schon zurvor meist jedoch weggelassen), die von der Verteilung der Geschwindigkeit über den Querschnitt nicht direkt abhängt. **ν** ist die **kinematische Viskosität**, der Quotient aus der **dynamischen Viskosität** η und der Dichte ϱ.

$$\nu = \frac{\eta}{\varrho} \tag{2.32}$$

Die Stoffbeiwerte ändern sich bei Drücken bis ca. 1000 bar praktisch nur stark mit der Temperatur; z.B. bei Wasser nach Tabelle 2.1. Bei Drücken über 1000 bar ist auch deren Einfluss dann nicht mehr vernachlässigbar.

Tabelle 2.1 Stoffbeiwerte von Wasser über der Temperatur

t	0	10	20	40	60	80	100	°C
ϱ	1000	1000	998	992	983	972	958	kg/m³
$10^6\,\eta$	1795	1305	1000	653	466	355	282,5	Ns/m² = Pa · s
$10^6\,\nu$	1,79	1,3	1,0	0,658	0,474	0,365	0,295	m²/s

Bei Rohren mit Kreisquerschnitt ist d = Rohrdurchmesser. Bei nicht kreisförmigen, d.h. unrunden Querschnitten, wird der **gleichwertige Durchmesser** d_{gl} eingeführt, der bei *Reynolds*-Zahl *Re*, Formel 2.31, und Verlustenergie h_v, Formel 2.34, an die Stelle von d tritt. Es ist

$$d_{gl} = \frac{4A}{U} \tag{2.33}$$

wobei A der Leitungsquerschnitt und U die Länge des benetzten Umfanges ist; bei offenen Gerinnen oder nicht ganz gefüllten Leitungen (Bild 2.11) z.B. ohne die freie Oberfläche. Der gleichwertige Durchmesser gilt für turbulente Strömung exakt und für die seltene laminare meist in brauchbarer Näherung.

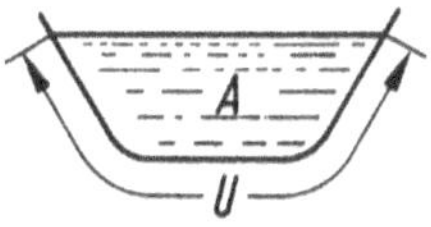

Bild 2.11
Offener Wasserlauf (Querschnitt)

Unterhalb einer gewissen **kritischen Reynolds-Zahl** $Re_{kr} \approx 2300$ ist die Strömung immer laminar. Oberhalb Re_{kr} kann sie laminar oder turbulent sein; laminare Strömung bei $Re > Re_{kr}$ ist aber unstabil und wird durch jede Störung turbulent. Die Unstabilität wächst mit *Re*, sodass bei $Re \geq 1{,}5\ Re_{kr}$ praktisch immer turbulente Strömung herrscht.

2.2.5 Druckenergieverlust in Rohrleitungen

Der Druckenergieverlust in geraden Rohren infolge Reibung (Dissipation):

$$h_v = \frac{\Delta p_v}{\varrho} = \lambda \frac{l}{d} \frac{c^2}{2} \tag{2.34}$$

Verlustanteil der Strömungsenergie

Der Strömungsenergieverlust ist proportional der spezifischen Geschwindigkeitsenergie $c^2/2$ und der Rohrlänge l sowie umgekehrt proportional dem Rohrdurchmesser d.

Der Reibungsbeiwert λ ist abhängig von *Re* und bei turbulenter Strömung infolge des sehr großen Geschwindigkeitsgradienten d*c*/d*r* an der Wand auch von der Rohrrauigkeit *k*.

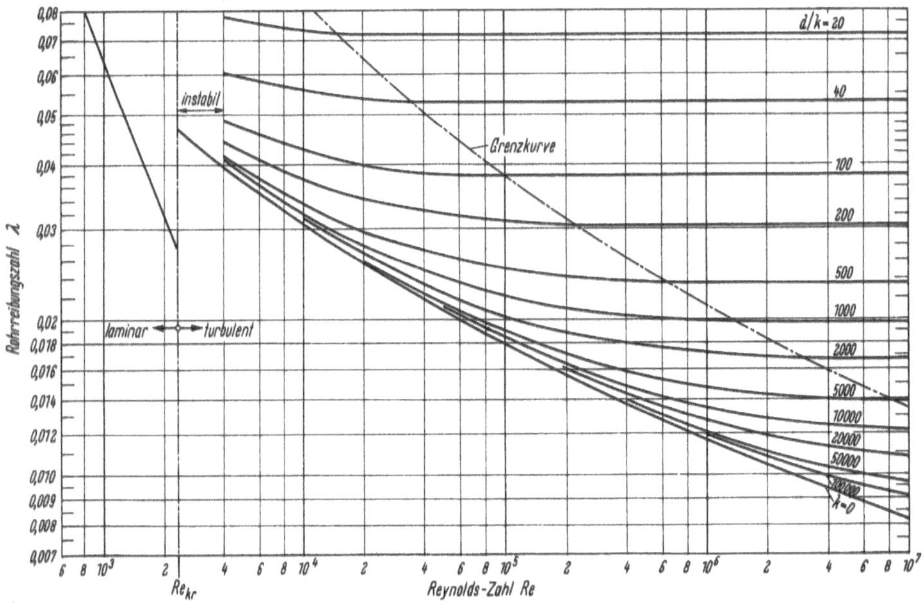

Bild 2.12 Die Rohrreibungszahl λ über der Reynolds-Zahl *Re* für verschiedene relative Wandrauigkeiten *d/k*, sogenanntes *Moody*- oder *Colebrook*-Diagramm

Zunächst durch experimentelle Untersuchungen und später auch durch mathematische Ergänzungen wurde von *Prandtl* und anderen Strömungsforschern die in Bild 2.12 dargestellte Abhängigkeit der Rohrreibungszahl λ von der Reynoldsschen Zahl und der inversen relativen Rauigkeit *d/k* festgestellt.

Zu dem Strömungswiderstand der geraden Leitung kommen die Krümmerverluste sowie die Verluste anderer Leitungseinbauten hinzu, die ebenfalls als Anteil der Geschwindigkeitsenergie $c^2/2$ angegeben werden, $\zeta \cdot c^2/2$, wobei die Widerstandszahl ζ von Krümmern mit dem Ablenkungswinkel δ und bei größeren Ablenkungswinkeln auch stark mit dem Krümmungsverhältnis *d/R* anwächst (Bild 2.13). Der Gesamt-Druckenergieverlust einer Rohrleitung mit Krümmern und Einbauten, z. B. Armaturen, ist also bei gleichem Strömungsquerschnitt (gleiche Geschwindigkeit *c*):

$$h_v = \frac{\Delta p_v}{\varrho} = \left(\lambda \frac{l}{d} + \zeta_1 + \zeta_2 + ...\right)\frac{c^2}{2} \tag{2.35}$$

Dieser spezifische mechanische Energieverlust, umgewandelt in Wärme (Dissipation) ist entsprechend bei den Energiegleichungen (-bilanzen), Formel 2.24 bis Formel 2.27, zu berücksichtigen.

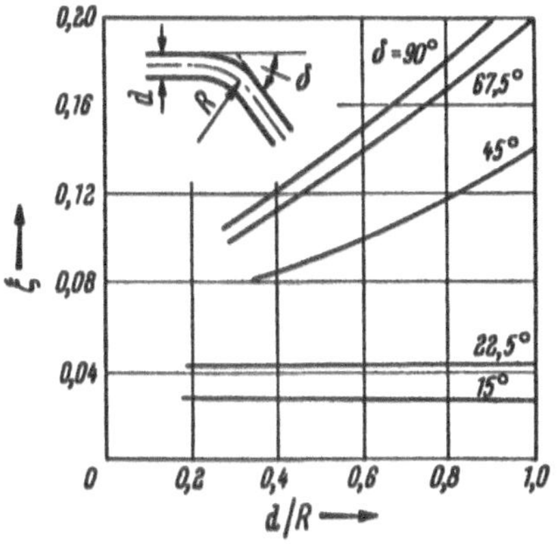

Bild 2.13 Widerstandszahlen ζ von üblich rauen Rohrkrümmern über dem Krümmungsverhältnis d/R für verschiedene Krümmungswinkel δ

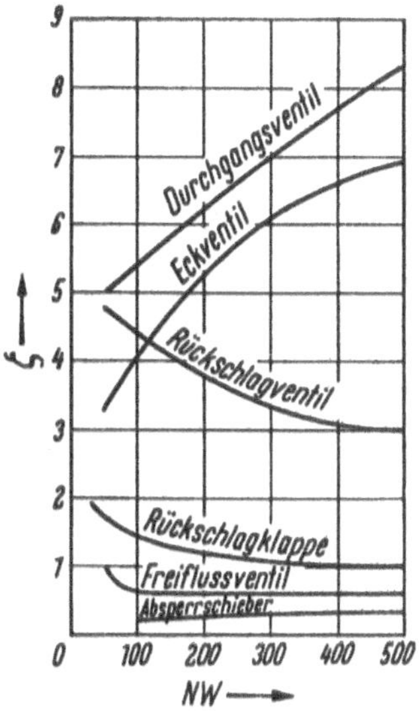

Bild 2.14 Widerstandszahlen ζ von Regel- und Absperrorganen in voll geöffnetem Zustand über der Nennweite in mm

2.2.6 Hauptgleichung der Strömungsmaschinen

Allen Strömungsmaschinen gemeinsam ist die Tatsache, dass das Fluid (Flüssigkeit, Dampf, Gas) in einem konstruktiv festgelegten Querschnitt *1* in das Laufrad eintritt und es in einem zugehörigen Querschnitt *2* wieder verlässt (Bild 2.15).

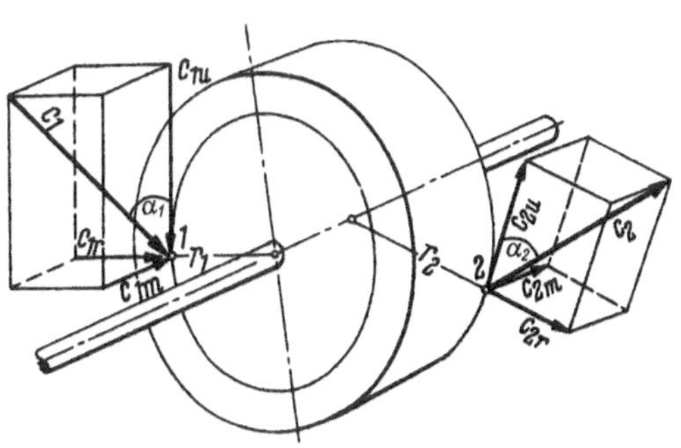

Bild 2.15
Strömungsrichtungen am Laufrad gemäß Stromfadentheorie

Der Eintrittsradius eines Stromfadens sei r_1, der Austrittsradius r_2. Wir zerlegen die Eintritts- und Austrittsgeschwindigkeiten c_1 und c_2 in ihre drei Raumkoordinaten in Achsrichtung c_m (Axial- oder Meridiankomponente), in radialer Richtung c_r (Radialkomponente) und in Umfangsrichtung c_u (Umfangskomponente). Für die Energie-Umsetzung können die ersten beiden, nämlich c_m und c_r, keine Rolle spielen, da sie keinen Hebelarm zur Welle haben und folglich auch kein Drehmoment erzeugen können. Diese sind für Durchsatz und Axial- sowie Radialkraft verantwortlich. Einzig und allein die Umfangskomponente c_u greift senkrecht am Hebelarm r an und kann ein Drehmoment T an die Welle abgeben (Turbine) oder von der Welle aufnehmen (Pumpe).

Gemäß Drallsatz (Drall $L = m \cdot c \cdot r$ mit $c \perp r$), abgeleitet aus dem Grundgesetz (Fundamentalsatz) von *Newton*, dem Aktionsaxiom, gilt für das Drehmoment:

$$T = \dot{L}_2 - \dot{L}_1 \qquad (2.36)$$

Wie beim Kraftmoment - wirksame Kraftkomponente senkrecht zum Hebelarm gerichtet - ist beim Drallstrom $\dot{L} = \mathrm{d}L/\mathrm{d}t$ nur die Geschwindigkeitskomponente $c_u = c \cdot \cos\alpha$ senkrecht zum Drehradius r von Einfluss mit Winkel α (Absolutströmungsrichtung) zwischen Absolutgeschwindigkeit c und deren Umfangskomponente c_u, jeweils anstelle 1 sowie Stelle 2 (Bild 2.15):

$$T = \dot{m}_2 \cdot r_2 \cdot c_{2u} - \dot{m}_1 \cdot r_1 \cdot c_{1u}$$

Da wegen Kontinuitätsbedingung $\dot{m}_2 = \dot{m}_1 = \dot{m}$ wird das Drehmoment T:

$$T = \dot{m} \cdot (r_2 \cdot c_{2u} - r_1 \cdot c_{1u}) = \dot{m} \cdot (r_2 \cdot c_2 \cdot \cos\alpha_2 - r_1 \cdot c_1 \cdot \cos\alpha_1) \qquad (2.37)$$

Aus $T \cdot \omega$ und $u = w \cdot r$ folgt die (verlustlos gerechnete) theoretische Leistung:

$$P_{th} = T \cdot \omega = \dot{m} \cdot (r_2 \cdot c_{2u} - r_1 \cdot c_{1u}) \cdot \omega = \dot{m} \cdot (u_2 \cdot c_{2u} - u_1 \cdot c_{1u}) \qquad (2.38)$$

Auf den Masseneinheitsstrom bezogen, ergibt sich die *Euler*-Hauptgleichung der Strömungsmaschinen exakt mit skalaren Vektorprodukten wegen der Wirkrichtung (bei $\alpha_1 > 90°$ ist $c_{1u} = c_1 \cdot \cos\alpha_1$ negativ).

$$Y_{th} = \frac{P_{th}}{\dot{m}} = \vec{u}_2 \cdot \vec{c}_2 - \vec{u}_1 \cdot \vec{c}_1 = u_2 \cdot c_2 \cdot \cos\alpha_2 - u_1 \cdot c_1 \cdot \cos\alpha_1 \qquad (2.39)$$

Diese Beziehung, kurz auch als *Euler*-Gleichung bezeichnet, ist die Grundgleichung zum Berechnen von Strömungsmaschinen, die also auf der Dralländerung beruhen. Hinzu kommt die Durchflussgleichung

$$\dot{m} = \varrho \cdot \dot{V} = \varrho \cdot A_m \cdot c_m$$

wobei c_m senkrechte Geschwindigkeitskomponente (Bild 2.15) zum Strömungsquerschnitt A_m, sog. Meridianwerte.

Neben geometrischen Zusammenhängen bestehen außer den beiden genannten Gleichungen (*Euler* und Durchfluss) keine weiteren zum Auslegen (Berechnung) von Strömungsmaschinen. Deshalb sind noch Festigkeitsregeln und Erfahrungswerte notwendig.

Es gilt

$$\frac{P_{th}}{\dot{m}} = \frac{dE/dt}{dm/dt} = \frac{dE}{dm}$$

Dimensionen

$$\left[\frac{P_{th}}{\dot{m}}\right] = \frac{W}{kg/s} = \frac{W}{kg/s} \cdot \frac{Nm/s}{W} \cdot \frac{kg \cdot m/s^2}{N} = \frac{m^2}{s^2}$$

$$\left[\frac{dE}{dm}\right] = \frac{J}{kg} = \frac{J}{kg} \cdot \frac{Nm}{J} \cdot \frac{kg \cdot m/s^2}{N} = \frac{m^2}{s^2}$$

Die *Euler*-Gleichung kennzeichnet somit die spezifische Leistung (Leistung je Massenstromeinheit) bzw. den Energieumsatz je Masseneinheit (spezifische Energie).

Gemäß *Newton*: Impulsströme $\dot{I} = \dot{m} \cdot c$ bewirken Kräfte und Drallströme $\dot{L} = \dot{m} \cdot \dot{r} \cdot c$ mit r senkrecht c bewirken Momente T (von Torsion) sowie jeweils auch umgekehrt.

2.2.7 Kavitation und Verdichtungsstoß

In der Strömung einer tropfbaren Flüssigkeit mit der Temperatur t und dem ungestörten Flüssigkeitsdruck p können durch Strömungsvorgänge örtliche Drücke auftreten, die kleiner als p sind (*Bernoulli*!). Wenn diese Drücke den der Flüssigkeitstemperatur entsprechenden Siededruck p_t erreichen, setzt Verdampfung ein. Durch den Volumenzuwachs bei der Verdampfung werden die Strömungsformen gegenüber der ungestörten Strömung verändert.

Wenn beim Weiterströmen der Flüssigkeitsdruck wieder ansteigt, stürzen die Dampfblasen infolge Kondensation des Dampfes schlagartig (Implosion) mit Schallgeschwindigkeit und unter Geräuschbegleitung in sich zusammen. Dieser gesamte Vorgang wird *Kavitation* oder *Hohlsog* genannt.

Kavitation, die an festen Oberflächen auftritt, was wegen Rauigkeit als Kondensationskeime meist der Fall ist, kann bei längerem Andauern zur mechanischen Zerstörung des Wandmaterials führen. Technische Bedeutung kommt der Kavitation bei allen schnelllaufenden Flüssigkeits-Kreiselmaschinen zu. Für Wasserturbinen, Schiffspropeller und Kreiselpumpen, aber auch Kolbenpumpen, gilt deshalb die Regel:

Vermeidung der niedrigen Drücke!

Eine Strömung zwischen zwei gekrümmten Schaufeln kann einen Verlauf haben, wie in Bild 2.16 dargestellt. Bei einem Eintrittsdruck p_E herrscht an der Stelle höchster Strömungsgeschwindigkeit der Druck p_{min}, der kleiner ist als p_E. Die Differenz zwischen p_E und p_{min}, hervorgerufen durch Geschwindigkeitserhöhungen *(Bernoulli)* und durch Strömungsverluste, wird Haltedruck genannt.

$$p_E - p_{min} = g \cdot \varrho \cdot \Delta z \tag{2.40}$$

mit Δz Haltedruckhöhe, $g \cdot \Delta z$ Haltedruckenergie

Wenn $p_{min} \leq p_t$ wird, tritt Verdampfung, Hohlraumbildung und Änderung der Strömungsverhältnisse ein mit schlagartiger Kondensation und Wiederauffüllung der Dampfblasen bei nachfolgendem Druckanstieg - Kavitation! In wirbelfreier Strömung ist der kleinste Druck stets an der Schaufelwand vorhanden, bei Kolbenpumpen im Ventilbereich. Kavitation aber führt zu unvermeidbarer mechanischer Materialzerstörung. Je nach Richtung der Einströmung findet die Kavitation an der Schaufelvorder- oder an der Schaufelrückseite statt (Bild 2.16b und c). Durch die ungleiche Druckverteilung mit der Folge von einem entsprechend verringerten Energieumsatz in den Kanälen kommt es zu einer Minderablenkung der Strömung.

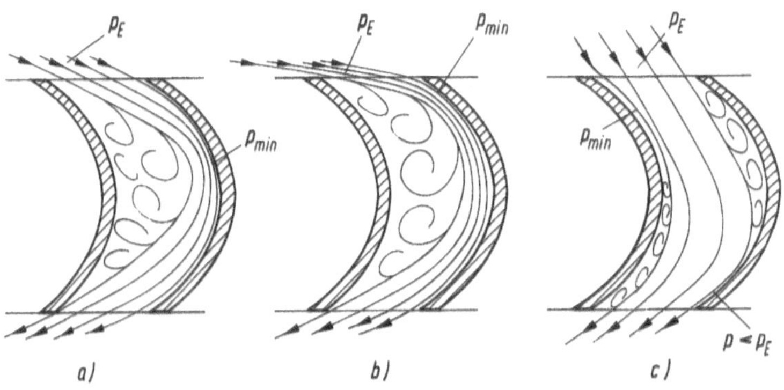

Bild 2.16 Strömungsverlauf bei einer Schaufelkanalströmung (idealisiert): a) Einströmwinkel = Schaufelwinkel, b) Einströmwinkel < Schaufelwinkel, c) Einströmwinkel > Schaufelwinkel

Gegen die Auswirkungen der Kavitation schützt entweder bedingt widerstandsfähiger Werkstoff, der eine hohe Dauerstandfestigkeit besitzen und gut polierbar sein muss, oder der Eintrittsdruck p_E muss entsprechend seiner Lage zu p_t um bis zu $g \cdot \varrho \cdot \Delta z$ angehoben werden, z. B. durch eine Zulaufhöhe.

Bei Gasströmung erfolgt logischerweise keine Kavitation. Dafür besteht an den Stellen erhöhter Strömungsgeschwindigkeit des Mediums die Gefahr des Erreichens bzw. Überschreitens der Schallgeschwindigkeit. Der danach praktisch immer auftretende Verdichtungsstoß - analog zum Überschallknall bei Flugzeugen - verschlechtert den Wirkungsgrad der Maschine erheblich und kann ebenfalls zu Materialschäden führen sowie starke Geräusche erzeugen. In Schaufelkanälen liegen bei Gasförderung die Stellen der Schallgeschwindigkeitsnähe dort, wo bei Flüssigkeitsförderung Kavitationsgefahr herrscht. Bei Gasen kann wegen deren geringen Dichte mit vergleichsweise hohen Geschwindigkeiten gearbeitet werden und zwar bis dicht an der des zugehörigen Schalls.

Zwischen der Forderung nach optimaler Energieausbeute und dem Bestreben, Kavitation bzw. Verdichtungsstoß zu vermeiden, liegt eine Diskrepanz, denn hohe Strömungsgeschwindigkeiten bedeuten höhere Energiedichte und damit kompakte Maschinen, sie bringen aber zugleich erhöhte Kavitationsgefahr bzw. Schallgeschwindigkeitsnähe mit sich. Bei hohen Maschinendrehzahlen muss also besonders auf diese Gefahren geachtet werden. Die Gefahr erhöht sich noch, wenn bei Maschinen mit feststehenden Schaufeln die Belastung und damit der Arbeitsmitteldurchsatz und Geschwindigkeitsverhältnisse geändert werden (Bild 2.16b und c). Eine weitere, oft auch wichtige Grenze ist die Fliehkraft-Belastung (Werkstofffestigkeitsproblem) der rotierenden Massen - besonders bei gasverarbeitenden Maschinen.

2.3 Wärmetechnik

Zum Verständnis der Vorgänge in Wärme-Kraft- und Arbeitsmaschinen müssen einige thermodynamische Gesetzmäßigkeiten beachtet werden, die im Folgenden in aller Kürze und z. T. in idealisierter Form dargestellt werden.

2.3.1 Thermische Zustandsgrößen

Druck p

Statt Druck findet man in der Technik auch die Bezeichnung Pressung oder Spannung.

Ein Druck wirkt immer senkrecht auf die gedrückte Fläche. Er ist bei einem eingeschlossenen Gasvolumen an jeder Stelle der Gefäßwand gleich groß. Bei Höhenverhältnissen, wie sie z. B. in der Meteorologie vorkommen, darf auch der Schweredruck der Gase nicht mehr vernachlässigt werden.

Mit p sind stets **Absolutdrücke** gemeint, wenn nicht ausdrücklich **Überdrücke** $p_ü$ angegeben werden (siehe Abschnitt 2.1).

Volumen V

Das Volumen jeden Stoffes ist druck- und temperaturabhängig.

Feste Körper

Druckabhängigkeit praktisch immer vernachlässigbar. Temperaturabhängigkeit verursacht Ausdehnung durch Änderung der Molekularbewegung.

Längendehnung:

$$\Delta l = l \cdot \alpha \cdot \Delta t \quad \text{bzw.} \quad l_2 = l_1 \left(1 + \alpha \cdot \Delta t\right) \tag{2.41}$$

Volumendehnung:

$$\Delta V = V \cdot \gamma \cdot \Delta t \quad \text{bzw.} \quad V_2 = V_1 \left(1 + \gamma \cdot \Delta t\right) \tag{2.42}$$

α Längenausdehnungsfaktor, γ Raumausdehnungsfaktor $\gamma \approx 3\ \alpha$

Flüssige Körper

Druckabhängigkeit:

$$\Delta V = V \cdot k \cdot p \quad \text{bzw.} \quad V_2 = V_1 \left(1 + k \cdot p\right) \tag{2.43}$$

k Druckabhängigkeit, Temperaturabhängigkeit wie bei festen Körpern

Gasförmige Körper

Druck- und Temperaturabhängigkeit nach der allgemeinen Gasgleichung für ideale Gase

$$p \cdot V = m \cdot R \cdot T$$

(siehe Formel 2.66 und Formel 2.67) die bei realen Gasen mit bis zu dreiatomigen Molekülen weitgehend ohne Einschränkung und bei allen anderen Gasen mit guter Näherung anwendbar ist. Bei Dämpfen, d. h. Gasen in der Nähe der Verflüssigungstemperatur (Siedelinie), darf die allgemeine Gasgleichung *nicht* angewendet werden, da hier nicht mehr $R \approx$ konst.

Temperatur T

in K (Kelvin) oder t in °C (Grad Celsius). Temperaturdifferenzen werden sinnvollerweise in K angegeben. Die Einheit K ist definiert als der hundertste Teil der Temperaturdifferenz zwischen dem Gefrierpunkt und dem Siedepunkt des Wassers beim Druck von p = 1013,25 mbar = 1013,25 hPa.

Im täglichen Leben wird die Temperatur in °C gemessen. Der Nullpunkt liegt in diesem Fall im Gefrierpunkt des Wassers. Der absolute Nullpunkt, d. h. der Zustandspunkt, bei dem ein Körper keine Wärme mehr abgeben kann, hat nach dieser Maßskala eine Temperatur von -273 °C (genau: -273,15 °C). Die absolute Temperaturskala beginnt im absoluten Nullpunkt und ist in Grade eingeteilt, die dieselbe Größe haben wie die Celsiusgrade. In dieser Maßskala hat der Gefrierpunkt des Wassers eine Temperatur von +273 K. Bei Temperaturdifferenzen sind deshalb die Zahlenbeträge in °C und Kelvin K gleich groß, also $\Delta t = \Delta T$.

2.3.2 Erster Hauptsatz

Arbeit und Wärme sind Wechselwirkungen zwischen einem System und seiner Umgebung. Unter einem System versteht man einen Raum oder eine Stoffmenge, die durch vorhandene oder gedachte Wände abgegrenzt ist, sogenannter Kontroll- oder Bezugsraum (Bild 2.19). Alles, was sich außerhalb dieser Abgrenzung befindet, ist Umgebung.

Arbeit ist eine Energieform, die der Energieübertragung dient. Arbeit ist also nur an der Systemgrenze im Augenblick der Grenzüberschreitung anzutreffen. Wurde Energie in Form von Arbeit übertragen, erscheint diese innerhalb oder außerhalb des Systems wieder als Energie.

Arbeit ist einem ruhenden System zuführbar, indem seine Grenzen verschoben werden. Dazu müssen Kräfte senkrecht zu den Grenzflächen wirken. Diese Arbeit bezeichnet man als *Volumenänderungsarbeit.* Treten Kräfte tangential zu den Grenzflächen auf, so kann auch ohne Volumenänderung Arbeit verrichtet werden, nämlich *Reibungsarbeit.* Die gesamte an einem ruhenden, abgeschlossenen System verrichtete Arbeit ist demnach die Summe aus Volumenänderungsarbeit und Reibungsarbeit.

Kann ein ruhendes, abgeschlossenes System auch Reibungsarbeit abgeben? Für die Antwort auf diese Frage gibt es keinen Beweis, jedoch sagt die menschliche Erfahrung dazu ein eindeutiges Nein. Niemand hat, um nur ein Beispiel zu nennen, bisher beobachten können, dass eine in einer Flüssigkeit rotierende, angetriebene Scheibe, die nach Abschalten des Antriebs durch Reibung zum Stillstand kam, imstande gewesen wäre, sich von selbst wieder in Bewegung zu setzen und Arbeit an die Umgebung abzugeben.

Aufnahme von Reibungsarbeit durch ein System ist also ein nichtumkehrbarer oder *irreversibler* Prozess. Demnach muss beim umkehrbaren oder *reversiblen* Prozess die Reibungsarbeit null sein. Ein Vorgang mit Reibung ist stets irreversibel. Ein System, das nur Arbeit, aber keine Wärme mit der Umgebung austauschen kann, ist ein wärmedichtes oder *adiabates* System. Wird ein adiabates System von einem Zustand *1* auf einen anderen Zustand *2* gebracht, so ändert sich sein Energieinhalt, den wir *innere Energie* nennen. Demnach ist diese Zustandsänderung nur durch Arbeitsverrichtung erreichbar.

Beim abgeschlossenen, adiabaten System (wärmedicht) ist somit die verrichtete Arbeit gleich der Änderung der inneren Energie.

Führt man die gleiche Zustandsänderung an einem nichtadiabaten System durch, soll also das System von demselben Zustand *1* auf denselben Zustand *2* gebracht werden, so stellt sich heraus, dass die Änderung der inneren Energie nicht mehr gleich der am System verrichteten Arbeit ist. Da der Satz von der Erhaltung der Gesamtenergie jedoch nach wie vor gilt, muss an der Zustandsänderung des nichtadiabaten Systems noch eine weitere Energieform beteiligt sein, die die Systemgrenze überschritten hat. Die Beobachtung zeigt, dass bei einem nichtadiabaten System bei Zufuhr der gleichen Arbeit die innere Energie des Systems weniger stark erhöht wird als bei einem adiabaten System, wenn die Temperatur der Umgebung niedriger ist als die des Systems. Ein Teil der zugeführten Energie muss das System wieder durch die Systemgrenze verlassen haben. Diese grenzüberschreitende Energieform ist die Wärme.

Definition der inneren Energie

In der technischen Thermodynamik ist es üblich, die einem System zugeführte Arbeit negativ anzusetzen und entsprechend abgeführte (gewonnene) positiv.* Umgekehrtes gilt für Wärme. Bei adiabaten Systemen ist

$$-W_{12,\mathrm{ad}} = U_2 - U_1 \qquad (2.44)$$

Index 12 (lies: eins - zwei) bedeutet die Zustandsänderung, und zwar von Zustand *1* nach Zustand *2*

oder bezogen auf die Masseneinheit

$$-w_{12,\mathrm{ad}} = -\frac{W_{12,\mathrm{ad}}}{m} = \frac{U_2}{m} = \frac{U_1}{m} = u_2 - u_1$$

Die innere Energie ist der Energievorrat eines Systems. Da in der Praxis der absolute Wert der inneren Energie meist bedeutungslos ist, genügt es, mit Energiedifferenzen zu einem angenommenen Nullpunkt als Bezugsquelle zu rechnen.

Definition der Volumenänderungsarbeit (Index *v*)

Einem abgeschlossenen System (Zylinder) wird durch einen Kolben Arbeit zugeführt, wobei das eingeschlossene Gas reibungsfrei verdichtet werden soll.

$$-\mathrm{d}W_\mathrm{v} = -F \cdot \mathrm{d}s = -p \cdot A \cdot \mathrm{d}s = -p \cdot \mathrm{d}V$$

* Es wird in der neueren Literatur auch die Definition verwendet, wonach zugeführte Arbeit positiv und abgeführte Arbeit negativ ist.

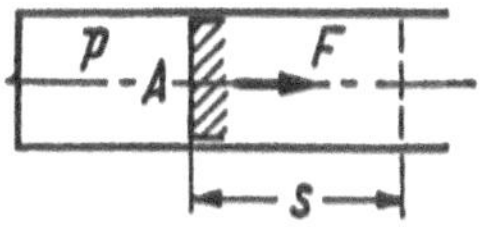

Bild 2.17
Volumenänderungsarbeit

Die Arbeit ist negativ, weil sie dem System zugeführt wird (technischer Aufwand), die Kraft ist negativ, weil die positive Kolbenkraft der in Bild 2.17 dargestellten Gasdruckkraft $F = p \cdot A$ entgegengerichtet ist. Zwischen Bezugsstellen 1 und 2 gilt:

$$W_{12,\mathrm{v}} = \int_1^2 \mathrm{d}W_\mathrm{v} = \int_1^2 p \cdot \mathrm{d}V \tag{2.45}$$

Die gesamte an einem ruhenden, abgeschlossenen, nichtadiabaten System verrichtete Arbeit setzt sich zusammen aus Volumenänderungsarbeit und Reibungsarbeit (Index r):

$$W_{12} = W_{12,\mathrm{v}} + W_{12,\mathrm{r}}$$

Beim reversiblen Prozess (Index rev) ist $W_{12,\mathrm{r}} = 0$ und

$$W_{12,\mathrm{rev}} = W_{12,\mathrm{v}} = \int_1^2 p \cdot \mathrm{d}V$$

Definition der Wärme

Wärme ist eine Energieform, die besonders der Energieübertragung dient. In Systemen mit wärmedurchlässiger Abgrenzung ist

$$\mathrm{d}Q = \mathrm{d}W + \mathrm{d}U$$

integriert

$$Q_{12} = W_{12} + U_2 - U_1$$

oder

$$q_{12} = w_{12} + u_2 - u_1$$

oder in anderer Schreibweise

$$q_{12} - w_{12} = u_2 - u_1 \tag{2.46}$$

Diesen Ausdruck nennt man den ersten Hauptsatz der Thermodynamik. Er drückt aus, dass Wärme und Arbeit gleichwertige Energieformen sind.

Bei irreversiblen Prozessen ist, da Reibungsarbeit $W_{12,\mathrm{r}} = m \cdot w_{12,\mathrm{r}}$ vorhanden

$$W_{12} = W_{12,\mathrm{v}} + W_{12,\mathrm{r}} = W_{12,\mathrm{v}} - |W_{12,\mathrm{r}}| = \int_1^2 p \cdot \mathrm{d}V - |W_{12,\mathrm{r}}|$$

$$w_{12} = \frac{W_{12}}{m} = \int_1^2 p \cdot \mathrm{d}v - |w_{12,\mathrm{r}}|$$

Damit erhält der erste Hauptsatz für nicht umkehrbare Prozesse die Form

$$q_{12} + |w_{12,\mathrm{r}}| = u_2 - u_1 + \int_1^2 p \cdot \mathrm{d}v$$

Bei reversiblen Prozessen mit $w_{12,\mathrm{r}} = 0$ (keine Reibungsverlustarbeit) erhält der erste Hauptsatz der Thermodynamik diese Form:

$$q_{12,\mathrm{rev}} = u_2 - u_1 + \int_1^2 p \cdot \mathrm{d}v$$

oder differenziert

$$\mathrm{d}q_{\mathrm{rev}} = \mathrm{d}u + p \cdot \mathrm{d}v \tag{2.47}$$

Definition des ersten Hauptsatzes

In einem abgeschlossenen System bleibt die Summe von Exergie (Nutzenergie) und Anergie (Verlustenergie), die Gesamtenergie, konstant.

2.3.3 Spezifische Wärmekapazität

Um einen Körper von der Masse m um $\mathrm{d}T$ zu erwärmen, muss ihm die Wärmemenge

$$dQ = m \cdot c \cdot \mathrm{d}T \tag{2.48}$$

zugeführt werden. Der Beiwert c ist ein Stoffwert und wird **spezifische Wärmekapazität** oder kurz **spezifische Wärme** des Stoffes genannt. Es ist die Wärme, die man der Masseneinheit des Körpers zuführen muss, um ihn um 1 K zu erwärmen.

Aus Formel 2.48 folgt:

$$c = \frac{1}{m} \cdot \frac{\mathrm{d}Q}{\mathrm{d}T} = \frac{\mathrm{d}q}{\mathrm{d}T} \tag{2.49}$$

Ist c von der Temperatur unabhängig, so liefert die Integration von Formel 2.48 die Wärme Q_{12} (sprich: eins - zwei, nicht zwölf!), die nötig ist, um ihn von T_1 auf T_2 zu erhitzen.

$$Q_{12} = m \cdot c \cdot (T_2 - T_1) = m \cdot c \cdot \Delta T = m \cdot c \cdot \Delta t \tag{2.50}$$

oder für die Masseneinheit 1 kg:

$$q_{12} = c \cdot (T_2 - T_1) = c \cdot \Delta T = c \cdot \Delta t$$

Wie alle Stoffwerte ist die spezifische Wärme c aller Körper von der Temperatur abhängig. So ist z. B. für Wasser bei

t =	0	15	100	300	°C
c =	4,208	4,187	4,205	4,831	kJ/(kg · K)

Tabelle 2.2 Wahre spezifische Wärmekapazität c_p von Gasen in kJ/(kg · K) bei Druck p = konst.

T in K	Luft	O_2	N_2	H_2	CO	CO_2	H_2O-Dampf
50	1,0015	0,9103	1,0387	10,332	-	0,6612	1,8495
100	1,0020	0,9097	1,0387	11,196	1,0389	0,6637	1,8489
200	1,0025	0,9103	1,0391	13,53	1,0392	0,7353	1,8506
400	1,0136	0,9409	1,0441	14,47	1,0475	0,9391	1,9011
800	1,0985	1,0544	1,1220	14,70	1,1388	1,1686	2,1470
1200	1,1745	1,1150	1,2040	15,37	1,2199	1,2801	2,4256
1600	1,2210	1,1506	1,2539	16,24	1,2666	1,3379	2,6621
2000	1,2500	1,1806	1,2843	17,01	1,2938	1,3713	2,8364
2400	1,2715	1,2094	1,3035	17,63	1,3113	1,3926	2,9618
2800	1,2880	1,2363	1,3168	18,15	1,3238	1,4076	3,0529
3000	1,2950	1,2488	1,3221	18,39	1,3287	1,4140	3,0895

Dissoziation nur bei Luft berücksichtigt.

Da die spezifische Wärme c jedoch stark von der Temperatur T abhängt (Tabelle 2.2) und das zudem nichtlinear (Bild 2.18), gilt deshalb Formel 2.50 nur näherungsweise in einem engen Temperaturbereich und mit einer für diesen Bereich **mittleren spezifischen Wärme** c_m, auch mit $\overline{c}$ bezeichnet (Bild 2.18). Nicht verwechseln mit der Strömungsgeschwindigkeit!

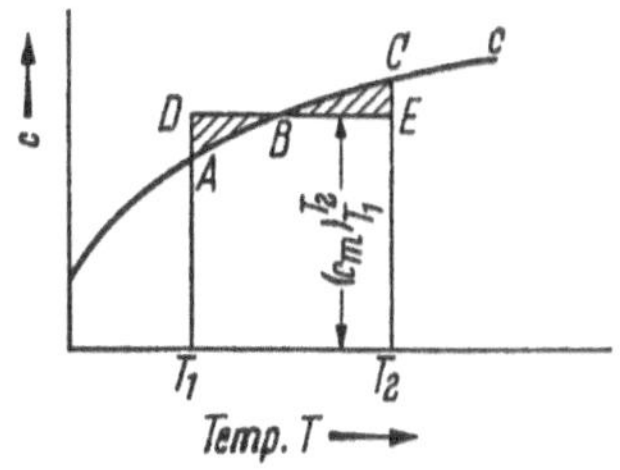

Bild 2.18
Mittlere spezifische Wärme

$$Q_{12} = m \int_{T_1}^{T_2} c \, \mathrm{d}T = m \cdot c_m \Big|_{T_1}^{T_2} (T_2 - T_1)$$

Daraus folgt die Definitionsgleichung der **mittleren spezifischen Wärme** für den Temperaturbereich von T_1 bis T_2

$$c_m\Big|_{T_1}^{T_2} = \frac{1}{T_2 - T_1}\int_{T_1}^{T_2} c\,\mathrm{d}T \tag{2.51}$$

Allgemein gilt: Alle Stoffgrößen sind mehr oder weniger stark von den primären Zustandsgrößen Druck p und Temperatur T abhängig. Das gilt besonders für Gase und Dämpfe (kompressible Fluide). Bei Flüssigkeiten (quasi inkompressible Fluide) ist bei üblichen Drücken (bis ca. 1000 bar) der Druckeinfluss meist vernachlässigbar.

Druck p und Temperatur T werden deshalb als primäre Zustandsgrößen bezeichnet, da sie direkt zugänglich, d. h. messbar sind.

2.3.4 Enthalpie

Die bisher im Abschnitt 2.3.2 betrachteten Prozesse liefen in abgeschlossenen Systemen ab. In der Technik sind aber die offenen Systeme wichtiger, weil die meisten Prozesse mit Stoffdurchfluss verlaufen. Nur so kann z. B. in einer Maschine stetig Arbeit verrichtet werden.

Für die folgenden Überlegungen ersetzen wir das offene System durch ein abgeschlossenes Ersatzsystem und verfolgen eine bestimmte Stoffmasse m (Bild 2.19).

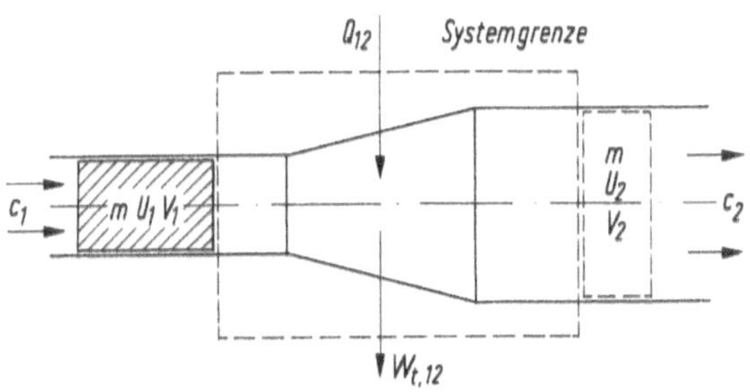

Bild 2.19
Technische Arbeit in einem offenen System ohne Reibungsarbeit zu Systemgrenze (Kontrollraum)

Im geschlossenen Ersatzsystem ersetzen wir die in das System nachströmende Stoffmasse durch eine Kraft, die gegen die Systemgrenze wirkt und dem System die Arbeit $-p_1 \cdot V_1$ zuführt. Entsprechend wird am Abfluss eine Arbeit $p_2 \cdot V_2$ abgeführt. Sämtliche Vorgänge verlaufen reibungsfrei, d. h., $W_r = 0$. Nach dem ersten Hauptsatz Formel 2.46 ist

$$Q_{12} - W_{12} = U_2 - U_1$$

Gibt das System die stetige technische Arbeit $W_{t,12}$ ab, so ist die am System verrichtete Gesamtarbeit (Energiebilanz)

$$W_{12} = W_{t,12} - p_1 \cdot V_1 + p_2 \cdot V$$

oder

$$w_{12} = w_{t,12} - p_1 \cdot v_1 + p_2 \cdot v_2$$

Damit

$$Q_{12} - \left(W_{t,12} - p_1 \cdot V_1 + p_2 \cdot V_2\right) = U_2 - U_1 \tag{2.52}$$

Definition der technischen Arbeit $W_{t,12}$

Beim adiabaten System ist $Q_{12} = 0$ und

$$-W_{t,12} = \left(U_2 + p_2 \cdot V_2\right) - \left(U_1 + p_1 \cdot V_1\right)$$

Die Klammerausdrücke enthalten nur Zustandsgrößen, die zu der Zustandsgröße *Enthalpie* zusammenfasst werden (Gesamtbeträge und spezifische Werte).

$$U + p \cdot V = H \quad \text{bzw.} \quad u + p \cdot v = h \tag{2.53}$$

Damit wird

$$-W_{t,12} = H_2 - H_1 \quad \text{oder} \quad -w_{t,12} = h_2 - h_1 \quad \text{bzw.} \quad w_{t,12} = h_1 - h_2 \tag{2.54}$$

Berücksichtigt man nun noch die Änderung der kinetischen Energie an dem betrachteten System (die Vernachlässigung der Energie der Lage ist bei Gasen und Dämpfen gerechtfertigt), ergibt die Energiebilanz für nichtadiabate Systeme

$$Q_{12} - W_{t,12} = \left(U_2 + p_2 \cdot V_2\right) - \left(U_1 + p_1 \cdot V_1\right) + \frac{m}{2}\left(c_2^2 - c_1^2\right)$$

$$U_1 + p_1 \cdot V_1 + \frac{m}{2} c_1^2 + Q_{12} = U_2 + p_2 \cdot V_2 + \frac{m}{2} c_2^2 + W_{t,12}$$

oder

$$u_1 + p_1 v_1 + \frac{c_1^2}{2} + q_{12} = u_2 + p_2 v_2 + \frac{c_2^2}{2} + w_{t,12} \tag{2.55}$$

Das ist die Energiegleichung für Kraft- und Arbeitsmaschinen.

Wir haben den Energiesatz in der Form der Bernoullischen Gleichung (Formel 2.25) kennengelernt, welche die Konstanz der Energiesumme aus statischer und kinetischer Energie für eine isentrope, d. h. verlustlose Rohrströmung aussagte.

$$z_1 + \frac{p_1}{g \cdot \varrho_1} + \frac{c_1^2}{2g} + u_1 = z_2 + \frac{p_1}{g \cdot \varrho_2} + \frac{c_2^2}{2g} + u_2$$

bzw.

$$g \cdot z_1 + \frac{p_1}{\varrho_1} + \frac{c_1^2}{2} + u_1 = g \cdot z_2 + \frac{p_2}{\varrho_2} + \frac{c_2^2}{2} + u_2 \tag{2.56}$$

allgemeine Energiegleichung

Infolge der geringen Dichte von Gasen und Dämpfen ist die Änderung der Energie der Lage $g \cdot z$ vernachlässigbar klein, jedoch darf hier die innere Energie u in der Energiebilanz im Gegensatz zu Flüssigkeiten nicht unberücksichtigt bleiben. Mit $\varrho = 1/v$ ergibt sich:

$$u_1 + p_1 \cdot v_1 + \frac{c_1^2}{2} = u_2 + p_2 \cdot v_2 + \frac{c_2^2}{2} \tag{2.57}$$

Diese oben abgeleitete Energiegleichung für Kraft- und Arbeitsmaschinen ist, wie der Vergleich zeigt, die um Wärmezufuhr und Abgabe von technischer Arbeit erweiterte Bernoulli-Gleichung. Unter Einführung der spezifischen Enthalpie $h = u + p \cdot v$ wird aus dieser allgemeinen Energiegleichung gemäß Formel 2.55

$$h_1 + \frac{c_1^2}{2} + q_{12} = h_2 + \frac{c_2^2}{2} + w_{t,12} \tag{2.58}$$

und bezogen auf ein adiabates System ohne Abgabe von technischer Arbeit $w_{t,12}$:

$$h_1 + \frac{c_1^2}{2} = h_2 + \frac{c_2^2}{2} \tag{2.59}$$

Diese Gleichung betrachtet eine Strömung in einer Rohrleitung an den Querschnitten *1* und *2* (Bild 2.20). Für die Ausströmung eines Gases oder Dampfes aus einem Kessel oder Behälter ist die Ausströmgeschwindigkeit nach Formel 2.59 allgemein mit $\Delta h = h_1 - h_2$

$$c_2 = \sqrt{2\,\Delta h + c_1^2} = \sqrt{2\left(\Delta h + c_1^2/2\right)} = \sqrt{2\,\Delta h_{ges}} \tag{2.60}$$

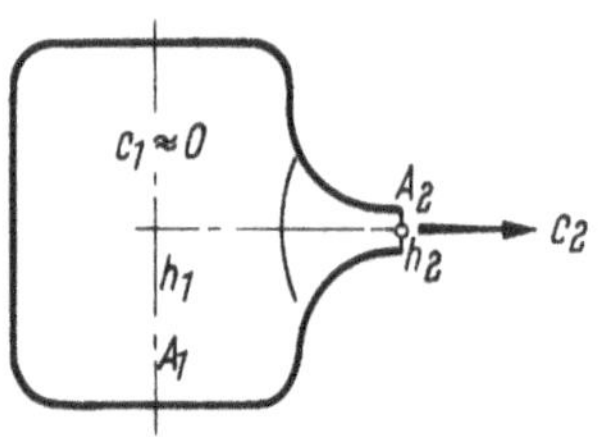

Bild 2.20
Ausströmung aus einer Mündung

Ist $c_1 \approx 0$, bzw. vergleichsweise von geringem Einfluss und deshalb vernachlässigbar, was meist der Fall ist, wird die Ausströmgeschwindigkeit aus der Düsenmündung (Bild 2.20)

$$c_2 \approx \sqrt{2(h_1 - h_2)} = \sqrt{2 \cdot \Delta h} \quad (2.61)$$

p,V- oder Arbeitsdiagramm

In Bild 2.21 ist ein Verlauf von p im p,V-Diagramm zwischen den zwei Punkten *1* und *2* eingetragen.

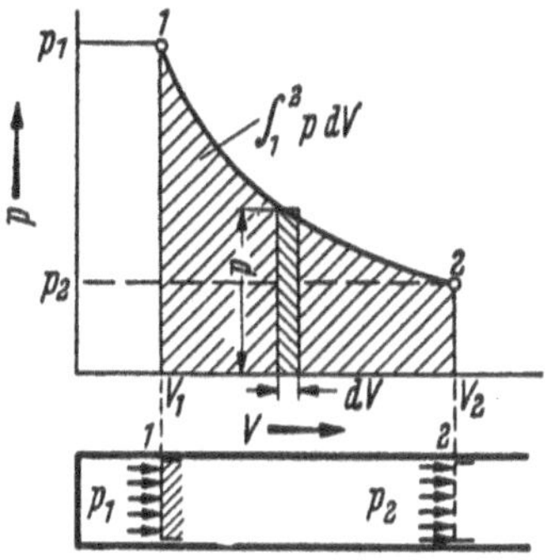

Bild 2.21
Volumenänderungsarbeit $\int p\mathrm{d}V$ im p,V-Diagramm

Die Linie *1-2* gibt die Zustandsänderung des Stoffes und die schraffierte Fläche unter *1-2* den Wert des Integrals

$$\int_1^2 p\mathrm{d}V$$

also die bei der Expansion des Stoffes von Stelle *1* bis *2* an den Kolben abgegebene Volumenänderungsarbeit, die sogenannte Verschiebearbeit, mit $v = V/m$

$$W_{12} = \int_1^2 p\mathrm{d}V \quad \text{sowie} \quad W_{12} = \int_1^2 p\mathrm{d}v \quad (2.62)$$

Würde sich der Kolben stattdessen von *2* bis *1* bewegen, so würde das Gas von p_2 auf p_1 komprimiert, und die vom Kolben aufgewendete Arbeit wäre

$$W_{21} = -W_{12} = \int_2^1 p\mathrm{d}V = -\int_1^2 p\mathrm{d}v$$

d. h., der Kolben würde Arbeit an das Gas abgeben.

Andere Schreibweise:

Aus Formel 2.53 folgt durch Differentiation

$$\mathrm{d}h = \mathrm{d}u + p\mathrm{d}v + v\mathrm{d}p$$

oder

$$\mathrm{d}u + p\mathrm{d}v = \mathrm{d}h - v\mathrm{d}p$$

und mit Formel 2.47 bei reversiblen, d.h. reibungsfreien Vorgängen (Index res weggelassen)

$$dq = du + p\,dv = dh - v\,dp \qquad (2.63)$$

oder

$$q_{12} = h_2 - h_1 - \int_1^2 v\,dp \qquad (2.64)$$

1. Thermodynamik-Hauptsatz

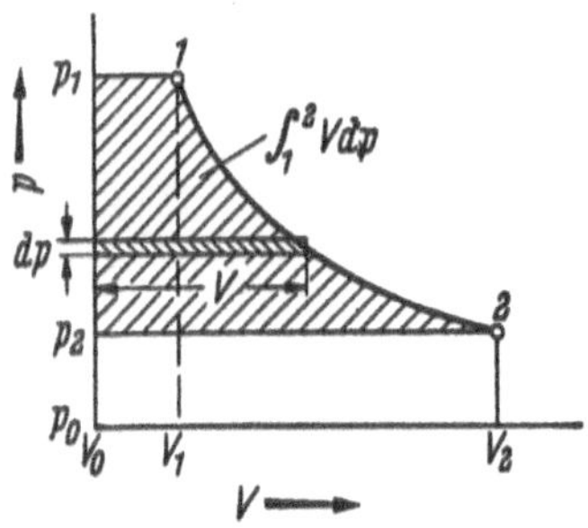

Bild 2.22
Technische Arbeit $\int V dp$ im p,V-Diagramm

Der Wert des Integrals ist die in Bild 2.22 schraffiert eingezeichnete **technische Arbeit**, die im Allgemeinen von der Volumenänderungsarbeit verschieden.

Die insgesamt vom oder an den Kolben übertragene Energie, die technische Arbeit, ist theoretisch gemäß Bild 2.22. $w_{12} = W_{12}/m$ ist dabei die Gasarbeit.

$$\int_1^2 p\,dV + p_1V_1 - p_2V_2 = \int_1^2 V\,dp = W_{t,12} = m \cdot w_{t,12}$$

oder für die spezifische technische Arbeit mit Formel 2.62

$$w_{t,12} = w_{12} + p_1 \cdot v_1 - p_2 \cdot v_2 \qquad (2.65)$$

2.3.5 Zustandsgleichungen des idealen Gases

2.3.5.1 Thermische Zustandsgleichung

Der Zustand eines homogenen Gases oder Dampfes ist durch die Dichte ϱ, den Druck p und die Temperatur T bestimmt. Diese **thermischen** Zustandsgrößen sind aber nicht voneinander unabhängig, sondern durch eine Gleichung miteinander verbunden, die **thermische Zustandsgleichung** des betreffenden Stoffes.

Leider gibt es für die technisch wichtigsten Stoffe, wie Luft und Wasserdampf, noch keine Gleichung, die im ganzen Bereich gültig wäre. Druck p und Temperatur T sind, da direkt messbar und technisch beeinflussbar, die primären Zustandsgrößen.

Für viele technische Anwendungen kann man sich aber mit einem gedachten **idealen Gas** behelfen, das sich durch eine sehr einfache Zustandsgleichung auszeichnet, die sog. **Gasgleichung** mit der Gaskonstante R (Stoffgröße) nach Formel 2.69:

$$pV = mRT \tag{2.66}$$

oder mit $V/m = v$

$$pv = RT \quad \text{bzw.} \quad p/\varrho = RT \tag{2.67}$$

differenziert mit Produktregel

$$p\,\mathrm{d}v + v\,\mathrm{d}p = R\,\mathrm{d}T \quad \text{bzw.} \quad p\,dv = R\,\mathrm{d}T - v\,\mathrm{d}p \qquad (2.67a$$

Bei p = konst, also dp = 0 folgt hieraus $\mathrm{d}v/\mathrm{d}T = R/p$.

Die Gasgleichung enthält zugleich das Boyle-Mariottesche Gesetz (pv = konst. bei T = konst.) und das Gay-Lussacsche Gesetz (ϱT = konst bei p = konst). Die wirklichen Gase, jedoch nicht Dämpfe, befolgen die Gasgleichung mit befriedigender Genauigkeit bei nicht zu hohen Drücken und nicht zu tiefen Temperaturen (Annäherung an die Kondensationsgrenze) im Bereich ihrer chemischen Beständigkeit. Bei sehr hohen Temperaturen, z. B. oberhalb ca. 2000 K, beginnen Verbrennungsgase zu dissoziieren, d. h. die Moleküle lösen sich in ihre Atome auf und über etwa 3000 K ionisieren die Atome (Elektronen werden frei), wobei jeweils Wärme gebunden wird.

Aus Formel 2.67 folgt zunächst die Dichte des Gases

$$\frac{m}{V} = \varrho = \frac{1}{v} = \frac{p}{R \cdot T} \tag{2.68}$$

Die **Gaskonstante** $R = p \cdot v/T$ hat die Dimension einer bezogenen Arbeit. Sie gibt an, welche Raumänderungsarbeit bei einer Temperaturänderung der Masseneinheit des Gases um ein Kelvin frei wird, also um 1 Grad (Kelvin oder °C, weshalb allgemein grad.).

Der Wert der Gaskonstanten lässt sich für alle Gase aus

$$R = R_\mathrm{m}/M \tag{2.69}$$

berechnen, wobei R_m, die **molekulare Gaskonstante**, für alle Gase denselben Wert hat und M die Molmasse (Tabelle 2.3) ist.

$$R_\mathrm{m} = 8{,}31432\,\mathrm{kJ}/(\mathrm{K} \cdot \mathrm{kmol})$$

Ein kmol eines Gases ist die Anzahl kg des Gases und zahlenmäßig gleich der Molmasse M.

Das molare Normvolumen V_{mn} des idealen Gases im physikalischen Normzustand (t_n = 0 °C, p_n = 1,01325 bar) beträgt

$$V_{mn} = \frac{R_m \cdot T_n}{p_n} = 22{,}4 \, \frac{m^3}{kmol} \tag{2.70}$$

Die **Stoffmenge n** ergibt sich aus der Division der Masse m durch die Molmasse $n = m/M$.

Tabelle 2.3 Molmassen *M* und Gaskonstanten *R* für verschiedene Gase

Gas	chem. Zeichen	Atomzahl	Molmasse *M* in kg/kmol	Gaskonstante *R* in $\frac{kJ}{kg \cdot K}$
Sauerstoff	O_2	2	32,000	0,2600
Stickstoff	N_2	2	28,016	0,2968
Luft			28,964	0,2871
Wasserstoff	H_2	2	2,016	4,1244
Kohlenoxid	CO	2	28,011	0,2968
Kohlendioxid	CO_2	3	44,011	0,1889
Wasserdampf	H_2O	3	18,016	0,4615

Hinweis: Index m hat verschiedene Bedeutungen, hier für molekular, in anderen Buchabschnitten für mechanisch und auch mittel.

2.3.5.2 Kalorische Zustandsgleichung

Die innere Energie u eines Gases, seine Enthalpie h und die (später zu behandelnde) Entropie s sind Zustandsgrößen, also durch p, v und T eindeutig bestimmt. Ihre Abhängigkeit von diesen thermischen Zustandsgrößen nennt man die **kalorische (oder Joulesche) Zustandsgleichung**.

Da die thermischen Zustandsgrößen durch die Gasgleichung miteinander verbunden sind und jeweils eine Größe durch die beiden anderen bestimmt ist, kann auch in der kalorischen Zustandsgleichung immer eine durch die beiden anderen ausgedrückt werden. Die kalorischen Zustandsgrößen u, h sowie s erscheinen also immer nur von zwei thermischen Zustandsgrößen abhängig, deren Wahl freisteht, meist den direkt zugänglichen (messbaren) primären p und T.

Zuvor eine Bemerkung über die spezifische Wärmekapazität: Nach Formel 2.49 war allgemein $c = dq/dT$. Bei Gasen kann nun c je nach der Art der Zustandsänderung verschiedene Werte annehmen. Zwei davon sind besonders wichtig, und zwar

- c_v, die spezifische Wärmekapazität bei einer Zustandsänderung, bei der das Volumen konstant bleibt, und
- c_p, die spezifische Wärmekapazität bei einer Zustandsänderung, bei welcher der Druck konstant bleibt.

Kurz ausgedrückt:

- c_v = **spezifische Wärmekapazität bei konstantem Volumen** und
- c_p = **spezifische Wärmekapazität bei konstantem Druck**.

Im ersten Fall dient die gesamte zugeführte Wärme zur Erhöhung der inneren Energie, da bei v = konst. keine äußere Arbeit geleistet wird.

$$c_v = (\mathrm{d}q/\mathrm{d}T)_{v=\mathrm{konst.}} = \mathrm{d}u/\mathrm{d}T + p(\partial v/\partial T)_{v=\mathrm{konst.}} = \mathrm{d}u/\mathrm{d}T \tag{2.71}$$

weil

$$(\partial v/\partial T)_{v=\mathrm{konst.}} = 0$$

da ∂v = 0 wegen v = konst.

Im zweiten Fall wird Wärme verbraucht, sowohl zur Erhöhung der inneren Energie des Gases als auch zur Verrichtung von Ausdehnungsarbeit gemäß

$$p \cdot (\partial v/\partial T)_{p=\mathrm{konst.}}$$

und damit

$$c_p = (\mathrm{d}q/\mathrm{d}T)_{p=\mathrm{konst.}} = \frac{\mathrm{d}u}{\mathrm{d}T} + P\left(\frac{\partial v}{\partial T}\right)_{p=\mathrm{konst.}} = \frac{\mathrm{d}h}{\mathrm{d}T} \tag{2.72}$$

Nach der Gasgleichung ist für ideale Gase $(\partial v/\partial T)_{p=\mathrm{konst.}} = R/p$. Dann werden nach Formel 2.71 und Formel 2.72

$$c_p = c_v + R \quad \text{oder} \quad c_p - c_v = R = (\mathrm{d}h - \mathrm{d}v)/\mathrm{d}T \tag{2.73}$$

c_p ist also um die Volumenänderungsarbeit im Betrag der Gaskonstanten R größer als c_v.

Mit Formel 2.71, Formel 2.73 und Formel 2.67 lautet die Formel 2.47 des ersten Hauptsatzes

$$\mathrm{d}q = c_v \mathrm{d}T + p\,\mathrm{d}v = \mathrm{d}u + p\,\mathrm{d}v = \mathrm{d}h - v\,\mathrm{d}p \tag{2.74}$$

Es kann nun auch ein einfacher Ausdruck für die Enthalpie des idealen Gases aufgestellt werden: In der Formel 2.53

$$h = u + pv$$

ist nach Formel 2.71

$$\mathrm{d}u = c_v \cdot \mathrm{d}T$$

oder

$$u = c_v \cdot T$$

und für den zweiten Summanden nach der Gasgleichung $pv = RT$ einzusetzen. Dann wird

$$h = (c_v + R)T = c_p T \tag{2.75}$$

Auch die Enthalpie des idealen Gases ist also der absoluten Temperatur proportional. Bei vielen thermodynamischen Rechnungen spielt das Verhältnis der beiden spezifischen Wärmen

$$\frac{c_p}{c_v} = \varkappa \tag{2.76}$$

eine wichtige Rolle. Der Isotropenexponent $\varkappa$ ist von der Atomzahl im Molekül abhängig und beträgt für **ideale**

- einatomige Gase $\varkappa = 1{,}66; f = 3$ da $\varkappa = (2 + f)/f$
- zweiatomige Gase $\varkappa \approx 1{,}40; f = 5$ $f \ldots$ Anzahl der Atomfreiheitsgrade
- dreiatomige Gase $\varkappa \approx 1{,}33; f = 6$ im Molekül

Später häufiger vorkommende Ausdrücke sind ferner mit $R = c_p - c_v$

$$\varkappa - 1 = \frac{R}{c_v} \quad \text{und} \quad \frac{\varkappa - 1}{\varkappa} = \frac{R}{c_p} \tag{2.77}$$

Beide ergeben sich aus Formel 2.73 und Formel 2.76.

2.3.6 Zweiter Hauptsatz

2.3.6.1 Entropie

Von *Clausius* wurde als physikalische Rechengröße definiert

$$\mathrm{d}s = \frac{\mathrm{d}q_{\mathrm{rev}}}{T} \tag{2.78}$$

Index rev bedeutet reversibel; wird meist verallgemeinernd weggelassen.

Daraus erhält man die Wärmemenge

$$\mathrm{d}q_{\mathrm{rev}} = T\,\mathrm{d}s \tag{2.79}$$

Die Entropie s ist die dritte kalorische Zustandsgröße neben u und h und kann wie die beiden anderen durch zwei thermische Zustandsgrößen ausgedrückt werden, deren Wahl freisteht, z. B. v und T oder p und T. Entropie s (Verwandlungsinhalt) als Kunstwort von *Clausius* gebildet aus **En** von Energie und **tropie** (griechisch), das Verwandlung ausdrückt. Entropie ist ein Gütewert. Wärme ist technisch umso wertvoller, je höher seine Temperatur und damit je kleiner sein s-Wert.

Als theoretische Rechengröße ist die Entropie weder direkt messbar noch anschaulich deutbar, dennoch eine wichtige physikalische Größe, welche die Ablaufsrichtung von Naturprozessen charakterisiert, und zwar in Richtung von s-Zunahme, also Entwertung.

Durch Integration von Formel 2.78 erhält man die Entropie-Differenz

$$s_2 - s_1 = \int_1^2 \frac{\mathrm{d}q_{\mathrm{rev}}}{T} \tag{2.80}$$

2.3.6.2 Darstellung der Entropie durch thermische Zustandsgrößen

Nach dem ersten Hauptsatz ist

$$\mathrm{d}q_{\mathrm{rev}} = \mathrm{d}u + p\mathrm{d}v = \mathrm{d}h - v\mathrm{d}p$$

In Formel 2.78 eingesetzt, folgt

$$\mathrm{d}s = \frac{\mathrm{d}u + p\mathrm{d}v}{T} = \frac{c_v \mathrm{d}T}{T} + \frac{p}{T}\mathrm{d}v$$

oder

$$\mathrm{d}s = \frac{\mathrm{d}h - v\mathrm{d}p}{T} = c_p \frac{\mathrm{d}T}{T} - \frac{v}{T}\mathrm{d}p$$

Aus der Gasgleichung $pv = RT$ folgt $p/T = R/v$ und $v/T = R/p$; damit wird

$$\mathrm{d}s = c_v \frac{\mathrm{d}T}{T} + R\frac{\mathrm{d}v}{v}$$

oder

$$\mathrm{d}s = c_p \frac{\mathrm{d}T}{T} - R\frac{\mathrm{d}p}{p}$$

und integriert

$$s_2 - s_1 = c_v \ln\frac{T_2}{T_1} + R\ln\frac{v_2}{v_1} \tag{2.81}$$

oder

$$s_2 - s_1 = c_p \ln\frac{T_2}{T_1} - R\ln\frac{p_2}{p_1} \tag{2.82}$$

2.3.6.3 Formulierungen des zweiten Hauptsatzes

Nach dem ersten Hauptsatz sind Wärmeenergie und mechanische Energie äquivalent; die eine Energieform kann in die andere Form überführt werden. Nach dem zweiten Hauptsatz kann zwar mechanische Energie unbeschränkt (vollständig) in Wärmeenergie verwandelt werden, umgekehrt aber Wärmeenergie in mechanische Energie nur mit erheblichen Einschränkungen, d. h. nur teilweise wenn ein Temperaturgefälle vorhanden ist. Das kann jedoch nur dann zum Arbeitsgewinn (mechanische Energie) genutzt werden, wenn gleichzeitig ein ausreichendes Druckgefälle besteht. Je größer das Temperaturgefälle und das zugehörende notwendige Druckgefälle sind, desto höher ist der von der Wärmeenergie umsetzbare Anteil in mechanische Energie (Exergie).

Für den zweiten Hauptsatz gibt es dementsprechend verschiedene Formulierungen, z. B.:

a) Wärme kann nie von selbst von einem Körper niederer Temperatur auf einen Körper höherer Temperatur übergehen.

b) Wärme kann nur zum Teil in mechanische Energie umgewandelt werden.

c) Bei irreversiblen Prozessen eines abgeschlossenen Systems wird Exergie in Anergie umgewandelt. Bei reversiblen Prozessen bleibt die Exergie konstant.

d) Anergie kann nicht in Exergie umgewandelt werden.

e) *Clausius* hat den zweiten Hauptsatz auf das ganze Weltall ausgedehnt und geschrieben: „Die Entropie des Weltalls strebt einem Maximum zu."

2.3.6.4 Exergie

Die Aussagen des zweiten Hauptsatzes können auch so interpretiert werden: Es gibt wertvollere und minderwertige Energieformen. Mechanische und elektrische Energie z. B. sind hochwertige Energieformen, denn sie können durch reversible Prozesse unbegrenzt ineinander umgewandelt und ebenfalls unbegrenzt durch irreversible Prozesse in innere Energie überführt werden. Dagegen sind innere Energie und Wärme nur bis zum Umgebungszustand abbaubar. Sie lassen sich also selbst durch ideale, reversible Prozesse nur begrenzt in mechanische Energie umwandeln (vorhergehende Position b). Bei irreversiblen Prozessen wird die Energie-Nutzbarkeit wegen Reibungswärme vermindert und dadurch teilweise die Energie entwertet. Befindet sich ein System im Zustandsgleichgewicht mit seiner Umgebung, ist seine innere Energie technisch wertlos.

Innere Energie und Wärme sind also zwar Energieformen, die den Gesetzen der Energie, z. B. dem ihrer Erhaltung, unterliegen. Sie lassen sich aber nicht vollständig in andere Energieformen umwandeln, und eine Angabe über ihre Größe enthält keine Aussage über den umwandelbaren Anteil. Für die innere Energie und die Wärme wird also noch ein weiterer Begriff benötigt, der neben der Größe der Energie auch noch ihre Arbeitsfähigkeit kennzeichnet. Dieser Begriff wurde 1953 von *Rant* eingeführt und *Exergie* genannt, der in mechanische Arbeit (Energie) umwandelbare Wärmeanteil. Der verbleibende, arbeitstechnisch nutzlose Energierest ist die *Anergie;* jedoch oft noch für Heizzwecke einsetzbar.

2.3.6.5 *T,s*- oder Wärmediagramm

Eine der wichtigen Anwendungen des II. Hauptsatzes ist die Erstellung des *T,s*- oder **Wärmediagramms**. Ebenso wie im *p,V*- oder **Arbeitsdiagramm** entspricht jedem Punkt ein Zustand des Fluides und jeder Linie eine Zustandsänderung desselben.

Betrachten wir z. B. in Bild 2.23 die Zustandsänderungslinie *1–2*, so ist nach Formel 2.79 für das Element ds die Fläche T ds = dq. Die während der ganzen Zustandsänderung *zugeführte* Wärmemenge demnach also

$$q_{12} = \int_1^2 T \, \mathrm{d}s \qquad (2.82a)$$

Sie ist gleich der schraffierten Fläche unter *1–2* in Bild 2.23.

Nimmt während einer Zustandsänderung die Entropie des Stoffes ab, so wird Wärme abgeführt. Die Fläche q_{34} ist deshalb negativ und stellt eine während der Zustandsänderung *abgeführte* Wärme dar. Das Wärmediagramm gibt also auch das Vorzeichen der ausgetauschten Wärme an.

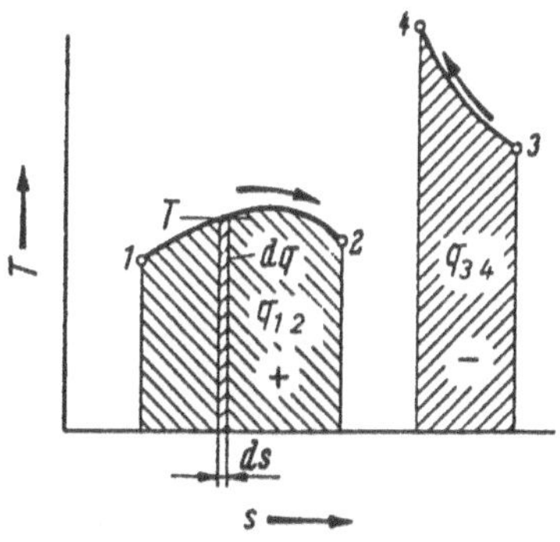

Bild 2.23
Wärmezufuhr und Wärmeabfuhr im *T,s*-Diagramm

Wird bei einer Zustandsänderung Wärme weder zu- noch abgeführt, so muss die Zustandsänderung bei konstanter Entropie erfolgen, d. h. auf einer **Isentrope**, im Wärmediagramm, d. h. gemäß einer vertikalen Linie. Isentrope Zustandsänderungen müssen sich – strenggenommen – also in einem wärmedichten Gefäß abspielen, das keinen Wärmeaustausch nach außen zulässt und deshalb verschiedentlich ungenau als **adiabate** Zustandsänderungen bezeichnet. Näherungsweise werden sie bei schnell laufenden Wärmekraftmaschinen auch bei nicht wärmedichten Gefäßen näherungsweise verwirklicht, wenn die Zeit der Zustandsänderung zu kurz ist, um nennenswerte Wärmemengen zu übertragen.

Auch die Enthalpie h und die innere Energie u lassen sich im Wärmediagramm darstellen (Bild 2.24).

Nach dem ersten Hauptsatz ist $\mathrm{d}q = \mathrm{d}u + p\mathrm{d}v = \mathrm{d}h - v\,\mathrm{d}p$, und damit für eine Isochore (v = konst.) ist $\mathrm{d}q = \mathrm{d}u$ und für eine Isobare (p = konst.) wird $\mathrm{d}q = \mathrm{d}h$.

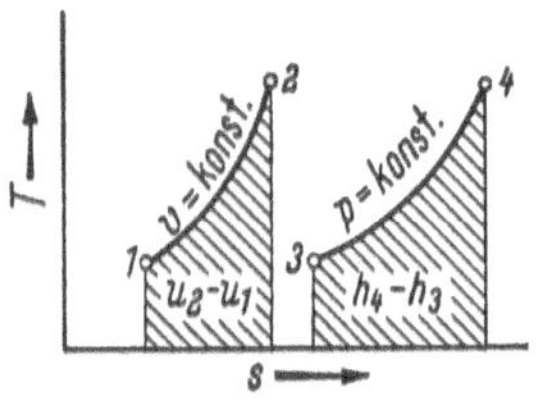

Bild 2.24 Innere Energie u und Enthalpie h im T,s-Diagramm

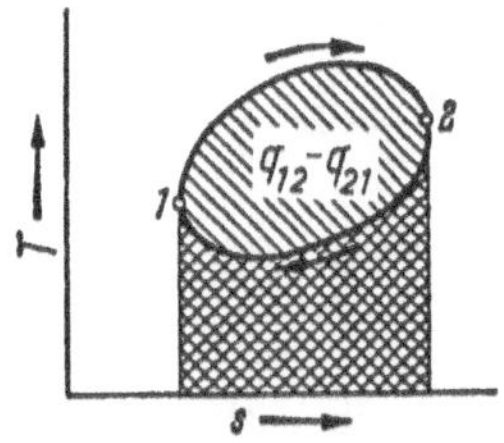

Bild 2.25 Kreisprozess im T,s-Diagramm $q_{12} - q_{21}$ = gewonnene mechanische Arbeit

Die Fläche unter der Isochore *1-2* ist also

$$q_{12} = u_2 - u_1$$

und die Fläche unter der Isobare *3-4* gleich

$$q_{34} = h_4 - h_3$$

Bild 2.25 stellt einen **Kreisprozess** dar, bestehend aus den beiden Zustandsänderungen *1-2* (mit Entropiezunahme) und *2-1* (mit Entropieabnahme).

Bei der Zustandsänderung *1-2* wird die Wärmemenge q_{12} zugeführt (\\\ schraffiert) und bei der Zustandsänderung *2-1* wird die Wärmemenge q_{21} abgeführt (/// schraffiert). Die Betrags-Differenz ist nach dem ersten Hauptsatz gleich dem Wärmewert $Q = m \cdot q$ der gewonnenen mechanischen Arbeit $W = m \cdot w$, die Exergie:

$$W = Q_{12} - Q_{21} \quad \text{oder} \quad w = q_{12} - q_{21} \tag{2.83}$$

Es erscheinen also die zu- und abgeführte Wärme wie auch die Arbeit als Flächen im T,s-Diagramm. Das p,V-Diagramm zeigt nur die Arbeit (Exergie).

Ein Blick auf das Wärmediagramm eines Kreisprozesses gemäß Bild 2.25 gibt sofort auch Auskunft über seinen thermischen Wirkungsgrad:

$$\eta_{\text{th}} = \frac{W}{Q_{12}} = \frac{Q_{12} - Q_{21}}{Q_{12}} = \frac{q_{12} - q_{21}}{q_{12}} \tag{2.84}$$

2.3.7 Technisch wichtige Zustandsänderungen

Jede Kurve im p,V- oder T,s-Diagramm stellt eine thermische Zustandsänderung des Mediums (Gas, Dampf) dar. Von technischem Interesse sind vor allem einige durch besondere Eigenschaften ausgezeichnete Zustandsänderungen:

die reversible Zustandsänderung bei adiabatem System - die Isentrope ($ds = 0$, $dq = 0$); die irreversible Zustandsänderung bei nichtadiabatem System - die Polytrope ($ds \neq 0$).

Sonderfälle der Polytropen sind:

- die irreversible Zustandsänderung bei adiabatem System - die Adiabate ($dq \approx 0$, aber Reibung); auch als Überisentrope bezeichnet, da $n > \varkappa$;
- die irreversible Zustandsänderung bei gleicher Temperatur - die Isotherme ($dT = 0$, $dq \neq 0$ und Reibung); sogenannte Überisotherme oder Unterisentrope, da $1 > n < \varkappa$;
- die irreversible Zustandsänderung bei gleichem Druck - die Isobare ($dp = 0$) und die irreversible Zustandsänderung bei gleichem Volumen - die Isochore ($dV = 0$).

Technisch wichtig sind noch zwei weitere irreversible Zustandsänderungen:

- die Drosselung, eine Ausdehnung ohne äußere Arbeitsverrichtung ($dh = 0$),
- und die Mischung von Stoffströmen.

Den Verlauf der Zustandsänderungen in p,v- und T,s-Diagrammen zeigt Bild 2.26.

Die aus den bisher bekannten Gesetzen der Thermodynamik der Gase hergeleiteten Gesetzmäßigkeiten der Zustandsänderungen sind in Tabelle 2.4 festgehalten.

Der Vorgang bei der Mischung von Fluiden unterliegt wie alle Vorgänge den Gesetzen der Erhaltung der Masse und der Energie. Wenn zwei Massen m_1 und m_2 oder zwei Massenströme $\dot{m}_1$ und $\dot{m}_2$ sich mischen, muss die Mischung m_3 oder $\dot{m}_3$ die Massen, aber auch die Energien der beiden Komponenten enthalten.

$$\begin{aligned} &m_1 \cdot h_1 + m_2 \cdot h_2 = m_3 \cdot h_3 \qquad && \dot{m}_1 \cdot h_1 + \dot{m}_2 \cdot h_2 = \dot{m}_3 \cdot h_3 \\ &m_1 + m_2 = m_3 && \dot{m}_1 + \dot{m}_2 = \dot{m}_3 \end{aligned} \tag{2.85}$$

Tabelle 2.4 Zustandsänderungen für ideales Gasverhalten (R = konst und $\varkappa$ = konst; bzw. n = konst)

Zustands-änderung		Kriterium	Zustandsgleichung	Gesetzmäßigkeiten
Polytropen ds ≠ 0	Isentrope	$ds = 0$ $dq = 0$ $n = \varkappa$ ohne Wärmeaustausch und ohne Reibung	$p \cdot v^{\varkappa} = \frac{p}{\varrho^{\varkappa}} = \text{konst.}$ $T \cdot v^{\varkappa-1} = \frac{T}{\varrho^{\varkappa-1}} = \text{konst.}$	$\frac{T_2}{T_1} = \left(\frac{v_1}{v_2}\right)^{\varkappa-1} = \left(\frac{\varrho_2}{\varrho_1}\right)^{\varkappa-1} = \left(\frac{p_2}{p_1}\right)^{\frac{\varkappa-1}{\varkappa}}$ $\frac{p_2}{p_1} = \left(\frac{v_1}{v_2}\right)^{\varkappa} = \left(\frac{\varrho_2}{\varrho_1}\right)^{\varkappa} = \left(\frac{T_2}{T_1}\right)^{\frac{\varkappa}{\varkappa-1}}$ $\frac{v_2}{v_1} = \frac{\varrho_1}{\varrho_2} = \left(\frac{p_1}{p_2}\right)^{\frac{1}{\varkappa}} = \left(\frac{T_1}{T_2}\right)^{\frac{1}{\varkappa-1}}$
	Adiabate	$dq \approx 0$ $n \approx \varkappa$	angenähert wie Isentrope	angenähert wie Isentrope
	Isotherme	$dT = 0$ $n = 1$	$p \cdot v = \frac{p}{\varrho} = \text{konst.}$	$\frac{p_2}{p_1} = \frac{v_1}{v_2} = \frac{\varrho_2}{\varrho_1}$
	Isobare	$dp = 0$ $n = 0$	$\frac{T}{v} = T\varrho = \text{konst.}$	$\frac{v_2}{v_1} = \frac{\varrho_1}{\varrho_2} = \frac{T_2}{T_1}$
	Isochore	$dv = d\varrho = 0$ $n = \infty$	$\frac{T}{p} = \text{konst.}$	$\frac{T_2}{T_1} = \frac{p_2}{p_1}$
	ideale Drosselung	$dh = 0$	$h = \text{konst.}$	$c_2 = c_1$
	Polytrope, allgemein	$ds \neq 0$ $dq \neq 0$ $n \neq \varkappa$ $n < \varkappa$ Unterisentrope $n > \varkappa$ Überisentrope $n < \varkappa$ Teilwärmeaustausch; $n > \varkappa$ ohne Wärmeaustausch bei Reibung	$p \cdot v^{n} = \frac{p}{p^{n}} = \text{konst.}$ $T \cdot v^{n-1} = \frac{T}{p^{n-1}} = \text{konst.}$	$\frac{T_2}{T_1} = \left(\frac{v_1}{v_2}\right)^{n-1} = \left(\frac{\varrho_2}{\varrho_1}\right)^{n-1} = \left(\frac{p_2}{p_1}\right)^{\frac{n-1}{n}}$ $\frac{p_2}{p_1} = \left(\frac{v_1}{v_2}\right)^{n} = \left(\frac{\varrho_2}{\varrho_1}\right)^{n} = \left(\frac{T_2}{T_1}\right)^{\frac{n}{n-1}}$ $\frac{v_2}{v_1} = \frac{\varrho_1}{\varrho_2} = \left(\frac{p_1}{p_2}\right)^{\frac{1}{n}} = \left(\frac{T_1}{T_2}\right)^{\frac{1}{n-1}}$

Zustands-änderung		Volumenänderungsarbeit	technische Arbeit	Wärmezufuhr oder -abg.
Polytropen ds ≠ 0	Isentrope	$w_{1-2} = \frac{R\cdot T_1}{\varkappa-1}\left[1-\left(\frac{p_2}{p_1}\right)^{\frac{\varkappa-1}{\varkappa}}\right]$ $= \frac{R\cdot T_1}{\varkappa-1}\left(1-\frac{T_2}{T_1}\right)$ $= \frac{R\cdot T_1}{\varkappa-1}\left[1-\left(\frac{v_1}{v_2}\right)^{\varkappa-1}\right]$ $= \frac{1}{\varkappa-1}(p_1\cdot v_1 - p_2\cdot v_2)$	$w_t = \varkappa \cdot w_{1-2}$ für $p_1 > p_2$ ist w positiv $\frac{R\cdot T_1}{\varkappa-1} = \frac{p_1\cdot v_1}{\varkappa-1} = c_v\cdot T_1$ $\varkappa\cdot c_v\cdot T_1 = c_p\cdot T_1$ $w_t = h_1 - h_2$ $= c_p(T_1 - T_2)$ bei $c_p \approx$ konst.	$q_{1-2} = 0$
	Adiabate	angenähert wie Isentrope	angenähert wie Isentrope	angenähert wie Isentrope
	Isotherme	$w_{1-2} = p_1\cdot v_1\cdot \ln\frac{p_1}{p_2}$ $= p_1\cdot v_1\cdot \ln\frac{v_2}{v_1}$ $= R\cdot T\cdot \ln\frac{p_1}{p_2}$ $= R\cdot T\cdot \ln\frac{v_2}{v_1}$	$w_t = w_{1-2}$	$q_{1-2} = w_{1-2}$
	Isobare	$w_{1-2} = p(v_2 - v_1)$ $= R(T_2 - T_1)$	$w_t = 0$	$q_{1-2} = c_p(T_2 - T_1) = h_2 - h_1$ $= \frac{\varkappa}{\varkappa-1} w_{1-2}$
	Isochore	$w_{1-2} = 0$	$w_t = v(p_2 - p_1)$ $= \frac{p_2 - p_1}{\varrho}$	$q_{1-2} = c_v(T_2 - T_1) = u_2 - u_1$ $= \frac{v}{\varkappa-1}(p_2 - p_1)$
	ideale Drosse-lung	$w_{1-2} = u_1 - u_2$	$w_t = 0$	$q_{1-2} = 0$
	Polytrope, allgemein	$w_{1-2} = \frac{R\cdot T_1}{n-1}\left[1-\left(\frac{p_2}{p_1}\right)^{\frac{n-1}{n}}\right]$ $= \frac{R\cdot T_1}{n-1}\left(1-\frac{T_2}{T_1}\right)$ $= \frac{R\cdot T_1}{n-1}\left[1-\left(\frac{v_1}{v_2}\right)^{n-1}\right]$ $= \frac{1}{n-1}(p_1\cdot v_1 - p_2\cdot v_2)$	$w_t = n\cdot w_{1-2}$ $p_2 > p_1$ ist w negativ $\frac{R\cdot T_1}{n-1} = \frac{p_1\cdot v_1}{n-1}$	$q_{1-2} = \frac{\varkappa-n}{\varkappa-1} w_{1-2}$ $= \frac{n-\varkappa}{n-1} c_v (T_2 - T_1)$

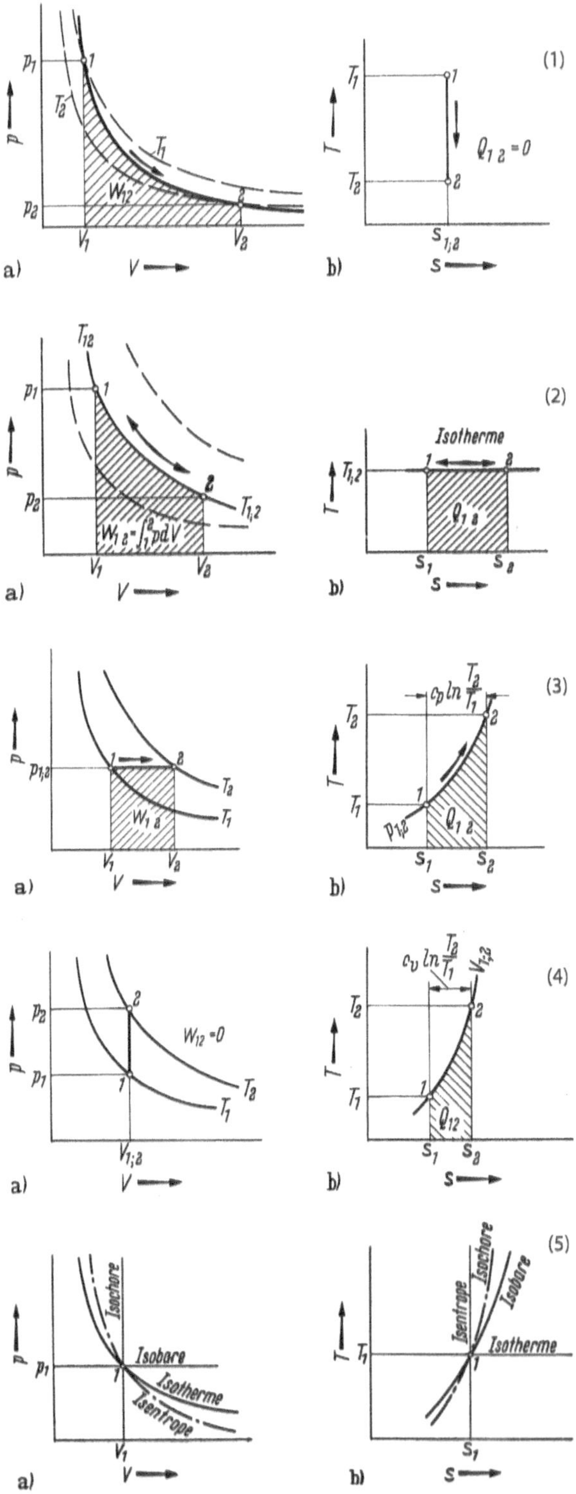

(1) Isentrope (s = konst.), angenähert auch Adiabate
(2) Isotherme (T = konst.)
(3) Isobare (p = konst.)
(4) Isochore (υ = konst.)
(5) Polytropen mit verschiedenen Exponenten n

Bild 2.26
Verlauf der Zustandsänderungen in a) p,v- und b) T,s-Diagrammen

2.3.8 Gasgemische

Neben reinen Gasen spielen in der Technik Gasmischungen eine große Rolle. Schon die Luft ist eine Mischung von hauptsächlich Stickstoff und Sauerstoff sowie einigen weiteren Stoffen in geringem Anteil. In Feuerungen und in den Arbeitszylindern von Verbrennungsmotoren sind Mischungen verschiedener Gase vorhanden. Soweit die Einzelgase näherungsweise als ideale Gase betrachtet werden dürfen und chemisch nicht reagieren, gilt für die Mischung das **Daltonsche Gesetz:**

In einem Gasgemisch verhält sich jedes Gas so, als ob es in dem Raum, den die Mischung einnimmt, allein vorhanden wäre. Es erfüllt den ganzen Raum der Mischung und wird durch die anderen Gase nicht beeinflusst. Im thermischen Gleichgewicht haben alle Gasbestandteile der Mischung dieselbe Temperatur. Der Druck ist gleich der Summe der **Teildrücke** der einzelnen Gase *(Dalton):*

$$p = p_1 + p_2 + p_3 + \ldots$$

Befinden sich z. B. im Volumen V bei der Temperatur T zugleich m_1 kg eines Gases mit der Gaskonstanten R_1 und dem Teildruck p_1 sowie m_2 kg eines anderen Gases mit der Gaskonstanten R_2 und dem Teildruck p_2, so gelten für die Einzelgase die Gleichungen

$$p_1 V = m_1 R_1 T$$

und

$$p_2 V = m_2 R_2 T$$

Daraus folgt

$$pV = (p_1 + p_2)V = (m_1 R_1 + m_2 R_2)T$$

oder

$$pv = (m_1 R_1 / m + m_2 R_2 / m)T$$

Die Größe

$$R_\mathrm{m} = m_1 R_1 / m + m_2 R_2 / m = \sum m_i R_i / m \qquad (2.86)$$

ist die Gaskonstante des Gemisches aus i Gasen (zuvor ist i = 2).

Die Teildrücke sind mit Mittelwert R_m (Index m)

$$p_i = p \cdot \frac{m_i R_i}{\sum m_i R_i} = p \cdot \frac{R_i}{R_\mathrm{m}} \cdot \frac{m_i}{m} \qquad (2.87)$$

2.3.9 Normalatmosphäre (Aerostatik)

Bei der Bestellung von Maschinen muss die vereinbarte Leistung auf einen bestimmten Luftzustand bezogen werden. Bei Luftverdichtern hängt der Ansaugzustand der ersten Stufe auch von der Höhenlage des Aufstellungsortes ab. Ebenso ist die Leistung von Brennkraftmaschinen und Feuerungen von der topografischen Ortshöhe, d.h. den dort herrschenden Luftzuständen, abhängig. Vertraglich bedient man sich am besten der **Internationalen Normalatmosphäre** (INA) nach DIN 5450 und definiert die Leistung für die gewünschte INA-Höhe.

Für die INA-Troposphäre (0 – 11 km Höhe) ist in $H_0 = 0$ (Höhe des Meeresspiegels, sog. Nullhöhe oder auch Normal Null NN) ein Luftdruck p_0 = 1013,25 hPa = $1{,}01325 \cdot 10^5$ N/m² bei $t_0 = 15\,°\mathrm{C}$ angenommen. Dem entspricht nach der Gasgleichung mit Gaskonstante $R = 287$ N · m/(kg · K), Tabelle 2.3, eine Dichte

$$\varrho_0 = \frac{1}{v_0} = \frac{p_0}{R \cdot T_0} = 1{,}2258\,\mathrm{kg/m^3}$$

Dann polytropische Zustandsänderung mit einem Temperaturabfall von 6,5 K je km Höhenzunahme. Diese ergibt mit H in km als Höhe über H_0 für p und ϱ die Gleichungen

$$p = p_0 \left(1 - \frac{6{,}5\,H}{288}\right)^{5{,}255} \approx p_0 \left(1 - 0{,}22 \cdot H\right)^{5{,}26} \tag{2.88}$$

und

$$\varrho = \varrho_0 \left(1 - \frac{6{,}5\,H}{288}\right)^{4{,}255} \approx \varrho_0 \left(1 - 0{,}22 \cdot H\right)^{4{,}26} \tag{2.89}$$

Infolge von Wettereinflüssen ist beim Einsatz von Maschinen mit Schwankungen des Luftdrucks von rd. 5 % und der Dichte von rd. 10 % um die INA-Mittelwerte zu rechnen.

Zum Nachweis einer Garantieleistung muss die gemessene Leistung zum Vergleich auf die Normalatmosphäre umgerechnet werden, sogenannte Basisleistung.

2.3.10 Feuchte Gase

Bisher wurde mit reiner Luft bzw. reinen Gasen gerechnet. Atmosphärische Luft und die meisten technisch verwendeten Gase enthalten aber Wasserdampf, der – solange er nicht gesättigt ist – nach dem Daltonschen Gesetz zu behandeln und z. B. bei der Berechnung des erforderlichen Hubvolumens zu berücksichtigen ist.

Der Dampfdruck ist $p_\mathrm{D} = \varphi \cdot p'$ mit der relativen Feuchte φ und dem Sättigungsdruck p', der nur von der Temperatur abhängig ist.

Bei gleicher Reingasmenge ist das tatsächlich anzusaugende Volumen im Verhältnis $p/(p - p_D)$ oder bei Sättigung $p/(p - p')$ größer als ohne Wasserdampfgehalt.

In den Zwischenkühlern mehrstufiger Verdichter verflüssigt sich ein Teil des Wasserdampfes und muss durch besondere Abscheider entfernt werden.

2.3.11 Strömung mit großen Druckänderungen

2.3.11.1 Dynamische Temperatur

Nach Formel 2.59 und Tabelle 2.4 ist

$$\frac{c_2^2 - c_1^2}{2} = h_1 - h_2 = c_p \left(T_1 - T_2\right)$$

oder

$$T_1 - T_2 = \frac{c_2^2 - c_1^2}{2c_p} \tag{2.90}$$

Mit c_p = konst. oder $c_p = f(T)$ lässt sich also die Geschwindigkeit c allein als Temperaturfunktion darstellen.

Das Temperaturäquivalent $\Delta T_\mathrm{d} = T_2 - T_1$ zum Staupunkt ($c_2 = 0$) bei der Geschwindigkeit $c = c_1$ ergibt Formel 2.90:

$$\Delta T_\mathrm{d} = \frac{c^2}{2c_p} \tag{2.91}$$

ΔT_d ist die **dynamische Temperaturerhöhung** oder **Stautemperatur**, die zudem lediglich noch von der spezifischen Wärmekapazität abhängt.

An der Oberfläche eines Flugzeuges wird die Energie der Fluggeschwindigkeit c durch Reibung vernichtet (entsprechend in Wärme), bzw. durch Stau in ihr Temperaturäquivalent ΔT_d verwandelt. Die Temperaturerhöhung ist beim Aufstau für

c =	44,8	141,6	448	1416	4480	m/s
	161	510	1612	5100	16120	km/h
ΔT_d =	1	10	100	1000	10000	K

(gerechnet mit c_p = konst. = 1,0042 kJ/(kg · K), was in so weiten Bereichen in Wirklichkeit nicht mehr zulässig ist).

2.3.11.2 Totalzustand (Gesamtzustand, Ruhezustand)

Bei thermischen Turbomaschinen, insbesondere bei Turboverdichtern, ist es zweckmäßig, den Begriff des Totalzustandes einzuführen, der auch als Gesamtzustand oder Ruhezustand bezeichnet werden kann. Er kennzeichnet den Zustand, der erreicht wird, wenn ein strömendes Gas aus dem Zustand h, p, T isentrop von der Anfangsgeschwindigkeit c auf null (Ruhe) gebracht wird. Ein strömendes Gas besitzt also jeweils zwei Zustandsgrößen, die der inneren Energie entsprechenden statischen Zustandsgrößen und die der kinetischen Energie entsprechenden dynamischen Zustandsgrößen des Totalzustandes. Dem Totalzustand entsprechen nach Formel 2.90

die Totalenthalpie

$$h_0 = h + c^2/2 \tag{2.92}$$

der Totaldruck

$$p_0 = p + \varrho \cdot c^2/2$$

die Totaltemperatur

$$T_0 = T + \frac{c^2}{2 \cdot c_p}$$

und (Formel 2.91)

$$\Delta T_\mathrm{d} = T_0 - T = \Delta t_\mathrm{d}$$

Unter Vernachlässigung der Energie der Lage wird dann aus der Energiegleichung der Kraft- und Arbeitsmaschinen von Zustand *1* auf *2* gemäß Formel 2.58 (ohne Indizes 1; 2 bei w_t und q)

$$w_\mathrm{t} + q = \left(h_2 + c_2^2/2\right) - \left(h_1 + c_1^2/2\right) \tag{2.93}$$

mit den Zustandsgrößen des Totalzustandes und Formel 2.92

$$w_\mathrm{t} + q = h_{0,2} - h_{0,1} \tag{2.94}$$

2.3.12 Kreisprozesse

Wie bereits in Abschnitt 2.3.6.5 erwähnt, kann bei richtiger Aneinanderreihung von Zustandsänderungen Arbeit oder Nutzenergie freigesetzt werden. Die in der Technik wichtigen Kreisprozesse setzen sich aus vier, in Ausnahmefällen aus fünf Zustandsänderungen zusammen. Alle Kreisprozesse können im Uhrzeigersinn durchfahren werden, dann sind sie Kraftmaschinenprozesse, oder im Gegenuhrzeigersinn, dann sind dies Arbeitsmaschinenprozesse (siehe Abschnitt 1.3).

Thermodynamische Kreisprozesse, d.h. die exakte Aneinanderreihung thermodynamischer Zustandsänderungen, sind technisch nur angenähert zu verwirklichen. Man nennt diese daher auch Vergleichsprozesse und benutzt sie, um die

Güte einer Maschine zu beurteilen. Das Verhältnis des inneren Maschinenwirkungsgrades zum thermischen Wirkungsgrad des Vergleichsprozesses wird als Gütegrad definiert.

Der Kreisprozess mit dem besten thermischen Wirkungsgrad, der Carnot-Prozess, ist technisch nicht einmal angenähert zu verwirklichen, weil besonders die erforderliche isotherme Verdichtung auch theoretisch unmittelbar nicht möglich ist. Man bemüht sich jedoch als Ziel sowie Maßstab - wenn letztlich auch nicht erreichbar - darum, technische Maschinenprozesse dem Carnot-Prozess weitestmöglich anzugleichen und nennt das Carnotisieren. Wärmeübertrag erfordert bekanntlich Temperaturdifferenz und Zeit.

In Tabelle 2.5 sind die wichtigsten thermodynamischen Kreisprozesse dargestellt und ihre Gesetzmäßigkeiten systematisch aufgeführt. Enthält auch den Carnot-Wirkungsgrad.

Infolge der verwirklichbaren oberen Temperatur T_0 (Verbrennung, Werkstoffe) und der erreichbaren unteren Temperatur T_u (Abgas) liegen die Carnot-Wirkungsgrade $\eta_C = 1 - T_u/T_0$ (in Tabelle 2.5 mit η_{th} bezeichnet) praktisch immer von thermischen Kraftmaschinen (Motoren und Turbinen) unter 70 %. Infolge der Abweichung vom Carnot-Prozess und den Verlusten durch alle Arten von Reibung sowie Leckstellen (Dichtungen) liegen die erreichbaren Gesamtwirkungsgrade von Motoren und thermischen Turbinen (Gas, Dampf) fast immer deutlich unterhalb von 50 %.

2.3.13 Laval-Düse

Die sekundlich durch die Düse strömende Gas- oder Dampfmenge ist nach Durchflussgleichung, Formel 2.18:

$$\dot{m} = A \cdot c \cdot \varrho = Ac/v \tag{2.95}$$

Bei Gasen und Dämpfen ist die Dichte ϱ veränderlich. Beschränken wir uns wieder auf den einfachen Fall des idealen Gases, so gilt für isentrope Zustandsänderung gemäß Tabelle 2.4:

$$\varrho/\varrho_1 = v_1/v = (p/p_1)^{1/\varkappa} \quad \text{oder} \quad v = v_1 (p_1/p)^{1/\varkappa} \tag{2.96}$$

Die isentrope Ausströmgeschwindigkeit c ist aus der Energiegleichung gemäß Bezeichnungen (Formel 2.54), (Formel 2.59), (Formel 2.60) und (Formel 2.90) zu ermitteln, wobei $c_1 \approx 0$ bzw. Einfluss von c_1 vergleichsweise vernachlässigbar, was meist der Fall:

$$\frac{c^2}{2} = c_p (T_1 - T)$$

mit

$$T = T_1 \left(\frac{p}{p_1}\right)^{\frac{\varkappa-1}{\varkappa}}; \; c_p = R\frac{\varkappa}{\varkappa-1}; \; RT_1 = p_1 v_1$$

$$\frac{c^2}{2} = c_p T_1 \left[1 - \left(\frac{p}{p_1}\right)^{\frac{\varkappa-1}{\varkappa}}\right] = \frac{\varkappa}{\varkappa-1} RT_1 \left[1 - \left(\frac{p}{p_1}\right)^{\frac{\varkappa-1}{\varkappa}}\right]$$

$$c = \sqrt{2\frac{\varkappa}{\varkappa-1} p_1 v_1 \left[1 - \left(\frac{p}{p_1}\right)^{\frac{\varkappa-1}{\varkappa}}\right]} = \sqrt{2 \cdot w_t} = \sqrt{2 \cdot \Delta h} \qquad (2.97)$$

Nach Formel 2.95 ist der je Düsenquerschnittseinheit strömende Gas- bzw. Dampfdurchsatz

$$\dot{m}/A = c/v$$

und mit v und c aus Formel 2.96 und Formel 2.97

$$\frac{\dot{m}}{A} = \sqrt{2\frac{p_1}{v_1}} \cdot \sqrt{\frac{\varkappa}{\varkappa-1}\left[\left(\frac{p}{p_1}\right)^{\frac{2}{\varkappa}} - \left(\frac{p}{p_1}\right)^{\frac{\varkappa+1}{\varkappa}}\right]} = \sqrt{2\frac{p_1}{v_1}} \cdot \psi \qquad (2.98)$$

Die erste Wurzel enthält nur unveränderliche Anfangswerte vor der Düse (Index 1). Die zweite Wurzel ist die von der Stoffkonstanten $\varkappa$ und vom Druckverhältnis p/p_1 abhängige Ausflussfunktion, sog. Nusseltsche Funktion ψ. Diese ist für Luft mit $\varkappa = 1{,}4$ in Bild 2.27 dargestellt. Der Einfluss einer Änderung von $\varkappa$ ist dabei nicht sehr groß.

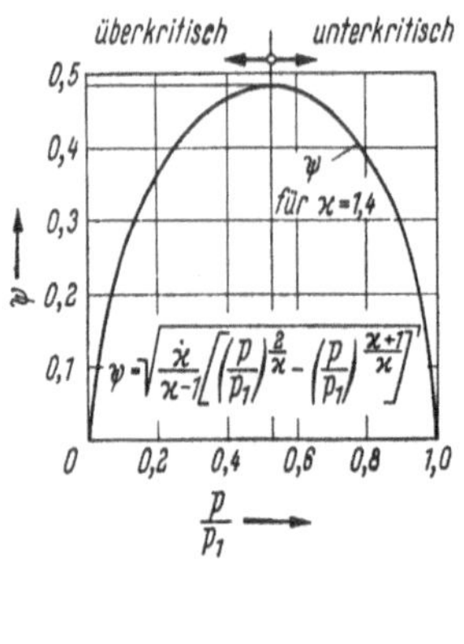

Bild 2.27
Nusseltsche Ausflussfunktion ψ über dem Druckverhältnis p/p_1 für $\varkappa = 1{,}40$

ψ_{max} errechnet sich aus $d\psi/d\,(p/p_1) = 0$ (Extremwertbedingung der Mathematik) zu

$$\psi_{max} = \left(\frac{2}{\varkappa+1}\right)^{\frac{1}{\varkappa-1}} \cdot \sqrt{\frac{\varkappa}{\varkappa+1}} \tag{2.99}$$

für

$$(p/p_1)_{krit} = (2/\varkappa+1)^{\frac{\varkappa}{\varkappa-1}} \tag{2.100}$$

und

$$\left(\frac{T}{T_1}\right)_{krit} = \left(\frac{p}{p_1}\right)_{krit}^{\frac{\varkappa-1}{\varkappa}} = \frac{2}{\varkappa+1} \tag{2.101}$$

Der für den Einheitsdurchsatz erforderliche Düsenquerschnitt ist nach Formel 2.98

$$\frac{A}{\dot{m}} = \frac{1}{\psi \cdot \sqrt{2\frac{p_1}{v_1}}} \tag{2.102}$$

und im engsten Querschnitt A_e

$$\frac{A_e}{\dot{m}} = \frac{1}{\psi_{max}\sqrt{2\frac{p_1}{v_1}}} \tag{2.103}$$

Im engsten Querschnitt herrscht p_{krit} gemäß dem kritischen Druckverhältnis (Formel 2.100)

$$\left(\frac{p}{p_1}\right)_{krit} = \left(\frac{2}{\varkappa+1}\right)^{\frac{\varkappa}{\varkappa-1}}$$

die zugehörige Geschwindigkeit ist dann nach Formel 2.97 mit Formel 2.100

$$c_L = \sqrt{2\frac{\varkappa}{\varkappa-1}p_1 v_1\left[1-\frac{2}{\varkappa+1}\right]} = \sqrt{2\frac{\varkappa}{\varkappa+1}RT_1} \tag{2.104}$$

Tabelle 2.5 Darstellung der wichtigsten thermodynamischen Kreisprozesse und ihrer Gesetzmäßigkeiten

Prozess im q,v- und T,s-Diagr.	Carnot-Prozess	Joule-Prozess	Ericson-Prozess	Stirling-Prozess
	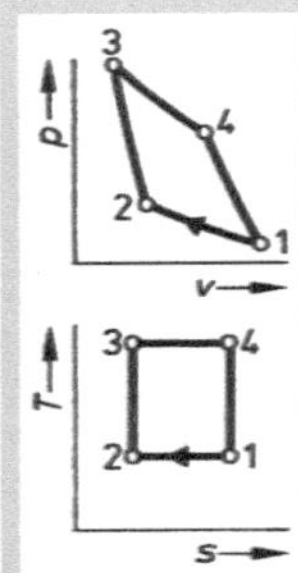 1–2 Isotherme 3–4 2–3 Isentrope 4–1	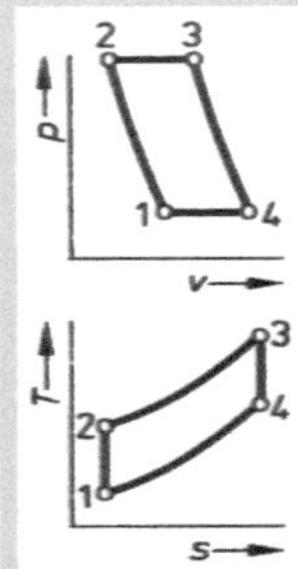 Gassturbinen-Vergleichsprozess 1–2 Isentrope 3–4 2–3 Isobare 4–1	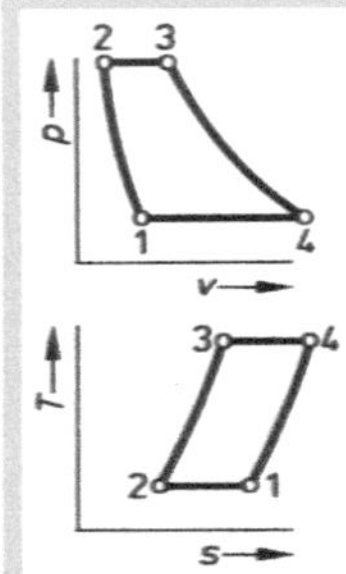 1–2 Isotherme 3–4 2–3 Isobare 4–1	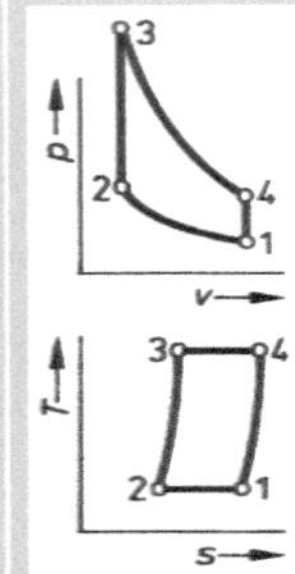 1–2 Isotherme 3–4 2–3 Isochore 4–1
q_{zu}	$q_{34} = R \cdot T_3 \cdot \ln \frac{p_3}{p_4}$ $= R \cdot T_3 \cdot \ln \frac{v_4}{v_3}$	$q_{23} = c_p (T_3 - T_2)$ $= h_3 - h_2$	$q_{zu} = q_{23} + q_{34}$ $= c_p (T_3 - T_2) + R \cdot T_3 \cdot \ln \frac{p_2}{p_1}$	$q_{34} = R \cdot T_3 \cdot \ln \frac{p_3}{p_4}$ $= R \cdot T_3 \cdot \ln \frac{v_4}{v_3}$
q_{ab}	$q_{12} = R \cdot T_1 \cdot \ln \frac{p_2}{p_1}$ $= R \cdot T_1 \cdot \ln \frac{v_1}{v_2}$	$q_{41} = c_p (T_4 - T_1)$ $= h_4 - h_1$	$q_{ab} = q_{41} + q_{12}$ $= c_p (T_4 - T_1) + R \cdot T_2 \cdot \ln \frac{p_2}{p_1}$	$q_{12} = R \cdot T_1 \cdot \ln \frac{p_2}{p_1}$ $= R \cdot T_1 \cdot \ln \frac{v_1}{v_2}$
w_t	$w_t = \Delta q$ $= R(T_3 - T_1) \ln \frac{p_2}{p_1}$ $= R(T_3 - T_1) \ln \frac{v_1}{v_2}$	$w_t = \Delta q$ $= c_p (T_1 - T_2 + T_3 - T_4)$ $= \frac{\varkappa R}{\varkappa - 1} (T_1 - T_2 + T_3 - T_4)$	$w_t = \Delta q$ $= R(T_3 - T_2) \ln \frac{p_2}{p_1}$ $= R(T_3 - T_1) \ln \frac{v_1}{v_2}$	$w_t = \Delta q$ $= R(T_3 - T_1) \ln \frac{p_2}{p_1}$ $= R(T_3 - T_1) \ln \frac{v_1}{v_2}$
η_{th}	$\eta_{th} = 1 - \frac{T_1}{T_3}$	$\eta_{th} = 1 - \frac{T_1}{T_2} = 1 - \frac{T_4}{T_3}$	$\eta_{th} = 1 - \frac{T_1}{T_3}$	$\eta_{th} = 1 - \frac{T_1}{T_3}$

Prozess im q,v- und T,s-Diagr.	Otto-Vergleichsprozess	Diesel-Vergleichsprozess	Seiliger-Prozess	Clausius-Rankine-Prozess
	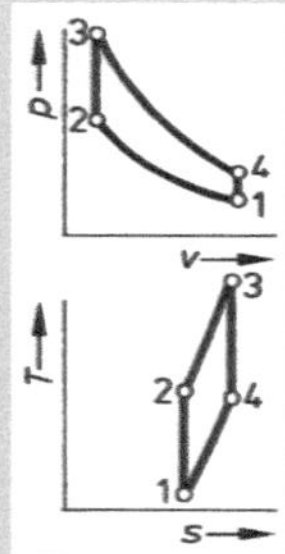 *1–2* Isentrope *3–4* *2–3* Isochore *4–1*	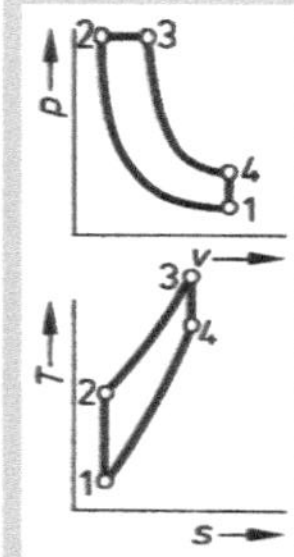 *1–2* Isentrope *3–4* *2–3* Isobare *4–1* Isochore	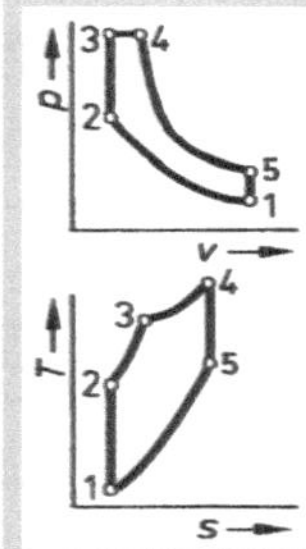 *1–2* Isentrope *4–5* *2–3* Isochore *5–1* *3–4* Isobare	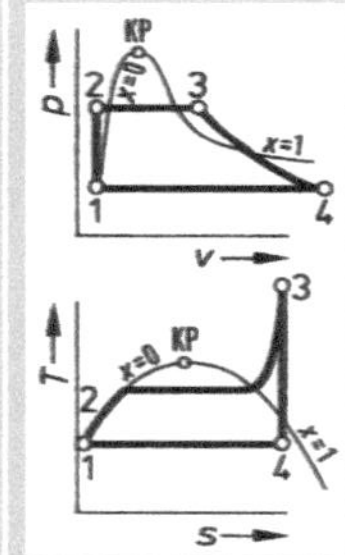 Dampfturbinen-Vergleichsprozess *1–2* Isentrope *3–4* *2–3* Isobare *4–1*
q_{zu}	$q_{23} = c_v(T_3 - T_2)$ $= u_3 - u_2$	$q_{23} = c_p(T_3 - T_2)$ $= h_3 - h_2$	$q_{zu} = q_{23} + q_{34}$ $= c_v(T_3 - T_2) + c_p(T_4 - T_3)$ $= u_3 - u_2 + h_4 - h_3$	$q_{23} = h_3 - h_2$
q_{ab}	$q_{41} = c_v(T_4 - T_1)$ $= u_4 - u_1$	$q_{41} = c_p(T_4 - T_1)$ $= u_4 - u_1$	$q_{51} = c_v(T_5 - T_1)$ $= u_5 - u_1$	$q_{41} = h_4 - h_1$
w_t	$w_t = \Delta q$ $= c_v(T_1 - T_2 + T_3 - T_4)$ $= \frac{R}{\varkappa - 1}(T_1 - T_2 + T_3 - T_4)$	$w_t = \Delta q$ $= \frac{R}{\varkappa - 1}\left[\varkappa(T_3 - T_2) - (T_4 - T_1)\right]$	$w_t = \Delta q$ $= \frac{R}{\varkappa - 1}\left[T_1 - T_2 + T_3 - T_5 + \varkappa(T_4 - T_3)\right]$	$w_t = \Delta q$ $= h_3 - h_2 - h_4 + h_1$ $\approx h_3 - h_4$ da $h_2 \approx h_1$, flüssige Phase
η_{th}	$\eta_{th} = 1 - \frac{T_4 - T_1}{T_3 - T_2}$	$\eta_{th} = 1 - \frac{T_4 - T_1}{\varkappa(T_3 - T_2)}$	$\eta_{th} = 1 - \frac{T_5 - T_1}{T_3 - T_2 + \varkappa(T_4 - T_3)}$	$\eta_{th} = 1 - \frac{h_4 - h_1}{h_3 - h_2}$ $\approx 1 - \frac{h_4}{h_3}$

c_L ist die Laval- bzw. Schallgeschwindigkeit des Gases im engsten Strömungsquerschnitt A_e (Bild 2.28), gewöhnlich mit a bezeichnet; hier a_{krit}. Sie ist nach *Laplace* abhängig von der Wurzel aus der absoluten Temperatur des Gases sowie dessen Art ($\varkappa$, R). Setzt man statt T_1 vor der Düse nach Formel 2.101 die entsprechende isentrope Temperatur T_{krit} im engsten Querschnitt,

$$T_{krit} = \frac{2T_1}{\varkappa + 1}$$

so wird mit

$$T_1 = T_{krit} \cdot \left(\frac{\varkappa + 1}{2} \right)$$

$$c_L = a_{krit} = \sqrt{\varkappa \cdot R \cdot T_{krit}} \tag{2.105}$$

Ist der engste Querschnitt (Index e) bekannt, so können die Querschnitte auch für alle anderen überkritischen Druckverhältnisse mithilfe von Bild 2.27 ermittelt werden.

Es ist dann aus Formel 2.102 und Formel 2.103

$$\frac{A}{\dot{m}} = \frac{A_e}{\dot{m}} \frac{\psi_{max}}{\psi} \tag{2.106}$$

Bild 2.28 zeigt die Form einer Laval-Düse. Zur Vermeidung von Ablösungen soll der Erweiterungswinkel 12° nicht überschreiten. Meist ausgeführt: 10°

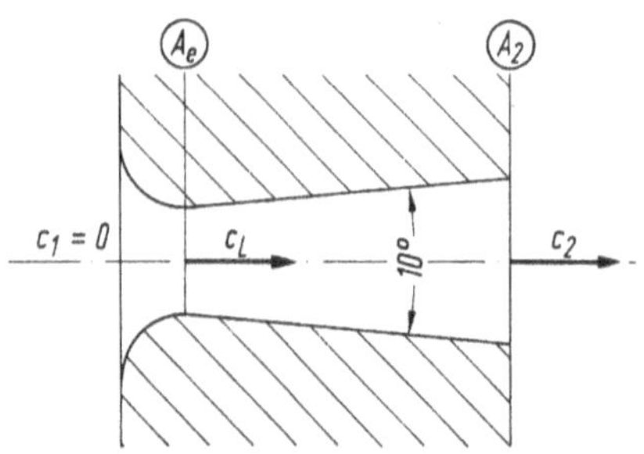

Bild 2.28
Laval-Düse

In konvergenten Düsen kann die Schallgeschwindigkeit des Gases nie überschritten werden. Die Erklärung dafür gibt Bild 2.29, in dem die Einflussgrößen auf $A/\dot{m}$, nämlich v und c, einzeln dargestellt sind. Nach Formel 2.95 ist $A/\dot{m} = v/c$. Die Geschwindigkeit c entsteht durch Umwandlung der in Bild 2.29 schraffiert gezeichneten Expansionsenergie $\int v \cdot \mathrm{d}p$ des Gases (Exergie).

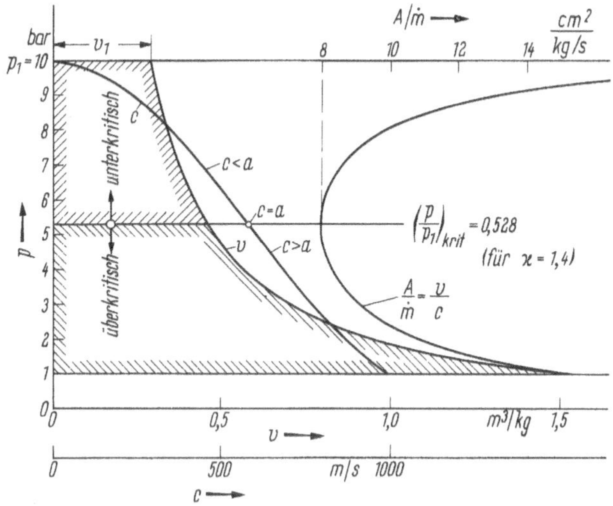

Bild 2.29 Querschnittsverlauf $A/\dot{m}$, spezifisches Volumen v und Ausströmgeschwindigkeit c in einer Laval-Düse mit p_1 = 10 bar und $\varkappa$ = 1,40 für verschiedene Gegendrücke p

Im unterkritischen Gebiet wächst nun c schneller an als v, sodass $A/\dot{m}$ konvergent bleibt, bis beim kritischen Druckverhältnis beide Einflussgrößen gleich groß sind und $c = a$ wird.

Im überkritischen Expansionsgebiet wächst v schneller als c. Eine Geschwindigkeit $c > a$ ist jedoch nur möglich, wenn durch eine sich erweiternde Düse Raum geschaffen wird für die gezielte überkritische Expansion.

Schema	Kanalform	
Strömung	divergent	konvergent
unterkritisch $c < a$	Diffusor Verzögerung	Düse Beschleunigung
überkritisch $c > a$	Düse Beschleunigung	Diffusor Verdichtungsstoß

Im überkritischen Gebiet kehren also Divergenz und Konvergenz ihre Wirkung um, allerdings mit einer Einschränkung: Statt der überkritischen Diffusorwirkung erfolgt praktisch immer ein mit Verlusten bzw. Entropiezunahme verbundener Verdichtungsstoß, d. h. ein fast plötzlicher Druckanstieg mit gleichzeitig unmittelbarem Geschwindigkeitsabfall. Die Verluste wachsen schnell mit dem Druckverhältnis. Der überkritische Diffusor ist daher noch Gegenstand der Forschung.

Auf den Durchsatz ist der divergente Teil einer überkritischen **Laval-Düse**, d. h. stromabwärts vom engsten Querschnitt, ohne Einfluss, sondern nur auf die Geschwindigkeit, aber hier erheblich.

Tabelle 2.6 Zustandsgrößen von Wasser im Siedezustand ['] und Dampf bei Sättigung ['']

Druck	Temperatur		spez. Vol.		Entropie		Enthalpie	
p	$t' = t''$	$T' = T''$	$10^3\,v'$	v''	s'	s''	h'	h''
bar	°C	K	m³/kg		kJ/(kg · K)		kJ/kg	
0,01	6,98	280,1	1,000	129,2	0,1060	8,9767	29,3	2514
0,02	17,5	290,7	1,001	67,01	0,2607	8,7246	73,46	2534
0,05	32,9	306,1	1,005	28,2	0,4763	8,396	137,8	2562
0,10	45,8	319,0	1,010	14,67	0,6493	8,151	191,8	2585
0,20	60,1	333,2	1,017	7,65	0,8321	7,909	251,5	2610
0,50	81,3	354,5	1,030	3,24	1,0912	7,595	340,6	2646
1,0	99,6	372,8	1,043	1,69	1,3027	7,36	417,5	2675
2,0	120,2	393,3	1,061	0,885	1,5301	7,127	504,7	2706
5,0	151,8	425,0	1,093	0,375	1,8604	6,819	640,1	2747
10,0	179,9	453,0	1,127	0,194	2,138	6,583	762,6	2776
20,0	212,4	485,5	1,177	0,0995	2,447	6,337	908,6	2797
50,0	263,9	537,1	1,286	0,0394	2,921	5,974	1154	2794
100,0	311	584,1	1,453	0,0180	3,361	5,620	1408	2728
200,0	365,7	638,9	2,04	0,0059	4,015	4,941	1827	2418
221,2	374,2	647,3	3,17	0,00317	4,443	4,443	2107	2107

2.3.14 Zustandsänderungen des Wasserdampfes

Wird Wasser unter konstantem Druck Wärme zugeführt, so steigt seine Temperatur stetig an bis zur **Siedetemperatur**, bei der die Verdampfung beginnt. Diese Temperatur bleibt so lange bestehen, bis alle Flüssigkeit in Dampf verwandelt ist. Erst dann steigt bei weiterer Wärmezufuhr die Temperatur wieder an. Führt man dem Wasser nicht Wärme zu, sondern ab, so sinkt seine Temperatur stetig, bis bei der **Erstarrungs-** oder **Schmelztemperatur** (0 °C bei nicht sehr hohen Drücken) die Umwandlung in den festen Zustand beginnt. Während der Erstarrung bleibt die Temperatur konstant, und sie sinkt erst weiter, nachdem das gesamte Wasser in Eis verwandelt worden ist. Beim Gefrieren bei 0 °C werden rd. 335 kJ/kg frei (Erstarrungswärme). Beim Schmelzen ist die gleiche Wärmemenge zuzuführen.

Die Höhe der Siedetemperatur ist vom Druck abhängig. Je höher der Druck, umso höher die Siedetemperatur.

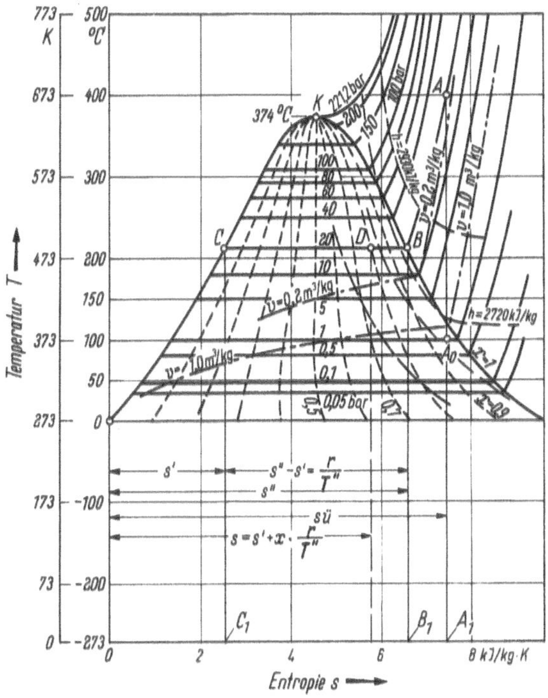

Bild 2.30
T,*s*-Diagramm von Wasserdampf mit Linien *n* = konst. und *v* = konst.

In Bild 2.30 sind die Zustandsgrößen im *T*,*s*-Diagramm zeichnerisch dargestellt. Links von der **unteren Grenzlinie** *O*–*C*–*K* ist flüssiges Wasser. Führt man Wasser von z. B. 0 °C bei 20 bar Wärme zu, so steigt seine Temperatur zunächst nahezu auf der unteren Grenzlinie bis zum Siedepunkt *C* = 212,4 °C. Das spezifische Volumen des Wassers beträgt dann $v' = 1{,}177 \cdot 10^{-3}$ m³/kg, ist also gegenüber kaltem Wasser von 0 °C um 17,7 % größer geworden. Die Entropiezunahme von *O* bis *C* beträgt *s'* und die zuzuführende **Flüssigkeitswärme** $q_f = \int_{T_0}^{T'} T\,ds$ = Fläche unter der Grenzlinie *O*–*C*.

Bei *C* beginnt bei konstantem Druck und konstanter Temperatur die Verdampfung. Sie ist auf der **oberen Grenzlinie** bei *B* beendet. Hier befindet sich **gesättigter Dampf** oder kurz **Sattdampf**. Die für die Verdampfung erforderliche Wärmemenge ist gleich der Fläche unter der Linie *C*–*B*, also gleich dem Rechteck $C\text{-}B\text{-}B_1\text{-}C_1\text{-}C$. Man bezeichnet die **Verdampfungswärme** mit $r = T'' \cdot (s''-s')$. Die Entropiezunahme während der Verdampfung ist also $s''-s' = r/T'$ und die zugehörige Zunahme des spezifischen Volumens $v''-v'$. Für das Zahlenbeispiel (*p* = 20 bar) ist das spezifische Volumen des gesättigten Dampfes $v'' = 0{,}0995$ m³/kg. Damit ist $v''/v' = 0{,}0995/0{,}001177 = 84{,}54$.

Das heißt das ≈85-fache des Wasservolumens bei Siedetemperatur. Bild 2.30 enthält gestrichelte Linien *x* = konst.; die Zahl 0 < *x* < 1 gibt an, wie hoch der Dampfanteil im **Nassdampfgebiet** zwischen oberer und unterer Grenzlinie ist. Für eine Teilverdampfung ist die Wärmemenge $x \cdot r$ zuzuführen, und die Entropiezunahme beträgt $s - s' = \frac{x \cdot r}{T''}$. Im Grenzfall ist auf der unteren Grenzlinie $x = 0$ (100 % Wasser) und auf der oberen Grenzlinie $x = 1$ (gesättigter Dampf ohne Wasser); dazwischen sind Wasser - mikroskopisch klein sowie homogen verteilt - und Sattdampf gemeinsam vorhanden, also ein Gemisch von x Anteilen Sattdampf mit $1 - x$ Anteilen siedenden Wassers **(= Nassdampf).**

Enthalpie des Nassdampfs

$$h_x = x \cdot h'' + (1-x)h' = x(h'' - h') + h' = x \cdot r + h' \quad (2.107)$$

Entropie des Nassdampfs

$$s_x = x \cdot s'' + (1-x)s' \quad (2.108)$$

Spezifisches Volumen des Nassdampfs da $v' << v''$

$$v_x = x \cdot v'' + (1-x)v' \approx x \cdot v'' \quad (2.109)$$

Wenn wir dem Sattdampf vom Zustand B weitere Wärme zuführen, so wird er **überhitzt**, z. B. bis 400 °C (Punkt A).

Die zuzuführende **Überhitzungswärme** $q_{ü} = \int_{T''}^{T_{ü}} T \cdot \mathrm{d}s$ ist gleich der Fläche unter der Linie B–A, also gleich B–A–A_1–B_1–B, und die Entropiezunahme gleich $s_{ü} - s''$.

In das T,s-Diagramm lassen sich auch Linien konstanten spezifischen Volumens v einzeichnen, wie durch die Beispiele $v = 0{,}2\ \mathrm{m^3/kg}$ und $v = 1{,}0\ \mathrm{m^3/kg}$ (strichpunktiert) angedeutet, die an der oberen Grenzlinie nach oben abknicken und dann – wie bei idealen Gasen – steiler verlaufen als die Isobaren.

Hinweis: Wie schon in der Tabelle 2.6 vermerkt, ist es üblich, die Zustandswerte auf der unteren Grenzlinie mit [′] zu kennzeichnen, die auf der oberen Grenzlinie mit [″]. Für die Sättigungstemperatur ist das ohne Bedeutung, da $T' = T''$.

In das T,s-Diagramm (Bild 2.30) lassen sich ferner Linien h = konst. einzeichnen, wie durch die Beispiele $h = 2720$ kJ/kg und $h = 2930$ kJ/kg angedeutet, von denen die erstere die obere Grenzlinie zweimal schneidet und die letztere ganz im Überhitzungsgebiet liegt. Die Linien $h < 2500$ kJ/kg schneiden die Grenzlinien jeweils nur einmal; die untere und die obere.

Bemerkenswert ist, dass die Linien h = konst. des überhitzten Dampfes mit sinkenden Drücken und zunehmender Entfernung von der Grenzlinie in die Horizontale einbiegen, d. h., dass das Verhalten des überhitzten Dampfes sich dem Zustand des idealen Gases annähert. Dementsprechend nähern sich auch die Isobaren geringerer Drücke im Überhitzungsgebiet denen des idealen Gases.

Mit zunehmenden Verdampfungs-Drücken und -Temperaturen wird $s'' - s'$ immer kleiner und schließlich im **kritischen Punkt** K (bei Wasser p_K = 221,2 bar und zugehörig t_K = 374,2 °C) gleich null. Demnach wird auch die zuzuführende Verdampfungswärme immer kleiner und im kritischen Zustand gleich null, während umgekehrt die Flüssigkeitswärme q_f bis zum kritischen Punkt anwächst. Oberhalb t_K gibt es kein Nassdampfgebiet mehr, Dampf und Flüssigkeit gehen stetig ineinander über.

2.3.15 Arbeitsvermögen des Wasserdampfes

2.3.15.1 Nutzarbeit im *T,s*-Diagramm

Lässt man überhitzten Dampf z.B. vom Zustand A (p = 20 bar und $t_ü$ = 400 °C) (Bild 2.31) isentrop bis zum Gegendruck p_0 (z.B. 0,1 bar im Kondensator) expandieren, Linie A bis A_0, so ist die schraffiert umrahmte Fläche A-B-C-D-A_0-A die frei gewordene spezifische Expansionsarbeit W/m (Exergie).

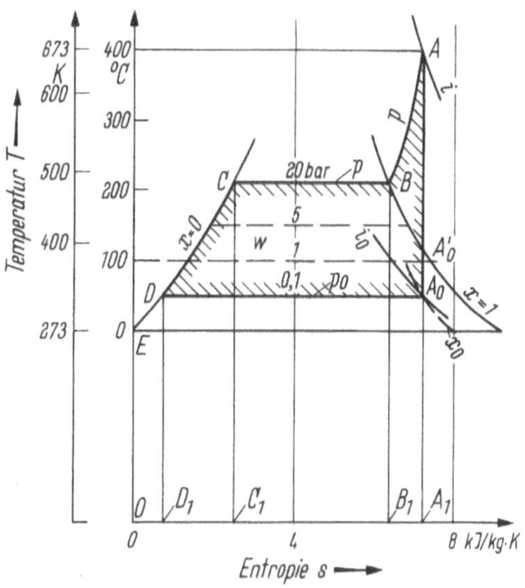

Bild 2.31
Arbeitsvermögen des Wasserdampfes im *T,s*-Diagramm

Die aufgewendete spezifische Wärmemenge $q = Q/m = \int T\,ds$, die nötig ist, um Wasser vom Zustand D im Dampfkessel in überhitzten Dampf vom Zustand A zu verwandeln, ist gleich der Fläche unter A-B-C-D-D_1-A_1-A und der zugehörige thermische Wirkungsgrad $\eta_{th} = W/Q$.

Der Gegendruck p_0 = 0,1 bar lässt sich durch Abfuhr der Verdampfungswärme $q_0 = A_0$-D-D_1-A_1-A_0 im **Kondensator**, d.h. durch Verwandlung des Dampfes in **Kondensat**-Wasser von z.B. t_0 = 45,83 °C erzielen. Die Verdampfungswärme wird dabei in einem Rohrsystem über Wände an kälteres Kühlwasser abgegeben.

Verzichtet man - wie bei Kraft-Wärme-Anlagen - auf den Kondensator, so wird auf einen entsprechend zur Nutzung der Abwärme (Anergie) für Heizzwecke notwendigen Druck, sog. Gegendruck, entspannt. Das Expansionsgefälle reicht nicht mehr von A bis A_0, sondern nur noch von A bis A_0' und die Nutzarbeit W beschränkt sich auf den Teil der schraffierten Fläche, der oberhalb der Linie (ca.) 1 bar liegt. Der thermische Wirkungsgrad ist bei **den sogenannten Gegendruckanlagen** entsprechend geringer und umgekehrt bei **Kondensatormaschinen** umso größer, je niedriger der Abströmdruck p_0, was bedeutet, je kälter das Kühlwasser ist.

2.3.15.2 Nutzarbeit im *h,s*-Diagramm

Bei der Gasturbine ist die Nutzarbeit

$$\frac{W}{m} = \int_{T_1}^{T_2} c_p \cdot \mathrm{d}T = c_{p,m}\Big|_{T_1}^{T_2} \cdot (T_2 - T_1)$$

aus dem Temperaturgefälle zu ermitteln, sofern sich für nicht zu große $(T_2 - T_1) = \Delta T$ die mittlere spezifische Wärme $c_{p,\mathrm{m}}$ ermitteln lässt. Bei ΔT relativ klein ist $c_{p,\mathrm{m}} = c_p \approx$ konst. Bei der Dampfturbine lässt sich beim *T,s*-Diagramm, wie Bild 2.31 zeigt, das Ausmessen (Planimetrieren) der schraffierten Fläche nicht vermeiden. Da diese Arbeit zeitraubend ist, hat *Mollier* das nach ihm benannte *h,s*-Diagramm (Bild 2.32) geschaffen, in dem die Wärme- und Energieumsätze direkt als Ordinatendifferenzen abgelesen werden können. Da für alle ΔT und damit Δh richtig, immer zugehöriges *h,s*-Diagramm verwenden, falls verfügbar und nicht Gleichungen.

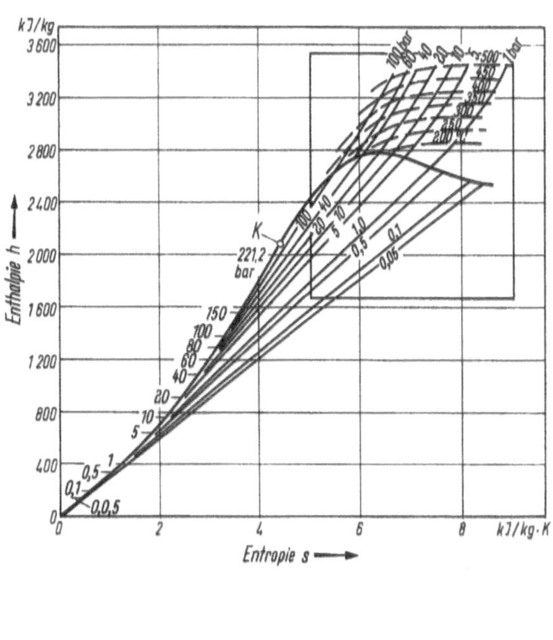

Bild 2.32
h,s-Diagramm (Mollier-Diagramm) von Wasserdampf

Im Schema 2.32 ist das Nassdampfgebiet erkennbar, eingeschlossen durch die obere und untere Grenzkurve beiderseits des kritischen Punktes *K*. Im Nassdampfgebiet sind die Isothermen hier weggelassen, da sie mit den zugehörigen Isobaren identisch verlaufen. Im Überhitzungsgebiet laufen die Isobaren stetig weiter, während die Isothermen (gestrichelt) mit kleiner werdenden Drücken immer mehr in die Horizontale einschwenken, d.h. sich dem Verhalten des idealen Gases annähern.

Für technische Zwecke ist in der Regel nur ein Ausschnitt aus dem Gesamtdiagramm erforderlich, wie in Bild 2.32 eingerahmt, der das Überhitzungsgebiet und den oberen Teil des Nassdampfgebietes umfasst.

Das h,s-Diagramm gibt auch den Dampfgehalt x des Expansions-Endzustandes, soweit er - wie in der Regel - im Nassdampfgebiet liegt. Die Größe x ist für den Konstrukteur wichtig zur Bemessung der Niederdruckschaufeln, da x den Volumenverlustfaktor, verglichen mit dem Sättigungszustand, darstellt. Das Volumen des Wasseranteils $1 - x$ ist demgegenüber meist vernachlässigbar. Wegen Wassererosion der Schaufeln darf der x-Wert jedoch nicht unter 0,85 fallen.

In ausführlichen h,s-Diagrammen sind noch Linien konstanten spez. Volumens v eingetragen, nach denen der Konstrukteur seine Maschine zu bemessen hat. Druck, Temperatur, Volumen, Entropie und Wärmegefälle, d.h. Δh für Isobaren und Δu für Isochoren, mithin alle sechs Zustandsgrößen, sind unmittelbar aus dem Mollier-Diagramm abzulesen. Die rechnerische Ermittlung einer Größe aus zwei gegebenen Zustandswerten würde umständlich sein, da die Zustandsgleichungen für Wasserdampf viel komplizierter sind als die einfache Gasgleichung, da nur bei etwa idealem Gasverhalten anwendbar. Die meisten dieser Formeln sind deshalb auch nur Annäherungen für beschränkte Bereiche.

2.3.15.3 Nutzarbeit im p,v-Diagramm

Aus dem h,s-Diagramm lassen sich für das Beispiel einer isentropen Expansion von 30 bar und 350 °C auf 0,05 bar folgende Expansionsdaten aus Tabelle 2.7 entnehmen.

Die p,v-Werte der Tabelle 2.7 sind in Bild 2.33 maßstabsgerecht aufgetragen, um einen anschaulichen Eindruck von den ungünstigen Druck- und Volumenspitzen zu vermitteln. In neueren Kraftwerken werden aus Energieeffizienzanforderungen (Wirkungsgrad) noch extremere Zustandsänderungen gefahren, z.B. 250 bar und 580 °C vor der Turbine und ein Kondensatordruck von $\leq 0{,}05$ bar, die nur in vielstufigen Turbinen, also mit erheblichem Aufwand beherrscht werden können. Schon aus Konstruktions- (Wellenlagerung), Festigkeits- sowie Herstellungsgründen wird die Turbo-Gruppe meist in mehrere Gehäuse unterteilt, damit die mit hohen Innendrücken belasteten Hochdruckgehäuse mit kleinen Durchmessern und dadurch mit erträglichen Wandstärken gebaut werden können. Die obere

Grenze (Frischdampftemperatur) ist durch den verfügbaren Werkstoff und die untere (Abdampftemperatur) durch das anwendbare Kühlverfahren (Frischwasser, nasser oder trockener Kühlturm) festgelegt. Je größer die verwirklichbare Temperaturspreizung, desto höher ist der erreichbare Wirkungsgrad (Tabelle 2.5).

Tabelle 2.7 Zustandswerte während isentroper Expansion von Wasserdampf, ausgehend von p_1 = 30 bar und t_1 = 350 °C

h kJ/kg	p bar	t °C	v m³/kg	x	$v = x \cdot v''$	
3117,5	30	350	0,0905			Überhitzter Dampf
3012,5	20	296	0,1244			Überhitzter Dampf
2852,5	10	210	0,2115			Überhitzter Dampf
h'' = 2757	6,2	160	v'' = 0,3059			Sattdampf (x = 1)
2447,5	1,0	99,6	1,694	0,899	1,523	Nassdampf
2345	0,5	81,3	3,24	0,87	2,82	Nassdampf
2137,5	0,1	45,8	14,67	0,814	11,94	Nassdampf
2057,5	0,05	32,9	24,19	0,793	22,35	Nassdampf

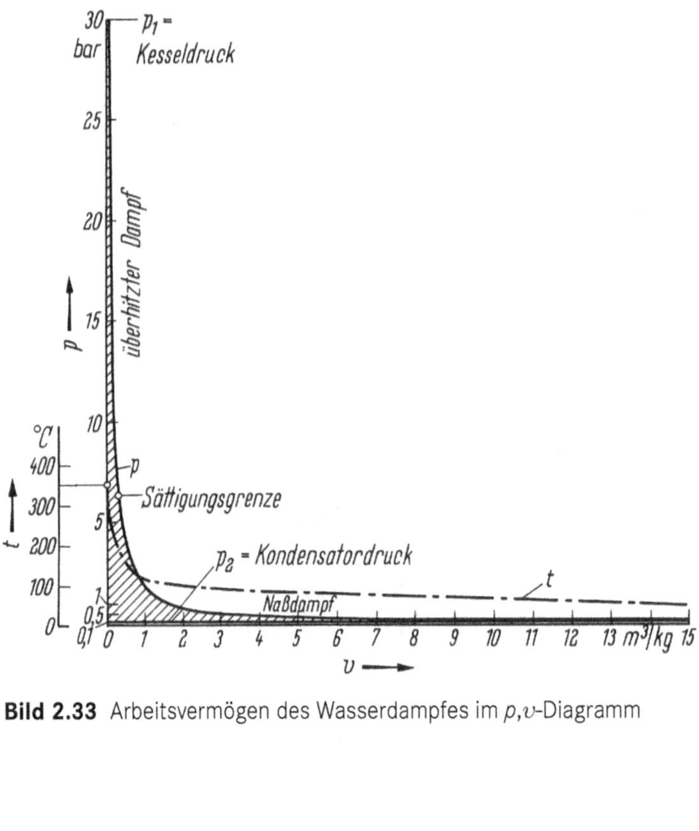

Bild 2.33 Arbeitsvermögen des Wasserdampfes im p,v-Diagramm

Die *technische Arbeit* (Exergie)

$$w_t = \int_{p_2}^{p_1} v \cdot \mathrm{d}p = h_1 - h_2 = \Delta h$$

ist schraffiert gezeichnet.

2.3.16 Brennstoffe und Verbrennung

Die fossilen Brennstoffe sind in früheren Epochen der Erdgeschichte aus Biomasse entstanden und kommen in fester, flüssiger oder gasförmiger Form als Kohle, Erdöl oder Erdgas vor. Erdöl wird zu Heizöl, Dieselkraftstoff, Kerosin und Benzin veredelt.

Die Zusammensetzung der festen, flüssigen und gasförmigen Brennstoffe, der sog. Kohlenwasserstoffe, wird mithilfe der Elementaranalyse bestimmt. Die Untersuchungsmethoden sind genormt (DIN 51701/726). Die Elementaranalyse gibt die Massenanteile der für die Verbrennung wichtigen Elemente wie folgt an:

1 kg Brennstoff enthält c kg Kohlenstoff
h kg Wasserstoff
s kg Schwefel
n kg Stickstoff
o kg Sauerstoff
w kg Wasser
a kg Asche

$$c + h + s + n + o + w + a = 1 \tag{2.110}$$

Die brennbaren Bestandteile sind Kohlenstoff C, Wasserstoff H_2, und Schwefel S. Wasser und Asche bezeichnet man als Ballast.

Die Zusammensetzung der gasförmigen Brennstoffe wird durch eine Gasanalyse bestimmt und durch die Raumanteile der Einzelgase dargestellt.

1 kmol Brenngas enthält

- CO^{b} kmol Kohlenmonoxid
- H_2^{b} kmol Wasserstoff
- $C_nH_m^{\mathrm{b}}$ kmol Kohlenwasserstoffgas
- O_2^{b} kmol Sauerstoff
- N_2^{b} kmol Stickstoff
- CO_2^{b} kmol Kohlendioxid

$$CO^b + H_2^b + CH_4^b + C_2H_4^b + C_2H_6^b + \Sigma\, C_nH_m^b + CO_2^b + N_2^b + O_2^b = 1 \quad (2.111)$$

Der hochgestellte Index b weist auf den Brennstoffbestandteil hin, um Verwechslungen mit Abgasbestandteilen zu vermeiden.

CO, H_2 und die Kohlenwasserstoffgase CH_4 (Methan), C_2H_2 (Acetylen), C_2H_4 (Ethylen), C_2H_6 (Ethan), C_3H_6 (Propylen), C_3H_8 (Propan), C_4H_8 (Butylen) und C_4H_{10} (Butan) sind brennbare Gasanteile. CO_2 und N_2 sind Ballastanteile.

Bei der Verbrennung laufen exotherme Hauptreaktionen ab, die durch die Reaktionsgleichungen Formel 2.112 bis Formel 2.117 unter Angabe der nutzbaren Wärme (molare Heizwerte H_{um}) beschrieben werden.

$$C + O_2 \rightarrow CO_2 \qquad -393{,}5\ \text{MJ/kmol} \quad (2.112)$$

$$C + \frac{1}{2}O_2 \rightarrow CO \qquad -110{,}5\ \text{MJ/kmol} \quad (2.113)$$

$$CO + \frac{1}{2}O_2 \rightarrow CO_2 \qquad -283{,}0\ \text{MJ/kmol} \quad (2.114)$$

$$H_2 + \frac{1}{2}O_2 \rightarrow H_2O(\text{gasf.}) \qquad -241{,}8\ \text{MJ/kmol} \quad (2.115)$$

$$S + O_2 \rightarrow SO_2 \qquad -296{,}6\ \text{MJ/kmol} \quad (2.116)$$

$$CH_4 + 2\,O_2 \rightarrow CO_2 + 2\,H_2O(\text{gasf.}) \qquad -802{,}5\ \text{MJ/kmol} \quad (2.117)$$

Unter der zulässigen Vereinfachung, die Einzelgase als ideale Gase aufzufassen, kann für das molare Normvolumen V_m = 22,4 m³/kmol eingesetzt werden und somit einfach zwischen molaren Heizwerten H_{um} und den auf das Volumen bezogenen Heizwerten H_u umgerechnet werden. Mit der molaren Masse M können die molaren Heizwerte H_{um} auch auf die massebezogenen Heizwerte H_u umgerechnet werden.

Beispiel CH_4: molare Masse M = 16 kg/kmol

$$H_{um} = 802{,}5\ \frac{\text{MJ}}{\text{kmol}}$$

$$H_u = 802{,}5\ \frac{\text{MJ}}{\text{kmol}} \cdot \frac{\text{kmol}}{22{,}4\ \text{m}^3} = 35{,}8\ \frac{\text{MJ}}{\text{m}^3}$$

$$H_u = 802{,}5\ \frac{\text{MJ}}{\text{kmol}} \cdot \frac{\text{kmol}}{16\ \text{kg}} = 50{,}16\ \frac{\text{MJ}}{\text{kg}}$$

Unterschieden wird zwischen Brennwert H_0 (früher oberer Heizwert) und Heizwert H_u (früher unterer Heizwert).

Die Gleichungen 2.112 bis 2.117 geben die molaren Heizwerte H_{um} der Einzelreaktionen an. Der Heizwert ist der technisch meist nur nutzbare Energiebetrag, wenn der Wasserdampfanteil der Verbrennungsgase gasförmig bleibt.

Der höhere Brennwert H_0 ergibt sich, wenn der Wasserdampfanteil der Verbrennungsgase kondensiert und mit den anderen Rauchgasbestandteilen auf 25 °C abgekühlt werden kann.

Der Heizwert ist also Brennwert abzüglich der Verdampfungswärme des Wasseranteils der Verbrennungsprodukte. Die Verdampfungswärme von Wasser bei 25 °C beträgt ca. 2442 kJ/kg. Damit gilt für feste und flüssige Brennstoffe

$$H_u = H_0 - 2442 \frac{\text{kJ}}{\text{kg}} (9h + w) \tag{2.118}$$

Bei der Erhitzung fester Brennstoffe entweichen die flüchtigen Bestandteile der organischen Brennstoffsubstanz gas- oder dampfförmig. Der Anteil der flüchtigen Brennstoffanteile beeinflusst das Zündverhalten des Brennstoffes im Brennraum maßgeblich.

Neben den Produkten der Hauptreaktionen enthalten die Verbrennungsgase (Rauchgase) auch Kohlenmonoxid CO und in geringer Konzentration Stickoxide, die als NO_x zusammengefasst werden. CO entsteht bei einem Mangel an Verbrennungsluft, der auch örtlich in den Flammen begrenzt sein kann, während sich Stickoxide in Bereichen hoher Temperatur bei Anwesenheit von Sauerstoff bilden. Sowohl Kohlenmonoxid CO als auch Stickoxide NO_x sind Luftschadstoffe. Falls die Verbrennung sehr unvollständig abläuft, enthalten die Rauchgase feste Kohlenstoffpartikel als Ruß.

Der Bedarf an Verbrennungsluft und die Bestandteile der Verbrennungsgase werden durch die Zusammensetzung der Brennstoffe und durch die Reaktionsgleichungen bestimmt.

Der Heizwert eines festen, flüssigen oder gasförmigen Brennstoffes ergibt sich aus der Summe der Produkte der anteiligen Brennstoffbestandteile und ihrem Heizwert.

Die in dieser Weise errechneten Heizwerte sind jedoch nicht exakt oder sogar ungenau, weil die Lösungs- und Verbindungswärmen, die bei der chemischen Umsetzung frei oder gebunden werden, nicht erfasst sind. Besser ist eine kalorimetrische Messung des Heizwertes.

Feste und flüssige Brennstoffe

Vereinfachend wird im Folgenden ausschließlich eine vollständige Verbrennung dargestellt, bei der keine brennbaren Bestandteile im Verbrennungsgas enthalten sind. Für weitergehende Betrachtungen muss auf die Fachliteratur verwiesen werden.

Die überschlägige Ermittlung des Heizwertes H_u für feste und flüssige Brennstoffe auf Basis der Massenanteile in der Elementaranalyse kann mit der empirischen Verbandsformel erfolgen:

$$H_u = (34{,}04\,c + 101{,}74\,h + 6{,}28\,n + 19{,}09\,s - 9{,}84\,o - 2{,}45\,w)\,\frac{\text{MJ}}{\text{kg}} \qquad (2.119)$$

Stöchiometrischer Sauerstoffbedarf:

$$o_{\text{stöch}} = \frac{c}{12} + \frac{h}{4} + \frac{s}{32} - \frac{o}{32} \left[\frac{\text{kmol O}_2}{\text{kg Brennstoff}}\right] \qquad (2.120)$$

bzw.

$$m_{\text{Ostöch}} = 2{,}67\,c + 8\,h + s - o \left[\frac{\text{kg O}_2}{\text{kg Brennstoff}}\right] \qquad (2.121)$$

Der stöchiometrische Bedarf an trockener Verbrennungsluft ergibt sich aus dem volumetrischen Anteil bzw. dem Massenanteil des Sauerstoffs in der Umgebungsluft.

$$L_{\text{stöch}} = \frac{o_{\text{stöch}}}{0{,}21} \left[\frac{\text{kmol Luft}}{\text{kg Brennstoff}}\right] \quad \text{bzw.} \quad m_{\text{Lstöch}} = \frac{m_{\text{Ostöch}}}{0{,}232} \left[\frac{\text{kg Luft}}{\text{kg Brennstoff}}\right] \qquad (2.122)$$

Die Luftfeuchte kann als Beladung w_l der trockenen Luft aufgefasst werden (siehe Abschnitt 2.3.10).

$$w_l = \frac{p_D}{p_l} = \frac{\varphi p'}{p - \varphi p'} \left[\frac{\text{kmol H}_2\text{O}}{\text{kmol trockene Luft}}\right] \qquad (2.123)$$

mit $\varphi = p_D/p'$ relative Luftfeuchte, p_D Partialdruck des Wasserdampfes, p_l Partialdruck der trockenen Luft, p' Sättigungsdruck des Wasserdampfes, p Gesamtdruck.

Stöchiometrischer Bedarf an feuchter Verbrennungsluft:

$$L_{\text{stöchf}} = (1 + w_l) \cdot L_{\text{stöch}} \qquad (2.124)$$

Um die vollständige Verbrennung aller Brennstoffbestandteile zu erreichen, muss der Feuerung insgesamt etwas mehr Luft L zugeführt werden, als es dem stöchiometrischen Luftbedarf entsprechen würde. Das Luftverhältnis (Luftüberschuss) λ liegt bei Einsatz von festen Brennstoffen in modernen Feuerungen bei ca. λ = 1,15 - 1,25, bei flüssigen und gasförmigen Brennstoffen auch tiefer.

$$L = \lambda \cdot L_{\text{stöchf}} \left[\frac{\text{kmol Luft}}{\text{kg Brennstoff}}\right] \quad \text{bzw.} \quad m_L = \lambda \cdot m_{\text{Lstöchf}} \left[\frac{\text{kg Luft}}{\text{kg Brennstoff}}\right] \qquad (2.125)$$

Die feuchte Verbrennungsgasmenge v_f ergibt sich aus den rechten Seiten der Reaktionsgleichungen und den nicht brennbaren Brennstoffbestandteilen.

$$v_\mathrm{f} = v_{CO_2} + v_{SO_2} + v_{H_2O} + v_{N_2} + v_{O_2} \quad \left[\frac{\text{kmol}}{\text{kg Brennstoff}}\right] \tag{2.126}$$

Bestandteile des feuchten Verbrennungsgases:

$$v_{CO_2} = \frac{c}{12} \left[\frac{\text{kmol CO}_2}{\text{kg Brennstoff}}\right] \tag{2.127}$$

$$v_{SO_2} = \frac{s}{32} \left[\frac{\text{kmol SO}_2}{\text{kg Brennstoff}}\right] \tag{2.128}$$

$$v_{H_2O} = \frac{h}{2} + \frac{w}{18} + w_1 \cdot \lambda \cdot L_\text{stöch} \left[\frac{\text{kmol H}_2\text{O}}{\text{kg Brennstoff}}\right] \tag{2.129}$$

$$v_{N_2} = \frac{n}{28} + 0{,}79 \cdot \lambda \cdot L_\text{stöch} \left[\frac{\text{kmol N}_2}{\text{kg Brennstoff}}\right] \tag{2.130}$$

$$v_{O_2} = 0{,}21 \cdot (\lambda - 1) \cdot L_\text{stöch} \left[\frac{\text{kmol O}_2}{\text{kg Brennstoff}}\right] \tag{2.131}$$

Gasförmige Brennstoffe

Der molare Heizwert H_um der Brenngase als Mischung von Einzelgasen errechnet sich aus der Summe der Produkte der Raumanteile und der molaren Heizwerte der brennbaren Einzelgase:

$$H_\mathrm{um} = \left(283\, CO^\mathrm{b} + 241{,}8\, H_2^\mathrm{b} + 802{,}5\, CH_4^\mathrm{b} + 1323\, C_2H_4^\mathrm{b} + 1429\, C_2H_6^\mathrm{b} + 1926\, C_3H_6^\mathrm{b}\right) \frac{\text{MJ}}{\text{kmol}} \tag{2.132}$$

Die Brenngasfeuchte kann als Beladung w_g des trockenen Brenngases aufgefasst werden.

$$w_\mathrm{g} = \frac{p_\mathrm{D}}{p_\mathrm{g}} = \frac{\varphi p'}{p - \varphi p'} \left[\frac{\text{kmol H}_2\text{O}}{\text{kmol Brennstoff}}\right] \tag{2.133}$$

mit φ relative Brenngasfeuchte, p_D Partialdruck des Wasserdampfes, p_g Partialdruck des trockenen Brenngases, p' Sättigungsdruck des Wasserdampfes, p Gesamtdruck.

Der im Brennstoff enthaltene Sauerstoffanteil O_2^b vermindert den zuzuführenden stöchiometrischen Sauerstoffbedarf.

$$o_\text{stöch} = \left[\frac{1}{2}\left(CO^\mathrm{b} + H_2^\mathrm{b}\right) + 2\, CH_4^\mathrm{b} + \Sigma\left(\mathrm{n} + \frac{\mathrm{m}}{4}\right) \mathrm{C_n} H_\mathrm{m}^\mathrm{b} - O_2^\mathrm{b}\right] \left[\frac{\text{kmol O}_2}{\text{kmol Brennstoff}}\right] \tag{2.134}$$

$$L_\text{stöch} = \frac{o_\text{stöch}}{0{,}21} \left[\frac{\text{kmol Luft}}{\text{kmol Brennstoff}}\right] \tag{2.135}$$

Die weitere Berechnung des Bedarfes an Verbrennungsluft erfolgt sinngemäß wie bei den festen und flüssigen Brennstoffen.

Bestandteile des Verbrennungsgases:

$$v_{CO_2} = \left(CO^b + CH_4^b + \Sigma\, n\, C_n H_m^b + CO_2^b\right) \left[\frac{\text{kmol CO}_2}{\text{kmol Brennstoff}}\right] \tag{2.136}$$

$$v_{H_2O} = \left(H_2^b + 2\,CH_4^b + \Sigma \frac{m}{2} C_n H_m^b + w_l \cdot \lambda \cdot L_{\text{stöch}} + w_g\right) \left[\frac{\text{kmol H}_2\text{O}}{\text{kmol Brennstoff}}\right] \tag{2.137}$$

mit Brenngasfeuchte w_g als Beladung des trockenen Brenngases

$$v_{N_2} = \left(N_2^b + 0{,}79 \cdot \lambda \cdot L_{\text{stöch}}\right) \left[\frac{\text{kmol N}_2}{\text{kmol Brennstoff}}\right] \tag{2.138}$$

$$v_{O_2} = 0{,}21 \cdot (\lambda - 1) \cdot L_{\text{stöch}} \left[\frac{\text{kmol O}_2}{\text{kmol Brennstoff}}\right] \tag{2.139}$$

Bei Verbrennungsprozessen, die in mehreren Stufen vor sich gehen, ist die Summe der bei den einzelnen Stufen entbundenen Wärmemengen gleich dem Betrag der Wärme, die entsteht, wenn der Prozess sofort bis zum Ende geführt wird, siehe z. B. Formel 2.112 bis Formel 2.114.

2.3.16.1 *h,T*-Diagramm

Bei Gasturbinen sind im Bereich des Verdichters einerseits und der Expansion in der Turbine andererseits Temperaturdifferenzen von bis etwa je 400 K zu betrachten. Es ist daher näherungsweise oft noch zulässig, mit jeweils mittleren spezifischen Wärmen zu rechnen. Bei Kolbenmaschinen sind die Druck- und Temperaturgrenzen viel weiter, sodass die Änderung der spezifischen Wärmen nicht mehr vernachlässigt werden kann; man berücksichtigt sie bei der Wärmezufuhr am einfachsten durch das *h,T*-Diagramm, das schrittweise aus den jeweiligen mittleren spez. Wärmen aufgebaut werden kann. Bild 2.34 zeigt ein Beispiel für Luft. In gleicher Weise lassen sich *h,T*-Diagramme für andere Gase, z. B. auch für Verbrennungsgase mit verschiedenem Luftgehalt, aufstellen. Solche *h,T*-Diagramme sind, wie auch *h,s*-Diagramme, im Buchhandel erhältlich.

Über die Temperatur-Abszisse wird c_p aufgetragen, wie es in den Handbüchern der Thermodynamik als $f(T)$ zu finden ist; c_v ist um den konstanten Betrag R (Gaskonstante im Wärmemaß kJ/kg · K) geringer; $c_v = c_p - R$.

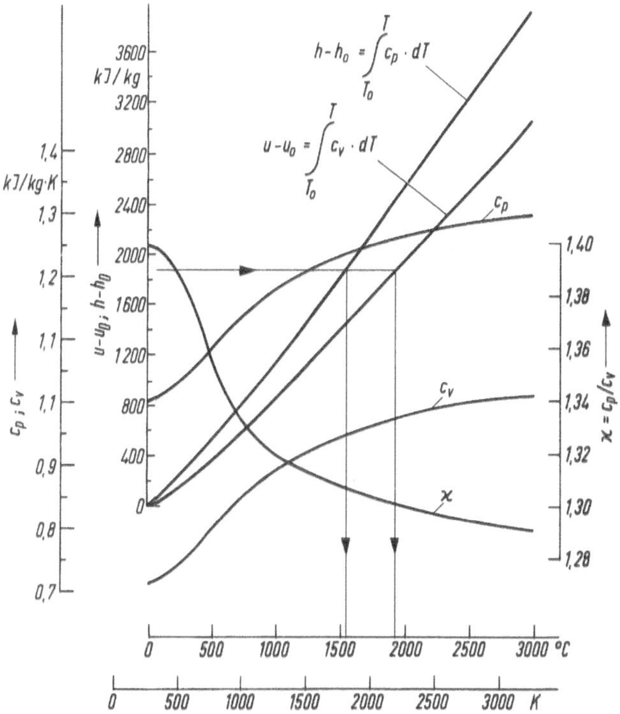

Bild 2.34
h,T- und *u,T*-Diagramm für Luft

Der Enthalpiezuwachs

$$h_{k+1} = h_k = \int_{T_k}^{T_{k+1}} c_p \cdot \mathrm{d}T = \Delta h = c_{\mathrm{pm}} \Big|_{T_k}^{T_{k+1}} \cdot \left(T_{k+1} - T_k\right) \tag{2.140}$$

lässt sich abschnittsweise, z. B. in Intervallen von 100 K zu 100 K, addieren, angefangen gewöhnlich von 0 °C. Man erhält so $h - h_0 = f(T)$. In gleicher Weise kann dann auch $u - u_0 = f(_\mathrm{T})$ aus c_v ermittelt werden. Der Index 0 ist dabei der Basistemperatur 0 °C zugeordnet.

Der Nutzen des *h,T*- oder *u,T*-Diagramms besteht nun darin, dass sich zu einer bestimmten Verbrennungswärmemenge sofort die zugehörige Temperatursteigerung ergibt:

Beispiel (eingetragen in Bild 2.34):

Werden bei Luft ab 0 °C z. B. 1885 kJ/kg zugeführt, so erhält man bei Verbrennung mit konstantem Druck aus dem *h,T*-Diagramm eine Temperatursteigerung von etwa 1540 K; bei Verbrennung mit konstantem Volumen würde sich aus dem *u,T*-Diagramm eine Temperatursteigerung von 1920 K ergeben, wenn von Wärme- und Dissoziationsverlusten bzw. Verlusten durch unvollkommene Verbrennung abgesehen wird. Die Temperatursteigerung ist bei konstantem Volumen größer, weil keine äußere Arbeit verrichtet werden muss, die ganze Wärme also zur Erhöhung der inneren Energie zur Verfügung steht.

2.3.17 Wärmedurchgang

Wärme kann auf verschiedene Arten übertragen werden:

1. Durch Wärmeleitung, d. h. Fortpflanzung der Wärme, innerhalb eines Stoffes.
2. Durch Wärmeübergang, d. h. Fortpflanzung der Wärme von einem Stoff auf einen zweiten Stoff anderen Aggregatzustandes. Freie Konvektion ist der Wärmeübergang von einem festen Körper auf einen flüssigen oder dampfförmigen Stoff, der sich nur infolge des Wärmeauftriebes gegenüber dem festen Körper bewegt bzw. umgekehrt.
3. Durch Strahlung: Hierbei wird die Wärme in elektromagnetische Wellen umgewandelt, die der warme Körper abstrahlt und der kältere Körper teilweise absorbiert. Bei der Absorption wird die Strahlung wieder in Wärme rückgewandelt. Reine Luft ist für Wärmestrahlung jedoch vollständig durchlässig.

Von Wärmedurchgang spricht man bei der Wärmeübertragung von einem strömenden Medium durch eine feste Wand auf ein zweites strömendes Medium. Die Strömung kann erzwungen oder durch Wärmeauftrieb (Schwerewirkung) verursacht sein.

Auf der einen Seite der Wand herrsche die Temperatur T_1, auf der anderen Seite die Temperatur T_2. Die Wandtemperaturen seien T_{w1} und T_{w2} sowie δ die Wanddicke (Bild 2.35).

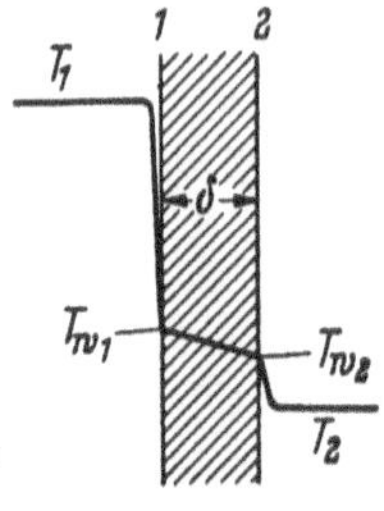

Bild 2.35
Temperaturverlauf beim stationären Wärmedurchgang durch eine Wand (Schema)

Für die beispielsweise von einem Rauchgas an die Wandoberfläche *1* übergehende Wärmemenge gilt:

$$q_1 = \alpha_1 \left(T_1 - T_{w1}\right) \tag{2.141}$$

Die durch die Wand fließende Wärmemenge ist

$$q_2 = \frac{\lambda}{\delta}\left(T_{w1} - T_{w2}\right) \tag{2.142}$$

Von der Wandoberfläche *2* an z. B. Wasser bzw. Dampf geht über die Wärmemenge

$$q_3 - \alpha_2 \left(T_{w2} - T_2\right) \tag{2.143}$$

Wenn der Vorgang **stationär** ist, d. h. die Temperaturen sich mit der Zeit nicht ändern, muss $q_1 = q_2 = q_3 = q_b$ sein, gleich der gesamten vom Rauchgas durch Berührung an das Wasser bzw. den Dampf übertragenen Wärmemenge mit Wanddicke δ in Meter.

$$q_b = \frac{T_1 - T_2}{\left(1/\alpha_1\right) + \left(\delta/\lambda\right) + \left(1/\alpha_2\right)} = k \cdot \left(T_1 - T_2\right) \tag{2.144}$$

wobei k = die **Wärmedurchgangszahl** in W/(m² · K),
α_1 = die **Wärmeübergangszahl** vom Gas an die Wand in W/(m² · K),
λ = die **Wärmeleitzahl** der Rohrwand in W/(m · K),
α_2 = die **Wärmeübergangszahl** von der Wand an das Wasser bzw. den Dampf in W/(m² · K)

und

$$\frac{1}{k} = \frac{1}{\alpha_1} + \frac{\delta}{\lambda} + \frac{1}{\alpha_2} \tag{2.145}$$

der **Wärmedurchgangswiderstand.**

Er ist gleich der Summe der Einzelwiderstände (in Analogie zur Hintereinanderschaltung elektrischer Widerstände).

Der Durchgangswiderstand δ/λ in (m² · K)/W durch die Kesselwand ist im Allgemeinen gegenüber den anderen Werten vergleichsweise klein und deshalb meist vernachlässigbar; demnach

$$\frac{1}{k} \approx \frac{1}{\alpha_1} + \frac{1}{\alpha_2} \tag{2.146}$$

2.3.17.1 Wärmeübergang durch Berührung

Die Wärmeübergangszahl α_2 ist normalerweise wesentlich größer als α_1; z. B. gegen strömendes kaltes Wasser in der Größenordnung von 500 – 10 000 W/(m² · K) und gegen siedendes Wasser bis zu 12 000 W/(m² · K), sofern die eben entstandenen Dampfblasen durch geeignete Strömung entfernt werden, bevor sich ein geschlossener **Dampffilm** bildet, der eine sehr schlechte Wärmeleitzahl aufweist (Leidenfrostsches Phänomen). Dagegen liegt α_1 bei Luft oder Gasen in der Größenordnung von 10 – 60 W/(m² · K).

Mit hohen Wärmeübergangszahlen α_2 ist nach Formel 2.143 und Bild 2.35 gleichzeitig eine relativ geringe Temperaturerhöhung $T_{w2} - T_2$ verbunden, d. h. unzulässig hohe Wandtemperaturen werden vermieden. Bei Bildung von Dampffilmen bzw. stehenden Dampfblasen besteht dagegen die Gefahr, dass die Warmfestigkeit des Rohrwerkstoffes überschritten wird. Jedes Verdampferrohr muss daher zur **Kühlung** eine Strömung auf der Wasserseite erhalten, sei es als Umlaufströmung oder als Durchlaufströmung.

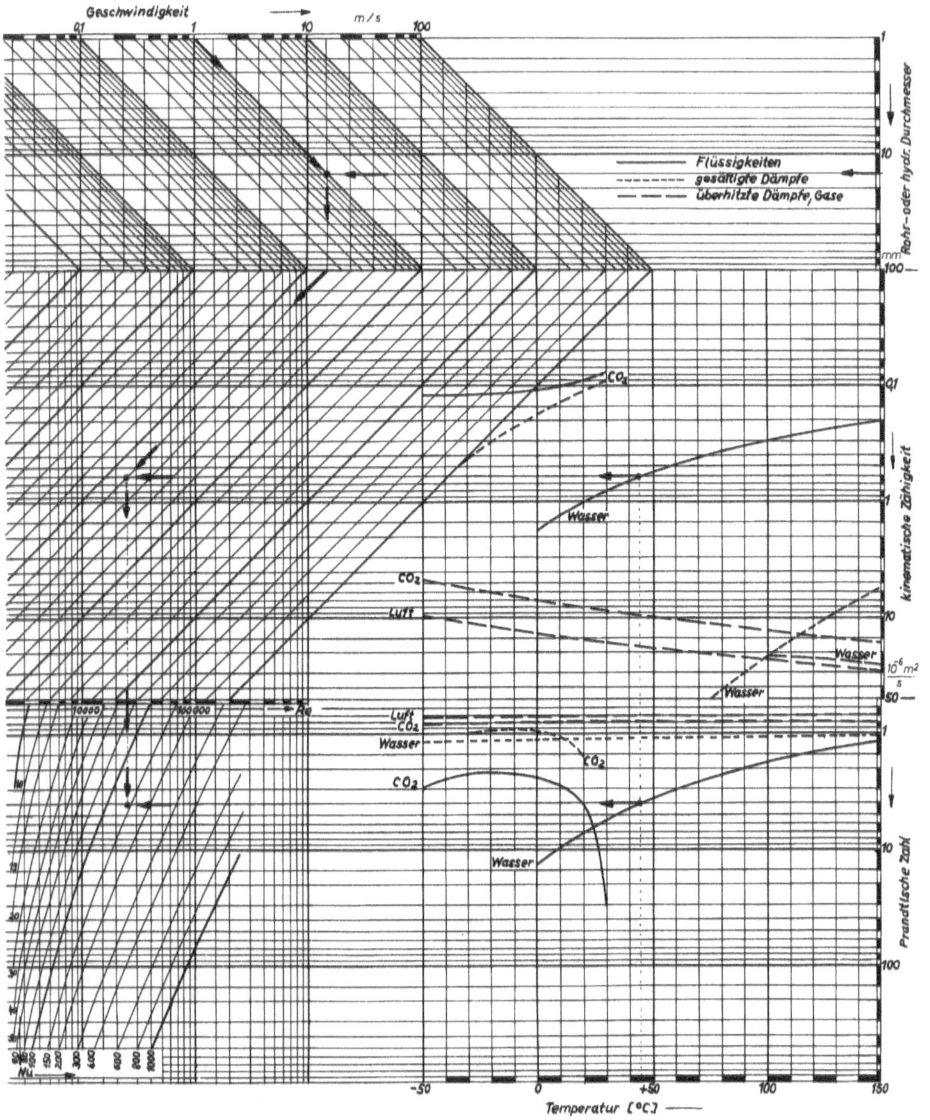

Bild 2.36 Nusseltsche Zahl $Nu = \frac{\alpha \cdot d}{\lambda}$ bei turbulenter Strömung und Prandtlsche Zahl $Pr = \frac{\upsilon}{a}$ mit $a = \frac{\lambda}{c_{\varrho} \cdot \varrho}$; Beispiel auf folgender Seite

Für den **Wärmedurchgang** spielt die **Wärmeübergangszahl** α_1 (vom Gas an die Wand) die entscheidende Rolle. Sie ist bei Feuerungen abhängig von a) Zusammensetzung, b) Dichte und c) Geschwindigkeit der Rauchgase. Bei Feuerungen mit atmosphärischem Druck sind a) und b) wenig veränderlich, dagegen lässt sich die Rauchgasgeschwindigkeit im Rahmen der beeinflussbaren Strömungswiderstände verändern. Für den Wärmeübergang von Rauchgasen von Temperatur T an eine ebene Wand gilt nach Versuchen von *Jürges* bei $w_T > 5$ m/s mittlerer Rauchgasgeschwindigkeit

$$\alpha_1 \approx (7{,}1 \text{ bis } 7{,}65)\, w_T^{0{,}78} \tag{2.147}$$

in W/(m² · k)

Bei Anwendung von Formel 2.147 ist die Gasgeschwindigkeit w_T von T auf 20 °C = 293 K umzurechnen

$$w = w_T \frac{293\,\text{K}}{T}$$

Nach *Nusselt* ist die sog. *Nusselt*-Zahl (dimensionslos) mit

$$Nu = \frac{\alpha \cdot d}{\lambda} \tag{2.148}$$

mit α Wärmeübergangszahl, λ Wärmeleitzahl des strömenden Mediums, d Rohrdurchmesser $\left(\text{bei unrunden Querschnitten } d_{gl} = \frac{4A}{U}\right)$

Prandtl-Zahl

$$Pr = \frac{v}{a}$$

mit Temperaturleitfähigkeit $a = \frac{\lambda}{c_\varrho \cdot \varrho}$, ein Stoffwert als Verknüpfung anderer Stoffwerte des betreffenden Fluides.

Mit Bild 2.36 kann α für turbulente Strömung ermittelt werden.

Beispiel: Wasser von 45 °C [$v = 0{,}6 \cdot 10^{-6}$ m²/s; $c_p = 4{,}2$ kJ/(kg · K); $\lambda = 0{,}63$ W/(K · m) und $\varrho = 990$ kg/m³] strömt mit $w = 1$ m/s durch ein Rohr mit 20 mm lichter Weite. Gesucht α_i.

$$a = \frac{\lambda}{c_\varrho - \varrho} = \frac{0{,}63\,\text{W} \cdot \text{kg} \cdot \text{K} \cdot \text{m}^3}{\text{K} \cdot \text{m} \cdot 4200\,\text{J} \cdot 990\,\text{kg}} = 0{,}15 \cdot 10^{-6}\,\frac{\text{m}^2}{\text{s}}$$

$$Pr = \frac{v}{a} = \frac{0{,}6\,\text{m}^2 \cdot 10^6 \cdot \text{s}}{10^6\,\text{s} \cdot 0{,}15\,\text{m}^2} = 4$$

aus Bild 2.36: Nu = 140

$$\alpha_i = Nu\frac{\lambda}{d_i} = 140\frac{0{,}63\,\text{W}}{\text{K} \cdot \text{m} \cdot 0{,}02\,\text{m}} = 4410\,\text{W}/\left(\text{m}^2 \cdot \text{K}\right)$$

2.3.17.2 Wärmeübergang durch Strahlung

Außer durch Berührung mit der Wand kann Wärme vom Gas an die Wand auch durch Strahlung übertragen werden. Die Wärmestrahlung folgt den Gesetzen der Lichtstrahlung, liegt aber im Bereich größerer Wellenlängen, von 0,8 μm bis 300 μm, also im infraroten Gebiet, während die von unserem Auge wahrnehmbaren Lichtstrahlen von 0,4 μm bis 0,8 μm reichen (1 μm = 10^{-3} mm).

Von den Verbrennungsgasen emittieren nur die dreiatomigen Gase CO_2 und H_2O Wärmestrahlen, während die zweiatomigen Gase O_2, N_2 und CO weder emittieren noch absorbieren, sondern für die Gasstrahlung durchlässig (diatherman) sind. Bei gleichzeitiger Strahlung von CO_2 und H_2O ist nicht die Summe der Einzelstrahlungen wirksam. Der Fehler bei einfacher Addition ist aber meist nicht sehr groß (2 - 5 %). Alle Strahlungsrechnungen bei Dampfkesseln sind Näherungsrechnungen, da außer CO_2 und H_2O auch die leuchtenden Flammen, d. h. die glühenden Kohlepartikelchen, Wärmestrahlen aussenden. Die Gasstrahlung selbst ist

$$q_\mathrm{s} = C_\mathrm{s}\left[\varepsilon_\mathrm{g}\left(\frac{T_\mathrm{g}}{100}\right)^4 - \varepsilon_\mathrm{w}\left(\frac{T_\mathrm{w}}{100}\right)^4\right] \tag{2.149}$$

C_s = 5,7685 W/(m² · K⁴) ist die Strahlungszahl des schwarzen Körpers, T_g = absolute Gastemperatur in K, T_w = absolute Wandtemperatur in K, ε_g = Emissionsverhältnis der Gasstrahlung bei Gastemperatur, ε_w = Emissionsverhältnis der Gasstrahlung bei Wandtemperatur

ε_g und ε_w sind Funktionen des Produktes $p \cdot s$ = Partialdruck p des betreffenden Gases mal Schichtdicke s des Gaskörpers

In der älteren Kesseltechnik und heute noch bei Rostfeuerungen ist der Anteil q_s der insgesamt übertragenen Wärmemenge

$$q = q_\mathrm{b} + q_\mathrm{s} \tag{2.150}$$

verhältnismäßig klein. Bei Schmelzkammerkesseln mit höheren Gastemperaturen wächst q_s schnell mit T^4, ferner bei Großraumfeuerungen mit der Gas-Schichtdicke s, d. h. mit der Größe des Feuerraumes. Bei Großkesseln überwiegt daher der Anteil der Strahlung bei Weitem.

2.4 Wirkungsgrade der Maschinen

Die Umwandlungsmöglichkeit von Energieformen ist die Grundlage für die Arbeitsweise der Kraft- und Arbeitsmaschinen. Die Energieumwandlung in den Maschinen geht nicht ohne Verluste vor sich, d. h., die Menge der gewonnenen Nutzenergie ist kleiner als die Menge der zugeführten Energie. Nach dem Energiesatz kann Energie nicht vernichtet werden, daher sind die Verluste ebenfalls Energieformen, die aber im Gegensatz zur gewonnenen Nutzenergie in einer Form anfallen, die ihre Nutzbarmachung nicht oder meist nur unter unwirtschaftlichem Aufwand zulässt. Solche Verlustenergieformen sind Reibungsarbeit bei mechanischer Reibung, Flüssigkeitsreibung und Gasreibung sowie Wärmeverluste durch Abstrahlung, Leitung und Konvektion an die Umgebung.

Das Verhältnis von Nutzenergie zu zugeführter Energie wird ausgedrückt durch den Wirkungsgrad

$$\eta = \frac{E_{\mathrm{n}}}{E_{\mathrm{zu}}} = \frac{\text{Nutzen}}{\text{Aufwand}} \tag{2.151}$$

Zur Beurteilung des Betriebsverhaltens von Maschinen ist es nicht nur notwendig, die Eintritts- und Austrittsenergie miteinander zu vergleichen, man muss auch den Energiestrom durch die Maschine verfolgen, um feststellen zu können, wo Verluste auftreten und diese zu verringern sind. Hierzu wurde der Begriff der inneren Leistung eingeführt. Man versteht darunter den Energiestrom, der bei Kolbenmaschinen vom Arbeitsmittel an den Kolben oder umgekehrt und bei Strömungsmaschinen vom Arbeitsmittel an die Schaufeln des Laufrades oder umgekehrt abgegeben wird.

Der Verlauf des Energiestromes wird auch dargestellt im Energiefluss-Schaubild, auch Sankey-Diagramm genannt. Bild 2.37 zeigt den Energiefluss (Leistung) durch Kraftmaschinen.

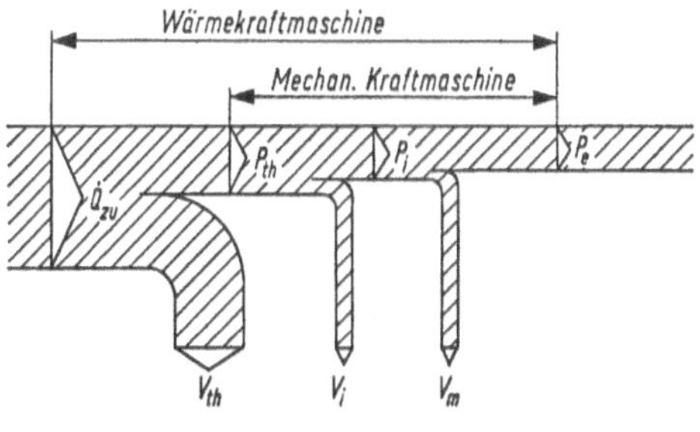

$\dot{Q}_{\mathrm{zu}}$ zugeführter Wärmestrom (Energie) bei thermischen Kraftmaschinen (Motoren, Dampf- und Gasturbinen)

P_{th} theoretische Maschinenleistung (Exergie) = zugeführter Energiestrom. Bei hydraulischen Kraftmaschinen (Wasserturbinen, Windturbinen) zugeführt.

P_{i} innere Maschinenleistung

P_{e} effektive Maschinenleistung = Nutzleistung oder Kupplungsleistung

V_{th} thermische Verluste, Anergie (2. Hauptsatz der Wärmetechnik, Abschnitt 2.3.6). Nur bei thermischen Kraftmaschinen (Kolbenmotoren, Dampf- und Gasturbinen).

V_{i} innere Verluste durch Nichtumkehrbarkeit der Zustandsänderungen

V_{m} mechanische Reibungsverluste

Bild 2.37 Energieflussschaubild (Leistung) von Kraftmaschinen (Sankey-Diagramm)

Man definiert

thermischer Wirkungsgrad ($\eta_{th} < \eta_c$, Abschnitt 2.3.12)

$$\frac{P_{th}}{\dot{Q}_{zu}} = \eta_{th} \tag{2.152}$$

Ersatzweise bei Gasen $\eta_{th} = \eta_g \cdot \eta_c$ mit Gütegrad $\eta_g \approx 0{,}7...0{,}9$.

innerer Wirkungsgrad

$$\frac{P_i}{P_{th}} = \eta_i \tag{2.153}$$

mechanischer Wirkungsgrad

$$\frac{P_e}{P_i} = \eta_m \tag{2.154}$$

effektiver Wirkungsgrad

$$\frac{P_e}{\dot{Q}_{zu}} = \eta_e = \eta_{th} \cdot \eta_i \cdot \eta_m \tag{2.155}$$

In Bild 2.38 ist der Energiefluss (Leistung) durch Arbeitsmaschinen dargestellt.

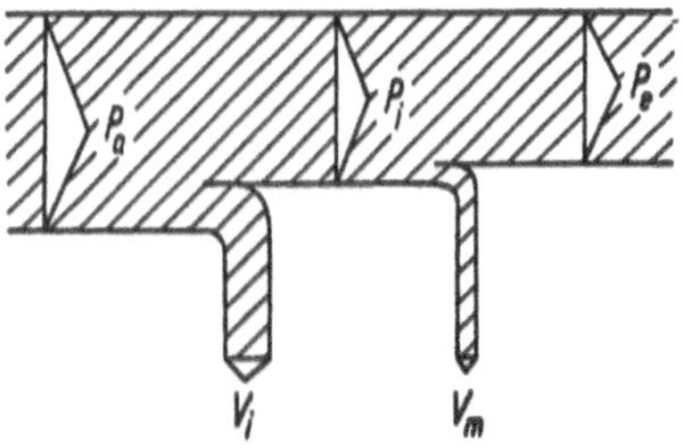

P_a Antriebsleistung
P_i innere Leistung
P_e effektive Leistung = Förderleistung

Bild 2.38
Energieflussschaubild von Arbeitsmaschinen

$$\frac{P_i}{P_a} = \eta_i \quad \frac{P_e}{P_i} = \eta_m \quad \frac{P_e}{P_a} = \eta_e = \eta_i \cdot \eta_m \tag{2.156}$$

Einzelne Maschinenarten kennen eine noch weitergehende Aufteilung des Energiestromes und damit auch zusätzliche Wirkungsgradbegriffe, die von Fall zu Fall in den Kapiteln der einzelnen Maschinen erläutert werden. Man kennt z.B. noch Füllungsgrade d.h. Ansaugmengen-Wirkungsgrade, Liefergrade d.h. Fördermengen-Wirkungsgrade, Gütegrade d.h. Wirkungsgrade zwischen tatsächlicher und theoretischer Leistung, usw.

2.5 Vergleich von Kolben- und Strömungsmaschinen

	Kolbenmaschinen	Strömungsmaschinen
Prozess-ablauf	periodisch, daher Steuerungsventile erforderlich. Dadurch zusätzliche, bewegte Teile mit Massenträgheit und Störungsquellen, Schwungrad erforderlich.	stetig, dadurch entfällt Ventilsteuerung. Kein Schwungrad.
Durch-strömung	instationär, dadurch Beschleunigungs- und Verzögerungskräfte im zu- und abströmenden Arbeitsmittel, Einstellen einer mittleren Materialbelastung.	stationär, dadurch gleichbleibende örtliche Materialbelastung.
Arbeitskräfte	durch statische Energieumformung, dadurch große Druckkräfte, schwere Bauart, Einheitsgröße beschränkt.	durch dynamische Energieumwandlung, dadurch kleinere Kräfte, leichtere Bauart, große Einheiten möglich.
Hauptbauteil	hin- und hergehender Kolben, dadurch Schwingungen durch Massenkräfte, höhere Reibungsverluste, kleinere Betriebsdrehzahlen. Durch Schmierung des Kolbens gelangt Öl in das Arbeitsmittel.	umlaufendes Rad, dadurch vollständiger Massenausgleich, kleine Reibungsverluste, nur Schmierung in den außen liegenden Lagern, höhere Betriebsdrehzahlen, ölfreies Arbeitsmittel.
Wirkungs-grad	von einer Mindestlast ab annähernd konstant.	leistungsabhängig, dadurch erhöhte Verluste bei Teil- und Überlast.
Leistung	drehzahlabhängig, dadurch Mindestdrehzahl für wirksamen Betrieb erforderlich.	drehzahlabhängig, dadurch Mindestdrehzahl für wirksamen Betrieb erforderlich.
Gefahren-momente	Gefahr des überhöhten Druckes bei Arbeitsmaschinen, dadurch Aussetzregelung erforderlich.	Gefahr des Durchgehens bei Kraftmaschinen, dadurch Schnellschlusseinrichtung erforderlich (Drehzahlbegrenzung).

2.6 Regelung

Die Regelungstechnik hat sich mit den wachsenden Anforderungen an Maschinen und Apparate von bescheidenen Anfängen bis zu ihrem heutigen Stand entwickelt. Dabei lassen sich gewisse Entwicklungsstufen beobachten. Ursprünglich wurde ein Prozess überwacht, indem man die wichtigste Betriebsgröße, z. B. die Temperatur, nach Gefühl oder nach Sinneswahrnehmung schätzte und sie durch Betätigung eines Eingrifforgans, z. B. eines Ventils, von Hand den Erfordernissen anpasste (Bild 2.39a). Später trat das exakte Messen mit Messgeräten an die Stelle der ungenauen Schätzung, doch blieb immer noch der Mensch mit seiner **langen Leitung** und seinem möglichen Fehlverhalten in den Wirkungsablauf der Prozessregelung geschaltet (Bild 2.39b). Gesteigerte Anforderungen an die Genauigkeit des Prozessablaufs überforderten schließlich den Menschen im Regelkreis und führten zur Entwicklung der maschinellen Regeleinrichtung, meist elektronisch über Computerprogramme bewirkt (Bild 2.39c und d).

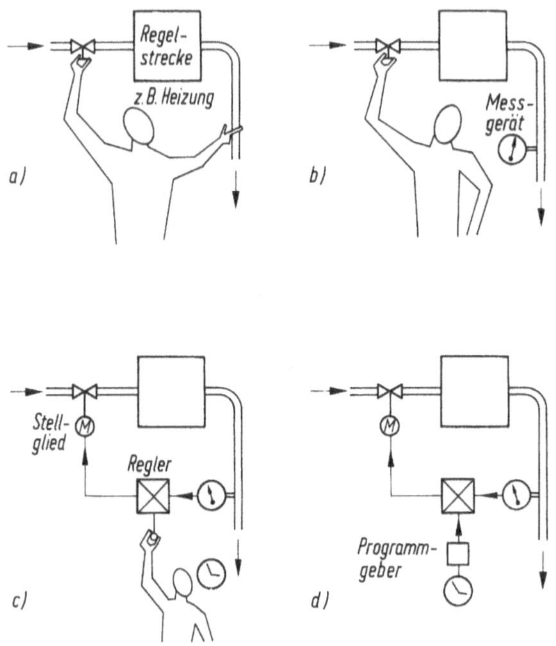

Bild 2.39 Entwicklung der Regelungen: a) Regelung von Hand nach Gefühl oder nach Schätzung, b) Regelung von Hand nach exakter Messung, c) selbsttätige Regelung mit Sollwerteinstellung von Hand, z. B. in Abhängigkeit von der Zeit, d) selbsttätige Regelung mit programmierter Verstellung der Führungsgröße

Die Regeleinrichtung stellt die Verbindung zwischen einem Messfühler und einem Stellglied her. Sie vergleicht den von dem Messfühler gemessenen Istwert mit einem als Führungsgröße vorgegebenen Sollwert, der konstant oder z. B. von der Zeit abhängig sein kann, und gibt als Antwort auf Abweichungen an das Stellglied das Signal, die Abweichung rückgängig zu machen und den Istwert wieder an den Sollwert heranzuführen.

Regelungen finden sich heute auf allen Gebieten der Technik, selbstverständlich auch bei den Kraft- und Arbeitsmaschinen. Vornehmlich handelt es sich bei Letzteren um Drehzahlregelungen, doch findet man – vor allem in Kraftwerken – auch

Druck-, Temperatur-, Behälterstands- und Durchflussregelungen. Wenn auch die Anwendung maschineller Regeleinrichtungen erst die heute übliche Automatisierung der Prozessabläufe ermöglicht hat, so müssen dennoch die Regelungen nicht zwangsläufig mit selbsttätigen Regeleinrichtungen ausgestattet sein. Wenn der Mensch als übertragendes Glied in den Regelkreis eingeschaltet ist, spricht man von Handregelung. Selbsttätige (automatische) Regelung liegt vor, wenn sich die Vorgänge ohne fortlaufendes menschliches Zutun abspielen.

Manche Eingriffe, die das Herstellen und Aufrechterhalten von technisch-physikalischen Größen bezwecken, lassen sich sowohl durch eine Regelung als auch durch eine Steuerung herbeiführen. Der Unterschied zwischen den beiden Vorgängen liegt darin, dass die notwendig werdenden Eingriffe bei der Regelung aufgrund fortlaufender Messungen der Regelgröße erfolgen, bei der Steuerung aber aufgrund von Wirkungen einer Eingangsgröße, die von der Regelgröße unabhängig ist. Oder anders ausgedrückt, bei der Steuerung findet kein Vergleich der gesteuerten Größe mit einer als Sollwert vorgegebenen Führungsgröße statt. Der Wirkungsablauf der Eingriffe vollzieht sich bei der Regelung in einem Regelkreis, bei der Steuerung in einer Steuerkette.

Die wichtigsten Begriffe und Benennungen der Regelungs- und Steuerungstechnik, die für die Planung, den Aufbau, den Betrieb und die Darstellung von technischen Regelungen und Steuerungen benötigt werden, sind in DIN 19226 festgelegt.

Der Regelvorgang wird durch eine Reihe von Gliedern verwirklicht, die einander in einer bestimmten Richtung derart beeinflussen, dass ein geschlossener Wirkungsablauf, der Regelkreis, entsteht (Bild 2.40). Der Messfühler liefert den Istwert der Regelgröße an die Regeleinrichtung, die ihn mit einem vorgegebenen Sollwert, der Führungsgröße, vergleicht und bei Abweichungen die Stellgröße verändert, die mit dem Stellglied in die Regelstrecke eingreift und den Istwert wieder an den Sollwert heranführt. Abweichungen des Istwertes vom Sollwert werden durch Störgrößen verursacht, die sowohl auf die Regelstrecke als auch auf die Regeleinrichtung einwirken können. Eine Regelung kann als gut angesprochen werden, wenn die Zeit, die benötigt wird, um die Störung auszugleichen, klein ist, und wenn evtl. Überschwingungen, d. h. Abweichungsmaxima vom Sollwert, sich in Grenzen halten.

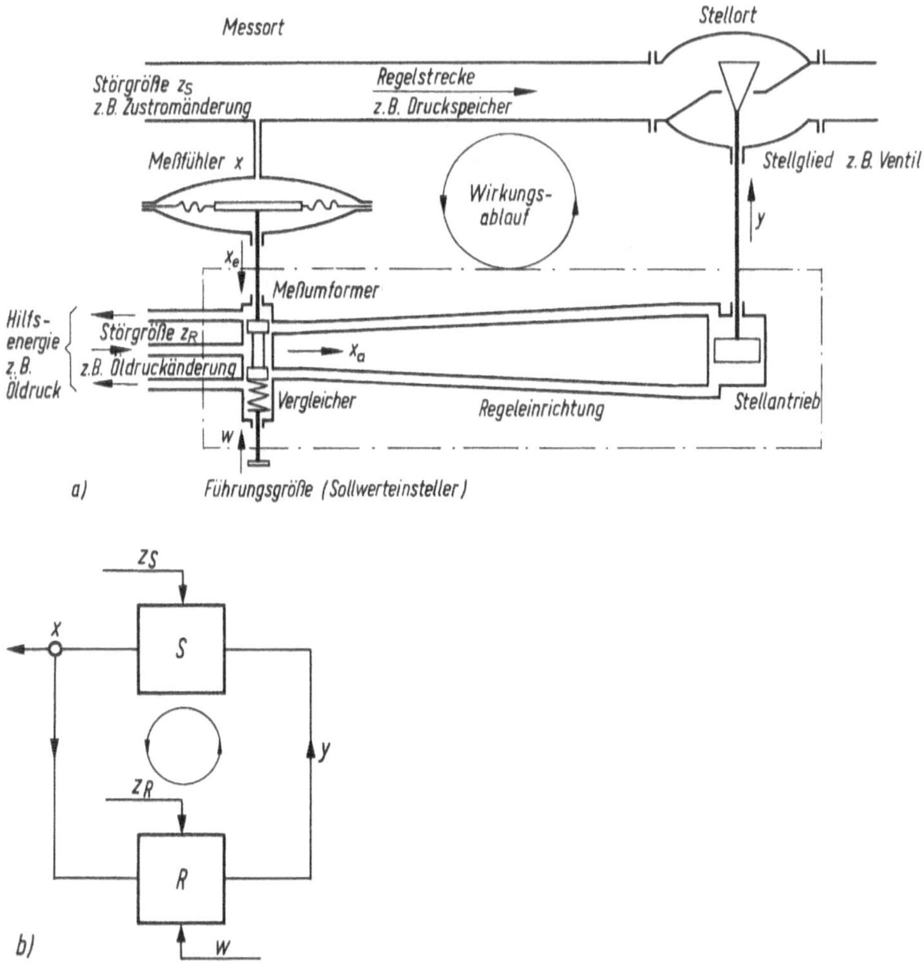

x Regelgröße
x_e Eingangssignal
x_a Ausgangssignal
y Stellgröße
w Führungsgröße

z Störgrößen
z_R auf die Regeleinrichtung wirkende Störgröße
z_S auf die Regelstrecke wirkende Störgröße
R Regeleinrichtung
S Regelstrecke

Bild 2.40 Regelkreis: a) Darstellung des Geräteaufbaus am Beispiel einer hydraulischen Druckregelung, b) Blockschaltbild eines Regelkreises

Bei manchen Regelungen reicht die dem Messfühler entnommene Energie aus, um das Stellglied damit direkt zu betätigen. Beispiele für Regelungen ohne Hilfsenergie oder unmittelbare Regelungen zeigt Bild 2.41. Ein solcher Regelkreis weist nur drei Glieder auf: den Messfühler, die Vergleichsstelle mit der Führungsgröße und das Stellglied.

Ist die direkte Betätigung des Stellgliedes durch die Arbeitsleistung des Messfühlers nicht möglich, so muss die für die Stellarbeit benötigte Energie von außen zugeführt werden. Das wird immer dann der Fall sein, wenn die aufzubringenden Stellkräfte sehr groß sind oder wenn Messort und Stellort räumlich weit auseinanderliegen. Als Hilfsenergien eignen sich die Druckarbeit von Druckluft bzw. Drucköl oder der elektrische Strom. Vielfach werden auch Regeleinrichtungen eingesetzt, die mit unterschiedlichen Hilfsenergien arbeiten, z. B. eine Regelung mit elektronischem Messumformer und hydraulischem Stellantrieb, wobei die Vorteile der elektronischen Regelung, Schnelligkeit und Genauigkeit, mit den Vorteilen der Hydraulik, Beherrschung großer Kräfte, kombiniert werden können. Regelungen, die von außen verstärkt werden, heißen Regelung mit Hilfsenergie oder mittelbare Regelung. Zu den bereits genannten Gliedern der unmittelbaren Regelung treten nun noch mindestens ein Messumformer und ein Stellantrieb (Bild 2.42). Bei vielen Regelungen genügt eine solche einfache Art der Signalübertragung nicht zur Bewältigung der Regelaufgabe. Es können Rechenoperationen erforderlich sein, wie Integration, Differentiation, Radizieren, Überlagerung usw., für die noch zusätzliche Rechen- und Steuerglieder in den Regelkreis eingebaut werden müssen (Bild 2.43). Oft sind auch die abgegebenen Signale so schwach, dass sie besondere Signalverstärker durchlaufen müssen.

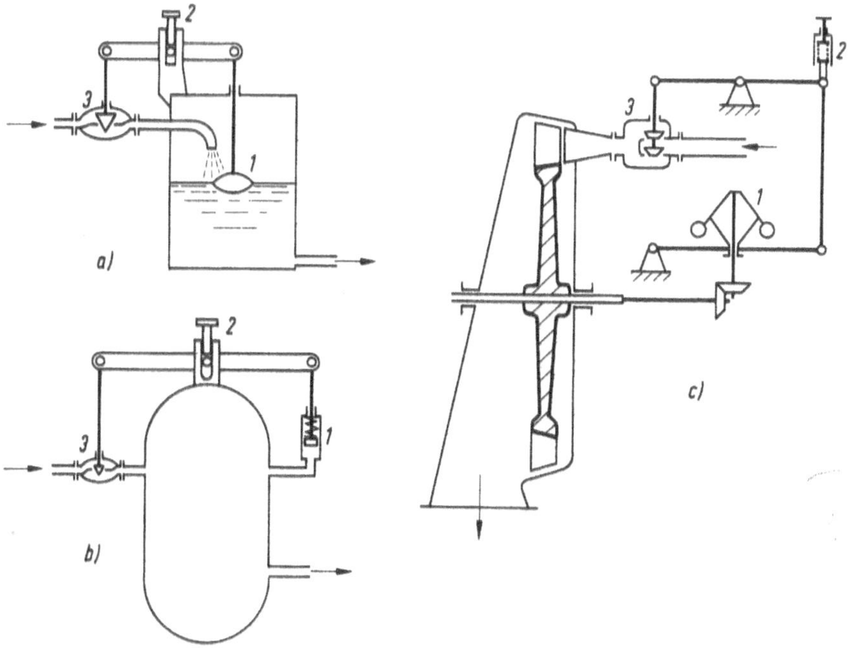

1 Messfühler
2 Sollwerteinsteller
3 Stellglied

Bild 2.41 Regelungen ohne Hilfsenergie: a) Behälterstandsregelung, b) Druckregelung, c) Drehzahlregelung

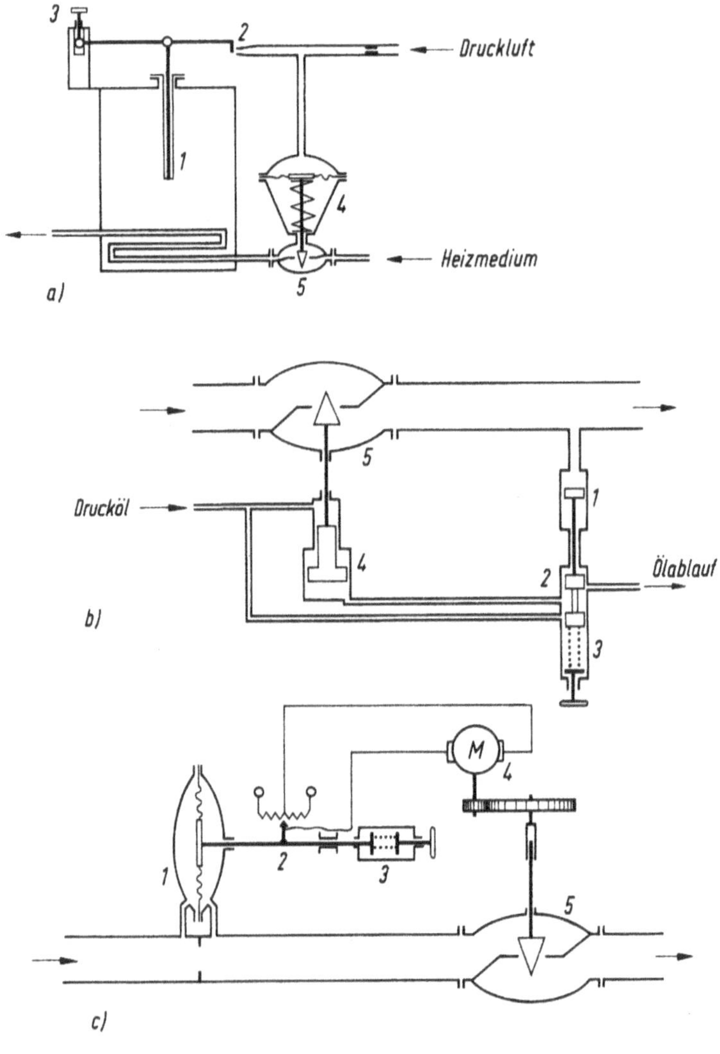

1 Messfühler
2 Messumformer
3 Sollwerteinsteller
4 Stellantrieb
5 Stellglied

Bild 2.42 Regelungen mit Hilfsenergie: a) pneumatische Temperaturregelung, b) hydraulische Gegendruckregelung, c) elektrische Durchflussstromregelung

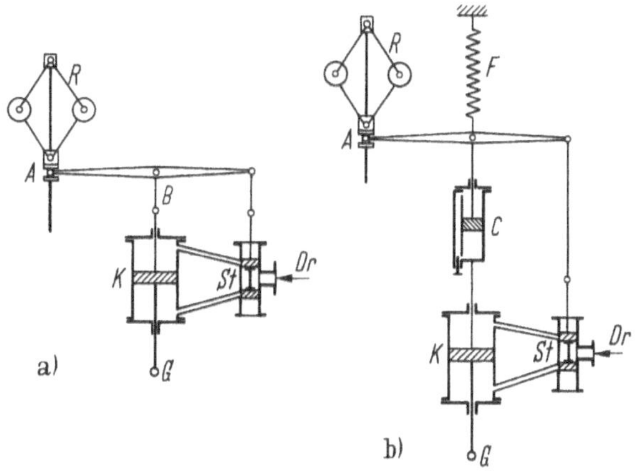

R Messglied
A Signalumsetzer
F Feder
Dr Drucköl
St Messumformer

K Stellantrieb
G Verbindung zum Stellglied
B starre Rückführung
C nachgebende Rückführung

Bild 2.43 Regelung mit erweiterten Regeleinrichtungen: a) Drehzahlregelung mit starrer Rückführung, b) Drehzahlregelung mit nachgebender Rückführung

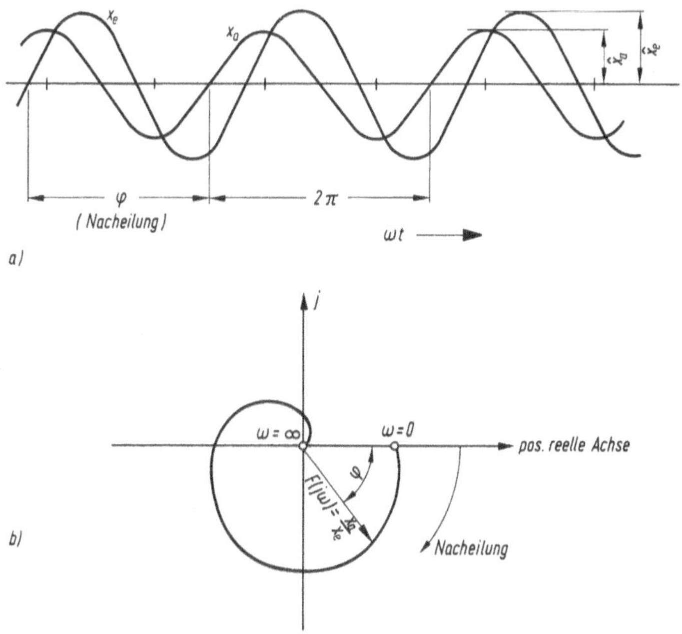

Bild 2.44 Ermittlung des Frequenzganges: a) Verlauf der Eingangs- und Ausgangssignale x_e und x_a, b) Ortskurve des Frequenzganges

Beste Regelergebnisse sind erst durch die Anpassung der Regeleinrichtung und des Stellgliedes an die vorhandene Regelstrecke zu erzielen. Die Verschiedenartigkeit der Regelstrecken und der Regelaufgaben bedingt für jeden einzelnen Fall eine sorgfältige Auswahl der Regeleinrichtung. Man kennzeichnet die Regeleinrichtung nach ihrem Übertragungsverhalten und kann dieses in verschiedener Form darstellen.

Die Übergangsfunktion stellt den zeitlichen Verlauf der Ausgangsgröße x_a nach einer sprunghaften Änderung der Eingangsgröße x_e dar (Sprungantwort). Der Vorteil dieser Darstellung ist ihre Anschaulichkeit. Die Übergangsfunktion ist in vielen Fällen durch Messung nachweisbar. Eine andere Methode ist die Darstellung als Ortskurve des Frequenzganges. Zur Ermittlung des Frequenzganges unterwirft man die Eingangsgröße in stationärem Zustand einer periodisch-harmonischen Erregung und ermittelt den Verlauf der Ausgangsgröße. Der Frequenzgang ist das Verhältnis von Ausgangsgröße zu Eingangsgröße. Dargestellt wird der Frequenzgang als Ortskurve in der komplexen (Gaußschen) Zahlenebene (Bild 2.44) mit den Amplitudenwerten $\hat{x}_e$ und $\hat{x}_a$.

$$x_e = \hat{x}_e \cdot \sin \omega t \tag{2.157}$$

$$x_a = \hat{x}_a \cdot \sin(\omega t + \varphi) \tag{2.158}$$

oder besser in komplexer Schreibweise

$$x_e = \hat{x}_e \cdot (\cos \omega t + \mathrm{j} \cdot \sin \omega t) = \hat{x}_e \cdot \mathrm{e}^{\mathrm{j}\omega t}$$

$$x_a = \hat{x}_a \cdot [\cos(\omega t + \varphi) + \mathrm{j} \cdot \sin(\omega t + \varphi)] = \hat{x}_a \cdot \mathrm{e}^{\mathrm{j}(\omega t + \varphi)}$$

$$F(\mathrm{j}\omega) = \frac{x_a}{x_e} = \frac{\hat{x}_a \cdot \mathrm{e}^{\mathrm{j}(\omega t + \varphi)}}{\hat{x}_e \cdot \mathrm{e}^{\mathrm{j}\omega t}} = \frac{\hat{x}_a}{\hat{x}_e} \mathrm{e}^{\mathrm{j}\varphi} \tag{2.159}$$

Für die Beurteilung und Klassifizierung der Regeleinrichtungen ist allein deren Übertragungsverhalten maßgebend, unabhängig von der gerätetechnischen Ausführung, was trotz der großen Vielfalt der Bauarten zu einer übersichtlichen Gruppierung führt. Man unterscheidet zunächst in unstetige und stetige Regeleinrichtungen.

Unstetige Regelvorgänge werden durch Glieder mit Mehrpunktverhalten erzielt. Die Stellgröße kann sich nur abwechselnd auf einen von zwei oder mehr Werten einstellen, z. B. „Ein - Aus" oder „Schnell - Mittel - Langsam - Halt". Demzufolge unterliegt der Wert der Regelgröße einem dauernden Wechsel.

Bei stetigen Regelgliedern kann die Stellgröße innerhalb des Stellbereichs jeden Wert annehmen. Die Änderung muss kontinuierlich erfolgen. Diskontinuierlich arbeitende Glieder, die das Eingangssignal nur zu festgelegten Zeitpunkten (schrittweise) erfassen und als eine Folge von Einzelsignalen übertragen, fallen unter die

Gruppe der unstetigen Glieder. Hinsichtlich ihres Übertragungsverhaltens werden die stetigen Glieder eingeteilt in

- Glieder mit proportionalem Verhalten (*P*-Glieder),
- Glieder mit integrierendem Verhalten (*I*-Glieder),
- Glieder mit differenzierendem Verhalten (*D*-Glieder).

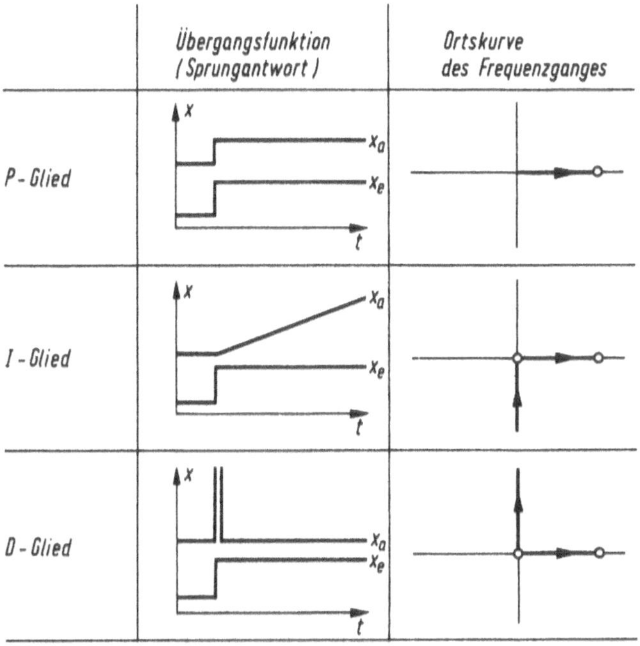

Bild 2.45 Übergangsfunktionen und Ortskurven von elementaren Übertragungsgliedern (verzögerungsfrei)

Die beste Erklärung für das Übertragungsverhalten der einzelnen Glieder gibt ihre Übergangsfunktion. Die Auswirkungen unvermeidlicher Verzögerungen auf das Übertragungsverhalten werden bei der kennzeichnenden Darstellung im Allgemeinen fortgelassen. So ist auch in Bild 2.45 nur ein idealisiertes Übertragungsverhalten der Elementarglieder dargestellt. Bei proportional wirkenden Gliedern ändert sich das Ausgangssignal direkt proportional zum Eingangssignal. Das integrierend wirkende Glied ändert das Ausgangssignal proportional dem Integral des Eingangssignals, d. h., die Änderungsgeschwindigkeit des Ausgangssignals ist der Änderung des Eingangssignals verhältnisgleich. Differenzierendes Verhalten hat ein Glied, dessen Ausgangssignal proportional der zeitlichen Ableitung des Eingangssignals ist, d. h., jeder Änderungsgeschwindigkeit des Eingangssignals ist ein konstanter Wert des Ausgangssignals zugeordnet.

- *P*-Verhalten $x_a(t) = K_P \cdot x_e(t)$
- *I*-Verhalten $x_a(t) = K_i \cdot \int x_e(t) \cdot dt$
- *D*-Verhalten $x_a(t) = K_d \cdot dx_e(t) / dt$

In diesen Gleichungen sind die *K*-Werte Proportionalitätskonstanten und $x(t)$ die Funktionen der Signale in Abhängigkeit von der Zeit t.

Nicht in allen Fällen eignen sich die Elementarglieder zur Verwendung als allein arbeitende Regeleinrichtungen. So gibt es Regeleinrichtungen, die nur mit Proportionalwirkung, und solche, die nur mit Integralwirkung arbeiten, jedoch keine mit ausschließlicher Differenzialwirkung, weil diese auf eine bleibende Regelabweichung überhaupt nicht ansprechen würde.

Zur Lösung mancher schwierigen Regelaufgabe bedient man sich kombinierter Regeleinrichtungen. Das sind solche, deren Verhalten aus den elementaren Verhaltensweisen additiv zusammengesetzt sind, beispielsweise die *PI*-Regeleinrichtung, die *PD*-Regeleinrichtung und die *PID*-Regeleinrichtung. Das idealisierte Übertragungsverhalten solcher Kombinationen ist in Bild 2.46 dargestellt.

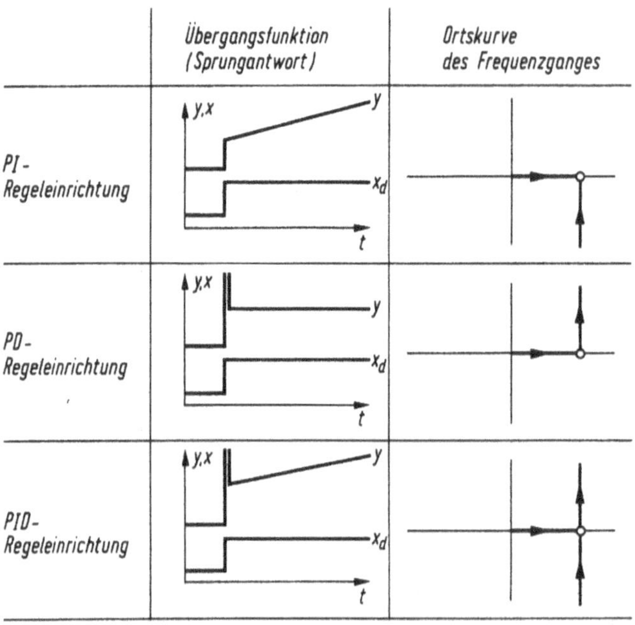

Bild 2.46 Übergangsfunktionen und Ortskurven von kombinierten Regeleinrichtungen (verzögerungsfrei)

Beispiele für

- *P*-Regelung siehe Bilder 2.40, 2.41a, 2.42a
- *I*-Regelung siehe Bild 2.41b
- *PI*-Regelung siehe Bild 2.43b

Die *P*-Regelung verändert die Stellung des Stellgliedes um einen der Regelabweichung proportionalen Betrag.

Die *I*-Regelung lässt den Stellantrieb so lange laufen, bis die Regelabweichung beseitigt ist. Durch eine starre Rückführung kann sie in eine *P*-Regelung umgewandelt werden. Hierbei wird die Ausgangsgröße auf die Eingangsgröße ohne zeitliche Veränderung zurückgeführt.

Die *PI*-Regelung wird durch eine nachgebende Rückführung verwirklicht, die nach einer bestimmten, dem Zeitverhalten der Regelstrecke angepassten Zeit zu wirken aufhört. Mit nachgebender und evtl. zusätzlich noch verzögerter Rückführung kann man in Kombination mit *P*- und *I*-Gliedern alle gewünschten Arten von *PI*-, *PD*- und *PID*-Regeleinrichtungen schaffen.

Um die Regeleinrichtung an die Regelstrecke anpassen zu können, wird außer der Kenntnis des Zeitverhaltens der Regeleinrichtung auch die des Übertragungsverhaltens der Regelstrecke benötigt. Dazu muss man die aus dem Regelkreis herausgelöste Regelstrecke betrachten und die Abhängigkeit der Regelgröße von Änderungen der Stellgröße und von dem Einfluss der Störgrößen untersuchen. Bild 2.47 zeigt einige typische Übergangsfunktionen von in der Praxis häufig vorkommenden Regelstrecken. Die Regelbarkeit der Regelstrecke wird bestimmt durch ihr Stellverhalten, d. h. durch die oben genannten Abhängigkeiten. Von ihr hängen guter oder schlechter Regelablauf sowie der Aufwand an Regeleinrichtungen ab. In Bild 2.47 sind die Übergangsfunktionen etwa so angeordnet, dass von oben nach unten die Regelstrecken immer schwerer regelbar werden.

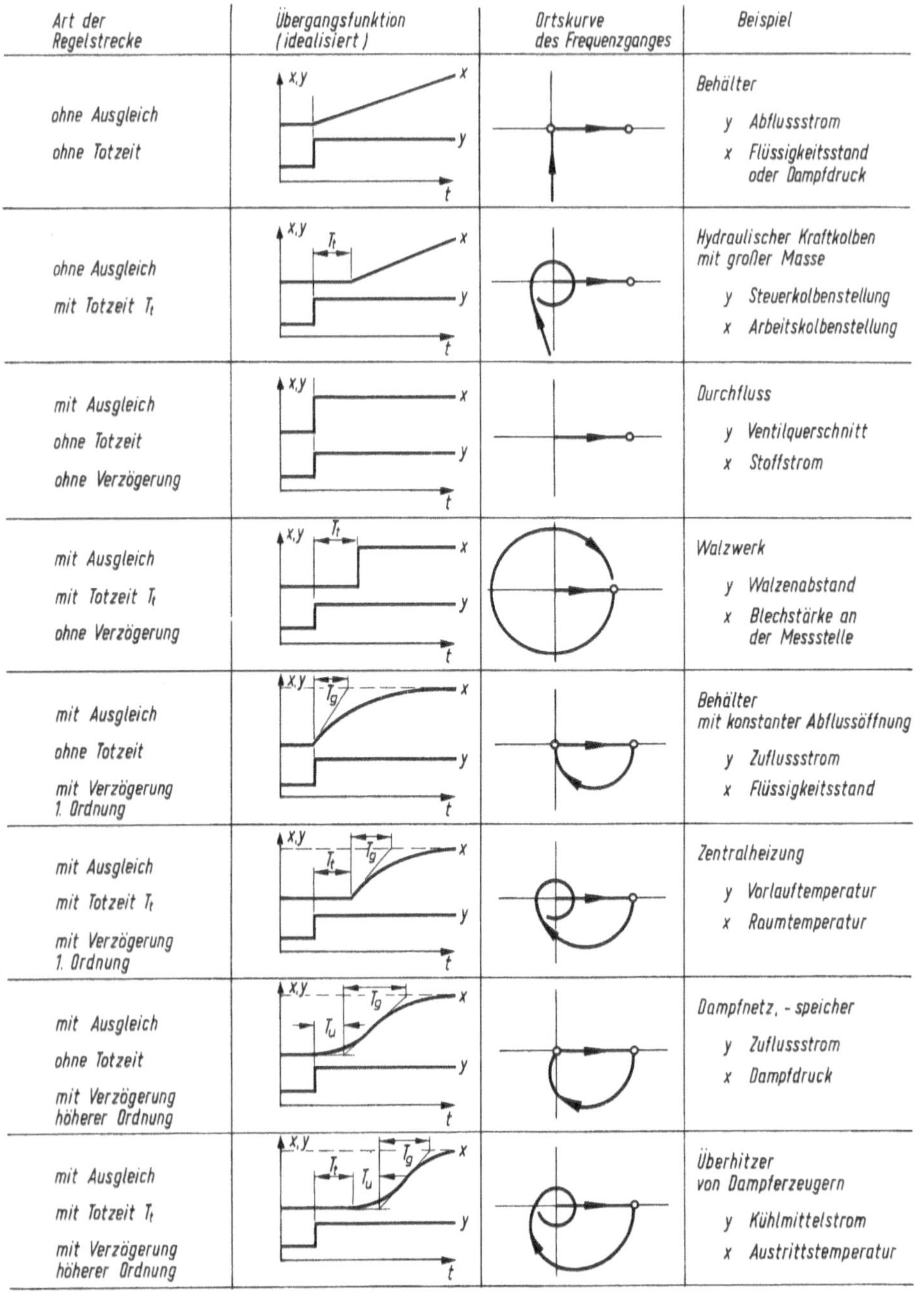

T_u Verzugszeit, T_t Totzeit, T_g Ausgleichszeit

Bild 2.47 Übergangsfunktionen und Ortskurven der wichtigsten Regelstrecken, idealisiert

3 Kolbenmaschinen

Das Kennzeichen der Kolbenmaschine ist die Energieumwandlung direkt über den Druck (potenzielle Energie). Dazu muss die Kolbenmaschine über einen druckdichten Arbeitsraum verfügen, der von starren Wänden umschlossen wird. Von diesen Wänden muss mindestens eine so bewegt werden können, dass sich eine periodische Veränderung des Volumens erreichen lässt. Der auf diese Wand wirkende Druck des Arbeitsmittels bewirkt hierbei im Verein mit der Wandbewegung die Energieübertragung Wand-Arbeitsmittel oder umgekehrt (statisches Prinzip).

3.1 Ventilsteuerung

Die Steuerung der Einlass- und Auslassventile erfolgt bei den Kolbenmaschinen periodisch im Takt der Arbeitsspiele. Bei Kolbenpumpen und Kolbenverdichtern bewirken die Druckverhältnisse im Zylinder ein selbsttätiges Arbeiten der Ventile. Bei den Kolbenkraftmaschinen werden die Ventile durch mechanische Übertragung in genau festgelegter Abhängigkeit von der Stellung des Kolbens geöffnet und geschlossen, also zwangsgesteuert. Da die Arbeitsweise der Ventilsteuerung bei den einzelnen Maschinen also unterschiedlicher Art ist, wird sie später in Zuordnung zu den Maschinen gesondert erläutert.

3.2 Kurbeltrieb

Die hin- und hergehende Kolbenbewegung wird durch den Kurbeltrieb in eine Drehbewegung umgewandelt, weil das Drehmoment die hauptsächliche Form der Übertragung von mechanischer Arbeit ist.

3.2.1 Kräfte am Kurbeltrieb

Für den Kurbeltrieb nach Bild 3.1 mit dem Kurbelradius r und der Schubstangenlänge l ist $r/l = \lambda$ das Schubstangen- oder Kurbelverhältnis (nicht verwechseln mit der Luftzahl, Abschnitt 2.3.16); Richtwerte: $\lambda \approx 1/6$ bis $1/3$. Für verschiedene Kurbelwinkel α sind die am Kurbeltrieb angreifenden Kräfte

$$F = p \cdot A_K \qquad F_T = F_S \cdot \sin(\alpha + \beta)$$

$$F_S = F/\cos\beta \qquad = F\frac{\sin(\alpha+\beta)}{\cos\beta} \tag{3.1}$$

$$F_N = F \cdot \tan\beta \quad F_R = F_S \cdot \cos(\alpha+\beta) = F\frac{\cos(\alpha+\beta)}{\cos\beta}$$

Für $\alpha + \beta = 90°$ wird $F_R = 0$ und $F_T = F_{Tmax} = F_S$.

Für $\alpha = 90°$ wird $F_S = F_{Smax} = \dfrac{F}{\sqrt{1-(r/l)^2}} = \dfrac{F}{\sqrt{1-\lambda^2}}$.

Bei $\alpha = 90°$ ist $\sin\beta = r/l = \lambda$ und $\cos\beta = \sqrt{1-\sin^2\beta} = \sqrt{1-\lambda^2}$.

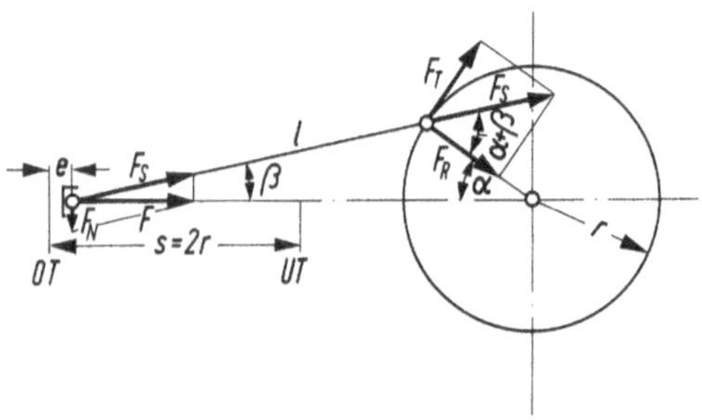

Bild 3.1
Kräfte am Kurbeltrieb

Darstellung der Tangentialkraft F_{T1} aus der Kolbendruckkraft infolge des Zylinderinnendrucks $p_ü$ (Überdruck) in Abhängigkeit von der Kolbenstellung am Beispiel eines Viertakt-Verbrennungsmotors:

$$F = p_ü \cdot (\pi/4) \cdot d^2 \quad \text{Kolbendruckkraft} \tag{3.2}$$

d lichte Weite des Zylinders bzw. Kolbendurchmesser bei Tauchkolben

Der Kolbendruck $p_ü$ wird dazu mithilfe des Indikatordiagramms (Bild 3.2) ermittelt.

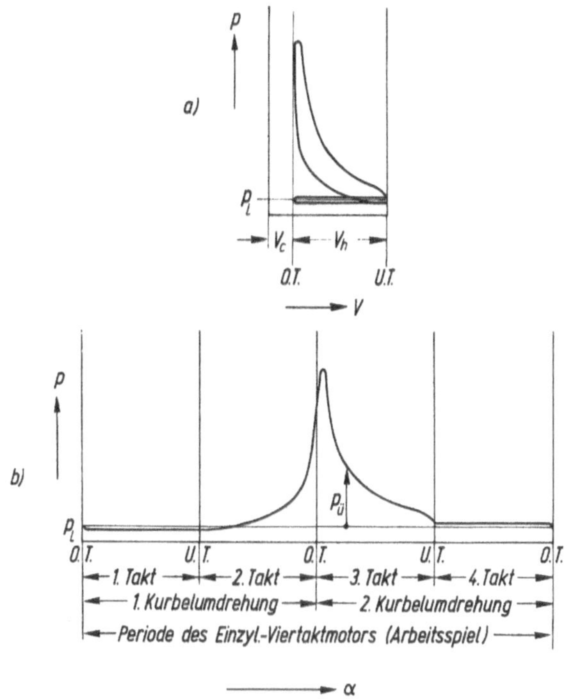

V_c Kompressionsvolumen
V_h Hubvolumen
*O.*T. obere Kolbentotlage
*U.*T. untere Kolbentotlage

Bild 3.2
a) Indikatordiagramm im Einzelzylinder eines Viertakt-Verbrennungsmotors,
b) Gasdruck über einem Arbeitsspiel (Periode)

Das Tangentialkraftdiagramm infolge Kolbendruck kann nun erstellt werden

a) durch punktweise Berechnung der Tangentialkraft F_{T1}

$$F_{T1} = F\frac{\sin(\alpha + \beta)}{\cos\beta} \tag{3.3}$$

b) grafisch nach Bild 3.3. In Punkt A Tangente anlegen und bis Punkt B verlängern. In B Winkel b in die dem Zylinder entgegengesetzte Richtung antragen. Freien Schenkel mit der Linie AM zum Schnitt bringen. Man erhält Punkt C. Von C auf Linie BM das Lot fällen. Man erhält Punkt D. Dann ist gemäß Strecken A und B:

$$\frac{F_{T1}}{F} = \frac{\overline{AC}}{\overline{BD}} \qquad F_{T1} = F\frac{\overline{AC}}{\overline{BD}}$$

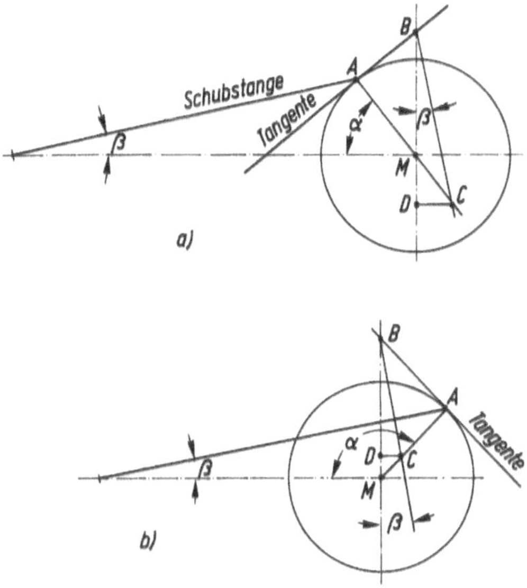

F_{T1} aus der Kolbendruckkraft
A Punkt der Kurbelstellung

Bild 3.3
Grafische Ermittlung der Tangentialkraft:
a) $\alpha < 90°$, b) $\alpha > 90°$

Beweis:

Fall Bild 3.3a) $\alpha < 90°$

$$\text{Winkel}\, ABM = \alpha \qquad \text{Winkel}\, DBC = \beta$$

$$\sin(\alpha+\beta) = \frac{\overline{AC}}{\overline{BC}} \qquad \cos\beta = \frac{\overline{BD}}{\overline{BC}}$$

$$\frac{F_{T1}}{F} = \frac{\sin(\alpha+\beta)}{\cos\beta} = \frac{\overline{AC}\cdot\overline{BC}}{\overline{BC}\cdot\overline{BD}} = \frac{\overline{AC}}{\overline{BD}}$$

Fall Bild 3.3b) $\alpha > 90°$

$$\text{Winkel}\, MBA = 180° - \alpha$$

$$\text{Winkel}\, CBA = 180° - \alpha - \beta = 180° - (\alpha+\beta)$$

$$\sin[180° - (\alpha+\beta)] = \sin(\alpha+\beta) = \frac{\overline{AC}}{\overline{BC}}$$

weiter wie Fall a)

3.2.2 Tangentialkraftdiagramm

Im Tangentialkraftdiagramm wird die Tangentialkraft F_{T1} über dem Arbeitsspiel aufgetragen. Bild 3.4 zeigt F_{T1} über der Periode eines Einzylinder-Viertaktmotors, entsprechend dem Indikatordiagramm nach Bild 3.2. Bild 3.5 zeigt das gleiche, nun aber über den vier Perioden eines Vierzylinder-Viertaktmotors mit den gleichen Kolbendruckkräften wie beim Einzylindermotor.

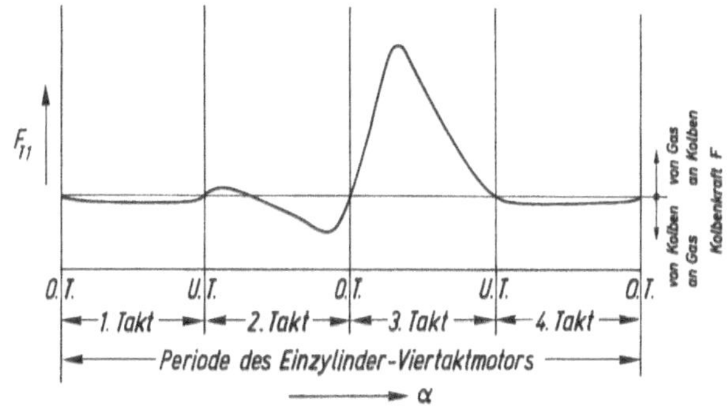

Bild 3.4
Tangentialkraft F_{T1} aus der Kolbendruckkraft eines Einzylinder-Viertaktmotors in Abhängigkeit vom Kurbelwinkel α

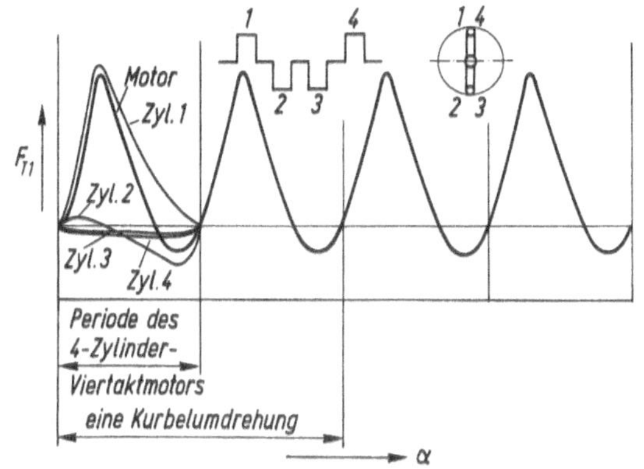

Bild 3.5
Tangentialkraft F_{T1} eines Vierzylinder-Viertaktmotors über der Periode des Motors (Resultierende aus den Kräften der vier Zylinder)

3.2.2.1 Ableitung der Bewegungsverhältnisse beim Kurbeltrieb

Der zurückgelegte Kolbenweg ist (Bild 3.6)

$$e = r + l - (r \cdot \cos\alpha + l\cos\beta) = r \cdot (1 - \cos\alpha) + l \cdot (1 - \cos\beta) \tag{3.4}$$

$$r \cdot \sin\alpha = l \cdot \sin\beta$$

$$\sin\beta = \frac{r}{l}\sin\alpha = \lambda \cdot \sin\alpha \tag{3.5}$$

$$\cos\beta = \sqrt{1 - \sin^2\beta} = \sqrt{1 - \lambda^2 \sin^2\alpha} = \left(1 - \lambda^2 \sin^2\alpha\right)^{1/2} \tag{3.6}$$

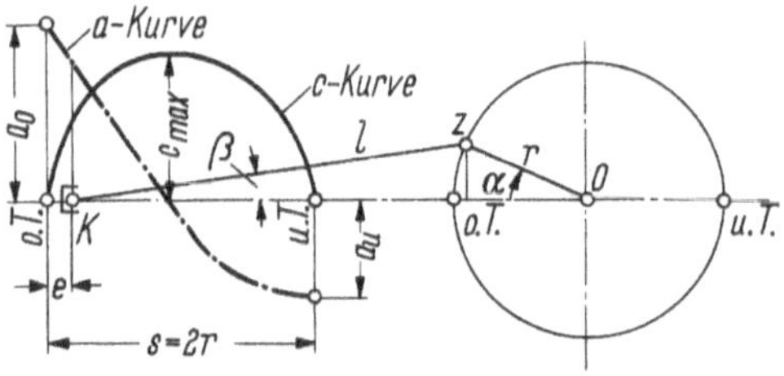

Oberer Totpunkt O. T., $\alpha = 0$:
$\alpha_o = r \cdot \omega^2 (\lambda + 1)$ (Maximalwert)

Unterer Totpunkt U. T., $\alpha = 180°$:
$\alpha_u = r \cdot \omega^2 (\lambda - 1)$

Bild 3.6 Kolbengeschwindigkeit c und Beschleunigung α über dem Kolbenweg s beim Kurbeltrieb, abhängig vom Kurbelwinkel α

Dieser Ausdruck wird nach dem Binomischen Satz in eine Potenzreihe entwickelt. Zur Darstellung der einzelnen Harmonischen werden die Winkelfunktionen als Vielfache des Winkels α ausgedrückt, wobei $\mathrm{d}(\sin^2\alpha)/\mathrm{d}\alpha = 2 \cdot \sin\alpha \cdot \cos\alpha = \sin 2\alpha$ (Additionstheorem).

Unter Vernachlässigung der Glieder dritter und höherer Ordnung verbleiben

$$e = r\left(1 + \frac{\lambda}{4} - \cos\alpha - \frac{\lambda}{4}\cos 2\alpha\right) = r\left[1 - \cos\alpha + \frac{\lambda}{4}(1 - \cos 2\alpha)\right] \tag{3.7}$$

oder

$$e = r\left(1 - \cos\alpha + \frac{\lambda \cdot \sin^2\alpha}{2}\right) \tag{3.8}$$

da

$$1 - \cos 2\alpha = 2\sin^2\alpha \quad (\text{Additionstheorem})$$

$$c = \frac{\mathrm{d}e}{\mathrm{d}t} = \frac{\mathrm{d}e}{\mathrm{d}\alpha} \cdot \frac{\mathrm{d}\alpha}{\mathrm{d}t} = \frac{\mathrm{d}e}{\mathrm{d}\alpha} \cdot \omega = r \cdot \omega\left(\sin\alpha + \frac{\lambda}{2}\sin 2\alpha\right) \tag{3.9}$$

$$a = \frac{\mathrm{d}c}{\mathrm{d}t} = \frac{\mathrm{d}c}{\mathrm{d}\alpha} \cdot \frac{\mathrm{d}\alpha}{\mathrm{d}t} = \frac{\mathrm{d}c}{\mathrm{d}\alpha} \cdot \omega = r \cdot \omega^2 (\cos\alpha + \lambda \cdot \cos 2\alpha) \tag{3.10}$$

Der Verlauf der Geschwindigkeitslinie und der Beschleunigungslinie, z. B. für $\lambda = 0{,}25$ ist in Bild 3.6 dargestellt. Die Beschleunigung ist auch abhängig vom Schubstangenverhältnis λ und am größten in den Totpunkten. Die Kurve der Beschleunigung ist angenähert eine Parabel. Bei $\lambda = 0$, also $l \rightarrow \infty$, wäre sie entsprechend einer Kosinus-Linie.

Die Beschleunigungslinie wird zur Berechnung der Massenkräfte der hin- und hergehenden Maschinenteile benutzt, die zur Vermeidung übergroßer Schwingungen möglichst weitgehend ausgeglichen werden müssen.

3.2.2.2 Gesamttangentialkraft

Außer der Tangentialkraft F_{T1} aus der Kolbendruckkraft greift am Kurbelzapfen noch eine Tangentialkraft F_{T2} an, die von der Massenwirkung der hin- und hergehenden Massen herrührt. Die gesamte hin- und hergehende Masse m_{h} setzt sich zusammen aus den Massen m_{K} von Kolben, Kolbenringen und Kolbenzapfen sowie auch dem Massenanteil $m_{S,h}$ der Schubstange (Pleuel), der den hin- und hergehenden Massen zuzuschlagen ist.

$$m_{h} = m_{K} + m_{S,h} \tag{3.11}$$

Die Schubstange (Pleuel) ist an der einen Seite angelenkt an den hin- und hergehenden Kolben und an der anderen an die umlaufende Kurbel. Daher muss die Gesamtmasse der Schubstange unterteilt werden in einen Anteil, der den hin- und hergehenden Massen, und einen Anteil, der den umlaufenden Massen zuzuschlagen ist (Bild 3.7).

$$m_{S} = m_{S,h} + m_{S,u} \tag{3.12}$$

Nach dem Momentensatz ist

Momentenpunkt A:

$$m_{S} \cdot s_{2} = m_{S,h} \cdot l$$

Momentenpunkt B:

$$m_{S} \cdot s_{1} = m_{S,u} \cdot l$$

$$m_{S,h} = m_{S} \frac{s_{2}}{l} \tag{3.13}$$

$$m_{S,u} = m_{S} \frac{s_{1}}{l} \tag{3.14}$$

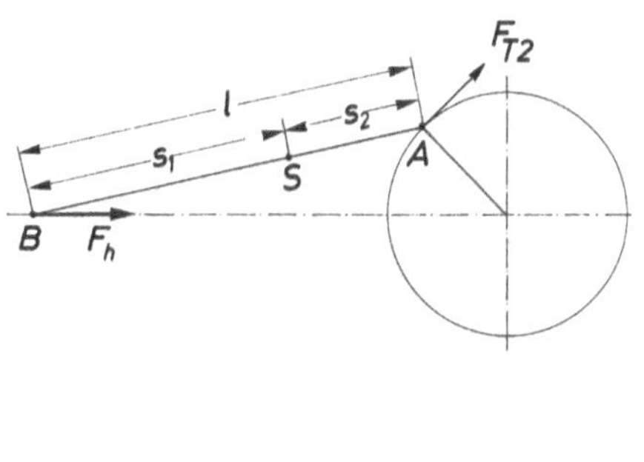

S Schwerpunkt der Schubstange (Pleuel)
F_h Kolbenkraft aus Massenwirkung
A Pleuelanlenkung am Kurbelzapfen
B Kolbenanlenkung durch Kolbenbolzen am Pleuel

Bild 3.7 Verteilung der Schubstangenmasse

Die rotierenden Massen rufen eine Massenkraft F_u hervor, die sich als Fliehkraft äußert

$$F_u = \left(m_u + m_{S,u}\right) \cdot r \cdot \omega^2 \qquad (3.15)$$

Die Tangentialkraft F_{T2} wird verursacht von der Massenkraft F_h (Betrag, also ohne Vorzeichen) der hin- und hergehenden Massen, gekennzeichnet durch Zweitindex 2. Mit

$$F_h = \left(m_K + m_{S,h}\right) \cdot a = m_h \cdot a \qquad (3.16)$$

muss gemäß Formel 3.3 sein

$$F_{T2} = F_h \frac{\sin\left(\alpha + \beta\right)}{\cos\beta}$$

und mit Formel 3.10 sowie Formel 3.16

$$F_{T2} = m_h \cdot r \cdot \omega^2 \left(\cos\alpha + \lambda \cdot \cos 2\alpha\right) \frac{\sin\left(\alpha + \beta\right)}{\cos\beta} \qquad (3.17)$$

Umformung:

$$\frac{\sin\left(\alpha + \beta\right)}{\cos\beta} = \frac{\sin\alpha\cos\beta + \cos\alpha\sin\beta}{\cos\beta} = \sin\alpha + \frac{\cos\alpha\sin\beta}{\cos\beta}$$

Für kleine Winkel ist $\sin\beta \approx \tan\beta = \frac{\sin\beta}{\cos\beta}$, da meist cos $\beta \approx 1$; bei $\beta < 15°$, damit $\frac{\sin\left(\alpha + \beta\right)}{\cos\beta} = \sin\alpha + \cos\alpha \cdot \sin\beta$ gemäß Additionstheorem.

Nach Formel 3.5 ist sin $\beta = \lambda \cdot \sin\alpha$.

Damit $\frac{\sin\left(\alpha + \beta\right)}{\cos\beta} = \sin\alpha + \cos\alpha \cdot \lambda \cdot \sin\alpha = \sin\alpha + \lambda \cdot \sin\alpha\cos\alpha$

und mit sin $\alpha \cdot \cos\alpha = (1/2) \cdot \sin 2\alpha$ nach Additionsregeln letztlich

$\frac{\sin\left(\alpha + \beta\right)}{\cos\beta} = \sin\alpha + \frac{\lambda}{2}\sin 2\alpha.$

Dies, d. h. sin $\alpha + (\lambda/2) \cdot \sin 2\alpha$, in Formel 3.17 eingesetzt:

$$F_{T2} = -m_h \cdot r \cdot \omega^2 \left(\cos\alpha + \lambda \cdot \cos 2\alpha\right)\left(\sin\alpha + \frac{\lambda}{2}\sin 2\alpha\right)$$

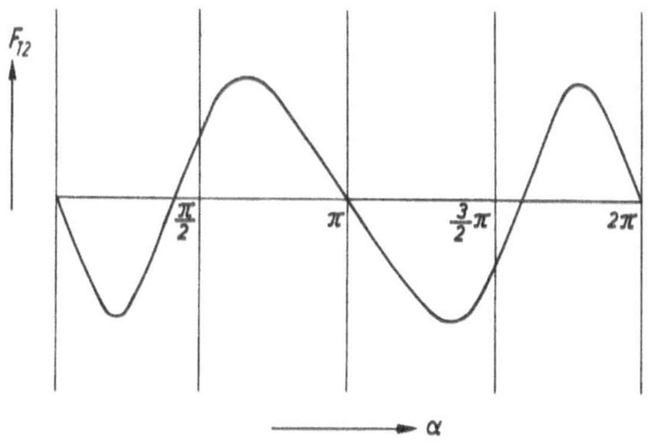

Bild 3.8
Tangentialkraftdiagramm der Massentangentialkraft F_{T2}

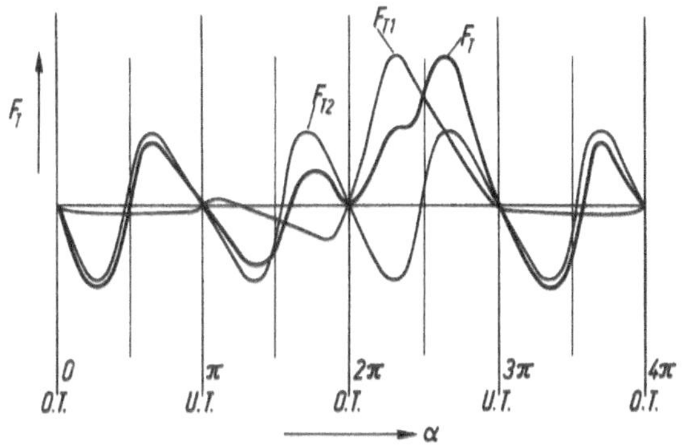

Bild 3.9
Tangentialkraftdiagramm der resultierenden Tangentialkraft eines Einzylinder-Viertaktmotors. $F_T = F_{T1} + F_{T2}$

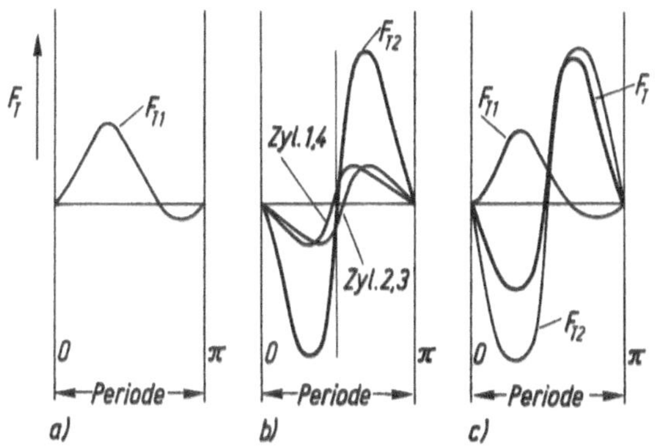

Bild 3.10
Tangentialkraftdiagramm eines Vierzylinder-Viertaktmotors: a) Resultierende F_{T1} nach Bild 3.5 wegen Kolbenkraft, b) Resultierende F_{T2} aus den 4 Zylindern infolge Massenkräften, c) Resultierende F_T aus F_{T1} und F_{T2}. $F_T = F_{T1} + F_{T2}$

Umformung:

$$(\cos\alpha+\lambda\cdot\cos 2\alpha)\left(\sin\alpha+\frac{\lambda}{2}\sin 2\alpha\right)$$

$$=\frac{1}{2}\sin 2\alpha+\frac{\lambda}{2}\sin 3\alpha-\frac{\lambda}{2}\sin\alpha+\frac{\lambda}{4}\sin 3\alpha+\frac{\lambda}{4}\sin\alpha+\frac{\lambda^2}{4}\sin 4\alpha+0$$

$$=-\frac{\lambda}{4}\sin\alpha+\frac{1}{2}\sin 2\alpha+\frac{3}{4}\lambda\sin 3\alpha+\frac{\lambda^2}{4}\sin 4\alpha$$

damit

$$F_{T2}=m_h\cdot r\cdot\omega^2\left(\frac{\lambda}{4}\sin\alpha-\frac{1}{2}\sin 2\alpha-\frac{3}{4}\lambda\cdot\sin 3\alpha-\frac{\lambda^2}{2}\sin 4\alpha\right) \qquad (3.18)$$

Den Verlauf von F_{T2} über einer Kurbelumdrehung zeigt Bild 3.8. In Bild 3.9 ist die resultierende Tangentialkraft F_T aus F_{T1} und F_{T2} eines Einzylinder-Viertaktmotors dargestellt. Am Beispiel eines Vierzylinder-Viertaktmotors zeigt Bild 3.10 die Entwicklung des Tangentialkraftdiagramms einer Mehrzylindermaschine aus den Resultierenden der Tangentialkräfte aus Kolbendrücken F_{T1} und Massenwirkung F_{T2} der Einzelzylinder.

3.2.3 Schwungradberechnung

Die Arbeitsleistung der Kolbenmaschine ist periodisch veränderlich. Daher besteht nicht in jedem Augenblick Gleichgewicht zwischen der Tangentialkraft F_T und der Widerstandskraft F_W, die sich aus dem Nutzwiderstand (bewirkt Maschinennutzarbeit) und den Reibungskräften ergibt. Die ebenfalls als Widerstandskraft angreifende Schwerkraft wird bei den folgenden Betrachtungen vernachlässigt.

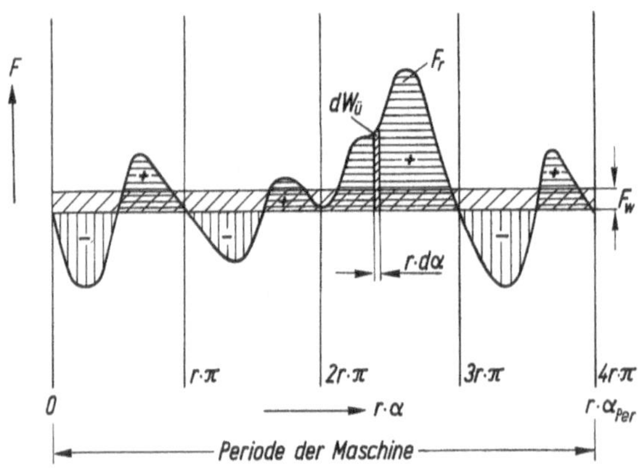

F_T Resultierende Tangentialkraft, F_W Widerstandskraft

Bild 3.11 Tangentialkraftdiagramm eines Einzylinder-Viertaktmotors über dem Kurbelkreis $r\cdot\alpha$

Bei konstantem Widerstand ist das Diagramm der Widerstandskraft über dem Kurbelwinkel ein Rechteck, das der resultierenden Fläche des Tangentialkraftdiagramms flächengleich sein muss.

In Bild 3.11 ist die Fläche der Widerstandsarbeit gleich der positiven abzüglich der negativen Fläche der Tangentialkraftarbeit. Es ist also mit Periodenwinkel α_{Per}

$$\int_0^{\alpha_{Per}} F_T \cdot r \, d\alpha = F_W \cdot r \cdot \alpha_{Per} \tag{3.19}$$

Wie aus Bild 3.11 ersichtlich, leistet die Tangentialkraft zeitweilig mehr Arbeit, als zur Überwindung des Widerstandes nötig wäre. Der augenblickliche infinitive Arbeitsüberschuss $dW_ü$ je differentiellem Kurbelwinkel $d\alpha$ ist

$$dW_ü = (F_T - F_W) \cdot r \, d\alpha \tag{3.20}$$

Dieser Arbeitsüberschuss beschleunigt die Drehung. In anderen Punkten des Arbeitsspiels ist die von der Tangentialkraft geleistete Arbeit kleiner als der Widerstand. Es entsteht ein Arbeitsmangel, und die Drehung wird verzögert. Diese Vorgänge verursachen eine Ungleichförmigkeit in der Drehbewegung.

Die mittlere Winkelgeschwindigkeit der Drehung ist

$$\omega = \frac{\omega_{max} + \omega_{min}}{2}$$

während

$$\delta = \frac{\omega_{max} - \omega_{min}}{\omega} \tag{3.21}$$

als Ungleichförmigkeitsgrad bezeichnet wird.

Um die Ungleichförmigkeit einer Kolbenmaschine klein zu halten, ordnet man auf der Kurbelwelle einen Energiespeicher an, der bei Arbeitsüberschuss die zu viel bewirkte Arbeit speichert und sie bei Arbeitsmangel wieder freigibt. Als Energiespeicher eignet sich am besten eine zentrisch gelagerte Masse, also ein Schwungrad.

Das mit der Winkelgeschwindigkeit ω umlaufende Schwungrad besitzt eine kinetische Energie

$$E_{kin} = J \frac{\omega^2}{2}$$

J Massenträgheitsmoment

Um das Rad aus dem Stillstand auf ω zu bringen, muss diese kinetische Energie als Beschleunigungsarbeit aufgebracht werden und beim Abbremsen wird sie wieder abgegeben.

Wird ein Schwungrad zur Aufnahme und Abgabe des Arbeitsüberschusses verwendet, dann ist die von dem Rad abwechselnd aufzunehmende und abzugebende Arbeit. Mit

$$\left(\omega_{\max}^2-\omega_{\min}^2\right)/2=\left(\omega_{\max}-\omega_{\min}\right)\cdot\left(\omega_{\max}+\omega_{\min}\right)/2=\delta\cdot\omega^2$$

ergibt sich:

$$W_{\ddot{u}}=\frac{J}{2}\left(\omega_{\max}^2-\omega_{\min}^2\right)=J\cdot\omega^2\cdot\delta=\int_0^{\alpha_{\mathrm{Per}}}\left(F_{\mathrm{T}}-F_{\mathrm{W}}\right)\cdot r\,\mathrm{d}\alpha \tag{3.22}$$

Daraus ist das erforderliche Massenträgheitsmoment des Schwungrades bestimmbar:

$$J=\frac{W_{\ddot{u}}}{\omega^2\cdot\delta}=m\cdot i^2 \tag{3.23}$$

m Schwungradmasse, i Trägheitshalbmesser

Die Ermittlung des Arbeitsüberschusses erfolgt grafisch. Die Über- und Unterschussflächen gegenüber F_{W} werden im Tangentialkraftdiagramm planimetriert und jeweils am Ende jeder Fläche aufgetragen oder mittels Computer berechnet. Der Abstand des positiven von dem negativen Extremwert stellt den für die Schwungradberechnung maßgeblichen Wert von $W_{\ddot{u}}$ dar (Bild 3.12). Der zulässige Ungleichförmigkeitsgrad ist von der Art der Kolbenmaschine abhängig.

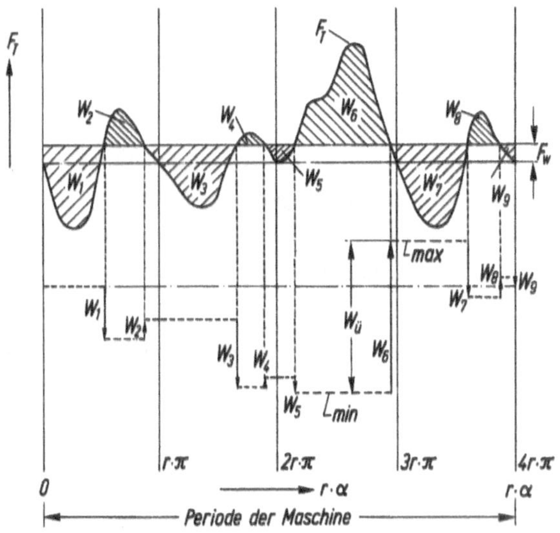

Bild 3.12
Ermittlung des Arbeitsüberschusses $W_{\ddot{u}}$ aus dem Tangentialkraftdiagramm am Beispiel eines Einzylinder-Viertaktmotors

3.2.4 Massenausgleich

Infolge der Bewegung der drehenden und hin- und hergehenden Teile der Kolbenmaschine verschiebt sich ständig der Gesamtschwerpunkt der Maschine. Diese Schwerpunktverschiebung führt zu Erschütterungen, die durch die Befestigungen auf das Fundament übertragen werden. Sollen diese Erschütterungen vermieden werden, darf der Gesamtschwerpunkt der Maschine keine Verschiebung erfahren. Da die Verschiebekräfte allein von den bewegten Teilen ausgelöst werden, genügt es, den Gesamtschwerpunkt der bewegten Teile in Ruhe zu halten.

Wie bereits in Abschnitt 3.2.2.2 dargelegt, kann die Massenwirkung des gesamten Triebwerks durch die Massenwirkung von zwei Massenpunkten A und B (Bild 3.7) ersetzt werden.

Man denkt sich die Gesamtmasse der hin- und hergehenden Teile am hin- und hergehenden Ende der Schubstange und die Gesamtmasse der umlaufenden Teile am rotierenden Ende der Schubstange vereinigt.

Um einen Massenausgleich zu erzielen, sind nun auszugleichen

- bei Einzylindermaschinen die Massenkraft F_u der umlaufenden Masse sowie die Massenkraft F_h der hin- und hergehenden Masse;
- bei Mehrzylindermaschinen noch zusätzlich die Kippmomente aus den Massenkräften der umlaufenden sowie hin- und hergehenden Massen, weil die Massenkräfte bei Mehrzylindermaschinen nicht in einer Ebene wirken.

Die Massenkräfte der umlaufenden Masse können in einfacher Weise durch eine umlaufende Gegenmasse m_G vollkommen ausgeglichen werden (Bild 3.13a).

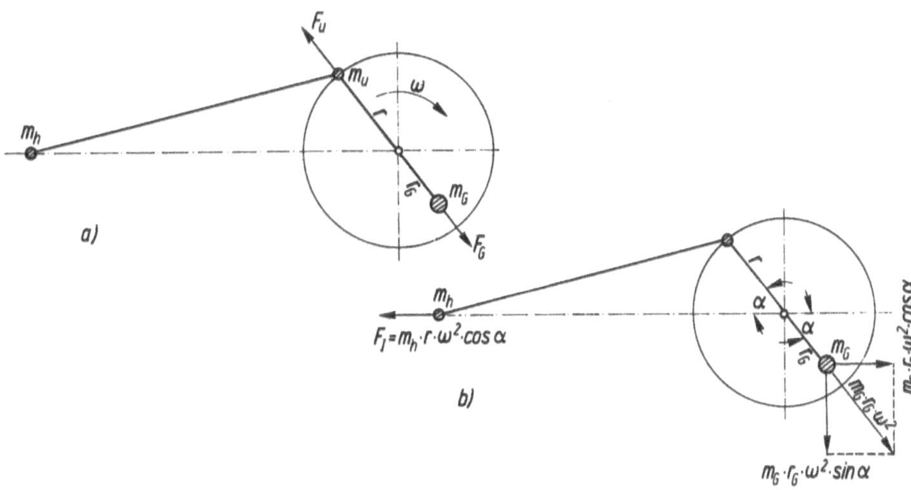

Bild 3.13 Kräfteausgleich der umlaufenden Massen

Es ist nach Formel 3.15

$$F_u = (m_u + m_{S,u}) \cdot r \cdot \omega^2$$

Für vollkommenen Massenausgleich muss $\sum \vec{F} = 0$ sein, d. h.

$$F_u = F_G$$

$$(m_u + m_{S,u}) \cdot r \cdot \omega^2 = m_G \cdot r_G \cdot \omega^2$$

$$m_G = (m_u + m_{S,u}) \frac{r}{r_G}$$

Die Massenkraft der hin- und hergehenden Massen ist nach Formel 3.16 und Formel 3.10

$$F_h = m_h \cdot a = m_h \cdot r \cdot \omega^2 (\cos\alpha + \lambda \cdot \cos 2\alpha)$$

d. h.

$$F_h = F_I \cdot \cos\alpha + F_{II} \cdot \cos 2\alpha \tag{3.24}$$

mit

$$F_I = m_h \cdot r \cdot \omega^2$$

und

$$F_{II} = m_h \cdot r \cdot \omega^2 \cdot \lambda$$

Nur bei sehr schnelllaufenden Verbrennungsmotoren, bei denen ein hoher Grad von Erschütterungsfreiheit verlangt wird, ist auch die Massenkraft vierter Ordnung zu berücksichtigen

$$F_{IV} = -m_h \cdot r \cdot \omega^2 \frac{\lambda^3}{4}$$

und es ist dann

$$F_h = F_I \cos\alpha + F_{II} \cos 2\alpha + F_{IV} \cos 4\alpha \tag{3.25}$$

Bild 3.14 zeigt den Kurbeltrieb mit den gefundenen Massenkräften in vier exponierten Stellungen. In Bild 3.15 sind die Massenkräfte I. bis IV. Ordnung der hin- und hergehenden Massen über dem Kurbelwinkel α aufgetragen und zu einer Gesamtkraft F_h addiert.

Ein vollkommener Ausgleich der Massenkräfte aus den hin- und hergehenden Massen durch ein rotierendes Gegengewicht gelingt nicht. Zwar wäre es möglich, die Massenkraft I. Ordnung durch die Horizontalkraftkomponente $m_G \cdot r_G \cdot \omega^2 \cdot \cos\alpha$ einer Gegenmasse m_G gegenüber dem Kurbelzapfen auszugleichen, doch bliebe dann immer noch die Vertikalkraftkomponente $m_G \cdot r_G \cdot \omega^2 \cdot \sin\alpha$ übrig, die nun ihrerseits nicht ausgeglichen wäre (Bild 3.13b). Ein Ausgleich der Vertikalkraftkomponente durch einen Zusatzmechanismus - beispielsweise einen symmetrischen Doppel-Kurbelbetrieb - ist zu aufwendig. Eine Kompromisslösung ist die Anbringung einer Gegenmasse entsprechend von $m_G = m_h/2$ im Abstand $r_G = r$ gegenüber dem Kurbelzapfen.

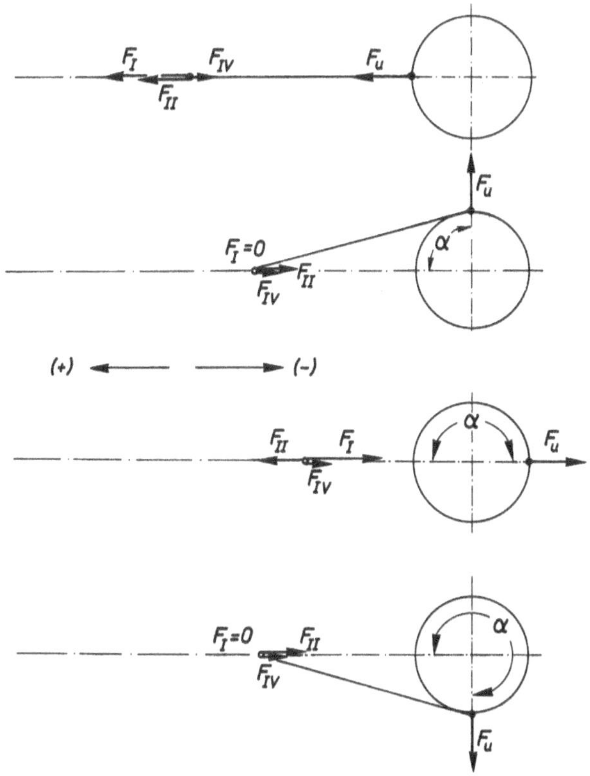

Bild 3.14
Massenkräfte I. bis IV. Ordnung am Kurbeltrieb in den Stellungen $\alpha = 0°$, $\alpha = 90°$, $\alpha = 180°$, $\alpha = 270°$

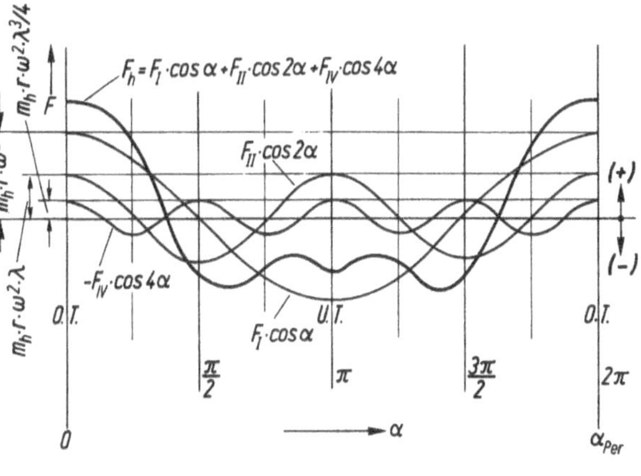

Bild 3.15
Resultierende F_h aus den Massenkräften I., II. und IV. Ordnung der hin- und hergehenden Massen

Bei Mehrzylindermaschinen kann die geschickte Anordnung der Zylinder zu einem Ausgleich der Massenkräfte F_u und F_I führen. Die Massenkraftresultierenden höherer Ordnung aus den Einzelkräften der Zylinder lassen sich meist durch eine einzige Gegenmasse an der Kurbelwelle weitgehend ausgleichen.

3.2.5 Kräfteausgleich bei der Mehrzylindermaschine

Mit

- α Drehwinkel der Kurbelwelle
- $\delta_1, \delta_2, \delta_3$ Kröpfungswinkel der einzelnen Kurbelzapfen

sind die Drehwinkel der einzelnen Kurbelzapfen

$$\alpha_1 = \alpha + \delta_1$$
$$\alpha_2 = \alpha + \delta_2$$
$$\alpha_3 = \alpha + \delta_3 \quad \text{usw.}$$

und die Kraftresultierende aus den Massenkräften der hin- und hergehenden Massen der einzelnen Zylinder

$$F_h = \sum_1^i F_I \cdot \cos(\alpha + \delta) + \sum_1^i F_{II} \cdot \cos 2(\alpha + \delta) + \sum_1^i F_{IV} \cdot \cos 4(\alpha + \delta) + \ldots \tag{3.26}$$

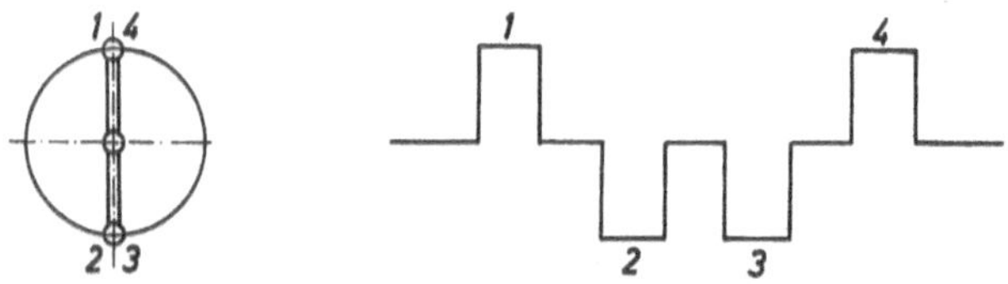

Bild 3.16
Kröpfungsbeispiel der Kurbel einer Vierzylinder-Maschine

Beispiel:

Vierzylinder-Maschine mit Kurbelkröpfung nach Bild 3.16. Kröpfungswinkel $\delta = 180°$ ($\delta_1 = 0°$, $\delta_2 = 180°$, $\delta_3 = 180°$, $\delta_4 = 0°$)

$$\sum_1^4 F_I \cdot \cos(\alpha + \delta) = F_I \cdot \sum \cos(\alpha + \delta)$$
$$= F_I \cdot \left[\cos\alpha + \cos(\alpha + 180°) + \cos(\alpha + 180°) + \cos\alpha\right]$$
$$= 0$$

da $\cos(\alpha + 180°) = -\cos\alpha$

d. h., die Massenkräfte I. Ordnung sind ausgeglichen.

$$\sum_{1}^{4} F_{II} \cdot \cos 2(\alpha+\delta) = F_{II} \cdot \sum \cos 2(\alpha+\delta)$$

$$\begin{aligned}\sum \cos 2(\alpha+\delta) &= \cos 2\alpha + \cos 2(\alpha+180°) + \cos 2(\alpha+180°) + \cos 2\alpha \\ &= \cos 2\alpha + \cos(2\alpha+360°) + \cos(2\alpha+360°) + \cos 2\alpha \\ &= 4 \cdot \cos 2\alpha\end{aligned}$$

$$F_{II} \cdot \sum \cos 2(\alpha+\delta) = F_{II} \cdot 4 \cdot \cos 2\alpha = 4\, m_h \cdot r \cdot \omega^2 \cdot \lambda \cdot \cos 2\alpha$$

$$\begin{aligned}\sum_{1}^{4} F_{IV} \cdot \cos 4(\alpha+\delta) &= F_{IV} \cdot \sum \cos 4(\alpha+\delta) \\ &= F_{IV} \cdot 4 \cdot \cos 4\alpha \\ &= -4 m_h \cdot r \cdot \omega^2 \cdot \frac{\lambda^3}{4} \cos 4\alpha\end{aligned}$$

3.2.6 Momentenausgleich bei Mehrzylindermaschinen

Da die Massenkräfte bei Mehrzylindermaschinen nicht in einer Ebene wirken, müssen auch die Kippmomente dieser Kräfte nach Möglichkeit ausgeglichen werden, um ein Kippen der Maschine um die Querachse zu vermeiden. Es muss also sein

$$\sum = \overrightarrow{F \cdot e} = 0$$

Bild 3.17 zeigt am Beispiel einer Dreizylinder-Kolbenmaschine Lage und Darstellung des resultierenden Kippmoments aus den Massenkräften der umlaufenden Massen. Für den Ausgleich dieses Momentes bieten sich zwei Möglichkeiten, die in Bild 3.18 dargestellt sind:

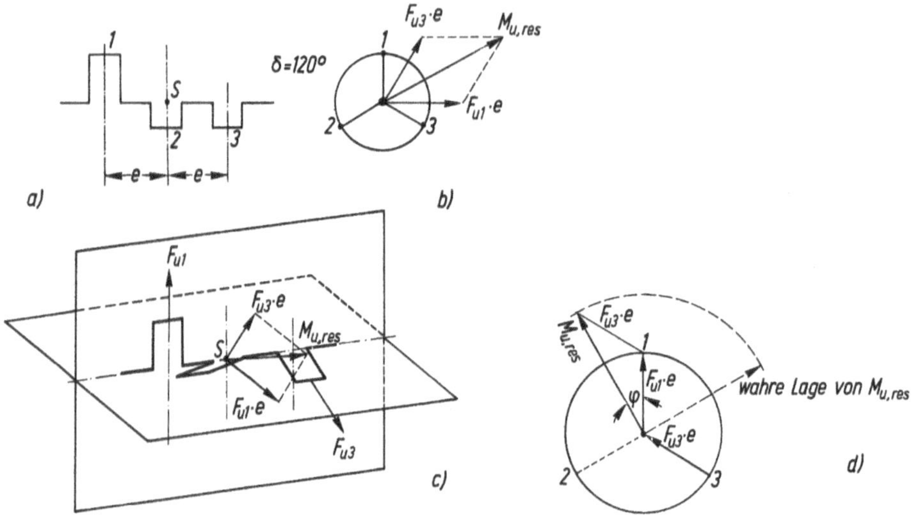

Bild 3.17 Kippmomente aus den umlaufenden Massen am Beispiel einer Dreizylinder-Kolbenmaschine: a) Kurbelwelle, b) Kurbelstern mit Kippmomenten, c) perspektivische Darstellung, d) Methode zur schnellen Ermittlung des resultierenden Kippmomentes

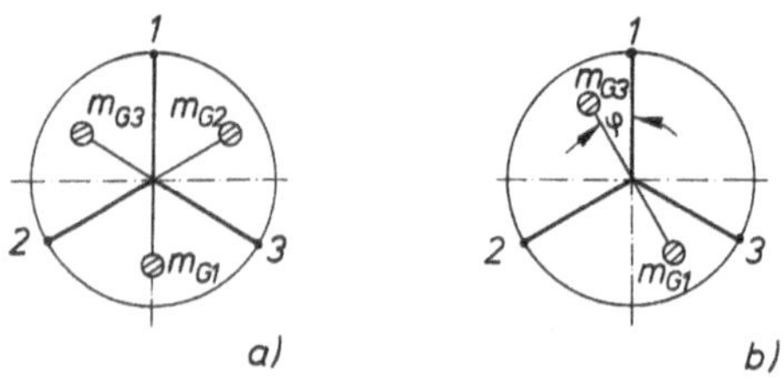

Bild 3.18
Möglichkeiten zum Ausgleich der Kippmomente aus den umlaufenden Massen:
a) Gegenmasse an jeder Kurbelkröpfung,
b) Gegenmasse nur für Zylinder *1* und *3*

a) Gegenmasse an der Kurbel jedes Zylinders am Radius r_G

$$m_G = m_u \frac{r}{r_G}$$

b) Gegenmassen nur an den Kurbeln von Zylinder 1 und Zylinder 3. Diese Massen müssen in der Wirkungslinie des in Bild 3.17b und d dargestellten, resultierenden Kippmomentes angebracht werden.

$$M_{u,res} = m_G \cdot r_G \cdot \omega^2 \cdot 2 \cdot e = 2 \cdot m_u \cdot r \cdot \omega^2 \cdot e \cdot cos\varphi \tag{3.27}$$

Hieraus

$$m_G = m_u \frac{r}{r_G} \cos\varphi$$

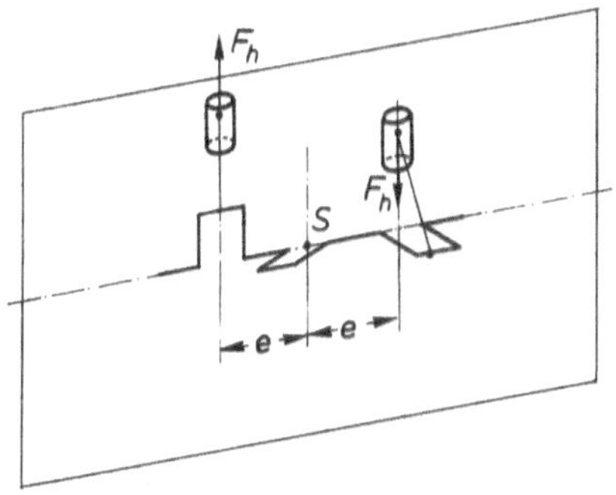

Bild 3.19
Kippwirkung aus den Massenkräften der hin- und hergehenden Massen

Die Kippwirkung infolge der Massenkräfte der hin- und hergehenden Massen m_h zeigt - wieder am Beispiel der Dreizylinder-Kolbenmaschine - Bild 3.19. Die dabei auftretenden Momente - berücksichtigt werden hier nur die Kippmomente aus den Massenkräften I. und II. Ordnung - lassen sich, wie Bild 3.20 zeigt, ebenfalls zu einer Resultierenden zusammenfassen, deren Darstellung infolge der wechselnden Größe der Momente zweckmäßig in Form eines Polardiagramms erfolgt. Maßgebend für den Momentenausgleich ist bei dieser Darstellung der in der Diagrammkurve eingeschriebene Kreis.

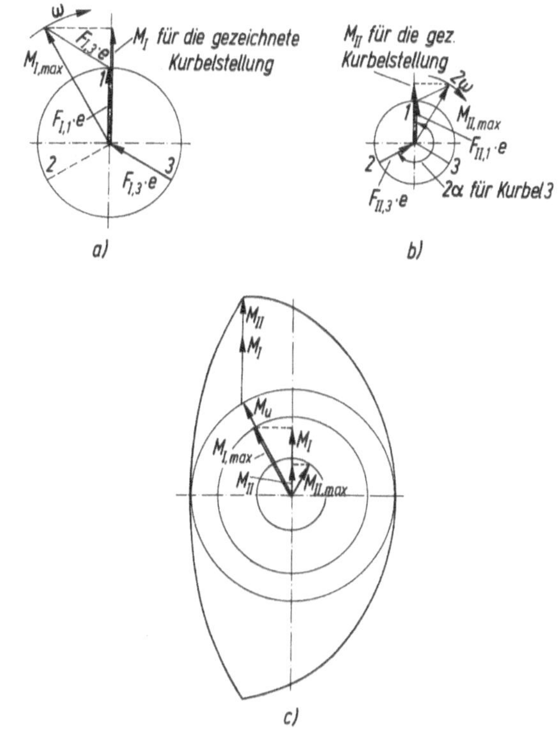

Bild 3.20
Darstellung der Kippmomente aus den Massenkräften der hin- und hergehenden Massen am Beispiel einer Dreizylinder-Kolbenmaschine: a) Momente aus den Massenkräften I. Ordnung, b) Momente aus den Massenkräften II. Ordnung, c) Zusammensetzung der Momente zu einem Polardiagramm

Im Beispiel der Dreizylindermaschine ist das der M_u-Kreis. Das bedeutet, dass in diesem Falle M_u durch Gegenmassen vollkommen ausgeglichen werden kann, darüber hinaus jedoch nichts, d. h. III. und höherer Ordnung nicht.

Grundsätzlich wäre es allerdings möglich, mit anderen Maßnahmen als mit Gegenmassen auch die Massenmomente I. und II. Ordnung auszugleichen. Jedoch sind diese Maßnahmen aufwendig, denn sie erfordern zusätzliche Wellen mit umlaufenden Massen, deren Kräfte auch wieder ausgeglichen werden müssen, sog. Ausgleichswellen - mit Gegenmassen und doppelter Drehzahl - angewendet bei hochwertigen Maschinen.

Zusammenfassend gilt für Mehrzylindermaschinen:

- Umlaufende Massen sind ausgeglichen, wenn ihr Gesamtschwerpunkt in den Wellenmittelpunkt fällt, also von zwei Kurbeln aufwärts alle Kurbelwellen mit zyklischsymmetrischer Verteilung der gleichgroßen Massen.
- Massenkräfte I. Ordnung entfallen für zwei bis i im Kurbelkreis gleichmäßig verteilte Kurbeln.
- Massenkräfte n-ter Ordnung: Freie Kräfte liefert diejenige Ordnung, für die der abgeleitete Ordnungs-Kurbelstern - d. h. die Kraftvektoren dieser Ordnung bei einer Kurbelstellung - in ein Bild mit nur gleichgerichteten Vektoren übergeht.
- Vollsymmetrische Kurbelwellen sind keinen freien Kippmomenten unterworfen. Vollsymmetrische Wellen sind spiegelbildlich symmetrisch gebaute Wellen mit paarweise, beiderseits der Mitte gleichgerichteten Kurbeln, im Gegensatz zu teilsymmetrischen Wellen, die nur in der Stirnansicht, nicht aber in der Längenansicht symmetrisch sind.

3.3 Kolbenpumpen (Verdrängerpumpen)

Pumpen haben im Allgemeinen die Aufgabe, Flüssigkeiten auf größere Höhe zu fördern. Hierzu dienten bereits die Schöpfräder der Alten, am Umfang mit Tongefäßen versehen, die im Unterwasser eintauchten und vollliefen sowie während der oberen Kulmination in eine Rinne ausgossen. Man kann solche Schöpfräder als Umkehrung der Wasserräder ansehen. Die heutigen Schöpfräder, die vom Untergraben in den Obergraben fördern, sind meistens Propellerpumpen (Umkehrung der Propellerturbine).

3.3.1 Kolbenpumpen mit hin- und hergehendem Kolben

3.3.1.1 Wirkungsweise

Die älteste Anordnung ist die der einfachen Hubkolbenpumpe (Bild 3.21) mit Druckventil V_d im Kolben *K*. Beim Aufwärtsgang des Kolbens ist das Druckventil geschlossen, und durch das geöffnete Saugventil V_s strömt Förderflüssigkeit (im Folgenden kurz als Wasser bezeichnet) nach, sofern der auf dem Unterpegel (Unterwasserspiegel) lastende Druck, z.B. der atmosphärische Luftdruck, dazu ausreicht. Gleichzeitig wird das oberhalb des Kolbens stehende Wasser ausgegossen bzw. in die Druckleitung gefördert, wenn die Pumpe gegen die Kolbenstange abgedichtet ist. Bei Rückkehr des Kolbens ist das Saugventil geschlossen und das Druckventil V_d geöffnet. Das Wasser steht still bzw. strömt durch den Druckventilquerschnitt in den Förderraum oberhalb des Kolbens *K*.

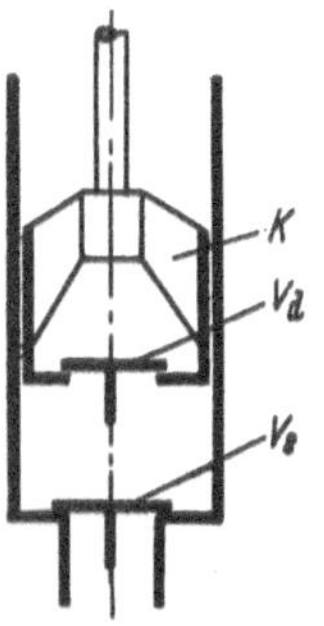

Bild 3.21 Einfachwirkende Hubkolbenpumpe (Saugpumpe)

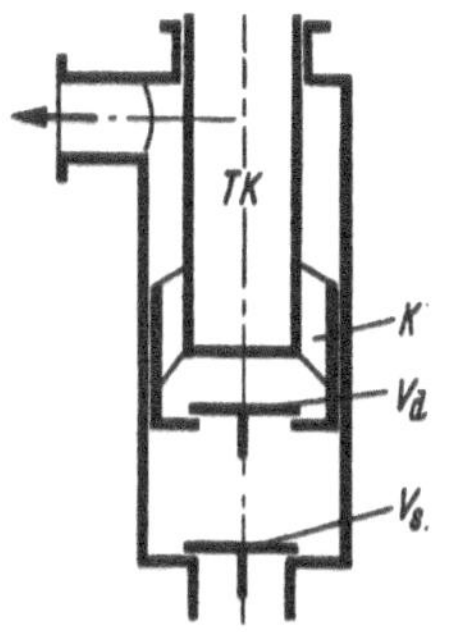

Bild 3.22 Einfachwirkende Differentialpumpe (Saug- und Druckpumpe)

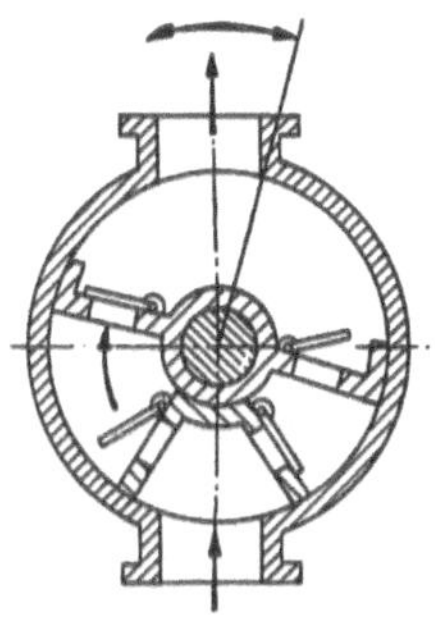

Bild 3.23 Flügelpumpe

Hubpumpen solcher Art werden heute noch als Tiefbrunnenpumpen verwendet, z.B. auch zur Förderung von Erdöl aus Bohrlöchern. Wegen der beträchtlichen Länge der Kolbenstange können solche Pumpen nur sehr langsam arbeiten. Infolge der periodischen Arbeitsweise muss die Flüssigkeitssäule bei jedem Druckhub bis auf eine Maximalgeschwindigkeit beschleunigt und wieder abgebremst werden. Hierzu sind bei langen Druckleitungen erhebliche Beschleunigungskräfte ($F = m \cdot a$) erforderlich.

Bei der **Differentialpumpe** (Bild 3.22) sind diese Kräfte kleiner, da die Pumpe bei Auf-und Niedergang des Kolbens jeweils das halbe Wasservolumen in die Druckleitung fördert. Zu diesem Zweck ist die Kolbenstange als Tauchkolben *Tk* ausgebildet, dessen Querschnitt halb so groß ist wie der des Pumpenkolbens *K*. Den gleichen Zweck erreicht man mit doppeltwirkenden oder mehrzylindrigen Pumpen, z.B. auch mit der unter dem Namen **Flügelpumpe** bekannten Schwingkolben-Handpumpe (Bild 3.23). Statt eines Kolbens kann auch eine am Umfang eingespannte Membrane aus Paragummi, Buna, Chromleder oder Kunststoff mit Tellerventil auf- und niederbewegt werden. Da sie keine gleitenden Teile hat, eignet sie sich auch zur Förderung von sand- oder schlammhaltigem Wasser und wird unter dem Namen **Diaphragma-Pumpe** zur Grubenentleerung und auf Baustellen eingesetzt. Das Saugventil wird als Gummikugelventil mit Eisen- oder Bleikern ausgebildet. In offener Bauart gießen solche Pumpen unmittelbar über der Membrane aus.

Bei größeren ortsfesten, z. B. Wasserwerkspumpen (Bild 3.24), sind beide Ventile ortsfest untergebracht und der Kolben als Tauchkolben *Tk* ausgeführt. Dieser wird über eine Kreuzkopfführung *Kz* von der Kurbelwelle *W* angetrieben. Zum Ausgleich der periodischen Beschleunigungen der Wassersäule sind gewöhnlich auf Saug- und Druckseite **Windkessel** W_S sowie W_D zwischengeschaltet, die als Luftpuffer wirken. Diese reduzieren die notwendigen Beschleunigungskräfte und vergleichmäßigen den Flüssigkeitsstrom.

Bild 3.24 zeigt eine einfach wirkende **liegende** Pumpe. Pumpen gleicher Wirkungsweise werden aber auch doppeltwirkend oder mehrzylindrig und auch als **stehende** Pumpe, d. h. mit vertikaler Kolbenführung, gebaut.

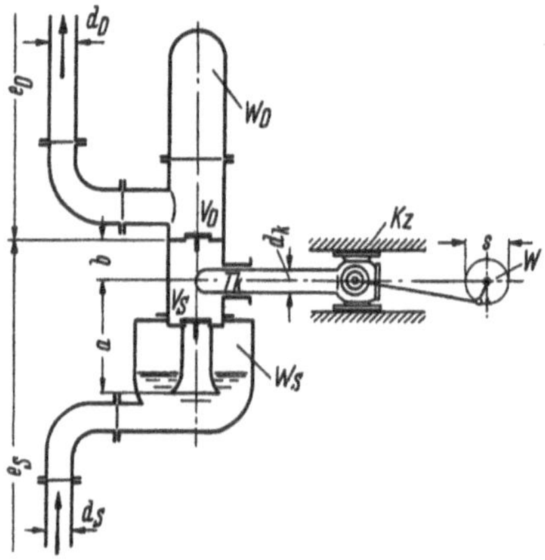

Tk Tauchkolben
Kz Kreuzkopf
W Kurbelwelle
V_S Saugventil
V_D Druckventil
W_S Saugwindkessel
W_D Druckwindkessel
s Hub
d_k Kolbendurchmesser
e_S Saughöhe
e_D Druckhöhe

Bild 3.24
Einfachwirkende Saug- und Druckpumpe mit Saug- und Druckwindkessel

3.3.1.2 Fördervolumen

Das theoretische Fördervolumen ist $V_{th} = A_k \cdot s$ (Kolbenquerschnitt mal Hub) je Umdrehung der Kurbelwelle. Der theoretische Durchsatz ist also bei Drehzahl n (Hubzahl)

$$\dot{V}_{th} = A_k \cdot s \cdot n \tag{3.28}$$

Der tatsächliche Lieferstrom $\dot{V}$ ist stets etwas kleiner. Dies aus verschiedenen Ursachen, z. B. Undichtheiten der Ventile und Stopfbüchsen, verspätetes Öffnen und Schließen der Ventile aufgrund ihrer Massenkräfte, als auch Ausscheiden von Luft aus dem Förderwasser während des Saughubes usw. (s. Bild 3.25). Man bezeichnet das Verhältnis

$$\eta_1 = \frac{\dot{V}}{\dot{V}_{th}} \tag{3.29}$$

als den volumetrischen Wirkungsgrad oder **Liefergrad** der Pumpe.

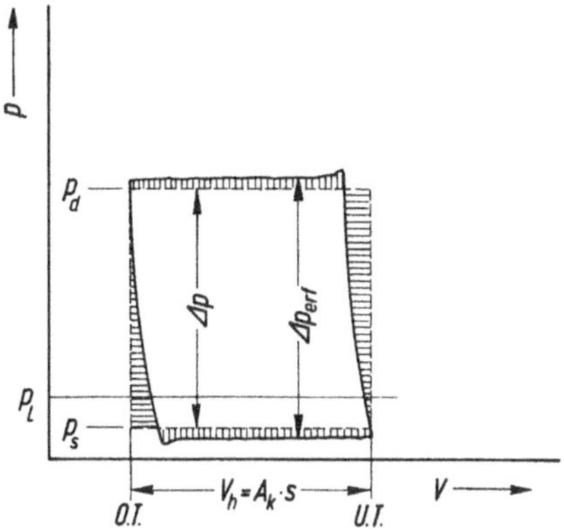

- - - - - ohne Verluste
——— mit Verlusten
|||||||| Verluste durch Massenkräfte und Widerstände in den Ventilen (hydraulische Verluste)
≡ Verluste durch Ausscheiden von Luft aus der Förderflüssigkeit (volumetrische Verluste)

V_h Hubvolumen
$\Delta p = w_F \cdot \varrho$ Förderdruck, gemäß Formel 3.30
$\Delta p_{erf} = \Delta p + \sum h_v \cdot \varrho$ erforderlicher Pumpendruck (Differenzwert)

Bild 3.25 Druckverlauf im Zylinderraum der Kolbenpumpe

Anmerkung: Wasser hat - wie die meisten Flüssigkeiten - die Fähigkeit, Gas, u. a. auch Luft, in Lösung zu nehmen. Die gelöste Menge ist außer von der Temperatur im Besonderen vom Druck abhängig. Bei Druckverminderung (Saughub) wird Luft (Gas) freigegeben, bei Drucksteigerung (Druckhub) Luft absorbiert. Vgl. Selterswasser! Bei CO_2 ist der Effekt noch stärker als bei Luft.

Bei guter Abdichtung und gasfreiem Wasser können Liefergrade $\eta_1 = 0{,}95$ bis 0,98 erreicht werden.

Die spezifische Förderarbeit $w_F = W_F/m$ ist der auf die Masseneinheit des Fördermediums bezogene Energiebetrag, der dem Fördermedium zwischen Eintritt und Austritt der Pumpe bzw. Pumpenstufe übertragen wird. Sie entspricht der Energie, die benötigt wird

a) zur Beschleunigung des Arbeitsmediums aus der Ruhelage in die Förderströmung,

b) zur Überwindung der Strömungswiderstände in Saug- und Druckleitung und in den Leitungseinbauten,

c) zur Überwindung von örtlichen Höhenunterschieden,

d) zur gewünschten Druckerhöhung.

Die erforderliche Förderarbeit einer Pumpe, die Flüssigkeit aus einem Saugbehälter ansaugt und in einen Druckbehälter drückt, wird mithilfe der erweiterten Energiegleichung gefunden (Bild 3.26).

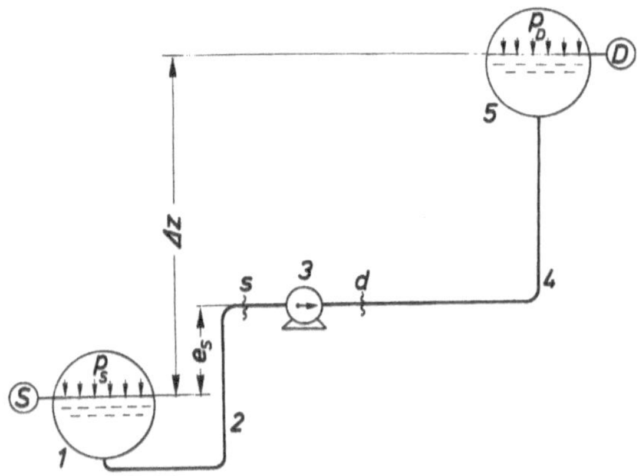

1 Saugbehälter
2 Saugleitung
3 Pumpe
4 Druckleitung
5 Druckbehälter
mit Index S Flüssigkeitsspiegel im Saugbehälter, Index D Flüssigkeitsspiegel im Druckbehälter, Index s Saugleitung, Index d Druckleitung

Bild 3.26 Pumpenanlage

$$g \cdot z_S + \frac{p_S}{\varrho} + \frac{c_S^2}{2} + w_F = g \cdot z_D + \frac{p_D}{\varrho} + \frac{c_D^2}{2} + \sum h_v$$

Die Änderungsgeschwindigkeiten der Behälterspiegelhöhen c_S und c_D sind praktisch immer vernachlässigbar.

$$g(z_D - z_S) = g \cdot \Delta z$$

$$\sum h_v = \frac{c_S^2}{2}\sum \zeta_s + \frac{c_D^2}{2}\sum \zeta_d$$

Dann wird (auch mit Y bezeichnet, also Y_F statt w_F und Y_V statt h_v)

$$w_F = g \cdot \Delta z + \frac{p_D - p_S}{\varrho} + \frac{c_S^2}{2}\sum \zeta_d + \frac{c_D^2}{2} + \sum \zeta_d \tag{3.30}$$

Die effektive oder Förderleistung der Pumpe ist

$$P_e = \frac{W_F}{t} = \frac{m \cdot w_F}{t} = \dot{m} \cdot w_F = \dot{V} \cdot \varrho \cdot w_F \tag{3.31}$$

Die innerhalb der Pumpe auftretenden Verluste, hervorgerufen durch Öffnungswiderstand der Ventile, Strömungswiderstände in den Ventilquerschnitten, Falschluft im Zylinder und mechanische Reibung erfordern eine Antriebsleistung an der Welle der Pumpe, die größer ist als die reine Förderleistung.

$$P_a = P_e + \text{Maschinenverluste}$$

Die Maschinenverluste an Energie (Reibungswärme) sind letztlich nur auf dem Prüfstand an der gebauten Pumpe messbar. Bei der Konstruktion können diese nur durch die Annahme eines effektiven oder Pumpenwirkungsgrades η_e berücksichtigt werden:

$$\eta_e = \frac{P_e}{P_a}$$

Dann ist

$$P_a = \frac{P_e}{\eta_e} = \frac{\dot{V} \cdot \varrho \cdot w_F}{\eta_e} \qquad (3.32)$$

Anhalt: η_e = 0,7 - 0,9 (Erfahrungswertebereich)

3.3.1.3 Saughub

a) *Ohne Windkessel*

Die höchst erreichbare geodätische Saughöhe e_S ist bestimmt durch die Forderung, dass der Druck der Flüssigkeit an keiner Stelle ihres Weges vom Saugbehälter bis in den Zylinder der Pumpe den Verdampfungsdruck unterschreiten darf, weil sonst die Saugströmung abreißt. Die gefährdetste Stelle liegt beim Saugvorgang an der Stirnfläche des Kolbens.

Bei allen Pumpenbauarten ist die Erfüllung dieser Forderung von folgenden Einflussgrößen abhängig:

1. Druck auf den Spiegel des Saugbehälters,
2. Temperatur der Förderflüssigkeit,
3. Strömungswiderstände in der Saugleitung,
4. Stoß-, Wirbelungs- und Ablösungsverluste.

Bei der Kolbenpumpe kommen als Weiteres zusätzliche Einflüsse aus der periodischen Arbeitsweise hinzu:

5. Beschleunigungsdrücke zum periodischen Beschleunigen der Wassersäule,
6. erhöhte Strömungswiderstände infolge ungleicher Geschwindigkeiten und
7. Ventilwiderstände.

Zu 6.: Bezeichnet man den Kolbenquerschnitt mit A_k (Index k) und den Saugrohrquerschnitt (Index s) mit A_s, so ist aus Gründen der Kontinuität

$$A_s \cdot c_s = A_k \cdot c_k$$

oder die Wassergeschwindigkeit im Saugrohr

$$c_s = c_k \frac{A_k}{A_s}$$

und zu 3.: die Geschwindigkeitsenergie

$$\frac{c_s^2}{2} = \left(\frac{A_k}{A_s}\right)^2 \cdot \frac{c_k^2}{2}$$

In gleicher Weise folgen für die Strömungswiderstände

$$h_{v,s} = \left(\sum\zeta + \frac{\lambda \cdot l_s}{d_s}\right) \cdot \frac{c_s^2}{2} = \left(\sum\zeta + \frac{\lambda \cdot l_s}{d_s}\right)\left(\frac{A_k}{A_s}\right)^2 \cdot \frac{c_k^2}{2} \tag{3.33}$$

Beide ändern sich also mit dem Quadrat der Kolbengeschwindigkeit c_k und sind in den Totpunkten gleich null.

Zu 7.: Die Ventilwiderstände h_v setzen sich zusammen aus dem näherungsweise konstanten $h_{V,1}$ zum Offenhalten des Ventils gegen Gewicht- oder Federdruck und aus dem $h_{V,2}$ zum Öffnen des Ventils gegen seine Massenträgheit. $h_{V,2}$ ist im Totpunkt am größten.

Zu 5.: Die Beschleunigungsdruckhöhen z_b lassen sich aus den Bewegungsgesetzen des Kurbeltriebs ableiten.

In der Saugleitung befindet sich eine Wassermasse $m_s = A_s \cdot l_s \cdot \varrho$, die fortwährend beschleunigt und verzögert wird und dazu eine Kraft F benötigt.

$$F = m_s \cdot a_s = A_s \cdot l_s \cdot \varrho \cdot a_s$$

Aus der Kontinuitätsbedingung $A_s \cdot c_s = A_k \cdot c_k$ folgt durch Zeitdifferentation $\mathrm{d}c/\mathrm{d}t = a$

$$A_s \cdot a_s = A_k \cdot a_k$$

oder

$$a_s = a_k \frac{A_k}{A_s}$$

Wir ersetzen F durch die Gewichtskraft einer Wassersäule von der Höhe z_b und dem Querschnitt A_s; also mit $F = A_s \cdot z_b \cdot \varrho \cdot g$ folgt

$$z_b = \frac{l_k \cdot A_k}{g \cdot A_s} a_k \tag{3.34}$$

Da a_k nach Bild 3.6 und Formel 3.10 sein Vorzeichen wechselt, bedeutet z_b zu Hubbeginn eine Drucksenkung im Saugrohr aus der Beschleunigung der Saug-Wassersäule, und gegen Hubende eine Drucksteigerung aus der Verzögerung.

Der Größtwert von z_b zu Hubbeginn (O.T., Zweitindex o) ist mit Formel 3.10 und $\alpha = 0°$ (Bild 3.6)

$$z_{b,o} = \frac{l_s A_k}{g A_s}(1+\lambda) r\omega^2 \tag{3.35}$$

Darin ist $r\omega^2 = \pi^2 \cdot 4\, rn^2$, da $\omega = 2 \cdot \pi \cdot n$

b) *mit Windkessel*

Zur Beseitigung oder Milderung der Saugsäulen-Periodik erhält die Pumpe nach Bild 3.24 einen Saugwindkessel W_s. Ist er genügend groß, so schrumpft die Länge der zu beschleunigenden Saugsäule von l_s auf die Länge $l'_s = a$ zusammen, die konstruktiv sehr klein gehalten werden kann. Die Wassergeschwindigkeit im Saugrohr wird dann näherungsweise konstant wie bei der Kreiselpumpe.

Während des Pumpenbetriebes ist mit annähernd konstanter Strömungsgeschwindigkeit c_s in der Saugleitung folgende Energiegleichung zwischen dem Spiegel des Saugwindkessels (Index WS) und dem Spiegel im Saugbehälter (Index S) anzusetzen

$$g \cdot z_s + \frac{p_S}{\varrho} + \frac{c_S^2}{2} = g \cdot z_{WS} + \frac{p_{WS}}{\varrho} + \frac{c_{WS}^2}{2} + h_{v,s}$$

Die Einflüsse von c_S und c_{WS} können meist vergleichsweise vernachlässigt werden. Der Druck im Saugwindkessel ist dann

$$p_{WS} = p_S - \varrho \cdot g \cdot \Delta z - \varrho \cdot h_{v,s}$$

Δz ist der Ortshöhenunterschied zwischen dem Flüssigkeitsspiegel des Saugbehälters und dem des Saugwindkessels.

Damit die Flüssigkeitsströmung beim Rückgang des Kolbens nicht abreißt, darf der Verdampfungsdruck p_t nicht unterschritten werden. Die größten Beschleunigungsverluste treten in den Totlagen des Kolbens auf. Der größte Ventilwiderstand $h_{V,1} + h_{V,2}$ (Index V für Ventil) stellt sich in unmittelbarer Nähe des oberen Totpunktes ein und kann 20 m^2/s^2 erreichen (Richtwert). Daher muss sein

$$p_t < p_{WS} - \varrho \cdot g(a+b) - \varrho \cdot g \cdot z_{b0} - \varrho\left(h_{V,1} + h_{V,2}\right)$$

Höhen a und b gehen aus Bild 3.42 hervor.

Bei Pumpen mit Windkesseln ist der Beschleunigungsverlust gemäß Formel 3.35:

$$z'_{b,0} = \frac{l' \cdot A_k}{g \cdot A_s}(1+\lambda) r \cdot \omega^2 \tag{3.36}$$

mit $l' \approx a$ (Abmessungen gemäß Bild 3.24)

Die maximal mögliche Saughöhe $e_s = \Delta z + a + b$ folgt aus obigen Ableitungen

$$e_{S,max} = \frac{p_S}{\varrho \cdot g} - \frac{p_t}{\varrho \cdot g} - \frac{h_{v1} + h_{v2}}{g} - \frac{c_S^2}{2g}\left(\sum \zeta_s + \lambda_s \frac{l_s}{d_s}\right) - \frac{a}{g}\left(\frac{d_k}{d_s}\right)^2 r \cdot \omega^2 (1+\lambda) \tag{3.37}$$

In dieser Gleichung sind λ_s die Rohrreibungszahl der Saugleitung, hingegen ist $\lambda = r/l$ das Schubstangenverhältnis mit r Kurbelradius und l Schubstangenlänge.

3.3.1.4 Druckhub

Aus den gleichen Gründen wie auf der Saugseite erhält die Pumpe auch auf der Druckseite einen Windkessel W_D (Bild 3.25). Um die Massenkräfte klein zu halten, wird er so nahe wie möglich an das Druckventil herangebracht. Beim Druckhub, beginnend im U.T., drückt der Tauchkolben das Wasser in den Windkessel, sodass statt der Druckrohrlänge l_d nur die zwischen Kolben und Druckwindkessel verbleibende kleine Länge l_d' beschleunigt und verzögert wird (in Bild 3.25 ist $b \approx l_d'$). Aus dem Windkessel strömt das Wasser mit annähernd gleichförmiger Geschwindigkeit in die Druckleitung.

Analog Formel 3.36 gilt für die Beschleunigung auf der Druckseite (U.T.)

$$z_{bu} = \frac{l_d'}{g} \frac{A_k}{A_d} (1 + \lambda) r \omega^2 \tag{3.38}$$

Übliche Werte der Wassergeschwindigkeit c in der Druck- und Saugleitung sind für große Pumpen und lange Leitungen 1,0 m/s, für kleine Pumpen und kurze Leitungen 1,5 bis 2,0 m/s. Grundsätzlich ist auch hier der Rohrdurchmesser nach dem Gesichtspunkt der größten Gesamtwirtschaftlichkeit zu bestimmen, d.h. für

$$\sum (\text{Kapitaldienst} + \text{Betriebskosten}) \rightarrow \text{Minimum}$$

3.3.1.5 Pumpenventile

Die Ventile steuern den Arbeitsablauf der Pumpe. Sie werden durch den Druck der ein- oder ausströmenden Flüssigkeit geöffnet, wobei eine Feder gespannt wird. Die Kraft der gespannten Feder schließt das Ventil, wenn der Druck endet. Werkstoffe und Bauformen der Ventile werden von dem Verwendungszweck der Pumpe und der Art der Förderflüssigkeit (rein, verschmutzt, chemisch aggressiv) bestimmt (Bild 3.27, Kugelventil, Bild 3.28). Als Werkstoffe für die Ventilteller, -klappen oder -kugeln werden bei reinem Wasser und heißen Flüssigkeiten nahezu ausschließlich metallische Werkstoffe angewendet wie Grauguss, Stahl, Bronze, Rotguss oder Hartblei. Bei unreinen, schlammigen oder sandigen Flüssigkeiten kommen Leder, Gummi oder Kunststoff infrage. Letztere Werkstoffe werden gelegentlich auch bei anderen Flüssigkeiten zur Milderung des Schlages beim Schließen verwendet.

Der freie Zuströmquerschnitt zum Ventil ergibt sich aus der festgelegten Zuströmgeschwindigkeit c_1 im Querschnitt unterhalb des Ventils.

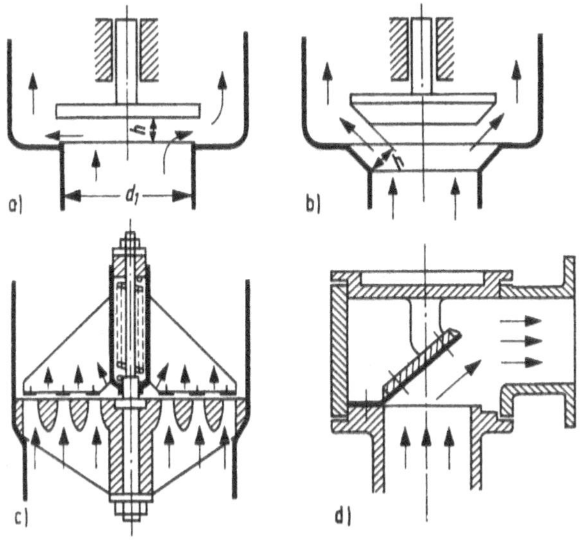

Bild 3.27
Pumpenventile, a) Tellerventil, b) Kegelventil, c) Ringventil, d) Klappe

$$c_1 = \frac{A_k \cdot c_m}{z \cdot A_1} = \frac{d_k^2 \cdot c_m}{z \cdot d_1^2} \approx 0{,}6 \dots 1 \dots 1{,}6 \text{ m/s} \quad \text{(Richtwertbereich)}$$

daraus

$$d_1 = d_k \cdot \sqrt{\frac{c_m}{z \cdot c_1}} = d_k \cdot \sqrt{\frac{2 \cdot s \cdot n}{z \cdot c_1}} \tag{3.39}$$

Darin sind

$A_1 = \frac{\pi}{4} d_1^2$ Zuströmquerschnitt zum Ventil

$A_k = \frac{\pi}{4} d_k^2$ nutzbare Kolbenfläche

$c_m = 2\, sn$ mittlere Kolbengeschwindigkeit (je Umdrehung Weg $2s$ bei Zeit $1/n$)

z Zahl der Saug- bzw. Druckventile pro Zylinder

Bei kleinen Förderarbeiten wählt man kleine Werte der Flüssigkeitsgeschwindigkeit im Sitz, um den Ventilwiderstand gering zu halten. Dasselbe gilt bei großen Saughöhen und hohen Drehzahlen. Bei großer Druckhöhe sind größere Geschwindigkeiten zweckmäßig, um die Abmessungen des festigkeitsmäßig hoch beanspruchten Gehäuses klein zu halten. Auch die Eigenmasse des Ventils muss möglichst klein sein.

3.3.1.6 Wirkungsgrade

η_h = **hydraulischer** Wirkungsgrad.

Er enthält alle Druckenergieverluste h_h, die in der Pumpe selbst entstehen (nicht in der Rohrleitung, weil diese der Pumpe nicht zur Last gelegt werden können). Hier wieder oft Y statt w, da hydraulische Maschine

$$\eta_h = \frac{w_F}{w_t} = \frac{w_F}{w_F + h_h} \tag{3.40}$$

Die hydraulischen Verluste h_h sind hauptsächlich durch die Widerstände des Saug- und Druckventils hervorgerufen und können als annähernd konstant angenommen werden.

η_h = 0,85 (bei niedrigen) bis 0,95 (bei hohen) Drücken (Richtwerte).

η_l = volumetrischer Wirkungsgrad oder Liefergrad = $\frac{\dot{V}}{\dot{V}_{th}}$; vgl. Formel 3.29

η_i = **indizierter Wirkungsgrad**, sogenannt, weil mit dem **Indikator** messbar bzw. aus dem indizierten $p = f(V)$-Diagramm zu ermitteln. Wenn keine Luft in der Pumpe ist, gilt

$$\eta_i = \eta_h \cdot \eta_l \tag{3.41}$$

η_m = **mechanischer Wirkungsgrad** = P_i/P_a

berücksichtigt die Reibungsverluste in Kurbeltriebwerk, Kolben und Stopfbuchse, η_m = 0,85 bis 0,95; bei stehender Bauart im Allgemeinen günstiger als bei liegender.

η_e = Gesamtwirkungsgrad, 0,7 bis 0,9 für Pumpen mit Kurbelbetrieb, es gilt

$$\eta_i \cdot \eta_m = \eta_h \cdot \eta_l \cdot \eta_m \tag{3.42}$$

3.3.1.7 Sonderformen

Kurbeltrieblose Pumpen

Bei Duplex-Dampfpumpen wird der Pumpenkolben unmittelbar von einem Dampfkolben angetrieben. Solche Pumpen wurden bei ortsfesten Dampfkesseln verwendet.

Pumpen mit stetig veränderlicher Fördermenge

a) Hub veränderlich bei Antrieb über Schwinghebel oder Taumelscheibe.

b) Hub unveränderlich. Füllung wird z. T. in den Saugraum zurück entlassen (Diesel-Einspritzpumpe).

Früher wurde zu diesem Zweck das Pumpen-Saugventil während eines Teiles des Druckhubes offen gehalten.

Heute tritt an die Stelle des Saugventils ein Saugschlitz, der von einer Schrägkante des Kolbens früher oder später freigegeben wird.

Pumpen für chemisch aggressive Flüssigkeiten

Chemisch aggressive Flüssigkeiten lassen sich nur unter besonderen konstruktiven Sicherheitsvorkehrungen mit Kolbenpumpen fördern. Es muss auf jeden Fall vermieden werden, dass der Kolben verätzt oder die Stopfbüchspackung zerfressen wird. Eine Quecksilbervorlage mit Sperrwasserfüllung zwischen Quecksilber und Kolben überträgt die Kolbenkräfte auf die Förderflüssigkeit, ohne dass eine gegenseitige Berührung stattfindet (Bild 3.28). Wegen Giftigkeit des Schwermetalles Quecksilber werden Pumpen dieser Ausführung jedoch nur noch selten verwendet.

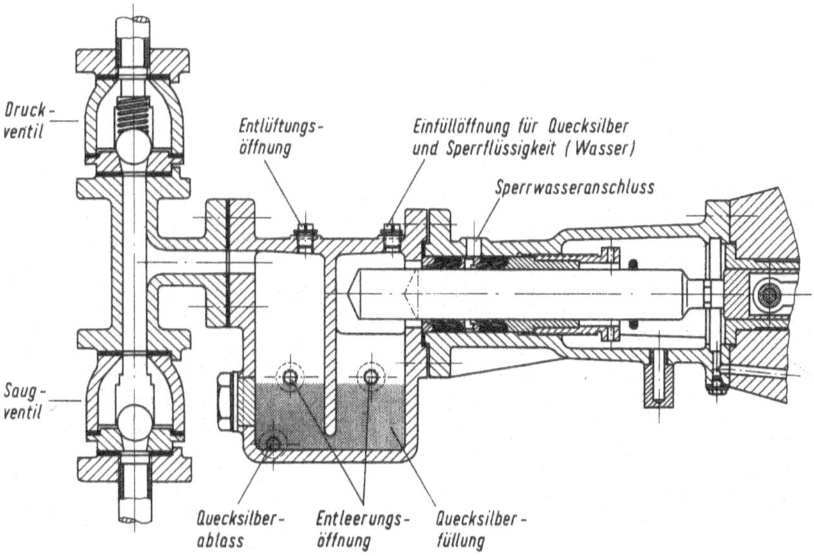

Bild 3.28 Kolbenpumpe mit Quecksilbervorlage (Hg) für chemisch aggressive Flüssigkeiten *(Deutsche Babcock u. Wilcox).* Kaum noch verwendet wegen Hg.

3.3.2 Drehkolbenpumpen

Die wichtigsten sind die Zahnradpumpen (Bild 3.29). Zwei gleiche Stirnräder sind von einem Gehäuse eng passend umgeben, mit einer Saug- und einer Drucköffnung *s* und *d*. Zwischen den Rädern berühren sich die Zähne ständig, sodass keine Flüssigkeit hindurchtreten kann. Die nach außen laufenden Zähne dagegen wirken wie rotierende Kolben und nehmen Flüssigkeit in den Zahnlücken in Pfeilrichtung mit.

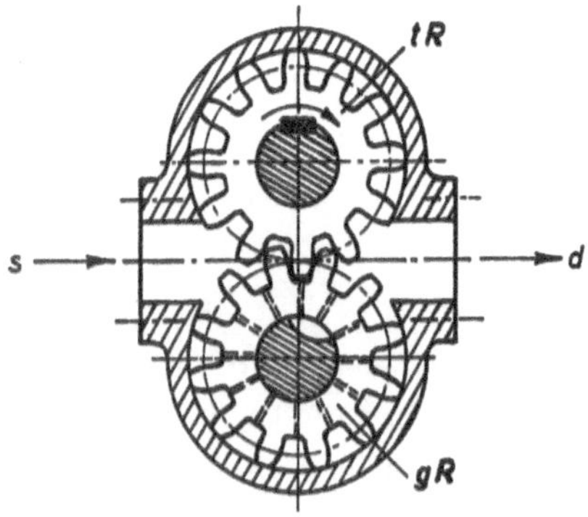

s Saugrohr
d Druckrohr
tR treibendes Rad
gR getriebenes Rad

Bild 3.29
Zahnradpumpe

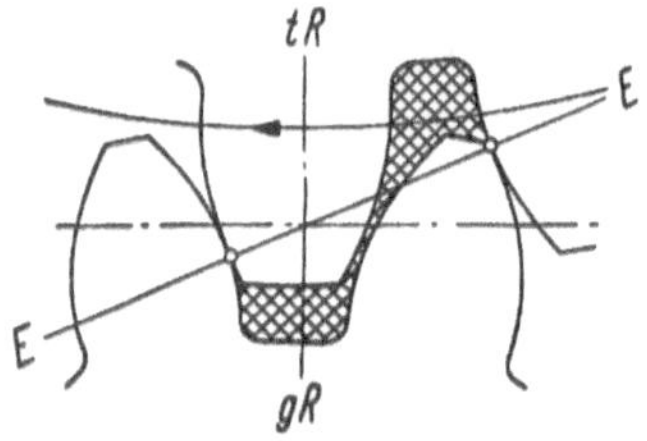

E-E Eingriffslinie
tR treibendes Rad
gR getriebenes Rad

Bild 3.30
Abgesperrte Zahnlücke

Das Fördervolumen je Umdrehung ist etwa gleich dem halben Zahn-Ringraum beider Räder oder gleich dem ganzen Zahn-Ringraum eines Rades, daher (mit b = Radbreite)

$$\dot{V}_{\mathrm{th}} \approx \frac{\pi}{4} \cdot \left(d_{\mathrm{a}}^2 - d_{\mathrm{i}}^2\right) \cdot b \cdot n \tag{3.43}$$

Mit Ölen passender Viskosität als Förderflüssigkeit erreicht man erfahrungsgemäß Liefergrade η_1 = 0,85 bis 0,95 und bei Hochdruckpumpen Drücke bis über 100 bar.

Konstruktiv wichtig ist die Entlassung der **Quetschflüssigkeit** aus der (schraffiert gezeichneten) Zahnlücke, die beim Zusammenlaufen der Zähne abgesperrt und dann verkleinert wird (Bild 3.30). Bei Nichtbeachtung können hohe Drosselverluste und Drücke auftreten, die zum Bruch der Pumpe führen, und zwar umso eher, je besser die Verzahnung wegen geringem **Spiel**.

Lösung des Problems: Entweder axiale Entlastung durch Nuten beiderseits der Eingriffslinie *E-E* in der Stirnwand des Gehäuses oder radiale Entlastung durch Bohrungen, die zu einer Steuerkante im Inneren des getriebenen Rades führen (Bild 3.29).

Die Zahnradpumpe wird in großem Umfang als Schmierölpumpe bei fast allen Maschinen mit Umlaufschmierung, besonders bei sämtlichen Kraftmaschinen, verwendet, ferner als Hochdruckpumpe bei **Ölhydraulik**-Anlagen, z. B. in Flugzeugen, Kraftfahrzeugen und Werkzeugmaschinen, sowie in der hydraulischen Verstärkung für die Regelung von Turbinen.

Weniger bekannt ist die **Schraubenpumpe**, bei der eine steilgängige Schraube eine oder besser zwei dazu passende Seitenschrauben antreibt. Die Pumpe fördert axial mit recht guter Abdichtung, also hohem Wirkungsgrad, ist also ebenfalls als Hochdruck-Presspumpe geeignet.

3.3.3 Flüssigkeitsringpumpen

Flüssigkeitsringpumpen (Bild 3.31) können zur Förderung von Flüssigkeiten eingesetzt werden. Da diese extrem selbstansaugend sind (Vorteil), werden sie auch als Verdichter und Vakuumpumpen benutzt.

Der Läufer ist meist exzentrisch im Gehäuse gelagert. Als Saugschlitz dient ein sichelförmiger Wanddurchbruch, der sich in Drehrichtung des Läufers erweitert. Ein gleichgeformter Druckschlitz verengt sich in Drehrichtung. In dem teilweise mit Flüssigkeit gefüllten Gehäuse bildet sich durch die Schleuderwirkung des rotierenden Läufers ein Flüssigkeitsring, der sich der Gehäusewand anschmiegt.

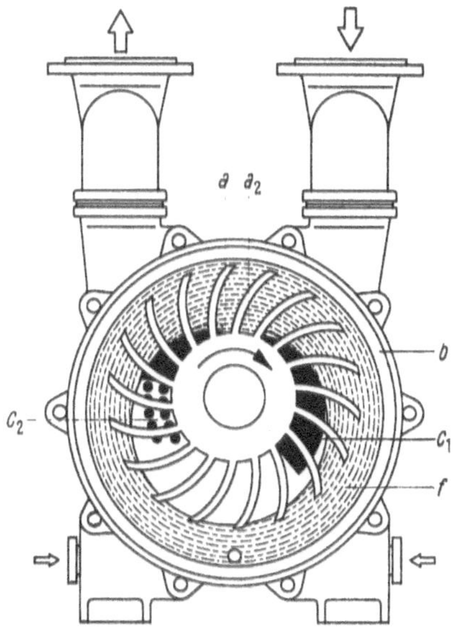

a Laufrad
a_2 Laufradnabe
b Gehäuse
c_1 Saugschlitz
c_2 Druckschlitz
f Betriebsflüssigkeit

Bild 3.31
Flüssigkeitsringpumpe *(Siemens-Schuckert)*

Dieser Ring, die Nabe des Läufers und seine Schaufeln bilden Kammern, die sich zunächst in Drehrichtung erweitern und dann wieder verengen. Durch Raumvergrößerung entsteht ein Unterdruck mit großer Saugwirkung, der das Arbeitsmittel ansaugt. Durch die Kammerverengung bei weiterem Umlauf wird das Arbeitsmittel durch den Druckschlitz verdrängt.

■ 3.4 Verdrängungsverdichter

Im mechanischen Aufbau und in der Wirkungsweise haben die Verdichter sehr viel mit den Pumpen gemeinsam. Luftverdichter werden deshalb gelegentlich auch als Luftpumpen bezeichnet. Verdichter unterscheiden sich aber von den Flüssigkeitspumpen grundsätzlich dadurch, dass sie **kompressible** Medien, i. Allg. Gase, fördern. Die Drucksteigerung eines Gases erfolgt unter Volumenverminderung und Temperaturerhöhung oder Wärmeabgabe. Bei der **Pumpe** (für inkompressible Medien) wird nur mechanische Energie umgesetzt; beim **Verdichter** (für kompressible Medien) wird dagegen mechanische und thermische Energie umgesetzt.

Konstruktiv gibt es wie bei den Pumpen Kolbenverdichter, Drehkolbenverdichter, Kreisel- oder Turboverdichter in Form der Radial- und Axialverdichter, Strahlverdichter u. a. Allen gemeinsam ist die Tatsache, dass die sehr viel geringere Dichte bzw. Massekonzentration von Gasen im Vergleich mit Flüssigkeiten entsprechend kleinere Trägheitskräfte verursacht und dadurch viel höhere Strömungsgeschwindigkeiten des Mediums zulässt sowie erfordern: Wassergeschwindigkeiten in Pumpen etwa 0,5 bis 1,5 m/s, Gasgeschwindigkeiten (Meridionalgeschwindigkeiten in Turboverdichtern) meist etwa 30 bis 60 m/s, bei Luftfahrt-Verdichtern ggf. bis 150 m/s, Kolbengeschwindigkeiten bei Wasserpumpen 0,5 bis 1 m/s und bei Luftverdichtern 5 bis 10 m/s, wie etwa bei Verbrennungsmotoren.

Kolben- und Rotationsverdichter komprimieren das Fördermedium durch Zusammendrücken einer abgeschlossenen Masse. Ihr Fördermengenstrom ist nahezu unabhängig vom Gegendruck, ganz im Gegensatz zu den Turboverdichtern, bei denen der Förderstrom sehr stark vom Gegendruck abhängt.

Welche Verdichterart einzusetzen ist, richtet sich weitgehend nach dem Verwendungszweck, d. h. nach den Anforderungen, die an die Maschine gestellt werden. Als grober Anhalt für den Einsatz der Verdichterbauarten dient Bild 3.32.

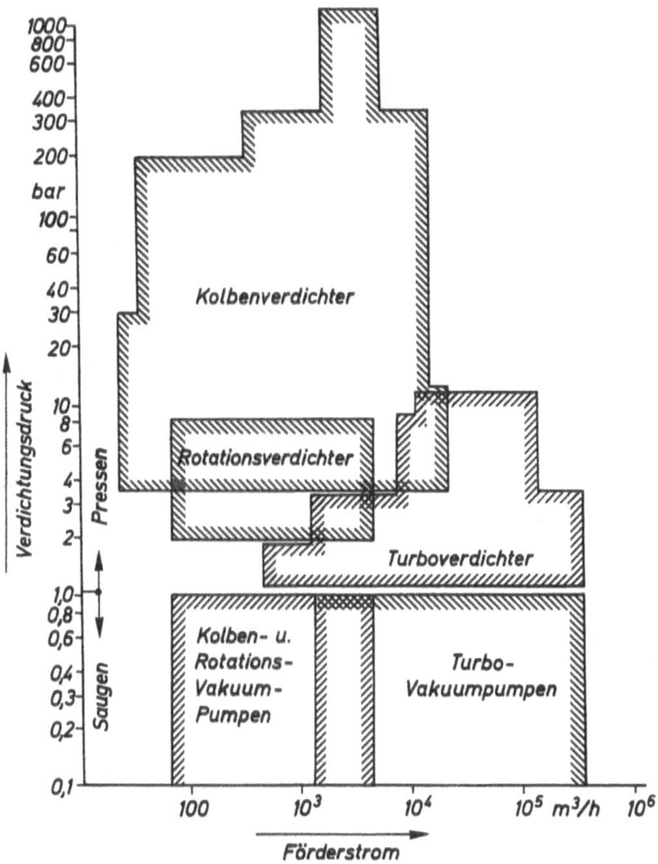

Bild 3.32 Arbeitsbereiche (angenähert) verschiedener Verdichterbauarten

3.4.1 Kolbenverdichter

3.4.1.1 Thermodynamik der Kolbenverdichter

Die Arbeitsweise des einstufigen Verdichters (Bild 3.33) - Ansaugen durch ein Saugventil, Verdichten im abgeschlossenen Zylinder, Ausschieben durch ein Druckventil - wird durch den Fluidförderdruck des bewegten Kolbens bewirkt. Wenn der Zylinder wärmedicht isoliert ist und der Verdichter verlustlos arbeitet, bleibt die gesamte zum Verdichten aufgewendete Energie als Enthalpie im verdichteten Medium.

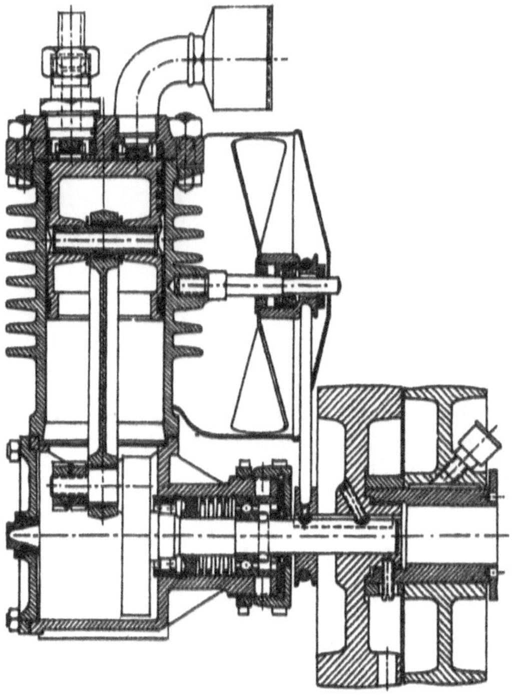

Bild 3.33
Luftgekühlter Einzylinder-Kleinverdichter

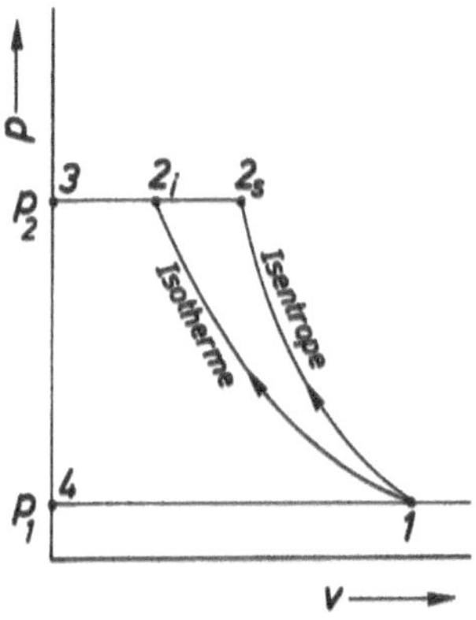

Bild 3.34 Einstufige Verdichtung des idealen Verdichters im p,v-Diagramm

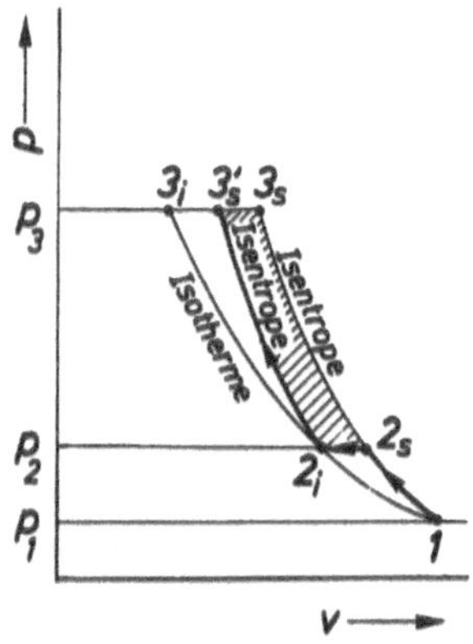

Bild 3.35 Zweistufige Verdichtung des idealen Verdichters mit Außenkühlung zwischen den beiden Stufen

Wenn es möglich wäre, das Medium während der Verdichtung so zu kühlen, dass sich seine Temperatur nicht erhöht, müsste die aufgewendete innere Energie als Wärme an das Kühlmittel übergehen. In Bild 3.34 entspricht die Fläche 1 - 2_s - 3 - 4 - 1 der bei isentroper Verdichtung aufzuwendenden Verdichtungsarbeit, während andererseits die Fläche 1 - 2_i - 3 - 4 - 1 der bei isothermer Verdichtung aufzuwendenden Arbeit entspricht. Die isothermische Verdichtung erfordert den geringsten Energieaufwand. Die isothermische Verdichtung wäre aber wegen der schlechten Wärmeleitung in den Gasvolumina nur bei unendlich langsam laufenden Verdichtern zu verwirklichen und das auch dann nur angenähert. Eine Arbeitseinsparung durch Kühlung ist daher praktisch nur bei mehrstufigen Maschinen zu erzielen.

Bild 3.35 zeigt das Arbeitsdiagramm einer zweistufigen Maschine mit isentroper Verdichtung. Zwischen der 1. und 2. Stufe wird das Fördermedium aus der Maschine herausgenommen und in einem Außenkühler 2_s - 2_i auf seine Ausgangstemperatur zurückgekühlt. Die Arbeitseinsparung entspricht dann der Fläche $2_s - 2_i - 3_s' - 3_s - 2_s$. Bild 3.36 zeigt in schematischer Darstellung den Aufbau eines zweistufigen Kolbenverdichters mit Zwischenkühler.

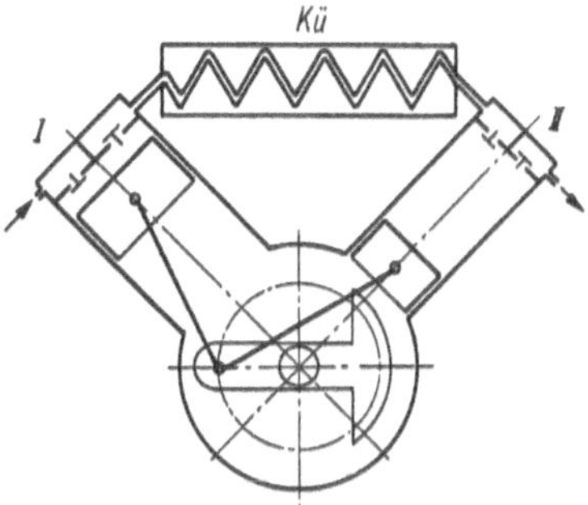

I erste Stufe
II zweite Stufe

Bild 3.36
Zweistufiger Kolbenverdichter mit Zwischenkühler *Kü* (Schema)

Die spezifische, technische Gasarbeit bei isentroper Verdichtung nach Tabelle 2.4 ist

$$w_{t,s} = p_1 \cdot v_1 \frac{\varkappa}{\varkappa - 1}\left[\left(\frac{p_2}{p_1}\right)^{\frac{\varkappa-1}{\varkappa}} - 1\right] = \frac{\varkappa}{\varkappa - 1} R \cdot T_1 \left[\left(\frac{p_2}{p_1}\right)^{\frac{\varkappa-1}{\varkappa}} - 1\right] \tag{3.44}$$

und bei isothermer Verdichtung

$$w_{t,i} = p_1 \cdot v_1 \cdot \ln\frac{p_2}{p_1} = R \cdot T_1 \cdot \ln\frac{p_2}{p_1} \tag{3.45}$$

3.4.1.2 Schädlicher Raum

Zwischen Kolben und Zylinderdeckel muss mit Rücksicht auf Werkstatt-Toleranzen, Wärmedehnungen und Lagerverschleiß ein Sicherheitsspiel s_0 von 0,5 bis 1 % des Hubes s sein. Außerdem bleiben in den Ventilen und Ventiltaschen Räume, die vom Kolben nicht ausgefüllt werden. Alle diese innerhalb der Abschlussorgane liegenden Räume bilden den **schädlichen Raum**, kurz Schadraum (Bilder 3.37; 3.38; 3.39).

$$V_s = V_3 = \varepsilon \cdot V_h = s_0 \cdot A$$

Je nach Bauart und Größe der Ventile kann für s_0, bezogen auf den Kolbenhub s, ein Wert von $\varepsilon = s_0/s = 0{,}05$ bis $0{,}10$ angenommen werden, der sog. Schadraumanteil. Höhere Kolbengeschwindigkeiten erfordern größere Ventile und dadurch größere schädliche Räume; d. h. $\varepsilon \approx 0{,}05$ für Langsamläufer und $\varepsilon \approx 0{,}10$ für Schnellläufer als Richtwerte.

So bleibt also beim Ausschieben des verdichteten Gases aus dem Zylinder nach dem Schließen des Druckventils immer ein Restvolumen Gas im Zylinderraum, dem Schadraum, zurück, das beim Kolbenrückgang expandiert und durch sein Vorhandensein das Nutzvolumen des Zylinders mindert. Der immer noch verlustlos arbeitende Verdichter hätte dann einen Druckverlauf im Zylinder, den Bild 3.37 darstellt.

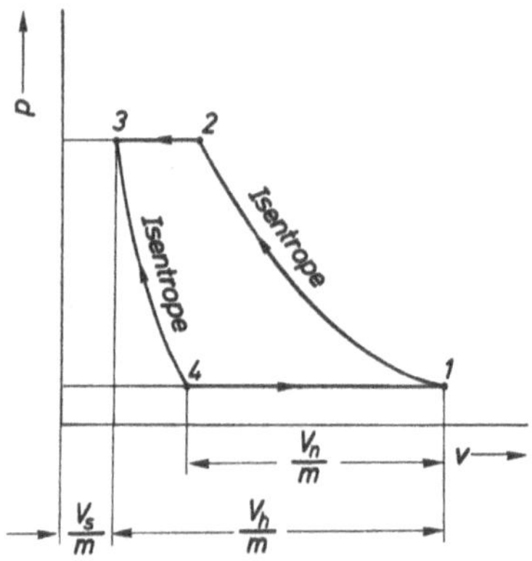

V_s schädlicher Raum
V_h Hubvolumen $A_K s$
V_n Nutzvolumen
Druckverhältnis: $\Pi = p_2/p_1$
$p_3 = p_2$
$p_4 = p_1$

Bild 3.37 Einstufige Verdichtung im verlustlosen Verdichter mit schädlichem Raum

Ein Maß für den Einfluss des schädlichen Raumes auf die angesaugte Gasmenge V_n ist der Füllungsgrad $\eta_f = V_n/V_h$.

$$\frac{V_n}{V_h} = \frac{V_h + V_s - m \cdot v_4}{V_h} = 1 + \frac{V_s}{V_h} - \frac{m \cdot v_4}{V_h}$$

$$\frac{v_4}{v_3} = \left(\frac{p_3}{p_4}\right)^{\frac{1}{\varkappa}} = \left(\frac{p_2}{p_1}\right)^{\frac{1}{\varkappa}} = \frac{V_4}{V_3} = \frac{V_4}{V_s} = \frac{m \cdot v_4}{V_s} = \frac{m \cdot v_4}{\frac{V_s}{V_h} V_h}$$

hieraus

$$\frac{m \cdot v_4}{V_h} = \frac{V_s}{V_h}\left(\frac{p_2}{p_1}\right)^{\frac{1}{\varkappa}}$$

damit

$$\frac{V_n}{V_h} = 1 - \frac{V_s}{V_h}\left[\left(\frac{p_2}{p_1}\right)^{\frac{1}{\varkappa}} - 1\right] = \eta_f$$

und damit

$$V_n = \eta_f \cdot V_h \tag{3.46}$$

Der Füllungsgrad ist, wie aus Formel 3.46 ersichtlich, vom Druckverhältnis des Verdichters abhängig. Bild 3.38 zeigt, wie mit wachsendem Druckverhältnis der Füllungsgrad immer schlechter wird. Für jeden Verdichter gibt es somit ein Druckverhältnis – in Bild 3.38 ist das p_6/p_1 – für welches die Kompressions- und die Expansionslinien zusammenfallen, d. h. $V_n = 0$ wird und damit keine Förderung mehr stattfindet.

Für $V_n = 0$ ist

$$\eta_f = 0 = 1 - \frac{V_s}{V_h}\left[\left(\frac{p_2}{p_1}\right)^{\frac{1}{\varkappa}} - 1\right] = 1 - \varepsilon\left(\Pi^{1/\varkappa} - 1\right)$$

das Druckverhältnis ohne Förderung (Index 0) ist also

$$\left(\frac{p_2}{p_1}\right)_0 = \left(\frac{V_h}{V_s} + 1\right)^{\varkappa} = \left(\frac{1}{\varepsilon} + 1\right)^{\varkappa} \tag{3.47}$$

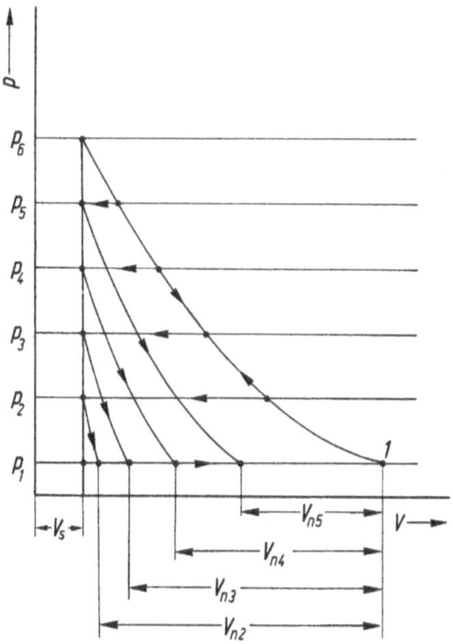

Bild 3.38
Abhängigkeit des Nutzvolumens vom schädlichen Raum und vom Gegendruck

Die spezifische, technische Arbeit des Gases eines verlustlosen Verdichters mit schädlichem Raum V_s (Bild 3.37) ist, wobei hier w (nicht Y), da thermische Maschine

$$w_t = w_{t,12} - w_{t,34}$$

$$= p_1 \cdot v_1 \frac{\varkappa}{\varkappa - 1}\left[\left(\frac{p_2}{p_1}\right)^{\frac{\varkappa-1}{\varkappa}} - 1\right] - p_4 \cdot v_4 \frac{\varkappa}{\varkappa - 1}\left[\left(\frac{p_3}{p_4}\right)^{\frac{\varkappa-1}{\varkappa}} - 1\right]$$

mit $p_4 = p_1$, $p_3 = p_2$ und $v_1 - v_4 = V_n/m$ wird

$$w_t = p_1 \frac{V_n}{m} \frac{\varkappa}{\varkappa - 1}\left[\left(\frac{p_2}{p_1}\right)^{\frac{\varkappa-1}{\varkappa}} - 1\right]$$

Nach der allgemeinen Gasgleichung ist $p_1 \cdot V_1 = m_1 \cdot R \cdot T_1$
und $p_4 \cdot V_4 = m_4 \cdot R \cdot T_4$

Zwischen *4* und *1* findet beim verlustlosen Verdichter nur ein Ansaugen, aber keine Wärmezufuhr statt, d. h. $T_4 = T_1$. Da $p_4 = p_1$ ist, muss also sein

$$p_1 (V_1 - V_4) = (m_1 - m_4) \cdot R \cdot T$$

$$p_1 \cdot V_n = m \cdot R \cdot T_1$$

da

$$(V_1 - V_4) = V_n$$
$$(m_1 - m_4) = m$$

damit

$$w_t = R \cdot T_1 \frac{\varkappa}{\varkappa - 1}\left[\left(\frac{p_2}{p_1}\right)^{\frac{\varkappa-1}{\varkappa}} - 1\right] = w_{t,s} \tag{3.48}$$

d. h., die spezifische, technische Gasarbeit des verlustlosen Verdichters ist mit und ohne schädlichen Raum gleichgroß. Die technische Gesamtarbeit $W_t = m \cdot w_t$ ist jedoch, da $m = m_1 - m_4 = V_n/v_4$ mit $v_4 = R \cdot T_4/p_4$ (Bild 3.37), wegen dem infolge Schadraum zurückgehenden Ansaugvolumen V_n entsprechend geringer. Bei dieser Feststellung darf nicht übersehen werden, dass der Druckverlauf im Zylinder des Verdichters, wie er im p,V-Diagramm dargestellt wird, kein thermodynamischer Kreisprozess ist. Man kann ihn allenfalls als offenen Prozess bezeichnen; wegen Gaswechsel (Ansaugen; Ausschieben).

3.4.1.3 Wirkliche Verdichtung

Der wirkliche Verdichter arbeitet mit Drosselverlusten in den Ventilen und volumetrischen Verlusten infolge der Erwärmung des Gases beim Ansaugen. Verdichtung und Ausdehnung erfolgen nicht isentrop, sondern polytrop, jedoch kann bei den schnell aufeinanderfolgenden Vorgängen kaum Wärme abgeführt werden, weil die Wärmeübertragungsflächen zu klein und die Wärmeleitzahlen der Gase zu schlecht sind. Man kann daher Kompression und Expansion deshalb meist näherungsweise als isentrope Zustandsänderungen ansehen. Selbst bei Kolbenverdichtern mit Gehäusekühlung wird der Polytropenexponent n kaum wesentlich vom Isentropenexponenten $\varkappa$ abweichen.

Erst bei Verdichtung auf hohe Drücke, bei der hohe Verdichtungstemperaturen auftreten, kann infolge der großen Temperaturdifferenzen zwischen Gas und gekühlter Gehäusewand eine Gehäusekühlung das Ansteigen der Gastemperatur bremsen. Hohe Gastemperaturen bedeuten Gefahr, weil das zur Schmierung des Kolbens im Zylinder benötigte Öl verdampft und die Öldämpfe mit dem Sauerstoffanteil des verdichteten Gases ein explosibles Gemisch bilden, dessen Selbstentzündungstemperatur bis auf ≈ 150 °C herabgehen kann. Es ist daher erforderlich, nur gutes Kompressoröl mit hohem Flammpunkt und hoher chemischer Beständigkeit (kein Verkoken) zu verwenden und das im Druckbehälter abgeschiedene Öl von Zeit zu Zeit zu wechseln.

3.4.1.4 Volumetrischer Wirkungsgrad

Den Druckverlauf eines wirklichen, einstufigen Kolbenverdichters während eines normalen Arbeitsspiels (Hin- und Rückgang des Kolbens) zeigt Bild 3.39. Infolge der Druckverluste in der Zuleitung und im Saugventil liegt die Ansauglinie um Δp_s unter dem Druck p_1 des Saugraumes, z. B. der freien Atmosphäre (i. Allg. 2 bis 5 % von p_1), und entsprechend die Ausschublinie um Δp_D über dem Druck p_2 im Druckstutzen. Zu Beginn der Ventilöffnung ist jeweils Δp, also Δp_S sowie Δp_D am größten, da die Masse des zugehörigen Ventils beschleunigt werden muss.

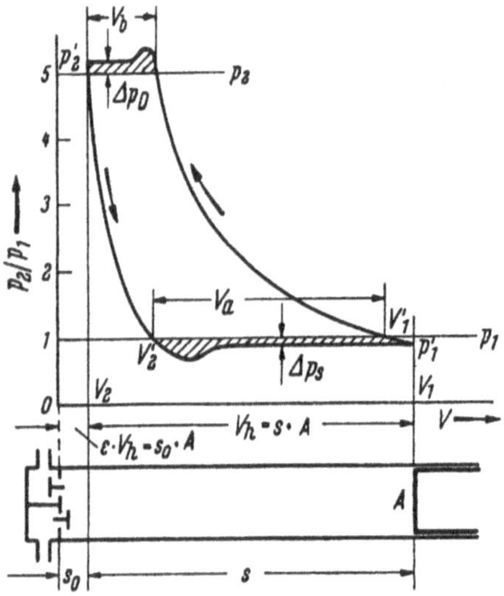

A Kolbenfläche
s Kolbenhub
V_h Hubvolumen
$\varepsilon \cdot V_h$ Schädlicher Raum, kurz Schadraum
V_a Ansaugvolumen
V_b Fordervolumen
$p_1;t_1$ Ansaugzustand (meist Atmosphäre)

Bild 3.39
Indizierter Druckverlauf im Kolbenverdichter

Beim Saughub des Kolbens expandiert zunächst das im schädlichen Raum zurückgebliebene Restgas von p_2' bis p_1, wobei sein Volumen von V_2 bis V_2' zunimmt. Erst danach beginnt wirklich das Ansaugen. Der Kompressionshub beginnt mit $p_2' < p_1$ und erreicht erst beim Volumen V_1' den Druck p_1 des Saugraumes. Das auf den Zustand des Saugraumes bezogene Ansaugvolumen V_a ist also $V_1' - V_2' < V_1 - V_2$. Ansaugvolumen V_a < Hubvolumen V_h. Das Verhältnis

$$\frac{V_a}{V_h} = \eta_v = \frac{V_1' - V_2'}{V_1 - V_2} = \frac{V_1' - V_2'}{V_h}$$

nennt man den **volumetrischen Wirkungsgrad** η_v. Seine Berechnung besteht in der Ermittlung von $V_2' - V_2$ und $V_1 - V_1'$ sowie hieraus V_2' und V_1'.

Für isentrope Expansion, d. h. Expansion im (nahezu) wärmedichten Raum ist

$$V_2' = V_2 \left(\frac{p_2}{p_1} \right)^{1/\varkappa}$$

und mit Verdichtungs-(Volumen-)Verhältnis $\varepsilon = V_2/V_h$ sowie Druckverhältnis $\Pi = p_2/p_1$

$$V_2' - V_2 = V_2 \left[\left(\frac{p_2}{p_1} \right)^{1/\varkappa} - 1 \right] = \varepsilon \cdot V_h \left(\Pi^{1/\varkappa} - 1 \right) \qquad (3.49)$$

Für isentrope (adiabate) Kompression, d. h. ohne Kühlung, ist

$$V_1' = V_1 \left(\frac{p_1'}{p_1} \right)^{1/\varkappa} \quad \text{und} \quad V_1 - V_1' = V_1 \left[1 - \left(\frac{p_1'}{p_1} \right)^{1/\varkappa} \right] = (\varepsilon + 1) V_h \left[1 - \left(\frac{p_1'}{p_1} \right)^{1/\varkappa} \right] \qquad (3.50)$$

Mit V_1' aus Formel 3.50 sowie V_2' aus Formel 3.49 und $V_h = V_1 - V_2$ folgt:

$$\eta_v = \frac{V_a}{V_h} = 1 - \varepsilon\left[\left(\frac{p_2}{p_1}\right)^{1/\varkappa} - 1\right] - (\varepsilon + 1)\left[1 - \left(\frac{p_1'}{p_1}\right)^{1/\varkappa}\right] \tag{3.51}$$

Der volumetrische Wirkungsgrad kann also auf zweierlei Weise bestimmt werden:

1. durch Messung aus dem **Indikatordiagramm** (Bild 3.39) oder - wenn kein Indikator (schreibendes Manometer) verfügbar ist -
2. durch Rechnung aus Formel 3.51.

Der zweite Subtrahend ist erfahrungsgemäß von geringerem Einfluss und keinen großen Änderungen unterworfen. Es genügt praktisch, ihn gleich konst. und in guter Näherung insgesamt etwa 0,05 zu setzen. Damit wird Formel 3.51 zu

$$\eta_v = V_a / V_h \approx 0{,}95 - \varepsilon\left(\Pi^{1/\varkappa} - 1\right) \tag{3.52}$$

Mengendurchsatz m je Kurbel-Umdrehung (Kreisprozess)

$$m = V_a / v_1 \quad \text{mit} \quad v_1 = RT_1 / p_1 \qquad \text{(3.52a}$$

3.4.1.5 Indizierter Wirkungsgrad; indizierte Leistung

In Bild 3.39 stellt die vom Schreibsignal des Indikators umfahrene Fläche des Diagramms die während einer Kurbelumdrehung vom Kolben an das Gas abgegebene **indizierte** Arbeit W_i dar. Sie ist um die schraffiert gezeichneten Ventilverluste größer als die isentrope (Index is) Verdichtungsarbeit W_{is} (Fläche zwischen p_1 und p_2) Das Verhältnis

$$W_{is} / W_i = \eta_i \tag{3.53}$$

nennt man den **indizierten Wirkungsgrad** (Index i).

Ist kein Indikator verfügbar, kann η_i näherungsweise auch berechnet werden, und zwar wie folgt:

Die früher auch als adiabate bezeichnete isentrope Arbeit W_{is} ist gleich der Differenz aus Verdichtungs- und Expansionsarbeit mit $V_a = V_1' - V_2'$ (Bild 3.39):

$$W_{is} = \frac{\varkappa}{\varkappa - 1} p_1 \cdot V_a \left[\left(\frac{p_2}{p_1}\right)^{\frac{\varkappa - 1}{\varkappa}} - 1\right] \tag{3.54}$$

Die Ventilverlustarbeit ist näherungsweise gemäß Erfahrung

$$W_v = 1{,}2 \cdot \left(V_a \cdot \Delta p_s + V_b \cdot \Delta p_d\right),$$

darin ist $V_b = \dfrac{V_a}{\left(p_2 / p_1\right)^{1/\varkappa}}$ und $\Delta p_s \approx \Delta p_d \approx \Delta p$

$$W_v = 1{,}2 \cdot V_a \cdot \Delta p \left[1 + \left(\frac{p_1}{p_2}\right)^{1/\varkappa}\right] \tag{3.55}$$

$$\begin{aligned} \eta_i &= \frac{W_{is}}{W_i} = \frac{W_{is}}{W_{is} + W_v} = \frac{1}{1 + W_v / W_{is}} \\ &= \frac{1}{1 + 1{,}2 \dfrac{\varkappa - 1}{\varkappa} \cdot \dfrac{\Delta p}{p_1} \cdot \dfrac{1 + (p_1/p_2)^{1/\varkappa}}{\left(\dfrac{p_2}{p_1}\right)^{\frac{\varkappa-1}{\varkappa}} - 1}} \end{aligned} \tag{3.56}$$

Die indizierte Arbeit je Arbeitsspiel ist

$$W_i = \frac{W_{is}}{\eta_i}$$

mit W_{is} nach Formel 3.54 und $V_a = \eta_v \cdot V_h$, wobei Volumenwirkungsgraf η_v (Füllungsgrad) durch Spaltverluste (Kolbenringe) bedingt.

Richtwerte $\eta_v = 0{,}85 - 0{,}95$

$$W_i = \frac{\varkappa}{\varkappa - 1} p_1 \cdot V_h \frac{\eta_v}{\eta_i} \left[\left(\frac{p_2}{p_1}\right)^{\frac{\varkappa-1}{\varkappa}} - 1\right] \tag{3.57}$$

Damit folgt die indizierte Leistung $P_1 = W_i\, n$ mit Drehzahl n (Hübe je Zeiteinheit)

$$P_i = n \frac{\varkappa}{\varkappa - 1} p_1 V_h \frac{\eta_v}{\eta_i} \left[\left(\frac{p_2}{p_1}\right)^{\frac{\varkappa-1}{\varkappa}} - 1\right] \tag{3.58}$$

3.4.1.6 Mechanischer Wirkungsgrad; Antriebsleistung

Die indizierte Arbeit W_1 wird vom Kolben an das Fördermittel, z. B. Luft, abgegeben. Die vom Antriebsmotor dem Kompressor zugeführte sogenannte effektive Antriebsarbeit W_e ist um die Reibungsarbeit von Kolben, Stopfbüchsen, Lagern, Ölpumpe usw. größer. Das Verhältnis

$$\frac{W_i}{W_e} = \eta_m = \frac{P_i}{P_e} \tag{3.59}$$

ist der **mechanische oder effektive Wirkungsgrad**. Je nach Ausführung der Maschine liegt er als guter Richtwert meist zwischen 0,85 und 0,95; *im Mittel* 0,93. Die Antriebsleistung oder effektive Leistung an der Kupplung des Kompressors ist demnach

$$P_e = P_i / \eta_m$$

Mit Formel 3.58 wird also

$$P_e = n \frac{\varkappa}{\varkappa - 1} p_1 V_h \frac{\eta_v}{\eta_i \cdot \eta_m} \left[\left(\frac{p_2}{p_1} \right)^{\frac{\varkappa - 1}{\varkappa}} - 1 \right] \tag{3.60}$$

3.4.1.7 Mehrstufige Kolbenverdichter

Um die Leistung gleichmäßig auf alle i Stufen zu verteilen, müssen die Druckverhältnisse gleich groß sein mit p_{n-1} Saugdruck der n-ten Stufe und p_n dessen Förderdruck (Maschinenförderdruck), wobei Maschinenansaugdruck p_1 meist Atmosphärendruck p_b der Umgebung, also $p_1 = p_b$.

$$\frac{p_2}{p_1} = \frac{p_3}{p_2} = \frac{p_4}{p_3} = \ldots \frac{p_n}{p_{n-1}} \ldots = \frac{p_i}{p_{i-1}}$$

Allgemein ist für i gleiche Stufen das Stufendruckverhältnis Π_{St}

$$\Pi_{St} = \sqrt{p_n / p_{n-1}} = \sqrt{p_i / p_{i-1}} = \sqrt[i]{p_i / p_1} = \sqrt[i]{\Pi_{ges}} \tag{3.61}$$

Anhalt: Stufenzahl i für Maschinen- oder Gesamtdruckverhältnis (p_1 Saugdruck der ersten Stufe, p_i und Förderdruck der letzten Stufe, also von Stufe i)

$\Pi_{ges} = p_i / p_1$	=	10	100	1000
i	=	2	3…4	5

Bild 3.40 zeigt verschiedene Anordnungen für mehrstufige Kolbenverdichter mit Zwischenkühlung. Große vier- und fünfstufige Höchstdruckverdichter werden meistens liegend und mit Stufenkolben gebaut, kleinere und mittlere Verdichter überwiegend stehend mit mehreren Kurbeln. Bei höheren Drehzahlen sind für die Wahl der Kurbelanordnung die Gesichtspunkte des Massenausgleichs mitbestimmend. Dies gilt insbesondere für transportable Kleinverdichter (z.B. für Baustellen), die häufig mit der Antriebsmaschine (Verbrennungs- oder Elektromotor) direkt gekuppelt auf fahrbarem Untersatz montiert werden.

Die rd. zehnmal so großen Kolbengeschwindigkeiten, verglichen mit Wasserpumpen, bedeuten hundertfache Trägheitskräfte; dies auch für die Ventilteller, deren Masse vom Gasdruck in Richtung Öffnung und von der Ventilfeder in Richtung Schließung beschleunigt werden muss. Der Gasdruck hat also die Trägheitskraft $F_b = m_v \cdot a$ und die Federkraft F_f des Ventils zu überwinden. Die Gaskraft ist $F = A_v \cdot \Delta p$ = Ventilquerschnitt mal Druckdifferenz. Wenn Δp, ganz besonders beim Saugventil von Niederdruckverdichtern, klein sein soll, um Energie- und Füllungsverluste zu vermeiden, so müssen die bewegte Masse des Ventils und der Ventilhub klein sein.

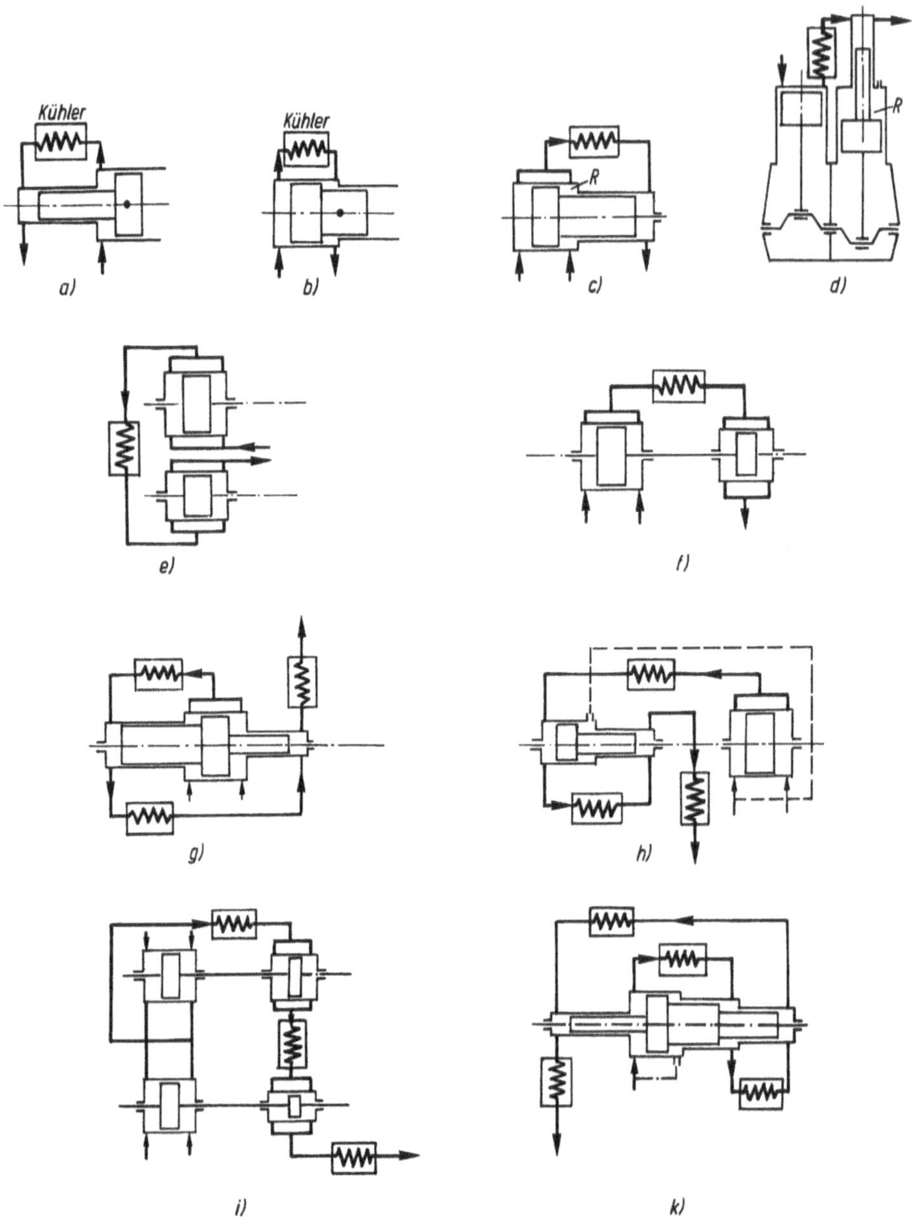

Bild 3.40 Anordnungen von mehrstufigen Kolbenverdichtern: a) bis d) Anordnungen zweistufiger Verdichter mit Zwischenkühlung kleiner und mittlerer Leistung, e) und f) zweistufige Verdichter großer Förderleistung, g) bis i) dreistufige Verdichter, k) vierstufiger Verdichter

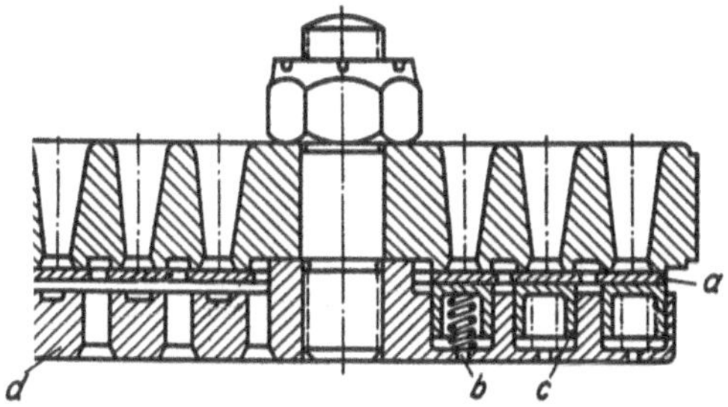

a drei Ringplatten
b Ventilfedern
c Führungsnäpfe
d Hubfänger

Bild 3.41
Kompressorventil (Längsschnitt) *(BORSIG)*

Bild 3.41 zeigt ein typisches Kompressorventil: Die Ventilplatte besteht aus mehreren konzentrischen Einzelringen *a* von dünnem, meist austenitischem Stahlblech, die durch einige schmale Rippen am Hubfänger *d* geführt sind. Die Belastungsfedern *b* sind in zylindrischen Aussparungen des Hubfängers untergebracht und drücken mittels kleiner Näpfe *c* auf die Ventilplatten. Der Ventilhub ist sehr klein, etwa gleich halber Ringschlitzweite, und beträgt auch bei größeren Verdichtern nur wenige Millimeter. Die Ringschlitze sind nach strömungstechnischen Gesichtspunkten gestaltet.

3.4.1.8 Regelung

Da die Druckluftentnahme seitens des Verbrauchers i.Allg. nicht mit der Druckluftlieferung des Kompressors übereinstimmt, wird ein Windkessel (Druckluftbehälter) als Aufnahmespeicher zwischengeschaltet. Ist die Entnahme geringer als die Anlieferung, so steigt der Druck im Kessel. Der steigende Druck kann dazu benutzt werden, über einen Steuerkolben oder eine Membrane folgende Eingriffe a) oder b) am Kompressor oder bei Zusatzeinrichtung c) vorzunehmen, um die Lieferungen herabzusetzen:

a) *Stillsetzen bzw.* Ausschalten des Motors (Bild 3.42).

   Mehr als höchstens 6- bis 8-maliges Stillsetzen stündlich (Temperaturschwankung, Schmierung) ist nicht empfehlenswert, daher sind hierfür große Windkessel erforderlich.

b) *Leerlaufregelung* des Kompressors, entweder durch Verschluss der Saugleitung oder durch künstliches Offenhalten der Saugventile. Die Betriebslinie im p,V-Diagramm ist im Bild 3.43 für beide Fälle dargestellt.

c) *Stufenregelung durch Zuschalträume* (Bild 3.44).

   Hierbei wird der Füllungsgrad durch Vergrößerung des schädlichen Raumes verändert.

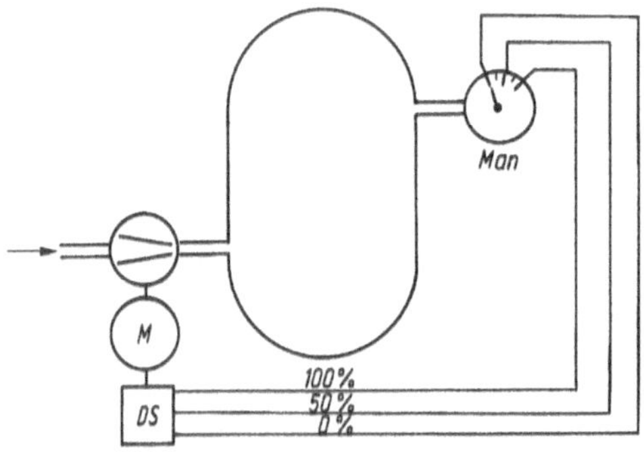

Man Druckgeber (Manometer)
DS Druckschalter
M Antriebsmotor

Bild 3.42
Stillsetz- und Stufenschaltung

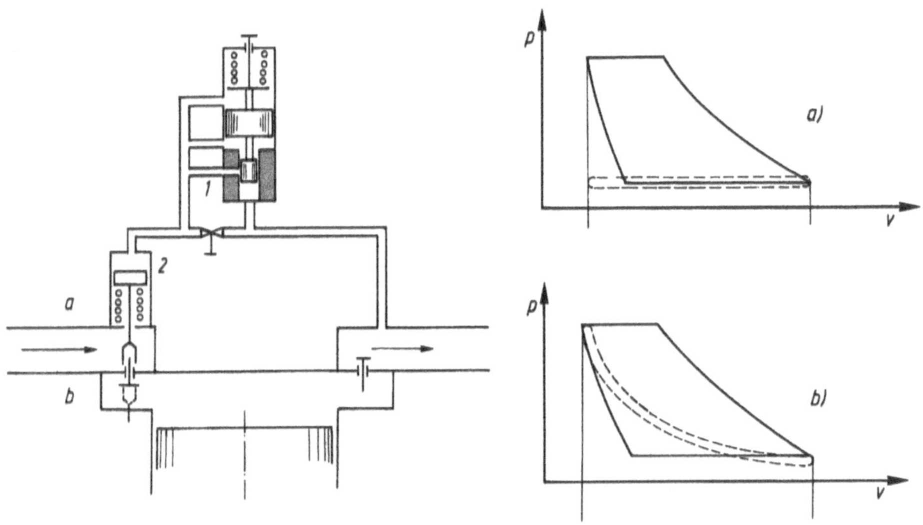

1 Gegendruckregler, automatisch
2 Stellglied, je nach Anordnung offenhaltend oder verschließend

Bild 3.43 Leerlaufregelung: a) durch Offenhalten der Saugventile, b) durch Verschluss der Saugleitung

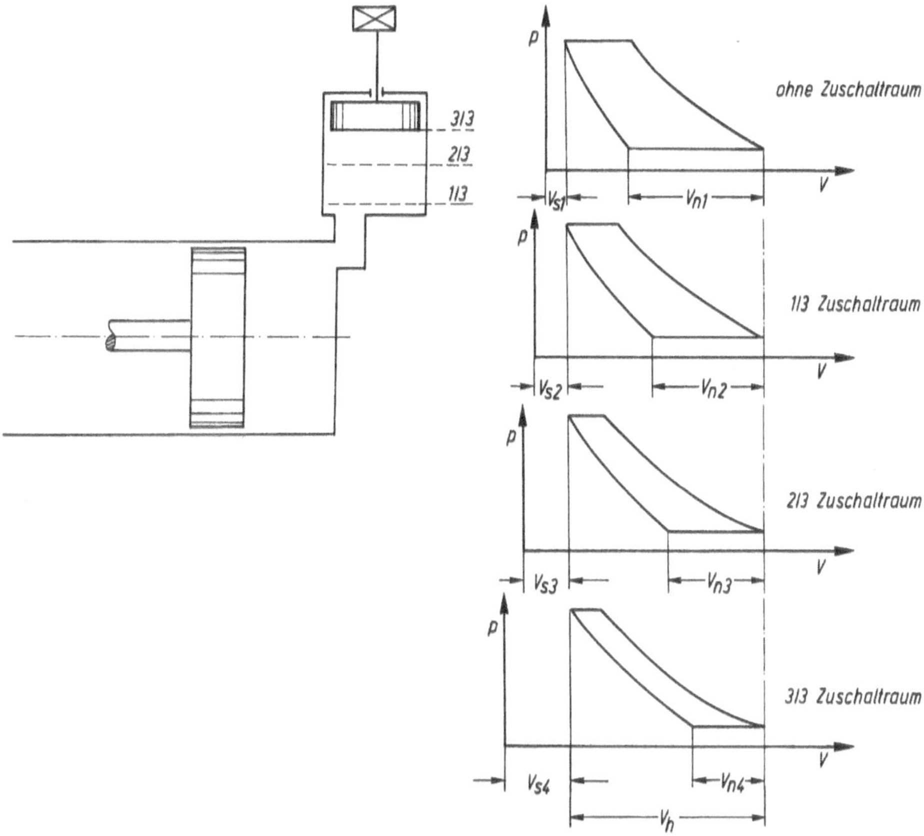

Bild 3.44 Förderregelung durch Zuschaltraum

3.4.2 Rotationsverdichter

Rotationsverdichter sind eine sinnvolle Ergänzung der Verdichterbauarten in Richtung auf die Kreiselmaschine. Sie vereinen die Vorteile der Hubkolbenverdichter mit denen der Kreiselverdichter im Bereich kleiner und mittlerer Förderströme, wo bei den Strömungsmaschinen die Kanalquerschnitte in den Lauf- und Leiträdern sowie im Gehäuse infolge des kleinen Durchsatzes stark abnehmen und damit die prozentual gestiegenen Einflüsse der Wandreibung, Spaltverluste, Ablösung usw. hier den Energieumsatz unwirtschaftlicher machen.

3.4.2.1 Roots-Gebläse

Für geringe Druckverhältnisse, z.B. $p_2/p_1 \leq 1{,}5$, wird oft das **Roots-Gebläse** (Bild 3.45) verwendet, das im Prinzip eine Zahnradpumpe mit zwei Zahnrädern von je zwei Zähnen darstellt. Die beiden Lemniskaten der Rotorkonturen dürfen weder sich noch das Gehäuse streifen, sollen aber mit sehr geringem Spiel laufen. Sie müssen auch durch außen angeordnete Zahnräder geführt werden. Für ein Druckverhältnis p_2/p_1 = 2 meist gebaut zweiwellige Roots-Gebläse.

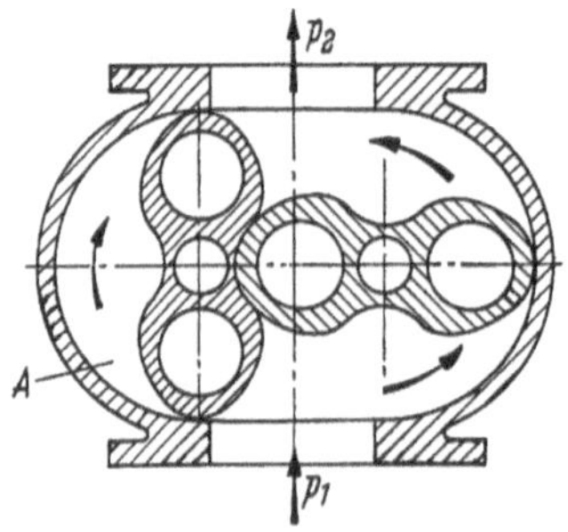

Bild 3.45 Roots-Gebläse

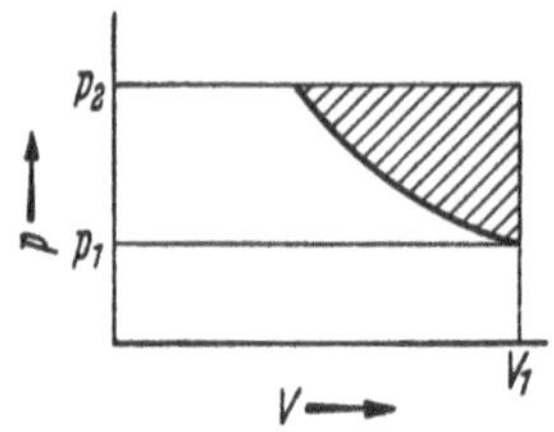

Bild 3.46 Verdrängung und Verdichtung im *p, V*-Diagramm

Die Förderung erfolgt wie bei Zahnradpumpen außen herum. Je Umdrehung wird viermal das Volumen $A \cdot$ Rotorlänge l gefördert, aber nicht verdichtet, sondern mit dem Druck p_1 in den Druckraum gefördert, wo zunächst die Druckgassäule in den Raum $A \cdot l$ zurückfällt, um dann erst wieder ausgeschoben zu werden. Infolge der Unveränderlichkeit von A handelt es sich also nicht um einen **Verdichter** im eigentlichen Sinne, sondern um einen besonderen **Verdränger**.

Die Arbeit des Verdrängers je **Hub** ist V_1 $(p_2 - p_1)$, also um das in Bild 3.46 schraffierte Flächenstück größer als die Arbeit eines Verdichters. Da diese Verlustarbeit in Wärme umgewandelt wird und mit dem Druckverhältnis schnell anwächst, sind solche Verdränger für Druckverhältnisse $p_2/p_2 > 2$ nicht geeignet. Sie würden sich wegen zu großer Druckverluste bereits auch mechanisch dafür nicht eignen.

Andererseits sind Roots-Gebläse infolge ihres ölfreien Arbeitens unempfindlich gegen staubige Luft und werden z. B. in Gießereien zum Blasen bei Schmelzöfen verwendet.

Theoretisches Fördervolumen einer Umdrehung = Hubvolumen

$$V_{\mathrm{h}} = 2 \cdot l \cdot \left(\pi \cdot R^2 - A_{\mathrm{K}}\right) \tag{3.62}$$

l Kolbenlänge, A_{K} Kolbenquerschnitt, R innerer Krümmungshalbmesser des Gehäuses

Indizierte Leistung (für kleine $\Delta p = p_2 - p_1$ bei $p_2/p_1 <$ ca. $1{,}2 \rightarrow \varrho \approx$ konst, ist mit $w_{\mathrm{t}} \approx m \cdot \Delta p$ und $V_{\mathrm{h}} = v_1 \cdot m$)

$$P_{\mathrm{i}} = \frac{\dot{V}_{\mathrm{a}} \cdot w_{\mathrm{t}}}{v_1 \cdot \eta_{\mathrm{i}}} = \frac{\dot{V}_{\mathrm{a}} \cdot V_{\mathrm{h}} \cdot (p_2 - p_1)}{v_1 \cdot m \cdot \eta_{\mathrm{i}}} = \frac{\dot{V}_{\mathrm{a}} \cdot (p_2 - p_1)}{\eta_{\mathrm{i}}} \tag{3.63}$$

Indizierte Leistung (für größere Δp, d.h. bei $p_2/p_1 \gtrapprox 1{,}2 \rightarrow \varrho \neq \text{konst}$), mit Formel 3.48 und 2.67

$$P_\mathrm{i} = \frac{\dot{V}_\mathrm{a} \cdot p_1 \cdot v_1 \frac{\varkappa}{\varkappa - 1}\left[\left(\frac{p_2}{p_1}\right)^{\frac{\varkappa-1}{\varkappa}} - 1\right]}{v_1 \cdot \eta_\mathrm{i}} = \frac{\dot{V}_\mathrm{a}}{\eta_\mathrm{i}} p_1 \frac{\varkappa}{\varkappa - 1}\left[\left(\frac{p_2}{p_1}\right)^{\frac{\varkappa-1}{\varkappa}} - 1\right] \tag{3.64}$$

$\dot{V}_\mathrm{a}$ Ansaugvolumenstrom ≈ Förderstrom $\dot{V} = V_\mathrm{h} \cdot n \cdot \lambda$, v_1 spezifisches Volumen im Ansaugstutzen, m pro Hub angesaugte Luftmasse

Anhaltswerte:

Liefergrad	λ	= 0,7 - 0,88
innerer Wirkungsgrad	η_i	= 0,5 - 0,7
Abmessungen	l/R	= 1,0 - 3,6
	$A_\mathrm{K}/(\pi \cdot R^2)$	= 0,4 - 0,7

Neben dem Förderstrom und der Leistung interessiert häufig auch die durch die Verdichtung auftretende Temperaturerhöhung Δt. Die theoretische Temperaturerhöhung lässt sich aus dem Energiesatz berechnen

$$\dot{E}_\mathrm{zu} = \dot{E}_\mathrm{ab}$$

$$\dot{E}_\mathrm{zu} = n \cdot W_\mathrm{t} = \dot{V}(p_2 - p_1) \quad \text{für} \quad p_2/p_1 < 1{,}2$$

bzw.

$$\dot{E}_\mathrm{zu} = \dot{V} \cdot p_1 \frac{\varkappa}{\varkappa - 1}\left[\left(\frac{p_2}{p_1}\right)^{\frac{\varkappa-1}{\varkappa}} - 1\right] \quad \text{für} \quad p_2/p_1 > 1{,}2$$

$$\dot{E}_\mathrm{ab} \approx \dot{Q}_\mathrm{ab} = \dot{V}_\mathrm{a} \cdot \varrho_1 \cdot c_\mathrm{p} \cdot \Delta t \quad \text{und} \quad V_\mathrm{a} \approx \lambda \cdot V$$

daraus, da $\Delta t = \Delta T$ mit sogenannter Statthalter-Dimension grad

$$\Delta t = \frac{p_2 - p_1}{\varrho_1 \cdot c_\mathrm{p} \cdot \lambda} \quad \text{bzw.} \quad \Delta t = \frac{p_1 \cdot v_1}{c_\mathrm{p} \cdot \lambda} \cdot \frac{\varkappa}{\varkappa - 1}\left[\left(\frac{p_2}{p_1}\right)^{\frac{\varkappa-1}{\varkappa}} - 1\right] \tag{3.65}$$

Die wirklich auftretende Temperaturerhöhung wird noch von den Wärmemengen beeinflusst, die vom Gebläse infolge Konvektion und Strahlung an die Umgebung abgegeben werden. Ebenfalls sind die inneren Verluste der Maschine zu berücksichtigen. Bei Überdruckgebläsen weicht die wirkliche Temperaturerhöhung von der theoretischen kaum ab. Bei Vakuumgebläsen können bei großen Druckdifferenzen die wirklichen Temperaturerhöhungen größer sein als die theoretisch errechneten, weil der Wärmeübergang auf der Innenseite des Gehäuses kleiner wird als auf der Außenseite. Die Außenwände des Gehäuses bleiben relativ kühl, nur die Innenteile, besonders die Kolben, heizen sich allmählich auf, sodass man dort für zusätzliche Wärmeabfuhr sorgen muss.

Mit

$$\varrho_1 = \frac{1}{v_1} = \frac{p_1}{R \cdot T_1}$$

$$c_{\mathrm{p}} = \frac{\varkappa}{\varkappa - 1} \cdot R$$

aus

$$R = c_p - c_v$$

$$\frac{c_p}{c_v} = \varkappa$$

wird Formel 3.65

$$\begin{aligned} \Delta t = \Delta T &= \frac{R \cdot T_1 (p_2 - p_1)}{p_1 \cdot c_{\mathrm{p}} \cdot \lambda} = \frac{T_1 (c_p - c_v)(p_2 - p_1)}{p_1 \cdot c_p \cdot \lambda} \\ &= \frac{T_1}{\lambda} \cdot \frac{\varkappa - 1}{\varkappa} \left(\frac{p_2}{p_1} - 1 \right) \quad \text{für} \quad p_2/p_1 < 1{,}2 \end{aligned} \tag{3.66}$$

bzw.

$$\Delta t = \Delta T = \frac{T_1}{\lambda} \left[\left(\frac{p_2}{p_1} \right)^{\frac{\varkappa}{\varkappa - 1}} - 1 \right] \quad \text{für} \quad p_2/p_1 \geq 1{,}2 \tag{3.67}$$

3.4.2.2 Drehkolbenverdichter

Im Gegensatz zum Verdränger sind Exzenter-Anordnungen nach Bild 3.47 richtige Verdichter, denn während der Förderung von Saugseite bis Druckseite wird der Förderraum stetig verkleinert. Allerdings ist das Volumenverhältnis V_s/V_d unveränderlich und passt sich nicht wie bei Kolbenverdichtern variablen Gegendrücken an.

Die Messerplatten werden durch Fliehkraft nach außen gedrückt und liegen an zwei mitdrehenden, im Zylinder eingelassenen Führungsringen an.

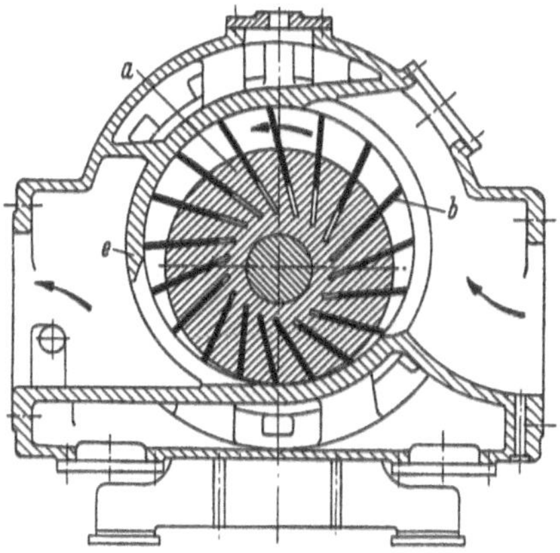

a exzentrischer Rotor
b Messerschaufeln (-platten)
e Gehäuse (Zylinder)

Bild 3.47
Drehkolbenverdichter *(DEMAG)*

Bis zu einer bestimmten Größenordnung können die Messerschaufeln (Rotorschieber) aus Kunststoff oder Grafit hergestellt werden. Auf Laufringe im Gehäuse kann man dann verzichten. Die Gehäusebohrung wird gehont.

Exzenter-Verdichter eignen sich für Druckverhältnisse bis 3 oder 4; sie können auch als Vakuumpumpen Verwendung finden, sind aber empfindlich gegen Staub und verlangen meist reichliche Schmierung.

Theoretisches Fördervolumen einer Umdrehung = Hubvolumen

$$V_h = 2 \cdot e \cdot l \cdot (\pi \cdot D - z \cdot s) \tag{3.68}$$

e Exzentrizität = Mittelpunktabstand von Rotor und Zylinder, *l* Länge des Drehkolbens, *D* Zylinder-Innendurchmesser, *z* Zahl der Schieber, *s* Wandstärke der Schieber

Förderstrom

$$\dot{V} = V_h \cdot n \cdot \lambda$$

Die theoretische, spezifische Gasarbeit bei isentroper, polytroper oder isothermer Verdichtung und die darauf bezogenen Leistungen werden genau wie bei Hubkolbenverdichtung ermittelt. Die indizierte Leistung muss jedoch rechnerisch unter Berücksichtigung der inneren Verluste bestimmt werden, weil es nicht möglich ist, ein Indikatordiagramm während des Betriebes aufzunehmen.

$$P_i = \frac{\dot{V}_a \cdot w_p}{v_1 \cdot \eta_i} \tag{3.69}$$

$\dot{V}_a$ Ansaugstrom ≈ Förderstrom, w_p polytrope, spezifische Gasarbeit, v_1 spezifisches Volumen im Ansaugstutzen

Anhaltswerte:

Liefergrad λ	0,8 - 0,88
innerer Wirkungsgrad η_i	0,6 - 0,7

3.4.2.3 Flüssigkeitsringpumpen als Verdichter

Sog. Elmo-Pumpen (Bild 3.48) können als Vakuumpumpen oder als Kompressoren eingesetzt werden. Sie arbeiten nach dem Flüssigkeitsringprinzip (in dem teilweise mit Flüssigkeit gefüllten Gehäuse bildet sich durch die Schleuderwirkung des rotierenden Läufers ein Flüssigkeitsring, der sich der Gehäusewand anschmiegt) und haben im Gegensatz zu anderen Veränderungsverdichtern nur ein bewegtes Teil, das Laufrad. Dieses rotiert ohne metallische Berührung im Verdichtergehäuse, sodass keine Ölschmierung erforderlich ist. Elmo-Pumpen eignen sich wegen ihrer Arbeitsweise und ihres betriebssicheren und einfachen Aufbaus besonders zum Verdichten oder Absaugen chemisch aggressiver, feuchter oder explosiver Gase. Das Arbeitsprinzip dieser Pumpen beruht auf einem exzentrisch zu einem Rotationsflügelrad entstehenden Flüssigkeitsring, der mit den Flügeln des Rades Kammern bildet, durch die das Gas angesaugt und verdichtet wird. Durch die Verwendung von Wasser als Betriebsflüssigkeit für den Ring wird das Gas gleichzeitig gekühlt, wodurch hier eine fast isotherme Verdichtung möglich ist. Statt Wasser kann jedoch bei besonderen Verfahren auch eine andere Betriebsflüssigkeit, z. B. Thermoöl, verwendet werden. Da im Verdichtungsraum keine festen Teile aufeinander gleiten, ist eine Funkenbildung und damit Explosionsgefahr praktisch ausgeschlossen.

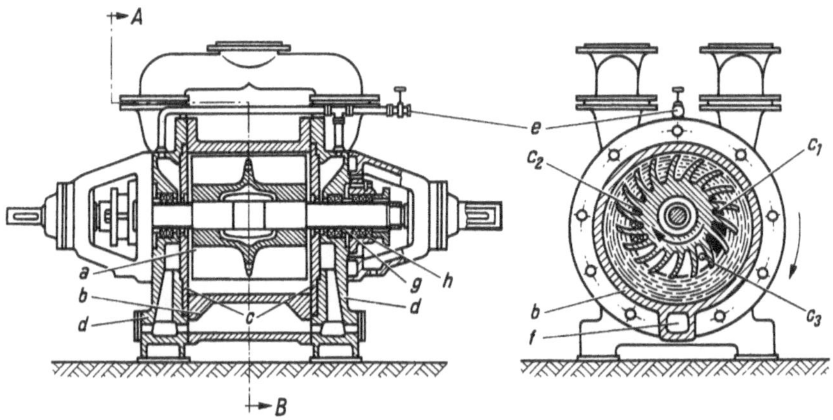

a Laufrad
b Gehäuse
c Steuerscheiten
c_1 Saugschlitz in der Steuerscheibe
c_2 Druckschlitz in der Steuerscheibe
c_3 Bohrung für die Rücklaufwasserzuführung
d Seitenschilde
e Anschluss für Kühlwasser
f Sparanschluss für Rücklaufwasser
g Schonbuchsen
h Doppelstopfbüchsen mit Sperrwasserkammer

Bild 3.48 Schema einer Elmo-Gaspumpe

3.5 Kolbenmotoren

Die Kolbenmotoren gehören zur Gruppe der Verbrennungskraftmaschinen. Wörtlich genommen gehörten hierzu sämtliche Wärmekraftmaschinen, die mit Verbrennung arbeiten; es ist jedoch international üblich, die Dampfkraftmaschinen von dieser Bezeichnung auszuschließen. Nach englischem Sprachgebrauch werden Verbrennungskraftmaschinen als **internal combustion engines** bezeichnet, bei denen also die Verbrennungsgase unmittelbar auf die Expansionseinrichtung, z. B. den Kolben eines Otto- oder Dieselmotors, einwirken. Analog zur praktisch nicht mehr eingesetzten **Dampfmaschine** könnten beide Motoren nach dem wirksamen Betriebsmittel, nämlich **Verbrennungsgas**, auch **Rauchgas** genannt, sinngemäß als **Gasmaschinen** bezeichnet werden. Es ist jedoch stattdessen üblich, sie nach den verwendeten Brennstoffen zu bezeichnen. Ottomotoren können also z. B. Gas- oder Benzin- oder Petroleummotoren sein, während Dieselmotoren auch als Ölmotoren bezeichnet werden, da sie besonders geeignet sind, schwerere Mineralöle zu verbrennen.

3.5.1 Arbeitsverfahren

Sämtliche Verbrennungskraftmaschinen gewinnen mechanische Arbeit aus Wärme nach dem gleichen physikalischen Grundprinzip: Kompression, Wärmezufuhr, Expansion, Wärmeabfuhr. Um den Kreisprozess zu schließen, muss die nach der Expansion noch übrig gebliebene Restwärme abgeführt werden. Dies geschieht bei **offenen** Kreisprozessen durch Ersatz des Verbrennungsgases durch Frischluft (Gaswechsel). Vgl. die **offene Gasturbine**. Da die äußere Arbeit eines Gases mit der absoluten Temperatur wächst, ist die Expansionsarbeit W_E größer als die Kompressions- oder Verdichtungsarbeit W_V. Die Differenz $W_E - W_V = W$ ist, wie bei Gasturbinen, die gewonnene mechanische Arbeit.

Die vorangehende Verdichtung ist lediglich notwendig, um ein möglichst großes Carnotsches Gefälle – obere Temperatur durch Verbrennung abzüglich unterer nach Expansion – nützen zu können, d. h. gute thermische Wirkungsgrade, zu erreichen. Der historisch älteste Gasmotor von *Lenoir* (1864) arbeitete zwar ohne Verdichtung, erzielte aber durch Verbrennung unverdichteten Gas-Luft-Gemisches auch nur eine sehr kleine Drucksteigerung, geringe Expansionsarbeit und sehr schlechte Wirkungsgrade.

3.5.2 Aufbau der Kolbenmotoren

Die Einzelteile des Kolbenmotors mit ihren Bezeichnungen gehen aus Bild 3.49 hervor. Der Hub s ist der Weg, den der Kolben zwischen seiner unteren und oberen Totlage zurücklegt. Mit Bohrung bezeichnet man den lichten Durchmesser d des Zylinders. Der Hubraum des Zylinders ergibt sich dann zu

$$V_h = \frac{\pi}{4} d^2 \cdot s$$

und der Gesamthubraum eines Motors mit z Zylindern zu $z \cdot V_h$. Wenn der Kolben in seiner oberen Totlage steht, bleibt zwischen ihm und dem Zylinderdeckel ein Restraum, der Verdichtungsraum V_c genannt wird. Das Verhältnis von Gesamtraum zu Verdichtungsraum ist das Verdichtungsverhältnis, auch kurz **Verdichtung** ε genannt.

$$\varepsilon = \frac{V_h + V_c}{V_c} \quad (3.70)$$

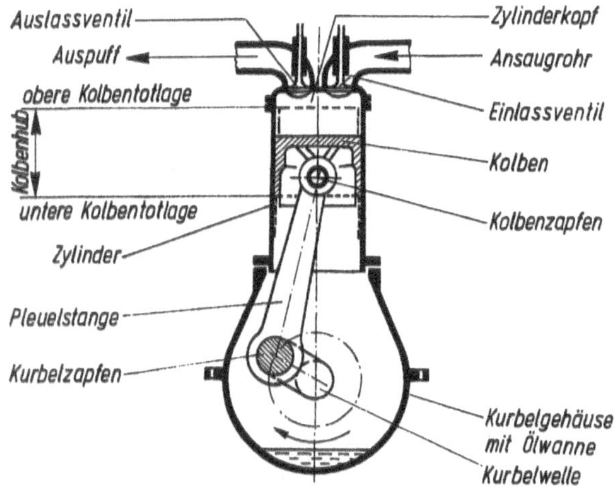

Bild 3.49
Einzelheiten des Kolbenmotors

Ein bestimmter Hubraum kann entweder durch eine kleine Zylinderbohrung und einen großen Hub oder eine große Bohrung und einen kleinen Hub gebildet werden. Das Hubverhältnis s/d ist kennzeichnend für die Motoren. Kurzhubmotoren $s/d < 1$ haben unter sonst gleichen Voraussetzungen kleinere Kolbengeschwindigkeiten, kleineren Kolbenweg (damit geringere Reibung sowie höhere Leistung) und haben sich vor allem bei Ottomotoren durchgesetzt. Sie erlauben auch infolge des vergleichsweise größeren Zylinderdurchmesser d die Unterbringung großer Ventilöffnungen, wodurch gute Liefergrade erzielt werden können. Bei gleicher mittlerer Kolbengeschwindigkeit cm = 2 $s \cdot n$ erlaubt der Kurzhubmotor eine höhere Drehzahl und lässt daher eine größere Literleistung (spezifische Leistung pro dm^3 Hubraum) erwarten; Formel 3.79.

3.5.3 Verluste, Leistungen, Wirkungsgrade

Beim Arbeitsvorgang in und an Kolbenmotoren treten folgende Verluste auf:

- Strömungsverluste durch Widerstände in Filtern, Rohrsystemen, Kanälen und Steuerorganen,
- Aufheizungsverluste durch Volumenvergrößerung infolge Erwärmung an den heißen Zylinderwänden, der Zündkerze und den Auslassventilen,
- Undichtigkeitsverluste durch unzureichende Abdichtungen der Arbeitsräume (undichte Kolbenringe, Ventile, Teilfugen, Stopfbüchsen),
- Spülverluste durch im Zylinder nach Schließen der Auslassventile verbleibende Abgasreste.

Die Verluste werden üblicherweise durch spezifische Größen erfasst:

Der Liefergrad

$$\eta_l = \frac{m_f}{m_{th}} \tag{3.71}$$

m_f Fördermasse (Luftmenge und gegebenenfalls zugeführte Kraftstoffmasse) im Zylinder vor der Verbrennung, m_{th} theoretische Masse, welche das Hubvolumen im Ansaugzustand (Luftdichte ϱ) ausfüllen würde, also $m_{th} = \varrho \cdot V_h$

erfasst die Ladungsverluste.

Der Luftaufwand

$$\eta_a = \frac{m_a}{m_{th}} \tag{3.72}$$

m_a Ansaugmasse, die in den Zylinder bei Ansaugszustand einströmt

erfasst Aufheizungs-, Strömungs- und Spülverluste.

Der Durchsatzgrad, wobei meist $\varrho_f \approx \varrho_a$

$$\eta_d = \frac{m_f}{m_a} \approx \frac{V_f}{V_a} \tag{3.73}$$

erfasst Undichtigkeits- und Spülverluste, damit

$$\eta_l = \eta_d \cdot \eta_a$$

Der Füllungsgrad

$$\eta_f = \frac{V_D}{V_h} \tag{3.74}$$

erfasst die Strömungsverluste durch Vergleich mit dem Indikatordiagramm.

Das Volumen V_D zeigt Bild 3.50.

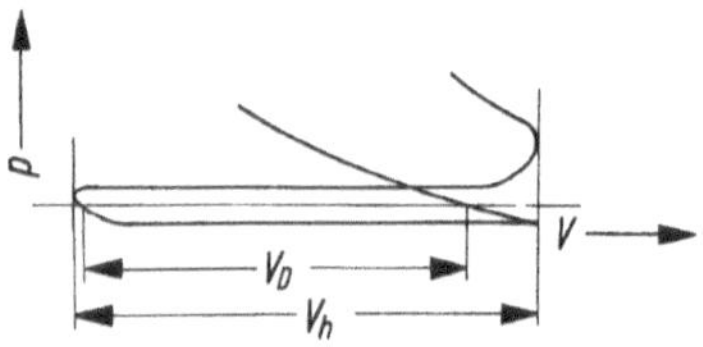

Bild 3.50
Ausschnitt aus einem Indikatordiagramm

Der Aufheizungsgrad

$$\eta_A = \frac{V_a}{V_D} \tag{3.75}$$

erfasst die Erwärmungsverluste durch Vergleich mit dem Indikatorprogramm, wobei V_a das angesaugte Volumen ist.

Damit

$$\eta_l = \eta_f \cdot \eta_A \cdot \eta_d$$

und

$$\eta_a = \eta_f \cdot \eta_A$$

Weitere wichtige Kenngrößen sind:

Das Luftverhältnis (Luftüberschusszahl) mit Formel 3.71

$$\lambda = \frac{m_f}{m_B \cdot L_{min}} = \frac{m_{th} \cdot \eta_l}{m_B \cdot L_{min}} \tag{3.76}$$

m_B Kraftstoffmasse je Arbeitsspiel. $m_B = \varrho_B \cdot V_B$, L_{min} bei stöchiometrischer Verbrennung erforderliche Luftmasse pro Masseneinheit Kraftstoff (kg/kg). Bei Benzin und Diesel $L_{min} \approx 15$ kg Luft je kg Brennstoff, also ≈ 15 kg Lu/kg Br.

Der effektive spezifische Kraftstoffverbrauch mit effektiver Leistung P_e nach Formel 3.82

$$b_e = \frac{\dot{m}_B}{P_e} = \frac{\dot{m}_B}{\eta_e \cdot \dot{m}_B \cdot H_u} = \frac{1}{\eta_e \cdot H_u} \tag{3.77}$$

Der effektive spezifische Wärmeverbrauch (Index e)

$$q_e = \frac{\dot{m}_B \cdot H_u}{P_e} = b_e \cdot H_u = \frac{1}{\eta_e} \tag{3.78}$$

Die effektive Hubraumleistung mit Formel 3.82

$$\frac{P_e}{V_h} = p_e \cdot n_a = \frac{p_e \cdot c_m \cdot 2}{2 \cdot s \cdot a} = \frac{p_e \cdot c_m}{s \cdot a} \tag{3.79}$$

wobei $n_a = \frac{2n}{a}$ Arbeitshübe je Zeiteinheit und a Taktzahl (4-Takt a = 4; 2-Takt a = 2)

An Leistungen werden unterschieden:

die indizierte Leistung $P_i = \eta_i \cdot P_{th}$ mit der theoretischen Leistung

$$P_{th} = \dot{m}_B \cdot H_u$$

$$P_i = p_i \cdot n_a \cdot V_h = p_i \cdot \dot{V}_h = \eta_i \cdot P_{th} = \eta_i \cdot \dot{m}_B \cdot H_u \tag{3.80}$$

mit

$$\dot{m}_B = \frac{\eta_l \cdot \varrho_a \cdot V_h \cdot n_a}{\lambda \cdot L_{min}}$$

aus Formel 3.76 und Formel 3.71

$$\dot{m}_f = \eta_l \cdot m_{th} = \eta_l \cdot \varrho_a \cdot V_h \cdot n_a$$

daraus der mittlere indizierte Druck mit

$$\dot{V}_h = n_a \cdot V_h$$

$$p_i = \frac{P_i}{\dot{V}_h} = \frac{\eta_l \cdot \varrho_a \cdot H_u \cdot \eta_i}{\lambda \cdot L_{min}} \tag{3.81}$$

sowie die effektive Leistung $P_e = \eta_e \cdot P_{th}$ und gemäß Formel 3.80

$$P_e = p_e \cdot n_a \cdot V_h = \eta_e \cdot P_{th} = \eta_e \cdot \dot{m}_B \cdot H_u \tag{3.82}$$

hieraus der mittlere effektive Druck = Nutzmitteldruck entsprechend Formel 3.81

$$p_e = \frac{P_e}{\dot{V}_h} = \frac{\eta_l \cdot \varrho_a \cdot H_u \cdot \eta_e}{\lambda \cdot L_{min}} \tag{3.83}$$

3.5.4 Ottomotor (Viertakt)

Die Grundlage der heutigen Fahrzeug-Leichtmotoren (Pkw- und Kolben-Flugmotoren) ist hauptsächlich der in den siebziger-Jahren des 19. Jahrhunderts entwickelte **Ottomotor**. Nach Vorläufern, deren Erörterung hier zu weit führen würde, entstand der Otto-Viertakt-Motor, der in zwei Umdrehungen gleich vier **Takten** eine Arbeitsperiode wie folgt abwickelt (Bild 3.51):

- 1. Takt **Saughub**

Der Kolben bewegt sich von OT (obere Totlage) nach UT (untere Totlage). Das Einlassventil hat bereits 10° - 15° (Kurbelstellung) vor OT zu öffnen begonnen, damit es bereits einen ausreichenden Querschnitt freigibt, wenn der Kolben im OT seine Bewegungsrichtung umkehrt. Der Kolben saugt ein Kraftstoff-Luft-Gemisch an, das dem Zylinder vom Vergaser über die Ansaugleitung zuströmt. Die sog. *äußere Gemischbildung* kann auch vollzogen werden durch Kraftstoffeinspritzung in die Ansaugleitung oder direkt in den Zylinder vor Beginn der Verdichtung (innere Gemischbildung). Das Einlassventil schließt erst 40° - 60° hinter UT. Es ist also länger als etwa ein viertel Kurbelumdrehung geöffnet. Massenträgheit der einströmenden Gemischmasse und Unterdruck im Zylinder bewirken auch nach Überschreiten des UT noch eine Einströmung. Damit wird erreicht, dass sich der Zylinder möglichst vollständig mit Gemisch füllt; Nutzung der Einströmdynamik.

- 2. Takt **Verdichtungshub**

Der Kolben bewegt sich von UT nach OT. Nach Schließen des Einlassventils verdichtet der Kolben das im Zylinder befindliche Gemisch. Das Zylindervolumen wird im Verhältnis $1/\varepsilon$ verkleinert. Dabei steigt der Druck im Verhältnis $\varepsilon^{\varkappa}$ und die Temperatur im Verhältnis $\varepsilon^{\varkappa-1}$. Die Selbstentzündungstemperatur des Gemisches muss auf jeden Fall höher liegen als die Verdichtungsendtemperatur bei Erreichen des Zündpunktes. Die Zündung des verdichteten Gemisches erfolgt dann 40° - 0° vor OT durch einen elektrischen Funken, der mit einer Spannung von mehr als 10 000 Volt von der isolierten Mittelelektrode einer Zündkerze zur Masse der Maschine (Massenelektrode) überspringt. Eine Vorzündung vor OT ist notwendig, weil die Verbrennung der Zylinderfüllung, von der Zündkerze ausgehend, eine bestimmte Zeit erfordert und das entzündete Gemisch erst dann seine höchste Druckwirkung auf den Kolben hat, wenn es vollständig verbrannt ist. Der höchste Verbrennungsdruck soll im Brennraum herrschen, wenn der Kolben gerade den OT überschritten hat. Durch die entstehende Verbrennungswärme steigen Temperatur und Druck im Verdichtungsraum auf ihr Maximum.

- 3. Takt **Arbeitshub**

Die unter hohem Druck (50 - 100 bar) und hoher Temperatur (2000 - 2500 °C) stehenden Verbrennungsgase dehnen sich aus und treiben so den Kolben von OT nach UT. Das Verbrennungsgas expandiert angenähert adiabat (näherungsweise isentrop), wobei Druck und Temperatur absinken. An den Kolben wird Expansionsarbeit abgegeben. Die Arbeit wird über Kolbenzapfen, Pleuelstange, Kurbelzapfen und Kurbel auf die Kurbelwelle übertragen. Ein Teil wird im Schwungrad gespeichert und dient zur Überwindung der drei arbeitsverbrauchenden Takte. Der überwiegende Rest kann als Drehmoment an der Wellenkupplung abgenommen werden. Das Auslassventil beginnt 60° - 45° vor UT zu öffnen. Der im Zylinder noch vorhandene Überdruck von 3 - 5 bar lässt die verbrannten Gase mit großer Geschwindigkeit auspuffen, sodass der im Zylinder verbliebene Rest bei Erreichen von UT nahezu vollständig entspannt ist.

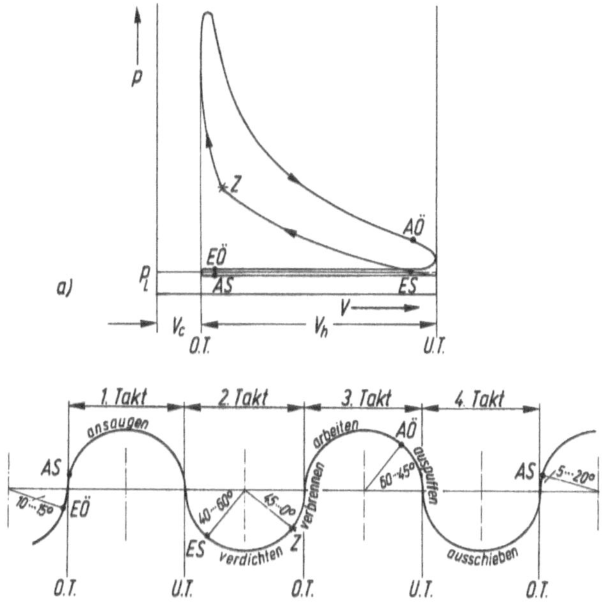

EÖ Einlassventil öffnet
ES Einlassventil schließt
AÖ Auslassventil öffnet
AS Auslassventil schließt,
Z Zündpunkt

Bild 3.51 Kenndiagramme des Viertakt-Ottomotors: a) Arbeits- oder Indikatordiagramm, b) Steuerwinkeldiagramm (Kurbelkreis)

- 4. Takt **Ausschubhub**

Der Kolben bewegt sich von UT nach OT. Er schiebt den entspannten Gasrest nach außen. Das Auslassventil schließt erst 5° - 20° hinter OT, damit die Massenträgheit der ausströmenden Gasmasse die verbrannten Gase möglichst restlos aus dem Zylinderraum entfernt; wieder Nutzung der Dynamik des ausströmenden Gases. Der Abgasstrom ruft bei dem bereits geöffneten Einlassventil eine Injektorwirkung hervor, wodurch die Einströmung des frischen Gemisches begünstigt wird.

Ansaugtakt und Ausschubtakt haben lediglich die Aufgabe, das verbrannte Gas durch eine frische Ladung zu ersetzen. Sie werden deshalb auch Ladungswechseltakte genannt. Der Vorgang selbst ist der Ladungswechsel. Der Ladungswechsel ist ein nur arbeitsverbrauchender Vorgang und setzt deshalb die Leistungsabgabe der Maschine herab.

Verdichtungs- und Ausdehnungshub dagegen machen zusammen den **Arbeitsvorgang** aus. Unter vereinfachten Annahmen (isentrope Verdichtung und Ausdehnung) lässt sich die Arbeitsausbeute näherungsweise mithilfe der Thermodynamik bestimmen, wie im Folgenden gezeigt werden soll; Ausdehnungsertrag minus Verdichtungsaufwand.

Legt man dem Druckverlauf im Zylinder also ideale Verhältnisse zugrunde, ergibt sich der sogenannte Vergleichsprozess. Diese theoretischen Prozesse sind die geeignete Vergleichsgrundlage mit den an den Maschinen aufgenommenen Indikatordiagrammen. Sie dienen daher als Maßstab für die Güte des Motors (Gütegrad). Der Vergleichsprozess des Ottomotors ist der sogenannte Gleichraumprozess (Tabelle 2.5). Er besteht aus zwei Isochoren und zwei Isentropen. Die Verbrennung wird als Wärmezufuhr bei konstantem Volumen idealisiert, das Auspuffen als Wärmeabgabe bei konstantem Druck. Gemischverdichtung und Expansion mit Arbeitsabgabe werden isentrop dargestellt.

Das wirklich in der Maschine gefahrene p,V-Diagramm kann im Betrieb mit dem **Indikator** nachgemessen werden. Für schneller laufende Fahrzeugmotoren verwendet man praktisch trägheitslose elektrische Indikatoren.

Wird die gemessene **(indizierte)** Indikatorkurve mit der eines gerechneten Vergleichsprozesses verglichen, ergeben sich einige Unterschiede: infolge der rechnerisch letztlich nicht berücksichtigbaren endlichen Verbrennungsgeschwindigkeit von ca. 30 m/s. Deshalb muss auch die Zündung *vor* dem oberen Totpunkt eingeleitet werden **(Vorzündung)**, die im Verein mit der ebenfalls unberücksichtigten **Dissoziation** bei hohen Temperaturen (d.h. Auftrennung der Atome im CO_2- bzw. H_2O-Molekül) bewirkt, dass der Spitzendruck kleiner wird als ohne diese unvermeidlichen Einflüsse. Die Abrundung im UT ist eine Folge der Drosselung im Auslassventil, das infolge seiner Masseträgheit schon vor UT zu öffnen beginnen muss.

Das Verhältnis der indizierten Leistung zur verlustlos gerechneten nennt man gemäß Formel 3.80 den inneren Wirkungsgrad einer Maschine $\eta_i = P_i/P_{th} = \eta_g$, der meist etwa bei 0,75 bis 0,85 liegt und der einen Gütegrad des tatsächlichen im Vergleich zum theoretischen Kreisprozess (Tabelle 2.5) kennzeichnet, weshalb auch oft so bezeichnet als η_g.

Die an der Kurbelwelle effektiv abgegebene Leistung P_e ist noch kleiner als die indizierte, und zwar um die Summe der mechanischen Verluste, bestehend aus Kolben- und Lagerreibung, Strömungsverlusten usw. Bezeichnet wird wie erwähnt: $P_e/P_i = \eta_m$ **mechanischer Wirkungsgrad**; Richtwert $\eta_e \approx 0{,}7 - 0{,}8$.

Der effektive Wirkungsgrad ist also nach Formel 3.82:

$$\eta_e = \eta_i \cdot \eta_m = \frac{P_e}{P_{th}} = \frac{P_e}{\dot{m}_B \cdot H_u} \tag{3.84}$$

Aus η_e folgt der Kraftstoffverbrauch gemäß Formel 3.77 und mit Formel 3.84:

$$b_e = \frac{\dot{m}_B}{P_e} = \frac{1}{H_u \cdot \eta_e} \tag{3.85}$$

In der Praxis wird oft vom **mittleren** Druck p_m einer Maschine gesprochen. Der mittlere indizierte Druck $(p_m)_i$, Bezeichnung auch $p_{m,i}$ oder $\overline{p}_i$, ergibt sich aus dem Indikatordiagramm durch Verwandlung der Arbeitsfläche in ein flächengleiches Rechteck, dessen Länge der Hub $s = 2 \cdot r$ und dessen Höhe der mittlere indizierte Druck $(p_m)_i$ ist. Man kann den mittleren Druck auch aus der Arbeit, dividiert durch das spezifische Hubvolumen

$$v_h = v_1 - v_2 = v_1 - v_1/\varepsilon = v_1 \cdot (\varepsilon - 1)/\varepsilon \tag{3.86}$$

bestimmen. Dann ist mit mechanischem Wirkungsgrad (auch Index m):

$$p_{m,i} = \frac{w_i}{v_h} \quad \text{und} \quad p_{m,e} = p_{m,i} \cdot \eta_m \tag{3.87}$$

Der mittlere Druck ist erstens ein Maß für die Belastung der Maschine, zweitens ermöglicht er eine schnelle Berechnung der Leistung, wenn Drehzahl und Abmessungen gegeben sind, wobei beim effektiven mittleren Druck $p_{m,e}$ meist der Erstindex m weggelassen, also $p_{m,e} = p_e$ gesetzt wird. Mittelwerte p_m; cm werden auch wieder verschiedentlich mit $\overline{p}$; $\overline{c}$ bezeichnet.

$$P_e = p_e \cdot \sum A_k \cdot c_m \cdot \frac{1}{a} \tag{3.88}$$

Darin sind $\sum A_k$ die Summe der arbeitenden Kolbenflächen, cm = 2 $s \cdot n$ die mittlere Kolbengeschwindigkeit und a die Taktzahl (2-Takt $a = 2$; 4-Takt $a = 4$).

Andere Schreibweise mit $\sum A_k \cdot s = V_h$ dem Hubvolumen des gesamten Motors:

$$P_e = p_e \cdot V_h \cdot 2 \cdot n \cdot \frac{1}{a} = p_e \cdot V_h \cdot n_a \tag{3.89}$$

wobei $n_a = 2 \cdot n/a$ Expansionshübe je Zeiteinheit

Restexpansionsverlust

Die Arbeit, die durch unvollkommene Expansion verloren geht, ist Restexpansionsarbeit, die noch abgegeben werden könnte, wenn der Arbeitshub nicht durch das nockengesteuerte Öffnen der Auslassventile abgebrochen würde, abzüglich der Ausschubarbeit.

$$W_v = c_{m,v}\Big|_{T_5}^{T_4}(T_4 - T_5) - p_1(v_5 - v_1)$$

bzw.

$$W_v = c_{m,v}\Big|_{T_5}^{T_4}(T_4 - T_5) - R\cdot T_1\left(\frac{v_5}{v^1} - 1\right) \tag{3.90}$$

wobei Index 4 tatsächliches Expansionsende, Index 5 Expansionsende bei Expansion auf p_1

Bis etwa 25 % der effektiven Motorleistung bzw. 10 % der aufgewandten Brennstoffenergie gehen i. Allg. durch unvollständige Expansion verloren. Diese Verlustenergie kann in einer Abgasturbine teilweise zurückgewonnen werden, jedoch nur, wenn die Höhe der Verluste den Aufwand einer solchen Turbine rechtfertigt, oder zur Saugdruckerhöhung.

3.5.4.1 Gemischbildung

Grundsätzliches

Zur vollständigen Verbrennung von Motorenkraftstoff (Benzin und Diesel) beträgt der theoretische Luftbedarf zur vollständigen Verbrennung etwa 14,5 kg (≈ 15 kg) Luft je kg Kraftstoff, also 14,5 : 1. Dies ist das sog. stöchiometrische Verhältnis. Als Luftverhältnis λ wird definiert:

$$\lambda = \frac{\text{zugeführte Luftmenge}}{\text{theoretischer Luftbedarf}}$$

$\lambda = 1$ stöchiometrisches Gemisch
$\lambda < 1$ fettes Gemisch (Kraftstoffüberschuss)
$\lambda > 1$ mageres Gemisch (Kraftstoffmangel)

Ottomotoren erreichen bei

$\lambda = 0{,}9$ bis $0{,}8$ die höchste Leistung
$\lambda > 1{,}3$ den geringsten Verbrauch

Im Gegensatz zum Kraftstoff von Dieselmotoren bestehen bei dem von Ottomotoren Zündgrenzen ($\lambda = 0{,}7$ bis $1{,}3$). Das Benzindampf-Luftgemisch kann daher durch die klassische Zündkerze - in Zukunft vielleicht durch Plasmablitze, der sog. Karona-Zündung- nur innerhalb bestimmter Mischungsverhältnisse zur Zündung und damit Verbrennung gebracht werden. Das Mischungsverhältnis von Kraftstoff-Luft darf deshalb nur relativ wenig von dem stöchiometrischen abweichen. Ein Gemisch zündet somit ebenso wenig, wenn es zu mager, als wenn es zu fett ist.

Es bestehen zwei schon genannte Möglichkeiten:

- äußere Gemischbildung im Saugrohr durch Vergaser oder Einspritzung

- innere Gemischbildung durch gezielte Einspritzung direkt in den Zylinderraum (Schichtladung), also Direkteinspritzung

Äußere Gemischbildung

Vergaser: Das Prinzip des Vergasers ist aus Bild 3.52 zu entnehmen. Die Benzinförderung erfolgt wegen bewirktem Unterdruck gemäß Energiesatz (Formel 2.23) in der Querschnittsverengung (Stelle 2) des sog. Venturirohres. Gleichzeitig erfolgt die Vermischung mit dem durch den vom Zylinderunterdruck verursachten Luftstrom, der über die Drosselklappe *Dr* beieinflusst wird. Die Steuerung des Luftmengenstromes und damit der Gemischbildung von Vergaser erfolgt also durch Drosselregelung (Energieverlust). Auch ist infolge der immer vorhandenen natürlichen Strömungsschwankungen (Turbulenzen) das Mischungsverhältnis ebenfalls schwankend. Deshalb sind Vergaser zur Verbrauchsoptimierung und beim Einsatz von Katalysatoren kaum brauchbar. Diese benötigen eine möglichst gleichbleibende Abgaszusammensetzung, gemessen durch die sog. Lambdasonde und danach gesteuert über eine Elektronik. Das sind die hauptsächlichen Gründe, warum Vergaser praktisch nur noch bei Kleinmotoren (Rasenmäher, Mofas, Kettensägen etc.) eingesetzt werden.

Die **Drosselklappe** *Dr*, die um den Winkel α drehbar ist, lässt in der gezeichneten Leerlaufstellung nur einen ganz kleinen, verstellbaren Spalt *Sp* übrig, sodass die Luft mit hohem statischem und dynamischem Unterdruck Benzin aus der Leerlaufleitung *L* an der Gemischschraube *G* mit übernormalem Sog ansaugen kann. Die Gemischschraube *G* dient zum Einstellen des Mischungsverhältnisses bei Leerlauf, und der Anschlag der Drosselklappe, d.h. die Spaltweite *Sp*, zum Einstellen der Leerlaufdrehzahl.

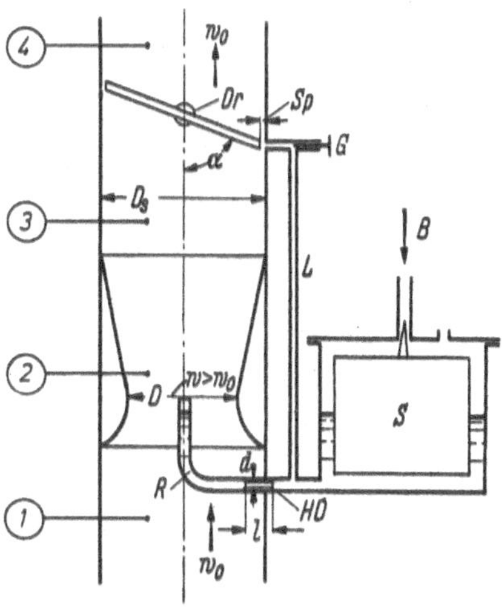

D_s Saugrohr
D Luftdüse
Dr Drosselklappe
G Leerlauf-Gemischschraube
S Schwimmer
R Benzinrohr
HD Hauptdüse

Bild 3.52
Schema eines Vergasers

Die kalte Maschine wird durch eine ähnliche Einrichtung angelassen, die aber ein noch reicheres Gemisch liefert, da ein Teil des Brennstoffnebels an den kalten Wänden kondensiert und aus der Mischung ausfällt. Beim Start mit warmer Maschine darf diese Vorrichtung nicht betätigt werden. Bei **automatischen** Vergasern wird die Startvorrichtung mit steigender Wandtemperatur durch einen Thermostat selbsttätig abgeschaltet.

Die Gemischbildung bei Normalbetrieb ergibt sich aus dem unter Vernachlässigung der Strömungsverluste berechenbaren Luft- und Kraftstoffdurchsatz. Die Strömungsgeschwindigkeit w_2 der Luft im engsten Querschnitt der Luftdüse ist ohne Reibungsverluste gemäß Energiegleichung

$$w_2 = \sqrt{2 \cdot \Delta h} = \sqrt{2 \cdot w_t}$$

nach Formel 2.61 und mit Formel 2.96

$$w_2 = \sqrt{2 \frac{\varkappa}{\varkappa - 1} p_1 \cdot v_1 \left[1 - \left(\frac{p_2}{p_1}\right)^{\frac{\varkappa - 1}{\varkappa}}\right]}$$

und der Luftdurchsatz bei Kontraktionszahl $\alpha_L \approx 0{,}98$ (Erfahrungswert)

$$\dot{m}_L = \alpha_L \cdot \dot{m}_{th} = \alpha_L \cdot \varrho_2 \cdot \dot{V}_2 = \frac{\alpha_L \cdot A_2 \cdot w_2}{v_2}$$

mit

$$v_2 = v_1 \left(\frac{p_1}{p_2}\right)^{\frac{1}{\varkappa}}$$

und

$$v_1 = \frac{1}{\varrho_1}$$

sowie

$$A_2 = D^2 \cdot \pi / 4 = A_D$$

$$\dot{m}_L = \frac{\alpha_L \cdot A_2}{v_1} \left(\frac{p_2}{p_1}\right)^{\frac{1}{\varkappa}} \cdot \sqrt{2 \frac{\varkappa}{\varkappa - 1} p_1 \cdot v_1 \left[1 - \left(\frac{p_2}{p_1}\right)^{\frac{\varkappa - 1}{\varkappa}}\right]}$$

$$= \alpha_L \cdot A_2 \cdot \sqrt{\frac{\varkappa}{\varkappa - 1} \left[\left(\frac{p_2}{p_1}\right)^{\frac{2}{\varkappa}} - \left(\frac{p_2}{p_1}\right)^{\frac{\varkappa + 1}{\varkappa}}\right]} \cdot \sqrt{2 \cdot p_1 \cdot \varrho_1}$$

siehe Formel 2.97

mit

$$p_1 = p_1 \frac{p_1 - p_2}{p_1 - p_2} = (p_1 - p_2) \frac{1}{1 - \frac{p_2}{p_1}}$$

$$\dot{m}_L = \alpha_L \cdot A_2 \cdot \psi \cdot \sqrt{2 \cdot \varrho_1 \cdot p_1} = \alpha_L \cdot A_2 \cdot \psi \cdot \sqrt{2 \cdot \frac{p_1}{v_1}} \tag{3.91}$$

wobei die Ausflussfunktion

$$\dot{m}_L = \alpha_L \cdot A_2 \cdot \psi \cdot \sqrt{2 \cdot \varrho_1 \cdot p_1} = \alpha_L \cdot A_2 \cdot \psi \cdot \sqrt{2 \cdot \frac{p_1}{v_1}} \tag{3.92}$$

Unter der Annahme, dass der Druck im Schwimmergehäuse gleich p_1 ist, was mithilfe eines Druckausgleichrohres erreicht werden kann, ist die Strömungsgeschwindigkeit des Kraftstoffes durch die Hauptdüse bei Geschwindigkeitszahl $\varphi_K \approx 0{,}95$

$$w_K = \varphi_K \sqrt{\frac{2(p_1 - p_2)}{\varrho_K}}$$

und der Kraftstoffdurchsatz mit Ausflusszahl $\mu_K = \varphi_K \cdot \alpha_K$ sowie $v_K = 1/\varrho_K$

$$\begin{aligned} \dot{m}_K &= \frac{\dot{V}_K}{v_K} = \frac{1}{v_K} \cdot \alpha_K \cdot A_D \cdot w_K = \alpha_K \cdot \varphi_K \frac{A_D}{v_K} \cdot \sqrt{\frac{2(p_1 - p_2)}{\varrho_K}} \\ &= \mu_K \cdot A_D \cdot \sqrt{2 \cdot \varrho_K \cdot (p_1 - p_2)} \end{aligned} \tag{3.93}$$

Mit (Bild 3.52) D_L kleinster Durchmesser der Luftdüse $\left(A_D = D_L^2 \cdot \pi/4\right)$
d_H Durchmesser der Kraftstoffhauptdüse HD
ϱ_1 Dichte der Luft zwischen Luftfilter und Vergaser

wird das Mischungsverhältnis mit Ausfluss- oder Nusselt-Funktion ψ nach Formel 3.92 und Abschnitt 2.3.13; Formel 2.97

$$\frac{\dot{m}_L}{\dot{m}_K} = \frac{\alpha_L \cdot D_L^2}{\mu_K \cdot d_H^2} \cdot \psi \cdot \sqrt{\frac{\varrho_1}{\varrho_K}} \tag{3.94}$$

Die Kontraktionszahl α_L der Luftdüse ist nach DIN 1952 (Durchflussmessregeln) abschätzbar. Die Größe des Faktors μ_K (Düsenausflusszahl) ist stark von Form und Einbau der Hauptdüse abhängig und enthält den Einfluss der Reynolds-Zahl Re_K. Diese kann bei handelsüblichen Kraftstoffen im praktischen Betriebsbereich meist zwischen 100 und 10 000 liegen. Es ist also laminare und turbulente Benzineinströmung möglich. Einen Anhalt für die Größe von μ_K in Abhängigkeit von Re_K gibt Bild 3.53.

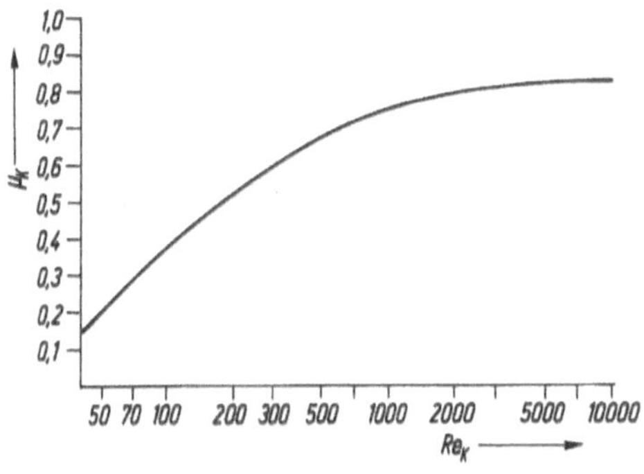

Bild 3.53
Düsenausflusszahl μ_K für den Kraftstoff von Vergaserhauptdüsen (Anhalt) (Index K für Kraftstoff)

Berechnet man für einen gegebenen Vergaser mit diesen Unterlagen das Mischungsverhältnis für verschiedene Betriebszustände, dann zeigt sich, dass der Vergaser bei kleinen Luftdüsenunterdrücken ein äußerst kraftstoffarmes, nicht mehr zündfähiges Gemisch liefert. Mit zunehmendem Unterdruck wird das Gemisch rasch mit Kraftstoff angereichert. Da von $Re_K \approx 2300$, d.h. von einem bestimmten Unterdruck an, sich μ_K und α_L kaum noch wesentlich ändern und das Verhältnis α_L/μ_K nahezu konstant bleibt, erfolgt die Anreicherung bei größeren Unterdrücken nur in Abhängigkeit von Ausflussfunktion ψ gemäß Formel 3.92 und Abschnitt 2.3.13, also nur noch schwach ansteigend. Soll der Vergaser ein über den gesamten Betriebsbereich konstantes Kraftstoff-Luft-Gemisch liefern, muss sein natürliches Mischungsverhältnis durch entsprechende Maßnahmen korrigiert werden.

Bild 3.52 zeigt einen sog. Steigstromvergaser; Strömung senkrecht nach oben. Auch umgekehrte (Fallstromvergaser) und waagrechte Anordnung ist möglich Eine Einschnürung im Luftrohr (**Venturidüse** gleich Kombination von Düse und Diffusor) erzeugt den zum Ansaugen des Benzins durch eine kalibrierte Öffnung erforderlichen Unterdruck.

Wärmebilanz

Das zerstäubte Benzin wird zu einem kleinen Teil bereits im Vergaser verdampft. Zur Verdampfung sind etwa 335 kJ pro kg Benzin erforderlich, die eine Abkühlung ΔT_L der Verbrennungsluft bewirken. Bei vollständiger Verdampfung von stöchiometrischem Gemisch (ca. 15 kg Luft je kg Benzin) ist gemäß $Q = m \cdot c \cdot \Delta T$ mit $c = 1\ \text{kJ/(kg} \cdot \text{K)}$

$$335\frac{\text{kJ}}{\text{kg}} = 14{,}5\frac{\text{kg Luft}}{\text{kg Benzin}} \cdot 1{,}0\frac{\text{kJ}}{\text{kg} \cdot \text{K}} \cdot \Delta T_L$$

Daraus folgt eine Abkühlung um

$$\Delta T_L \approx 22\text{K}$$

Das bedeutet besonders im Winter die Gefahr, dass das im Kraftstoff gelöste Wasser einfriert. Außerdem wird durch Erhöhung der Viskosität des Kraftstoffes die Zerstäubung geringer und das Gemisch ärmer. Die Vergaserzone wird daher i. Allg. durch Kühlwasser- oder Auspuffwärme ein wenig geheizt. Die Wärmezufuhr muss jedoch in mäßigen Grenzen bleiben, da sie mit Minderung der Luftdichte die Zylinderfüllung und Leistung herabsetzt.

Beschleunigungspumpe

Wenn bei langsam drehender Maschine plötzlich die Drosselklappe geöffnet wird, reicht wegen der niedrigen Drehzahl der Unterdruck in der Luftdüse noch nicht aus, um genügend Kraftstoff aus dem Hauptdüsensystem zu saugen, während gleichzeitig wegen der öffnenden Drosselklappe das vorher in Tätigkeit befindliche Leerlaufsystem außer Funktion getreten ist. Es tritt ein **Loch** auf, bevor die Maschine Zeit gehabt hat, ihre trägen Massen zu beschleunigen. So ist es möglich, dass die sonst richtig einregulierte Maschine beim Beschleunigen die Gemisch-Zündgrenze unterschreiten wird und deshalb der Motor stehen bleibt.

Lange Zeit pflegte man deshalb die Vergaser auf überreich einzustellen, um auch für die kurzen Beschleunigungsintervalle die Zündung sicherzustellen. Während des normalen Laufes wurde der Überschuss ungenutzt vergeudet, d. h., als Wandkondensat mit dem Schmieröl vermischt, wodurch die Abnutzung bis verzehnfacht werden kann, oder es wurde CO statt CO_2 gebildet, d. h. nur 1/3 des Heizwertes genutzt, oder es wurde CO zu C, d. h. Ruß reduziert und die Maschine verschmutzt. Durch glühenden Ruß können Frühzündungen entstehen, erkennbar daran, dass die heiße Maschine nach Abstellen der Zündung weiterläuft, sog. Nachdieseln.

Sparsamer ist das deshalb angewendete Verfahren, zum Beschleunigen eine besondere kleine Pumpe vorzusehen, die nur beim **Gasgeben** vom **Gaspedal** betätigt wird. Zwischen Pedal und Pumpenkolben bzw. Pumpenmembrane ist jedoch eine Feder eingeschaltet, ferner zwischen Pumpe und Benzinaustritt im Vergaser eine besondere Kaliber-Düse. Damit wird der Brennstoff-Impuls nach Zeit und Menge dem Beschleunigungsvorgang der Maschine angepasst.

Bei Vergasern mit Beschleunigerpumpe ist jede unnötige Bewegung des Gaspedals zu vermeiden, da sie zusätzlichen Brennstoffverbrauch bedeutet.

Einspritzung des Kraftstoffs ins Saugrohr: Die Entwicklung der äußeren Gemischbildung durch Kraftstoffeinspritzung ins Saugrohr ging bei Fa. Bosch von der D-Jetronic (D für druckgesteuert), über K-Jetronic (K für kontinuierliche Luftmessung) und LH-Jetronic (LH für Luftmengenmessung durch Heizfilm oder Hitzdraht) bis letztlich zur modernen Motronic ME mit EGAS, EOBD und RLFS. Diese ist in Bild 3.54 schematisch dargestellt mit Erläuterungen. Durch Messung des angesaugten Luftmengenstromes und weiteren, entsprechend angebrachten Sensoren im Bereich vom oberen Kolbentotpunkt, der Nockenwellen-Drehposition sowie der Temperatur des Motors wird die Kraftstoff-Einspritzmenge in Abhängigkeit von der Leistungsanforderung (Gaspedalstellung) in die Saugleitung eingespritzt, und zwar direkt vor dem Saugventil.

Da die notwendigen Sensoren vorhanden sind, ist durch entsprechende Erweiterung von Hochspannungselektrik und der elektronischen Steuerung in die Motronic auch die Auslösung der Zündung zur Einleitung der Verbrennung des Kraftstoff-Luft-Gemisches integriert, und zwar ebenfalls abhängig von den Motoranforderungen.

Die Motronic ermöglicht somit eine elektronische Gesamtsteuerung von Ottomotoren für Verbrennungs-Gemischbildung und Zündung.

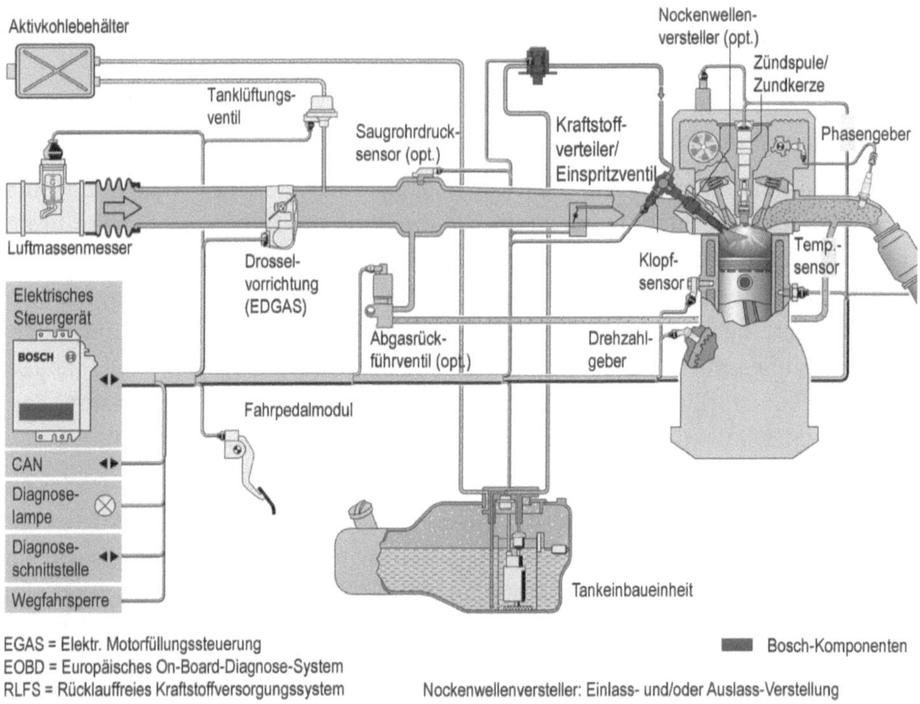

Bild 3.54 Motronic ME mit EGAS, EOBD und RLFS (BOSCH): elektronische Gesamtsteuerung für äußere Gemischbildung (Kraftstoff-Einspritzung ins Saugrohr) und Zündung

Innere Gemischbildung

Direkteinspritzung: Wie beim Dieselmotor erfolgt die Kraftstoffzufuhr auch beim Ottomotor durch Einspritzung direkt in den Zylinderraum. Wegen der erwähnten Zündgrenzen des Benzin-Luftgemisches ist jedoch sog. Schichtladung notwendig. Das bedeutet entsprechende Anreicherung des Kraftstoffes im Bereich der Zündkerze damit dort ein zündfähiges Gemisch ($\lambda \approx 1$) erreicht wird und die Verbrennung nach Zündung beginnen kann. Zudem ermöglicht die Steuerungselektronik eine gestufte Einspritzung (Vor- und Haupteinspritzung). Über die gesamte angesaugte Luft ergibt sich je nach Leistungsanforderung (Gaspedalstellung) an den Motor außerhalb der direkten Gemischwolke möglicherweise eine gringere Kraftstoffkonzentration (sehr mageres Gemisch). Dadurch ergeben sich niedrigere Verbrennungstemperatur und damit günstigere Abgaszusammensetzung (weniger Stickoxide). Des Weiteren sind die Strömungsverluste in der Saugleitung infolge der weniger aktiven Drosselklappe geringer. Der Wirkungsgrad des Motors ist entsprechend höher.

In Bild 3.55 ist der Aufbau der Direkteinspritzung von Firma Bosch im Prinzip dargestellt. Dabei sind die einzelnen Komponenten gekennzeichnet. Integriert ist wie bei der Motronic (Bild 3.54) die vollelektronische Zündungseinrichtung.

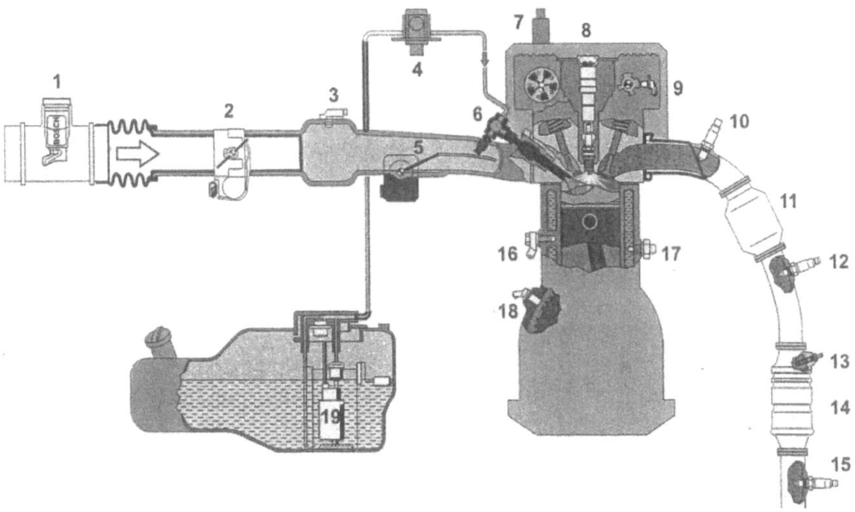

Komponenten: 1 Heißfilm-Luftmassenmesser; 2 Drosselvorrichtung (EGAS); 3 Saugrohrdrucksensor; 4 Hochdruck-Kraftstoffpumpe; 5 Ladungsbewegungsklappe; 6 Kraftstoffverteiler mit Hochdruck-Einspritzventil; 7 Nockenwellenversteller; 8 Zündspule mit Zündkerze; 9 Nockenwellen-Phasensensor; 10 Lambda-Sonde 1; 11 Vorkatalysator; 12 Lambda-Sonde 2; 13 Abgastemperatur-Sensor; 14 Stickoxide-Speicherkatalysator; 15 Lambda-Sonde 3; 16 Klopfsensor; 17 Motortemperatur-Sensor; 18 Drehzahlsensor; 19 Kraftstoff-Fördermodul mit Elektropumpe

Bild 3.55 Direkteinspritzung von Benzin, Prinzipdarstellung (BOSCH)

3.5.4.2 Zündung

Die Verbrennung des Kraftstoff-Luft-Gemisches wird durch einen von einem elektrischen Spannungsstoß verursachten Zündfunken der Motorzündeinrichtung eingeleitet. Bisher dienten dazu Zündkerzen bei denen der Funken zwischen den angeordneten, in den Zylinderraum hineinreichenden Elektroden entsteht. Die notwendige Zündspannung liegt meist bei etwa 10 bis 20 kV. Die Zündenergie beträgt dabei je nach Gemischbildung ca. 0,05 bis 0,1 Joule und die Funkendauer ist etwa 1 bis 2 ms.

Die jahreszeitliche Entwicklung der Zündanlagen erfolgte über Magnetzündung, kontaktgesteuerte Transistorzündung, kontaktlose Transistorzündung, Hochspannungszündung, teilelektronische Zündung bis zur modernen vollelektronischen Zündeinrichtung.

Magnetzündungen werden praktisch nur noch bei kleinen Benzinmotoren - keine Batterie notwendig - angewendet (Rasenmäher, Kettensägen etc.).

Vollelektronische Zündanlagen, meist kombiniert mit Gemischbildungs-Einrichtungen werden aus Verbrauchs- und Umweltgründen nun überwiegend bei fast allen Ottomotoren eingesetzt. Das zugehörige vollelektronische Steuermodul (Mikroprozessor) verarbeitet dabei die Signale für Drehzahl, Lastanforderung, Temperatur und Klopfverhalten des Motors beim Betrieb. Die Signalverarbeitung im Mikroprozessor erfolgt teilweise analog-digital. Insgesamt geschieht die Verarbeitung und Regelung entsprechend dem vom Motorhersteller festgelegten Zündkennfeld, nach den Kriterien Verbrauchsminderung, Schadstoffreduzierung, Drehmomenterhöhung und Verbesserung der Laufkultur.

Bei allen Betriebszuständen, wie Start, Teillast, Volllast, Schubbetrieb, Abgasrückführung in den Zylinderraum können entsprechende Zündwinkelkorrekturen vorgenommen werden. In den zur Steuerung eingesetzten Mikroprozessor können auch Zusatzfunktionen integriert werden für Leerlaufdrehzahl-Regelung, Drehzahlbegrenzung, Klopfregelung Notlaufprogramm, Sensorenüberwachung, Eigendiagnose und Diagnoseschnittstelle für den Motorservice bei Inspektionen und Reparaturen.

Zusammenfassung der Eigenschaften vollelektronischer Zündanlagen:

Vorteile:

- verschleißarm, da keine bewegten Teile,
- geringe Funkstörungen, da abgeschirmt durch Verbrennungsraum,
- hohe Betriebssicherheit, da nur wenige Verbindungen die Hochspannung führen,
- ermöglicht Geräuschminderung,
- elektronische Signalverarbeitung zur Steuerung.

Nachteile:

- Anpassung an den Motor durch entsprechende Bauteile,
- relativ hoher Bauteilaufwand und motorspezifische Ausführung des elektronischen Steuerungsmodul.

Die vollelektronische Zündung ist, wie erwähnt, meist in die Gemischbildungseinrichtung des Motors integriert (Bilder 3.54 und 3.55): Den zugehörigen prinzipiellen Systemaufbau einer entsprechenden induktiven Zündanlage ist in Bild 3.56 dargestellt.

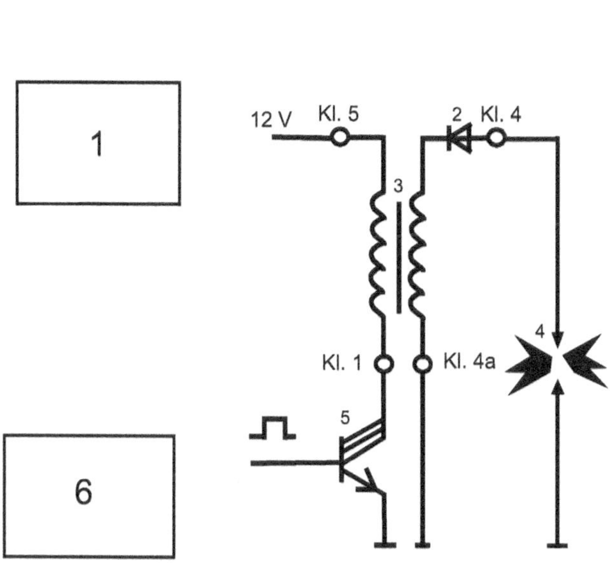

Komponenten des Zündkreises einer induktiven Zündanlage:
1 Batterie; 2 Einschaltfunkenunterdrückungs-Diode, integriert in der Zündspule; 3 Zündspule;
4 Zündkerze; 5 Zündendstufe, integriert in 3 Zündspule oder in 6 Motorsteuergerät

Bild 3.56 Hochspannungskondensator-Zündanlage; Prinzipdarstellung (BOSCH)

3.5.4.3 Abgasbehandlung

Die Forderungen an die Vermeidung von Schadstoffen (Umweltschutz, also Klima, Gesundheit aller Lebewesen und Pflanzen, den Lebensgrundlagen) und möglichst effektiven Energieeinsatz (Ressourcenschonung) werden immer höher. Gemäß Thermodynamik (Abschnitt 2.3) ist für gute Energieeffizienz, also hoher Wirkungsgrad (Carnot), hohe Verbrennungstemperatur notwendig. Bei den Kohlenwasserstoffen - chemische Verbindung von Kohlenstoff C mit Wasser H - der Kolbenmotoren nach Otto und Diesel - werden je nach Mischungsverhältnis mit Luft (Abschnitt 3.5.4.1) Verbrennungstemperaturen bis ca. 2500 °C erreicht und die Temperatur des Abgases beim Verlassen des Zylinderraumes liegt zwischen etwas 800 °C (Dieselmotoren) und 1000 °C (Ottomotoren).

Hohe Temperaturen ermöglichen weitgehend vollständige Verbrennung des Kohlenstoffs zu Kohlendioxid CO_2 und des Wasserstoffs zu Wasserdampf H_2O. Sauerstoff-, d.h. Luftmangel und vergleichsweise niedrige Verbrennungstemperatur ergibt unvollständige Verbrennung. Das bedeutet, der Kohlenstoff verbrennt teilweise nur zu Kohlenstoffmonoxid CO. Ist zudem noch die zur Verbrennung verfügbare Zeit zu kurz, oxidiert ein Teil des Kraftstoff-Kohlenstoffgehaltes sogar überhaupt nicht und verlässt den Motor als Ruß (reiner Kohlenstoff), sichtbar oder als Feinstaub (unsichtbar). Je besser die Durchmischung des Kraftstoffs mit der Luft, desto kürzer kann die Verbrennungszeit sein. Diese notwendige Homogenität wird umso besser, je stärker die Zerstäubung zu möglichst mikroskopisch kleinen Kraftstoffteilen und gleichmäßiger die Verteilung ist. Dies wird erreicht durch hohen Einspritzdruck (Otto ca. 200 bar, Diesel ca. 2000 bar) des Kraftstoffs und dessen starke Verwirbelung. Dazu sind auch möglichst kleine Düsendurchmesser (bis kleiner 0,15 mm) notwendig.

Hohe Verbrennungstemperatur und ausreichende Zeit ermöglichen somit einerseits weitgehend vollständig Verbrennung. Andererseits reagiert der normalerweise träge Stickstoffanteil zu Stickoxiden NO und NO_2 (als NO_X bezeichnet man mit Index x = 1 bzw. 2), je höher die Temperatur ist. Neben Kohlenmonoxid sind besonders Stickoxide für den Menschen schädliche Gifte, da sich diese in das Blut einlagern und den reinen Sauerstoff dort verdrängen. Die zum menschlichen Leben unerlässliche Sauerstoffversorgung wird dadurch mehr oder weniger stark beeinträchtigt. Zur Verringerung der Schädlichkeit der unvermeidlichen Abgase werden deshalb bei Ottomotoren sog. Dreiwegekatalysatoren und Partikelfilter eingesetzt. Diese wandeln durch katalytisch veranlasste chemische Reaktionen NO_X zu N_2 und CO in CO_2 sowie unverbrannter Wasserstoff H in Wasserdampf H_2O um. Dazu dient der vom NO_X abgetrennte Sauerstoff und der noch Abgas vorhandene. Übrig bleiben dann Kohlendioxid CO_2 und Wasserdampf H_2O. Damit der Katalysator richtig arbeitet, muss die Abgaszusammensetzung entsprechend sein. Das wird über eine in die Abgasleitung eingebaute, sogenannte Lambdasonde von der elektrischen Steuerung (Mikroprozessor) über die Gemischzusammensetzung geregelt. Da der Kohlenstoffanteil von Ottomotoren-Kraftstoffen vergleichsweise gering und dessen chemische Bindung schwach ist, verbleibt beim Verbrennen kaum reiner Kohlenstoff (Ruß). Anders ist das beim längermolekularen Kraftstoff von Dieselmotoren. Dieser verbrennt oft unvollständig. Es bilden sich dann Stickoxide NO_X und verbleibt Ruß als Feinstaub. Daher benötigen Dieselmotoren zur Abgasreinigung selektive Katalysatoren, die mit Harnstoff die Stickoxide zu Stickstoff N_2 reduzieren. Durch nachgeschaltete Feinstaubfilter werden die Kohlenstoff-Teilchen zurückgehalten und in Zeitintervallen mit Zufuhr weiterem Kraftstoff und Luft in diesem verbrannt. In beiden Fällen (Otto und Diesel) verbleibt jedoch immer Kohlendioxid CO_2, das mitverantwortlich für den sog. Treibhauseffekt der Atmosphäre ist und deshalb möglichst stark reduziert werden muss (niedrige Fahrgeschwindigkeit, kleinere Motoren, möglichst hoher Wirkungsgrad).

3.5.5 Dieselmotor (Viertakt)

Auch die ersten um 1898 verwirklichten Dieselmotoren arbeiteten im Viertakt-Verfahren, d.h., eine ganze Umdrehung geht für die Energieumwandlung verloren und dient nur dem Gaswechsel, nämlich Ausschub- und Saughub. Erst die zweite Umdrehung stellt mit Verdichtung, Wärmezufuhr und Expansion den Arbeitsvorgang dar (Viertakter).

Im Gegensatz zum Ottomotor verdichtet jedoch der Dieselmotor reine Luft, und zwar so hoch, dass ihre Endtemperatur *über* der Zündtemperatur des verwendeten Brennstoffs liegt. Nahe dem OT wird dann Brennstoff fein zerstäubt in den Verbrennungsraum eingespritzt (innere Gemischbildung), worauf er in jeder Menge bis zum stöchiometrisch erzielbaren Mengenverhältnis verbrennt. Anschließend erfolgt die Expansion.

Arbeitsweise und Ventilsteuerung des Viertakt-Dieselmotors sind ähnlich der des Viertakt-Ottomotors mit Ausnahme der Gemischbildung und der Zündung. Es wird reine Luft angesaugt und verdichtet. Während des Verdichtungshubes beginnt etwa 3 bis 20 Kurbelwinkelgrade vor OT die Einspritzung des Dieselöls in die durch Kompressionsarbeit hoch erhitzte Luft. Durch hohen Einspritzdruck sowie konstruktive Maßnahmen wird eine gute Verwirbelung des Dieselöls in der Luft und Aufreißen zu großer Oberfläche erreicht. Die feinversprühten Ölpartikelchen verdampfen zum Teil, werden in Kohlenwasserstoffe aufgespalten und verbrennen mit dem Sauerstoff der verdichteten Verbrennungsluft. Der Einspritzvorgang dauert dann bis etwa 20 bis 30 Kurbelwinkelgrade nach OT an.

Seine ursprüngliche Absicht der Annäherung an den Carnot-Prozess musste *Rudolf Diesel* nach mehreren vergeblichen Versuchen aufgeben. Er verfiel dann zunächst in das mechanisch einfachste und bei der Gasturbine diskutierte Verfahren der Gleichdruckverbrennung, d.h., bei zurückgehendem Kolben wurde die Brennstoffzufuhr so geregelt, dass der Druck während der Verbrennung konstant, also $p_3 = p_2$, blieb.

Entsprechend ist der Vergleichsprozess des Dieselmotors der Gleichdruckprozess (Tabelle 2.5). Der Verbrennungsvorgang wird durch eine isobare Wärmezufuhr ersetzt. Die drei anderen Zustandsänderungen, zwei Isentropen und eine Isochore, entsprechen denen des Ottomotor-Vergleichsprozesses.

Mit den im Laufe der Jahrzehnte erzielten Verbesserungen des Triebwerkes konnte man jedoch auch höhere Drücke, z.B. bis ca. 150 bar oder mehr, beherrschen und damit noch bessere thermische Wirkungsgrade erzielen. Nach *Seiliger* kann die Verbrennung beim heutigen Dieselmotor näherungsweise wie folgt dargestellt werden: Von *2* bis *3* Verbrennung bei konstantem Volumen bis zum zulässigen Höchstdruck; anschließend Restverbrennung von *3* bis *4* bei konstantem Druck. Der Seiliger-Vergleichsprozess nimmt hinsichtlich des Verbrennungsvorganges somit eine Überlagerung von Gleichraum- und Gleichdruckverbrennung vor (Tabelle 2.5). *2* bis *3* Wärmezufuhr bei konstantem Volumen, *3* bis *4* Fortsetzung der Wärmezufuhr bei konstantem Druck.

Die größte Schwierigkeit bei der Entwicklung von Dieselmotoren besteht in der Lösung der Aufgabe, in der nach tausendstel Sekunden bemessenen kurzen Zeit, die für den Verbrennungsvorgang zur Verfügung steht, die Brennstoffteilchen gleichmäßig über die Verbrennungsluft zu verteilen, sodass jedes Brennstoffmolekül seine Sauerstoffmoleküle vorfindet, um die Verbrennung einzuleiten. Die Aufgabe ist nur angenähert lösbar, und praktisch bleibt deshalb ein Teil des Sauerstoffs ungenutzt.

Eine einigermaßen vollständige Verbrennung gelingt daher nur bei Bereitstellung eines Luftüberschusses in der Größenordnung von rd. 60 %. Die erforderliche Luftmenge ist dann λ = 1,6-mal so groß wie die stöchiometrische. Daher ergibt sich die je kg Luft zur Verfügung stehende spezifische Verbrennungs-Wärmemenge:

$$q = \frac{H_u}{\mu \cdot \lambda}$$

μ stöchiometrisches Mischungsverhältnis (Abschnitt 3.5.4.1):

$$\mu \approx 14{,}5 \ \frac{\text{kg Verbrennungsluft}}{\text{kg Kraftstoff}}$$

3.5.5.1 Vergleich Ottomotor – Dieselmotor (Bild 3.57)

	Ottomotor	Dieselmotor
Verdichtungsverhältnis	6 - 12	12 - 27
Kraftstoff	Leichtkraftstoff (Benzin sowie Benzin-Benzol- oder Benzin-Alkohol-Gemisch)	Schwerkraftstoff (Gasöl sowie Dieselöle aus Synthese und Hydrierung)
Gemischbildung	Zwei Verfahren: Äußere Gemischbildung: Kraftstoffeinspritzung in die Saugleitung. Dadurch innige Vermischung mit der einströmenden Verbrennungsluft. Dabei wegen Zündgrenzen Luftmengenregelung durch Drosselklappe. Innere Gemischbildung: Kraftstoff direkt in den Brennraum, sog. Direkteinspritzung Keine Luftanpassung (Drosselklappe) notwendig. Kraftstoffanreicherung bei Zündkerzen wegen Zündgrenzen.	Innerhalb des Verbrennungsraumes (innere Gemischbildung). Es wird nur Luft angesaugt und im Zylinder verdichtet. Dann wird der Kraftstoff unter hohem Druck (200 bis 2500 bar) in den Verbrennungsraum eingespritzt und erst dort mit der Verbrennungsluft möglichst homogen gemischt.
	Verdichtungsdruck rund 8 - 15 bar Verdichtungstemperatur rund 300 - 600 °C Abgastemperatur ca. 1000 °C	Verdichtungsdruck rund 25 - 65 bar Verdichtungstemperatur rund 700 - 900 °C Abgastemperatur ca. 800 °C

	Ottomotor	Dieselmotor
Zündung	Fremdzündung durch den in der Zündanlage erzeugten hochgespannten Zündstrom, der als Zündfunke an den Elektroden der Zündkerze gegen Ende des Verdichtungshubes überspringt und das verdichtete Gemisch entzündet.	Selbstzündung durch Entflammen des eingespritzten Kraftstoffes (Selbstentzündungstemperatur rund 350 °C). Infolge der größeren Verdichtung ist der Verdichtungsraum des Dieselmotors kleiner, d. h., die Luft wird stärker zusammen gepresst und dadurch höher erhitzt.
Verbrennung	Der Kraftstoff entflammt und verbrennt so schnell, dass während der Verbrennung praktisch keine Vergrößerung des Verbrennungsraumes durch den ausweichenden Kolben eintritt. Daher auch als Gleichraumverbrennung bezeichnet. Verbrennungsdruck rund 30 - 60 bar Verbrennungstemperatur rund 2000 - 2400 °C	Der eingespritzte Kraftstoff entflammt am Ende des Zündverzuges an mehreren Stellen des Kraftstoffstrahles gleichzeitig und **verpufft**. Dabei herrschen annähernd gleicher Druck und Temperatur bis Ende der Verbrennung im Verbrennungsraum (Gleichdruckverbrennung) Verbrennungsdruck rund 100 - 200 bar Verbrennungstemperatur rund 1800 - 2200 °C
Regelung	Veränderung der Gemischmenge (Drosselung). Durch Verstellen der Drosselklappe in der Saugleitung wird die Menge des angesaugten Kraftstoff-Luft-Gemisches (sowohl Kraftstoff als auch Luft) geregelt. Bei Direkteinspritzung in den Brennraum keine Drosselklappe (geringere Verluste), jedoch wegen Zündgrenzen Schichtladung, d. h. Benzinanreicherung im Zündkerzenbereich notwendig.	Veränderung der Kraftstoffmenge. Die Menge des eingespritzten Kraftstoffes (nicht aber die Luftmenge) wird durch Verdrehen des Einspritzpumpenkolbens bzw. Düsenöffnung geregelt. Ein Regler sorgt für Höchstbegrenzung und bewirkt die richtige Leerlaufstellung. Durch Drosselklappen in der Luftleitung und Kraftstoffveränderung über Membrane in Abhängigkeit vom Motorsog auch Anpassung Luft-Kraftstoff möglich.
Wirkungsgrad	rund 24 % (max. 33 %)	rund 35 % (max. 50 %)

Einen Vergleich der Arbeitsdiagramme zeigt Bild 3.57.

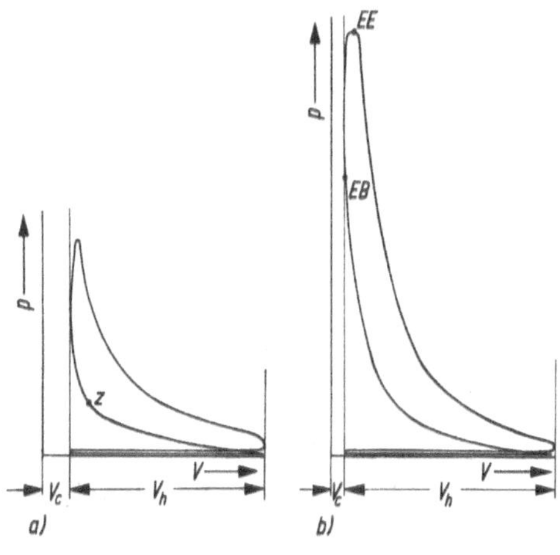

Z Zündpunkt
EB Einspritzbeginn
EE Einspritzende

Bild 3.57 Vergleich der Arbeitsdiagramme von Otto- und Dieselmotor (annähernd maßstabsgerecht): a) Ottomotor, $\varepsilon = 9$, b) Dieselmotor, $\varepsilon = 18$

3.5.5.2 Einspritzung und Gemischbildung

Zeitliche Entwicklung

Rudolf Diesel erreichte bei Gleichdruckverbrennung mit $p_2 \approx 40$ bar eine befriedigende Zerstäubung des Brennstoffs und Gemischbildung mithilfe hochgespannter Druckluft. Diese wurde mit einem Überdruck von etwa 40 bar über p_2, d. h. mit etwa 80 bar durch ein mittels Nocken feingesteuertes Nadelventil in den Brennraum eingeblasen, nahm dabei den bereits während des Saughubes vor der Düse vorgelagerten, durch Brennstoffpumpe und Regler fein dosierten Brennstoff mit und zerstäubte ihn im Brennraum.

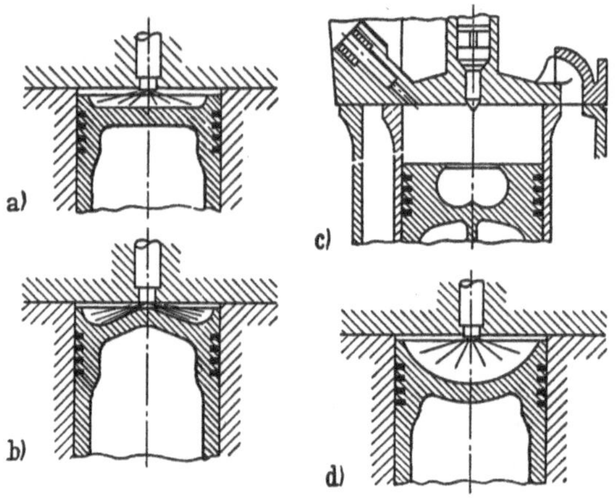

Bild 3.58 Unmittelbare Diesel-Einspritzung (Prinzipien)

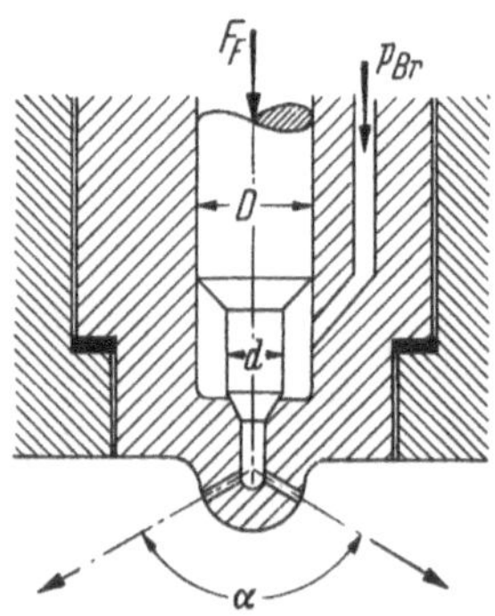

Bild 3.59 Selbsttätiges Einspritzventil

Der für 80 bar notwendigerweise dreistufige Kompressor mit zwei Luft-Zwischenkühlern erhöhte Preis, Gewicht sowie Abmessungen der Maschine und verbrauchte bis zu 15 % der Motorleistung. Das war drei Jahrzehnte ein Hindernis für manche Anwendungsgebiete des Dieselmotors. Es gelang erst später, durch Erhöhung der Pumpendrücke auf 400 bis 800 bar eine befriedigende, luftlose, unmittelbare Einspritzung zu erzielen (Bild 3.58). Gleichzeitig gelang es, die Nockensteuerung für das Einspritzventil entbehrlich zu machen und durch ein federbelastetes Ventil zu ersetzen, das bei einem gewünschten Brennstoffüberdruck selbsttätig hydraulisch öffnet (Bild 3.59), wenn

$$p_{Br}\left(D^2 - d^2\right)\frac{\pi}{4} > F_F$$

F_F = Federkraft, p_{Br} = Brennstoffdruck

Die Form der Brennstoff-Austrittsöffnungen ist je nach der Form des Brennraums verschieden; in den meisten Fällen findet man eine Anzahl Öffnungen unter einem

Winkel α verteilt. Die einzelnen Strahlen zeigen etwa Keulenform, denen (Bild 3.58 und 3.59) der Brennraum angepasst ist.

Bei allen Großmotoren oberhalb der Größenordnung von schweren Lokomotivmotoren, d. h., von etwa 200 mm Kolbendurchmesser aufwärts und Drehzahlen unterhalb etwa 12,5 s^{-1}, kommt man mit diesen Mitteln i. Allg. zum Ziele. Durch die meist relativ hohen Luftzahlen λ = 1,6 bis 1,8 ergeben sich geringe p_e und schwere Maschinen, was bei ortsfesten und Schiffsmaschinen zulässig ist, zumal die direkte Einspritzung den geringsten Brennstoffverbrauch ergibt: b_e = 0,21 kg/kWh und in Sonderfällen weniger. (MAN-Hochaufladung mit b_e = 0,19 kg/kWh.)

Bei Landfahrzeugmotoren sind geringere kW-Gewichte erforderlich, d. h. kleine Luftzahlen (z. B. λ = 1,3 bis 1,5), und hohe Drehzahlen, d. h. kleine Einspritzzeiten. Bei z. B. n = 50 s^{-1}, und dazu einer Einspritzung über z. B. 18° Kurbelwinkel beträgt die Einspritzzeit $t_E = 10^{-3}$ s.

Unter so extremen Bedingungen reicht die vom Pumpenkolben auch bei höchsten Drücken abgegebene Energie zur Gemischbildung nicht mehr aus. Es müssen weitere Energiequellen herangezogen werden, entweder aus der Verbrennung (thermische Kräfte) oder aus der Kolbenbewegung (mechanische Kräfte).

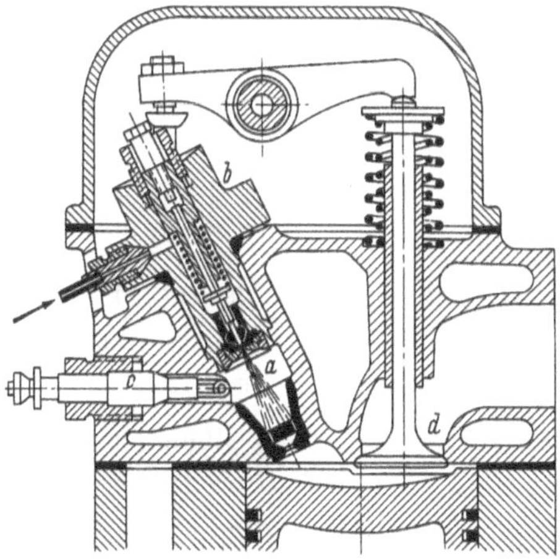

a Vorkammer
b Einspritzventilgehäuse
c Glühkerze

Bild 3.60
Zylinderkopf mit Vorkammer

Zu der ersten Kategorie gehört die viel verwendete **Vorkammer** (Bild 3.60), die etwa wie folgt arbeitet: Am Ende des Verdichtungshubes wird bis etwa 1/3 der gesamten Verbrennungsluft durch eine Lochreihe in einem heißen Bechereinsatz mit steigenden Verdichtungstemperaturen in die Kammer *a* gedrückt, gleichzeitig durch eine Einlochdüse ein Brennstoffstrahl in den Becher gedrückt, der sofort zündet und etwa im Totpunkt durch Teilverbrennung einen Überdruck von z. B. 15 bar über p_2 bewirkt. Das brennende Gemisch wird mit beginnendem Kolbenrückgang unter starker Verwirbelung in den Hauptbrennraum gedrückt und findet hier den zur vollständigen Verbrennung erforderlichen Sauerstoff.

Vorkammermaschinen erreichen Luftzahlen λ = 1,3 bis 1,5 bei höheren Verdichtungsverhältnissen ε = 16 bis 20. Sie brauchen als Starthilfe eine Glühkerze c, da der kalte Bechereinsatz die Luft anfangs bis unter Zündtemperatur abkühlt. Ist der Becher angewärmt, kann der Glühstrom abgeschaltet werden. Der erforderliche Einspritzdruck p_{Br} ist geringer als bei der Direkteinspritzung. Häufig genügen 200 bar und weniger.

Zu den vielen Varianten der zweiten Kategorie gehören die **Wirbelkammermaschinen** und die **Luftspeichermaschinen**. Beide nutzen mechanische Kräfte aus der Kolbenbewegung.

Da in England und den USA die Wirbelkammermaschine beim Lkw vorherrscht, seien in Bild 3.61 einige Beispiele gegeben.

Die Wirbelkammer enthält im OT fast die gesamte Verbrennungsluft (im Gegensatz zur Vorkammer). Sie wird durch einen tangentialen Kanal während des Verdichtungshubes gefüllt, und ihr Luftinhalt erhält dadurch eine starke Rotation (Wirbelbewegung). In diesen Luftwirbel wird der Brennstoff eingespritzt, und zwar am besten nicht radial, sondern **mit dem Luftstrom** und in Richtung des Verbindungskanals, durch den nach vollendeter Mischung und bei zurückgehendem Kolben das brennende Gemisch wieder in den Zylinder zurückströmen muss. Die Wirbelkammer hat einen größeren Kanalquerschnitt als die Vorkammer, daher auch geringere Drosselverluste. Beiden Bauarten gemeinsam sind aber die zerklüftete Form und größere Oberfläche der Brennräume und dadurch höhere Wärmeverluste an das Kühlwasser. Sie werden im Brennstoffverbrauch immer etwas höher liegen als die direkte Einspritzung. Auch die Wirbelkammermaschine bedarf als Starthilfe i. Allg. einer Glühkerze.

Die Vorgänge bei der Gemischbildung und Verbrennung sind im Einzelnen noch keineswegs geklärt, sondern heute, nachdem der Ottomotor ca. 140 Jahre und der Dieselmotor etwa 120 Jahre alt sind, immer noch Gegenstand der Forschung.

Beim Dieselmotor war das Bestreben der Konstrukteure bisher allgemein darauf gerichtet, sowohl eine gute **Makro**-Anpassung des Brennstoffnebels an den Brennraum und eine gute Mischung mit der Verbrennungsluft zu erzielen als auch eine feine **Mikro**-Zerstäubung in kleinste Nebeltröpfchen (mikroskopisch kleine Brennstoffkugel), d. h., eine relativ große, aktive Oberfläche und damit eine schnelle Reaktion bzw. eine kleine Zündverzugszeit zu erreichen.

Verkleinert man z. B. den Durchmesser einer Brennstoffkugel von 1 mm auf 10^{-3} mm, so nimmt ihre Oberfläche im Verhältnis $1:10^6$ und ihr Volumen im Verhältnis $1:10^9$ ab. Die ursprüngliche Menge verteilt sich dann auf 10^9 Kugeln mit 1000-mal so großer Oberfläche.

Die Weiterverfolgung dieses Prinzips stieß besonders beim Fahrzeug-Dieselmotor auf steigende Schwierigkeiten. Durch Verkleinerung der Tröpfchen konnte man

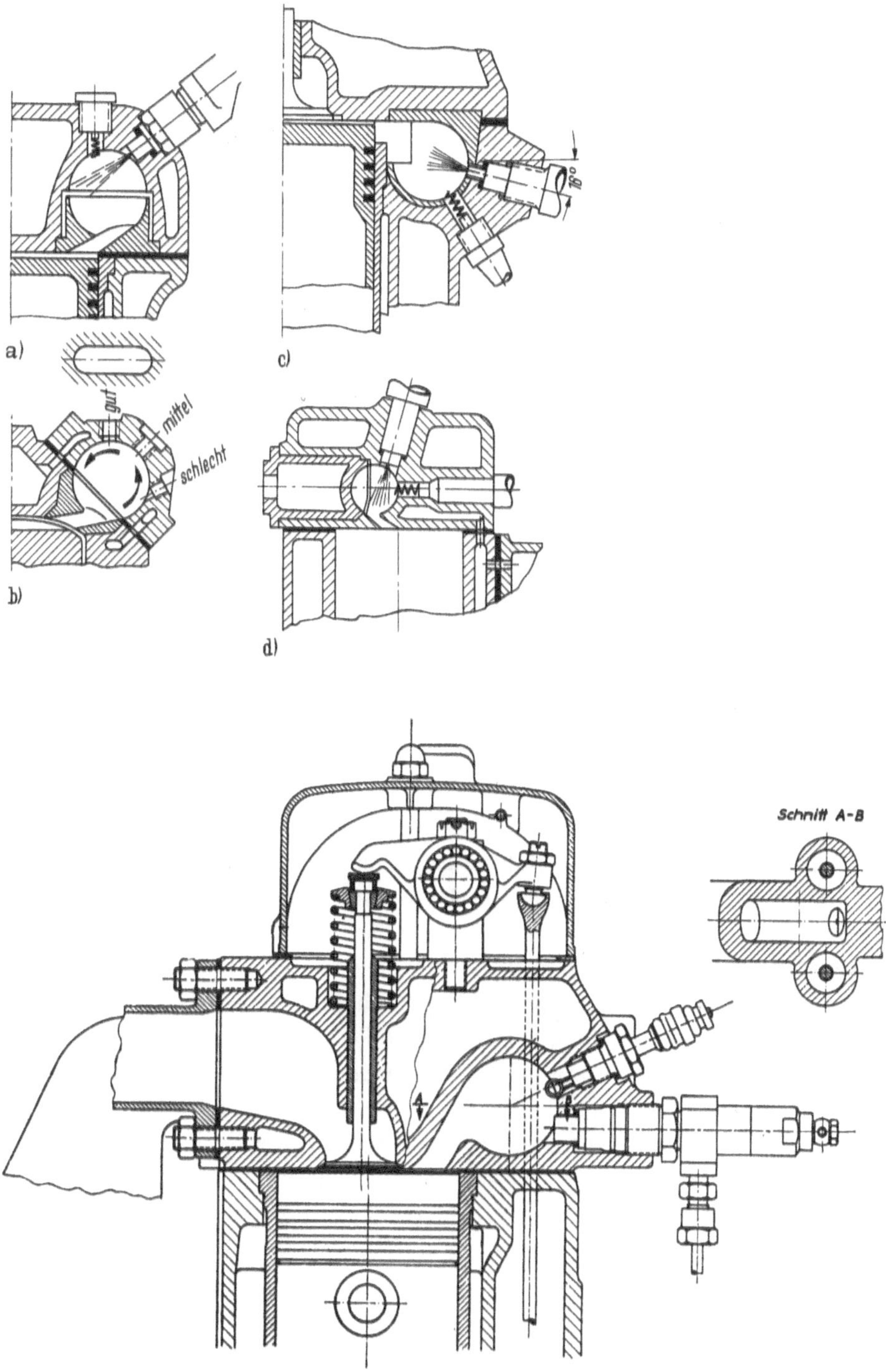

Bild 3.61 Zylinderkopf mit Wirbelkammer (frühere Ausführungen): a)–d) Konstruktionsbeispiele

zwar die Wärmeübertragung bis auf Zündtemperatur beschleunigen, die chemische Reaktion aber nicht wesentlich beeinflussen. Während der Zündverzugszeit ist beim Schnellläufer ein relativ großer Anteil der gesamten Brennstoffmenge bereits eingespritzt und verbrennt dann plötzlich schlagartig. Gesprochen wird von **hartem Lauf** oder **Diesel-Klopfen.** Entgegen allen ursprünglichen Vermutungen zeigte es sich nun, dass dieses Übel mit der weiteren Vergrößerung der aktiven Flüssigkeitsoberfläche nicht abnahm, sondern zunahm.

Einen völlig anderen Weg verfolgt das **M-Verfahren** (Dr.-Ing., Dr.-Ing. E. h. S. *Meurer*) der MAN, obwohl der damit ausgerüstete Fahrzeugmotor von seinem Vorgänger im Ganzen nicht auffällig verschieden ist. Er enthält eine zentral im Aluminiumkolben angeordnete kugelförmige Wirbelbrennkammer (Bild 3.62).

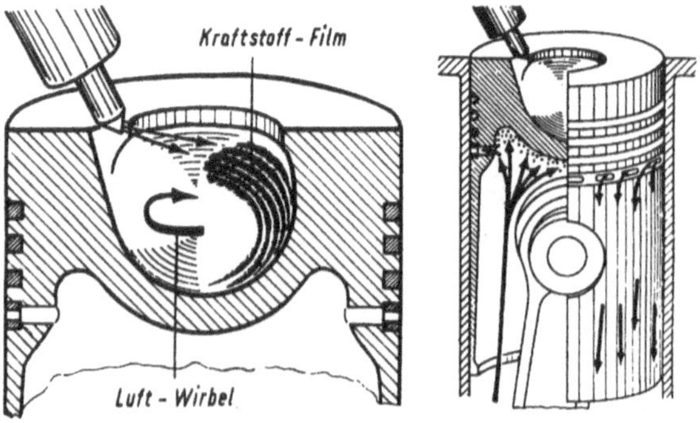

Bild 3.62
Kolbenkammer- oder M-Verfahren der MAN

Die Luft wird aber zusätzlich in kräftige Rotation um die Zylinderachse versetzt. Bei den bisher nach dem M-Verfahren gebauten Viertaktmotoren geschieht dies beim Einströmen, und zwar früher durch einseitige Abschirmung des Einlassventiles, später durch schrauben- bzw. schneckenförmige Gestaltung des Saugrohres vor dem Einlassventil. Der Brennstoff wird nicht zerstäubt, sondern durch eine gut gekühlte Düse meist in nur *einem* massiven Strahl filmartig auf die Brennkammerwand verteilt, wo er, vom heißen Luftwirbel unterstützt, ausgebreitet, verdampft und mitgenommen wird. Die verdampften Partikel brennen stetig nacheinander ohne detonative Verpuffung. Die Einleitung der Verbrennung erfolgt durch einen kleinen Anteil der eingespritzten Brennstoffmenge, welche in Form kleinster Tröpfchen in die Luft verteilt wurde und **klassisch** nach Diesel verbrennt. Die Kühlung des thermisch hoch beanspruchten Kolbens erfolgt durch einen Schmierölstrahl aus der Kurbelkammer gegen den Kolbenboden.

Neben dem ruhigen Lauf hat das M-Verfahren einen weiteren Vorteil: weitgehende Unempfindlichkeit gegen Verschiedenheiten des Brennstoffs. Der M-Motor ist ein Weg zum **Vielstoffmotor**. Es ist sogar gelungen, relativ **klopffeste** Otto-Kraftstoffe zu verarbeiten, deren Zündpunkt etwa 200 K höher liegt als bei Dieselöl.

Leistungsregelung

Während beim Ottomotor infolge des engen Bereiches der Zündfähigkeit, sog. Zündgrenzen, die Gemischzusammensetzung nicht wesentlich geändert werden darf und daher als Regelverfahren die Drosselregelung verbleibt, entfällt diese Einschränkung beim Dieselmotor, da T_2 stets über der Zündtemperatur liegt. Man regelt daher beim Dieselmotor wirtschaftlicher durch Änderung der Brennstoffmenge.

Bei Drosselregelung wird der Ansaugquerschnitt durch Drehung der Drosselklappe zunehmend verengt und dadurch der Zylinder nicht mehr voll gefüllt. Die Ansauglinie im p,V-Diagramm fällt dadurch ab, desgleichen der Verdichtungs-Anfangsdruck p_1 und proportional zu p_1 alle Drücke und Leistungen des Diagramms. Der Ottomotor läuft im Leerlauf sanft und ruhig bei geringen Gasdrücken; Verbrennung sowie Wirkungsgrad werden aber schlechter, d. h. Motor als auch Zündkerzen neigen zum Verrußen, und der spezifische Brennstoffverbrauch steigt mit zunehmender Drosselung stark an. Abhilfe: Schichtladung.

Bei der Brennstoffregelung des Dieselmotors bleiben die volle Luftfüllung und damit p_1 sowie die Verdichtungslinie $p_1 - p_2$ erhalten. Bei Herabsetzung der Brennstoffmenge, d. h. der Wärmezufuhr, wird das p,V-Diagramm immer **magerer**. Da die Gasdrücke im Wesentlichen erhalten bleiben, aber $\mathrm{d}p/\mathrm{d}t$ größer wird, läuft der Dieselmotor bei Leerlauf härter als der Ottomotor. Der thermische Wirkungsgrad wird jedoch bei Teillast besser, wie das T,s-Diagramm zeigt, wenn man je ein Carnot-Diagramm mit der Entropiebreite ds vergleicht: Im ersten Falle ist bei Vollast $(\eta_C)_r = (T_4 - T_5)/T_4$ und im zweiten bei Leerlauf $(\eta_C)_1 = (T_2 - T_1)/T_2$; es zeigt sich, dass $(\eta_C)_1 > (\eta_C)_r$. Da aber die Reibungsarbeit annähernd konstant bleibt, nimmt η_m mit der Belastung ab. Aus $\eta_C \cdot \eta_m$ ergibt sich, dass der spez. Brennstoffverbrauch des Dieselmotors bei etwa ¾ Nennlast ein Minimum erreicht und bei weiterer Verkleinerung der Teillast langsamer ansteigt als beim Ottomotor.

Einspritzsysteme (Verweis auf Kurek 2006), Bosch, Tognum-MTU, Daimler und VW

Drei verschiedene Systeme sind bekannt:

1. Reiheneinspritzpumpe
2. Common-Rail (Pumpe-Leitung-Düse PLD)
3. Pumpen-Düsen-Element (PDE)

Reiheneinspritzpumpe

Die auf Fa. Bosch zurückgehende, jetzt schon fast historische Reihenspritzpumpe erhält jeweils so viele Kolben/Zylinder-Elemente wie der zu versorgende Motor Zylinder hat. Jedem Motorzylinder ist also ein Pumpenelement zugeordnet, das die zugehörige Einspritzdüse des Zylinders versorgt. Jeder Pumpenkolben ist mit einer durch Drehen verstellbaren Einspritzdüse des Zylinders versorgt. Jeder Pumpenkolben ist mit einer durch Drehen verstellbaren Steuerkante ausgestattet, welche die Einspritzmenge der geforderten Motorleistung anpasst. Vom Gaspedal werden die Pumpenkolben über Gestänge entsprechend gedreht. Durch die Motorkurbelwelle wird die Reihenkolbenpumpe angetrieben, d. h. deren, die Pumpenkolben bewegenden Nockenwelle.

Auf ein Bild der Reihenkolbenpumpe ist verzichtet, da diese nur noch bei einfacheren Dieselmotoren angewendet wird. Das sind ältere Dieselmotoren sowie solche für ungeordnete Fälle, also mit geringeren Ansprüchen an Verbrauch und Abgasqualität, als auch Geräuschbildung. Vorteile sind dafür einfacher Aufbau und relativ geringer Serviceaufwand.

Common-Rail-System PLD

Dieses Verfahren wird sehr häufig angewendet, besonders bei Dieselmotoren mittlerer und größerer Leistung, z. B. Fahrzeugmotoren (Pkw, Lkw, Busse), Lokomotiven, aber auch bei stationären sowie kleineren bis mittelgroßen Schiffsmotoren.

Das Common-Rail-System besteht aus

- **Vorpumpe** (meist bei Flügelzellen- oder Zahnrad-Ausführung), die den Kraftstoff vom Tank fördert, angetrieben durch Elektromotor.
- **Hochdruckpumpe**, die von der Kurbelwelle angetrieben wird und den Kraftstoff dem Rail (Hochdruckleistung) zuführt. Förderdrücke von über 2000 bar werden erreicht Ausführungen solcher Pumpen sind in der Bilder 3.63; 3.64, 3.65 dargestellt, was für feinste Kraftstoff-Zerstäubung notwendig ist.
- **Rail** mit den Aufgaben von Speicherung und Verteilung des unter Hochdruck stehenden Kraftstoffs.
- **Zuführleitungen**, möglichst kurz, die den Kraftstoff vom Rail zu den Injektoren (Düsenhaltekombinationen), führen, welche angeordnet sind in den Zylindern des Motors. Diese Verbindungsleitungen bestehen aus nahtlos gezogenem Präzisionsstahlrohr [Kurek 2006] mit Außendurchmesser von 6 bis 8 mm, bei Wanddicken zwischen 1,5 bis 2,5 mm. Für den Kraftstoff verbleibt dann noch ein Innen-, d. h. lichter Durchmesser von 3 mm. Damit Einspritzdruck und Einspritzmenge für alle Zylinder des Motors gleich sind, müssen die Leitungen gleich lang ausgeführt werden. Wäre dies nicht der Fall, würden sich **Druckwellen-Drücke** von $p = \varrho \cdot a_c \cdot c$ [Sigloch 2021] mit unterschiedlicher Laufzeit ergeben. Dabei ist c die Strömungsgeschwindigkeit des Kraftstoffes (Dichte $\varrho \approx 840\ kg/m^3$) in den Zuführleitungen. Die Kompressibilität des Kraftstoffes verursacht dann ungleiche Einspritzmengen und Einspritzzeitpunkte bei den einzelnen Motorzylindern. Die Leitungslänge richtet sich deshalb nach dem von der Hochdruckpumpe am weitesten entfernt gelegene Injektor. Bei Förderbeginn löst der Einspritzkolben jeweils eine Druckwelle aus, die mit etwa

Schallgeschwindigkeit zum Einspritzventil läuft und dort die Düsennadel anhebt - die Einspritzung beginnt. Die **Laufzeit** der Druckwelle ist $T = L/a_c$ [Sigloch 2021]. Dabei sind L die Leitungslänge und a_c die sog. charakteristische Druckwellengeschwindigkeit. Diese ist bei den verwendeten Stahlrohren fast so groß wie die Schallgeschwindigkeit a des jeweiligen Fluides (Dieselöl $a \approx 1200$ m/s), also $a_c \approx a$. An der Düsenöffnung wird die Druckwelle teilweise reflektiert und läuft zur Pumpe zurück. Die Druckwelle bewegt sich dann so lange hin und her, bis ihre Energie durch Reibung aufgezehrt ist. Bei langen Einspritzleitungen kann es vorkommen, dass infolge der an der Hochdruckpumpe reflektierten Druckwelle das bereits durch die Steuerung geschlossene Einspritzventil dennoch etwas Kraftstoff nachspritzt. Dieses Nachspritzen führt zu einer Verschlechterung der Verbrennung. Deshalb sollten keine zu langen Leitungen eingesetzt werden. Für Großdiesel werden aus diesem Grund für jeden Zylinder eigene Einspritzpumpen notwendig.

- **Injektoren** (Düsenhalterung und Düse mit deren Betätigung) Bilder 3.66; 3.67; 3.68. Jeder Zylinder ist mit einem Injektor bestückt (Bild 3.69). Entsprechend dem motorspezifischen, elektronischen Steuerprogramm des vorhandenen Mikrocomputers werden die Düsennadel jedes Injektors durch einen Elektromagnet oder Piezoquarzkristallsatz bewegt. Durch die mehr oder weniger offenen Düsenbohrungen kann dann die Einspritzung des Kraftstoffs in den Zylinderraum erfolgen. Entsprechend angepasste Vor-, Haupt-, und Nacheinspritzung, also aufgeteilte Mehrfacheinspritzung, wir bei allen Drehzahlen ein optimaler Motorbetrieb erreicht, d.h. möglichst geringer Kraftstoffverbrauch und günstige Abgaszusammensetzung sowie niedrige Geräusche.

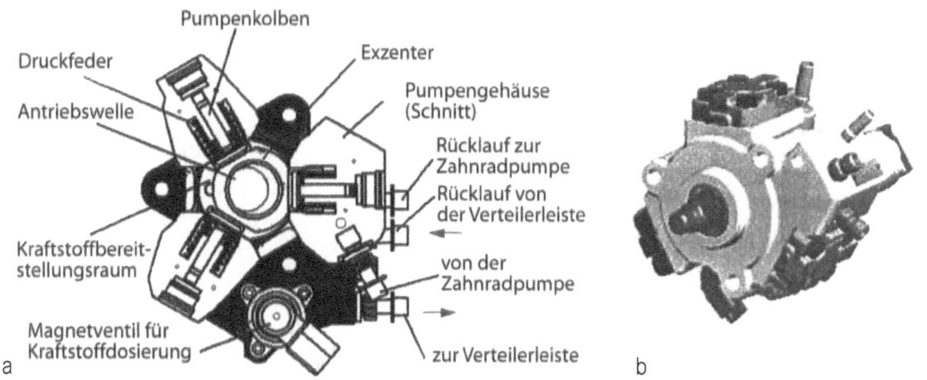

Bild 3.63 Hochdruck-Radialkolben-Verteilerpumpe für Common-Rail-Einspritzsysteme [Kurek 2006]: a) Querschnitt mit Bezeichnis der Komponenten (links), b) 3D-Darstellung (rechts)

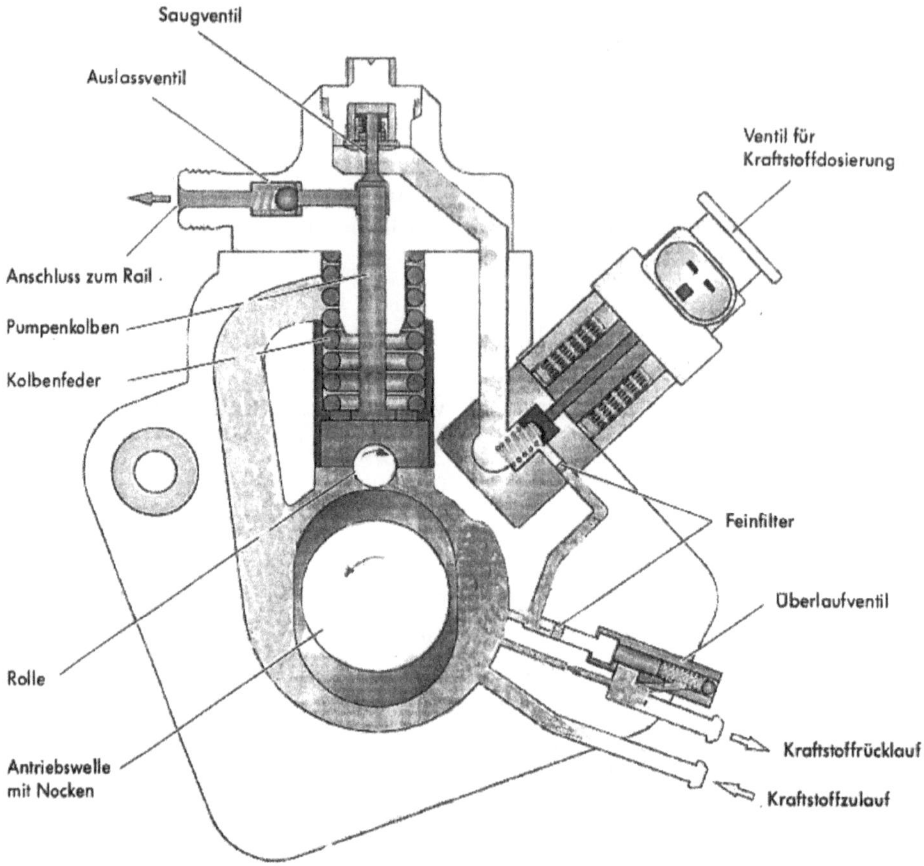

Bild 3.64 Einkolben-Hochdruckpumpe, Querschnitt schematisch (VW)

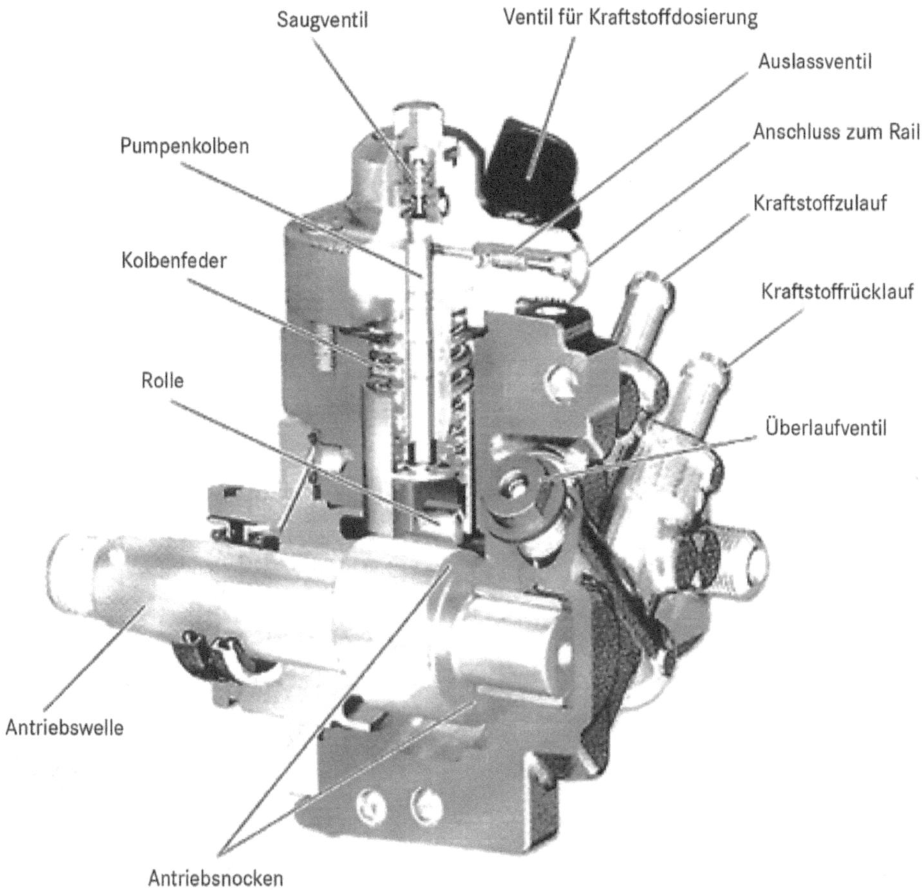

Bild 3.65 3D-Darstellung der Hochdruckpumpe von Bild 3.64 (VW)

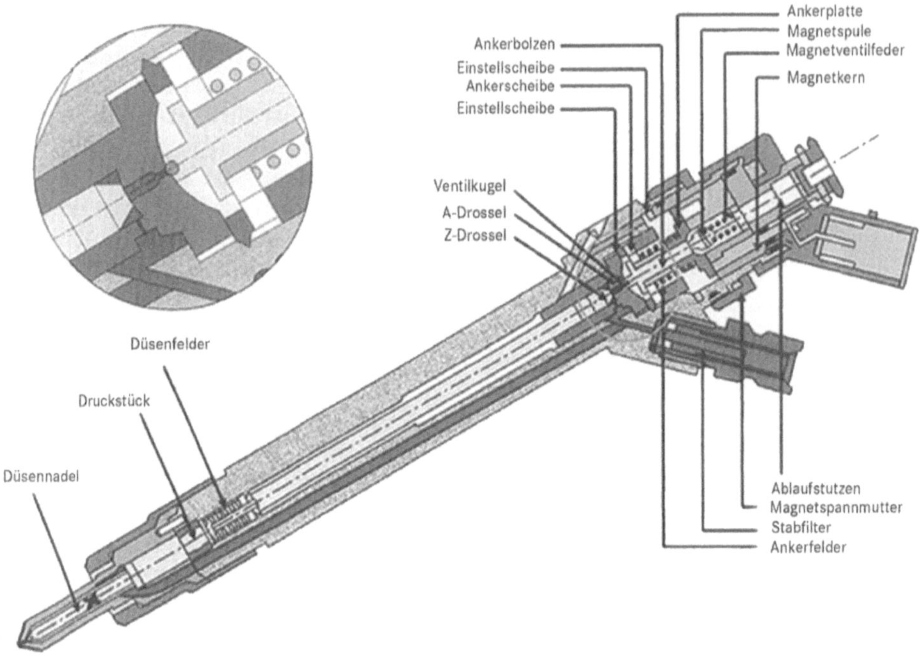

Bild 3.66 Injektor mit Magnetsteuerung für Pkw- und Lkw-Dieselmotoren [Kurek 2006]

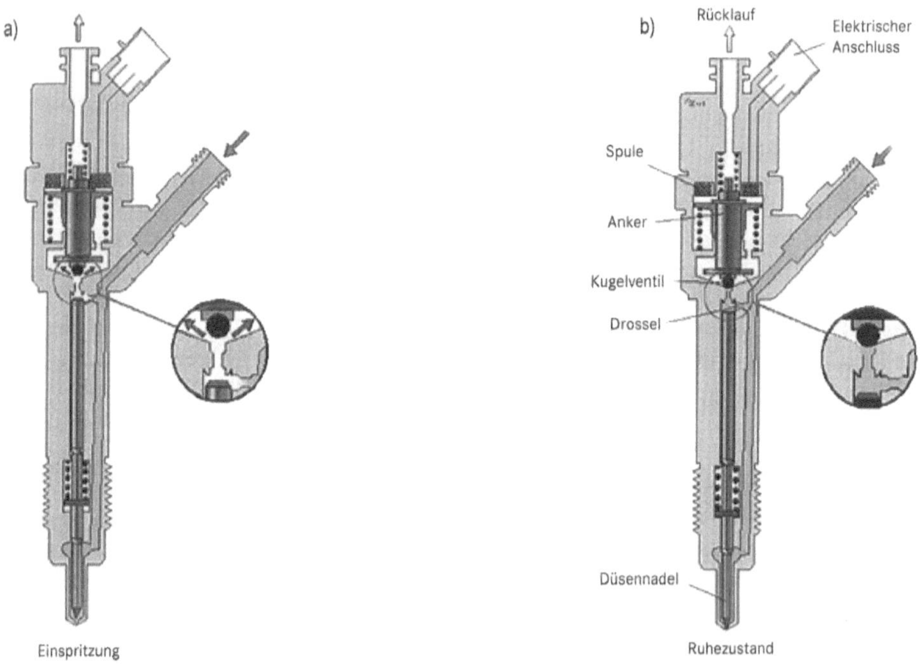

Bild 3.67 Injektor von Bild 3.66 mit Funktionsstellungen [Kurek 2006]: a) geöffnet, also Einspritzung, b) geschlossen, d. h. Ruhezustand

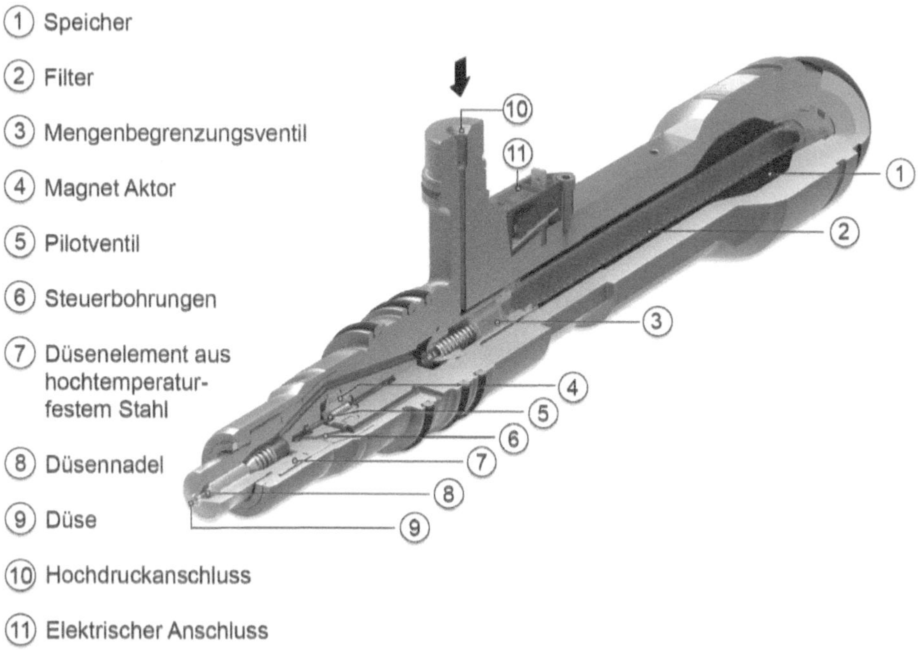

Bild 3.68 Injektor für kleineren Großdiesel von ca. 4000 kW und je Zylinder 4 ltr *(Tognum-MTU)*

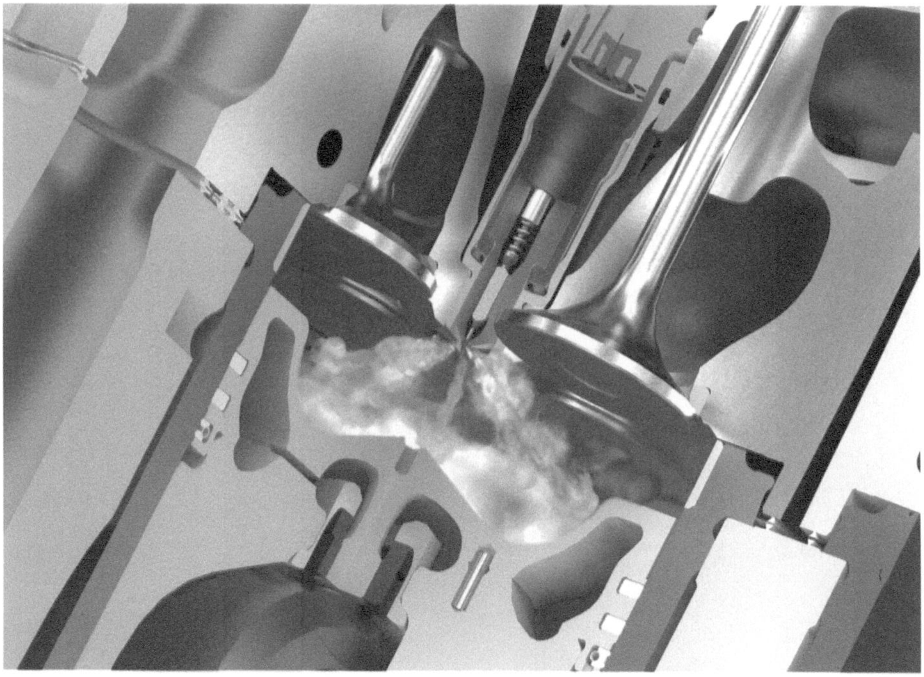

Bild 3.69 3D-Darstellung des Einspritzvorganges in den Zylinderraum mit Injektor von Bild 3.68 *(Tognum-MTU)*

Piezoelemente zur Düsennadelbetätigung ergeben kürzere Ansprechzeiten als Elektromagnete. Dadurch ist es einfacher, die gesamte Einspritzmenge auf mehrere Teileinspritzvorgänge (Mehrfacheinspritzung) aufzuteilen, was den schon erwähnten günstigeren Verbrennungsablauf und geringere Geräusche ermöglicht.

Kennwerte des Injektors (Richtwerte als Hinweise):

- pro Minute wird bei Mehrfacheinspritzung etwa 10 000-mal eingespritzt,
- Eispritzdauer ca. 1 bis 2 ms,
- Einspritzmenge bei mittlerer Zylindergröße ca. 350 mm^3,
- Düsenspalt etwa 0,25 mm^2,
- Düsenlochdurchmesser bis kleiner 0,15 mm; oft Mehrlochdüsen,
- Spiel der Düsennadel etwa 0,002 mm,
- Düsennadelhub ca. 0,04 mm.

Elektronische Einheit (Mikroprozessor), genannt auch CPU (Central Processing Unit) oder ECU (Engine Control Unit). Diese steuert als Herzstück der Einspritzanlage mithilfe von, an entsprechenden Stellen angebrachten Sensoren für Drehzahl, Druck, Luftdurchfluss und Temperatur, das gesamte Einspritzmanagement des Motors.

In Bild 3.70 ist das Common-Rail-Einspritzsystem eines Pkw-Dieselmotors (VW) dargestellt und in Bild 3.71 von einem mittleren Großdiesel *(Tognum-MTU)*.

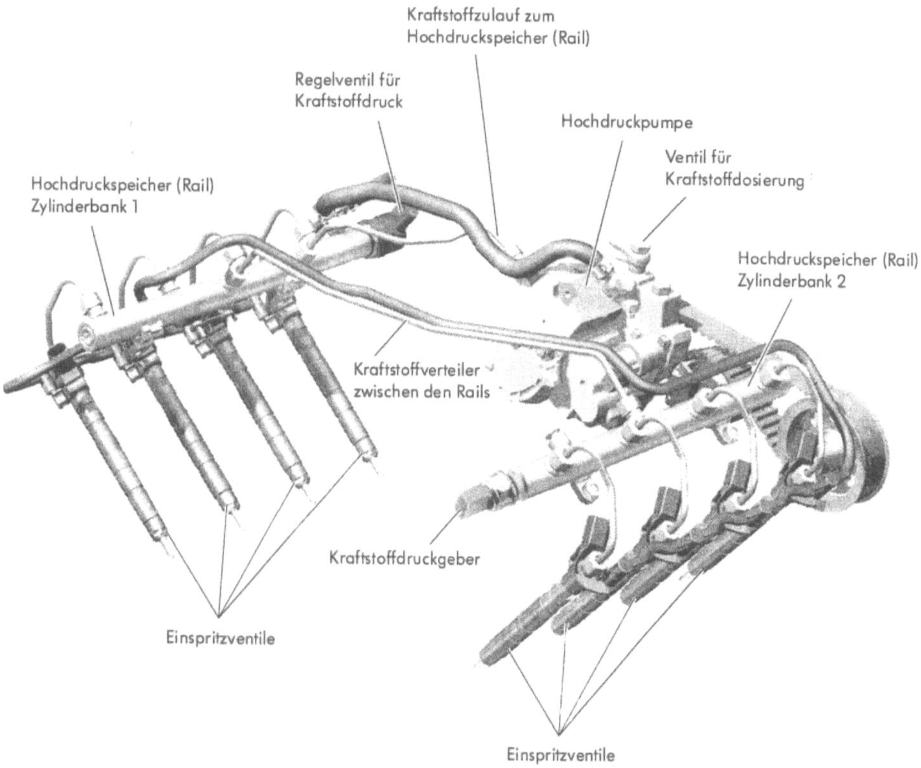

Bild 3.70 Common-Rail-Einspritzsystem (PLD) von Pkw-Dieselmotor mit Bosch-Management-Steuereinheit (VW)

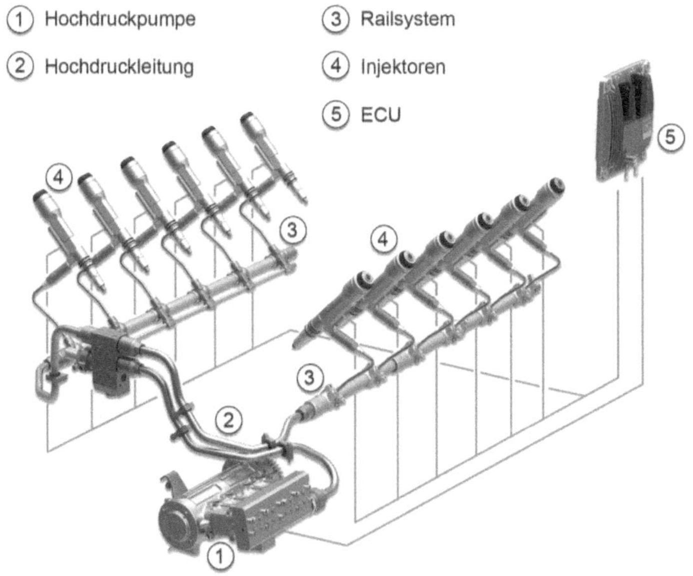

Bild 3.71
Common-Rail-System für kleineren Großdieselmotor mit Injektor nach Bild 3.68 und vollelektronischer Steuereinheit ECU, Engine-Control-Unit (Management) *(Tognum-MTU)*

Pumpen-Düsen-Elemente PDE

Bei vergleichsweise größeren und großen Dieselmotoren werden diese Systeme dann eingesetzt, wenn die Rail (Hochdruckleitung) zu lang würde. Hier wird jeder Motorzylinder mit einer eigenen Hochdruckpumpen-Düsen-Kombination ausgestattet (Bild 3.72; Bild 3.73). Der Kolben jeder Hochdruckpumpe wird durch die zum Motorzylinder gehörende Nockenwelle direkt oder über Kipphebel bewegt. Das ist jedoch nur bei Motoren mit obenliegender Nockenwelle möglich. Pumpe und Injektor (Düse mit Düsenhalter) sind in einem Element vereinigt.

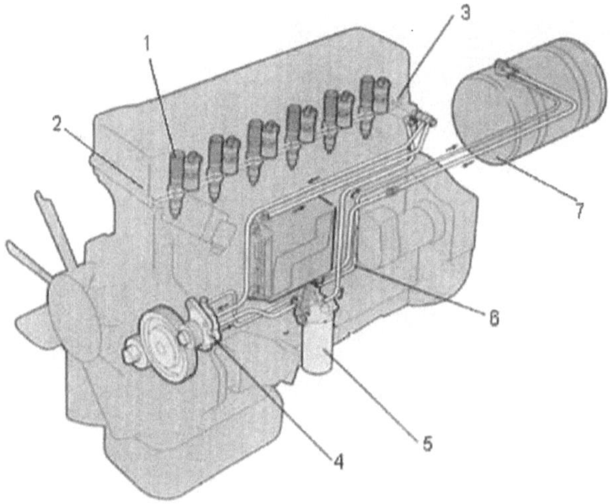

1 Pumpe-Düse-Element
2 Zylinderkopf
3 Niederdruckleitung
4 Kraftstoffpumpe
5 Kraftstofffilter
6 Rücklaufleitung
7 Kraftstofftank

Bild 3.72
Pumpen-Düsen-Elemente (PDE) im Motor als 3D-Prinzipdarstellung [Lechner/Seume 2009]

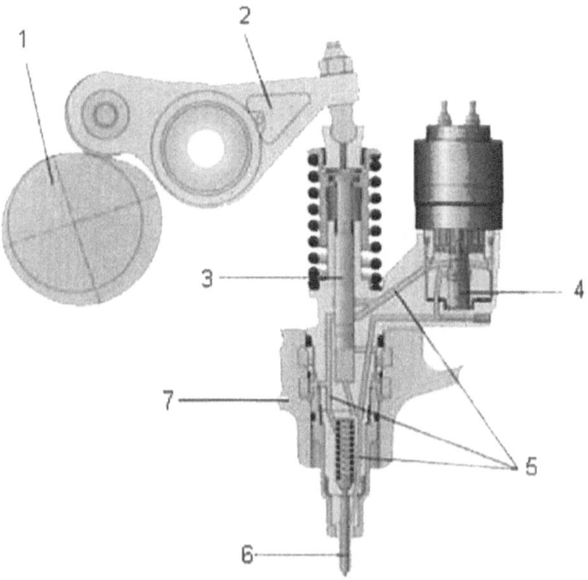

1 Nockenwelle mit Einspritznocken
2 Kipphebel
3 Pumpenkolben
4 Magnetventil
5 Kraftstoffkanäle
6 Einspritzdüse
7 Zylinderkopf

Bild 3.73
Pumpe-Düse-Element (PDE) mit Kipphebelansteuerung als Schema [Kurek 2006]

Hinweise:

Die verschiedenen Pumpendüsensysteme sind in Bild 3.74 prinzipiell dargestellt.

common rail ... gemeinsame Hochdruckleitung

Abgasnachbehandlung in Abschnitt 3.5.4.3

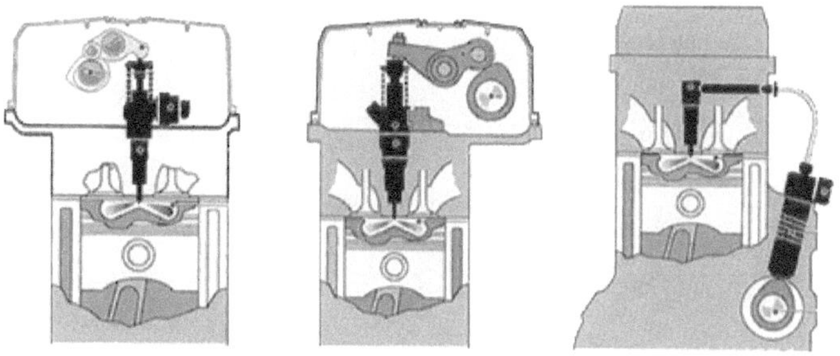

Bild 3.74 Hochdruckpumpen-Düsen-Systeme (Bosch): a) Pumpen-Düse-Element für Pkw-Motoren (links), b) Pumpen-Düse-Element für Pkw- und Lkw-Motoren (Mitte), c) Pumpen-Leitung-Düsen-System für Lkw- und Großmotoren (rechts)

3.5.6 Steuerung des Gaswechsels bei Viertaktmotoren

Bei Viertaktmotoren erfolgt die Steuerung des Gaswechsels überwiegend durch Einlass- und Auslassventile. Das Einlassventil hat die Aufgabe, während des Saugvorganges möglichst viel Frischgase in den Zylinder eintreten zu lassen. Das Auslassventil muss dafür sorgen, dass die Verbrennungsgase den Zylinder möglichst vollständig verlassen. Da die Ventilquerschnitte logischerweise nicht sofort voll geöffnet sein können und die kinetische Energie der strömenden Gasmassen ausgenutzt werden soll, legt man, wie bereits bei der Arbeitsweise der Maschinen beschrieben, den Öffnungsbeginn vor und das Schließende hinter die Kolbentotlagen. Bild 3.75 zeigt den Querschnittsverlauf der Ventilöffnungen über dem Kurbelwinkel. Der tatsächliche Verlauf weicht von dem theoretischen ab. Die Ursache hierfür ist in der elastischen Nachgiebigkeit der Übertragungselemente zu suchen. Bei Öffnungsbeginn bleibt die Ventilerhebung zurück, danach bewirkt der Ausgleich der Elastizitäten eine Erhöhung der Flankenbeschleunigung. An der Spitze reicht die Kraft der Feder meist nicht mehr aus, um den Kraftschluss Nocken - Ventil aufrecht zu erhalten, das Ventil springt über die Nockenspitze. Beim Aufsetzen auf den Sitz ist der Stoß so heftig, dass das Ventil nachfedert. Das Ventilspiel, ein leerer Zwischenraum zwischen Ventil und Nocken bei geschlossenem Ventil, gleicht Wärmedehnungen aus. Die richtige Bemessung dieses Spiels ist äußerst wichtig. Bei zu kleinem Spiel schließt das Ventil nicht mehr richtig ab, wenn der Motor überhitzt wird; ein zu großes Spiel verringert die Öffnungszeiten und die Ventilerhebung, d. h., die Füllung wird verschlechtert und die Leistung fällt ab. Zudem erhöht ein zu großes Spiel den Verschleiß. Abhilfe: sog. Hydrostößel. Diese gleichen das Spiel selbsttätig hydraulisch aus.

Für die Qualität des Motors sind weniger die Steuerwinkel als die Flächen im Querschnittsbild (Bild 3.75) maßgebend. Eine Vergrößerung von Fläche *1* erhöht die thermische Belastung des Ventils. Die Flächen *2* und *4* sollen möglichst groß sein zur Erreichung eines vollkommenen Gaswechsels. Fläche *3* soll nicht zu groß gewählt werden, wenn auch bei niedrigen Drehzahlen auf einen guten, runden Lauf des Motors Wert gelegt wird. Von Fläche *5* hängt in starkem Maße die Leistungscharakteristik des Motors ab. Eine große Fläche *5* bringt Leistung bei hohen Drehzahlen und **kostet** jedoch Drehmoment bei niedrigen Drehzahlen.

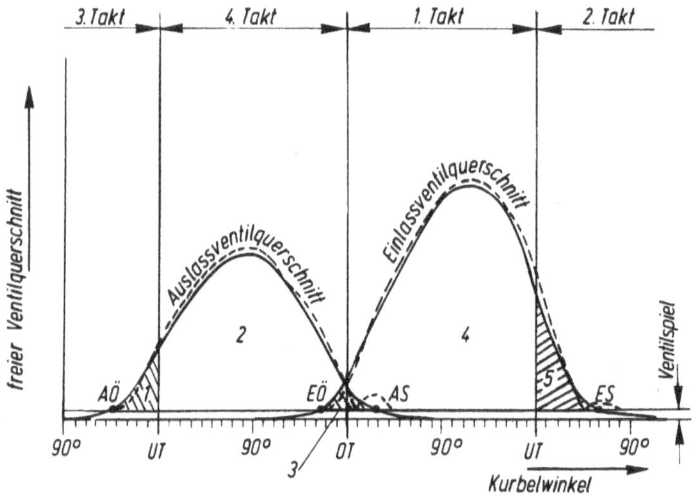

AÖ Auslassventil beginnt zu öffnen
AS Auslassventil hat geschlossen
EÖ Einlassventil beginnt zu öffnen
ES Einlassventil hat geschlossen

Bild 3.75 Freigabe des Ventilquerschnitts, ------ theoretisch - - - - - - tatsächlich

Die Steuerung der Ventile erfolgt durch Nocken, die an einer Nockenwelle angebracht sind. Bei Viertaktmotoren dreht sich die Nockenwelle mit der halben Motordrehzahl. Die Ventile sind überwiegend hängend im Zylinderdeckel untergebracht, stehende Ventile entsprechen nicht mehr der Forderung nach hoher Verdichtung. Bei unten liegender Nockenwelle muss der Kraftschluss zwischen Nocken und Ventil durch einen Stößel und einen Kipphebel hergestellt werden. Eine oben liegende Nockenwelle (jetzt meist angewendet) ist im Antrieb konstruktiv problematischer, hat aber den kürzeren Weg zum Ventil, entweder mit direktem Schluss oder über einen Kipphebel.

3.5.7 Zweitaktverfahren

Für den Motorenkonstrukteur ist es ein schmerzlicher Verzicht, für den Gaswechselvorgang des Viertaktmotors (Auslass- und Saughub) eine ganze Umdrehung zu opfern, d. h., die für hohe Beanspruchungen gebaute teure Maschine 50 % leer laufen zu lassen. Das Zweitaktverfahren vollführt bei jeder Umdrehung einen Arbeitsvorgang. Es bleibt zwar auch nicht ganz ohne Opfer an Hubvolumen, denn ein Ersatz der verbrauchten durch eine frische Ladung muss auch hier stattfinden. Im Kurbelkreis (Bild 3.76) bedeutet V den Verdichtungshub, E den Expansionshub und *G.* W. den für den Gaswechsel zur Verfügung stehenden Bereich, der meist φ = 90° bis 120° Kurbelwinkel beträgt. Vom Kolbenhub s geht dann s" = 15 bis 25 % für die Arbeitsleistung verloren. Trotzdem ist es keine leichte Aufgabe, in 1/4 bis 1/3 Umdrehung, also in einer Zeit, die viel kürzer ist als beim Viertaktmotor, den gesamten Gaswechsel (Ladungswechsel) durchzuführen. In den meisten Fällen verwendet man zur Steuerung des Einlasses, häufig auch des Auslasses, den Arbeitskolben selbst, der in der Nähe des UT entsprechende Schlitze (Fenster) in der Zylinderwand überfährt und als Öffnungen freigibt. Die bekanntesten Anordnungen sind in Bild 3.78 schematisch dargestellt. Nicht gezeichnet ist dabei die **Spülpumpe**, die die Frischluft in den Zylinder treibt und die Abgasreste hinausspült. Die Spülpumpe ist notwendig, da beim Zweitakt kein Saughub zur Verfügung steht.

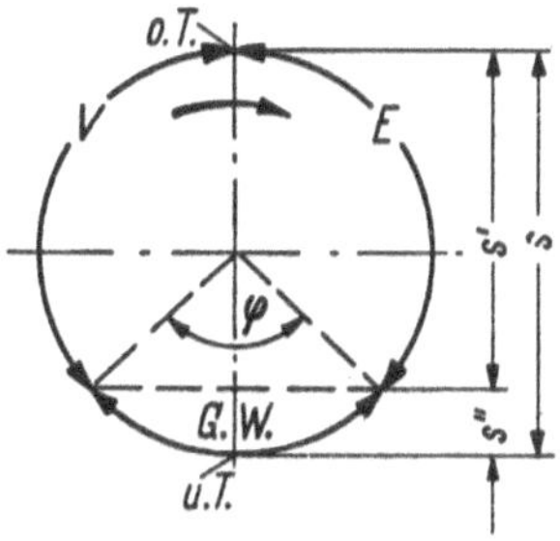

V Verdichtung
E Expansion
G. W. Gaswechsel (Ladungswechsel)

Bild 3.76 Kurbelkreis eines Zweitaktmotors

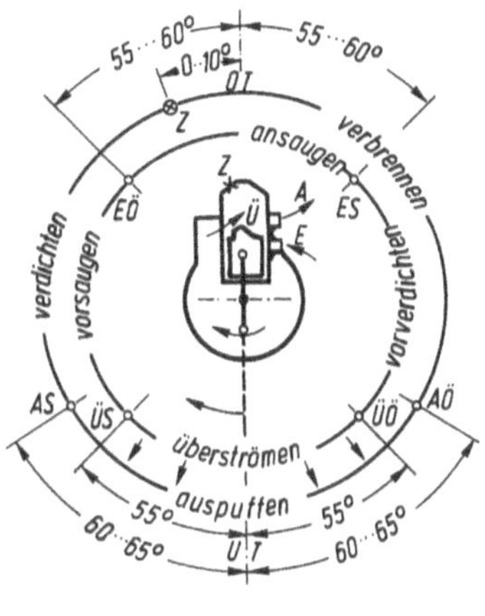

Bild 3.77 Steuerwinkelschaubild eines Zweitakt-Ottomotors mit Tauchkolben und Kurbelkasten-Spülpumpe

Je nach Art und Größe der Maschine können die verschiedenartigsten Luftpumpenbauarten als Spülpumpe Verwendung finden, z. B. Kolbenpumpen, Drehkolbenpumpen, Kreiselpumpen und die Unterseite des Arbeitskolbens selbst, beim Tauchkolben als **Kurbelkastenpumpe** bezeichnet.

In Bild 3.77 ist das Steuerwinkelschaubild des Zweitaktmotors (Otto) dargestellt. Abgesehen von der Einspritzung, die an die Stelle der Zündung tritt, weicht das Steuerwinkelschaubild des Zweitakt-Dieselmotors von der Darstellung kaum ab. Im Innenkreis sind die Vorgänge im Kurbelgehäuse und im Außenkreis sind die im Zylinder eingetragen.

Die älteste Schlitzanordnung ist die der **Querspülung** (Bild 3.78, Teil a), bei der Einlass- und Auslassschlitze gegenüberliegen. Sie ist in ihrer Wirkungsweise labil, d.h., es besteht immer die Gefahr, dass die Spülluft den kürzesten Weg von E nach A nimmt, ohne die Masse der Abgase auszutreiben. Die Maschine bekommt dann nicht genug Frischluft. Um die Spülluft in den oberen Teil des Zylinders zu zwingen, hat man zwei Wege versucht: 1. (wie im Bild gezeigt) steil aufwärts gerichtete Einlassschlitze, 2. Leitvorrichtungen auf dem Kolbenboden, die sich aber als nicht sicher wirksam erwiesen und sowohl die Form des Kolbens als die des Brennraums verdarben.

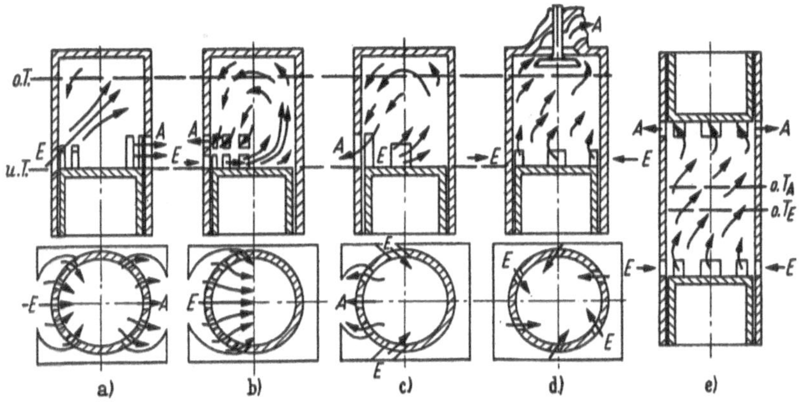

Bild 3.78 Spülverfahren bei Zweitaktmotoren: a) Querspülung, b) Umkehrspülung nach MAN, c) Umkehrspülung nach Schnürle, d) Gleichstromspülung mit Auslassventil, e) Gleichstromspülung mit Auslasskolben

Eine wirkliche Stabilisierung der Strömung im Zylinder brachte erst die später geschaffene **Umkehrspülung** der MAN (Bild 3.78b). Die dem Einlass gegenüberliegende Wand dient als Leitvorrichtung und erzwingt das Hochsteigen der Spülluft, da die Luft infolge ihrer Trägheit stets den Weg des größten Krümmungsradius wählt. Die Restgase werden dann von oben nach unten hinausgespült. Eine Variante der Umkehrspülung ist die Anordnung von *Schnürle* (Bild 3.78c), die bei Ottomotoren vorherrscht.

Die bisher gezeigten Anordnungen haben keine klare Front zwischen Spülluft und Abgas. Vermischung infolge Wirbelbildung und höhere Druckverluste erfordern für gleiche Spülwirkungsgrade mehr Spülluft als die **Längs**- oder **Gleichstrom**-

spülungen (Bild 3.78d und e), bei denen die Spülluft an einem Ende eintritt und die Abgase am anderen Ende austreten. Die Front zwischen beiden läuft auf kürzestem Wege axial geradeaus. Der Verlust an nutzbarem Hubraum ist am geringsten, da die Spülluft auf dem ganzen Umfang eintritt und die Schlitzhöhe kleiner werden darf. Die Einlassschlitze werden ein wenig tangential gerichtet, um der Luft einen Drall zu erteilen, der bis zum OT vorhält und nach *Hesselmann* die Gemischbildung und Verbrennung verbessert.

Die Erzielung guter Spülung des Füllungsraumes V_f, der beim Zweitaktmotor nicht gleich Hubvolumen V_h ist, sondern gleich V_h + Brennraum $V_h/(\varepsilon - 1)$ - Spülraum V_s'' (beim Ottomotor $\approx V_h$, beim Dieselmotor $\approx$ 0,8 bis 0,9 V_h), erfordert bei Umkehrspülung etwa 1,3 bis 1,35 V_h Spülluft mit einem Überdruck von 0,3 bis 0,35 bar; bei Gleichstromspülung etwa 1,25 bis 1,3 V_h mit 0,25 bis 0,3 bar Überdruck, je nach Größe, Drehzahl und Konstruktion.

Spülmengen größer als V_f sind nur bei Luftspülung anwendbar, aber nicht bei Gemischspülung (Vergasermotoren), da hierbei das Überschussvolumen mitsamt dem im Gemisch enthaltenen Brennstoff ungenutzt in den Auspuffkanal entweichen würde. Bei kleinsten Vergasermotoren bedient man sich daher der Kurbelkasten-Spülpumpe, die infolge der schädlichen Räume nur etwa 0,7 V_h liefert. Die Gemischverluste sind dann zwar tragbar, doch bleibt so viel Abgas im Zylinder, dass der mittlere Druck klein ist, dgl. das zulässige Verdichtungsverhältnis niedrig wegen der hohen Anfangstemperatur T_1. Der Vergaser-Kleinst-Zweitaktmotor leistet daher praktisch nicht viel mehr als ein gleichgroßer Viertaktmotor. Er ist nur mechanisch einfacher.

Hochleistungs-Zweitakt-Dieselmotoren können jedoch gleiches p_e erreichen wie Viertaktmotoren und erreichen dann gegenüber denen ohne Aufladung etwa die 2-fache Leistung (Abschnitt 3.5.11).

In Bild 3.78 e ist eine früher angewendete Doppelkolbenmaschine (nach *Junkers*) mit gegenläufigen Kolben angedeutet, deren Einlassteil identisch mit dem von Bild 3.78 d ist. Der Auslass wird durch den Gegenkolben gesteuert. Die Kolbensteuerung öffnet (wie jede Schiebersteuerung) schneller als ein Ventil, da der Kolben die Schlitzkante mit endlicher Geschwindigkeit überläuft, während das Ventil aus der Ruhelage anführt, was wegen Überwindung der Trägheitskräfte nur langsamer erfolgen kann. Betriebstechnisch hat das Ventil den Vorteil der **trockenen** Steuerung; die Schlitzsteuerung durch den Kolben dagegen ist eine **nasse**, d. h. mit Öl geschmierte, bei der die Schlitzkante u. U. Öl abstreift, das im Besonderen auf der Auslassseite unter Einwirkung der noch hohen Abgastemperaturen verkokt und mit der Zeit den Auslassquerschnitt einengt.

3.5.7.1 Nachladung beim Zweitaktverfahren

Wie die Bild 3.78a bis c zeigen, öffnet die Auslasssteuerung stets früher als die Einlasssteuerung. Dies ist notwendig, damit der am Ende der Expansion noch bestehende Gas-Überdruck durch Vor-Ausströmung entspannt ist, bevor der Einlass öffnet. Andernfalls würden Abgase in den Spülluftbehälter zurückschlagen. Im Kurbelkreis (Bild 3.79, Bild 3.81) der nur durch einen Arbeitskolben gesteuerten Maschinen (Bild 3.78a bis c) ist die Steuerung symmetrisch, wie folgt: *Aö* = Auslass öffnet; *Eö* = Einlass öffnet; *Es* = Einlass schließt; *As* = Auslass schließt.

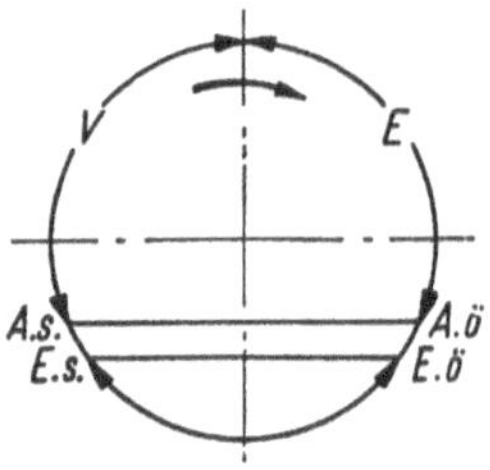

A.ö Auslass öffnet
E.ö Einlass öffnet
E.s. Einlass schließt
A.s. Auslass schließt

Bild 3.79 Kurbelkreis eines Zweitaktmotors mit symmetrischer Gaswechselsteuerung

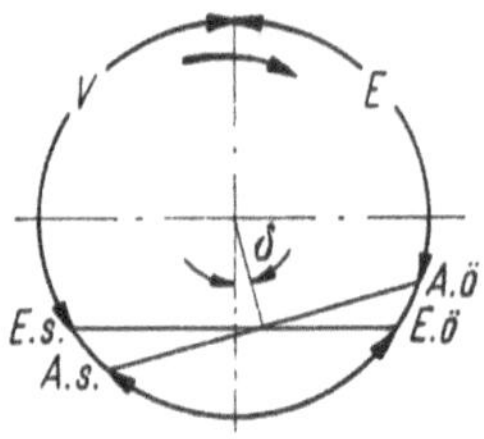

A.ö bis *E.ö* Entspannung (Vorauslass)
E.ö bis *A.s.* Spülung
A.s. bis *E.s.* Nachladung

Bild 3.80 Kurbelkreis eines Zweitaktmotors mit unsymmetrischer Gaswechselsteuerung und Nachladung

Die Diagramme zeigen zweierlei:

1. Die Vor-Ausströmzeit *A.ö* bis *E.ö* ist sehr kurz und häufig nicht ausreichend, um ein Zurückschlagen von Abgasen durch die Spülschlitze und ein Verkoken auch der Spülschlitze zu verhindern.
2. Der Auslass schließt später als der Einlass, was zur Folge hat, dass der in *Es* noch teilweise vorhandene Spülüberdruck p_{sp} = 0,3 bis 0,4 bar von *E.s.* bis *A.s.* Zeit hat, zu entweichen. Dadurch wird die Füllung und Leistung der Maschine entsprechend vermindert.

Die **Nachladung** bezweckt, den Spüldruck p_{sp} im Zylinder bis zum Beginn des Verdichtungshubes zu erhalten, um eine Mehrfüllung und Leistungssteigerung ungefähr im Verhältnis p_{sp}/p_L zu erhalten (p_L = atmosphärischer Luftdruck). Dies ist jedoch nur bei unsymmetrischen Steuerungen möglich, bei denen nicht nur *A.*ö. früher als *E.ö* erfolgt, sondern auch *A.s.* früher als *E.s.* Die Auslasssteuerung wird dadurch unsymmetrisch, was bei der Ventil-Auslasssteuerung (Bild 3.78d) durch entsprechende Nockensteuerung ohne Weiteres möglich ist. Bei Gegenkolbenmaschinen (Bild 3.78e) ist es durch Versetzung der beiden Kurbeln um den

Winkel δ (Bild 3.80) aus der Gegenläufigkeit (180° K. W.) ebenfalls leicht zu erzielen. δ = 7° bis 12° K. W. Abkürzung K. W. für Kurbelwinkel.

Bei Maschinen mit reiner Schlitzsteuerung, z. B. der Umkehrspülung nach Bild 3.78 b, kann man eine Nachladung durch zusätzliche Steuerorgane erzielen, z. B. durch einen Drehschieber (Bild 3.81), Bauart MAN, oder Schwingschieber, Bauart Sulzer, der den gewünschten früheren Schluss der Auslasssteuerung bewirkt. (Die im Schwachfederdiagramm sichtbare Unterschreitung von p_L ist auf Schwingungen in der Abgasleitung zurückzuführen.)

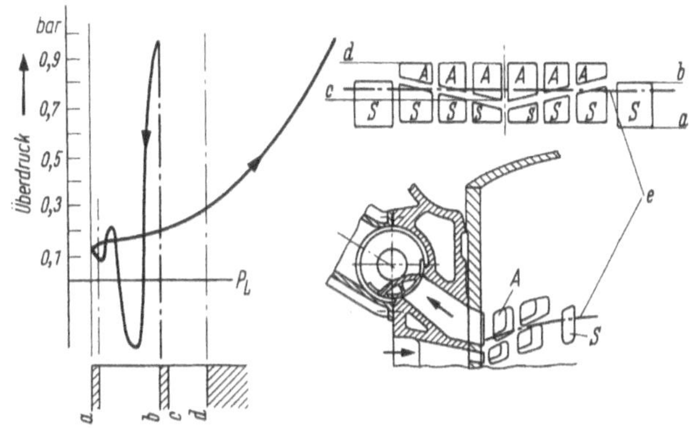

Bild 3.81 Auslass-Drehschieber der MAN mit Nachlade-Diagramm

Da beim Spülen das Frischgas (Luft-Kraftstoff-Gemisch) das Abgas verdrängen muss, kommt es an deren Berührungsgrenze unvermeidbar zur Vermischung. Dadurch verbleibt Abgas im Zylinder und Frischgas entweicht ohne Arbeitsabgabe in den Auspuff. Entsprechende Effizienzverschlechterung (Leistung, Verbrauch) ist die Folge. Abhilfe: Spülung mit Frischluft und danach Kraftstoffzufuhr durch Direkteinspritzung mit Schichtladung wie bei Common-Rail (Abschnitt 3.5.6).

3.5.8 Gegenüberstellung von Zweitakt und Viertakt

Trotz der Mehrleistung des Hochleistungs-Zweitaktmotors vermochte er den Viertaktmotor nicht zu verdrängen. Eindeutig vorherrschend ist er 1. als Groß-Schiffsmaschine und 2. als Kleinstmotor mit Kurbelkastenspülung. In allen anderen Größenordnungen stehen beide Verfahren seit Jahrzehnten im Wettbewerb, wobei sich letztlich meist der Viertakter durchsetzte. Schon daraus geht hervor, dass den Vorteilen des Zweitaktverfahrens auch Nachteile gegenüberstehen, von denen einige erwähnt werden sollen.

3.5.8.1 Wärmebelastung und Kühlung

Die Wärmebelastung des Zweitaktmotors ist viel höher. Während beim Viertaktmotor die Gaswechselumdrehung eine Erholungspause für zusätzliche Wärmeabfuhr darstellt, wird beim Zweitaktmotor bei jeder Umdrehung Wärme zugeführt. Die mittlere Arbeitstemperatur liegt dadurch entsprechend höher, wodurch insbesondere für die Kolbenkühlung zusätzliche Maßnahmen erforderlich werden können.

Beim Groß-Schiffsmotor ist eine Durchflusskühlung des Kolbens mit Süßwasser oder Öl ohnehin erforderlich und auf dem Wege über Kolbenstange und Kreuzkopf auch verwirklichbar.

Bei mittleren Motoren mit Al-Tauchkolben in der Größenordnung von 200 bis 400 mm Kolbendurchmesser wird dagegen i. Allg. der Viertaktmotor noch ohne besondere Kolbenkühlung auskommen, der Zweitaktmotor aber nicht. Die Durchflusskühlung beim Tauchkolben ist konstruktiv schwierig. Bei Motoren unter etwa 250 mm Kolbendurchmesser kann sie mit Erfolg durch Öl-Spritzkühlung des Kolbenbodens ersetzt werden, wobei einfach mehr Umlauföl durch die Treibstangenbohrung gefordert wird, das teils zur Schmierung des Kolbenbolzens dient, teils zu seiner und des Kolbens Kühlung.

Bei Kleinstmotoren ist die Wärmebelastung einmal aus geometrischen Gründen geringfügig, zweitens infolge der mit Kurbelkastenspülung verbundenen niedrigen Mitteldrücke geringer, sodass der mit Gebläseluft gekühlte Zylinder auch die Kolbenwärme ableiten kann.

3.5.8.2 Mechanische Belastung und Schmierung

Die doppelte Zahl der Krafthübe bedeutet auch eine Erhöhung der mittleren Belastung des Triebwerkes sowie eine Erhöhung der Reibungswärme und der Öl-Umlaufmenge als auch eine Vergrößerung des Ölkühlers. Von besonderer Bedeutung ist nicht nur die Größe, sondern auch die Art der mechanischen Belastung. In den Totpunkten erfährt jeder Kolben eine Massebeschleunigung (Verzögerung) nach auswärts, d. h., im OT nach oben, im UT nach unten. Die Gaskraft ist nun in der Regel im OT größer als die Massekraft, sodass der Zweitaktkolben stets Kräfte in gleicher Richtung erfährt, der Viertaktkolben dagegen bei jeder zweiten Umdrehung (Gaswechsel) in der OT-Gegend einen Last-Richtungswechsel. Dieser sichert beim Viertaktmotor die Ölversorgung des Kolbenbolzen-Lagerspieles. Beim einfach wirkenden Zweitaktmotor sind besondere Maßnahmen zur Sicherung der Kolbenbolzen- bzw. Kreuzkopfbolzen-Schmierung erforderlich.

Bei Groß-Schiffsmotoren wird in der Regel am Kreuzkopfbolzen eine besondere Hochdruck-Pressölpumpe angebracht, die mit z. B. 800 bar am Bolzen eine hydrostatische Schmierung anstelle der unzureichenden hydrodynamischen Schmierung erzwingt.

Im Tauchkolben ist für eine Presspumpe kein Platz vorhanden; sie würde auch zu teuer und nicht wartbar sein. Es bleiben dann nur zwei Möglichkeiten: entweder ein Nadellager oder eine Vergrößerung der Kolbenbolzen-Tragfläche, die nach Bild 3.82 dadurch erreicht werden kann, dass der Bolzen auf die Treibstange aufgeschraubt wird und oben auf der ganzen Länge trägt. Die spezifische Belastung wird dadurch soweit verringert, dass eine dichtere Folge der Ölnuten möglich ist (im Abstand der Bolzen-Schwingwege) und die geringe hydrodynamische Schmierung in Verbindung mit einer guten Kühlwirkung durch reichlichen Öldurchfluss ausreicht. Das Öl wird gewöhnlich durch die gebohrte Treibstange zugeführt.

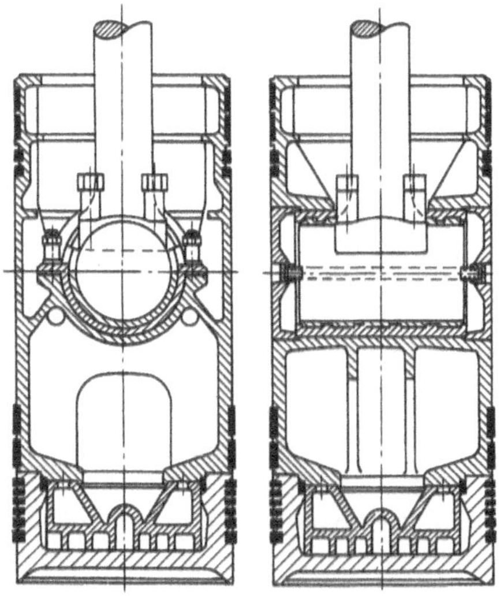

Bild 3.82
Zweitakt-Tauchkolben der MAN mit Flüssigkeitskühlung und großer Kolbenbolzen-Tragfläche

Bei Kleinst- bis Pkw-Motoren mit Kurbelkastenspülpumpe sind die Anforderungen geringer, andererseits ist ein normaler Ölkreislauf nicht möglich. Die Schmierung erfolgt durch Ölbeimischung zum Brennstoff, der beim Passieren des Kurbeltriebwerks die Lager benetzt. Wälzlager bedürfen nur eines Ölnebels.

Die Ein- und Auslassschlitze erschweren nicht nur die Schmierung der Zylinderlauffläche, sondern gefährden u. U. auch die Kolbenringe, wenn sie mit dem **Schloss**, d. h. den offenen Enden, in zu breite Schlitze fahren. Meistens werden sie bei Zweitaktmotoren deshalb gegen Drehung gesichert, sodass das Schloss auf den Stegen zwischen den Schlitzen durchfährt.

Eine besondere Komplikation und Verteuerung stellt schließlich die Spülpumpe dar, welche durch die **Aufladung** des Zweitaktmotors (Abschnitt 3.5.11) wenigstens bei Motoren mit Gleichstromspülung entbehrlich wird.

Zusammengefasst kann festgestellt werden, dass die Vorteile des Zweitaktverfahrens durch konstruktiven Aufwand und gewisse Unsicherheiten sowie Unbequemlichkeiten des Betriebs i. Allg. teuer erkauft sind.

3.5.9 Kreiskolbenmotor (Wankelmotor)

Der Nachteil aller Hubkolbenmotoren ist, dass die Kräfte der hin- und hergehenden Massen - also von Kolben, Kolbenringen, Kolbenbolzen, Pleuelstange und deren Lagern - mit dem Quadrat der Drehzahlen ansteigen. Diese Kräfte lassen sich nur bis zu einer bestimmten Größe beherrschen. Als weiterer Nachteil gilt, dass die maximal erzielbare Leistung von Hubkolbenmotoren begrenzt ist, denn weder das Verdichtungsverhältnis noch der Hubraum lassen sich beliebig vergrößern. Einen Ausweg bietet der Kreiskolbenmotor.

Seit es Verbrennungsmotoren gibt, beschäftigte das Problem des drehenden Kolbens die Erfinder. Alle scheiterten an der verwickelten Geometrie des Gehäuses oder an dem Abdichtungsproblem. Im Jahre 1954 hatte *Felix Wankel* die Idee der achtförmigen Raumform, in der ein dreieckförmiger Läufer so rotiert, dass er während seiner Bewegung drei voneinander getrennte, in der Größe veränderliche Kammern bildet. Die Kurvenform des umhüllenden Gehäuses ist eine zweibogige Epitrochoide. Bild 3.83 zeigt schematisch den Aufbau und die Arbeitsweise dieses Motors. Der Kreiskolben hat eine Kontur, die im Querschnitt einem Bogendreieck ähnelt. Zudem ist er auf einem Exzenter der Triebwelle gelagert, der hinter dem Läufer liegt und in Bild 3.83 nicht dargestellt ist. Die Innenverzahnung des Kreiskolbens greift in ein Ritzel ein, das fest mit der vorderen Kammerwand verbunden ist, also still steht. Der Drehkolben rotiert mit 1/3 der Winkelgeschwindigkeit der Triebwelle im gleichen Umlaufsinn, er bleibt also ständig gegenüber der Triebwelle zurück. Dadurch ergeben sich geringe Gleitgeschwindigkeiten zwischen den Ecken des Bogendreiecks und der umschließenden Kurve. Als ein letztlich für ausreichende Motor-Lebensdauer kaum lösbares Problem verbleibt jedoch die zuverlässige Abdichtung des eckigen Rotors gegenüber dem Gehäuse, das sich zudem wegen ungleicher Temperaturverteilung verschieden verformt.

Da einerseits bei jedem Umlauf des Kreiskolbens jedes der drei Kammervolumina alle vier Arbeitsphasen durchläuft und andererseits einer Kolbenumdrehung drei Triebwellenumdrehungen entsprechen, kann man den Motor in Bezug auf die Zahl der Zündungen bei einer Triebwellenumdrehung mit einem Zweizylinder-Viertaktmotor oder mit einem Einzylinder-Zweitaktmotor vergleichen. Das Arbeitsprinzip des Kreiskolbenmotors entspricht jedoch eindeutig dem Viertaktverfahren.

Um den vollständigen Viertakt-Prozess zu verfolgen, müssen die vier Darstellungen von Bild 3.83 dreimal durchlaufen werden. Das Kammervolumen hat in *1* seinen Kleinstwert und vergrößert ihn über *2* und *3* bis *4*. Bei *4* ist der Ansaugtakt beendet. Wieder bei der ersten Darstellung beginnend, wird nun von *5* über *6* bis *7* verdichtet. Zwischen *7* und *8* erfolgt die Zündung. Anschließend geht über *8*, *9* und *10* der Arbeitstakt vor sich. Bei *10* wird der Auslasskanal freigegeben, durch den während der Stellungen *11* und *12* das verbrannte Gas vollständig ausgeschoben wird. Danach beginnt das Spiel wieder von vorn. Für den Ladungswechsel stehen also zwei getrennte Perioden, Ausschieben und Ansaugen, zur Verfügung. Daher entspricht der Kreiskolbenmotor dem Viertaktmotor.

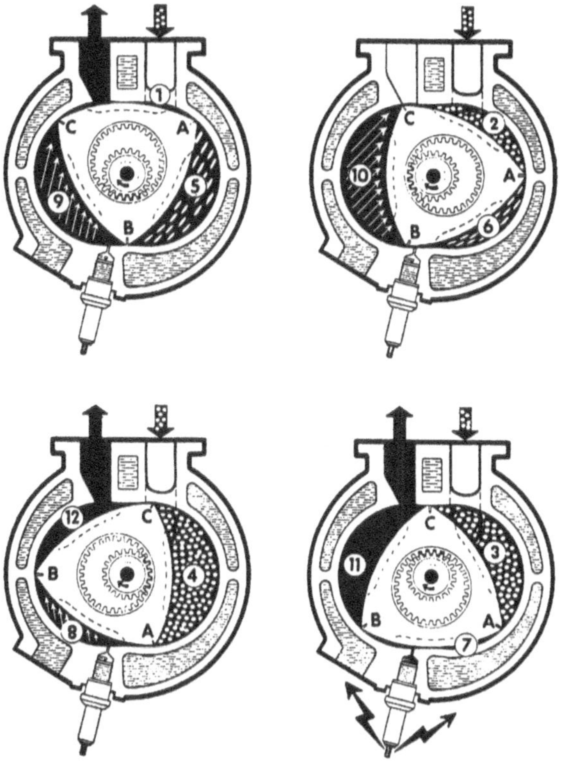

1 - 4 Ansaugen
5 - 7 Verdichten
8 - 10 Arbeiten
11 - 12 Ausschieben

Bild 3.83
Wirkungsweise des Kreiskolbenmotors

Mit Volumen *7* erreicht der zwischen Läufer und Gehäuse gebildete Raum seinen kleinsten Wert V_{min}. Mit Volumen *10* bildet die senkrecht stehende Seite des Kreiskolbens mit der Gehäusewand den größten Raum V_{max}. Die Differenz $V_{max} - V_{min} = V_k$ ist das Kammervolumen. Die Berechnung des mittleren effektiven Arbeitsdruckes p_{me} entspricht der eines Zweitaktmotors.

$$p_{me} = \frac{P_e}{V_k \cdot n}$$

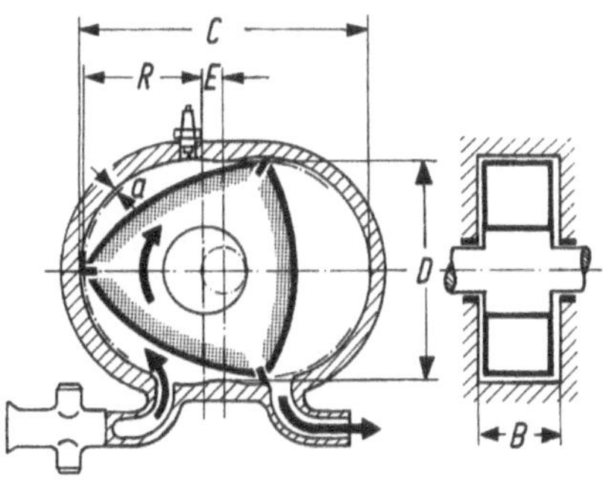

Bild 3.84
Maßangaben zur Ermittlung des Kammervolumens des Kreiskolbenmotors

Kammervolumen V_k (Bild 3.84)

$$V_k = 3 \cdot \sqrt{3} \cdot E \cdot (R + a) \cdot B$$

$$V_k = \frac{3}{16} \cdot \sqrt{3} \cdot (C^2 - D^2) \cdot B \qquad (3.95)$$

V_k Kammervolumen = V_{max} - V_{min}, E Exzentrizität, R erzeugender Radius, a Äquidistante, B Breite des Mantels, C lange Achse = 2 (R + a + E), D kurze Achse = 2 (R + a - E)

Ein frei saugender Viertakt-Hubkolbenmotor (HKM) saugt theoretisch pro zwei Wellenumdrehungen ein Hubvolumen. Ein frei saugender Viertakt-Kreiskolbenmotor (KKM) saugt theoretisch pro zwei Wellenumdrehungen zwei Kammervolumina. Da sich die Leistung aus Mitteldruck, Drehzahl und Hubvolumen ergibt, gilt bei Vergleichen

$$V_k = V_{h(KKM)} \triangleq V_{h(HKM)} \cdot 2/a$$

mit a Taktzahl, also bei 4-Takt-HKM a = 4.

3.5.10 Freikolbenmotoren

Kurbeltrieblose Dieselmotoren wurden bereits von Prof. Dr. *Junkers* angestrebt. Er starb jedoch, nachdem die Entwicklung des Freikolben-Diesel-Kompressors um 1937 vollendet und bevor die zweite Entwicklungsstufe, der Freikolben-Dieselmotor, abgeschlossen war.

Nach dem Kriege wurde nach Patenten von *R. de Pescara* von *R. Huber* bei der SIGMA (Société Industrielle Générale de Mécanique Appliquée) in Lyon die Type GS 34 bis zur Serienfertigung entwickelt. Es handelt sich um eine Gegenkolbenmaschine ohne Kurbelwelle und ohne Kurbeltriebwerk, die ihre gesamte Nutzenergie in Form von heißem Druckgas an eine Gasturbine liefert. Diese Kolbenmaschine selbst wird daher auch als **Freikolben-Gasgenerator** bezeichnet und praktisch nicht mehr verwendet. Da jedoch ein interessantes Prinzip, soll sie kurz noch etwas näher betrachtet werden.

Im zugehörigen Schema (Bild 3.85) sind *1* und *1* die beiden gegenläufigen Dieselkolben von 340 mm Durchmesser. Im Dieselzylinder *2* mit Einspritzung *7* vollzieht sich in bekannter Weise Verdichtung, Verbrennung und Expansion nach dem Dieseldiagramm *10* mit Spitzendrücken (infolge der hohen Aufladung) bis zu 140 bar. Die durch die Expansionsenergie nach außen beschleunigten Kolben werden durch die Luftpuffer *3* und *3* von 900 mm Durchmesser mit relativ geringen Druck- und Temperaturverhältnissen (Diagramm *11*) **abgefangen** und **zurückgeworfen**. Beim Auswärtsgang saugen die Pufferkolben auf der Rückseite *4* durch die Saugventile

5 Luft an und verdichten diese beim Einwärtsgang durch die Druckventile *6* in den Luftaufnehmer auf rd. 5 bar und etwa 230 °C (gerechnet für einen Umgebungszustand von 1 bar und 20 °C). Die Kolbenflächen *1* und *3* sind so zueinander bemessen, dass die gesamte Dieselarbeit *10* in die Arbeitsfläche *12* des Kompressors *4* umgesetzt wird. Die Pufferenergie *11* wird nur ausgetauscht, muss aber groß genug sein, um die Kompressionsarbeit in *2* sowie die Verdichtungs- und Ausschubarbeit in *4* zu decken. Im äußeren Totpunkt (a. T.) werden die Spül- und Auslassschlitze von *2* weit überfahren. Es strömt Druckluft aus dem Aufnehmer durch den Dieselzylinder *2* in den Behälter *8*, nimmt die Abgase aus dem Dieselzylinder *2* mit, und erfährt durch Mischung mit den heißen Abgasen eine Temperatursteigerung auf 500 (bis 700) °C. Dieses heiße Druckgas kann nun in der Turbine *9* Arbeit abgeben. Je nach der verlangten Leistung arbeiten i. Allg. mehrere **Generatoren** auf eine Turbine.

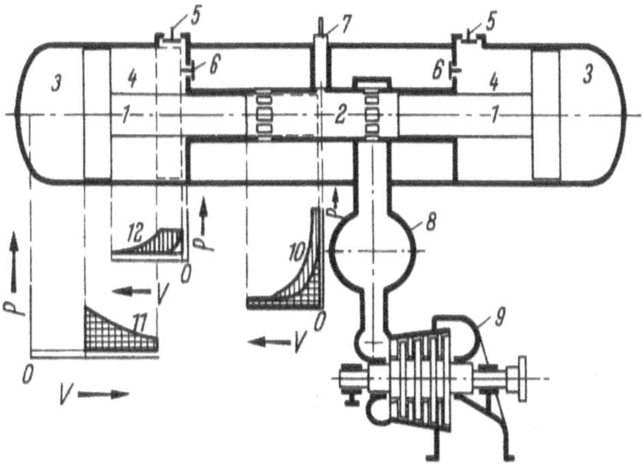

1 Kolben
2 Diesel-Brennraum
3 Luftpuffer
4 Aufladezylinder
5 Luft-Einlassventile
6 Luft-Auslassventile
7 Einspritzung
8 Abgas-Aufnehmer
9 Gasturbine
10 Diesel-Diagramm
11 Puffer-Diagramm
12 Lader-Diagramm

Bild 3.85 Schema des Freikolbenmotors

3.5.11 Aufladung

Die Leistung eines Motors ist proportional dem Luftdurchsatz $\dot{m}=\mathrm{d}m/\mathrm{d}t$ Denn je größer dieser, umso mehr Brennstoff kann verbrannt, weshalb umso mehr Wärme in der Zeiteinheit umgesetzt werden kann

$$\dot{m} = \dot{V} \cdot \varrho_1 = \dot{V} \frac{p_1}{R \cdot T_1} \qquad (3.96)$$

Bei selbstansaugenden Viertaktmotoren bleibt $\dot{V}$ in der Regel etwas kleiner als $V_h \cdot n/2$, da der volumetrische Wirkungsgrad oder der **Liefergrad** kleiner als eins ist. Das Auslassventil muss im OT praktisch geschlossen sein, bevor das Saugventil öffnet. Anderenfalls würde Abgas in den Zylinder zurückgesaugt werden. Zu Beginn der Verdichtung ist $p_1 \approx p_L$, dem äußeren Luftdruck, dagegen $T_1 > T_L$ - wie früher erwähnt - infolge Vermischung mit dem im Brennraum zurückbleibenden Abgasrest und infolge Wärmezufuhr aus den heißen Wänden. Führt man dem Motor vorverdichtete Luft mit $p_1 > p_L$ durch einen **Lader** 2 (Bild 3.86) zu, so wird zunächst $\dot{m}$ im Verhältnis p_1/p_L größer. Gleichzeitig aber besteht die Möglichkeit, auch $\dot{V}$ zu vergrößern, nämlich durch zeitliche **Überschneidung** der Ventilöffnungszeiten, d.h. das Auslassventil schließt etwas nach OT und das Einlassventil öffnet etwas vor OT, sodass beide Ventile eine Zeit lang gemeinsam offen sind und mit $p_1 > p_{Restgas}$ der Brennraum mit Frischluft durchgespült wird. Der Volumendurchsatz wird dann größer als $V_h \cdot n/2$.

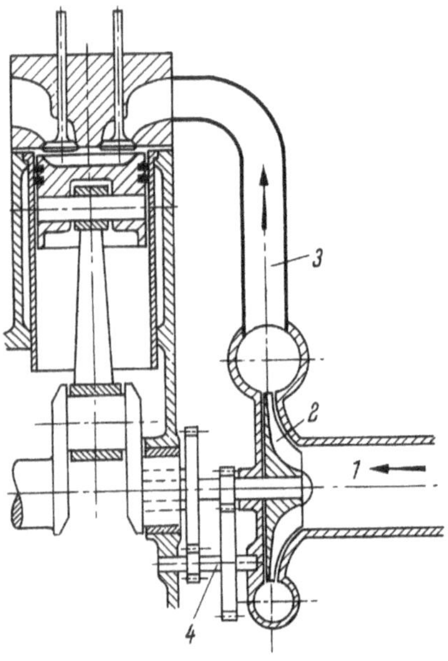

1 Lufteintritt
2 Lader (Radialverdichter)
3 Ladeluftleitung
4 Zahnradgetriebe Lufteintritt

Bild 3.86
Kompressor, Antrieb des Laders durch die Kurbelwelle

Nach Definition des Verdichtungsverhältnisses war

$$V_h = V_1 - V_2 = V_1 - \frac{V_1}{\varepsilon} = V_1 \frac{\varepsilon - 1}{\varepsilon}$$

oder

$$V_1 = V_h \frac{\varepsilon}{\varepsilon - 1}$$

Der Volumendurchsatz ist also

$$\dot{V}_1 = V_1 \cdot \frac{n}{2} = V_h \left(\frac{\varepsilon}{\varepsilon - 1} \cdot \frac{n}{2} \right) \tag{3.97}$$

Die Entfernung der Restgase verkleinert zugleich T_1; bei reichlicher Luft-Durchspülung werden auch die Wandtemperaturen und damit wiederum T_1 herabgesetzt. Andererseits wird durch die Vorverdichtung selbst die Lufttemperatur erhöht. Bis zu einem Ladedruckverhältnis von etwa $p_1/p_L \approx 1{,}35$ bis $1{,}50$ gleichen sich die genannten Temperatureinflüsse mehr oder weniger aus. Bei $p_1/p_L > 1{,}5$, d.h. bei mehr als 50 % **Aufladung**, lohnt es sich, zwischen Lader und Motor einen Luftkühler einzuschalten. Bild 3.87 zeigt einen Radialverdichter *3* mit vorgeschaltetem Frischluftfilter und Geräuschdämpfer *2* sowie nachgeschaltetem Luftkühler *5*. Die verdichtete rückgekühlte Luft wird dann dem Saugventil zugeleitet. Vorverdrehungsverhältnisse p_1/p_L bis ca. 2,5 werden ausgeführt.

Die Antriebsleistung für den Lader kann entweder a) über ein mechanisches Getriebe von der Motorwelle entnommen werden (bezeichnet als Kompressor, Bild 3.86) oder b) von einer Abgasturbine (Bild 3.88), welche durch die sonst verlorene Restexpansionsenergie des Motors betrieben wird und diese somit teilweise nützt.

a) Zu dieser Gruppe gehörte u.a. die **Höhen-Aufladung** von Otto-Flugmotoren (Bild 3.86), um dem Motor in der Höhe mit dem geringer gewordenen Luftdruck p_L noch Luft von Bodendruck p_{L0} zuzuführen bzw. den meist größeren Kompressions-Anfangsdruck $p_1 > p_{L0}$. Das Höhen-Aufladedruckverhältnis beträgt dann p_1/p_L und ist z.B. mit $p_1 \approx 1{,}5$ bar (Absolutladedruck) und $p_L = 0{,}5$ bar in etwa 5 km Höhe noch mit einer einzigen Radial-Laderstufe beherrschbar.

Der mechanische Antrieb des Laders von der Motorwelle hat verschiedene Nachteile und Schwierigkeiten: 1. Die Nutzleistung P_e des Motors wird um die Laderleistung vermindert, 2. die Drehzahlen von Motor und Lader n_M/n_L verhalten sich wie 1:10 bis 1:30 (bei Pkw-Motoren bis 1:40) und erfordern deshalb ein entsprechendes zweistufiges Zahnrad-Vorgelege, 3. das Trägheitsmoment des Laders wirkt sich an der Motorwelle mit $(n_L/n_M)^2 = 100$- bis 900-fach aus wie ein sehr schweres Schwungrad, das den elastischen Drehmoment-Impulsen der Kurbelwelle nicht folgen kann. Zwischen Motor und Lader muss demnach eine elastische Kupplung vorhanden sein, die aber im ganzen Betriebsbereich keine Torsions-Resonanzschwingungen ergeben darf. Gegebenenfalls muss ein Schwingungsdämpfer hinzugefügt werden, um Resonanzbereiche wenigstens gefahrlos durchfahren zu können. Für den Start ist zudem eine Rutschkupplung erforderlich, da der Lader zu träge ist, um der Startbeschleunigung des Motors folgen zu können.

b) Alle diese Schwierigkeiten werden vermieden, wenn gemäß Bild 3.88 der Lader *2* von einer Abgasturbine *5* angetrieben wird und deshalb vom Motor mechanisch völlig unabhängig ist. Motor und Ladergruppe (**Abgasturbolader**) sind nur durch Rohrleitungen pneumatisch verbunden. Dafür sogenanntes **Turboloch** bei Motor-Beschleunigung. Der Lader hängt im Druckaufbau dem Motor zeitlich hinterher, da erst ein ausreichender Abgasstrom vorhanden sein muss.

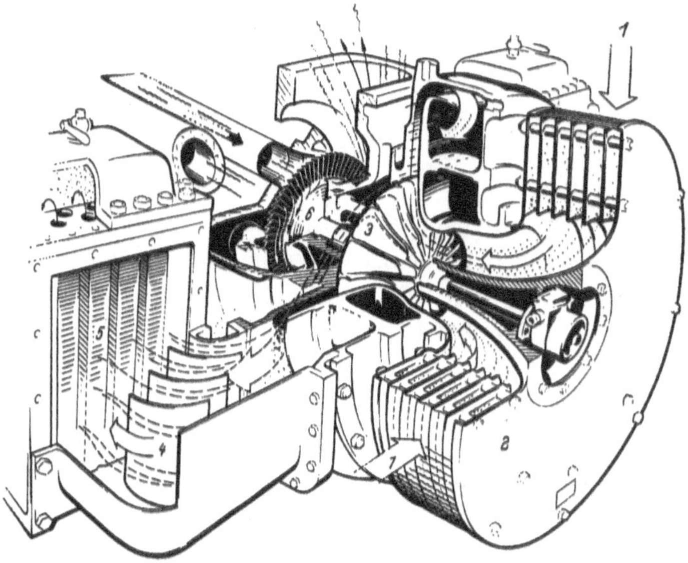

1 Lufteintritt durch Filter
2 Geräuschdämpfer
3 Lader (Radialverdichter)
4 Umlenkschaufeln
5 Luftkühler
6 Abgasturbine

Bild 3.87 Schnitt durch eine Aufladegruppe mit Ladeluftkühlung *(MAN)*

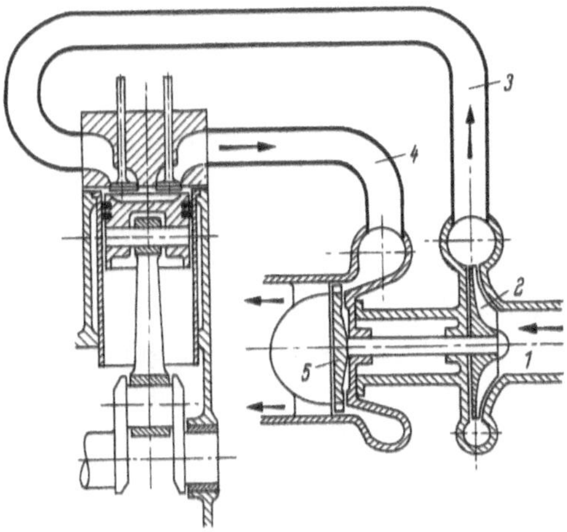

1 Lufteintritt
2 Lader (Radialverdichter)
3 Ladeluftleitung
4 Abgasleitung
5 Abgasturbine (Axialbauweise)

Bild 3.88
Abgasturbolader, Antrieb des Laders durch Abgasturbine

Die Drehzahl der Turbogruppe passt sich selbsttätig der Belastung des Motors an: Wird mehr Brennstoff verbrannt, so erhöht sich die Anfangstemperatur und Leistung der Turbine, die Drehzahl wächst. Dreht die Gruppe zu schnell, so fordert der Lader zu viel Spülluft durch den Motor, wodurch Anfangstemperatur, Leistung und Drehzahl der Turbine sinken. Die Abgasturbine nutzt einen Teil der sonst verlorenen Restexpansionsenergie aus und entlastet den Motor von der Gaswechselarbeit. Da die mechanischen Reibungsverluste des Motors durch die Aufladung kaum geändert werden, sind sie - bezogen auf die aufgeladene Leistung - geringer. Der mechanische Wirkungsgrad η_m und damit der Brennstoffverbrauch des Motors wird bei Volllast i. Allg. um 5 % günstiger. Der Lader dient oft in erster Linie zur Leistungssteigerung des Motors. Die Kraftstoffeinsparung tritt dabei gewollt in den Hintergrund.

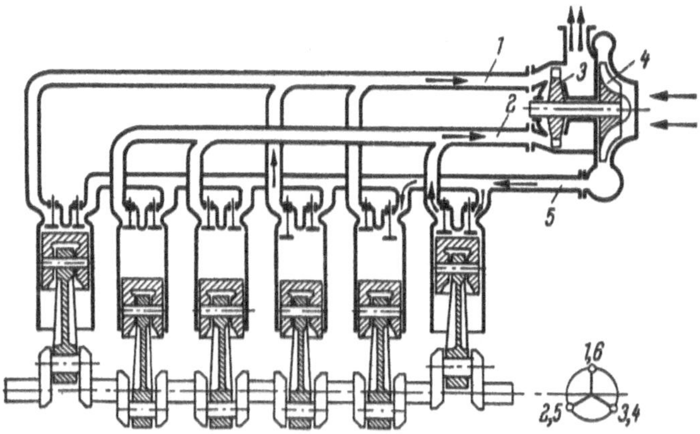

1 Abgasleitung für Zylinder 1, 4, 5
2 Abgasleitung für Zylinder 2, 3, 6
3 Abgasturbine mit zwei Sektoren
4 Lader (Radialverdichter)
5 gemeinsame Ladeluftleitung

Bild 3.89 Unterteilung der Abgasleitungen bei Mehrzylindermotoren

Thermodynamisch sind zwei Betriebsarten für die Abgasturbinen denkbar: das **Stoßverfahren** (besser: **Blow-down**-Verfahren) und das **Stauverfahren.** Bei dem ersteren wird jeweils eine Zylinderfüllung durch einen Turbinensektor bis zum Druck p_L entspannt, bevor der nächste Impuls folgt. Daraus ergibt sich, dass nicht mehr als drei Zylinder (bei Zweitakt zwei bis drei Zylinder) auf einem Turbinensektor arbeiten können, wenn vermieden werden soll, dass ein Zylinder einen anderen staut. Beim Viertakt-Sechszylindermotor sind also zwei Turbinensektoren und zwei voneinander getrennte Abgasleitungen erforderlich, wie Bild 3.91 zeigt. Die Luft-Zuleitung ist stets gemeinsam.

Beim Stauverfahren münden die Auspuffleitungen aller Zylinder in einen Sammelbehälter mit dem nahezu konstanten Druck p_1, von dem aus eine Turbine mit dem konstanten Druckverhältnis p_1/p_L betrieben wird. Ihr Druckverhältnis ist also nicht größer als das des Laders. Ihre Mehrleistung gegenüber dem Lader resultiert nur aus der höheren Anfangstemperatur. Beim Stauverfahren geht die eigentliche Restexpansionsenergie als mechanische Energie verloren. Diese wird in Wärme verwandelt, erhöht dadurch entsprechend die Temperatur im Sammelbehälter und kann nur bei sehr großen Auflade-Druckverhältnissen in der Turbine zum größeren Teil wiedergewonnen werden. Trotz seiner einfacheren Bauweise wird daher das Stauverfahren nur in Sonderfällen angewendet.

Gegenwärtig werden Viertaktmotoren, vom Nutzfahrzeugmotor aufwärts, immer aufgeladen, aber auch kleinere, leistungsstarke Pkw-Motoren. Das Druckverhältnis beträgt etwa 2,2 bis 2,5 und geht bei Großmotoren, die wegen der dickeren Wandstärken nur geringere Wärmebelastungen vertragen, auf 1,5 bis 2,0 zurück.

Ein dringendes Bedürfnis für die Aufladung bzw. Leistungserhöhung lag seit Langem beim Zweitakt-Groß-Schiffsmotor vor. Trotzdem ist die Aufladung des Zweitaktmotors erst in den 50er-Jahren gelungen. Die Schwierigkeit lag hier unter anderem in der ungünstigeren Leistungsbilanz der Turbogruppe, die sich aus den geringeren Abgastemperaturen als Folge der stärkeren Luftbeimischung ergeben. Besonders bei Leerlauf reichte die Turbinenleistung nicht aus, um den Lader zu betreiben bzw. zu beschleunigen. Beim Viertaktmotor hilft die Ausschubarbeit des Kolbens nötigenfalls über diese Leistungslücke hinweg. Beim Zweitaktmotor kann die Spülpumpe dasselbe tun und gleichzeitig einen Start des Motors bei stillstehender Turbogruppe erzwingen. Aber gerade die Spülpumpe ist ein teuerer und lästiger Bauteil, den man gern eliminieren möchte, es sei denn, dass sich die Kolbenunterseite von einfach wirkenden Kreuzkopf-Zweitaktmotoren ohne großen Mehraufwand dafür anbietet. Sie liefert zwar nur der für Volllast benötigten Spülluftmenge, ist aber für Start und Leerlauf ausreichend. Bis heute ist es bei Zweitaktmaschinen nur mit Gleichstromspülung gelungen, die Spülpumpe völlig durch die Aufladergruppe zu ersetzen.

Bild 3.90 zeigt eine Abgasturboladergruppe mit Lagerung des Rotors zwischen Lader und Turbine. Dieses Mittelstück ist turbinenseitig wassergekühlt, während der Gaseintrittsteil vor der Turbine, ebenso wie die Verbindungsleitungen zwischen Motor und Turbine, gegen Wärmeverluste, d.h. Energieverluste, isoliert sind. Bei Hochaufladung (p_1/p_L > etwa 2,5) werden Turbine und Lader zweistufig ausgeführt.

Bei kleineren Otto-Motoren sind Abgasturbulader und auch Kompressoren noch weniger häufig. Dagegen werden Pkw-Ottomotoren höherer und vor allem hoher Leistung meist damit ausgerüstet, was verschiedentlich geradezu dann notwendig ist.

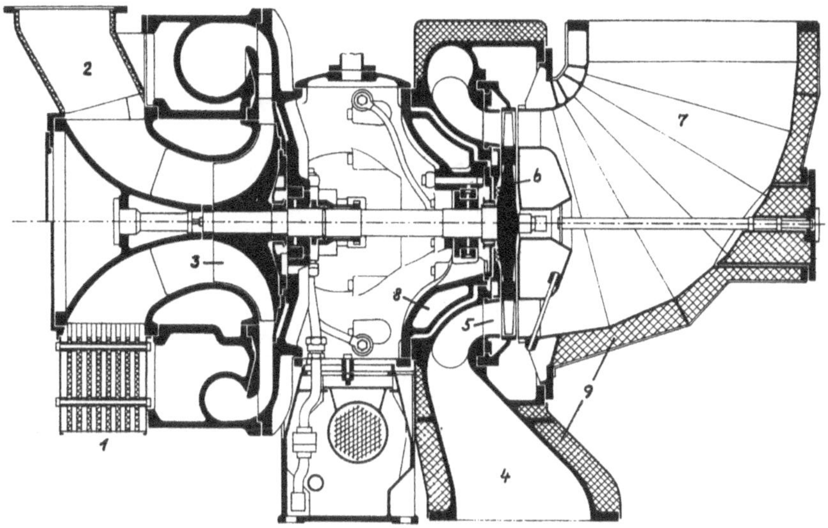

1 Lufteintritt durch Schalldämpfer
2 Variante: Lufteintritt durch Rohrleitung
3 Lader
4 Abgaseintritt
5 Leitschaufeln
6 Turbinenläufer
7 Abgasaustritt
8 gekühltes Lagerschild
9 Wärmedämmung

Bild 3.90 Einstufiger Abgasturbolader der MAN - Längsschnitt

3.5.12 Stirlingmotor

Seit langem wird versucht, einen Motor zu entwickeln, der nach dem Stirling-Kreisprozess - bekannt seit 1816 - arbeitet. Seine Wirkungsweise lässt sich gut im Vergleich mit der des Otto- und Dieselmotors beschreiben. Bei den beiden letztgenannten Typen, Motoren mit innerer Verbrennung, erhält man einen Arbeitsgewinn, indem ein angesaugtes Luftvolumen vor oder nach dem Kraftstoffzusatz bei niedriger Temperatur verdichtet wird, dann durch schnelle Verbrennung erhitzt wird (wobei entsprechend der Druck ansteigt) und dann ab hoher Temperatur expandiert. Das gleiche Prinzip, Kompression bei niedriger und Expansion bei hoher Temperatur, liegt auch dem Stirlingprozess zugrunde. Beim Stirlingmotor wird jedoch das Arbeitsgas nicht durch innere Verbrennung erhitzt, sondern die Wärme wird nach einer äußeren Verbrennung auf das Gas übertragen.

Die vier Phasen (Stellungen) diskontinuierlichen Bewegungsablaufs des Arbeitskolbens und des Verdrängers sind aus Bild 3.91 zu ersehen:

I. Kolben in tiefster Lage, Verdränger in höchster Lage; alles Gas befindet sich im kalten Raum.

II. Der Verdränger ist in der höchsten Lage geblieben; der Kolben hat das Gas bei niedriger Temperatur komprimiert.

III. Der Kolben ist in der höchsten Lage geblieben; der Verdränger hat das Gas über Kühler, Regenerator und Erhitzer in den heißen Raum geschoben.

IV. Das heiße Gas ist expandiert und hat dabei Arbeit geleistet, Verdränger und Kolben sind zusammen in der tiefsten Lage angekommen. Anschließend schiebt der Verdränger (während der Kolben stehen bleibt) das Gas über Erhitzer, Regenerator und Kühler in den kalten Raum, sodass wieder Stellung I erreicht ist.

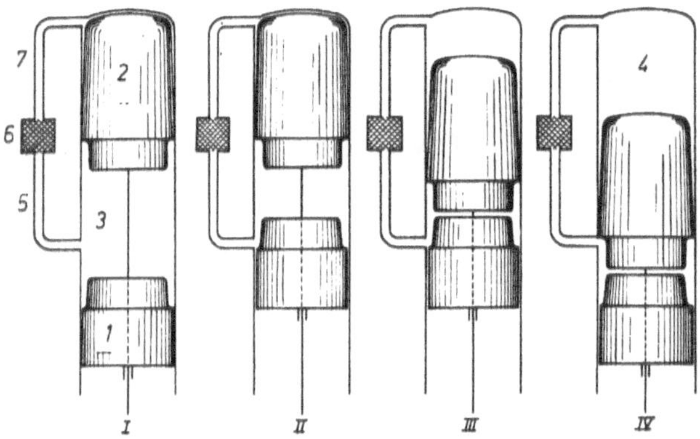

1 Kolben
2 Verdränger
3 kalter Raum
4 heißer Raum
5 Kühler
6 Regenerator
7 Erhitzer

Bild 3.91 Schema des Stirling-Kraftmaschinenprozesses: vier Stadien der diskontinuierlichen Bewegung von Kolben und Verdränger

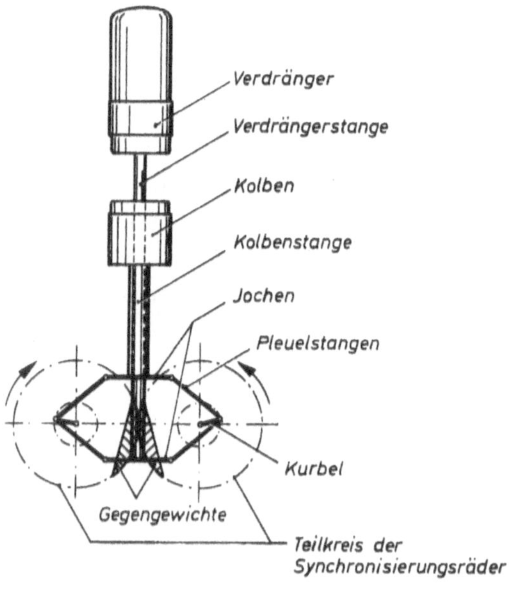

Bild 3.92
Rhombengetriebe (schematisch): Wenn das Gewicht sämtlicher mit dem Kolben mitbewegten Teile gleich dem Gewicht aller mit dem Verdränger mitbewegten Teile ist, kann man die Gegengewichte so wählen, dass der Schwerpunkt des Ganzen während einer Kurbelwellenumdrehung stillsteht. Die Maschine ist also auch für die höheren Harmonischen ausgewuchtet.

In der Praxis muss die diskontinuierliche Bewegung durch eine kontinuierliche ersetzt werden. Das ideale p,V-Diagramm (Tabelle 2.5) nimmt dadurch eine ovale Form an. Die Übergänge der einzelnen Phasen sind nicht mehr scharf voneinander zu trennen. Die kontinuierliche Bewegung verursacht eine Leistungsminderung, jedoch bleibt der Wirkungsgrad davon unberührt.

Die Entwicklung des Stirlingmotors ging vom Einsystemmotor mit zwei belasteten Kolben über die V-Anordnung – Verdränger in einem Zylinder, Kolben im anderen – zum doppelt wirkenden Motor mit z. B. vier Zylindern, die mit geeigneter Phasenverschiebung hintereinander arbeiten. Jeder Zylinder besitzt nur einen Kolben, der zugleich Verdränger für den nachfolgenden Zylinder ist. Kühler, Regenerator und Erhitzer sind zwischen die Zylinder geschaltet.

Der Stirlingmotor modernster Bauart arbeitet wieder als Einzylindermaschine mit einem Rhombengetriebe (Bild 3.92), mit dem sich die erforderlichen Bewegungen von Verdränger und Arbeitskolben verwirklichen lassen, und das einen vollständigen Massenausgleich aller bewegten Teile ermöglicht. Die wichtigsten Elemente eines Stirlingmotors mit Rhombengetriebe zeigt Bild 3.93.

Die Eigenschaften des Stirlingmotors sind entscheidend durch die äußere Verbrennung bestimmt. Es kann mit einer ständig brennenden Flamme gearbeitet werden, wodurch eine optimale Verbrennung möglich wird. Daraus ergeben sich folgende Vorteile des Stirlingmotors:

- saubere Abgase (geringstmöglicher CO- und NO_X-Gehalt, d. h. NO sowie NO_2),
- leiser Lauf, keine Verbrennungsschläge, geringe Auspuffgeräusche,
- Verbrennung verschiedener Brennstoffe möglich,
- Außentemperaturunempfindlichkeit beim Kaltstart.

Weitere Vorteile, die sich aus dem Stirling-Kreisprozess und aus der Konstruktion ergeben:

- hoher Wirkungsgrad infolge Annäherung an den Carnot-Prozess,
- günstiger Drehmomentverlauf im Betriebsdrehzahlbereich,.
- gleichmäßige Tangentialkraft (kein Schwungrad!),
- vibrationsfreier Lauf.

Dem stehen im Wesentlichen noch folgende Nachteile gegenüber:

- die Entwicklung hat nur in Sonderfällen die Serienreife erreicht,
- größerer Aufwand, teure Fertigung,
- größere Kühlanlage erforderlich.

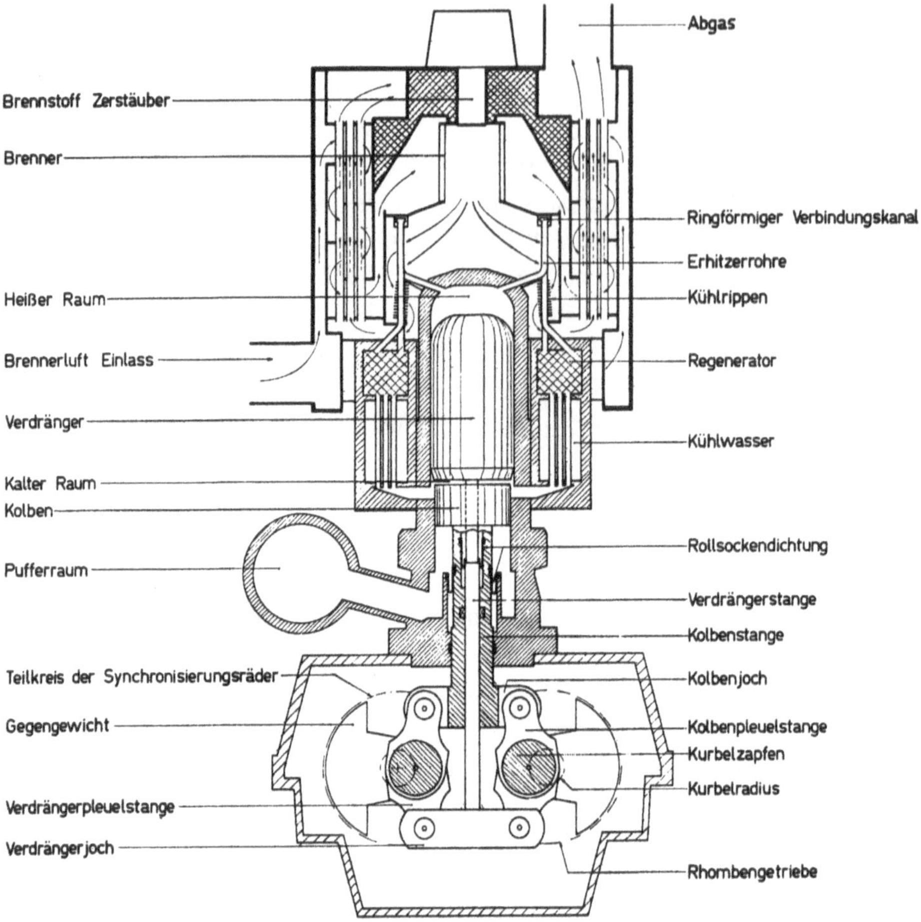

Bild 3.93 Stirling-Heißluftmotor mit Rhombengetriebe (Philips, Eindhoven)

3.5.13 Kraftstoffe

Die für den Betrieb moderner Verbrennungsmaschinen verwendeten Kraftstoffe werden überwiegend durch die Destillation und Veredelung des Erdöls gewonnen. Das Erdöl ist ein in vorgeschichtlicher Zeit aus organischen Substanzen entstandenes Naturprodukt und ein Gemisch verschiedener Kohlenwasserstoffe, das je nach Fundort andere Zusammensetzungen aufweist. Wahrscheinlich wird die Verknappung des Erdöls dazu zwingen, in naher Zukunft wieder Kraftstoffe auch durch Hydrierung von Kohle oder nachwachsender Energiepflanzen (Bioethanol) zu gewinnen.

Für alle Ottomotoren ist der geeignete Grundkraftstoff das Benzin. Der Name des Benzins geht nicht, wie fälschlicherweise häufig angenommen, auf *Carl Benz* zurück. Es war vielmehr *Eilhard Mitscherlich*, dem 1833 als Erstem die thermische Spaltung der Benzoesäure gelang. Das gewonnene leichtflüssige Öl identifizierte *Mitscherlich* als das von *Faraday* 1825 aus komprimiertem Ölgas erhaltene **Bicarburat of Hydrogen**. Er gab diesem Kohlenwasserstoff, dessen chemische Eigenschaften er - so gut es damals möglich war - untersuchte, den Namen **Benzin**.

Wie muss das Benzin beschaffen sein, damit es von einem modernen, anspruchsvollen Motor einwandfrei **verdaut** werden kann? Eine der notwendigen Eigenschaften ist der richtige Siedebereich. Er soll zwischen 30 °C und 200 °C liegen, damit sich keine Dampfblasen in der Kraftstoffleitung bilden, die besonders bei sommerlichem Fahrbetrieb und heißem Motor zum Aussetzen des Motors führen können. Andererseits verbrennen schwer - bei Temperaturen über 200 °C - verdampfende Benzinanteile rückstandsfrei. Bei kaltem Wetter, besonders beim Start des kalten Motors, kondensieren diese Teile, verdünnen das Schmieröl und setzen seine Schmierfähigkeit herab. Die zweifellos wichtigste Eigenschaft des Motorbenzins aber ist seine Klopffestigkeit.

Das **Klopfen** von Ottomotoren ist - sehr vereinfacht - etwa wie folgt zu erklären: Von der Zündkerze aus erfolgt die Ausbreitung einer Flammenfront im Brennraum je nach Zustand des Gemisches mit einer Geschwindigkeit von z. B. 30 m/s, also etwa dreifacher Kolbengeschwindigkeit. Durch die Steigerung von Temperatur und Druck im verbrannten Teil der Ladung wird der unverbrannte Teil vor der Flammenfront verdichtet und somit durchaus bis zur Zündtemperatur erwärmt, worauf er als Ganzes plötzlich verbrennt und eine schlagartige Drucksteigerung, eben das **Klopfen**, hervorruft. Durch die Detonation wird die Flammenfront mit Überschallgeschwindigkeit, von bis über 1000 m/s, zurückgeworfen und eine Gasschwingung angeregt, die den Wärmeübergang verdoppeln und den Motor möglicherweise überhitzt. Durch Klopfen kann der Motor also mechanisch und thermisch überlastet werden. Ein klopffester Kraftstoff darf nur eine geringe Zündwilligkeit aufweisen, damit die schlagartige Restverbrennung möglichst weit hinausgezögert wird.

Die Klopffestigkeit von Benzin, auch als Vergaserkraftstoff bezeichnet, wird in Prüfmotoren gemessen und im Vergleich mit einer Mischung aus Iso-Oktan und Normal- Heptan gleicher Klopffestigkeit durch die Oktanzahl ausgedrückt. Die Klopfgrenze eines Ottomotors ist abhängig vom Verdichtungsverhältnis, von Gestalt und Temperatur des Brennraumes, von Bewegung sowie Zustand des Gemisches, als auch von der Oktanzahl des Kraftstoffes. Die Klopffestigkeit eines Ottomotorkraftstoffes kann erhöht werden 1. durch Veredelung des Benzins (z. B. Crackbenzine, reformierte Benzine), 2. durch Zusatz klopffester Kraftstoffkomponenten (z. B. Benzol, auch Alkohol), 3. durch Zusatz von chemischen **Klopfbremsen**.

Als Kraftstoff für Strahlantriebe und Propellerturbinen hat sich Petroleum (Kerosin) bestens bewährt. Petroleum ist wegen seiner sehr geringen Klopffestigkeit jedoch für hoch verdichtete Automobilmotoren nicht geeignet. Andererseits verwenden moderne Strahlflugzeuge einen Petroleumverschnitt (Kerosin) mit weitem Siedegrenzbereich (60 bis 300 °C). Besonders wichtig ist seine Kältebeständigkeit von mindestens - 60 °C, sein Reinheitsgrad und seine Freiheit von ungelöstem Wasser (Gefahr der Vereisung).

Dieselkraftstoff ist zum überwiegenden Teil ein reines Destillationsprodukt mit einem Siedebereich von ca. 180 bis 370 °C. Da der Dieselmotor mit Selbstzündung arbeitet, ist im Gegensatz zum Vergaserkraftstoff eine möglichst gute Zündwilligkeit erwünscht. Die vom Dieselkraftstoff verlangte Zündwilligkeit hängt wesentlich von der Höhe der in ihm enthaltenen Paraffinanteile ab. Die Paraffinanteile bringen allerdings auch Nachteile mit sich. Bei Kälte neigen sie zum Auskristallisieren. Die ausgeschiedenen Paraffinteilchen können sich in der Kraftstoffleitung festsetzen, und der Motor bleibt stehen. Dieselkraftstoff ist etwa bis -15 °C kältefest. Im Winter sind deshalb entsprechende Zusätze notwendig.

Auch Dieselkraftstoff kann zu Klopferscheinungen führen (Abschnitt 3.5.5.2). Der Grund des Klopfens liegt beim Dieselmotor allerdings in genau gegenteiligem Verhalten des Kraftstoffes wie beim Ottomotor. Der Dieselmotor klopft, wenn der eingespritzte Kraftstoff erst mit Verzögerung zündet und dann insgesamt schlagartig verbrennt. Während der Ottomotor klopft, wenn der Kraftstoff zu zündwillig ist, klopft der Dieselmotor bei zündunwilligem Kraftstoff. Das Zündungsklopfen des Dieselmotors und das Klopfen des Ottomotors sind demnach sehr verschiedene Vorgänge. Dies schließt nicht aus, dass in seltenen Sonderfällen ein echtes Otto-Klopfen auch beim Dieselmotor vorkommen kann.

Für die Zündwilligkeit der Dieselkraftstoffe gibt es - analog den Oktanzahlen der Vergaserkraftstoffe - ebenfalls eine Maßeinheit: die Cetanzahl. Die Messung der Cetanzahl erfolgt in ähnlicher Weise wie die Messung der Oktanzahl in einem Prüfmotor. Der Vergleichskraftstoff ist eine Mischung aus Cetan und Methyl-Naphtalin. Der Anteil an Cetan im Vergleichskraftstoff ist bei gleicher Zündwilligkeit die Cetanzahl des untersuchten Dieselkraftstoffes.

Gegenüberstellung	Vergaserkraftstoff	Dieselkraftstoff
Dichte bei 15 °C	0,72 - 0,78 kg/dm^3	0,83 - 0,86 kg/dm^3
Zündwilligkeit	niedrig	hoch
Flammpunkt	unter -20 °C Gefahrenklasse I	über +50 °C Gefahrenklasse III
Siedebereich	30 - 200 °C	180 - 370 °C

Energieinhalt von Kraftstoffen

Kraftstoff	Dichte	Energieinhalt
Erdgas	ca. 720 kg/Nm³	ca. 13,5 kWh/kg
Benzin	ca. 720 - 750 kg/m³	ca. 8,5 kWh/l
Diesel	ca. 820 - 850 kg/m³	ca. 10 kWh/l
Kerosin	ca. 720 kg/m³	ca. 11 kWh/kg
Autogas*	ca. 560 kg/Nm³	ca. 7 kWh/Nl

Normzustand (Kurzzeichen N): 0 °C; 1,0133 bar
* auch LPG (Liquefied Petroleum Gas) oder Flüssiggas genannt

3.5.14 Kühlung

Es gibt Motoren mit Wasserkühlung - heute hauptsächlich - und mit Luftkühlung. Die Wärmebelastung ist an den feuerberührten Flächen von Brennraum und Kolben am größten. Sie fällt an der Laufbuchse von OT bis UT rapide ab, erstens wegen der sinkenden Dichte und Temperatur des Gases, zweitens wegen der wachsenden Abschirmzeit des Kolbens. Die maximale Belastung im Besonderen von Zweitaktmotoren oder hoch aufgeladenen Viertaktmotoren kann $\dot{q}=\alpha\cdot\Delta T=10^5\ \mathrm{W/m^2}$ erreichen oder überschreiten.

Bei ΔT des Kühlwassers zwischen Ein- und Austritt von z. B. 10 K würde sich damit eine **Wärmeübergangszahl** an das Wasser $\alpha_w = 10^4\ \mathrm{W/(m^2 \cdot K)}$ ergeben, die mit reiner Flüssigkeitskühlung kaum noch zu erreichen ist. Bei wassergekühlten Motoren bildet sich an den höchstbelasteten Stellen auf der Wasserseite der Wand deshalb meist ein sogenannter ein Dampfpelz aus einzelnen Dampfblasen. Der Konstrukteur hat durch geeignete Wasserführung und Wassergeschwindigkeit dafür Sorge zu tragen, dass keine **Dampfsäcke** entstehen, sondern die Bläschen möglichst in statu nascendi, d. h. bei ihrem Entstehen vom Wasserstrom fortgespült werden und in diesem kondensieren. Am Austritt aus der Maschine verbleibt dann nicht Dampf, sondern warmes Wasser, das durch Schwerkraft oder Pumpe einem Kühler zugeführt und von diesem im Kreislauf wieder zum Motor geleitet werden kann. Bei Fahrzeugen (mit Ausnahme von Wasserfahrzeugen) muss der ventilierte Kühler seinerseits die Wärme an die ihn durchströmende Luft weitergeben.

Einer der Vorteile der Wasserkühlung ist die Möglichkeit, den Luft-Wasser-Kühler angemessen groß zu machen. Ein Kühler mit großer, luftseitiger Oberfläche braucht weniger Luftgeschwindigkeit und weniger Ventilationsarbeit. Die Wärmeübergangszahl aLuft wächst mit der 0,8-ten Potenz, die Ventilationsarbeit dagegen mit der dritten Potenz der Luftgeschwindigkeit.

Bei Motoren mit Luftkühlung macht man aus dem gleichen Grunde die luftberührte Oberfläche möglichst groß und die Luftgeschwindigkeit möglichst klein. Große Verrippungsflächen sind aber nur mit einem Rippenmaterial von hoher

Wärmeleitfähigkeit zu erzielen. Da Silber aus Kostengründen und Kupfer i. Allg. aus konstruktiven Gründen nicht anwendbar ist, bleiben praktisch nur Aluminium bzw. Al-Legierungen übrig.

Bei gegebener Wärmebelastung, Wärmeleitzahl und zulässiger Wandtemperatur lassen sich heute die optimale Kühlrippe und die zugehörige Kühlluftgeschwindigkeit bestimmen. Für die praktische Anwendung der Rechnung ist wichtig, dass diese Luft nur für die Wärmeabfuhr und nicht zur Überwindung unnötiger Widerstände verbraucht wird. Sie muss daher zwangsläufig durch Bleche in den gewünschten Bahnen geführt werden.

Mit optimal ausgelegter Luftkühlung lässt sich die Ventilationsarbeit bei Viertaktmotoren bis $d \approx 150$ mm Kolbendurchmesser und bei entsprechend kleineren Zweitaktmotoren auf $\leq 0{,}05 \cdot P_e$ herabsetzen. Bei größeren Kolbendurchmessern wird die Luftkühlung immer unwirtschaftlicher und bei $d \geq 200$ mm Durchmesser deshalb Flüssigkeitskühlung.

Bei Pkw- und Lkw-Motoren mit $d < 100$ bis (max.) 150 mm Durchmesser und geringer Leistungsdichte wäre Luftkühlung, die weniger Wartung erfordert und nach dem Anfahren schneller die Betriebstemperatur erreicht, günstig. Dadurch ergäbe sich auch geringere Abnutzung, die bei kalter Maschine zehnfach größer sein kann, als bei Betriebstemperatur. Luftkühlung ist sogar in der Binnenschifffahrt erwünscht, da bei Kanalfahrt und geringer Wassertiefe die wassergekühlten Motoren häufig **mit Schlamm gekühlt** werden. Die bei Luftkühlung größere Geräuschentwicklung ist jedoch sehr nachteilig. Auch sind mit Luftkühlung bei den heute angewendeten Leistungsdichten die zulässigen Werkstoff-Temperaturen - vor allem die des Schmieröls - der Motoren nicht zu verwirklichen. Wegen diesen beiden Gründen wird Luftkühlung, außer bei Kleinmotoren, nicht mehr angewendet. Auch treten an ungünstig gelegenen Bereichen die zuvor erwähnten örtlichen heißen Stellen auf, sogenannte hot-spots, die schwer zu beherrschen sind (Überhitzungsgefahr).

3.5.15 Mehrzylinder-Anordnungen

Bisher war nur von Vorgängen oder Maschinenteilen im oder am Arbeitszylinder die Rede, doch nicht von der Zahl und Anordnung der Zylinder.

Nur Motoren für kleine Leistungen werden einzylindrig gebaut, z. B. kleine ortsfeste oder transportable Gewerbemotoren für Bauwinden, Förderbänder und dergleichen, oder Kleinstmotoren für Rasenmäher, Kettensägen etc. Der Einzylindermotor hat im Besonderen als Viertaktmotor ein sehr ungleichförmiges Drehmoment, bedarf also eines vergleichsweise schweren Schwungrades als Energiespeicher, und hat mit einem Kolben freie Massenkräfte, die periodisch auf seine Umgebung einwirken.

Durch zweckmäßige Zuordnung mehrerer Zylinder kann man gleichmäßigere Drehmomente erzielen und die freien Massenkräfte durch Gegeneinanderschaltung mehr oder weniger ausgleichen. Geometrisch gibt es dafür nur drei Möglichkeiten (Bild 3.94):

1. Anordnung in einer axialen Ebene (Reihenmotoren a) oder
2. in einer Ebene senkrecht zur Achse (Stern- und V-Motoren, b und c) oder
3. Kombinationen von 1. und 2. Man erhält dadurch Mehrreihen-V-Motoren, Mehrreihen-Sternmotoren und Boxer-Motoren (d), d.h. V-Motoren mit 180° V-Winkel, am besten sogar mit Ausgleichswelle.

Bei größeren Straßen- und Schienenfahrzeugen ist aus Gründen der Zugänglichkeit der stehende Reihenmotor und für große Leistungen der Zweireihen-V-Motor vorherrschend, gelegentlich auch der Boxermotor. Liegende Reihen- und Boxermotoren eignen sich besonders für Unterflureinbau, z.B. bei Omnibussen oder Triebwagen.

Bei Viertakt-Reihenmotoren sind immer je zwei Kolben gleichläufig, die von Umdrehung zu Umdrehung abwechselnd zünden. Viertakt-Reihenmotoren haben daher - von der Maschinenmitte aus gesehen - symmetrisch gleiche Kurbelwellen und gerade Zylinderzahlen.

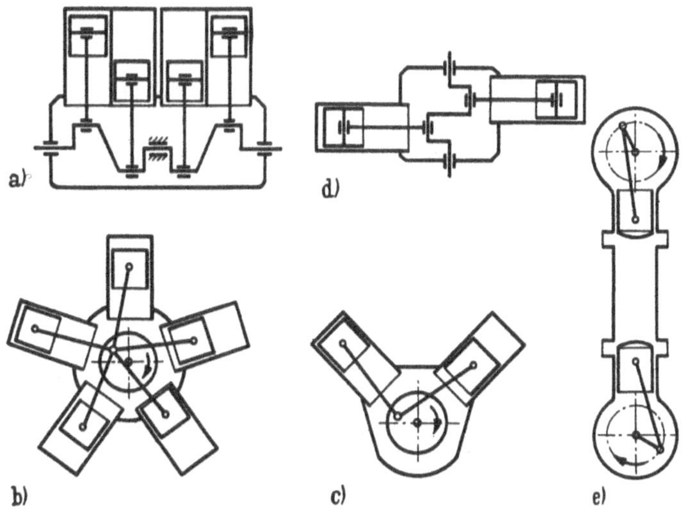

Bild 3.94 Mehrzylinder-Anordnungen: a) Reihenmotor, b) Sternmotor, c) V-Motor, d) Boxermotor, e) Gegenkolbenmotor

Beim Zweizylindermotor („twin set“), Anordnung wie die beiden mittleren Kolben von Bild 3.94a, sind beide Kolben gleichläufig (kein Massenkraftausgleich!). Beim Vierzylindermotor (Bild 3.94a) sind zwei gleichläufige Kolbenpaare 180° symmetrisch gegeneinander versetzt. Bei dieser im Pkw der Mittelklasse meist verwendeten Anordnung sind freie Massenkräfte und -kippmomente erster Ordnung ausgeglichen. Aus der endlichen Treibstangenlänge ergeben sich jedoch stärkere freie Massenkräfte zweiter Ordnung, d.h. Kräfte, die sich bei Drehzahl n mit einer Frequenz $2n$ wiederholen. Gegenmaßnahme: Ausgleichswelle mit $2n$. Beim Sechszylinder-Reihenmotor sind drei Kolbenpaare 120° gegeneinander versetzt. Die freien Massenkräfte und -momente erster und zweiter Ordnung sind ausgeglichen.

Reihenmotoren mit noch größeren Zylinderzahlen ergeben immer torsionsweichere Wellen und i.Allg. Drehschwingungsresonanzen im Betriebsbereich, die den Einbau von Drehschwingungsdämpfern erfordern; das sind entsprechende Schwungmassen, die zwar mit der Kurbelwelle rotieren, aber infolge ihrer Trägheit deren Drehschwingungen nicht folgen können. Die Relativbewegung zwischen Welle und Dämpfermasse wird durch hydraulische oder mechanische Reibung abgebremst. Da also der Dämpfer Arbeit in Reibungswärme verwandelt, ist er bei Dauerbetrieb meistens durch Übererwärmung gefährdet. Bei Flug- und Schiffsmotoren findet man auf dem Tachometer daher dann rot markierte Drehzahlbereiche (Eigenfrequenz), die zwar gefahrlos durchfahren werden können, aber einen Dauerbetrieb nicht zulassen.

Beim Kraftwagen- und Flugmotor werden Reihenmotoren mit mehr als sechs Zylindern außerdem für den Einbau unbequem lang. Man zieht dann V-Motoren, z.B. 2 × 4 oder 2 × 6 Zylinder, vor; bei Lokomotiven finden sich auch 2 × 8 Zylinder-V-Motoren.

Bei Kleinflugzeugen werden luftgekühlte Reihen- und V-Motoren mit hängenden Zylindern bevorzugt, die – besonders bei einmotoriger Anordnung vor dem Piloten – das Blickfeld weniger einschränken. Bei Flugzeugen dominierte der luftgekühlte Doppel-Sternmotor mit bis zu 2 × 9 Zylindern und 2 um 180° versetzten Kurbeln und Kontergewichten, die praktisch vollständigen Ausgleich aller freien Massenkräfte und -momente ergeben. Zur besseren Führung der Kühlluft ist jeder Zylinder der zweiten Sternebene auf die Lücken des vorderen Sterns ausgerichtet. Die größte mit solchen Motoren erreichte Startleistung beträgt 2400 kW bei nur 155 mm Kolbendurchmesser und 160 mm Hub. Davon entfallen auf die drei Abgasturbinen je 130 kW und auf die Kolbenmaschine bei Höchstdrehzahl (n = 46,7 s^{-1}) aufgeladen 2000 kW, entsprechend p_e = 16,5 bar. Viertakt-Sternmotoren hatten ungerade Zylinderzahlen, um eine gleichmäßige Zündfolge zu erreichen.

Bei Zweitakt-Reihenmotoren – hergestellt praktisch nur noch als Schiffsmotoren – entfällt die durch die Zündfolge des Viertaktverfahrens gegebene Symmetrie der Kurbelwelle. Jede Kurbel hat ihren eigenen Winkel; die Kurbelstellung richtet sich vor allem nach dem Ausgleich der Massenmomente und der Frequenz und Amplitude der Torsionsschwingungsresonanzen erster und höherer Ordnung. Bei gleichen Kurbelwinkeln sind die freien Massenkräfte ohne Weiteres ausgeglichen, die freien Massen-Kippmomente um die Querachse dagegen nicht.

Bild 3.94e zeigt schließlich noch einen Doppelkolbenmotor nach Junkers, der bereits in *einem* Zylinder vollen Massenausgleich haben würde, wenn die Kolben 180° gegenläufig wären. Wie aber bereits in Abschnitt 3.5.7.1 ausgeführt, lässt man die auslassseitige Welle 7° bis 12° voreilen, um durch unsymmetrische Spülung Nachladung und höhere Leistung zu erzielen. Die dadurch hervorgerufenen Unwuchten können ebenfalls nur durch Mehrzylinder-Anordnungen ausgeglichen werden. Diese Motorausführung hatte keinen Erfolg, weshalb sie nicht mehr gebaut wird.

3.5.16 Ausführungsbeispiele von Kolbenmotoren

Bei der Vielzahl der Baukombinationen, die im Motorenbau möglich sind, würde es den vorgesehenen Umfang dieses Buches bei Weitem sprengen, sollte von jeder möglichen Bauart ein Bild gezeigt werden. Aus Neutralitätsgründen wurden nicht mehr gebaute Ausführungen ausgewählt, die zudem überschaubarer sind und deshalb alle wichtigen Merkmale klarer erkennen lassen.

Verschiedene ältere Motoren (Bilder 3.95; 3.96; 3.97) sind zur Information dargestellt mit dem Vorteil, dass die wichtigen Bestandteile gut erkennbar sind. Auch sind moderne Motoren, ebenfalls Otto und Diesel (Bilder 3.98 bis 3.103), dargestellt, teilweise aufgeschnitten oder transparent. Als Abschluss ist der Wankelmotor aufgeführt (Bild 3.101).

Bild 3.95 zeigt den legendären VW-Motor, einen luftgekühlten Doppelboxer-Vierzylinder mit Kurbelfolge nach Bild 3.94 d. Verglichen mit dem Reihenmotor können die Kurbeln bei der Boxer-Bauart enger zusammenrücken, wodurch die Kurbelwelle kürzer, leichter und steifer wird. Solche Motoren werden wegen geringer Leistungsdichte und hohem Geräusch nicht mehr gebaut. Deshalb nur noch wassergekühlte Motoren mit Ventilsitzen aus hartem Stahl.

Die Zylinderbuchsen bestehen aus Grauguss, Kolben und Zylinderköpfe - wie bei luftgekühlten Fahrzeugmotoren üblich - aus Al-Gusslegierungen. Als Ventilsitze bzw. -führungen sind Bronzeringe bzw. -buchsen eingezogen. Die Ventilsteuerung erfolgt von der Nockenwelle *3* über Stoßstangen *9* und Steuerhebel *10.*

Das Radial-Kühlgebläse *15* läuft auf der Welle der Lichtmaschine *14* mit, angetrieben durch einen Keilriemen *13.* Der Kühlluftstrom wird durch einen Blechschacht mit Führungsprofilen *16* zu den Zylindern geleitet und parallel durch alle vier Rippenzonen geführt. Zwischen Gebläse und Motor ist der Ölkühler *17* in den Kühlluftstrom eingeschaltet. Zur Vermeidung einer Unterkühlung bei Teillast kann die Kühlluft am Gebläseeintritt durch eine Manschette *22* gedrosselt werden, gesteuert durch einen Thermostat.

Der Motor besitzt nur *einen* Vergaser *18,* von dem relativ lange und enge Saugleitungen *19* zu den beiden Saugventilpaaren führen.

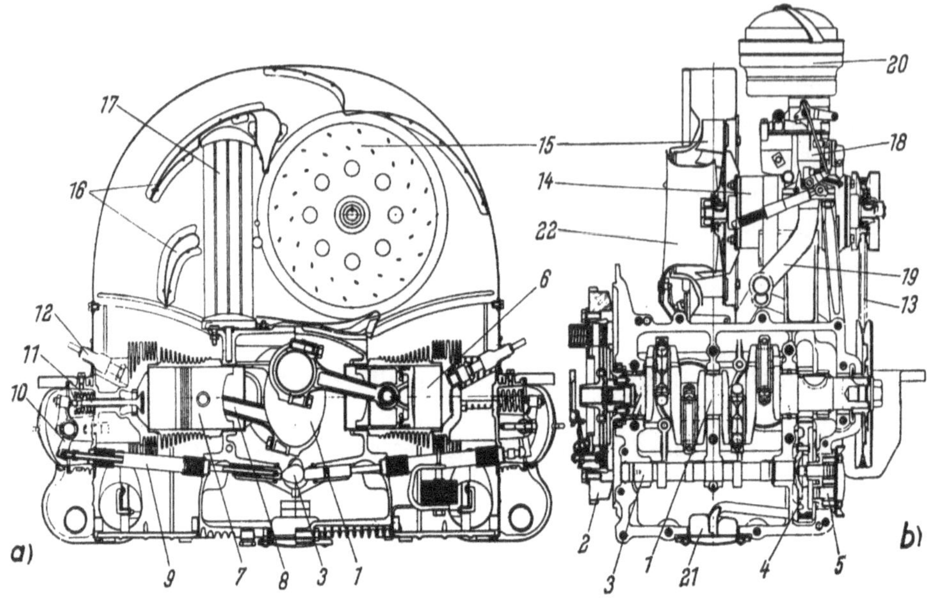

1 Kurbelwelle, 2 Schwungrad mit Kupplung, 3 Nockenwelle, 4 Nockenwellenantrieb, 5 Schmierölpumpe, 6 Zylinder mit Kühlrippen, 7 Kolben, 8 Treibstange, 9 Stoßstangen, 10 Steuerhebel, 11 Ventil mit Feder, 12 Zündkerze, 13 Keilriemen, 14 Lichtmaschine, 15 Lüfterrad (Radialgebläse), 16 Leitbleche, 17 Ölkühler, 18 Vergaser, 19 Saugrohr, 20 Luftfilter, 21 Schmierölsieb, 22 Kühlluftmengenregler

Bild 3.95 Historischer luftgekühlter 1,2-1-Doppelboxer mit 4 Zylinder *(VW)*: a) Längsschnitt, b) Querschnitt

Bild 3.96 zeigt einen luftgekühlten Industrie- und Lkw-Dieselmotor in V-Anordnung, der von KHD bis zu 12 Zylindern gebaut wurde und mit Aufladung bis zu 370 kW je Zylinder leisten konnte. Der Motor zeichnet sich durch kompakte Bauweise und geringes Gewicht aus und hat einen besonders niedrigen Geräuschpegel. Folgendes ist hervorzuheben: Die Einspritzpumpe ist schrägliegend im V-Raum angeordnet, der abgeschlossen als Kühlluftdruckraum dient. Der Aluminium-Zylinderkopf und das gusseiserne Zylinderrohr werden ohne Dichtung durch je drei hochvergüteten, hochelastischen Dehnschrauben mit dem Kurbelgehäuse verspannt. Als Brennverfahren wurde die Direkteinspritzung mit wandparalleler Einspritzung in eine Kolbenkammer gewählt. Es unterscheidet sich dadurch von der wandverteilenden Kraftstoff-Filmauftragung des M-Verfahrens. Mit dieser Art der Direkteinspritzung sollte ein günstiges Geräuschverhalten durch möglichst kleinen Druckanstieg pro Grad Kurbelwinkel erreicht werden. Das Verfahren zeichnete sich weiter durch wirtschaftlichen Verbrauch mit hoher Luftausnutzung und durch ein gutes Kaltstartverhalten aus.

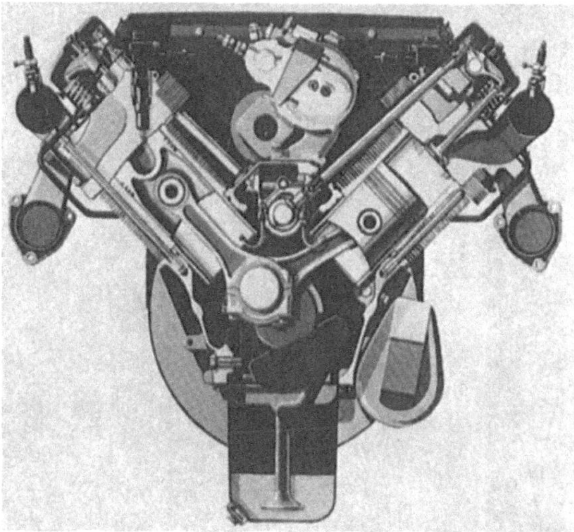

Bild 3.96 Luftgekühlter Viertakt- Dieselmotor mit Direkteinspritzung in V-Bauweise (KHD)

Der Zweitakt-Dieselmotor nach Bild 3.97 wurde von der MAN gebaut. Er läuft bei $n = 2{,}03\ s^{-1}$ und einer mittleren Kolbengeschwindigkeit von 6,5 m/s. Der Zylinderdurchmesser beträgt 900 mm, der Kolbenhub 1600 mm. Das Anlassen erfolgt mit Druckluft. Es können bis zu 10 Zylinder in Reihe angeordnet werden. Die Leistung pro Zylinder beträgt 2130 kW. Der Motor ist für Schwerölbetrieb ausgelegt und arbeitet mit Umkehrspülung. Die Aufladung erfolgt durch einen Abgasturbolader. Die Kolbenunterseiten arbeiten als Spülpumpen parallel zu den Turboladern. Im unteren Lastbereich, in dem noch relativ wenig Auspuffenergie zur Verfügung steht, wird die von den Spülpumpen geförderte Luft über Injektordüsen in die Leitung zwischen Aufladegebläse und Ladeluftkühler geleitet. Durch diese Injektorwirkung wird ein schnelles Hochfahren des Motors ermöglicht. Bei höherer Motordrehzahl wird nach Betätigung einer Umschaltklappe die Luft von den Unterseitenpumpen über einen Ladeluftkühler direkt in die Spülluftleitung gefördert.

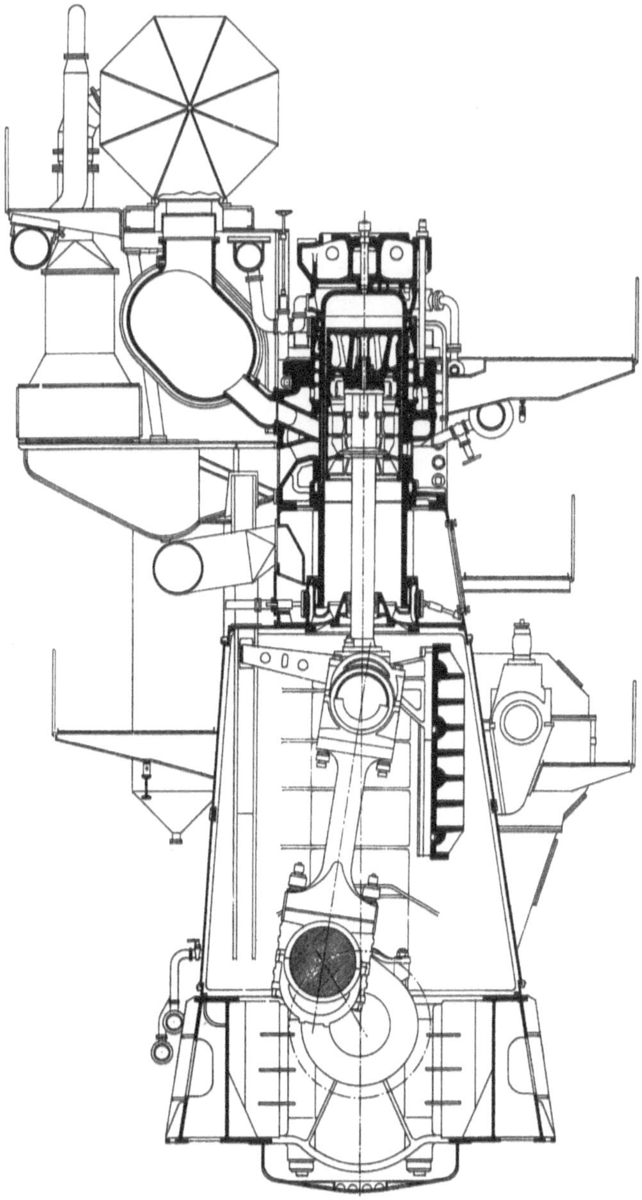

Bild 3.97 Zweitakt-Dieselmotor für Schiffsantrieb und Kraftwerke, wassergekühlt in Reihenbauart mit Gleitschuh-Kreuzkopf (MAN)

Bild 3.98 Ottomotor, 4 Zylinder, 1,4 Liter Hubraum, 103 kW Nennleistung für Pkw (VW)

Bild 3.99 Dieselmotor, 4 Zylinder, 2 Liter Hubraum, 110 kW Nennleistung für Pkw (VW)

Bild 3.100 Ottomotor (teilweise geöffnet), 6 Zylinder, 3,5 Liter Hubraum, 226 kW Nennleistung für Pkw (Daimler)

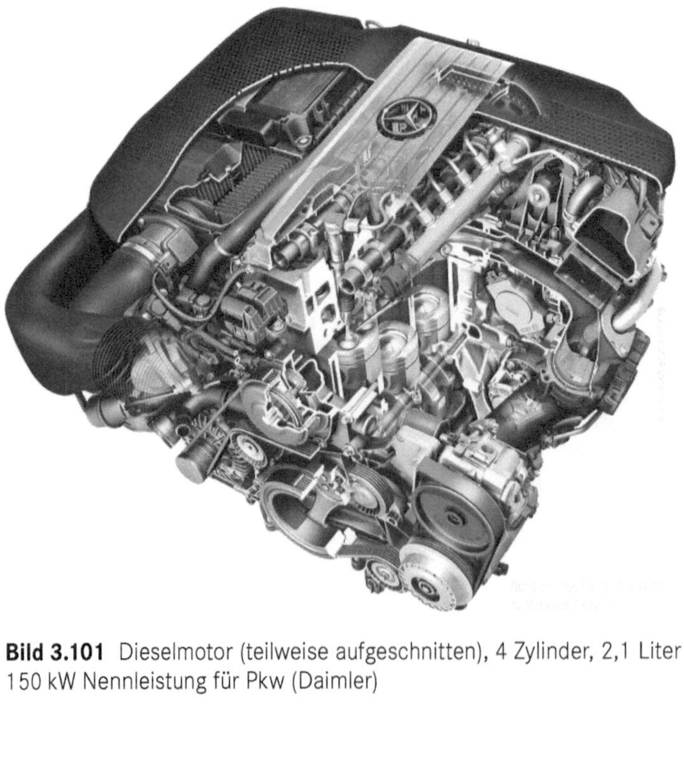

Bild 3.101 Dieselmotor (teilweise aufgeschnitten), 4 Zylinder, 2,1 Liter Hubraum, 150 kW Nennleistung für Pkw (Daimler)

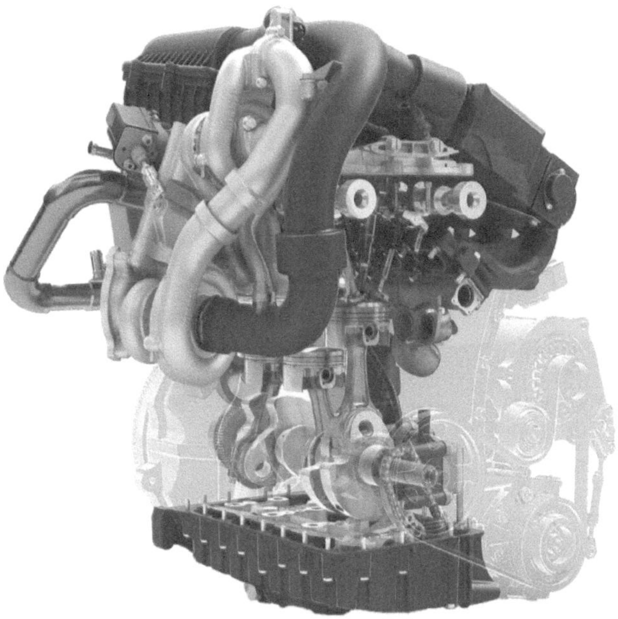

Bild 3.102 Ottomotor, 3 Zylinder, 1,2 Liter Hubraum in Transparent-Illustration. Downsizing-Motor, d. h. verkleinerter Motor bei unveränderter Leistung (Mahle).

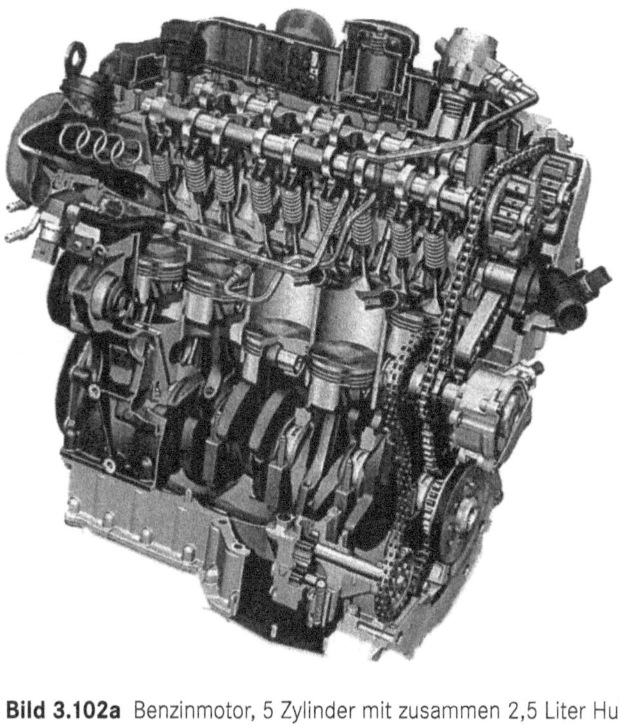

Bild 3.102a Benzinmotor, 5 Zylinder mit zusammen 2,5 Liter Hubraum in 3D-Transparent-Ausführung (AUDI)

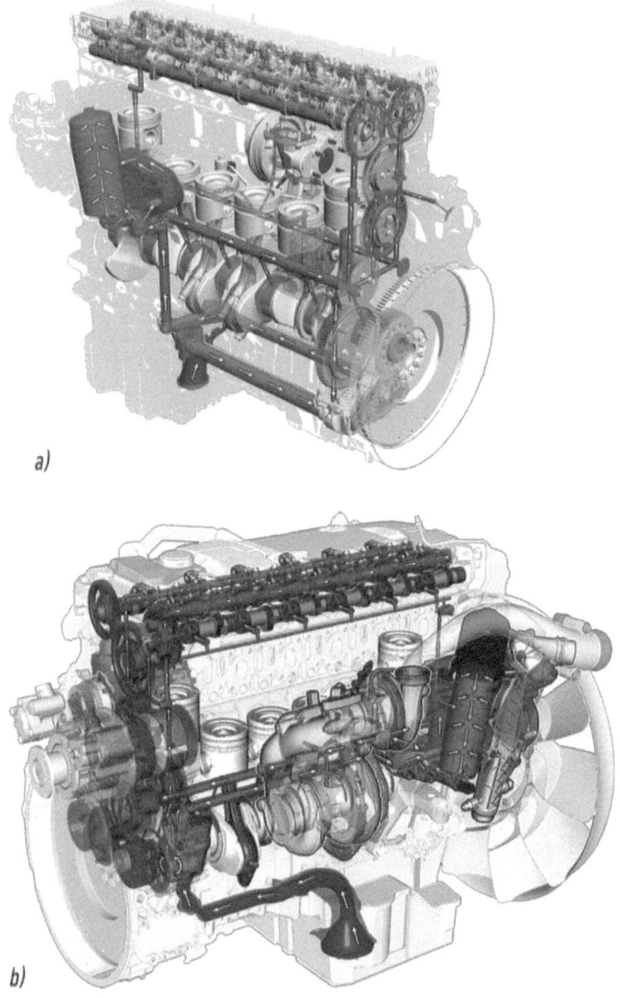

a)

b)

Bild 3.103
Lkw-Dieselmotor in zwei Perspektiven als 3D-Transparent-Darstellung. Besonders hervorgehoben ist die Schmierölversorgung des Motors (Daimler)

Der Wankelmotor, benannt nach *Felix Wankel,* ist ein Kreiskolbenmotor. Bild 3.104 zeigt den Motor des 1967 auf der Frankfurter Automobilausstellung vorgestellten NSU Ro 80. Der Motor, der die Typenbezeichnung KKM 612 trägt, ist ein Zweifachmotor, der in seiner Drehmoment-Charakteristik einem Sechszylinder-Viertakt-Hubkolbenmotor gleichwertig ist. Er gab eine Leistung von rund 74 kW ab. Die Exzenterwelle trägt zwei um 180° gegeneinander versetzte Exzenter. Auf ein Mittellager zwischen den beiden Exzentern konnte aufgrund der steifen und gedrängten Bauweise verzichtet werden. Auf jede halbe Umdrehung der Exzenterwelle erfolgt eine Zündung. Damit tritt eine Überschneidung der kraftabgebenden Expansionstakte ein, was sich hinsichtlich der Laufruhe günstig auswirkt. Die den Arbeitsraum bildenden Bauteile sind durch Zuganker verbunden, welche im Zwischenteil durch eine aufgewalzte Riffelung fixiert sind. Die freie Schwingungslänge wird dadurch auf die Hälfte reduziert, wodurch unkontrollierbare Biegeschwingungen gedämpft wurden. Schwierigkeiten durch Wärmedehnung sind bei dieser Konstruktion nicht aufgetreten. Jede Zelle wird von einem eigenen, zweistufigen Horizontal-Registervergaser versorgt. Der Ölkühler ist ins Innere der Maschine in den Ölsumpf verlegt. Alle Wasser- und Ölleitungen sind als gegossene oder gebohrte Kanäle in den Gehäuseteilen untergebracht. Damit wurden innerhalb des Motors Rohr- und Schlauchleitungen vermieden. Lediglich zum Anschluss des Kühlers, der Wagenheizung und der Motorentlüftung sind noch Schläuche vorhanden. Die Firma Audi/NSU hat nach Auslauf der Serie Ro 80 die Fertigung von Wankelmotoren eingestellt, jedoch werden Drehkolbenmotoren, System Wankel, heute noch von japanischen Motorenherstellern in Lizenz gefertigt.

Bild 3.104 Doppelkolben-Wankelmotor (*AUDI*, Ro 80)

3.5.17 Betriebsverhalten der Motoren

Für die Beurteilung eines Fahrzeugmotors sind in erster Linie das Drehmoment M_d, die Nutzleistung P_e und der Kraftstoffverbrauch b pro Leistungs- und Zeiteinheit maßgebend. Diese Kenngrößen werden auf dem Motorenprüfstand ermittelt. Dabei wird der Motor so abgebremst, dass sich bei verschiedenen Kraftstoffzufuhren verschiedene Drehzahlen einstellen. Bei den einzelnen Belastungen wird das Drehmoment M_d (auch mit T bezeichnet, von Torsion) gemessen und die Motordrehzahl n abgelesen. Aus diesen beiden Werten errechnet sich die Nutzleistung.

$$P_e = M_d \cdot \omega = M_d \cdot 2 \cdot \pi \cdot n \tag{3.98}$$

Die Verbrauchszeit t einer bestimmten Kraftstoffmenge wird gestoppt und damit der Kraftstoffverbrauch gemäß Formel 3.77 berechnet.

$$b_e = \frac{\dot{m}_B}{P_e} = \frac{V_B \cdot \varrho_B}{t \cdot P_e} \tag{3.99}$$

Die gemessenen bzw. errechneten Werte für M_d, P_e und b_e werden als Kurven über der Drehzahl aufgetragen (Bild 3.105). Die Kurven können erst von einer Mindestdrehzahl ab aufgenommen werden, da der Motor erst von dieser Mindest-, d.h. Leerlaufdrehzahl an imstande ist, die zur Überwindung der Massenkräfte und Eigenreibung erforderliche Verbrennungsluft anzusaugen.

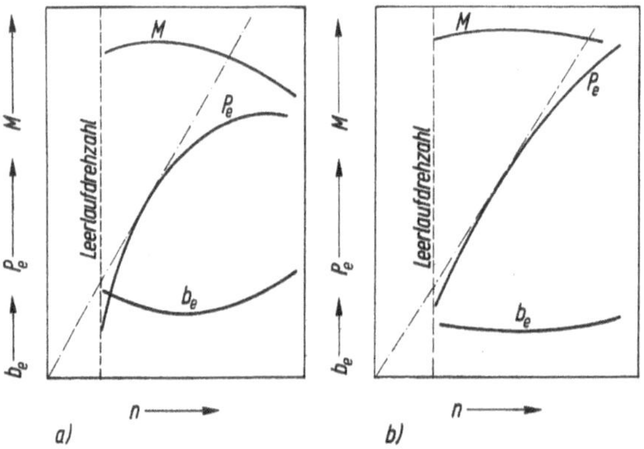

Bild 3.105
Kennfelder von Kolben-Verbrennungsmotoren: a) Ottomotor, b) Dieselmotor

Welche Rückschlüsse erlauben nun die über der Drehzahl aufgetragenen Kurven? Betrachten wir zuerst die Drehmomentenkurve. Die Größe des Drehmomentes ist maßgebend für die Durchzugskraft des Motors. Für den Fahrbetrieb eignet sich am besten eine Verbrennungsmaschine, die bereits bei niedrigen Drehzahlen ein möglichst großes Drehmoment entwickelt und dieses über einen größeren Drehzahlbereich beibehält. Ein Fahrzeug mit einem solchen Motor hätte bereits beim Anfahren eine große Durchzugskraft und würde diese auch bei den verschiedensten Fahrtgeschwindigkeiten beibehalten. Eine Gangschaltung wäre kaum nötig. Ein solches Verhalten des Drehmomentes ist jedoch beim Kolbenverbrennungsmotor kaum zu erreichen, weil das Drehmoment vom mittleren Arbeitsdruck und dieser wieder von der Füllung des Zylinders abhängig ist. Die Füllung des Zylinders steigt mit dem Motorsog und dieser mit der Drehzahl. Die Füllung ist aber auch abhängig von den Öffnungszeiten der Ventile, und diese werden mit wachsender Drehzahl kürzer. Die großen Gasgeschwindigkeiten in den Ventilquerschnitten bei hohen Drehzahlen führen zu einer starken Drosselung in den Ventilen und mindern aus diesem Grunde die Füllung. Außerdem ergibt bei hohen Drehzahlen die schnellere Aufeinanderfolge der Zündungen eine größere Erwärmung des Motors und damit, weil das eintretende Gemisch sich stärker ausdehnt mit der Folge einer schlechteren Füllung. Das Gleiche gilt für den Lufteintritt beim Dieselmotor. So ergibt sich eine Drehmomentenkurve, die mit wachsender Drehzahl zunächst ansteigt, ein Maximum erreicht und dann wieder abfällt. Je flacher die Drehmomentenkurve, umso gleichmäßiger ist die Durchzugskraft in einem weiten Drehzahlbereich.

Ideal wäre eine Drehmomenten-Kennlinie, die der Beziehung $P \sim F \cdot c \sim M \cdot n$ folgt. Der Kolbenmotor mit der für ihn typischen Kennlinie nach Bild 3.105 ist für den Fahrzeugantrieb wenig geeignet. Er benötigt Übersetzungsgetriebe, um dem oben genannten Verhalten möglichst nahe zu kommen. Der Kolbenverbrennungsmotor ist für den Fahrzeugantrieb umso geeigneter, je kleiner die Drehzahl ist, bei der er sein maximales Drehmoment abgibt und entsprechend abfällt zu der aus Festigkeitsgründen zulässigen Höchstdrehzahl. Ein solcher Motor wird im praktischen Fahrbetrieb als elastisch bezeichnet. Infolge des höheren Verbrennungsdruckes der Dieselmotore verwirklichen diese größere Drehmomente als vergleichbare Ottomotore, lassen dagegen, bedingt durch die trägere Verbrennung ihres Kraftstoffes, nur geringere Drehzahlen zu.

Auch die Leistungskurve steigt mit der Drehzahl an, und zwar zunächst ziemlich steil. Der Anstieg wird dann flacher nach Überschreiten des Drehmomenten-Maximums. Diese Abflachung ist die Folge des Absinkens der Füllung und des mittleren Arbeitsdruckes. Da dieser Abfall zunächst noch nicht erheblich ist, kann die Leistung mit der Drehzahl trotzdem bis zu einem Höchstwert noch weiter ansteigen, um dann beim Überschreiten der Höchstleistung wieder abzufallen. Dieser Leistungsabfall bei hohen Drehzahlen ist eine Folge der großen Leitungswiderstände und Drosselungen in den Kanälen sowie Ventilquerschnitten, bewirkt durch die hohen Gasgeschwindigkeiten, wodurch die Füllung des Zylinders erheblich abgemindert wird. Hinzu kommt, dass ein immer größerer Anteil der Kraftstoffenergie als Wärme an das Kühlungsmedium abgegeben wird, ohne Arbeit zu leisten. Diese Verluste können so stark ansteigen, dass bei einer Enddrehzahl des Motors überhaupt keine Kupplungsleistung mehr abgegeben wird. Man muss deshalb sowie wegen den Massenkräften die Höchstdrehzahl des Motors begrenzen und darf auch diese im Betrieb nur zeitlich beschränkt in Anspruch nehmen. In diesem Zusammenhang soll noch darauf hingewiesen werden, dass die Kilowatt-Angabe allein noch keinen absoluten Aussagewert für die Leistungsfähigkeit des Motors im Fahrbetrieb gibt. Es muss vielmehr stets berücksichtigt werden, wodurch die Leistung erzielt wird, ob durch hohe mittlere Arbeitsdrücke oder durch hohe Drehzahlen. Eine Leistungssteigerung, die in erster Linie auf übermäßige Erhöhung der Drehzahl zurückzuführen ist, hat nur bei hohen Fahrgeschwindigkeiten (also bei Rennfahrzeugen) eine Berechtigung. Bei Gebrauchsfahrzeugen kommt es darauf an, gute Motorleistungen durch entsprechend hohen mittleren Arbeitsdruck und mit Drehzahlen zu entwickeln, die den üblichen Fahrgeschwindigkeiten entsprechen.

Man kann die gleiche Leistung mit größerer Kolbenkraft, d. h. Gasdruck infolge Verbrennung, also größerem Drehmoment, oder mit höherer Geschwindigkeit, d. h. höherer Drehzahl, entwickeln, da beide Größen der Leistung proportional sind.

Für den Betrieb der Motoren spielt noch die Kurve des spezifischen Kraftstoffverbrauchs *b* eine wichtige Rolle. Auch der spezifische Kraftstoffverbrauch erreicht in einem bestimmten Drehzahlbereich optimale Werte. Bei geringen Leistungen ist er im Verhältnis zur Leistung größer, weil der Kraftstoff dann nicht richtig ausgenutzt wird. Bei hohen Drehzahlen steigt der Verbrauch aus Gründen, die schon erwähnt wurden, ebenfalls stark an. Der niedrigste Verbrauch liegt bei der Drehzahl der optimalen Verbrennung - bester Ladungswechsel, günstigste Ventilsteuerzeiten sowie richtiger Zündzeitpunkt - und damit höchstem thermodynamischem Gaszustand (Druck, Temperatur). Das ist, wie zuvor begründet, bei der Drehzahl des maximalen Drehmomentes gegeben. Diese liegt etwa bei 2/3 der Drehzahl maximaler Motorleistung.

Wegen den erreichbaren Wirkungsgraden wird auf Abschnitt 2.3.12 verwiesen.

Beim Betrieb von Fahrzeugen - insbesondere bei Personenkraftwagen - liegen die Wirkungsgrade meist unter ca. 35 %.

3.5.18 Alternative Antriebe

Unter den alternativen Antrieben sind zusammengefasst reine Elektroantriebe und Hybridantriebe. Dabei sind sog. Hybride die Kombination von Elektro mit Verbrenner, also Elektromotor zusammengeschaltet mit Verbrennungsmotor.

Bei reinem Elektroantrieb wird der notwendige elektrische Strom durch eine eingebaute, vorher geladene Batterie (Akku) bereitgestellt oder durch Brennstoffzellen direkt erzeugt und bereitgestellt.

Die Batterien speichern den Strom meist über Anschluss an das öffentliche Elektronetz.

Bei Brennstoffzellen wird der elektrische Strom chemisch über die sog. kalte Verbrennung (Oxidation) von Wasserstoff mit Sauerstoff gewonnen. Beide mitzuführenden Gase sind unter hohem Druck (bis ca. 800 bar) in entsprechend stabilen Tanks gespeichert und zuvor aus der mit elektrischem Strom bewirkten chemischen Zerlegung von Wasser gewonnen. Evtl. kann der Sauerstoff auch aus der Umgebungsluft entnommen werden.

Um den Umfang des Buches nicht zu groß werden zu lassen, wird wegen der Technik der alternativen Antriebe auf das umfangreiche Schrifttum verwiesen. Dieses ist aufgeführt im Verzeichnis Weitergehendes Schrifttum am Ende des Buches. Dabei sollen besonders die vom Carl Hanser Verlag herausgegebenen Bücher von Anton *Karle* [2022] und Oliver *Zirn* [2017] hervorgehoben erwähnt werden. Diese enthalten alle wichtigen Grundlagen, weshalb weitere Ausführungen sich hier erübrigen.

4 Strömungsmaschinen

Das Kennzeichen jeder Strömungs- oder Turbomaschine ist das umlaufende, mit einem Kranz von gekrümmten Schaufeln besetzte Rad und das stetige Umströmen dieser umlaufenden Schaufeln durch das Arbeitsmedium (Flüssigkeit, Gas). Der bei der Umströmung der gekrümmten Schaufeln des rotierenden Rades entstehende Strömungsdruck bewirkt hierbei im Verein mit der Rotationsbewegung die Energieübertragung vom Arbeitsmittel auf das Rad oder umgekehrt (dynamisches Prinzip). Strömungsmaschinen sind nur möglich, weil Geschwindigkeiten, Vektoren (Betrag sowie Richtung) und Fluide (Wasser, Gas, Dampf) massebehaftet sind.

4.1 Arbeitsverfahren der Strömungsmaschinen

Bei Strömungskraftmaschinen tritt die Primärenergie in Form von potenzieller Energie aus Höhengefällen oder als Enthalpiedifferenz aus Wärmegefällen in die Maschine ein. Die erste teilweise Energieumformung findet in der Leiteinrichtung statt. Potenzielle Energie bzw. Enthalpie wird infolge eines Druckgefälles durch Verkleinerung des Strömungsquerschnittes im Maschinengehäuse vor dem Laufrad in kinetische Energie umgewandelt. Im Laufrad findet dann eine zweite, weitere Energieumformung statt. Durch Umlenk- und Rückstoßwirkung des hoch beschleunigten Arbeitsmittels übt dieses beim Durchströmen der Schaufelkanäle auf die Schaufeln des Rades eine Umfangskraft aus. Kinetische Energie wird also in Umfangsarbeit umgewandelt, die als Drehmoment an der Welle abgenommen werden kann.

Bei Strömungsarbeitsmaschinen trifft die Antriebsenergie durch ein Drehmoment von der Kupplung über Welle und Rad auf die Schaufeln. Die erste Energieumformung findet in den Schaufelkanälen statt. Durch Druck- und Schleuderwirkung der rotierenden Schaufeln auf das Arbeitsmittel wird dieses verdrängt und beschleunigt. Die über das Drehmoment eingeleitete Drehenergie wird also in kinetische und eventuell auch bereits z. T. in potenzielle Energie umgewandelt. In der Leiteinrichtung findet die zweite Energieumformung statt. Durch Diffusorwirkung in einer Erweiterung des Strömungsquerschnittes im feststehenden Gehäuse hinter dem Laufrad wird kinetische in potenzielle Energie umgewandelt. Die Strömungsarbeitsmaschine ist also im Prinzip nur eine umgekehrt fluiddurchströmte, angetriebene Strömungskraftmaschine. Die Möglichkeit, Kraftmaschinen auch als Arbeitsmaschinen laufen zu lassen, wird verschiedentlich bei großen sog. Pumpenturbinen in Pumpspeicher-Kraftwerken ausgenutzt.

Für die Energieumformung im Laufrad der Strömungsmaschinen sind zwei Verfahren bekannt: das Gleichdruck- und das Überdruckverfahren. Bild 4.1 zeigt das Energieflussschaubild einer einstufigen, verlustlos arbeitenden Strömungsmaschine mit Gleichdruckverfahren. Die Bezeichnung ergibt sich aus der Tatsache, dass potenzielle bzw. innere Energie und damit der Druck des Arbeitsmittels vor und hinter dem Laufrad gleich groß sind. Die Schaufeln des Laufrades bewirken hier allein durch Umlenkung des strömenden Fluides nur eine Umwandlung von kinetischer Energie in Umfangsarbeit oder umgekehrt.

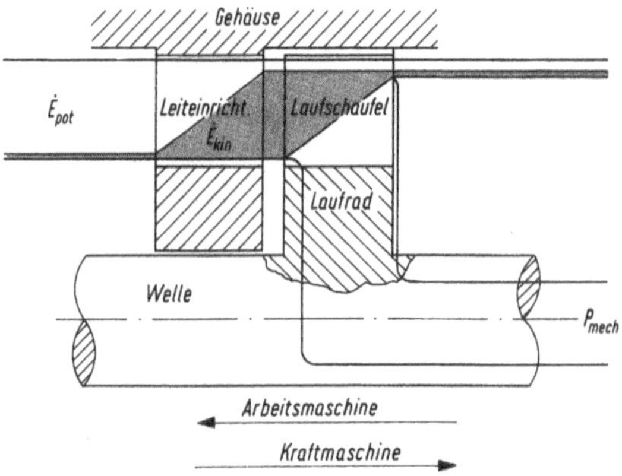

Bild 4.1
Energiefluss in einer Strömungsmaschine ohne Reaktion (Gleichdruckverfahren)

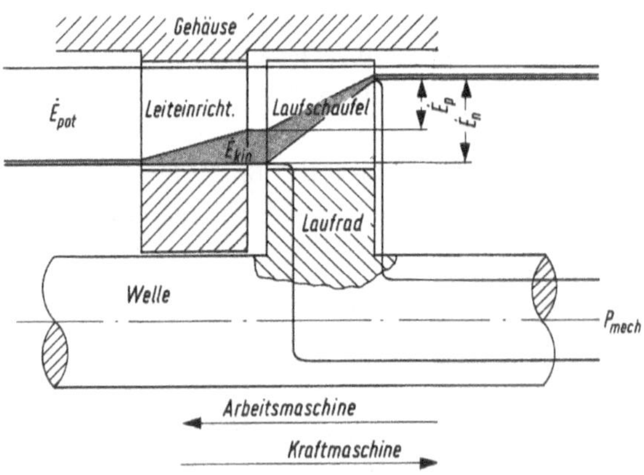

Bild 4.2
Energiefluss in einer Strömungsmaschine mit Reaktion (Überdruckverfahren)

Bild 4.2 zeigt eine Energieumformung im Laufrad nach dem Überdruckverfahren. Die Bezeichnung ergibt sich hier aus der Tatsache, dass potenzielle bzw. innere Energie des Arbeitsmittels und damit sein Druck vor und hinter dem Laufrad verschieden hoch sind. Man erreicht diese Arbeitsweise durch zusätzliche Düsen- bzw. Diffusorwirkung in den Laufschaufelkanälen.

Reaktionsgrad:

$$r = \frac{\dot{E}_{\text{pot}}}{\dot{E}_{\text{nom}}} \tag{4.1}$$

$r = 0$ bedeutet Gleichdruck; $r \leq 0{,}3$ noch etwa Gleichdruck; $r > 0{,}3$ Überdruck

Es bedeuten: $\dot{E}_{\text{kin}}$, $\dot{E}_{\text{pot}}$, $\dot{E}_{\text{nom}}$ Energieströme des Fluides (Flüssigkeit, Dampf oder Gas).

Indizes: kin … kinetischer, pot … potenzieller bzw. innerer, nom … nomineller (gesamter)

■ 4.2 Geschwindigkeitsplan

Zur Bestimmung der Änderung der kinetischen Energie müssen die Strömungsgeschwindigkeiten nach Betrag und Richtung (Vektoren) ermittelt werden. Für jeden beliebigen Punkt der Strömung beim Durchströmen eines umlaufenden Laufschaufelgitters lassen sich in einem Geschwindigkeitsplan alle Strömungsgeschwindigkeiten darstellen, die den jeweiligen Strömungszustand kennzeichnen.

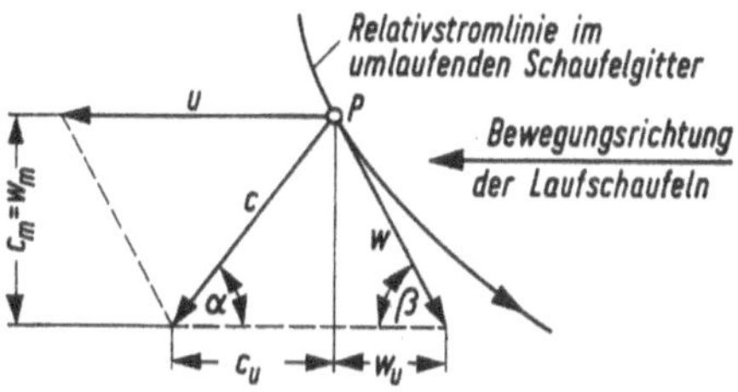

Bild 4.3 Geschwindigkeitsplan

Bild 4.3 zeigt einen solchen Geschwindigkeitsplan. Die Bezeichnungen der Geschwindigkeiten und ihre Beziehungen zueinander sind folgende:

u Umfangsgeschwindigkeit des Punktes P mit dem Abstand $d/2$ (Radius) von der Drehachse (Basisgeschwindigkeit)

$$u = \pi \cdot d \cdot n$$

n Drehzahl des Laufrades

w Relativgeschwindigkeit (relativ zu dem umlaufenden Rad)

$$w^2 = c^2 + u^2 - 2 \cdot u \cdot c \cdot \cos\alpha \quad \text{Kosinussatz}$$

c Absolutgeschwindigkeit (absolut zur festen Umgebung)

$$c^2 = w^2 + u^2 - 2 \cdot u \cdot w \cdot \cos\beta \quad \text{Kosinussatz}$$

Komponenten der Geschwindigkeiten in Umfangsrichtung (tangential)

$$c_{\mathrm{u}} = c \cdot \cos\alpha \qquad w_{\mathrm{u}} = w \cdot \cos\beta \qquad c_{\mathrm{u}} + w_{\mathrm{u}} = u$$

Komponenten der Geschwindigkeiten senkrecht zur Umfangsrichtung (meridional)

$$c_{\mathrm{m}} = c \cdot \sin\alpha \qquad w_{\mathrm{m}} = w \cdot \sin\beta \qquad c_{\mathrm{m}} = w_{\mathrm{m}}$$

Winkel der Geschwindigkeiten gegenüber der Umfangsrichtung

$$\tan\alpha = \frac{c_{\mathrm{m}}}{c_{\mathrm{u}}} \qquad \tan\beta = \frac{w_{\mathrm{m}}}{w_{\mathrm{u}}}$$

Die Fluidteilchen im Schaufelkanal besitzen gegenüber den Kanalwänden die Relativgeschwindigkeit w. Ein sich mit dem Laufrad bewegender Beobachter würde diese wie eine Strömung durch einen ruhenden Kanal sehen. Gleichzeitig bewegt sich der Schaufelkanal mit der Umfangsgeschwindigkeit u (Basis). Für den außenstehenden Beobachter besitzt das Flüssigkeitsteilchen eine absolute Geschwindigkeit, die sich somit aus der vektoriellen Addition von w und u ergibt.

Für jeden Punkt der Strombahn gilt die vektorielle Beziehung: $\vec{u} + \vec{w} = \vec{c}$ (absolute Geschwindigkeit).

4.2.1 Geschwindigkeiten am radialen Laufrad

Die Strombahn selbst ist für die Berechnung und Gestaltung des Laufrades von minderer Bedeutung, wenn von den Strömungsverlusten abgesehen wird. Wichtig sind vielmehr die Geschwindigkeitsänderungen zwischen Eintritts- und Austrittskante des Laufrades, da sie nach dem Impulssatz für die Kraftwirkungen zwischen Laufrad und Strömung maßgebend sind. Bild 4.4 zeigt die Geschwindigkeitsverhältnisse an den Laufrädern einer Kraft- und einer Arbeitsmaschine. Folgendes lässt sich daraus entnehmen:

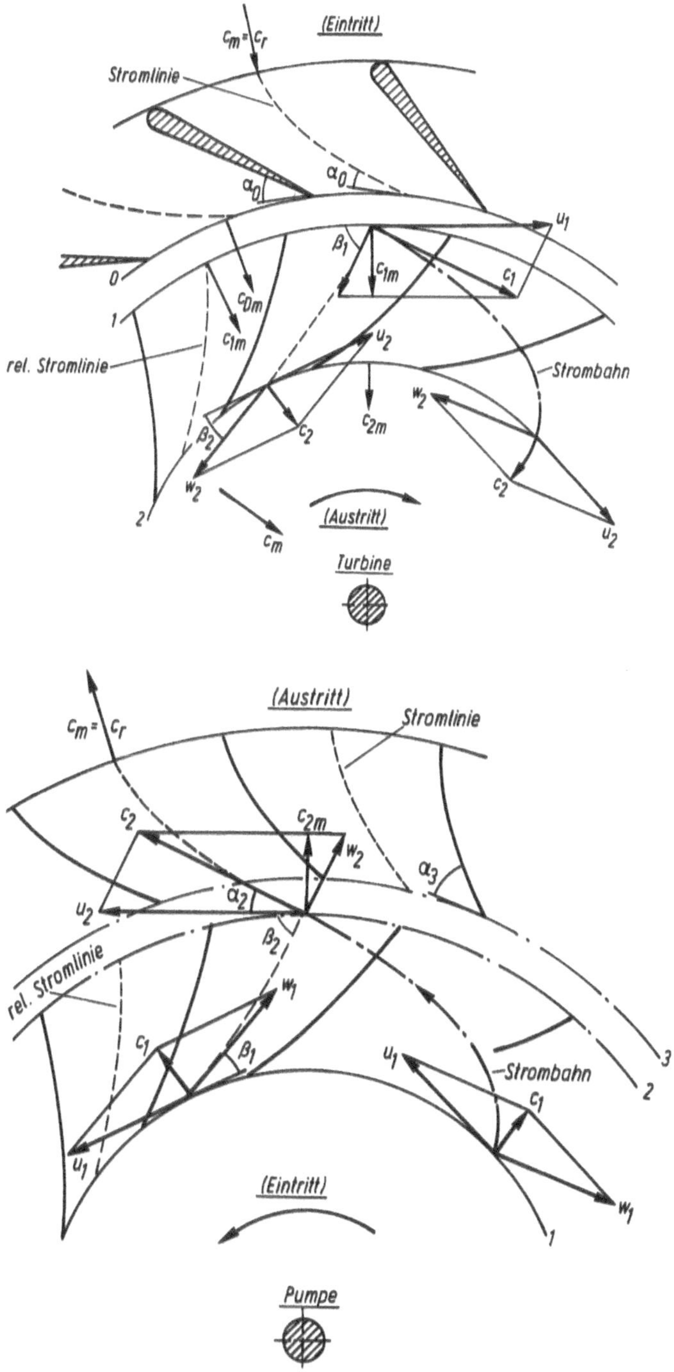

Bild 4.4 Geschwindigkeiten am Radialgitter

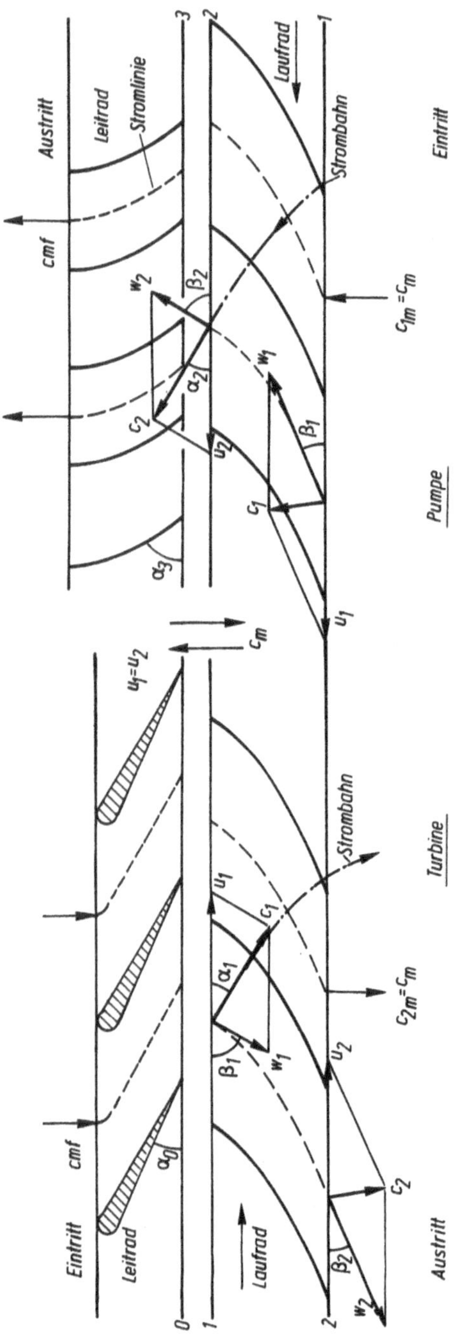

Bild 4.5 Geschwindigkeiten am Axialgitter

Es besteht ein Zusammenhang zwischen der Schaufelform und der Relativgeschwindigkeit w. An der Eintrittskante müssen die Geschwindigkeiten u_1 und c_1 so abgestimmt werden, dass w_1 tangential zur Laufschaufel ohne Stoß in den Laufschaufelkanal eintreten kann. An der Austrittskante ist die Richtung von w_2 durch die Form der Laufschaufel, die von dem Schaufelwinkel β_2 bestimmt wird, gegeben.

Bei der Kraftmaschine ergibt sich aus der beschleunigten Strömung eine Druckabsenkung (Düsenwirkung), bei der Arbeitsmaschine ergibt sich aus der verzögerten Strömung eine Druckerhöhung (Diffusorwirkung).

Werden Drehrichtung und Strömungsrichtung umgekehrt, so kann bei gleicher Schaufelform die Turbine als Pumpe oder die Pumpe als Turbine arbeiten.

4.2.2 Geschwindigkeiten am axialen Laufrad

Bei dem Axialgitter (Gitter = abgerollter, koaxialer Schaufelschnitt) führen die gleichen Überlegungen zu den gleichen Ergebnissen wie beim Radialgitter. Wird bei den Radialgittern nach Bild 4.4 der Radius immer größer und schließlich theoretisch unendlich groß, so entsteht ein entsprechendes Axialgitter, wie in Bild 4.5 dargestellt. Die Gitterbegrenzung verläuft nun geradlinig und entspricht der Abwicklung eines Zylinderschnittes.

4.3 Hauptgleichung der Strömungsmaschinen

Allen Strömungsmaschinen gemeinsam ist die Tatsache, dass das Fluid in einem konstruktiv festgelegten Querschnitt *1* in das Laufrad eintritt und dieses im zugehörigen Querschnitt *2* wieder verlässt (Bild 2.15).

Der Eintrittsradius eines Stromfadens sei r_1, der Austrittsradius r_2. Wir zerlegen die Ein- und Austrittsgeschwindigkeiten c_1 und c_2 in ihre drei Raumkoordinaten in Achsrichtung cm (Axial- oder Meridiankomponente), in radialer Richtung c_r (Radialkomponente) und in Umfangsrichtung c_u (Umfangskomponente). Die Geschwindigkeitskomponenten cm bzw. c_r (Bild 4.4 und Bild 4.5) bedingen den Fluiddurchsatz, sind jedoch ohne Einfluss auf den spezifischen Energieumsatz, da sie keinen Hebelarm zur Welle haben und folglich auch kein Drehmoment gemäß Drallsatz erzeugen können. Einzig und allein die Umfangskomponente c_u greift senkrecht am Hebelarm r an und kann ein Drehmoment an die Welle abgeben (Turbine) oder von der Welle aufnehmen (Pumpe).

Nach dem *Drall-* bzw. *Impulssatz* (Abschnitt 2.2.6) ist mit Doppelindex Sch ∞ für theoretisch reibungsfreie und unendliche Schaufelzahl (spezifisch-theoretische Schaufelarbeit) $Y_{sch\infty}$ oft auch mit Y_{th} oder nur mit Y_{∞} bezeichnet. Idealbetrachtung: Schaufelkongruenz (Zweitindex ∞), reibungsfreie (Erstindex Sch) Strömung des Arbeitsmediums im Laufrad - auch als sog. *Euler*-Gleichung bezeichnet.

$$\Delta(u \cdot c_{\mathrm{u}})\Big|_1^2 = u_2 \cdot c_{2\mathrm{u}} - u_1 \cdot c_{1\mathrm{u}} = \frac{P_{\mathrm{th}}}{\dot{m}} = \frac{E}{m} = Y_{\mathrm{Sch}\infty} \qquad (4.2)$$

Aufgeschlüsselt in die einzelnen Maschinentypen ergibt sich mit $c_u = c \cdot \cos\alpha$ (Index 1 bzw. 2):

	Axialmaschinen	Radialmaschinen
Kraftmaschinen	$u\,(c_{1u} - c_{2u}) = Y_{Sch\infty}$	$u_1 \cdot c_{1u} - u_2 \cdot c_{2u} = Y_{Sch\infty}$
Arbeitsmaschinen	$u\,(c_{2u} - c_{1u}) = Y_{Sch\infty}$	$u_2 \cdot c_{2u} - u_1 \cdot c_{1u} = Y_{Sch\infty}$

4.4 Strömungsarbeitsmaschinen

4.4.1 Gemeinsame Grundlagen der Strömungsarbeitsmaschinen

4.4.1.1 Radial durchströmte Maschinen

Das Wirkungsprinzip der radialen Strömungsarbeitsmaschinen basiert - wie bei jeder Strömungsmaschine - auf dem Energiesatz. Über Kupplung und Welle wird das Antriebsdrehmoment an das Laufrad gebracht (Bild 4.6). Die gekrümmten Schaufeln des angetriebenen Rades üben auf das Fördermedium (Flüssigkeit oder Gas) einen Druck aus. Durch Verdrängungs- und Zentrifugalwirkung wird das Fördermedium radial nach außen geschleudert und erhält durch die Raddrehung einen Drall. Es verlässt das Laufrad am äußeren Umfang mit erhöhter Geschwindigkeit und wegen Diffusorwirkung der Schaufelkanäle auch bereits mit erhöhtem Druck. Die Massenverdrängung nach außen bewirkt am Laufradeintritt einen Unterdruck, wodurch ständig neue Flüssigkeit bzw. neues Gas nachgesaugt wird. Der Unterdruck kann sich nur aufbauen, wenn an den Dichtstellen eine wirksame Abdichtung erfolgt.

- Abdichtung bei Kreiselpumpen durch Dichtspalte (Bild 4.6c),
- Abdichtung bei Kreiselverdichtern durch Labyrinthe (Bild 4.6d).

Im Leitapparat, der radial an den Außenumfang des Laufrades anschließt und fest im Gehäuse sitzt, wird durch weitere Diffusorwirkung die kinetische Energie des vom Laufrad ausströmenden Fördermediums in potenzielle Energie umgewandelt, d. h. die Strömungsgeschwindigkeit wird abgebaut und dafür der statische Druck vergrößert.

Zwischen den Rückführschaufeln wird der noch vorhandene Restdrall des Fördermediums vom Gehäuse aufgenommen und das Medium drallfrei, d. h. ohne Geschwindigkeitskomponente in Umfangsrichtung, dem Eintritt der nächsten Stufe zugeleitet.

Die Antriebsenergie ist dann vollständig in potenzielle Energie umgewandelt worden, wenn bei gleichem Querschnitt die Austrittsgeschwindigkeit aus der Maschine bzw. aus der Stufe gleich der Eintrittsgeschwindigkeit ist.

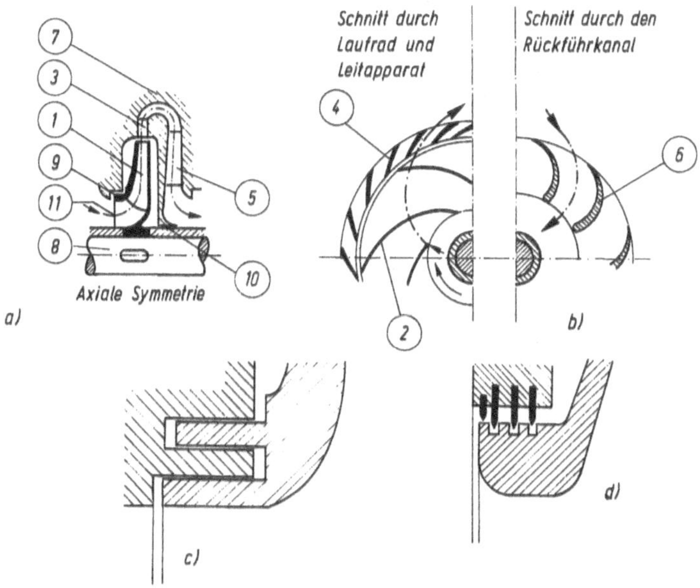

1 Laufrad, *2* Laufschaufel, *3* Leitapparat, *4* Leitschaufel, *5* Rückführkanal, *6* Rückführschaufel, *7* Gehäuse, *8* Welle, *9* Laufraddichtung, *10* Wellendichtung, *11* Saugmund

Bild 4.6 Radial durchströmte Kreiselrad-Arbeitsmaschine: a) Meridianschnitt, b) Querschnitt, c) dreifache Spaltdichtung bei HD-Kreiselpumpenrädern, d) Labyrinthdichtung bei Verdichterrädern

Energieumwandlung im radialen Laufrad

Nach der Haupt- oder Eulergleichung für Strömungsmaschinen ist somit bei einer radialen Arbeitsmaschine mit idealer, d. h. reibungsfreier schaufelkonturtreuer Strömung.

$$Y_{\text{sch}\infty} = u_2 \cdot c_{2\text{u}} - u_1 \cdot c_{1\text{u}} = \Delta\left(u \cdot c_\text{u}\right)\Big|_1^2 \qquad (4.2a$$

Die Umfangskomponenten findet man aus den Geschwindigkeitsplänen (Bild 4.7).

Die in Bild 4.7 dargestellte achsparallele Form der Laufschaufeleintrittskante hat den Nachteil, dass die Anströmung an der Saugmundseite unter einem spitzen Winkel erfolgt (ungünstig, da starke Umlenkung). Ein Vorziehen der Eintrittskante gegen den Saugmund hin bringt wesentlich günstigere Strömungsverhältnisse. Zwischen Saugmund und Laufschaufelkanaleintritt verhindert eine kleine Beschleunigung das Ablösen der Strömung von den gekrümmten Wänden. Im Folgenden wird, wie schon erwähnt, der Einfachheit halber $Y_{\mathrm{Sch}\infty}$ auch mit Y_{th} oder nur mit Y_∞ bezeichnet.

$$c_0 = (1{,}0\ldots1{,}2)\cdot c_S = \frac{\dot{V}'}{\pi\cdot d_1\cdot b_1} \qquad (4.3)$$

Richtwerte:

c_S = 2 - 6 (- 12) m/s für Pumpen $\dot{V}' = \dot{V}/\eta_1$ (s. Formel 4.18)

c_S = 30 - 100 m/s für Verdichter

η_1 = 0,85 - 0,95; Liefergrad, berücksichtigt die Spaltverluste der Dichtungen

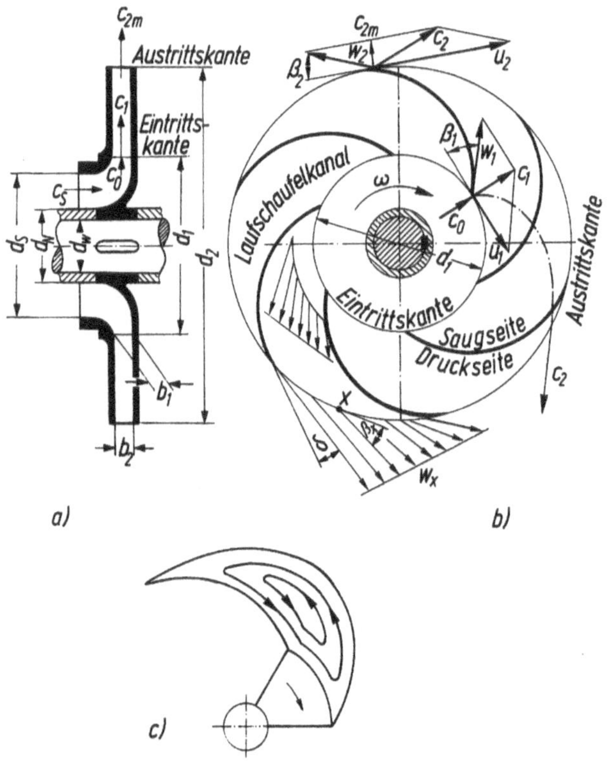

Bild 4.7 Strömungsverlauf im Laufrad einer Kreiselrad-Arbeitsmaschine: a) Meridianschnitt, b) Querschnitt (Radialschnitt), c) Relativströmung im allseits verschlossenen, rotierenden Laufschaufelkanal (relativer Kanalwirbel), verursacht Druckunterschied zwischen Schaufelvorder- und -rückseite.

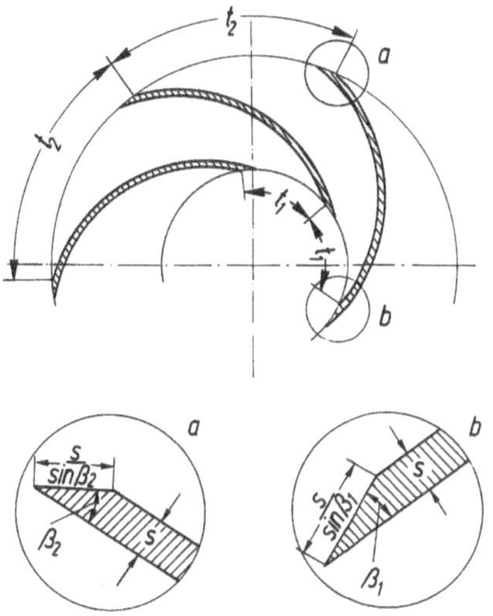

Bild 4.8
Schaufelform an der Eintritts- und an der Austrittskante unter Vernachlässigung der Krümmung

Beim Eintritt der Strömung in die Laufschaufelkanäle wird der Strömungsquerschnitt durch die Schaufelwandstärke gemindert. Die Querschnittsminderung wird durch den Verengungsfaktor τ (Formel 4.4) ausgedrückt (Bild 4.8).

Mit

- z Schaufelzahl
- t Schaufelteilung
- s Schaufelwanddicke
- β_1 Krümmungswinkel der Schaufel an der Eintrittskante
- β_2 Krümmungswinkel der Schaufel an der Austrittskante
- b Schaufelkanalbreite

sind

$$t = \frac{\pi \cdot d}{z}$$

und der Verengungsfaktor mit Index 1 bei Saugkante und 2 bei Druckkante

$$\tau = \frac{b\left(t - s/\sin\beta\right)}{b \cdot t} = 1 - \frac{s}{t \cdot \sin\beta} = 1 - \frac{z \cdot s}{\pi \cdot d \cdot \sin\beta} \tag{4.4}$$

Damit wird

$$c_1 = \frac{\dot{V}'}{\pi \cdot d_1 \cdot b_1 \cdot \tau_1} = \frac{c_0}{\tau_1} \tag{4.5}$$

Radiale Kreiselradarbeitsmaschinen werden in der Regel ohne Eintrittsleitapparat gebaut. Die Strömung erfolgt daher vom Saugmund aus in radialer Richtung auf die Schaufeleintrittskante, d. h.

$\alpha_1 = 90°$ und $c_{1u} = 0$

Man spricht von drallfreiem Eintritt, sogenanntem Regelfall. Damit vereinfacht sich die Hauptgleichung zu

$$Y_{\mathrm{Sch}\infty} = u_2 \cdot c_{2\mathrm{u}} = u_2 \cdot c_2 \cdot \cos \alpha_2 \tag{4.6}$$

Mit c_1, α_1 = 90° und $u_1 = \pi \cdot d_1 \cdot n$ lässt sich das Eintrittsdreieck konstruieren (Bild 4.9a). Damit das Verhältnis d_S/d_1 nicht zu ungünstig ausfällt, wegen Kavitationsgefahr, sollte bei Kreiselpumpen β_1 bei 17° - 18° liegen. Das bedeutet eine entsprechende Wahl von c_S.

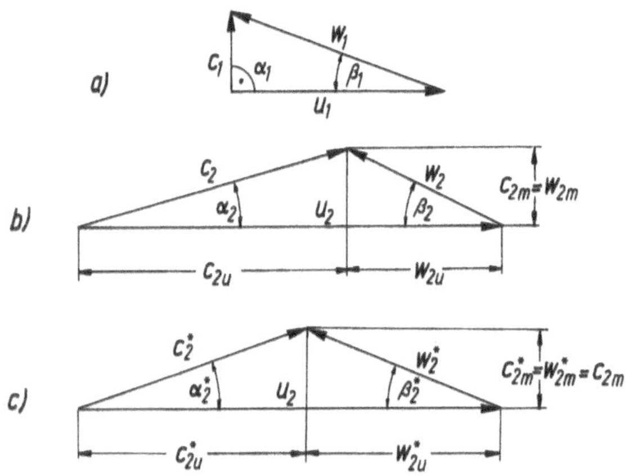

Bild 4.9 Geschwindigkeitspläne der radialen Strömungsarbeitsmaschine an den Schaufelenden (Saug- und Druckkante): a) Eintrittsdreieck (Regelfall), b) Austrittsdreieck bei unendlicher Schaufelzahl, c) Austrittsdreieck bei endlicher Schaufelzahl

Die Umfangsgeschwindigkeit u_2 der Laufschaufelaustrittskante verhält sich zu u_1 wie das Durchmesserverhältnis d_2/d_1.

$$u_2 = u_1 \frac{d_2}{d_1} = \pi \cdot d_2 \cdot n$$

Der Stromfaden längs der Schaufeldruckseite tritt theoretisch mit der Relativgeschwindigkeit w_2 unter dem Schaufelwinkel β_2 aus dem Laufschaufelkanal aus.

Mit u_2, w_2 und β_2 ist das Austrittsdreieck festgelegt (Bild 4.9b).

Den Austrittswinkel β_2 haben aber nur die Stromfäden, die der Schaufelkrümmung folgen, d. h. im Laufschaufelkanal nur die Wandstromlinien der Schaufeldruckseite. Die Förderarbeit $u_2 \cdot c_{2u}$ kann also nur eine gedachte Kreiselradarbeitsmaschine leisten, bei der alle Stromlinien im Laufschaufelkanal denselben Verlauf wie die Wandstromlinie an der Schaufeldruckseite haben. Ein solches Laufrad müsste unendlich viele Schaufeln mit unendlich dünner Wand und unendlich schmalen Schaufelkanälen haben. Man schreibt für diese theoretische schaufelkongruente Strömung d daher

$$u_2 \cdot c_{2u} = Y_\infty \qquad (4.7)$$

und berücksichtigt mit dem Index ∞ die gedachten, erzwungenen Bahnlinien der Stromfäden. Y_{Sch} ist die spezifische Schaufelarbeit des Laufrades mit endlicher Schaufelzahl, die zwischen Schaufeleintritts- und -austrittskante aufgebracht wird. Diese weicht wegen Minderablenkung der Strömung von der theoretischen (konturtreuen) ab ($Y_{Sch} < Y_\infty$). Die tatsächliche, spezifische Förderarbeit Y_F der Arbeitsmaschinenstufe ist des Weiteren noch um die Strömungsverluste, die in den Strömungsquerschnitten in sowie außerhalb der Schaufelkanäle auftreten, und um die Stoßverluste bei Abweichung vom Auslegungszustand kleiner als Y_{Sch} (realer Vorgang).

Infolge der Form der Schaufelkanäle und der Saug- und Druckwirkung der angetriebenen Schaufel auf den Kanalinhalt des Kreiselrades mit endlicher Schaufelzahl stellt sich eine Zirkulation ein, die bei einem verschlossenen Kanal (Bild 4.7c) als relativer Kanalwirbel sichtbar gemacht werden könnte. Infolge dieser Zirkulation, unterstützt durch eine Ablösung der Strömung von den Schaufelwänden infolge der Kanalerweiterung, biegen die Stromfäden entgegen der Drehrichtung ab, und am Austritt wird eine Strömungsablenkung um den Winkel δ verursacht, sog. Minderablenkung (Bild 4.7b). Dadurch verkleinert sich der relative Austrittswinkel β_2 auf β_2^* und vergrößert sich die relative Austrittsgeschwindigkeit von w_2 auf w_2^* (Bild 4.9). Man bezeichnet gemäß Bild 4.7 mit β_2^* den Mittelwert aller β_x und mit w_2^* den Mittelwert aller w_x.

Da der Förderstrom – Querschnitt senkrecht zur Geschwindigkeit, also $A_{2m} \perp c_{2m}$ – durch die unvollkommene Führung nicht beeinträchtigt wird, d. h.

$$\dot{V}' = A_{2m} \cdot c_{2m} = \pi \cdot d_2 \cdot b_2 \cdot c_{2m} = \pi \cdot d_2 \cdot b_2 \cdot c_{2m}^*$$

ist

$$c_{2m} = c_{2m}^*$$

In dem mit diesen Werten konstruierten Austrittsdreieck (Bild 4.9c) für endliche Schaufelzahl ist $c_{2u}^* < c_{2u}$.

$$c_{2u}^* = k \cdot c_{2u} \qquad (4.8)$$

k Arbeitsminderungsbeiwert

k ist kein Verlustfaktor gemäß Reibung, denn durch den verringerten Drall im Laufradaustritt infolge der Minderablenkung wird sowohl die vom Rad abzugebende als auch die vom Fördermedium aufzunehmende Energie verkleinert (Drallsatz).

Die Minderarbeit Y_M wegen der Minderablenkung wird nach *Pfleiderer* ausgedrückt durch

$$Y_M = Y_\infty - Y_{Sch} = p \cdot Y_{Sch}$$

p Minderleistungszahl

daraus

$$Y_\infty = Y_{Sch}\left(1+p\right)$$

Da bei $\alpha_1 = 90°$

$$Y_\infty = u_2 \cdot c_{2u}$$

und

$$Y_{Sch} = u_2 \cdot c_{2u}^* = k \cdot u_2 \cdot c_{2u} = k \cdot Y_\infty$$

ist

$$Y_\infty = \frac{u_2 \cdot c_{2u}^*}{k} = \frac{Y_{Sch}}{k} = Y_{Sch}\left(1+p\right)$$

d.h.

$$k = \frac{1}{1+p}$$

Nach *Pfleiderer* empirisch mit Schaufelzahl z

bei einfach gekrümmten Schaufeln:

$$p = \frac{a}{z}\left(1+\frac{\beta_2}{60°}\right)\frac{d_2^2}{d_2^2 - d_1^2} \tag{4.9}$$

bei doppelt gekrümmten Schaufeln:

$$p = \frac{a}{8z}\left(1+\frac{\beta_2}{60°}\right)\frac{d_2^2}{S} \tag{4.10}$$

a = 1,2 bei beschaufeltem Leitapparat

a = 1,7 - 2,0 bei unbeschaufeltem Leitapparat

a = 1,3 - 1,7 bei Spiralgehäuse und bei Turboverdichtern mit größerem Abstand zwischen Laufrad und Leitapparat

S ist das statische Moment der Flusslinie zwischen *1* und *2* im Meridianschnitt (siehe Bild 4.10).

$$S = \int_{r_1}^{r_2} r \cdot \mathrm{d}x \approx \Delta x \cdot \sum_{d_1}^{d_2} \left(\frac{d_x}{2} \right)$$

Δx sollte als Richtwert gleichbleibend mit 5 - 10 mm gewählt werden.

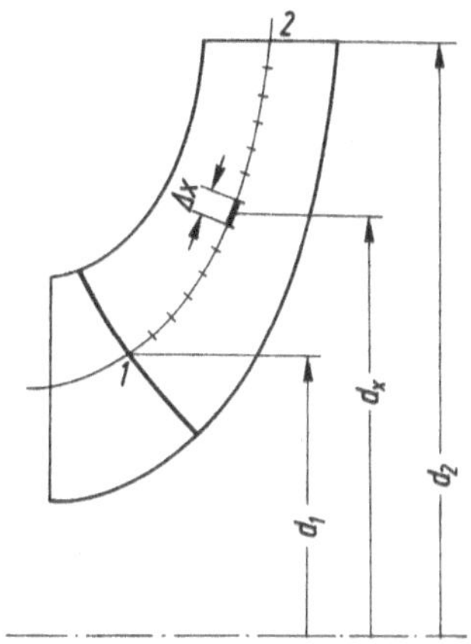

Bild 4.10
Meridianschnitt durch den Schaufelkanal eines radialen Laufrades mit doppelt gekrümmten Schaufeln mit Flusslinie: Stelle *1* Saugkante, Stelle *2* Druckkante

Für Radialräder mit sog. einfach gekrümmten Schaufeln (Bild 4.7) ergibt sich in guter Näherung

$$S = \left(r_2^2 / 2 \right) \cdot \left(1 - \left(r_1 / r_2 \right)^2 \right)$$

Festlegung der Schaufelzahl z siehe Abschnitt 4.4.2.

Die Hauptgleichung der Strömungsarbeitsmaschinen lässt sich mithilfe des Kosinussatzes umstellen:

$$w_1^2 = c_1^2 + u_1^2 - 2 \cdot u_1 \cdot c_1 \cdot \cos \alpha_1 = c_1^2 + u_1^2 - 2 \cdot u_1 \cdot c_{1\mathrm{u}}$$

$$w_2^2 = c_2^2 + u_2^2 - 2 \cdot u_2 \cdot c_2 \cdot \cos \alpha_2 = c_2^2 + u_2^2 - 2 \cdot u_2 \cdot c_{2\mathrm{u}}$$

daraus

$$u_1 \cdot c_{1\mathrm{u}} = \frac{c_1^2 + u_1^2 - w_1^2}{2}$$

$$u_2 \cdot c_{2\mathrm{u}} = \frac{c_2^2 + u_2^2 - w_2^2}{2}$$

Damit

$$Y_\infty = u_2 \cdot c_{2\mathrm{u}} - u_1 \cdot c_{1\mathrm{u}} = \frac{c_2^2 - c_1^2}{2} + \frac{u_2^2 - u_1^2}{2} + \frac{w_1^2 - w_2^2}{2} \tag{4.11}$$

Dabei ist

$$\frac{c_2^2 - c_1^2}{2} = Y_{\infty\,\text{kin}}$$

die Zunahme der kinetischen Energie, die sich in einer Zunahme der absoluten Strömungsgeschwindigkeit bemerkbar macht.

$$\frac{u_2^2 - u_1^2}{2} + \frac{w_1^2 - w_2^2}{2} = Y_{\infty\,\text{pot}}$$

ist die Zunahme an potenzieller Energie infolge der Fliehkraft und durch die Verzögerung der Relativströmung *(Bernoulli)*. Dieser Energiezuwachs macht sich als Druckanstieg bemerkbar. Da bei Radialmaschinen u_2 immer größer als u_1 ist, arbeiten diese Maschinen stets mit Reaktion.

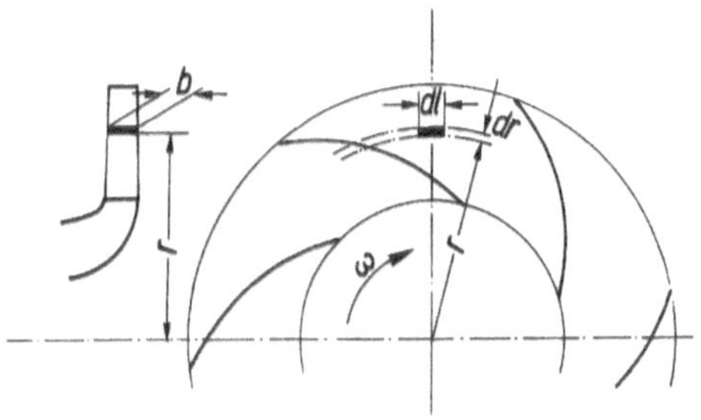

Bild 4.11
Massenelement in einem umlaufenden, radialen Kreiselrad

Nachweis der Fliehkraftwirkung (Bild 4.11)

$$\mathrm{d}m = \mathrm{d}V \cdot \varrho = b \cdot \mathrm{d}l \cdot \mathrm{d}r \cdot \varrho$$

Auf das Massenteilchen dm wirkt eine Fliehkraft

$$\mathrm{d}F = \mathrm{d}m \cdot r \cdot \omega^2 = b \cdot \mathrm{d}l \cdot \mathrm{d}r \cdot \varrho \cdot r \cdot \omega^2$$

Diese Fliehkraft erzeugt in der Fläche dA = $b \cdot \mathrm{d}l$ den Druck

$$\mathrm{d}p = \frac{\mathrm{d}F}{\mathrm{d}A} = \frac{b \cdot \mathrm{d}l \cdot \mathrm{d}r \cdot \varrho \cdot r \cdot \omega^2}{b \cdot \mathrm{d}l} = \varrho \cdot \omega^2 \cdot r \cdot \mathrm{d}r$$

Damit wird die Druckzunahme durch die Fliehkraft (Index Fl) zwischen Laufschaufeleintrittskante und -austrittskante

$$(p_2 - p_1)_{\text{Fl}} = \varrho \cdot \omega^2 \cdot \int_{r_1}^{r_2} r \cdot \mathrm{d}r = \varrho \cdot \omega^2 \cdot \frac{r_2^2 - r_1^2}{2} = \varrho \cdot \frac{u_2^2 - u_1^2}{2}$$

$$\Delta Y_{\text{Fl}} = \frac{(p_2 - p_1)_{\text{Fl}}}{\varrho} = \frac{u_2^2 - u_1^2}{2}$$

Der gesamte Druckanstieg zwischen Laufschaufeleintrittskante und -austrittskante ist

$$p_2 - p_1 = \varrho \cdot Y_{\text{pot}} = \varrho \cdot \left(\frac{u_2^2 - u_1^2}{2} + \frac{w_1^2 - w_2^{*2}}{2} \right) \tag{4.12}$$

Reaktionsgrad

Wie oben bereits erwähnt, arbeiten alle radialen Arbeitsmaschinen mit Reaktion. Nach Formel 4.2 ist der Reaktionsgrad

$$r = \frac{E_{\text{pot}}}{E_{\text{nom}}} = \frac{Y_{\text{pot}}}{Y_{\text{Sch}}}$$

wenn $Y_{\text{Sch}} = Y_{\text{kin}} + Y_{\text{pot}}$ ist.

Damit wird beim Regelfall, also $\alpha_1 = 90°$ (drallfreier Eintritt),

$$r = \frac{u_2^2 - u_1^2 + w_1^2 - w_2^{*2}}{2 \cdot u_2 \cdot c_{2u}^*}$$

Bei drallfreiem Eintritt ist zudem $w_1^2 - u_1^2 = c_1^2$ und damit

$$r = \frac{u_2^2 + c_1^2 - w_2^{*2}}{2 \cdot u_2 \cdot c_{2u}^*} \tag{4.13}$$

In anderer Schreibweise

$$\begin{aligned} r &= \frac{Y_{\text{pot}}}{Y_{\text{Sch}}} = \frac{Y_{\text{Sch}} - Y_{\text{kin}}}{Y_{\text{Sch}}} = 1 - \frac{Y_{\text{kin}}}{Y_{\text{Sch}}} \\ &= 1 - \frac{c_2^{*2} - c_1^2}{2 \cdot u_2 \cdot c_{2u}^*} = 1 - \frac{c_{2m}^{*2} + c_{2u}^{*2} - c_1^2}{2 \cdot u_2 \cdot c_{2u}^*} \end{aligned} \tag{4.14}$$

Damit lässt sich der Druckanstieg im Laufschaufelkanal auch schreiben

$$p_2 - p_1 = \varrho \cdot Y_{\text{pot}} = r \cdot \varrho \cdot Y_{\text{Sch}} = r \cdot \varrho \cdot u_2 \cdot c_{2u}^*$$

Mit der meist zulässigen Vereinfachung, dass $c_{2m} \approx c_1$ ist, und Bild 4.9 wird

$$\begin{aligned} r &\approx \frac{u_2^2 + c_{2m}^2 - w_2^{*2}}{2 \cdot u_2 \cdot c_{2u}^*} = \frac{u_2^2 - \left(w_2^{*2} - c_{2m}^2 \right)}{2 \cdot u_2 \cdot c_{2u}^*} = \frac{u_2^2 - w_{2u}^{*2}}{2 \cdot u_2 \cdot c_{2u}^*} \\ &= \frac{u_2^2 - \left(u_2 - c_{2u}^* \right)^2}{2 \cdot u_2 \cdot c_{2u}^*} = \frac{u_2^2 - u_2^2 + 2 \cdot u_2 \cdot c_{2u}^* - c_{2u}^{*2}}{2 \cdot u_2 \cdot c_{2u}^*} \end{aligned}$$

$$r \approx 1 - \frac{c_{2u}^*}{2 \cdot u_2} \tag{4.15}$$

Zu dem gleichen Ergebnis kommt man mit $c_{2m}^* \approx c_1$ (näherungsweise zulässig)

$$r = 1 - \frac{c_{2m}^{*2} + c_{2u}^{*2} - c_1^2}{2 \cdot u_2 \cdot c_{2u}^*} \approx 1 - \frac{c_{2m}^{*2} + c_{2u}^{*2} - c_{2m}^{*2}}{2 \cdot u_2 \cdot c_{2u}^*}$$

$$r \approx 1 - \frac{c_{2u}^*}{2 \cdot u_2}$$

Diese Näherungsgleichung wird verwendet zur Abschätzung der Größe des Reaktionsgrades radialer Strömungsarbeitsmaschinen. Bei grob angenommen $\beta_2^* \approx \beta_2$ ergibt sich

$$r \approx 1 - \frac{c_{2u}^*}{2 \cdot u_2} = 1 - \frac{u_2 - w_{2u}^*}{2 \cdot u_2} \approx 1 - \frac{u_2 - w_{2m} \cdot \cot \beta_2}{2 \cdot u_2}$$

$$= 1 - \frac{1}{2} + \frac{c_{2m} \cdot \cot \beta_2}{2 \cdot u_2} = 0{,}5 \left(1 + \frac{c_{2m} \cdot \cot \beta_2}{u_2} \right)$$

Wenn, was wegen günstigem Wirkungsgrad meist der Fall, ausgeführt $0 < \beta_2 < 90°$, wird, da dann $\cos \beta_2 > 0$, ist der Reaktionsgrad $r > 0{,}5$. Das bedeutet, mehr als die Hälfte der in radialen Laufrädern umgesetzten Energie wird in diesen bereits in Druckenergie umgewandelt.

Leistungsbegriffe, Verluste, Wirkungsgrade

Bei der Ermittlung des Leistungsbedarfs einer Strömungsarbeitsmaschine wird von der effektiven Förderleistung ausgegangen. Die Förderarbeit der Pumpen und Verdichter wird als Hubarbeit W angesehen. Dann ist mit $\mathrm{d}W/\mathrm{d}t = W/t$, da gleichmäßig

$$P_e = \frac{W}{t} = \frac{V \cdot \varrho \cdot Y_F}{t} = \dot{V} \cdot \varrho \cdot Y_F \tag{4.16}$$

die effektive Förderleistung, die angewendet werden muss, um den Förderstrom $\dot{V}$ innerhalb der Maschine auf das spezifische Energieniveau Y_F anzuheben. Y_F bezeichnet man als spezifische Förderarbeit. Die Strömungsarbeitsmaschine benötigt eine Antriebsleistung, die um die in der Maschine auftretenden Verluste größer ist als die Förderleistung.

$P_a = P_e$ + Maschinenverluste (Index v) $= P_e + P_v$

Bevor die Antriebsleistung an das Laufrad der Pumpe gelangt, wird bereits ein Teil zur Überwindung der Reibung in den Wellenlagern und den Abdichtungen zwischen Welle und Gehäuse verbraucht mit innerer Leistung ($P_i < P_a$).

Mechanischer Leistungsverlust $P_m = P_a - P_i$

Mechanischer Wirkungsgrad $\eta_m = P_i/P_a$

Anhaltswerte für η_m: 0,95 - 0,99

Ein weiterer Teil der Antriebsleistung geht auf dem Wege von der Welle zu den Schaufeln des Rades verloren. Er muss zur Überwindung der Reibung der Radaußenflächen an der umgebenden Flüssigkeit, der Radreibung, aufgewandt werden. Nach *Pfleiderer/Petermann* ist die Radreibungsleistung pro Rad

$$P_r = 8 \cdot 10^{-4} \left(\frac{10^6}{Re} \right)^n \cdot \varrho \cdot u_2^3 \cdot d_2^2 \tag{4.17}$$

mit

$$Re = \frac{u_2 \cdot r_2}{\nu} = \frac{u_2 \cdot d_2/2}{\nu}$$

Exponent $n =$ 1/6 für $Re = 10^6 - 10^7$
1/5 für $Re < 10^6$
1/7 für $Re > 10^7$

Bei Überdruckpumpen ist der Druck im Spalt zwischen Laufrad und Leitrad p_s höher als der Druck im Saugmund des Laufrades p_0. Die Abdichtung der Druckräume erfolgt mittels Dichtspalten (berührungslose Dichtungen wegen Verschleiß), die ständig eine gewisse Menge Leckflüssigkeit hindurchlassen. Dadurch ist die Rückströmung eines Teils der vom Laufrad geförderten Flüssigkeit nicht zu vermeiden. Dieser Spaltverluststrom $\dot{V}_s$ fließt zwischen Rad und Gehäuse vom Radaustritt zum Radeintritt zurück.

Liefergrad

$$\eta_l = \frac{\dot{V}}{\dot{V} + \dot{V}_s} = \frac{\dot{V}}{\dot{V}'} \tag{4.18}$$

auch η_v, volumetrischer Wirkungsgrad, genannt.

Anhaltswerte für η_l: 0,85 - 0,95

Von dem Energiebetrag, den die Flüssigkeit zwischen den Schaufeln des Laufrades aufgenommen hat, geht ein Teil durch die Strömungswiderstände innerhalb und außerhalb der Laufschaufelkanäle wieder verloren. Diese hydraulischen Verluste h_v werden durch Wandreibung, Richtungsänderungen, Querschnittsänderungen sowie Strömungsablösung hervorgerufen und lassen sich rechnerisch nicht erfassen. Sie sind kleiner bei geringer Wandrauigkeit, bei Leiteinrichtungen, die nur in geringem Maße an der Druckerzeugung beteiligt sind, und bei Pumpen mit hoher spezifischer Drehzahl.

Hydraulischer Verlust $h_v = Y_{Sch} - Y_F$ (auch mit Y_h bezeichnet); hydraulischer Wirkungsgrad

$$\eta_h = \frac{Y_F}{Y_F + h_v} = \frac{Y_F}{Y_{Sch}} \tag{4.19}$$

Anhaltswerte für η_h: 0,7 - 0,9 (auch mit Schaufelwirkungsgrad η_{Sch} bezeichnet)

Damit ist

$$Y_F = Y_{Sch} \cdot \eta_h = Y_\infty \cdot k \cdot \eta_h = k \cdot \eta_h \cdot u_2 \cdot c_{2u}$$

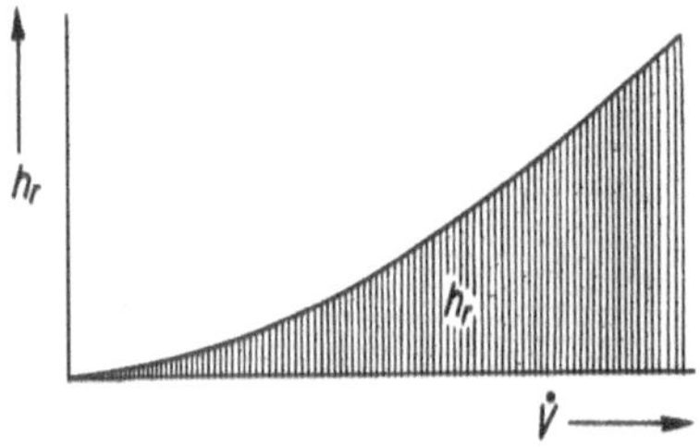

Bild 4.12 Hydraulische Reibungsverluste in Abhängigkeit vom Förderstrom

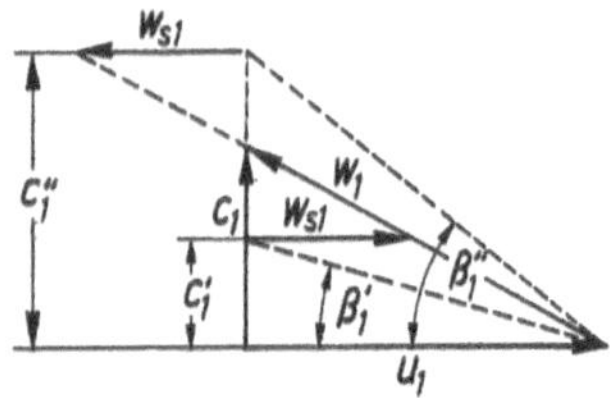

Bild 4.13 Entstehung der Stoßkomponente bei Unter- bzw. Überlast

Die hydraulischen Verluste h_v setzen sich zusammen aus den Wandreibungsverlusten (Bild 4.12)

$$h_r = f\left(\frac{c^2}{2}\right) = f\left(\dot{V}^2\right)$$

und aus den Stoßverlusten h_s, die nur dann auftreten, wenn der Betriebszustand vom Auslegungszustand abweicht. Die Strömung tritt dann nicht mehr tangential in die Schaufelkanäle von Laufrad und Leitapparat ein, sondern unter einer Neigung, die bei Überlast größer und bei Unterlast kleiner ist als die Neigung der Schaufelkrümmung am Kanaleintritt. Bild 4.13 zeigt am Beispiel der Laufschaufel die Stoßkomponenten w_s der relativen Eintrittsströmung bei Unter- bzw. Überlast. Mit $\dot{V}_A$ Förderstrom im Auslegungszustand (optimaler Betriebszustand).

Unterlast:

$$\dot{V} < \dot{V}_A;\ c_1' < c_1;\ \beta_1' < \beta_1$$

Überlast:

$$\dot{V} > \dot{V}_A;\ c_1'' > c_1;\ \beta_1'' > \beta_1$$

Mit Index 1 für Eintritt Laufschaufelkanal und Index 3 für Eintritt Leitschaufelkanal wird der Stoßverlust h_s, da $w^2 = u^2 + c^2$ nur bei $\alpha = 90°$ an beiden Stellen.

$$\begin{aligned} h_s &= a\left(\frac{w_{s1}^2}{2} + \frac{w_{s3}^2}{2}\right) \\ &= \frac{a}{2}\left[u_1^2 + \left(\frac{u_2}{1+p}\right)^2 \left(\frac{d_2}{d_3}\right)^2\right]\left(\frac{\dot{V} - \dot{V}_A}{\dot{V}_A}\right)^2 \end{aligned} \tag{4.20}$$

$$a = (0{,}3 \ldots 0{,}6)\frac{\beta_2}{90°}$$

h_s ist in Bild 4.14 dargestellt.

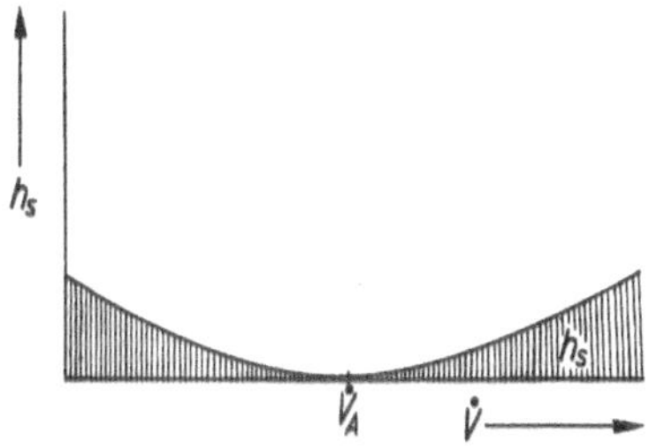

$\dot{V}_A$ Förderstrom im Auslegungszustand der Strömungsarbeitsmaschine

Bild 4.14 Stoßverluste in Abhängigkeit vom Förderstrom

Mit $Y_\infty = f(\dot{V})$ und $Y_{Sch} = f(\dot{V})$ lässt sich unter Berücksichtigung der hydraulischen Verluste die Kennlinie $Y_F = f(\dot{V})$ der Strömungsarbeitsmaschine darstellen.

$$\begin{aligned} Y_\infty &= u_2 \cdot c_{2u} = u_2(u_2 - w_{2u}) = u_2\left(u_2 - \frac{c_{2m}}{\tan\beta_2}\right) \\ &= u_2\left(u_2 - \frac{\dot{V}}{\pi \cdot d_2 \cdot b_2 \cdot \tan\beta_2}\right) = K_1 - K_2\frac{\dot{V}}{\tan\beta_2} \end{aligned} \tag{4.20a}$$

Das ist die Gleichung einer Geraden, da $K_1 = u_2^2$ und $K_2 = 1/(\pi \cdot d_2 \cdot b_2)$ hierbei die Konstanten sind (wegen unveränderter Drehzahl sowie Abmessungen).

Für

$$\beta_2 < 90° \rightarrow Y_\infty = K_1 - K_3 \cdot \dot{V}$$

mit $K_1 = u_2^2$ und $K_3 = K_2/\tan\beta_2 = K_2 \cdot \cot\beta_2$

$$\beta_2 = 90° \rightarrow Y_\infty = K_1 = u_2^2 = \text{konst}$$

$$\beta_2 > 90° \rightarrow Y_\infty = K_1 + K_3 \cdot \dot{V}$$

Alle drei Fälle sind in Bild 4.15 dargestellt.

$$Y_{Sch} = k \cdot Y_\infty = k \cdot u_2\left(u_2 - \frac{\dot{V}}{\pi \cdot d_2 \cdot b_2 \cdot \tan\beta_2}\right) \tag{4.20b}$$

Für $Y_{Sch} = 0$ und $Y_\infty = 0$ ist

$$u_2 - \frac{\dot{V}}{\pi \cdot d_2 \cdot b_2 \cdot \tan\beta_2} = 0$$

hieraus

$$\dot{V} = u_2 \cdot \pi \cdot d_2 \cdot b_2 \cdot \tan\beta_2$$

und

$$\dot{V}_0 = u_2 \cdot \pi \cdot d_2 \cdot b_2 \cdot \tan\beta_2$$

Das heißt, die Geraden $Y_{\text{Sch}} = f(\dot{V})$ und $Y_\infty = f(\dot{V})$ treffen sich auf der Linie $Y = 0$ in $\dot{V} = \dot{V}_0$.

Die Kennlinie gilt nach obiger Ableitung nur für eine bestimmte Umfangsgeschwindigkeit u_2, d. h. für eine bestimmte Drehzahl bei unverändertem Laufraddurchmesser d_2. Sie ändert ihre Lage mit der Drehzahl (siehe Abschnitt 4.4.3).

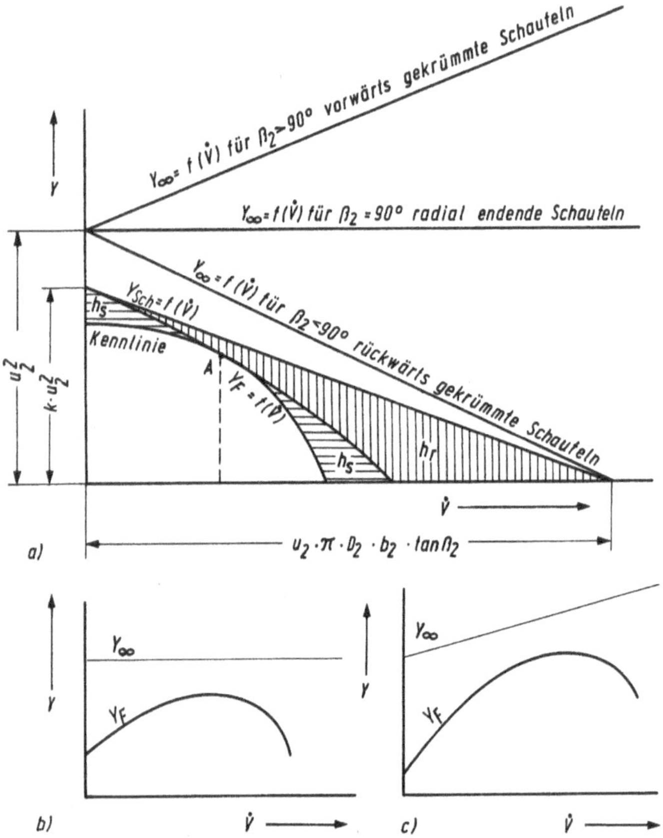

Bild 4.15 a) Entwicklung der Kennlinie bei rückwärts gekrümmten Laufschaufeln, b) Kennlinie bei radial endenden Laufschaufeln, c) Kennlinie bei vorwärts gekrümmten Laufschaufeln

Unter Berücksichtigung der genannten Verluste wird die erforderliche Antriebsleistung mit Formel 4.16

$$P_a = \left[\left(\dot{V} + \dot{V}_s \right) \cdot \varrho \cdot \left(Y_F + h_v \right) + P_r \right] \frac{1}{\eta_m}$$

$$= \left(\frac{\dot{V}}{\eta_l} \varrho \frac{Y_F}{\eta_h} + P_r \right) \frac{1}{\eta_m} = \left(\frac{P_e}{\eta_l \cdot \eta_h} + P_r \right) \frac{1}{\eta_m} \quad (4.21)$$

Mit Einführung des effektiven Wirkungsgrades, d.h. des Wirkungsgrades der gesamten Maschine $\eta_e = P_e/P_a$ (auch als Antriebswirkungsgrad η_a bezeichnet), wird

$$P_a = \frac{P_e}{\eta_e} = \frac{\dot{V} \cdot \varrho \cdot Y_F}{\eta_e} \quad (4.22)$$

und

$$\eta_e = \eta_l \cdot \eta_h \left(\eta_m - \frac{P_r}{P_a} \right)$$

Anhalt: $\eta_e = 0{,}4 - 0{,}8$ (Richtwerte)

Wegen dem thermischen Wirkungsgrad (bei Gasen) und dem Gesamtwirkungsgrad wird auf Abschnitt 2.3.12 verwiesen.

Schaufelwinkel β_2 am Austritt

Der Schaufelwinkel β_1 am Schaufeleintritt ist eindeutig bestimmt durch c_1 und u_1 (Bild 4.9a). Der Austrittswinkel β_2 kann jedoch frei gewählt werden, und es entsteht die Frage: was ist sinnvoll, β_2 kleiner, gleich oder größer als 90° auszuführen?

Die diesen drei Möglichkeiten entsprechenden Schaufelformen sind in den Bildern Bild 4.16a bis c dargestellt, wobei β_1 jeweils gleich groß angenommen wurde.

Die Schaufel mit $\beta_2 < 90°$ ist rückwärts gekrümmt (Bild 4.16a); die Schaufel mit $\beta_2 > 90°$ ist vorwärts gekrümmt (Bild 4.16c). Der Schaufelkanal ist bei gleicher radialer Erstreckung $(r_2 - r_1)$, Außenradius minus Innenradius, unter das jeweilige Schaufelbild abgewickelt herausgezeichnet. In Bild 4.16a ist er länger und weniger stark erweitert als in Bild 4.16b und c.

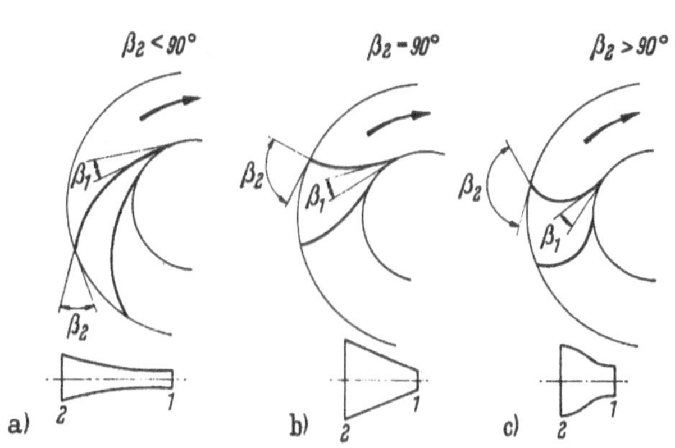

Bild 4.16
Laufrad-Schaufelformen für Schaufelwinkel β_2 am Laufrad-Austritt: a) $\beta_2 < 90°$, rückwärts gekrümmt, b) $\beta_2 = 90°$, radial endend, c) $\beta_2 > 90°$, vorwärts gekrümmt

Es fragt sich, ob die Flüssigkeit den Konturen in den Ausführungen Bild 4.16b und c wegen starker Verzögerung überhaupt folgen kann, ohne sich von der Wand abzulösen. Diese Kanalformen wären wohl für den umgekehrten Strömungsvorgang bei Turbinen geeignet, wo eine Düsenströmung, d.h. Strömung mit fallendem Druck, vorliegt, starke Verengungen keine Verschlechterung bedeuten und kurze Kanäle die Reibung verringern. Im Fall der Strömungsarbeitsmaschine liegt aber eine Diffusorströmung vor, d.h. Strömung gegen zunehmenden Druck, wodurch die Grenzschicht gebremst und deshalb leichter abgelöst wird. Für diese Maschinenart ist daher die zurückgebogene Schaufel (Bild 4.16a) am zweckmäßigsten.

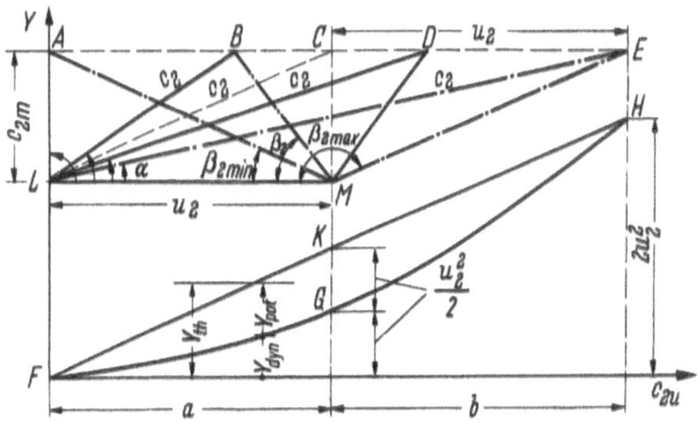

a = Schaufeln rückwärtsgekrümmt,
b = Schaufeln vorwärtsgekrümmt

Bild 4.17
Austrittswinkel β_2 und spezifische Schaufelarbeit Y_∞

Der Austrittswinkel β_2 hat aber auch einen Einfluss auf die spezifische Schaufelarbeit. In Bild 4.17 sind die Geschwindigkeitsdreiecke für den Austritt bei fünf verschiedenen Winkeln β_2, entsprechend den fünf Punkten *A, B, C, D, E* aufgezeichnet, wobei hier die Länge *AC* = Länge *CE* ist. Die Umfangsgeschwindigkeit $LM = u_2$ ist in allen fünf dargestellten Fällen die gleiche, ebenso die Meridiankomponente $c_{2m} = c_2 \sin \alpha_2 \approx c_0$. Unter Annahme senkrechten Flüssigkeitseintritts, also $\alpha_1 = 90°$ (Regelfall) ist nach Formel 4.7

$$Y_\infty = u_2 \cdot c_{2u} = Y_{th}$$

$c_{2u} = c_2 \cos \alpha_2$ ist der Reihe nach gleich den Strecken *AA, AB, AC, AD* und *AE*. Im ersten Fall, $\beta_{2min} = \sphericalangle\, AML$, wird überhaupt keine Energie auf die Flüssigkeit übertragen. Macht man $\beta_2 < \beta_{2min}$, wird die Pumpe zur Turbine. Mit zunehmendem Winkel β_2 nimmt Y_∞ linear zu, bis bei $c_{2u} = 2u_2$ die spez. Schaufelarbeit $Y_\infty = 2\,u_2^2$ wird.

Der in Form von Geschwindigkeitsenergie vorhandene Anteil der Schaufelarbeit ergibt sich, wieder mit $c_0 \approx c_{2m}$, aus

$$Y_{\infty\,\text{kin}} = \frac{c_2^2 - c_0^2}{2} = \frac{c_2^2 - c_{2m}^2}{2} = \frac{c_{2u}^2}{2} \qquad (4.23)$$

$Y_{\infty \text{kin}}$ hat also den parabolischen Verlauf *FGH* über c_{2u} und erreicht für $c_{2u} = u_2$ mit $u_2^2/2$ die halbe Gesamtenergie Y_∞; für $c_{2u} = 2\,u_2$ mit $2\,u_2^2$ sogar die Gesamtenergie Y_∞.

Für $c_{2u} = \dfrac{u_2}{2}$ wird $Y_{\infty\,\text{kin}} = \dfrac{u_2^2}{8}$, also hier ein Viertel von $Y_\infty = \dfrac{u_2^2}{2}$.

Der Reaktionsgrad *r* ist das Verhältnis der potenziellen Energie zur Gesamtenergie und beträgt für

$c_{2u} =$	0	$u_2/2$	u_2	$2\,u_2$
$r \approx$	1	¾	½	0

Freistrahlwirkung ist also schon bei $c_{2u} = 2u_2$ vorhanden. Darüber würde der Spaltdruck negativ werden.

Handelsübliche Pumpen arbeiten meist mit $\beta_2 = 20°$ bis $40°$, also stark rückwärts gekrümmten Schaufeln. Man erzielt bei geringem c_2 und guter Kanalform hohe hydraulische Wirkungsgrade und infolge des großen Anteils statischer Förderarbeit stabiles Betriebsverhalten. Die Nachteile der höheren Umfangsgeschwindigkeit u_2 und des größeren Spaltdruckes, d. h. auch erhöhter Spaltverluste, ist demgegenüber von geringerem Einfluss.

Affinitätsgesetze

Von Interesse ist die Frage, wie sich eine Strömungsarbeitsmaschine verhält, wenn ein für bestimmte Auslegungsdaten $\dot{V}_A$, $Y_{F,A}$ und n_A konstruiertes Laufrad mit veränderter Drehzahl angetrieben wird.

Förderstrom mit $c_{2m}^* = c_{2m}$ (Bild 4.9)

$$\begin{aligned}\dot{V} &= \pi \cdot d_2 \cdot b_2 \cdot c_{2m} \cdot \eta_1 = \pi \cdot d_2^2 \cdot \frac{b_2}{d_2} \cdot u_2 \cdot \frac{c_{2m}}{u_2} \cdot \eta_1 = \pi \cdot d_2^2 \cdot \frac{b_2}{d_2} \cdot \pi \cdot d_2 \cdot n \cdot \frac{c_{2m}}{u_2} \cdot \eta_2 \\ &= n \cdot d_2^3 \cdot \pi^2 \cdot \frac{c_{2m}}{u_2} \cdot \frac{b_2}{d_2} \cdot \eta_1 = \pi \cdot C_1\end{aligned} \tag{4.24}$$

In dieser Gleichung sind bei einem gegebenen Laufrad, abgesehen von *n*, alle Glieder Konstante, auch c_{2m}/u_2, da Winkel unverändert (Bild 4.9). Bei einer Drehzahländerung verhalten sich

$$\frac{\dot{V}_1}{\dot{V}_2} = \frac{n_1}{n_2} \tag{4.25}$$

Die spezifische Förderarbeit ist

$$Y_F = u_2 \cdot c_{2u}^* \cdot \eta_h = u_2^2 \cdot \frac{c_{2u}^*}{u_2} \cdot \eta_h = n^2 \cdot d_2^2 \cdot \pi^2 \cdot \frac{c_{2u}^*}{u_2} \cdot \eta_h = n^2 \cdot C_2 \tag{4.26}$$

Bei der Drehzahländerung eines gegebenen Laufrades verhalten sich somit bei $\eta_h \approx$ konst.

$$\frac{Y_{F1}}{Y_{F2}} = \frac{n_1^2}{n_2^2} \tag{4.27}$$

Antriebsleistung wieder mit $c_{2m}^* = c_{2m}$ und $\eta \approx$ konst.

$$P_a = \frac{\dot{V} \cdot \varrho \cdot Y_F}{\eta_e} = \frac{n \cdot d_2^3 \cdot \pi^2 \cdot \frac{c_{2m}}{u_2} \cdot \frac{b_2}{d_2} \cdot \eta_1 \cdot \varrho \cdot d_2^2 \cdot n^2 \cdot \pi^2 \cdot \frac{c_{2u}^*}{u_2} \cdot \eta_h}{\eta_e}$$
$$= n^3 \cdot d_2^5 \cdot \pi^4 \cdot \varrho \cdot \frac{c_{2m}}{u_2} \cdot \frac{b_2}{d_2} \cdot \frac{c_{2u}^*}{u_2} \cdot \frac{\eta_1 \cdot \eta_h}{\eta_e} = n^3 \cdot C_3 \tag{4.28}$$

Da sich die Radreibung mit der Drehzahl ändert, ändert sich jedoch auch der effektive Wirkungsgrad. So ist bei einem gegebenen Laufrad

$$\frac{P_{a1}}{P_{a2}} = \frac{n_1^3 \cdot \eta_{e2}}{n_2^3 \cdot \eta_{e1}} \approx \frac{n_1^3}{n_2^3} \quad \left(\text{nur bei } \eta_{e2} \approx \eta_{e1}\right) \quad \text{also} \, P \sim n^3 \tag{4.29a}$$

Wie schon in Abschnitt 4.4.1.1 festgestellt, ist eine Kennlinie immer einer bestimmten Drehzahl zugeordnet. Mithilfe der Affinitätsgesetze, den sog. ***Newton*schen Ähnlichkeitsregeln** (Formel 4.25 bis Formel 4.29), ist es möglich, aus einer gegebenen Kennlinie, die z.B. auf dem Prüfstand ermittelt wurde, näherungsweise ($\eta_e \neq$ konst) weitere Kennlinien für andere Drehzahlen zu errechnen. Die errechneten Kennlinien sind der gegebenen proportional. Für eine gegebene Strömungsarbeitsmaschine gilt mit den Konstanten C_1, C_2 - zugehörig aus Formel 4.24, Formel 4.26 bzw. direkt aus Formel 4.25 und Formel 4.27 -

$$\dot{V} = C_1 \cdot n \quad \text{bzw.} \quad n = \dot{V}/C_1 \quad \dot{V} \sim n \tag{4.29b}$$

$$Y_F = C_2 \cdot n^2 = C_2 \frac{\dot{V}^2}{C_1^2} = \frac{C_2}{C_1^2} \cdot \dot{V}^2 \quad \text{also } Y_F \sim n^2 \tag{4.29c}$$

Entsprechend gilt für die Leistung P_a über Formel 4.28 mit C_3 oder mittels Formel 4.29. Zugeordnete Punkte der verschiedenen Kennlinien liegen also auf Parabeln, die ihren Scheitel im Koordinatenursprung haben (Bild 4.18). Alle Punkte einer solchen Parabel sind durch geometrisch ähnliche Geschwindigkeitsverhältnisse gekennzeichnet. Der Schluss, dass der Wirkungsgrad längs einer solchen Parabel konstant sei, trifft allerdings nur unvollkommen zu. Linien gleichen Wirkungsgrades, wie sie der Versuch liefert, zeigt Bild 4.35.

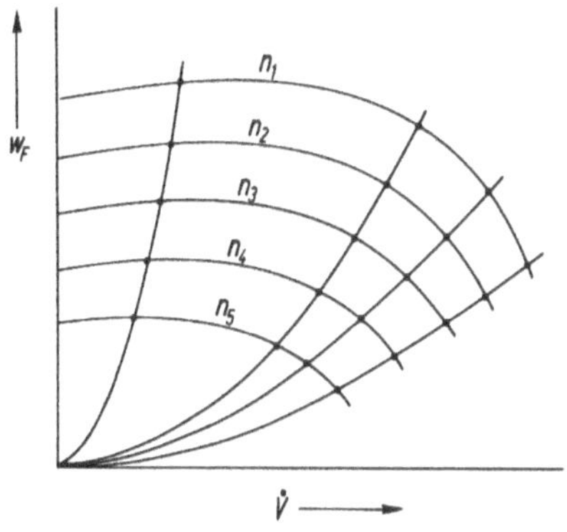

Bild 4.18
Kennlinien bei verschiedenen Drehzahlen mit Affinitätsparabeln
(n_y = konst. und η_h = konst.)

Mithilfe der Affinitätsgesetze lässt sich auch das Verhalten der Kreiselradarbeitsmaschine bestimmen, wenn der Außenumfang des radialen Laufrades vom Durchmesser d_2 auf einen kleineren Durchmesser d_2' abgedreht, die Drehzahl aber beibehalten wird. Es wird angenommen, dass sich b_2, c_{2m}, η und β_2 nur unwesentlich ändern.

$$\frac{\dot{V}_v}{\dot{V}_n} = \frac{d_2}{d_2'} \tag{4.29d}$$

Index v vor dem Abdrehen, Index n nach dem Abdrehen

$$\frac{Y_{F,v}}{Y_{F,n}} = \frac{d_2^2}{d_2'^2} \tag{4.29e}$$

$$\frac{P_{a,v}}{P_{a,n}} = \frac{d_2^3 \cdot \eta_{e,n}}{d_2'^3 \cdot \eta_{e,v}} \approx \frac{d_2^3}{d_2'^3} \quad \text{bei } \eta_{e,n} \approx \eta_{e,v} \text{ in nicht zu großem } d_2\text{-Bereich} \tag{4.29f}$$

Die Affinitätsgesetze können auch dazu benutzt werden, aus einer konstruierten Maschine eine Serie geometrisch ähnlicher Maschinen zu entwickeln und deren Verhalten vorauszubestimmen. Bei zwei Kreiselradarbeitsmaschinen a und b, die geometrisch ähnlich sind, verhalten sich

$$\frac{\dot{V}_a}{\dot{V}_b} = \frac{d_{2a}^3 \cdot n_a}{d_{2b}^3 \cdot n_b} \quad \text{und} \quad \frac{Y_{F,a}}{Y_{F,b}} = \frac{d_{2a}^2 \cdot n_a^2}{d_{2b}^2 \cdot n_b^2} \tag{4.30}$$

Kenngrößen von Strömungsarbeitsmaschinen

Der Konstrukteur von Strömungsmaschinen braucht wegen der vielen unberechenbaren Vorgänge innerhalb der Maschinen Anhalte, die ihn in die Lage versetzen, an gebauten Maschinen gemachte Erfahrungen auf neu zu konstruierende Maschinen anzuwenden. Diese Anhalte werden als Kenngrößen bezeichnet und werden immer auf das einzelne Laufrad bezogen. Sie basieren auf der Ähnlichkeitsmechanik bzw. den Modellgesetzen. Bei einem physikalischen Vorgang sucht man die charakteristischen Größen, die ihn beeinflussen. Diese setzt man in ein Verhältnis, wie es dem physikalischen Vorgang entspricht. Lassen sich in dem Verhältnis die Einheiten wegkürzen, so ergibt sich eine Größenverhältniszahl, die Kennzahl genannt wird.

Spezifische Drehzahl

Die Verschiedenheit der möglichen Laufradformen von Strömungsmaschinen fördert die Möglichkeit einer Einordnung. Eine Kenngröße, mit welcher die Laufradform festgelegt werden kann, ist die spezifische Drehzahl. Unter diesem Begriff versteht man die Drehzahl eines dem ausgeführten Laufrad in allen Teilen geometrisch ähnlichen Rades, das bei einem Durchsatz von 1 m^3/s die spezifische Förderarbeit 1 m^2/s^2 liefert, dem sog. spezifischen Laufrad.

Mit der spezifischen Drehzahl n_y wird die Schnellläufigkeit einer Strömungsmaschine gekennzeichnet, kleine spezifische Drehzahl = Langsamläufer, große spezifische Drehzahl = Schnellläufer. Die Schnellläufigkeit sagt nichts über die Betriebsdrehzahl aus.

$$n_y = n\frac{\dot{V}^{0,5}}{Y_F^{0,75}} = n\frac{\sqrt{\dot{V}}}{\sqrt[4]{Y_F^3}} \tag{4.31}$$

ist dimensionslos bei n in s^{-1}, $\dot{V}$ in m^3/s und Y_F in m^2/s^2, aber mit der Bedeutung einer Drehzahl in s^{-1}. Die spezifische Drehzahl entspricht einer Drehzahl und hat deshalb letztlich auch die Einheit einer Drehzahl. Sie ist daher als Kennzahl weniger geeignet. Besser ist die Radformzahl (siehe Abschnitt 4.4.1.1). Richtwerte je nach Radform: radial n_y = 0,03 - 0,12; halbaxial n_y = 0,12 - 0,24; diagonal n_y = 0,24 - 0,48 und axial n_y = 0,3 - 0,12. Hinweis auch auf Abschnitt 4.4.5.3.

Bild 4.19 zeigt ein Nomogramm zur einfachen Ermittlung der spezifischen Drehzahl n_y aus den Auslegungsdaten der Strömungsmaschine. Bei vorgegebener spezifischer Drehzahl lässt sich das Nomogramm auch zur Ermittlung der Betriebsdrehzahl n in 1/s verwenden. Es enthält außerdem noch den veralteten Begriff mit Drehzahl n in min^{-1}

$$n_q = n \cdot \dot{V}^{0,5} / H^{0,75} \tag{4.32}$$

Darin ist H in m das Nutzgefälle bzw. die Förderhöhe, eine spezifische Energie, die auf die Gewichts(kraft)einheit bezogen wurde und der Durchsatz (Volumenstrom) $\dot{V}$ in m^3/s. Der Zusammenhang zwischen den Zahlenwerten von n_q und n_y ist

$n_y = 3{,}0074 \cdot 10^{-3} \cdot n_q \approx 0{,}003 \cdot n_q$ in s^{-1} mit n_q in min^{-1}

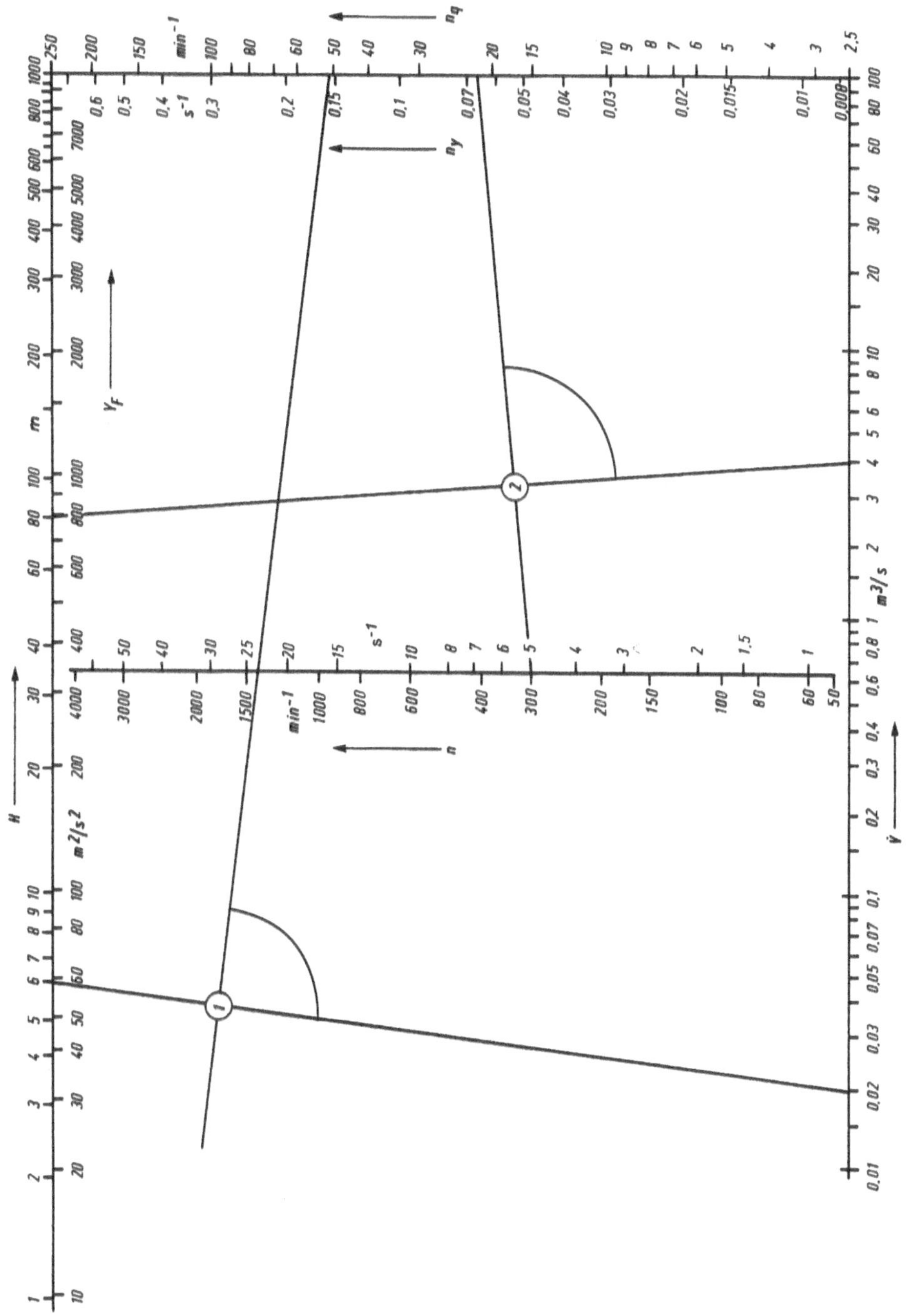

Bild 4.19 Nomogramm zur Ermittlung der spezifischen Drehzahlen $n_q = n \cdot \dot{V}^{0,5} \cdot H^{-0,75}$ und $n_y = n \cdot \dot{V}^{0,5} \cdot Y_F^{-0,75}$ (man verwende ein rechtwinkliges Achsenkreuz)

Beispiel 1:

$H = 6$ m, $\dot{V} = 0{,}02$ m³/s, $n = 1450$ min⁻¹, $n_q = 53{,}5$ min⁻¹, dazu $n_y = 0{,}16$ s⁻¹

Beispiel 2:

$Y_F = 785$ m²/s², $\dot{V} = 4$ m³/s, $n = 5$ s⁻¹, $n_y = 0{,}0675$ s⁻¹, dazu $n_q = 22{,}4$ min⁻¹

Druckzahl

Bei drallfreiem Eintritt ist

$$\begin{aligned} Y_F &= k \cdot \eta_h \cdot Y_\infty = k \cdot \eta_h \cdot u_2 \cdot c_{2u} = k \cdot \eta_h \cdot u_2 \left(u_2 - w_{2u}\right) \\ &= k \cdot \eta_h \cdot u_2 \left(u_2 - c_2 \cdot \cot \beta_2\right) \\ &= 2 \cdot k \cdot \eta_h \left(1 - \frac{c_{2m}}{u_2} \cot \beta_2\right) \frac{u_2^2}{2} \\ &= \psi \frac{u_2^2}{2} \end{aligned} \tag{4.33}$$

Die Größe

$$\psi = \frac{2 \cdot Y_F}{u_2^2} = 2 \cdot k \cdot \eta_h \left(1 - \frac{c_{2m}}{u_2} \cot \beta_2\right)$$

wird Druckzahl genannt. Mit dieser Kenngröße von der Einheit 1 lässt sich schnell abschätzen, welche Umfangsgeschwindigkeit u_2 zur Bewältigung der vorgeschriebenen spezifischen Förderarbeit Y_F erforderlich ist. Richtwerte bei Pumpen und Verdichtern: $\psi \approx 0{,}7 - 1{,}3$

Lieferzahl

Denkt man sich durch die Kreisfläche $\frac{\pi}{4} d_2^2$ eine Strömung entsprechend der Geschwindigkeit u_2, dann gäbe das einen charakteristischen Durchsatz von $\dot{V}' = \frac{\pi}{4} d_2^2 \cdot u_2$.Das Verhältnis $\dot{V}/\dot{V}'$ des tatsächlichen Förderstroms $\dot{V}$ zu diesem fiktiven $\dot{V}'$ wird durch die Lieferzahl φ ausgedrückt, auch Durchflusszahl genannt.

$$\varphi = \frac{4 \cdot \dot{V}}{\pi \cdot d_2^2 \cdot u_2} = \frac{4 \cdot \pi \cdot d_2 \cdot b_2 \cdot c_{2m}}{\pi \cdot d_2^2 \cdot u_2} = \frac{4 \cdot b_2 \cdot c_{2m}}{d_2 \cdot u_2} \tag{4.34}$$

Diese Kenngröße mit der Einheit 1 gibt den Zusammenhang zwischen Umfangsgeschwindigkeit und Förderstrom wieder. Hier Richtwerte: $\varphi = 0{,}01 - 0{,}4$

Radformzahl

Die Gleichungen der Druckzahl und der Lieferzahl werden nach n bzw. d_2 aufgelöst:

$$\psi = \frac{2 \cdot Y_F}{u_2^2} = \frac{2 \cdot Y_F}{\pi^2 \cdot d_2^2 \cdot n^2} \quad \rightarrow \quad n = \frac{(2 \cdot Y_F)^{0,5}}{\pi \cdot d_2 \cdot \psi^{0,5}}$$

$$d_2 = \frac{(2 \cdot Y_F)^{0,5}}{\pi \cdot n \cdot \psi^{0,5}}$$

$$\varphi = \frac{4 \cdot \dot{V}}{\pi \cdot d_2^2 \cdot u_2} = \frac{4 \cdot \dot{V}}{\pi^2 \cdot d_2^3 \cdot n} \quad \rightarrow \quad n = \frac{4 \cdot \dot{V}}{\pi^2 \cdot d_2^3 \cdot \varphi}$$

$$d_2 = \frac{(4 \cdot \dot{V})^{1/3}}{\pi^{2/3} \cdot n^{1/3} \cdot \varphi^{1/3}}$$

Zunächst werden die beiden Ausdrücke für d_2 gleichgesetzt

$$d_2 = \frac{(2 \cdot Y_F)^{0,5}}{\pi \cdot n \cdot \psi^{0,5}} = \frac{(4 \cdot \dot{V})^{1/3}}{\pi^{2/3} \cdot n^{1/3} \cdot \varphi^{1/3}}$$

und dann werden die Brüche zusammengefasst und nach n aufgelöst

$$n = \frac{(2 \cdot Y_F)^{0,75} \cdot \varphi^{0,5}}{4^{0,5} \cdot \dot{V}^{0,5} \cdot \pi^{0,5} \cdot \psi^{0,75}} = \frac{1}{2\sqrt{\pi}} \frac{(2 \cdot Y_F)^{0,75}}{\dot{V}^{0,5}} \frac{\varphi^{0,5}}{\psi^{0,75}}$$

Mit

$$\frac{\varphi^{0,5}}{\psi^{0,75}} = \sigma$$

Radformzahl, wird

$$\sigma = 2\sqrt{\pi} \cdot n \frac{\dot{V}^{0,5}}{(2 \cdot Y_F)^{0,75}} = 2{,}1078 \cdot n \frac{\dot{V}^{0,5}}{Y_F^{0,75}} = 2{,}108 \cdot n_y \qquad (4.35)$$

Im Gegensatz zur spezifischen Drehzahl n_y ist die Radformzahl σ eine Kenngröße mit der Einheit 1, also von der Verwendung von Einheitensystemen unabhängig und daher als Vergleichsgröße besser geeignet. Zwischen den Zahlenwerten von n_y und σ besteht der Zusammenhang

$$\sigma = 2{,}108 \cdot n_y$$

$$\sigma = 6{,}34 \cdot 10^{-3} \cdot n_q$$

mit n_y in s^{-1}, n_q in min^{-1}

Spezifischer Durchmesser

Nun werden die aus ψ und φ abgeleiteten Ausdrücke für n gleichgesetzt

$$n = \frac{(2 \cdot Y_F)^{0,5}}{\pi \cdot d_2 \cdot \psi^{0,5}} = \frac{4 \cdot \dot{V}}{\pi^2 \cdot d_2^3 \cdot \varphi}$$

und dann die beiden Brüche zusammen nach d_2 aufgelöst

$$d_2 = \frac{2 \cdot \dot{V}^{0,5} \cdot \psi^{0,25}}{(2 \cdot Y_F)^{0,25} \cdot \pi^{0,5} \cdot \varphi^{0,5}} = \frac{2}{\sqrt{\pi}} \frac{\dot{V}^{0,5}}{(2 \cdot Y_F)^{0,25}} \frac{\psi^{0,25}}{\varphi^{0,5}}$$

Mit

$$\frac{\psi^{0,25}}{\varphi^{0,5}} = \delta$$

spezifischer Durchmesser, wird

$$\delta = \frac{\sqrt{\pi}}{2} d_2 \frac{(2 \cdot Y_F)^{0,25}}{\dot{V}^{0,5}} = 1{,}054 \cdot d_2 \frac{Y_F^{0,25}}{\dot{V}^{0,5}} \tag{4.36}$$

Keine der bisher genannten Kenngrößen n_y, σ, ψ oder φ reicht aus, um eine Laufradform eindeutig zu charakterisieren. So können beispielsweise Radialläufer und Axialläufer durchaus die gleiche Schnellläufigkeit haben. Um festzulegen, ob bei gegebenem Durchsatz $\dot{V}$ und gegebener spezifischer Förderarbeit Y_F ein Rad mit großem Durchmesser und niedriger Drehzahl oder ein solches mit kleinem Durchmesser und hoher Drehzahl günstiger ist, muss der spezifische Durchmesser δ zurate gezogen werden. Zahlenwerte für Kenngrößen von Kreiselpumpen enthält Bild 4.20 und für Turboverdichter Bild 4.21 oder Richtwerte: radial δ = 4 - 15; diagonal δ = 1,5 - 4; axial δ = 0,8 - 2,2.

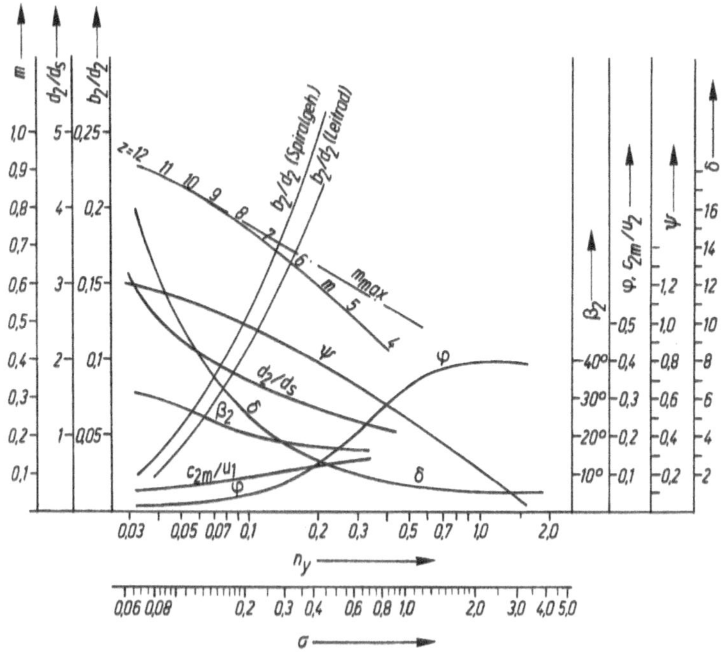

Bild 4.20 Kennwerte für Kreiselpumpen

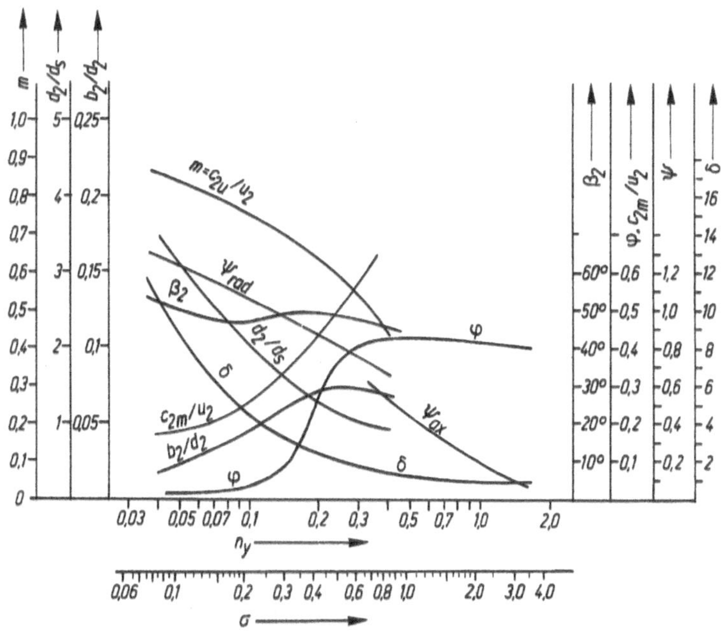

Bild 4.21 Kennwerte für Turboverdichter

Festlegung der Stufenzahl

Laufräder radialer Strömungsarbeitsmaschinen können nicht für eine beliebig kleine spezifische Drehzahl ausgelegt werden. Bei extremen Langsamläufern beträgt wegen Wirkungsgrad und Gestaltung die untere sinnvolle Grenze (Richtwert)

$$n_y = 0{,}042\ \text{s}^{-1} \quad \text{bzw.} \quad \sigma = 0{,}09$$

Bei kleineren Werten würde das Durchmesserverhältnis d_2/d_S zu hohe Werte annehmen, und die Schaufelkanäle würden zu lang und zu eng werden. Die Kanalreibung und die Radreibung würden unzulässig hoch werden und damit niedriger Wirkungsgrad.

Erreichen also infolge der Betriebsbedingungen die Auslegungsdaten Werte, die eine spezifische Drehzahl $n_y < 0{,}042\ \text{s}^{-1}$ bzw. Radformzahl $\sigma < 0{,}09$ ergeben, sollte auf Mehrstufenanordnung oder Teilbeaufschlagung ausgewichen werden. Teilbeaufschlagung ist jedoch konstruktiv nur bei Strömungskraftmaschinen möglich.

Für Strömungsarbeitsmaschinen kann die erforderliche Stufenzahl i über die Druckzahl gefunden werden.

$$i = \frac{Y_{F,M}}{Y_{F,St}} = \frac{Y_{F,M}}{\psi \dfrac{u_2^2}{2}} = \frac{2 \cdot Y_{F,M}}{\psi \cdot u_2^2} \tag{4.37}$$

Index M: gesamte Maschine, Index St: einzelne Stufe

Anhaltswerte für maximale Umfangsgeschwindigkeiten:

Pumpen:	Graugussräder	u_{2max} = 30 - 35 m/s
	Bronzeräder	u_{2max} = ... 50 m/s
	Chromstahlgussräder	u_{2max} = ... 90 m/s
Lüfter:		u_{2max} = 90 - 110 m/s
Verdichter:		u_{2max} = 320 - 450 m/s

Die Stufenzahl lässt sich auch über die spezifischen Drehzahlen finden, wenn für n_y der Stufe ein der gewünschten Laufradform zugeordneter Wert gewählt wird.

$$n_{y,M} = n \frac{\dot{V}^{0,5}}{\left(Y_{F,M}\right)^{0,75}}$$

$$n_{y,St} = \frac{n \cdot \dot{V}^{0,5}}{\left(Y_{F,St}\right)^{0,75}}$$

$$\frac{\left(Y_{F,M}\right)^{0,75}}{\left(Y_{F,St}\right)^{0,75}} = i^{0,75} = \frac{n_{y,St}}{n_{y,M}}$$

$$i=\left(\frac{n_{\mathrm{y,St}}}{n_{\mathrm{y,M}}}\right)^{\frac{1}{0,75}} \tag{4.38}$$

Index M: gesamte Maschine, Index St: einzelne Stufe

Achsschub

Das Laufrad ist allseitig vom Druck p_2 umgeben mit Ausnahme der saugseitigen Fläche

$$A_{\mathrm{S}}=\frac{\pi}{4}\left(d_{\mathrm{Sp}}^2-d_{\mathrm{N}}^2\right)$$

die unter dem Druck p_1 steht. Bei Strömungsarbeitsmaschinen mit Reaktion entsteht dadurch ein nach der Saugseite gerichteter Achsschub, der oft nicht unerheblich ist und die Lager zusätzlich belastet. Die genaue Berechnung des Achsschubes ist verhältnismäßig schwierig, denn der Druck p_2 wirkt auf die Laufradaußenseite nicht mit konstanter Größe, sondern nimmt infolge der Fliehkraftwirkung der mit etwa halber Drehzahl rotierenden Fluidmenge zur Welle hin ab. Hinzu kommt, dass durch die Strömungsumlenkung im Laufrad der Strömungsdruck einen kleinen Gegenschub verursacht, der den Achsschub, wenn auch nur geringfügig, verringert.

Näherungsgleichungen zur Berechnung des Achsschubes von radialen Strömungsarbeitsmaschinen (Hinweis auch auf Abschnitt 4.4.5.4).

Achsschubkraft aus Überdruck bei Kreiselpumpen (nach *Petermann/Pfleiderer*)

$$\begin{aligned} F_{\mathrm{A1}} &= \int_{\mathrm{r_N}}^{\mathrm{r_{Sp}}} p\cdot 2\pi\cdot r\cdot \mathrm{d}r \\ &\approx \pi\left(r_{\mathrm{Sp}}^2-r_{\mathrm{N}}^2\right)\left[P_{\mathrm{Sp,ü}}-\frac{\varrho\cdot\omega^2}{16}\left(r_{\mathrm{Sp}}^2-r_{\mathrm{N}}^2\right)\right] \end{aligned} \tag{4.39}$$

darin ist

$$p_{\mathrm{Sp,ü}}=r\cdot\varrho\cdot Y_{\mathrm{Sch}}-\frac{\varrho}{2}\left[\left(\frac{u_2}{2}\right)^2-\left(\frac{u_{\mathrm{Sp}}}{2}\right)^2\right]+p_{0,\mathrm{ü}}$$

Index Sp: Dichtspalt am Laufradsaugmund, Index N: Radnabe, Index ü: Überdruck, Index 0: Laufradeintritt

Gegenschub aus Strömungsumlenkung

$$F_{\mathrm{A2}}=\frac{\dot{V}\cdot\varrho\cdot c_{\mathrm{S}}}{\eta_v} \tag{4.40}$$

c_{s} Geschwindigkeit im Saugmund

Gesamtschub am einzelnen Laufrad

$$F_A = F_{A1} - F_{A2} \tag{4.41}$$

Gesamtschub an radialen Verdichterrädern (nach *Eck*)

$$F_A = \frac{\pi}{4} d_2^2 \frac{\varrho}{2} u_2^2 \left\{ r \cdot \psi - \frac{1}{8} - r \cdot \psi \left[\frac{2}{3} - \frac{1}{3} \frac{d_1}{d_2} - \frac{1}{3} \left(\frac{d_1}{d_2} \right)^2 \right] \right\} - \frac{\pi}{4} d_1^2 \frac{\varrho}{2} c_S^2 \tag{4.42}$$

mit r Reaktionsgrad, ψ Druckzahl

Leitapparat und Spiralgehäuse

Außerhalb des Laufradumfangs *2* befindet sich der feststehende Leitapparat (Bild 4.22), dessen Schaufeln *L* so geformt sind, dass sich zwischen je zwei Schaufeln eine Diffusorerweiterung *3* bis *4* bildet.

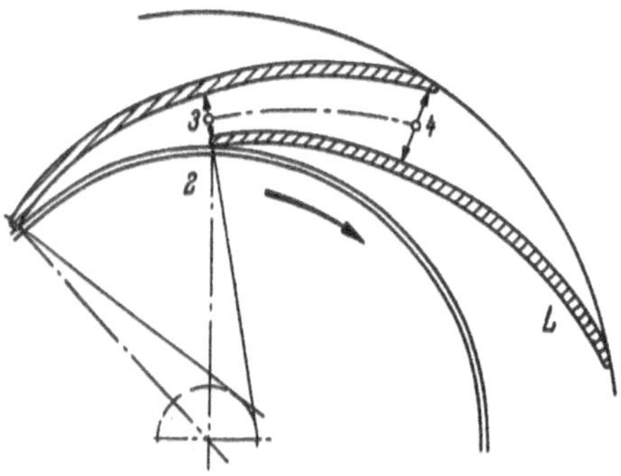

Bild 4.22
Leitapparat mit Leitschaufeln

Durch die Querschnittserweiterung von A_3 bis A_4 wird die Geschwindigkeit von c_3 auf c_4 verringert und gemäß Energiegleichung eine statische Druckerhöhung

$$p_4 - p_3 = \eta_D \frac{c_3^2 - c_4^2}{2} \cdot \varrho \tag{4.43}$$

erzielt. Der Diffusor-Wirkungsgrad η_D kann bei richtiger Gestaltung 85 % erreichen.

Der Ausdruck Leitrad ist zwar gebräuchlich, aber irreführend, da es sich um einen feststehenden Apparat handelt. Besser: Leiteinrichtung oder Leitapparat.

Bei kleineren Maschinen und nicht sehr hohen Ansprüchen an den Gesamtwirkungsgrad lässt man gelegentlich den Leitschaufelkranz fort. Eine gewisse Diffusorwirkung bzw. Drucksteigerung entsteht bei konstanter Breite b bereits durch Zunahme des Achsabstandes des Flüssigkeitsteilchens; z. B. ist der statische Druck auf dem Radius r_3 bereits höher als auf r_2. Dies wird am einfachsten verständlich, wenn man die Geschwindigkeiten c_2 und c_3 in ihre radialen und tangentialen Komponenten c_r und c_u zerlegt. Mit dem Radius nimmt die Umfangsfläche zu, daher

$\frac{c_{3r}}{c_{2r}} = \frac{r_2}{r_3}$. Nach dem Satz vom konstanten Drall r · c_u = konst. nimmt aber auch die Tangentialkomponente ab, $\frac{c_{3u}}{c_{2u}} = \frac{r_2}{r_3}$. Wenn beide Komponenten mit r_2/r_3 abnehmen, nimmt auch die Geschwindigkeit selbst ab, und es ist für $\frac{c_3}{c_2} = \frac{r_2}{r_3}$ die statische Druckzunahme

$$p_3 - p_2 = \frac{c_2^2 - c_3^2}{2} \cdot \varrho = \varrho \cdot \frac{c_2^2}{2}\left[1 - \left(\frac{r_2}{r_3}\right)\right] \tag{4.44}$$

Zwei parallele Ringplatten ohne Leitschaufeln wirken also bereits als Diffusor **(Plattendiffusor)**, allerdings mit schlechterem Wirkungsgrad, weil das Fluid (Flüssigkeit, Gas, Dampf) - sich selbst überlassen - zu flache Kurvenbahnen (logarithmische Spiralen) und damit zu lange Reibungswege durchläuft.

Der im Diffusor umgesetzte Energieanteil ist 1 - *r* des Gesamtumsatzes (*r* hier Reaktionsgrad). Im gleichen Verhältnis geht also auch der Verlustanteil (1 - η_D) des Diffusors in die Gesamtverluste ein: (1 - η_D) (1 - *r*). Zum Beispiel bei einem Reaktionsgrad *r* = 75% und η_D = 80% ist der Diffusorverlustanteil am Gesamtenergieumsatz

$$0{,}2 \cdot 0{,}25 = 0{,}05 \triangleq 5\%$$

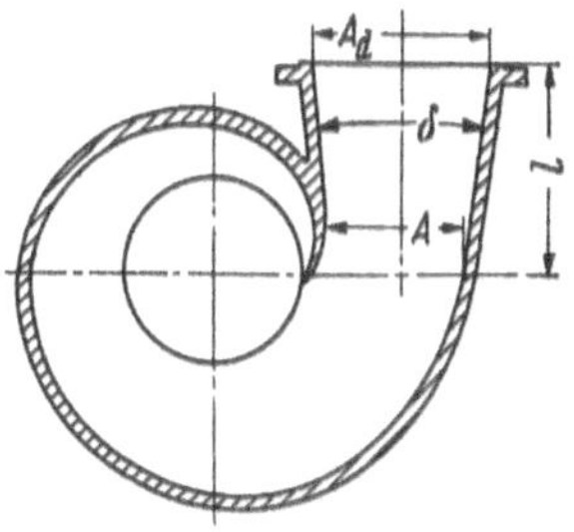

Bild 4.23
Spiralgehäuse

Die aus dem Leitapparat spiralig austretende Flüssigkeit wird i.Allg. bei einstufigen Maschinen in einem Spiralgehäuse (Bild 4.23) gesammelt, an das sich eine Diffusorstrecke *l* bis zum Druckflansch anschließt, in der die Geschwindigkeit von c_A im spiralen Endquerschnitt *A* auf c_d = Geschwindigkeit im Druckrohr (Querschnitt A_d) herabgesetzt wird. Der Druckgewinn ist dabei mit Wirkungsgrad η_D wie im Leitapparat

$$p_d - p_A = \frac{c_A^2 - c_d^2}{2} \cdot \varrho \cdot \eta_D \tag{4.45}$$

Der Austrittsdiffusor kann u.U. den Leitdiffusor gemäß Bild 4.22 ersetzen.

4.4.1.2 Axial durchströmte Maschinen

Grundsätzlich hat das bisher Erläuterte allgemeine Gültigkeit. Doch lassen sich an der Axialschaufel die Strömungsverhältnisse weitergehend als bei anderen Schaufelformen erfassen, z. B. durch die Tragflügeltheorie. Deshalb ist ihre besondere Behandlung angebracht.

Die axial durchströmte Arbeitsmaschine (Bild 4.24) zeichnet sich durch große Einfachheit der Konstruktion und einen guten Wirkungsgrad in der Nähe des Auslegungszustandes aus. Die Schaufeln der Axialmaschine können mit gleichbleibender Wandstärke ausgeführt werden; man kann sie aber auch nach Art der Tragflügel (Bild 4.25) profilieren. Unprofilierte Schaufeln ergeben einen ungleichförmigen Querschnittsverlauf in den Schaufelkanälen und damit strömungstechnisch ungünstige Verhältnisse.

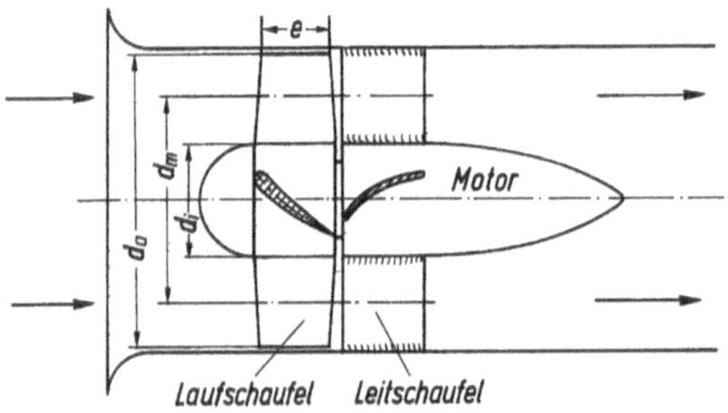

Bild 4.24 Einfachste axial durchströmte Kreiselrad-Arbeitsmaschine mit profilierten Laufschaufeln und Leitschaufeln aus gekrümmtem Blech

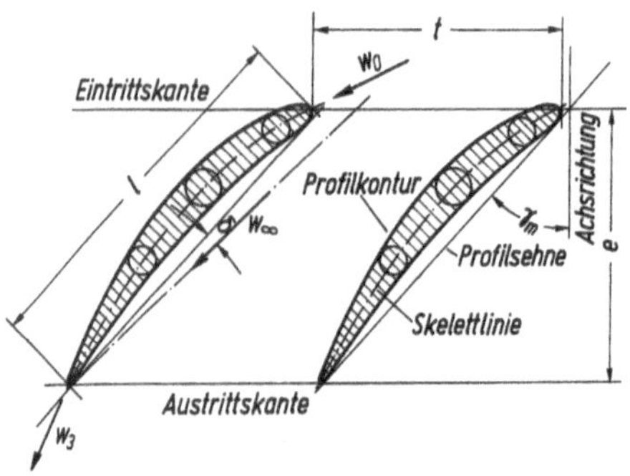

t Schaufelteilung
l Profillänge
e Schaufeltiefe
γ_m Staffelwinkel, δ Anstellwinkel

Bild 4.25 Koaxialer Zylinderschnitt durch ein profiliertes Laufschaufelpaar

Profilierte Schaufeln sollen am Eintritt gut abgerundet sein, sich zur Mitte verdicken und gegen den Austritt hin schlank zulaufen, ohne jedoch in einer messerscharfen Spitze zu enden. Die Krümmung der profilierten Schaufel verläuft so, dass die errechneten Schaufelwinkel β_1 und β_2 an die Skelettlinie tangieren. Die Skelettlinie ist die Verbindungslinie der Mittelpunkte aller Kreise, welche die Profilkontur an zwei Stellen berühren und innerhalb der Kontur verbleiben.

Bei Abwicklung der Zylinderfläche des koaxialen Zylinderschnittes auf eine Ebene bilden die Konturen der Schaufelprofile das Schaufelgitter. Man bezeichnet den Winkel γ_m zwischen Profilsehne und Achsrichtung als Staffelwinkel, das Verhältnis t/l als Teilungsverhältnis und den Reziprokwert l/t als Schaufeldichte. Das Verhältnis der Laufschaufeldurchmesser d_i/d_a ist das Nabenverhältnis υ (Anhalt: $\upsilon = 0{,}66 - 0{,}68$). δ ist der Anstellwinkel des Profils gegen die mittlere Anströmrichtung. Die Skelettlinie wird dabei oft als Kreisbogen ausgeführt.

Die Geschwindigkeiten des Arbeitsmediums in geringem Abstand vor und hinter dem Gitter erhalten die Indizes 0 bzw. 3. Aus der Kontinuitätsgleichung folgt mit der Querschnittsbreite db senkrecht zur Teilung t in Bild 4.25

$$\mathrm{d}b \cdot t \cdot c_{0m} = \mathrm{d}b \cdot t \cdot c_{3m}$$

$$c_{0m} = c_{3m} = \mathrm{cm}$$

Eintritts- und Austrittsdreieck haben somit die gleiche Höhe und lassen sich also zu einer Figur vereinigen (Bild 4.26).

Energieumsetzung

Im Folgenden sollen nur die Unterschiede gegenüber dem Radialrad behandelt werden. Bei axialer Durchströmung ist $u_1 = u_2 = u = \pi \cdot d_m \cdot n$. Damit wird

$$Y_\infty = u(c_{2u} - c_{1u}) = u[(u - w_{2u}) - (u - w_{1u})] = u(w_{1u} - w_{2u})$$

$$Y_\infty = u \cdot \Delta c'_u = u \cdot \Delta w'_u \tag{4.46}$$

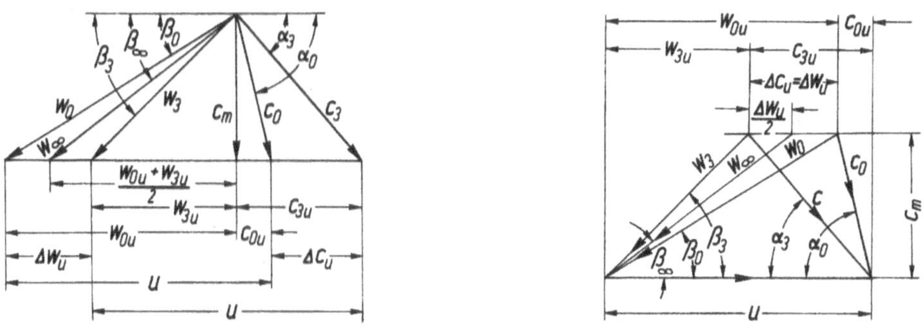

Bild 4.26 Geschwindigkeitsplan einer axialen Strömungsarbeitsmaschine in zwei Darstellungsmethoden am gleichen Durchmesser (meist dem mittleren d_m)

Auch im Schaufelkanal des Axialrades treten bei endlicher Schaufelzahl relative Kanalwirbel auf.

$$\begin{aligned} Y_{Sch} = k \cdot Y_\infty &= k \cdot u \cdot \Delta w'_u = u \cdot \Delta w_u = u(w_{0u} - w_{3u}) \\ &= k \cdot u \cdot \Delta c'_u = u \cdot \Delta c_u = u(c_{3u} - c_{0u}) \end{aligned} \tag{4.47}$$

Bei Axialrädern mit weiter Schaufelteilung - wenige Flügel (2 - 8) - erfolgt die Berechnung in Anlehnung an die Tragflügeltheorie.

Arbeitsminderungsbeiwert

$$k=\frac{1}{1+p}$$

$$p=\frac{1{,}0\ldots1{,}2}{z}\left(1+\frac{\beta_2}{60°}\right)\frac{d_\mathrm{m}}{2\cdot e} \tag{4.48}$$

z Schaufelzahl

Aus der Beziehung $Y_\mathrm{Sch} = u \cdot \Delta c_\mathrm{u}$ ist zu entnehmen, dass zur Erhöhung der spezifischen Förderenergie einer Stufe die Umfangsgeschwindigkeit in die Höhe getrieben werden muss. Aus Festigkeitsgründen ist bei Axialrädern

$$u_\mathrm{max} \approx 350 \text{ m/s}$$

Über die Schaufelhöhe muss $u \cdot \Delta c_\mathrm{u}$ konstant bleiben. Wenn der Strömungszustand an der Nabe den Index i und an der Schaufelspitze den Index a erhält, muss also sein

$u_\mathrm{i} \cdot \Delta c_\mathrm{u,i} = u_\mathrm{a} \cdot \Delta c_\mathrm{u,a}$ damit gleicher Energieumsatz bei i und a

Da $u_\mathrm{a} > u_\mathrm{i}$ ist, hat also $\Delta c_\mathrm{u,i} > \Delta c_\mathrm{u,a}$ zu sein, d. h., die Schaufeln müssen verwunden werden.

Nach Bild 4.26 ist die Umfangskomponente der mittleren Relativgeschwindigkeit

$$w_{\infty\mathrm{u}}=\frac{w_{0\mathrm{u}}+w_{3\mathrm{u}}}{2}$$

Nach dem Strahlensatz ist dann auch

$$w_\infty=\frac{w_0+w_3}{2} \tag{4.49}$$

oder

$$w_\infty=\sqrt{c_\mathrm{m}^2+w_{\infty\mathrm{u}}^2}$$

Der Winkel β_∞ der mittleren Relativströmung gegen die Umlaufrichtung ergibt sich aus folgender Beziehung

$$c_\mathrm{m}=w_0\,\sin\beta_0=w_3\sin\beta_3=\frac{w_0+w_3}{2}\sin\beta_\infty \tag{4.50}$$

Der Reaktionsgrad ist bei Axialrädern

$$r = \frac{Y_{pot}}{Y_{Sch}} = \frac{Y_{Sch} - \frac{c_3^2 - c_0^2}{2}}{Y_{Sch}} = 1 - \frac{c_3^2 - c_0^2}{2 \cdot Y_{Sch}}$$
$$= 1 - \frac{c_3^2 - c_0^2}{2 \cdot u(c_{3u} - c_{0u})}$$

$$c_3^2 - c_0^2 = c_m^2 + c_{3u}^2 - (c_m^2 + c_{0u}^2)$$
$$= c_{3u}^2 - c_{0u}^2$$

$$r = 1 - \frac{c_{3u}^2 - c_{0u}^2}{2 \cdot u(c_{3u} - c_{0u})} = 1 - \frac{c_{3u} + c_{0u}}{2 \cdot u}$$
$$= \frac{2 \cdot u - c_{3u} - c_{0u}}{2 \cdot u} = \frac{(u - c_{0u}) + (u - c_{3u})}{2 \cdot u}$$
$$= \frac{w_{0u} + w_{3u}}{2 \cdot u}$$

und mit Formel 4.49

$$r = \frac{w_{\infty u}}{u} \tag{4.51}$$

Die Kenngrößen bei Axialrädern

Die Druckzahl ψ wird bei Axialrädern auf den Laufradaußenumfang ($u_a = d_a \cdot \pi \cdot n$) bezogen

$$\psi = \psi_a = \frac{2 \cdot Y_F}{u_a^2} \tag{4.52}$$

Da die erreichbare Förderhöhe aber von der Umfangsgeschwindigkeit abhängt und die kleinste Umfangsgeschwindigkeit an der Radnabe herrscht, gilt für d_i (innen, Index i)

$$\psi_i = \frac{2 \cdot Y_F}{u_i^2} = \frac{2 \cdot \eta_h \cdot u_i \cdot \Delta c_{u,i}}{u_i^2} = \frac{2 \cdot \eta_h \cdot \Delta c_{u,i}}{u_i}$$

Auch die Lieferzahl wird auf den Laufradaußenumfang (Index a) bezogen

$$\varphi = \varphi_a = \frac{4\dot{V}}{u_a \cdot \pi \cdot d_a^2} \tag{4.53}$$

Die Radformzahl und auch die spezifische Drehzahl ergeben sich bei Axialrädern wie bei Radialrädern. Der spezifische Durchmesser wird ebenfalls auf außen, Index a, bezogen

$$\delta = \frac{\psi_a^{0,25}}{\varphi_a^{0,5}} = \frac{\sqrt{\pi}}{2} d_a \frac{\left(2 \cdot Y_F\right)^{0,25}}{\dot{V}^{0,5}} \tag{4.54}$$

Reaktionsgrade und Schaufelform

Der Reaktionsgrad $r = w_{\infty u}/u$ kann bei axial durchströmten Kreiselradarbeitsmaschinen alle Werte zwischen 0 und 1 annehmen, er kann sogar größer als 1 werden. Welchen Wert der Reaktionsgrad annimmt, richtet sich nach Ausführung und Anordnung der Lauf- und Leitschaufeln.

Axiale Strömungsarbeitsmaschinen einfachster Art besitzen nur ein Laufrad. Wenn der Eintritt in die Laufschaufelkanäle drallfrei erfolgt, muss am Austritt eine Umfangskomponente c_{3u} der absoluten Austrittsgeschwindigkeit vorhanden sein, damit spezifische Schaufelarbeit $Y_{Sch} = u \cdot \Delta c_u$ an das Arbeitsmedium übertragen werden kann. Solche einfache Axialmaschinen, z. B. Umluftventilatoren, können den Druck des geforderten Mediums nur geringfügig erhöhen, weil das Arbeitsmittel mit großer Geschwindigkeit aus den Kanälen des Laufrades austritt.

Soll die der Umfangskomponente entsprechende kinetische Energie $c_{3u}^2/2$ mit zur Drucksteigerung verwendet werden, muss hinter das Laufrad ein Leitapparat geschaltet werden (Bild 4.27). Die kinetische Austrittsenergie $c_m^2/2$ wird damit gleich der Eintrittsenergie, d. h., die gesamte spezifische Schaufelarbeit ist, wenn man von den hydraulischen Verlusten absieht, in potenzielle Energie, also Druckenergie, umgewandelt worden.

Anstelle des nachgeschalteten Leitapparates können auch vorgeschaltete Leitschaufeln, die einen der Drehrichtung entgegengesetzten Drall hervorrufen, den Austrittsdrall verhindern (Bild 4.28). Die Drucksteigerung in der Stufe ist dieselbe wie bei Anordnung mit Nachleitrad. Da in dem Vorleitrad durch Düsenwirkung der Druck aber abfällt, muss der Druckanstieg im Laufrad bei der letztgenannten Anordnung größer sein, weshalb Reaktionsgrad $r > 1$. Somit hohe Geschwindigkeiten; ergibt geringeren Wirkungsgrad.

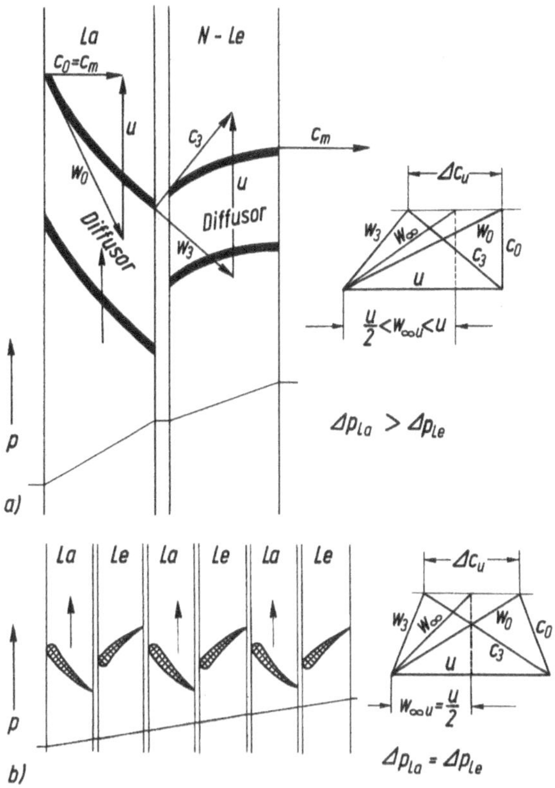

Bild 4.27
Schaufelschnitte, Geschwindigkeitsplan und Druckverlauf der axialen Strömungsarbeitsmaschine mit Nachleitrad: a) einstufige Maschine mit Blechschaufeln, $0{,}5 < r < 1$; b) mehrstufige Maschine mit profilierten Schaufeln, $r = 0{,}5$

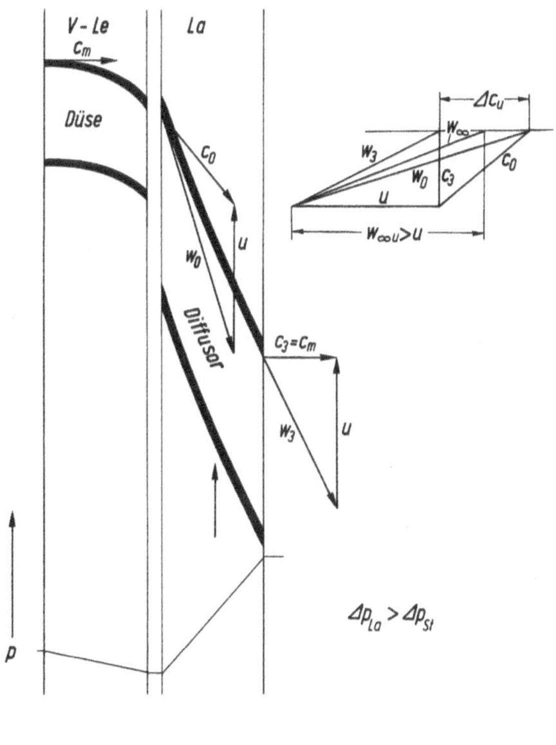

Bild 4.28
Schaufelschnitte, Geschwindigkeitsplan und Druckverlauf der einstufigen axialen Strömungsarbeitsmaschine mit Vorleitrad, $r > 1$ (seltener angewendet)

Der im Vorleitrad erzeugte Drall entgegen der Drehrichtung wird Gegendrall genannt, der im Laufrad erzeugte, der Drehrichtung gleichgerichtete Drall als Gleichdrall bezeichnet. Will man den Gesamtdrall von Δc_u in einen halben Gegendrall vor und einen halben Gleichdrall hinter dem Laufrad aufteilen, muss hinter die Kombination Vorleitrad - Laufrad noch ein Nachleitrad geschaltet werden (Bild 4.29).

Mit anderer Anordnung von Vor- und Nachleitrad lässt sich in der Stufe der axialen Strömungsarbeitsmaschine auch ein doppelter Gleichdrall, d.h. Gleichdrall vor und hinter dem Laufrad, verarbeiten (Bild 4.30), jedoch aufwendige Ausführung.

Wie aus den Geschwindigkeitsplänen der einzelnen Anordnungen klar ersichtlich ist, lassen sich mit den genannten Methoden alle Reaktionsgrade $r = w_{\infty u}/u$ zwischen null und größer als eins erzielen.

$r = 0$	nach Bild 4.30
$r = 0{,}5$	nach Bild 4.27b
$0{,}5 < r < 1$	nach Bild 4.27a
$r = 1$	nach Bild 4.29a
$r > 1$	nach Bild 4.28

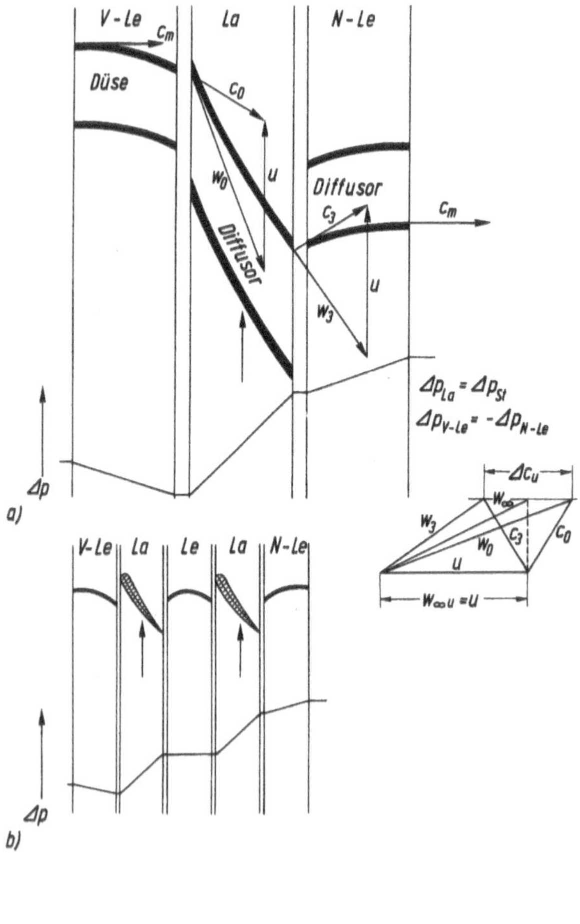

Bild 4.29
Schaufelschnitte, Geschwindigkeitsplan und Druckverlauf der axialen Strömungsarbeitsmaschine mit Vor- und Nachleitrad, $r = 1$: a) einstufige Maschine mit Blechschaufeln, b) mehrstufige Maschine mit profilierten Laufschaufeln

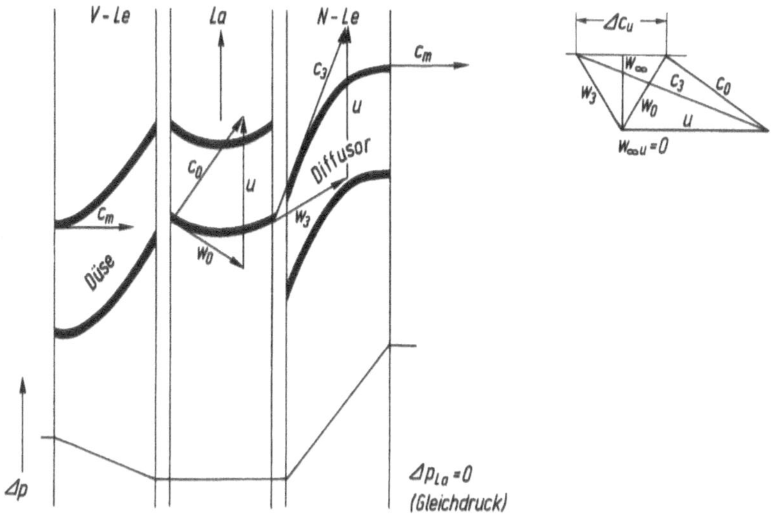

Bild 4.30 Schaufelschnitte, Geschwindigkeitsplan und Druckverlauf der axialen Strömungsarbeitsmaschine mit Vor- und Nachleitrad, $r = 0$ (Gleichdruck)

Bei mehrstufigen Maschinen befindet sich, abgesehen von der ersten und der letzten Stufe, immer ein Leitapparat zwischen zwei Laufrädern. Die Begriffe Vor- bzw. Nachleitrad verlieren dann an Bedeutung. Vor der ersten Stufe kann, wenn nötig, ein Vorleitrad einen Gegendrall erzeugen, hinter dem letzten Laufrad erzielt ein Nachleitrad einen drallfreien Austritt (Bild 4.29b). Mit spiegelbildlich symmetrischen Lauf- und Leitschaufeln wird der Reaktionsgrad $r = 0{,}5$ erreicht, bei dem die Drucksteigerung in Lauf- und Leitrad gleich ist (Bild 4.27b). Eine mehrstufige Maschine, die als Einzelstufe mit Vor- und Nachleitrad $r > 1$ hat, kombiniert in den Zwischenleitapparaten die Krümmung von Vor- und Nachleitschaufel zu einer Zwischenleitschaufel (Bild 4.29b) und erreicht damit eine ausschließliche Druckumsetzung im Laufrad.

Besondere Eigenschaften der verschiedenen Bauarten: Die Schaufeln können mit gleichbleibender Dicke ausgeführt oder profiliert werden. Laufräder mit Schaufeln gleicher Dicke werden gegossen; die Schaufeln können aber auch - hauptsächlich bei Verdichtern - aus Blech hergestellt und eingenietet werden. Profilierte Schaufeln ergeben bei größeren Schaufelabständen und hohen *Reynolds*-Zahlen bessere Strömungsverhältnisse und damit bessere Wirkungsgrade.

Die Profilierung wird in Anlehnung an bewährte Tragflügelprofile vorgenommen. Die profilierte Schaufel ist weniger empfindlich gegen den Eintrittsstoß.

$r = 0$: Die Laufschaufel hat eine Hakenform, wie man sie bei Gleichdruck-Dampf- und -Gasturbinen findet. Diese Form wird bei Pumpen nicht und bei Verdichtern nur in Ausnahmefällen verwendet.

$r = 0{,}5$: Die Profile von Lauf- und Leitschaufeln sind spiegelbildlich kongruent. Weil bei dieser Anordnung $w_0 = c_3$ ist, wird die Gefahr der Annäherung an die Schallgeschwindigkeit im Laufrad und Leitrad gleich groß und daher ein Minimum. Bei Pumpen gilt das gleiche für die Kavitationsgefahr. Diese Anordnung findet hauptsächlich bei mehrstufigen Verdichtern Anwendung.

$0{,}5 < r < 1$: Mit $c_{0u} = 0$ besteht in diesem Falle Drallfreiheit im Saugmund. Diese Anordnung wird bevorzugt bei einstufigen Maschinen angewendet, sowohl bei Pumpen als auch bei Verdichtern.

$r = 1$: Bei der mehrstufigen Bauart wird die Zwischenleitschaufel zur Hakenschaufel, die nur eine Umlenkung des Absolutstromes bewirkt. Der Leitapparat nimmt in diesem Falle nicht an der Energieumsetzung teil, sondern lenkt nur um. Diese Bauart ist vereinzelt im Verdichterbau zu finden.

$r > 1$: Bei einstufigen Maschinen wird hier ein Vorleitrad anstelle des Nachleitrades verwendet. Das Nachleitrad entfällt, weil $c_{3u} = 0$ ist. Anwendung findet diese Anordnung vereinzelt im Verdichterbau, wenn flache Laufradprofile gewünscht werden.

Hinsichtlich Kavitations- und Überschallgefährdung verhalten sich die Bauarten sehr verschieden. Wie bereits erwähnt, ist die Gefährdung bei $r = 0{,}5$ am geringsten, jedoch ist dieser Reaktionsgrad nur bei mehrstufigen Maschinen erreichbar.

Axialschaufeln als Tragflügel

Mit wachsender spezifischer Drehzahl werden die Schaufelaustrittswinkel β_2 kleiner, da hierdurch Y_∞ abfällt (Formel 4.20a). Wegen Kavitations- bzw. Überschallgefährdung dürfen hingegen die Schaufeleintrittswinkel β_1 wenig geändert werden. Die Schaufeln liegen also flacher im Gitter, d. h., ihre Länge l wächst im Verhältnis zur Tiefe e. Bei geringen Schaufeldichten, etwa $l/t < 1$, sind die Schaufelgitter so weit geteilt, dass die Schaufelzwischenräume nicht mehr als Schaufelkanäle im bisher üblichen Sinne angesehen werden können. Die Relativströmung ist nicht mehr eine schaufelkongruente Strömung, sondern verläuft ähnlich wie um den einzelnen Tragflügel im unbegrenzten Raum. Damit ist auch die bisherige, auf der Stromfadentheorie beruhende Berechnungsweise unsicher, obwohl man ihr in Grenzfällen den Vorzug geben sollte.

An die Stelle der Vorstellung von in Kanälen geführten Stromfäden tritt nun ein Berechnungsverfahren, das sich auf die Kraftwirkungen stützt, denen ein Tragflügel in einer gleichförmigen Strömung unterliegt. Hierfür liegt umfangreiches Versuchsmaterial vor, das die Luftfahrt für die Tragflügel an Luftfahrzeugen ermittelt hat. Für Tragflügelprofile mit starker Wölbung der Skelettlinie sollten die aus Tragflügeltheorie gewonnenen Erkenntnisse jedoch *nicht* angewendet werden, sondern hier wieder die Stromfadentheorie.

Der Tragflügel ist unter dem Anstellwinkel δ gegen die mittlere Relativströmung gerichtet. Die mittlere Relativgeschwindigkeit entspricht also der Geschwindigkeit eines Flugzeuges in der ruhenden Luft. Die Größe von w_∞ errechnet sich nach Formel 4.49, ihre Richtung aus der Beziehung (Bild 4.26 und Bild 4.31)

$$\tan\beta_\infty = \frac{F_\mathrm{u}}{F_\mathrm{m}} = \frac{c_\mathrm{m}}{\frac{w_{0\mathrm{u}} + w_{3\mathrm{u}}}{2}} = \frac{c_\mathrm{m}}{u - \frac{c_{0\mathrm{u}} + c_{3\mathrm{u}}}{2}}$$

Bei drallfreiem Eintritt (α_0 = 90°, Regelfall) ist $c_{0\mathrm{u}}$ = 0 und

$$\tan\beta_\infty = \frac{c_\mathrm{m}}{u - \frac{c_{3\mathrm{u}}}{2}} \tag{4.55}$$

Der Winkel β_∞ ist der Winkel zwischen der mittleren Anström- und der Umfangsrichtung.

Bild 4.31 zeigt die Geschwindigkeits- und Kräfteverhältnisse an einer Laufschaufel mit Tragflügelprofil. Senkrecht zur Anströmrichtung wirkt eine Auftriebskraft

$$F_\mathrm{A} = c_\mathrm{a} \cdot l \cdot b \cdot \frac{\varrho}{2} w_\infty^2 \tag{4.56}$$

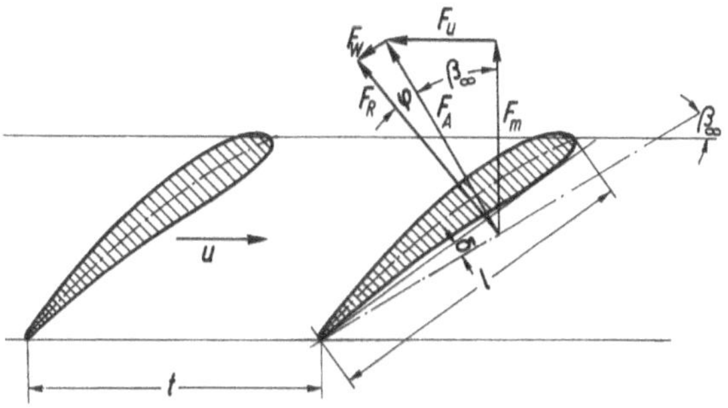

F_A Auftriebskraft
F_W Widerstandskraft
F_R resultierende Tragflügelkraft von Komponenten F_A und F_W bzw. F_u und F_m
F_u, F_m Umfangs- und Meridian- Komponente der Auftriebskraft
φ Gleitwinkel
δ Anstellwinkel

Bild 4.31 Kraft- und Geschwindigkeitsverhältnisse am Tragflügel

In Richtung der Anströmung wirkt eine Widerstandskraft

$$F_\mathrm{W} = C_\mathrm{W} \cdot l \cdot b \cdot \frac{\varrho}{2} w_\infty^2 \tag{4.57}$$

C_a Auftriebsbeiwert, C_W Widerstandsbeiwert, b Länge der Schaufel senkrecht zur Bildebene

Die Beiwerte C_a und C_w sind von der Profilform und dem Anstellwinkel δ, daneben aber auch von der *Reynolds*- und der *Mach*-Zahl abhängig. Sie sind für viele Profilformen experimentell ermittelt und grafisch dargestellt.

Die resultierende Tragflügelkraft F_R setzt sich aus der Auftriebs- und Widerstandskraft zusammen.

Das Gleitverhältnis

$$\frac{F_w}{F_a} = \frac{C_w}{C_a} = \varepsilon = \tan\varphi \tag{4.58}$$

ist bei guten Wirkungsgraden klein ($\varepsilon < 0{,}1$).

$$F_R = F_A \cdot \cos\varphi \approx F_A \quad \text{für } \cos\varphi \approx 1$$

Die Umfangskomponente der Tragflügelkraft

$$F_{R,u} \approx F_u = F_A \cdot \sin\beta_\infty = F_A \frac{C_m}{w_\infty}$$

bewirkt die Änderung der Relativgeschwindigkeit in Umfangsrichtung

$$\Delta w_u = w_{3u} - w_{0u}$$

Nach dem Impulssatz ist

$$F_u = \dot{m} \cdot \Delta w_u = \dot{m} \cdot (w_{3u} - w_{0u})$$

und nach der Durchflussgleichung

$$\dot{m} \cdot v = b \cdot t \cdot c_m$$

$$\dot{m} = b \cdot t \cdot c_m \frac{1}{v} = b \cdot t \cdot c_m \cdot \varrho$$

Unter Berücksichtigung der Hauptgleichung von *Euler* ist dann

$$\Delta w_u = \frac{F_u}{\dot{m}}$$

$$= \frac{F_A \cdot \sin\beta_\infty}{\dot{m}} = \frac{c_a \cdot l \cdot b \cdot \varrho \cdot w_\infty^2 \cdot c_m}{2 \cdot w_\infty \cdot b \cdot t \cdot c_m \cdot \varrho} = \frac{c_a \cdot l \cdot w_\infty}{2 \cdot t}$$

Es ist aber auch

$$\Delta w_u = \frac{Y_{Sch}}{u}$$

Durch Gleichsetzen ergibt sich die Umlenkgleichung

$$C_a \frac{l}{t} = \frac{2 \cdot \Delta w_u}{w_\infty} = \frac{2 \cdot Y_{Sch}}{u \cdot w_\infty} \tag{4.59}$$

$C_a \frac{l}{t}$ ist die Belastungszahl oder Belastungsgrad.

Für Leitschaufeln gilt entsprechend

$$C_a \frac{l}{t} = \frac{2 \cdot \Delta c_u}{c_\infty} = \frac{2 \cdot Y_{Sch}}{u \cdot c_\infty} \tag{4.60}$$

Bei der Konstruktion von Axialschaufeln nach der Tragflügeltheorie wird wie folgt vorgegangen: Man legt den Geschwindigkeitsplan fest, wählt eine sinnvolle Schaufeldichte $0{,}5 < l/t < 0{,}8$, errechnet mit der Umlenkgleichung den Auftriebsbeiwert C_a und sucht ein dazu passendes Profil, z.B. aus dem Katalog der Aerodynamischen Versuchsanstalt zu Göttingen.

4.4.2 Festlegung der Schaufelzahl

Nach *Pfleiderer* gilt allgemein für alle Strömungsarbeitsmaschinen

$$z = 2 \cdot a \frac{r_m}{e} \sin \frac{\beta_1 + \beta_2}{2} \tag{4.61}$$

Darin sind e die Länge der mittleren Flusslinie, r_m der Schwerpunktshalbmesser der mittleren Flusslinie, a eine Erfahrungszahl

Bei radialen Strömungsarbeitsmaschinen ist

$$r_m = \frac{r_1 + r_2}{2} = \frac{d_1 + d_2}{4}$$

und

$$e = r_2 - r_1 = \frac{d_2 - d_1}{2}$$

Damit wird die Schaufelzahl von radialen Maschinen

$$z = a \frac{d_1 + d_2}{d_2 - d_1} \sin \frac{\beta_1 + \beta_2}{2} \tag{4.62}$$

mit a = 5 - 6,5 für gegossene Räder (Pumpen)
a = 8 - 12 für Blechschaufeln (Verdichter)

Bei axialen Strömungsarbeitsmaschinen (Bild 4.25) meist

$$\frac{e}{\sin \frac{\beta_1 + \beta_2}{2}} \approx l$$

Damit wird

$$z = 2 \cdot a \frac{r_\mathrm{m}}{l} = a \frac{d_\mathrm{m}}{l}$$

mit $a = 4\ldots5$ für Propellerpumpen

Bei mehrstufigen Axialverdichtern mit großem Schaufelwinkel β_2 ist

$$z = a \frac{d_\mathrm{m}}{l} \sin \frac{\beta_1 + \beta_2}{2} \tag{4.63}$$

mit $a \approx 10$

4.4.3 Betriebsverhalten der Strömungsarbeitsmaschinen

Wir haben bisher die spezifische Förderarbeit nur für den Nenndurchsatz $\dot{V}_\mathrm{n}$ betrachtet. Wird nun eine ausgeführte Maschine mit einem Durchsatz $\dot{V}_\mathrm{x}$ gefahren, der von $\dot{V}_\mathrm{n}$ abweicht, so ändert sich auch die spezifische Förderarbeit. Die Kreiselmaschine unterscheidet sich darin von der Kolbenmaschine, bei der die spezifische Förderarbeit vom Durchsatz unabhängig ist. Die Abhängigkeit der spezifischen Förderarbeit vom Förderstrom wird bei Strömungsmaschinen durch eine Kennlinie dargestellt, deren Entstehung in Abschnitt 4.4.1.1 bereits beschrieben wurde. Das Betriebsverhalten von Kreiselpumpe und Kreiselverdichter ist nur angenähert gleich, weil die Kompressibilität des Fördermediums eine nicht vernachlässigbare Rolle spielt.

4.4.3.1 Betriebspunkt

Bild 4.32 gibt zur Kennlinie *CAB* einer Kreiselpumpe in gleicher Darstellung die Kennlinie DB_1B der zugehörigen Rohrleitung. Wo beide sich schneiden, ist der Betriebspunkt *B*. Eine engere Rohrleitung würde größere Widerstände und deshalb eine steilere, z. B. die gestrichelte Kennlinie *DA* haben. Der Betriebspunkt wäre dann *A* mit dem kleinen Durchsatz $\dot{V}_1 < \dot{V}_\mathrm{n}$ und der größeren spez. Förderarbeit $Y_{\mathrm{F1}} > Y_{\mathrm{F,n}}$. Die gleiche Wirkung erzielt man mit einem Drosselventil in der Druckleitung, durch das der Durchsatz von $\dot{V}_\mathrm{n}$ bis null heruntergeregelt werden kann. Das Verfahren ist aber wegen Erhöhung der dynamischen Druckenergie unwirtschaftlich, also nicht für den Dauerbetrieb oder nur für Pumpen kleinerer Leistung geeignet. Das Anfahren z. B. kann mit geschlossenem Druckventil erfolgen. Durch allmähliches Öffnen wird $\dot{V}$ langsam bis $\dot{V}_\mathrm{n}$ gesteigert (Drosseln in der Saugleitung ist wegen Kavitation i.Allg. nicht möglich). Wirtschaftlicher ist eine Regelung von $\dot{V}$ durch Änderung der Drehzahl, sofern der Antriebsmotor dafür vorgesehen ist und die Rohrleitungskennlinie Spielraum lässt.

Statistische Druckenergie

$$h_{\text{stat}} = g \cdot \Delta z + \frac{\Delta p}{\varrho} \tag{4.64}$$

Dynamische Druckenergie

$$h_{\text{dyn}} = \frac{c_{\text{Rohr}}^2}{2} \cdot \sum \zeta \tag{4.65}$$

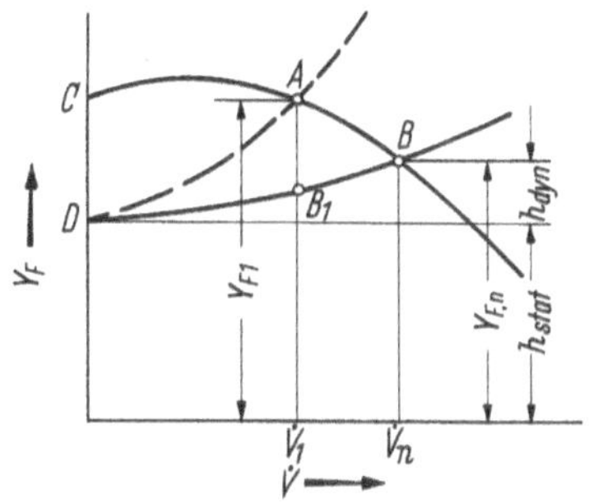

Bild 4.32
Kennlinien von Pumpe und Rohrleitung
(h_{stat} und h_{dyn} oft auch mit Y_{stat} und Y_{dyn} bezeichnet)

4.4.3.2 Kennliniendiagramm

Bei konstanter Drehzahl ändert sich bei jeder Kreiselpumpe die spez. Förderarbeit mit dem Förderstrom nach einer für jede Pumpe charakteristischen Kurve: der Kennlinie (Bild 4.15 oder Bild 4.32). Solange die zulässige Saughöhe für die betreffende Drehzahl nicht überschritten wird, arbeitet die Pumpe bei dieser Drehzahl ausschließlich auf der Kennlinie. Die spezifische Drehzahl kennzeichnet nicht nur die Laufradform, sondern auch den Verlauf der Kennlinie. Letztere fällt umso steiler ab, je höher die spezifische Drehzahl ist (Bild 4.33). Grund: Wachsende Stoßverluste außerhalb des optimalen Betriebspunktes, d. h. Nenndurchsatzes $\dot{V}_{\text{n}}$.

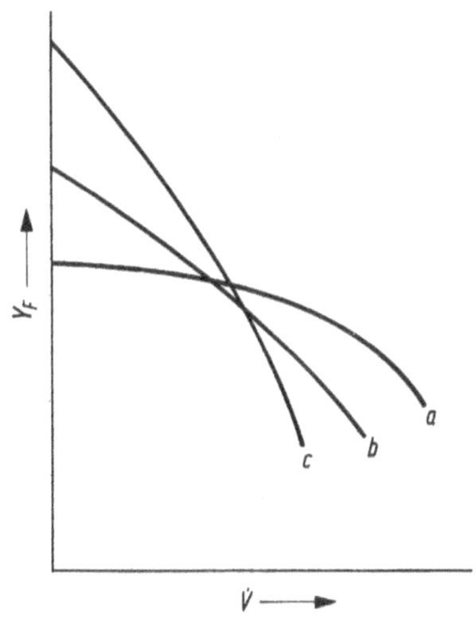

Bild 4.33
Einfluss der spezifischen Drehzahl auf den Verlauf der Pumpenkennlinie (nicht maßstabsgerecht):
a) n_y = 0,06, b) n_y = 0,24, c) n_y = 0,6

Aus den auf dem Prüfstand gemessenen Förder- und Antriebsleistungen der Pumpe werden die in jedem Betriebspunkt erreichten Wirkungsgrade η_e errechnet. Für jede Drehzahl ergibt sich eine Wirkungsgradkurve, die ebenfalls über dem Förderstrom $\dot{V}$ aufgetragen wird. Sie beginnt bei Nullförderung im Nullpunkt, hat ein Maximum und fällt wieder ab. Eine Kreiselpumpe soll möglichst in der Nähe des Wirkungsgradmaximums arbeiten, also beim Nenndurchsatz.

Auch der Leistungsbedarf für den Antrieb wird für jede Drehzahl in Kurvenform über dem Förderstrom aufgetragen. Diese drei Kennlinien bilden das Kennliniendiagramm (Bild 4.34).

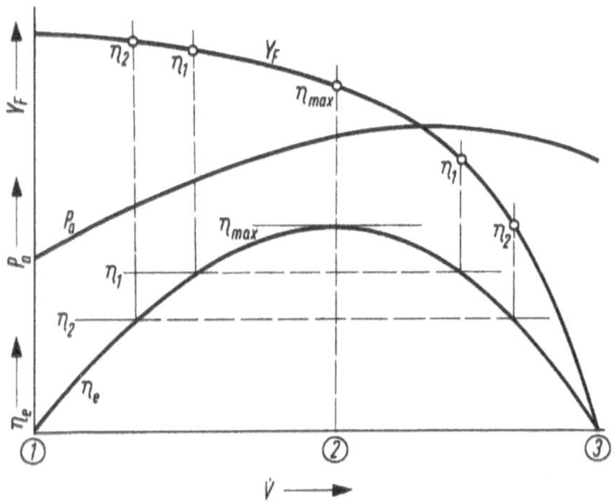

Bild 4.34
Kennliniendiagramm

Besonders charakteristische Betriebspunkte im Kennliniendiagramm sind:

Punkt *1*: Die Pumpe fördert gegen die verschlossene Druckleitung, d. h. $\dot{V} = 0$, $P_e = 0$, $\eta_e = 0$, jedoch $P_a > 0$! Die gesamte Antriebsenergie wird als Flüssigkeitsreibung verbraucht. Ein Betrieb in Punkt *1* ist daher nur kurzzeitig zulässig, weil sich die Temperatur der Förderflüssigkeit sonst unzulässig erhöht und Verdampfung eintreten kann.

Punkt *2*: Optimalbetrieb bei der betreffenden Drehzahl.

Punkt *3*: Theoretischer Pumpenleerlauf bei $Y_F = 0$ und $P_e = 0$.

4.4.3.3 Drehzahlregelung

Zwischen Durchsatz $\dot{V}$, spez. Förderarbeit Y_F sowie aufgenommener Leistung P_a einerseits und der Drehzahl n einer Pumpe andererseits bestehen nach den Affinitätsgesetzen *Newton*sche Ähnlichkeitsregeln (Formel 4.25; Formel 4.27; Formel 4.29) bei unveränderter Anlage folgende Beziehungen bei etwa gleichbleibendem Wirkungsgrad (eingeschränkt der Fall):

$$\frac{\dot{V}}{\dot{V}_n} = \frac{n}{n_n}; \quad \frac{Y_F}{Y_{F,n}} = \frac{n^2}{n_n^2}; \quad \frac{p_a}{p_{a,n}} \approx \frac{n^3}{n_n^3}$$

wobei der Index n den Nennzustand kennzeichnet.

Da sich die Abszissen linear, die Ordinaten quadratisch mit der Drehzahl ändern, liegen zugeordnete Punkte der verschiedenen n-Kennlinien auf Parabeln, z. B. *0 - 1*, die ihren Scheitel im Koordinaten-Anfangspunkt *0* haben (Bild 4.35). Alle Punkte einer solchen Parabel sind durch geometrisch ähnliche Geschwindigkeitsverhältnisse gekennzeichnet. Aus der Kennline für Nenndrehzahl n_1 lassen sich also Kennlinien für andere Drehzahlen ableiten, wie das Bild zeigt. Außerdem sind noch Linien gleicher Wirkungsgrade eingetragen, deren Ermittlung in Bild 4.34 angedeutet ist. Es ergibt sich das sog. Muscheldiagramm. Trägt man in dieses **Kennfeld** wiederum die Kennlinie der Rohrleitung *abcd* ein, so zeigen die Schnitte, z. B. *b* und *c* mit den Drehzahllinien, welche Drehzahlen mit welchen Wirkungsgraden gefahren werden können. Der Spielraum ist i. Allg. nicht groß; z. B. ist $\dot{V}$ von $\dot{V}_b$ bis $\dot{V}_e$ regelbar, wenn die Drehzahl zwischen 0,9 n_1 und 1,1 n_1 geändert wird (sinnvoller Bereich).

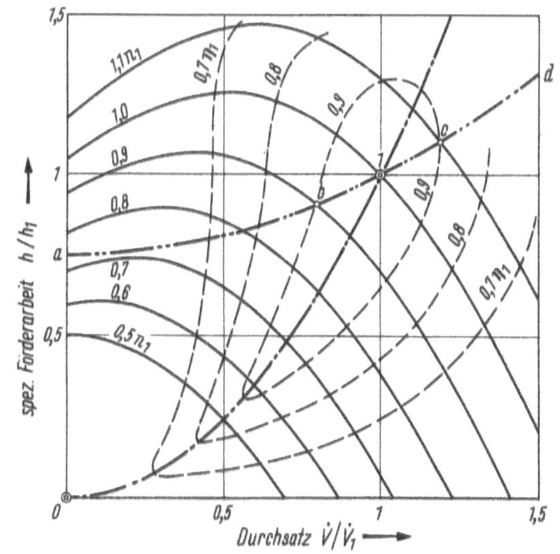

n_1 Bezugsdrehzahl mit zugehörig $\dot{V}_1$ und Y_1 (hier Nennwerte). Bei veränderter Drehzahl n entsprechend zugehörend $\dot{V}$ und Y

Bild 4.35
Kennfeld einer Kreiselpumpe (Muscheldiagramm)

4.4.3.4 Labiler Zweig der Kennlinie

Der von Y_{max} (bei Punkt *D*) nach links abfallende Ast der Pumpenkennlinie, z. B. *ADC* (Bild 4.36), ist labil und unter bestimmten Umständen nicht betriebsfähig. Wenn Y_{stat} der Rohrleitungskennlinie (Bild 4.36) kleiner als $Y_{F,c}$ ist, so kann - wie bereits ausgeführt - durch zunehmende Drosselung jeder Punkt der Kennlinie von *B* bis *C* gefahren werden.

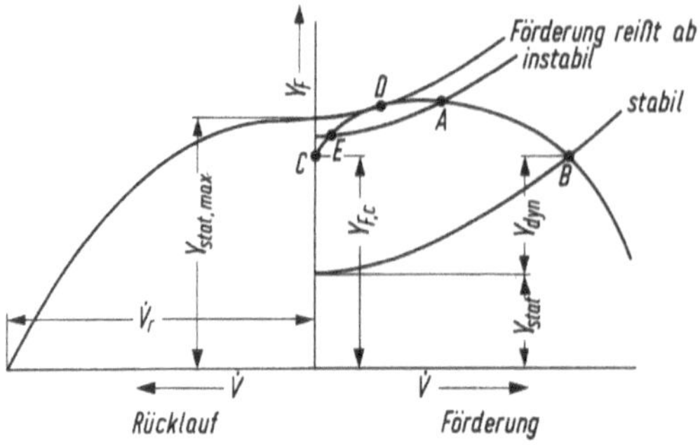

Bild 4.36
Grenze des stabilen Betriebsbereiches

Wenn aber Y_{stat} variabel ist, d.h., wenn die Pumpe z.B. gegen einen Druckkessel mit variablem statischem Druck arbeitet, wandert die Rohrleitungskennlinie bei geringer Entnahme immer höher bis $Y_{stat} > Y_{F,c}$. Es sind nun zwei Betriebspunkte A und E möglich, zwischen denen der Förderstrom hin- und herspringen kann. Die Pumpenarbeit wird instabil, und in der Druckleitung treten starke Schwingungen des Förderstroms auf.

Wenn schließlich die Rohrleitungskennlinie die Pumpenkennlinie gerade noch in D tangiert, reißt die Förderung ab. Ohne Rückschlagventil in der Druckleitung kommt es zu einer Rückströmung, die dann ihren Gleichgewichtungszustand erreicht hat, wenn $Y_{dyn} = Y_{stat,max}$ ist. Der Rücklaufstrom ist dann entsprechend und bis maximal $\dot{V}_r$.

Das Betriebsverhalten der Axialpumpe (Propellerpumpe) ist u.U. noch labiler, weil bei ihr die Leerlauf-Förderarbeit $Y_{F,c}$ fortfällt. Sie wird daher u.a. im Unterwasser angeordnet. $Y_{F,c}$ entsteht bei der Radialpumpe durch den Einfluss der Zentrifugalkraft:

$$Y_{F,c} = \frac{u_2^2 - u_1^2}{2}$$

Bei der Axialpumpe ist $u_2 = u_1$, daher $Y_{F,c}$ = null. Die Drucksteigerung der Axialpumpe beruht allein auf der Diffusorwirkung $\frac{c_2^2 - c_1^2}{2}$, setzt also einen Mindestdurchsatz $\dot{V}$ bzw. cm voraus. Gegen $\dot{V} = 0$ kann die Strömung abreißen und instabil werden. Jedoch nimmt die spez. Förderarbeit gegen $\dot{V} = 0$ wegen Wirbelbildung stark zu, d.h., Axialpumpen haben deshalb i.Allg. eine große **Anfahrhöhe.**

Eine Regelung des Förderstroms in ziemlich weiten Grenzen kann bei der Propellerpumpe durch Verstellen der Laufschaufelwinkel bei Verstellpropellerausführung erreicht werden (vgl. *Kaplan*-Turbine, Abschnitt 4.5.5.2).

4.4.3.5 Parallelförderung von Kreiselpumpen

Fördern mehrere Kreiselpumpen parallel in die gleiche Rohrleitung, so findet man die gemeinsame Kennlinie aller Pumpen durch Addition der zur gleichen spez. Förderarbeit gehörenden Förderströme der einzelnen Pumpen, weil im Vereinigungspunkt A gleicher Förderdruck herrschen muss. Der Betriebspunkt ergibt sich wie bei Einzelförderung aus dem Schnittpunkt mit der Rohrleitungskennlinie (Bild 4.37).

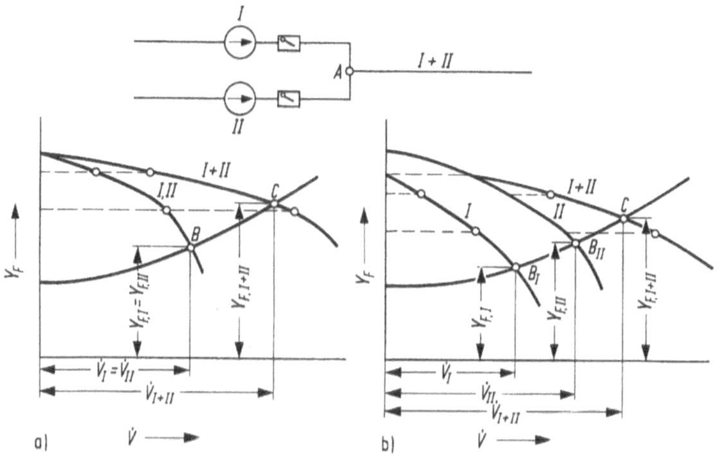

A Vereinigungspunkt zu einer gemeinsamen Rohrleitung
B Förderzustand bei Einzelförderung
C Förderzustand bei Parallelförderung

Bild 4.37 Parallelförderung von zwei Kreiselpumpen: a) gleicher Größe, b) verschiedener Größe

4.4.3.6 Pumpen bei Kreiselverdichtern

Bei Kreiselverdichtern, deren Kennlinien im Allgemeinen einen langen, links abfallenden, labilen Ast besitzen, weil die Winkel β_2 meist größer sind als bei Kreiselpumpen, ist instabiles Betriebsverhalten in jedem Fall zu erwarten.

Infolge der Kompressibilität des Fördermediums wirkt die Druckleitung einschließlich des Verdichtergehäuses wie ein elastischer Energiespeicher. Bei Minderabnahme der Verbraucher steigt der statische Gegendruck, bis die Rohrleitungskennlinie an den labilen Ast der Verdichterkennlinie wandert und diese gemäß Bild 4.36 in zwei Punkten schneidet. Es beginnt das Umspringen von einem Betriebszustand zum anderen, das von harten, schlagartigen Geräuschen begleitet wird, die an das Arbeitsgeräusch einer großen Kolbenpumpe erinnern und dem Vorgang die Bezeichnung **Pumpen** gegeben haben.

Das Pumpen kann, wie oben bereits erwähnt, bei jedem Kreiselverdichter auftreten, weil das Betriebsverhalten jedes Verdichters dasselbe ist wie bei einer Pumpe mit instabiler Kennlinie und variablem Gegendruck. Obwohl durch das Pumpen die Gaslieferung an der Verbrauchsstelle nicht unterbrochen wird und nur lediglich kleine Druckschwankungen auftreten, muss dieser Betriebszustand vermieden werden, weil durch Überlagerung der in den Leitungen vor- und zurücklaufenden Druckwellen Kräfte bzw. Stöße auftreten, die die ganze Anlage gefährden und hohe Geräusche verursacht.

Zur Vermeidung des Pumpens darf der kritische Förderstrom der betreffenden Drehzahl niemals unterschritten werden. Kennfelder von Turboverdichtern enthalten daher stets die Linie der Pumpgrenze, d.h., der Grenze zum Pendelbereich. Die Regelung des Förderstroms unterhalb der Pumpgrenze kann z.B. durch Abblasen oder Bypass vorgenommen werden oder verändern der Drehzahl, falls technisch möglich.

4.4.3.7 Betriebsverhalten der Radialverdichter

Das Kennfeld eines Radialverdichters entspricht grundsätzlich dem einer Kreiselpumpe, es wird auch nach der gleichen Methode konstruiert. Verkleinert man den Durchsatz bis ins labile Gebiet zu kleiner Durchsätze links vom Druckmaximum, so beginnt der Verdichter zu **pumpen**, d.h., stoßweise zu arbeiten. Vergrößert man dagegen den Durchsatz eines **Grenzleistungsverdichters** (β_2 groß), so wird bald am Diffusoreintritt die Schallgeschwindigkeit erreicht oder überschritten. Es treten verlustreiche Verdichtungsstöße auf, und schließlich nimmt der Durchsatz überhaupt nicht mehr zu. Der Betriebsbereich von üblichen Verdichterausführungen ist daher meist schmaler als bei der entsprechenden, radial wirkenden Wasserpumpe, und schmaler als bei Verdichtern mit stark rückwärts gekrümmten Schaufeln, die deshalb für stationäre Zwecke immer noch gebaut werden, obwohl sie für das gleiche Druckverhältnis mehr Stufen brauchen.

Bild 4.38 zeigt das gemessene Kennfeld eines Radialverdichters mit rückwärts gekrümmter Schaufelung ($\beta_2 < 90°$), $u_2 = 400$ m/s und **geschlossenem** Laufrad, d.h. mit Deckscheibe (wie bei Wasserpumpen).

Die mit Drehzahlen bezeichneten Linien geben die Beziehung zwischen spezifischer Förder- bzw. Schaufelarbeit in m^2/s^2 und dem Luftdurchsatz in m^3/s an. Sie sind kongruent und laufen auf einer Parabel zum Nullpunkt. Das Bild zeigt den Durchsatz in kg/s, gestrichelt gezeichnet, sowie die zugehörigen Wirkungsgrade **(Muschel- oder Eierkurven)**, die zeigen, dass die Strömungswiderstände bei hohen Meridionalgeschwindigkeiten zunehmen. Auch diese Wirkungsgradlinien deuten auf den nur schmalen Einsatzbereich hin.

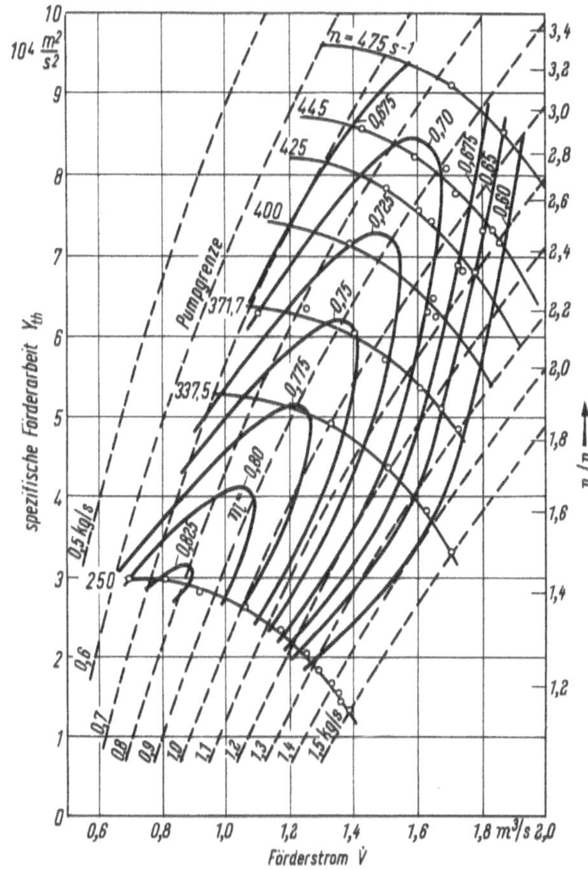

Y_s = isentrope, spez. Schaufelarbeit in m^2/s^2 über $\dot{V}$ = Förderstrom in m^3/s für verschiedene Drehzahlen n in min^{-1}

Bild 4.38
Kennfeld eines Radialverdichters

4.4.3.8 Betriebsverhalten der Axialverdichter

In Bild 4.39 ist das Kennfeld eines Axialverdichters dimensionslos aufgetragen, was den Vorteil hat, dass sich Messwerte verschiedener Verdichter miteinander vergleichen lassen:

Die Ordinate gibt das Verhältnis der Gesamtdrücke p_{2g}/p_{1g} (Abschnitt 2.2.3.2). Die Abszisse ist entstanden aus

$$\frac{\dot{m}}{d^2} \cdot \frac{\sqrt{2\, c_p T_{1g}}}{p_{1g}}$$

Nach Eliminierung des etwa unveränderlichen Stoffwertes (spezifischer Wärme c_p) und der Zahl 2, bleibt davon

$$\frac{\dot{m}}{d^2} \cdot \frac{\sqrt{T_{1g}}}{p_{1g}}$$

zum Vergleich verschiedener Verdichter bei unterschiedlichen Betriebszuständen. Entsprechend verbleibt von den Drehzahllinien

$$\frac{d \cdot n}{\sqrt{2\, c_p T_{1g}}}$$

wieder nach Auslassung des Stoffwertes c_p und der Zahl 2 noch

$$\frac{d \cdot n}{\sqrt{T_{1g}}}$$

Will man dagegen nur die Änderungen des Betriebszustandes bei einem bestimmten Verdichter betrachten, bezogen auf seinen Konstruktions- bzw. Auslegungspunkt A, so bleibt auch d unverändert. Aus der Abszisse wird dann

$$\frac{\dot{m} \cdot \sqrt{T_{1g}}}{p_{1g}}$$

und aus der Drehzahllinie

$$\frac{n}{\sqrt{T_{1g}}}$$

als Vergleichswert, bezogen auf den Auslegungspunkt A.

Im Gegensatz zu Abschnitt 2.3.11.2 wurde hier für den Gesamtzustand der Index g gewählt, um hier einen Doppelindex zu vermeiden.

Da sich Drehzahländerungen in der Abszisse linear, in der Ordinate quadratisch auswirken, liegen Punkte stoßfreien Anströmens auf einer Parabel. In Bild 4.39 verbindet die Linie $\eta_v = 0{,}9$ die Punkte besten Wirkungsgrades. Für größere oder kleinere Durchsätze entstehen zunehmende Stoßverluste und deshalb Wirkungsgradabfälle. Hart links von der Betriebslinie $\eta_v = 0{,}90$ liegt die Pumpgrenze, hart rechts der Kurve von $\eta_v = 0{,}84$ die ***Mach*-Grenze**, d.h. ein Zustand, bei dem die Schaufelkanten mit Verdichtungsstößen und Energieverlusten angeströmt werden. Der nutzbare Betriebsbereich ist schmal und liegt somit etwa zwischen Pumpgrenze und der Parabel-Linie $\eta_v = 0{,}84$ (Schallgrenze).

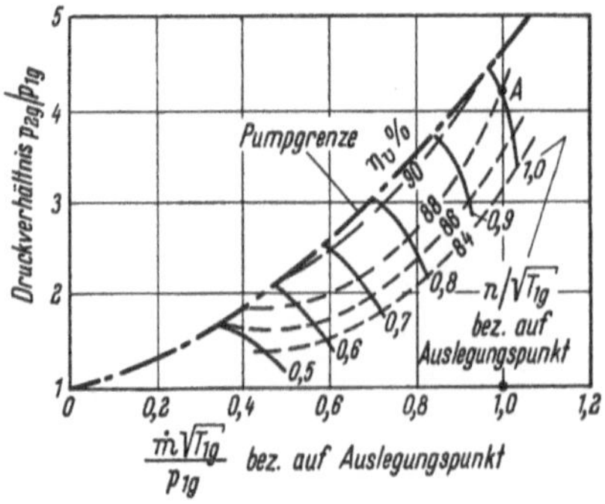

Bild 4.39
Kennfeld eines Axialverdichters

4.4.4 Vergleich von Kolben- und Strömungsmaschinen

Eine Gegenüberstellung der wichtigsten technischen Eigenschaften von Kolbenmaschinen und Strömungsmaschinen enthält Abschnitt 2.5. Aus dieser Gegenüberstellung ist entnehmbar, dass jeder Maschinentyp seine spezifischen Vor- und Nachteile besitzt. Ob eine Kolben- oder eine Strömungsmaschine vorzuziehen ist, wird daher immer von den vorgegebenen Betriebsverhältnissen abhängen.

Grundsätzlich (prinzipbedingt): Kolbenmaschinen sind für hohe Drücke und niedrige Durchsätze (Vergleichsbetrachtung); für Strömungsmaschinen gilt das Umgekehrte.

4.4.5 Kreiselpumpen

4.4.5.1 Leistung und spezifische Förderarbeit

In der Mehrzahl der Fälle werden Flüssigkeiten in Rohrleitungen gefördert, wobei häufig sogar OW und UW - Pegel z_2 und z_1 - sich nicht offen an der Atmosphäre, sondern in geschlossenen Gefäßen verschiedenen Druckes p_2 und p_1 befinden (Bild 4.40).

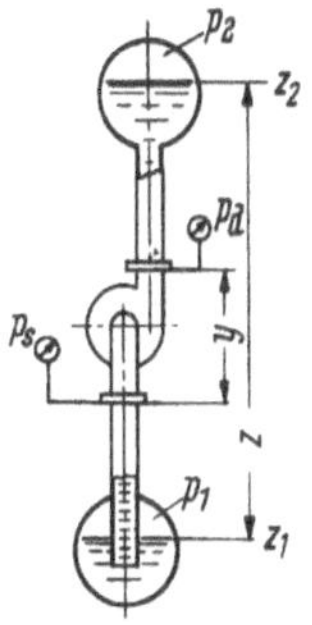

Bild 4.40
Schema einer Pumpenanlage

Für die Bestellung oder den Entwurf einer Pumpe muss zunächst der Durchsatz $\dot{V}$ in m^3/s und die gesamte spez. Förderarbeit Y_F in m^2/s^2 bestimmt werden. Aus beiden ergibt sich die theoretische Leistung = Förderleistung

$$P_e = \dot{V} \cdot \varrho \cdot Y_F \tag{4.66}$$

Die effektive Antriebsleistung P_a muss größer als P_e sein, da sie auch noch die Reibungs- u.a. Verluste zu decken hat. Das Verhältnis $P_e/P_a = \eta_e$ bezeichnet man als den Wirkungsgrad der Pumpe.

$$P_a = \frac{P_e}{\eta_e} = \frac{\dot{V} \cdot \varrho \cdot Y_F}{\eta_e} \tag{4.67}$$

Die gesamte von der Pumpe aufzuwendende spezifische Förderarbeit ist

$$Y_{\mathrm{F}} = g\left(z_2 - z_1\right) + \frac{p_2 - p_1}{\varrho} + \frac{c_2^2 - c_1^2}{2} + h_{\mathrm{v}} \tag{4.68}$$

d.h. gleich der Summe aus Lagenenergiezuwachs, Druckenergiezuwachs, Geschwindigkeitsenergiezuwachs und dem Verlust h_{v} aus den Strömungswiderständen zwischen *1* und *2*, d.h. zwischen Saugspiegel und Druckspiegel, also $h_{\mathrm{v}} = h_{\mathrm{v,s}} + h_{\mathrm{v,d}}$ (Saug- und Druckleitung).

Die Geschwindigkeiten in *1* und *2* sind praktisch fast immer vernachlässigbar klein. Mit den Indizes s für die Saugleitung und d für die Druckleitung wird Formel 4.68

$$Y_{\mathrm{F}} = g \cdot \Delta z + \frac{p_2 - p_1}{\varrho} + \left(\lambda_{\mathrm{s}} \frac{l_{\mathrm{s}}}{d_{\mathrm{s}}} + \sum \zeta_{\mathrm{s}}\right)\frac{c_{\mathrm{s}}^2}{2} + \left(\lambda_{\mathrm{d}} \frac{l_{\mathrm{d}}}{d_{\mathrm{d}}} + \sum \zeta_{\mathrm{d}}\right)\frac{c_{\mathrm{d}}^2}{2} \tag{4.69}$$

Nachprüfung der spez. Förderarbeit auf dem Prüfstand: Die Rohrleitung vor und hinter der Pumpe kann durch je ein Drosselventil ersetzt werden. Man misst dann lediglich die manometrischen Drücke p_{s} und p_{d} auf Saug- und Druckseite der Pumpe bei dem gewünschten Durchsatz $\dot{V}$; nach Bild 4.40 ist dann

$$Y_{\mathrm{F}} = \frac{p_{\mathrm{d}} - p_{\mathrm{s}}}{\varrho} + \frac{c_{\mathrm{d}}^2 - c_{\mathrm{s}}^2}{2} + g \cdot y \tag{4.70}$$

die geleistete Förderarbeit, die nicht kleiner sein darf als die in Formel 4.69 geforderte Förderarbeit Y_{F}. Die Leitungsverluste h_{v} in Formel 4.68 werden oft auch mit Y_{v} bezeichnet.

Wenn der Rohrdurchmesser der Pumpe auf Saug- und Druckseite gleich groß, also $c_{\mathrm{d}} = c_{\mathrm{s}}$ ist, fällt der zweite Summand fort, und es wird die geleistete Förderarbeit

$$Y_{\mathrm{F}} = \frac{p_{\mathrm{d}} - p_{\mathrm{s}}}{\varrho} + g \cdot y \tag{4.71}$$

4.4.5.2 Saughöhe und Kavitation

Ursache des Saugvermögens ist der auf dem Unterpegel der Flüssigkeit (Flüssigkeitsspiegel im Saugbehälter) lastende Druck p_{e} (Bild 4.41), bei offenem Saugbehälter also der atmosphärische Luftdruck p_{B}. Die ruhende Saugsäule kann jedoch nie höher als $p_{\mathrm{e}} - p_{\mathrm{t}}$ werden, denn wenn im Saugraum der Pumpe der Dampfdruck p_{t} der Flüssigkeit erreicht bzw. unterschritten wird, bilden sich Dampfbläschen mit den unangenehmen Folgen der Kavitation: Abfall der Förderenergie, Absenkung des Wirkungsgrades bis zum Abreißen der Förderung, Geräuschbildung, Laufunruhe und Erosionen am Laufrad und an anderen Pumpeninnenteilen.

Bei strömendem Wasser wird die mögliche geodätische Höhe z_{1a} - z_e der Saugsäule weiter vermindert um

$$h_{v,s}/g = \left(c_s^2/(2g)\right)\cdot\left(\sum\zeta_s + \lambda_s \cdot l_s/d_s\right)$$

die gesamten Widerstände einschließlich Rohrreibung der Saugleitung, und um

$$c_{1a}^2/(2g)$$

die Geschwindigkeitshöhe entsprechend c_{1a} an der exponierten Stelle 1a (Bild 4.41) vor der Laufschaufel (Saugkante).

$$z_{1a} - z_e \leq \frac{p_e}{\varrho\cdot g} - \left(\frac{h_{v,s}}{g} + \frac{c_{1a}^2}{2\cdot g} + \frac{p_t}{\varrho\cdot g}\right) \tag{4.72}$$

Formel 4.72 erbringt die maximal mögliche Saughöhe z_{1a} - z_e der im Auslegungsbetrieb befindlichen Pumpe. Um den Betriebszustand erst herzustellen und auch bei Teil- und Überlasten zu halten (Geschwindigkeitsänderungen und Stoßverluste), ist zusätzlich eine spezifische Halteenergie $Y_{H,P}$ erforderlich. Die tatsächliche Saughöhe, mit der man auch bei Betriebsschwankungen rechnen kann, ist dann nur noch

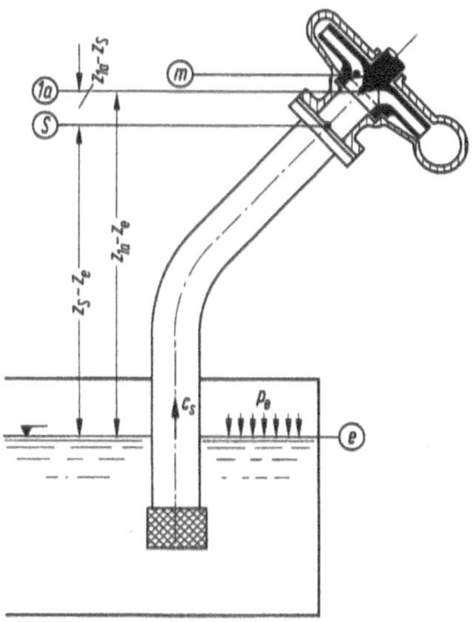

Bezugspunkte S; 1a; m und Höhe z_{1a}

Bild 4.41
Laufrad-Profil, Saughöhe

$$z_{1a} - z_e \leq \frac{p_e}{\varrho\cdot g} - \left(\frac{h_{v,s}}{g} + \frac{c_{1a}^2}{2\cdot g} + \frac{p_t}{\varrho\cdot g} + \frac{Y_{H,P}}{g}\right) \tag{4.73}$$

Die erforderliche spezifische Halteenergie ist nach *Pfleiderer* (Bezugspunkt S, Bild 4.41)

$$Y_{H,P} = \left(\frac{n^2 \cdot \dot{V}}{a \cdot S} \right)^{2/3} \tag{4.74}$$

Mit Nabenverengungsfaktor $a = 1 - (d_N/d_S)^2$
Saugzahl $S = 0{,}22$ für Radialräder mit zylindrisch gekrümmten Laufschaufeln
Saugzahl $S = 0{,}27$ für Radialräder mit räumlich gekrümmten Laufschaufeln

Bei Pumpen mit horizontal oder schräg gelagerter Welle ist zu beachten, dass der größte Unterdruck nicht an der Wellenachse, sondern im höchsten Punkt der Saugkante der Laufschaufeln (Punkt *m* in Bild 4.41) auftritt.

Bei heißen oder siedenden Flüssigkeiten kann der temperaturabhängige Stoffwert Dampfdruck p_t einen so großen Wert annehmen, dass $z_{1a} - z_e$ negativ wird. In diesem Fall ist $-(z_{1a} - z_e) = z_e - z_{1a}$, d. h., Spiegel *e* des Saugbehälters muss höher liegen als der Laufradeintritt *1a* (Zulauf).

Kavitation in Kreiselpumpen kann unter Umständen nicht vermieden werden. Welches Ausmaß der Kavitation im Einzelfall zugelassen werden kann, hängt ab von den Betriebsbedingungen, der Förderflüssigkeit, dem Werkstoff des Laufrades und der anderen gefährdeten Pumpeninnenteile sowie von der Zeit, während der die Pumpe mit Kavitation betrieben wird.

Zur Beschränkung der Kavitation auf das jeweils zugelassene Ausmaß ist im Laufschaufelkanaleintritt ein bestimmter Netto-Mindestdruck erforderlich:

$$\left(\frac{p_{01}}{\varrho} \right)_{min} = \left(\frac{p_{1a}}{\varrho} + \frac{c_{1a}^2}{2} \right)_{min} = \frac{p_t}{\varrho} + Y_{H,P} \tag{4.75}$$

p_{01} Totaldruck im Laufkanaleintritt

Das bedeutet, dass die von der Anlage her vorhandene Netto-Druckenergie $Y_{H,A}$ mindestens gleich oder größer sein muss, als die in der Pumpe auftretende, also notwendige $Y_{H,P}$.

$Y_{H,A} \geq Y_{H,P}$ also Anlagenwert ≥ Pumpenwert (Zweitindex A Anlage, P Pumpe)

Weil der Druck an der Stelle des Laufkanaleintrittes nur schlecht gemessen werden kann, bezieht man die Netto-Druckenergie entweder auf den Eintrittsquerschnitt des Laufrades (*1a* in Bild 4.41) und nennt sie Haltedruckenergie Y_H, oder man bezieht sie auf den Eintrittsquerschnitt im Saugstutzen der Pumpe (*S* in Bild 4.41). Der sog. *NPSH* (Net Positive Suction Head)-Wert, Dimension Meter *m* (Höhenwert) hat Bezugspunkt *1a* (Bild 4.41). Meist jedoch Höhenunterschied $(z_{1a} - z_s)$ vergleichsweise vernachlässigbar, $(z_{1a} - z_e) \ll (z_s - z_e)$, bzw. bei waagerechter Maschinenanordnung nicht vorhanden.

$(1/g) \cdot Y_{H,P} = NPSH_{erf}$ Pumpenwert (für die Pumpe erforderlich)

$(1/g) \cdot Y_{H,A} = NPSH_{vorh}$ Anlagenwert (durch die Anlage vorhanden)

$$Y_{H,P} = \left(\frac{n^2 \cdot \dot{V}}{a \cdot S} \right)^{2/3} \qquad (4.74) \qquad NPSH_{erf} = \frac{Y_{H,P}}{g} - (z_{1a} - z_s) \approx \frac{Y_{H,P}}{g}$$

$$Y_{H,A} = \frac{p_{1a} - p_t}{\varrho} + \frac{c_{1a}^2}{2} \qquad NPSH_{vorh} = \frac{Y_{H,A}}{g} - (z_{1a} - z_s) \approx \frac{Y_{H,A}}{g}$$

4.4.5.3 Spezifische Drehzahl und Bauarten

Die Bauarten von Kreiselpumpen zeigen charakteristische Unterschiede, hauptsächlich in Art und Schaufelung des Laufrades (Bild 4.42). Jede Betriebsbedingung wird optimal nur von einem ganz bestimmten Pumpentyp erfüllt. Die Pumpeneigenschaften müssen deshalb an einer Kennzahl in der systematischen Ordnung der Bauarten kenntlich sein. Diese Kenngrößen sind, wie in Abschnitt 4.4.1.1 dargelegt, die spezifische Drehzahl oder die Radformzahl (Formel 4.31; Formel 4.32 bzw. Formel 4.35).

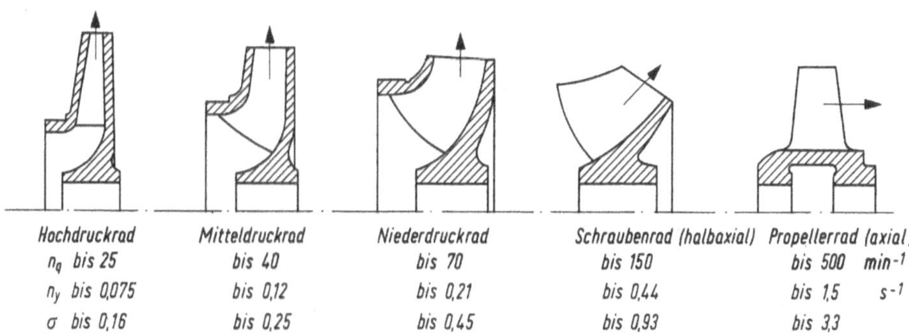

Bild 4.42 Laufradformen von Kreiselpumpen und ihre Radform-Kennzahlen

Der erreichbare Wirkungsgrad von Kreiselpumpen ist wegen Radreibung ebenfalls von der Schnellläufigkeit abhängig. Im Allgemeinen steigt er mit zunehmender Schnellläufigkeit. Aus diesem Grunde sollte man extrem kleine spezifische Drehzahlen vermeiden und bei $n_y < 0{,}04$, entsprechend $\sigma < 0{,}08$ gemäß Formel 4.35 zur mehrstufigen Bauart übergehen.

Es werden dann konstruktiv mehrere Einzelräder hintereinandergeschaltet. Die Laufräder sitzen auf einer gemeinsamen Welle. Bei Radialrädern muss der Förderstrom in Umlenkkanälen dem Eintritt des nächsten Rades zugeführt werden (Bild 4.43).

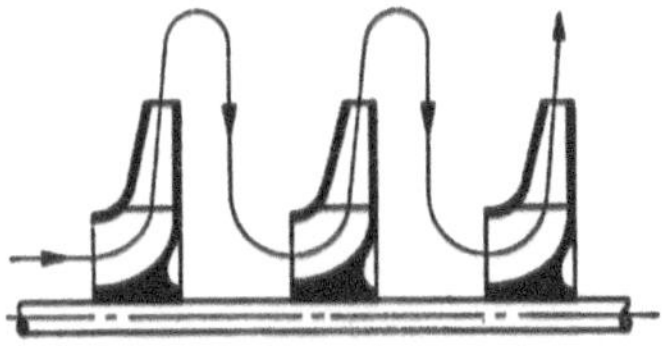

Bild 4.43 Mehrstufige Kreiselpumpe

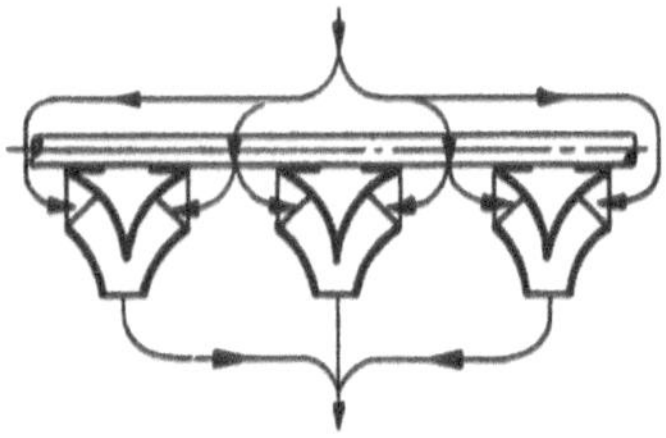

Bild 4.44 Mehrflutige Kreiselpumpe

Ebenso wie bei großen Förderhöhen eine Unterteilung in Druckstufen notwendig ist, kann bei großen Förderströmen eine Unterteilung des Förderstromes, also eine Parallelschaltung, am Platz sein. Baut man z.B. zwei Laufräder Rücken gegen Rücken zusammen, ergibt sich ein **zweiflutiges** Laufrad; wenn auch dieses noch nicht ausreicht, sind mehrere zweiflutige Laufräder auf eine Welle zu setzen. Beispielsweise **mehrflutige** Anordnung (Bild 4.44).

4.4.5.4 Ausgleich des Achsschubes

Möglichkeiten des Ausgleichs, verursacht gemäß Formel 4.39 bis Formel 4.42:

a) Gegeneinanderschalten zweier Laufräder, wie es sich bei zweiflutigen Pumpen (Bild 4.44) von selbst ergibt. Jedoch lässt sich auch ein einflutiges Laufzeug bei Mehrstufigkeit mit entgegengesetzt angeordneten Rädern nach dieser Methode ausgleichen, wie Bild 4.46 zeigt.

b) Herstellung gleicher Druckverhältnisse zu beiden Seiten jedes Laufrades. Zu diesem Zweck erhält die Rückseite des Laufrades (Bild 4.45) einen Dichtungsspalt S_2, dessen Abmessungen mit denen des saugseitigen S_1 übereinstimmen. Außerdem wird der Raum C mit A durch Bohrungen B in der Radwand in Verbindung gebracht, sodass in A und C der gleiche Druck p_1 herrscht. Nachteil: erhöhter Spaltverlust, Verlängerung des Lagerabstands, Verbleib eines meist jedoch noch geringen Restschubes durch Strömungsumlenkung.

c) Anordnung einer für alle Räder gemeinsamen hydraulischen Entlastungsvorrichtung (Bild 4.47). Die Entlastungsscheibe K, die hinter der letzten Stufe auf der Welle befestigt ist, dichtet gegen das Gehäuse mit dem Spalt S_2 auf dem Radius entsprechend d_k und erzeugt außerhalb vom Nabendurchmesser d_N eine nach links gerichtete Entlastungskraft von

$$F \approx \left(d_k^2 - d_N^2\right) \cdot \frac{\pi}{4} \cdot \left(p_2' - p_1\right) = F_{A,\,ges} \tag{4.76}$$

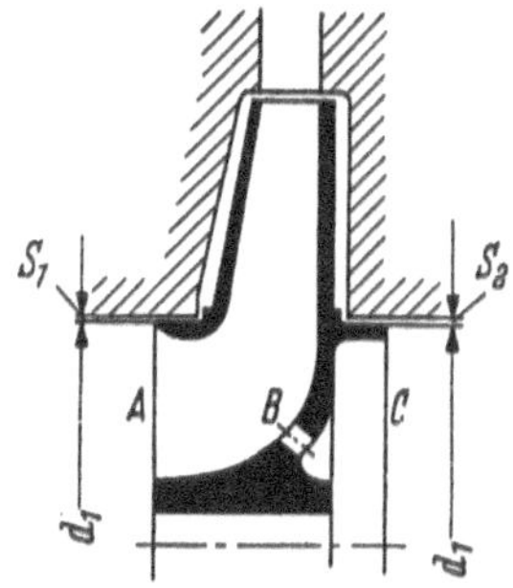

Bild 4.45
Druckausgleich am Rad mittels Drosselkanten auf beiden Radseiten und Ausgleichsbohrung

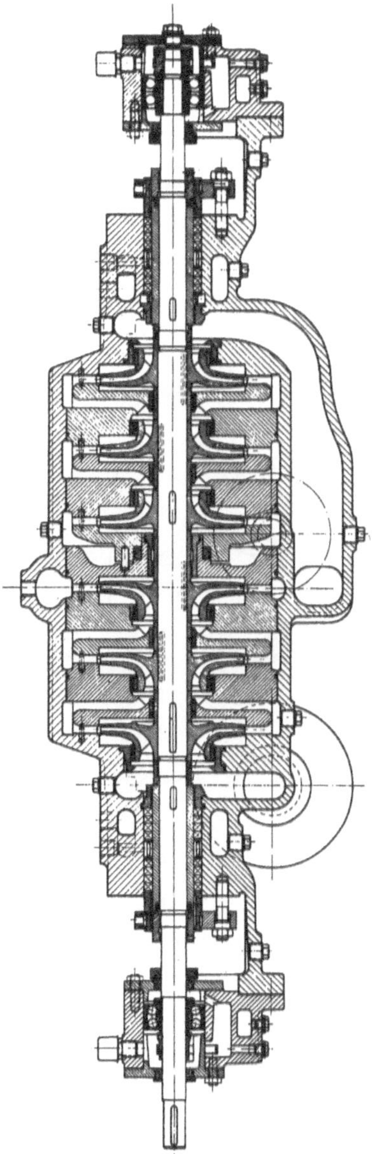

Bild 4.46
Mehrstufige Höchstdruck-Prozesspumpe
(Ruhrpumpen GmbH)

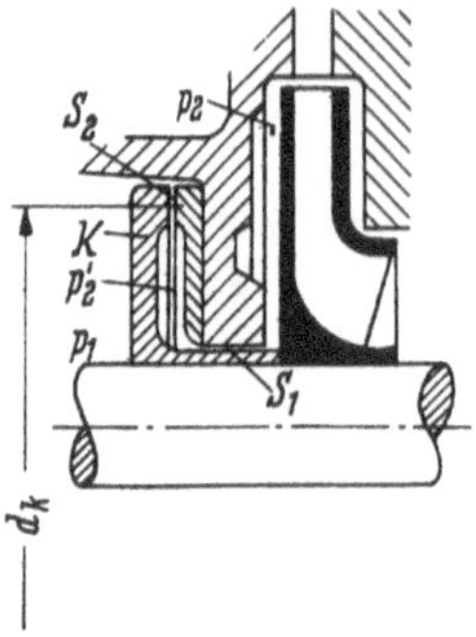

Bild 4.47
Hydraulische Entlastung bei mehrstufigen Pumpen mittels Ausgleichsscheibe K

Der Druck p_2 der letzten Stufe gelangt durch den Spalt S_1 vor die Scheibe K. Nun ist s_1 eine konstante Spaltweite Nabe - Gehäuse, s_2 dagegen eine veränderliche Spaltweite je nach der axialen Einstellung der Welle. Ist s_2 klein gegen s_1, so ist $p_2' \approx p_2$ und der Achsschub überausgeglichen. Ist umgekehrt Radialspalt s_2 groß gegen Axialspalt s_1, so wird $p_2' \approx p_1$ und der Achsschub unterausgeglichen. Dazwischen liegt der normale, d.h. stabile Betriebszustand. Die Anordnung nach Bild 4.47 ist also nicht nur ein Kraftausgleich, sondern zugleich eine axiale Lagebestimmung für den Läufer, vorausgesetzt, dass die Welle in Lagern mit axialem Spiel gelagert ist (Bild 4.48), allerdings mit Wegbegrenzung.

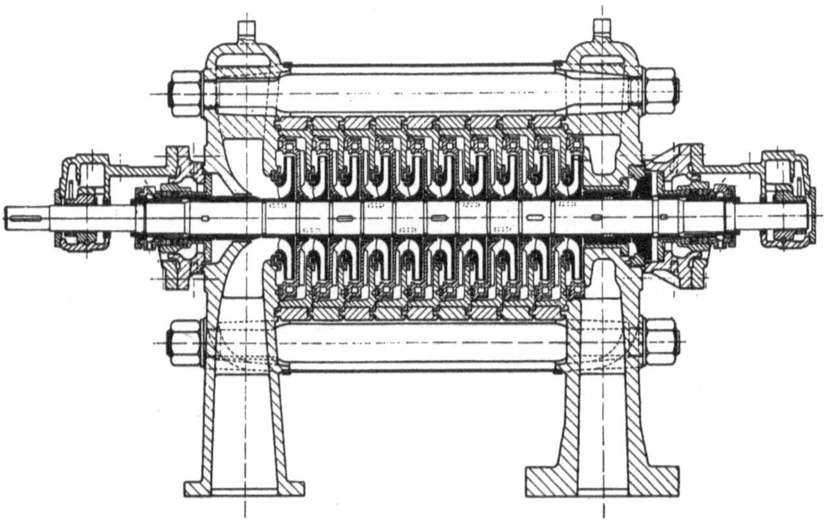

Bild 4.48 Mehrstufige Höchstdruckpumpe (Axialschnitt) für Heißwasser *(KSB)*

Anleitung zur Berechnung einer Entlastungsscheibe (Bild 4.47):

Es seien l_1 und l_2 die Spaltlängen sowie s_1 und s_2 die Spaltweiten der Dichtspalte S_1 und S_2.

Der Überdruck vor Spalt S_1 ist

$$p_{2ü} = \varrho(i-1)\, Y_{F,St} + r\cdot\varrho\cdot Y_{Sch} - \frac{\varrho}{2}\left[\left(\frac{u_2}{2}\right)^2 - \left(\frac{u_N}{2}\right)^2\right] \tag{4.77}$$

mit ϱ Dichte der Förderflüssigkeit, r Reaktionsgrad, i Anzahl der Stufen, $Y_{F,St}$ spezifische Förderarbeit der einzelnen Stufe, Y_{Sch} spezifische Schaufelarbeit der letzten Stufe, $u_2 = \pi \cdot d_2 \cdot n$ Umfangsgeschwindigkeit am Laufradaustritt (am Durchmesser d_2), $u_N = \pi \cdot d_N \cdot n$ Umfangsgeschwindigkeit am Eintritt von S_1 (Nabendurchmesser d_N)

Nach Kontinuität muss durch beide Spalten der gleiche Entlastungsmenge $\dot{V}$ strömen

$$\dot{V} = \mu_1\cdot\pi\cdot d_N\cdot s_1\sqrt{2\frac{p_2 - p_1'}{\varrho}} = \mu_2\cdot\pi\cdot d_k\cdot s_2\sqrt{2\frac{p_2' - p_1}{\varrho}} \tag{4.78}$$

Zur Vereinfachung setzt man

$$\frac{\mu_1\cdot d_N\cdot s_1}{\mu_2\cdot d_k\cdot s_2} = y \tag{4.79}$$

dann folgt mit $p_1 = p_B$

$$p_{2ü}' = \frac{y^2\cdot p_{2ü}}{1+y^2} \quad \text{bzw.} \quad y^2 = \frac{p_{2ü}'}{p_{2ü} - p_{2ü}'} \tag{4.80}$$

Zum Entwurf einer Entlastungsscheibe empfiehlt sich folgender Rechnungsgang:

1. Wahl von Nabendurchmesser d_N. Damit Berechnung von $p_{2ü}$ nach Formel 4.77.
2. Berechnung das Achsschubes $F_{A,ges} = i \cdot F_A$ nach Formel 4.41.
3. Wahl von d_k (Bild 4.47). Damit Berechnung von $p_{2ü}' = p_2' - p_1$ nach Formel 4.76.
4. Festlegen von Weite s_1 sowie Länge des Spaltes S_1 und Ermittlung von μ_1 nach den Gesetzen der Fluidmechanik (siehe Weiterführendes Schrifttum).
5. Aus Formel 4.80 y errechnen.
6. Aus Formel 4.79 das Produkt $\mu_2 \cdot s_2$ errechnen.
7. Festlegen Länge l_2 von Radialspalt S_2, Ermittlung von μ_2 (wie μ_1) ergibt Weite s_2 von S_2.

Erscheinen die Ergebnisse ungeeignet, z. B. zu enger, nicht ausführbarer Spalt S_2, sind die Abmessungen von Spalt S_1 unzweckmäßig gewählt worden.

4.4.5.5 Sonderformen der Kreiselpumpe

Selbstansaugende Kreiselpumpen

Es gibt unmittelbar und mittelbar selbstansaugende Kreiselpumpen. Zur ersten Gruppe gehören u. a. **Wasserringpumpen** und Seitenkanalpumpen. Beide arbeiten nach unterschiedlichen, aber anderen Prinzipien als die normalen Kreiselpumpen, haben schlechtere Wirkungsgrade, große reibende Flächen, die zudem sandempfindlich sind. Diese Pumpen werden deshalb nur für kleinere Leistungen gebaut.

In die zweite Gruppe ist zu einer normalen Kreiselpumpe eine rotierende Luftpumpe hinzugefügt, die stets mitläuft. Als solche kann eine kleine Wasserring- oder Seitenkanalpumpe dienen, ggf. auch eine Wasserstrahlpumpe. Diese Hilfspumpe dient lediglich der Luftabsaugung im Saugrohr und liegt daher außerhalb des Förderstroms der Hauptpumpe.

In der Regel ist das Saugrohr mit einem Fußventil ausgerüstet und wird - außer bei Frost - nicht entleert.

Übliche Kreiselpumpen sind prinzipbedingt **normalsaugend**, d.h. bei entleerter Saugleitung nicht selbstansaugend. Bei luftgefüllter Saugleitung können solche Pumpen die Saugleitung nicht selbst entlüften und damit das zu fördernde Fluid nicht ansaugen.

Tiefensaugerpumpen

An das Saugrohr wird eine Wasserstrahlpumpe (Abschn. 4.4.6) angebaut, welche die Luft aus der Saugleitung absaugt. Wegen des dadurch entstehenden Unterdruckes wird das Wasser von der Atmosphäre, d.h. dessen Druck in die Saugleitung bis zur Pumpe gedrückt, aber nur, wenn die Saughöhe entsprechend kleiner 10 m ist. Das dazu erforderliche Treibwasser wird durch das Druckwasser einer Hilfskreiselpumpe aufgebracht und mittels einer besonderen Leitung der Wasserstrahlpumpe zugeführt. Das Verfahren ist anwendbar für kleinere Fördermengen und Spiegeltiefen.

Kanalradpumpen

Diese Pumpen gemäß Bild 4.49 eignen sich zur Förderung von Dickstoffen und Schmutzwasser. Vorspringende Schaufeleintrittskanten, an denen langfaserige Beimengungen hängen bleiben könnten, sind bei solchen Laufrädern vermieden. Der Diffusor ist schaufellos. Saugstutzen und Gehäuse sind durch schnell abnehmbare Deckel zwecks Reinigung zugänglich gemacht. Bei schleifenden Beimengungen, wie Asche, Schlacke, Kies usw., werden verschleißfestere Werkstoffe oder auswechselbare Verschleißteile vorgesehen.

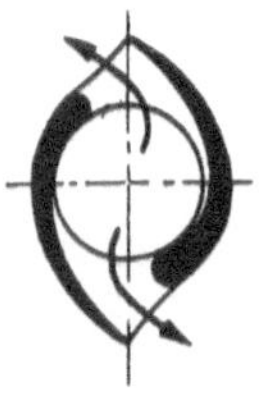

Bild 4.49
Kanalradpumpe (Radialschnitt)

Säurefeste Kreiselpumpen

Solche Pumpen erfordern für die flüssigkeitsberührten Oberflächen oder Bauteile besondere Werkstoffe. Je nach den jeweiligen Eigenschaften der zu fördernden Säuren oder Laugen kommen z. B. in Frage: Chromnickelstähle, Silicium-Gusseisen, Hartblei, Gummi als Oberflächenschutz, Korund-Steinzeug, Porzellan oder Kunststoffe.

Eine typische Vertreterin dieser Art Kreiselpumpen ist die sog. Hermetic-Pumpe, die zur Förderung von aggressiven, giftigen, explosiven, kostbaren, feuergefährlichen, radioaktiven und auch leicht flüchtigen Medien einsetzbar ist (Bild 4.50). Die Pumpe kann ein- oder mehrstufig gebaut werden. Gleitlager führen die gemeinsame Pumpen- und Motorwelle beim Anfahren bzw. beim Abstellen. Bei Erreichen der Nenndrehzahl wird die Lagerfunktion hydrodynamisch vom Rotor des Spaltrohrmotors übernommen. Funktion: Über ein selbstreinigendes Filter im Druckstutzen wird ein Teil der Förderflüssigkeit abgenommen und durch eine Gehäusebohrung in den Rotorraum geführt. Dort verzweigt sich dieser Kühl- und Schmierstrom in einen Teil, der durch das pumpenseitige Lager auf die Saugseite des letzten Laufrades zurückgeführt wird, sowie in einen anderen Teil, der die Aufgabe hat, die vom Motor abgegebene Wärme abzuführen, und der danach durch das pumpenferne Lager als auch durch die Hohlwelle zum Saugraum zurückgeleitet wird. Befindet sich die Förderflüssigkeit im Siedezustand, dann erfolgt die Rückführung des zweiten Teilstromes nicht in den Saugraum, sondern er wird zwischen zwei Laufrädern in das Pumpeninnere entlassen.

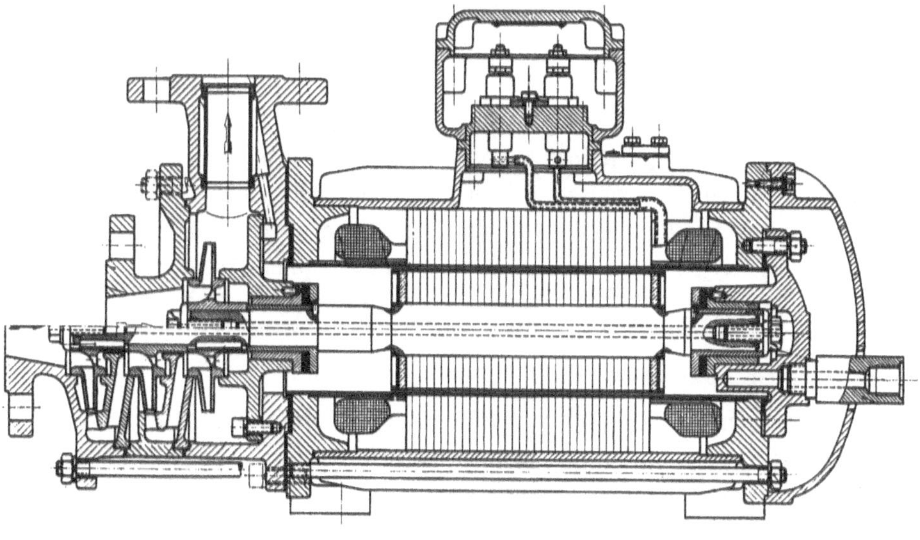

Bild 4.50 Hermetic-Pumpe, stopfbüchslose Kreiselpumpe mit Spaltrohrmotorantrieb *(Guss- und Stahl-Veredelung GmbH)*

Bohrlochpumpen

Die Pumpen haben entsprechend kleine Außendurchmesser, sodass sie in die Bohrlöcher hinabgesenkt werden können, ja müssen - wegen der physikalisch begrenzten Ansaughöhe.

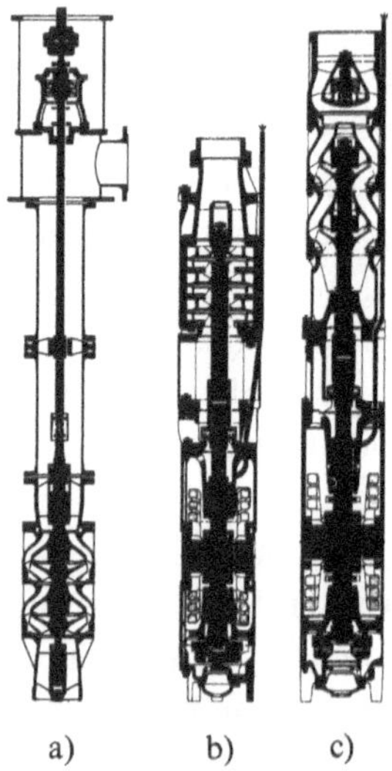

Bild 4.51
Bohrlochpumpen *(KSB)*: a) halbaxial, Antrieb über Tage, b) radial, Unterwasser-E-Motor, c) halbaxial, Unterwasser-E-Motor (Schemadarstellungen)

Der kleine Durchmesser wird erzielt durch meist halbaxiale Bauart des Laufrades, Weglassen des Diffusors, Mehrstufigkeit, wobei die Rückführungsschaufeln mit Diffusorwirkung konstruiert sein können, und hohe Drehzahlen. Der Antrieb erfolgte anfänglich über eine lange Welle durch einen über Tage befindlichen Elektromotor (Bild 4.51a).

Durch die Schaffung des thermoplastischen Kunststoffes **Lupolen**, der eine hohe elektrische Durchschlagfestigkeit hat, gleichzeitig wasserabweisend ist und keine Quell- sowie Alterungserscheinungen zeigt, ist es möglich, Unterwasser-Drehstrommotoren entsprechend geringen Durchmessers zu entwickeln, die mit der Pumpe zusammen in das Bohrloch hinabgesenkt werden können. Diese zweckmäßigen Einheiten haben sich in der Praxis gut bewährt (Bild 4.51b und c).

Pumpen für Großdampfkessel

Speisepumpen mit bis zu fünfzehn Stufen für große Förderhöhen (Bild 4.48); Heißwasser-Umwälzpumpen, die zwar nur geringe Förderhöhen haben, aber fest sein müssen gegen u. U. sehr hohe Kesseldrücke.

4.4.6 Wasserstrahlpumpen (Ejektoren)

Ebenfalls zu den Strömungsarbeitsmaschinen, jedoch nicht zu den Kreiselradmaschinen, gehören die Wasserstrahlpumpen.

Die Wirkungsweise ist in Bild 4.52 schematisch dargestellt. Die wichtigsten Bauelemente sind:

- die Treibdüse *T*,
- die Fangdüse *F*,
- die Mischkammer *M* und
- der Diffusor *D*.

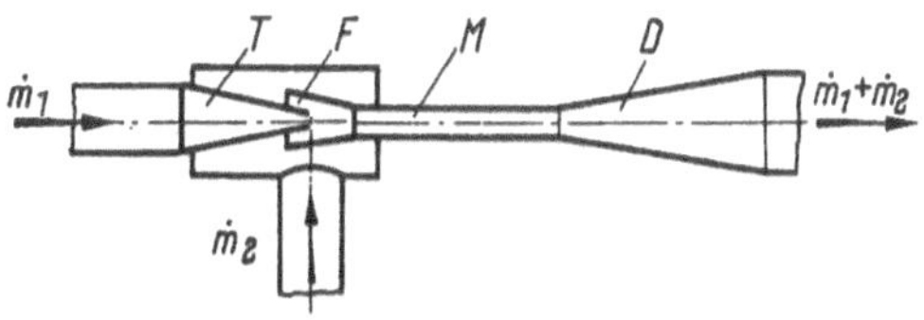

Bild 4.52
Wasserstrahlpumpe (Schema)

Ein Treibstrom (Druckwasser) $\dot{m}_1$ sowie Anfangsdruck p_L tritt mit großer Geschwindigkeit und niedrigem Druck $p < p_L$ aus der Treibdüse *T* aus. Gibt dann einen Teil seiner Energie an den Saugstrom $\dot{m}_2$ ab, wobei sich beide Ströme in der Mischkammer *M* vereinigen. Das Gemisch $\dot{m}_1 + \dot{m}_2$ verlässt den Apparat durch den Diffusor *D*. Der Druck *p* ist dabei meist kleiner als p_B der Atmosphäre, weshalb Ansaugen erfolgt.

Infolge der Energieverluste bei der Mischung sind die Wirkungsgrade relativ niedrig und bewegten sich früher zwischen 10 und 25 %. Erst aufgrund neuerer Forschungsarbeiten werden Wirkungsgrade bis etwa 35 % erreicht.

Vorteile der Strahlpumpe sind dagegen ihre Einfachheit, Wartungslosigkeit und Unempfindlichkeit gegen verschmutzte oder sandhaltige Saugflüssigkeiten. Sie werden daher gern für vorübergehende Verwendung eingesetzt, z. B. zum Auspumpen von Kellern, Baugruben u. a., oder wenn komplizierte Pumpaggregate zu aufwendig sind oder zu hohe Anforderungen an die Wartung stellen.

Eine sehr bekannte Anwendung ist die Tiefsaugevorrichtung für kleinere Kreiselpumpen, die bereits in Abschnitt 4.4.5.5, Tiefsauerpumpen, erwähnt wurde.

4.4.7 Turboverdichter

4.4.7.1 Thermodynamik der Turboverdichter

Einstufige Verdichtung

Die Turboverdichter arbeiten nach dem Prinzip des offenen Systems. Ein echter Kreisprozess ist nicht vorhanden. Die Verdichtung des wirklichen Gases verläuft polytrop. Ein Verdichtungsvorgang ohne Wärmeaustausch mit der Umgebung und ohne Reibung im Innern würde isentrop verlaufen. Die isentrope Verdichtung wird daher als Vergleichsvorgang für die ungekühlte, wirkliche Verdichtung genommen.

Die absolute Verdichtungsarbeit bei isentroper Verdichtung von p_1 nach p_2 ist

$$\frac{W}{m} = Y_s = \int p \cdot dv = c_v \cdot T_{2s} - c_v \cdot T_1 = c_v \left(T_{2s} - T_1\right)$$

Die technische Verdichtungsarbeit unterscheidet sich von der absoluten Verdichtungsarbeit (Gasarbeit) durch zusätzlich notwendige Verschiebearbeiten. Es ist

$$\begin{aligned} Y_{t,s} &= \int v \cdot dp = \int p \cdot dv + p_2 \cdot v_{2s} - p_1 \cdot v_1 \\ &= c_v \cdot T_{2s} - c_v \cdot T_1 + p_2 \cdot v_{2s} - p_1 \cdot v_1 \\ &= c_v \cdot T_{2s} + p_2 \cdot v_{2s} - c_v \cdot T_1 - p_1 \cdot v_1 \\ &= h_{2s} - h_1 = \Delta h_s \\ &= c_p \cdot T_{2s} - c_p \cdot T_1 \end{aligned} \tag{4.81}$$

Es ist entsprechend Tabelle 2.4 auch

$$Y_{t,s} = \frac{\varkappa}{\varkappa - 1} p_1 \cdot v_1 \left[\left(\frac{p_2}{p_1}\right)^{\frac{\varkappa - 1}{\varkappa}} - 1\right] \quad \text{mit} \quad p_1 \cdot v_1 = R \cdot T_1 \tag{4.82}$$

und mit Druckverhältnis $\Pi = p_2/p_1$

$$T_{2s} = T_1 \left(\frac{p_2}{p_1}\right)^{\frac{\varkappa - 1}{\varkappa}} = T_1 \cdot \Pi^{\frac{\varkappa - 1}{\varkappa}} \tag{4.83}$$

Durch Reibung des Gases in den Schaufelkanälen, Stoß- und Wirbelverluste, Radreibung sowie Undichtigkeitsverluste entsteht neben dem Wärmewert der Verdichtungsarbeit noch die thermodynamische Zusatzwärme, die als mechanische Mehrarbeit dem Verdichter zugeführt werden muss. Die Gesamtarbeit der wirklichen, ungekühlten Verdichtung ist reine Verdichtungsarbeit plus zusätzliche Reibungsarbeit. Die Verdichtungslinie ist daher eine Polytrope (Überisentrope), deren Polytropenexponent n größer ist als der Isentropenexponent $\varkappa$, meist $n = 1{,}45 - 1{,}9$ bei $\varkappa = 1{,}4$. Die ungekühlte Verdichtung kann infolge der hohen Strömungsgeschwindigkeiten und der schlechten Wärmeleitfähigkeit der Gase als Verdichtung in einem adiabaten, d. h. wärmedichten System angesehen werden.

Die wirklich aufzuwendende, spezifische Schaufelarbeit ist

$$Y_{Sch} = \int v \cdot dp + q_r = c_{pm}(T_2 - T_1) = h_2 - h_1 \tag{4.84}$$

In Bild 4.53 sind

$\int v \cdot dp = \quad Y_{t,pol} \triangleq$ Fläche $1-2-a-b-1$ im p,v-Diagramm
bzw. Fläche $1-2-c-d-e-1$ im T,s-Diagramm

$q_r = \quad Y_r \triangleq$ Fläche $1-2-3-h-b-1$ im p,v-Diagramm
bzw. Fläche $1-2-3-f-e-1$ im T,s-Diagramm

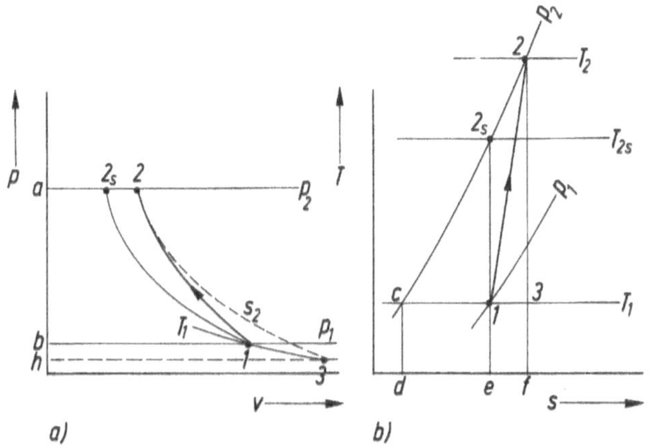

Bild 4.53 Einstufige, ungekühlte Verdichtung *1 - 2*: a) im *p,v*-Diagramm, b) im *T,s*-Diagramm

Der Mehrarbeitsbedarf gegenüber der idealen, ungekühlten Verdichtung

$$\Delta Y = \Delta \int v \cdot dp + Y_r$$

entspricht Fläche *1 - 2*$_s$ *- 2 - f - e - 1* in Bild 4.53b und setzt sich zusammen aus der Mehrarbeit durch Entropiezunahme $\Delta \int v \cdot dp$ - Fläche *1 - 2*$_s$ *- 2 - 1* und der Mehrarbeit durch Gasreibung Y_r. Näherungsweise ist mit $T_m = (T_1 + T_2)/2$ (Mittelwert) und $\Delta s = s_f - s_e$

$$\begin{aligned} Y_{Sch} &= Y_{t,s} + \Delta \int v \cdot dp + Y_r = Y_{t,pol} + Y_r \\ &= \frac{n}{n-1} R \cdot T_1 \left[\left(\frac{p_2}{p_1} \right)^{\frac{n-1}{n}} - 1 \right] + \frac{T_1 + T_2}{2} \Delta s \end{aligned} \tag{4.85}$$

Dabei wird vorausgesetzt, dass der Verlauf der Polytrope im *T,s*-Diagramm eine Gerade ist, was in Wirklichkeit nicht zutrifft, weil das Laufrad meist einen wesentlich besseren Wirkungsgrad besitzt als der Leitapparat. Die Abweichung von der geraden Linie ist jedoch meist vernachlässigbar. Vergleichsbasis ist dennoch die Isentrope.

Der theoretisch geringste Arbeitsaufwand ergibt sich bei isothermer Verdichtung (Bild 4.54). Es ist (Tabelle 2.4)

$$Y_{is} = \int v \cdot dp = \int p \cdot dv = p_1 \cdot v_1 \cdot \ln \frac{p_2}{p_1} = R \cdot T_1 \cdot \ln \frac{p_2}{p_1} \tag{4.86}$$

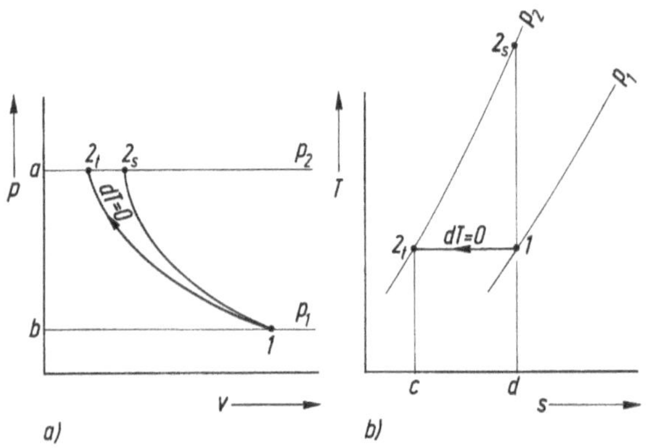

Bild 4.54
Einstufige, isotherme Verdichtung $1 - 2_t$ da T = konst.: a) im *p,v*-Diagramm, b) im *T,s*-Diagramm

Dieser spezifischen Arbeit entspricht in Bild 4.54a die Fläche $1 - 2_t - a - b - 1$ und in Bild 4.54b die Fläche $1 - 2_t - c - d - 1$. Gegenüber der isentropen Verdichtung ergibt sich eine Arbeitsminderung entsprechend der Fläche $1 - 2_s - 2_t - 1$.

Nach dem ersten Hauptsatz der Thermodynamik (Abschnitt 2.3.2; Formel 4.47) ist

$$dq = du + p \cdot dv$$

oder

$$q = u_2 - u_1 + \int p \cdot dv = c_{vm}(T_2 - T_1) + \int p \cdot dv$$

Mit $T_2 = T_1$ folgt für die isotherme Verdichtung

$$q = \int p \cdot dv = Y_{is}$$

d.h., eine dem Betrag (nicht Qualität) der Raumänderungsarbeit gleichgroße Wärmemenge ist mit dem Kühlmittel abzuführen. Da $T_2 = T_1$ ist, bleiben bei isothermer Verdichtung innere Energie und Enthalpie unverändert:

$$du = c_{vm}\left(T_2 - T_1\right) = 0$$

und

$$\mathrm{d}h = c_{pm}\left(T_2 - T_1\right) = 0$$

also u = konst. und h = konst.

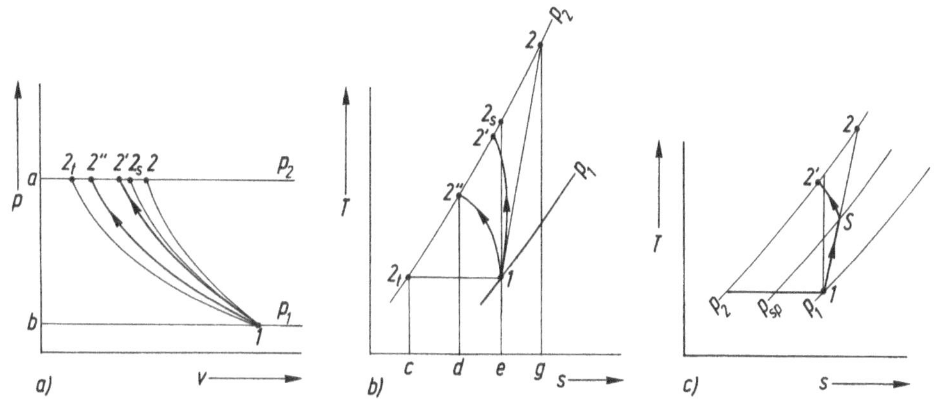

S Spalt zwischen Laufrad und Leitapparat

Bild 4.55 Einstufige, gekühlte Verdichtung (Innenkühlung; Unterisentrope): a) im *p,v*-Diagramm, b) im *T,s*-Diagramm, c) Verdichtung mit ungekühltem Laufrad und gekühltem Gehäuse (Leitapparat)

Bemerkung: Mechanische Energie kann vollständig in Wärme umgesetzt werden, nicht jedoch umgekehrt (Abschnitt 2.3.6). Deshalb ist Wärme von geringerer Qualität als mechanische Energie. Vollkommene Rückkühlung während des Verdichtungsvorganges ist wegen der Schnelligkeit der Vorgänge und wegen der geringen Wärmeleitfähigkeit der Gase sowie des notwendigen Temperaturgefälles technisch nicht möglich. Bild 4.55 zeigt mit der Zustandsänderung *1 - 2'* eine schwach gekühlte und mit *1 - 2''* eine besser gekühlte Verdichtung. Gemäß den Bildern, wird durch die Kühlung eine Herabminderung der Verdichtungsarbeit erzielt. Die Isotherme ist daher hierzu die Vergleichsbasis.

Am Beispiel der Verdichtung *1 - 2''* gemäß Bild 4.55 sollen die Energieverhältnisse beschrieben werden. Nach dem Energiesatz (Energiebilanz) muss sein

$$h_1 + Y_{\mathrm{Sch}} = h_{2''} + q$$

$$Y_{\mathrm{Sch}} = h_{2''} - h_1 + q = c_{pm}\left(T_{2''} - T_1\right) + q$$

entsprechend Fläche *2''- 2*$_{\mathrm{t}}$ *- c - d - 2''* plus Fläche *2'' - d - g - 2 - 1 -2''*. q ist die im Kühlmittel je Masseneinheit abzuführende Wärme.

Andererseits gilt auch hier die für die Polytrope abgeleitete Formel 4.85

$$Y_{\text{Sch}} = Y_{\text{t,pol}} + Y_{\text{r}}$$

entsprechend Fläche *2“ - 2*$_{\text{t}}$ *- c - e - 1 -2“* plus Fläche *1 - e - g - 2 - 1*.

Gegenüber der ungekühlten, polytropen Verdichtung bringt die gekühlte, polytrope Verdichtung eine Arbeitsminderung entsprechend Fläche *1 - 2“ - 2 - 1*. Der Polytropenexponent n der Verdichtung *1 -2“* liegt zwischen 1 und $\varkappa$. Zustandsverlauf deshalb sogenannte Unterisentrope ($n < \varkappa$) oder Überisotherme ($n > 1$), also $1 < n < \varkappa$.

Eine Kühlung während des Verdichtungsvorganges innerhalb der Maschine durch ein besonderes Kühlmittel - eine sogenannte Innenkühlung - ist technisch nur mit großem Aufwand durchzuführen. Man müsste Läufer und Gehäuse hohl ausbilden, was zumindest beim Läufer auf große Schwierigkeiten stößt. Wenn überhaupt, wird eine Innenkühlung nur durch Gehäusekühlung vorgenommen. Dann ergibt sich die in Bild 4.55c dargestellte Verdichtungslinie. Die Arbeitsminderung entspricht nun nur noch entsprechend Polytrope (hier Unterisentrope) der Fläche *S - 2‘ - 2 - S*.

Während der Verdichtung ändert sich der Gaszustand. Für die Berechnung einer Verdichterstufe sind die Gaszustände am Eintritt und Austritt der Laufschaufel- und Leitschaufelkanäle von Bedeutung. Mit

Index 1 Eintritt Laufschaufelkanal

Index sp Spalt zwischen Laufrad und Leitapparat

Index 2 Austritt Leitapparat

sind $v_1 = (R \cdot T_1)/p_1$ und $\dot{m} = \dot{V}_1 \cdot \varrho_1 = \dot{V}_1 / v_1$

Druckverhältnis $\Pi = p_2/p_1$ und $T_2 = T_1 \cdot (p_2/p_1)^{(n-1)/n} = T_1 \cdot \Pi^{(n-1)/n}$

$$v_2 = \frac{R \cdot T_2}{p_2} = v_1 \left(\frac{p_1}{p_2} \right)^{1/n} \tag{4.87}$$

Problem: Polytropenexponent n meist schwer zu ermitteln, weshalb oft nur Erfahrungswerte; meist $n \approx 1{,}45 - 1{,}9$.

Spaltdruck p_{sp} im Spalt zwischen Laufrad und Gehäuse

$$p_{\text{sp}} = p_1 \left(1 + \frac{r \cdot Y_{\text{s}}}{\frac{\varkappa}{\varkappa - 1} R \cdot T_1} \right)^{\frac{\varkappa}{\varkappa - 1}} \tag{4.88}$$

mit r Reaktionsgrad nach Formel 4.13

$$V_{sp} = V_1 \left(\frac{p_1}{p_{sp}} \right)^{\frac{1}{n}}$$

$$n = \frac{\lg \frac{p_2}{p_1}}{\lg \frac{p_2 \cdot T_1}{p_1 \cdot T_2}} \tag{4.89}$$

Infolge der Undichtigkeitsverluste durch Rückströmung von ca. 2 - 15 % in den Dichtstellen muss aus dem Laufrad tatsächlich gefördert werden

$$\dot{V}'_{sp} = \left(1{,}02 \ldots 1{,}15\right) \dot{V}_{sp} = \dot{V}_{sp} / \eta_l$$

$$\eta_l \text{ Liefergrad } \left(\text{hier also } \eta_l \approx 0{,}98 \ldots 0{,}87\right)$$

η_l Liefergrad (hier also $\eta_l \approx$ 0,98 - 0,87)

Die Zustandsgrößen des Arbeitsmediums in Turboverdichtern sind überwiegend als Totalgrößen (Abschnitt 2.3.11.2) wiederzugeben.

Mehrstufige Verdichtung

Zum Erreichen größerer Druckverhältnisse ist mehrstufige Verdichtung erforderlich. Die Stufung soll so erfolgen, dass die theoretischen Stufenarbeiten $Y_{th,St} = Y_{th}/i$ (Formel 2.38) der i Stufen etwa gleich groß sind. Das ist näherungsweise der Fall, wenn die Stufendruckverhältnisse gleich groß gewählt werden; exakt nur bei gleichgehaltener Eintrittstemperatur der Stufen durch vollständige Rückkühlung zwischen den Stufen (sogenannte Außenkühlung). Bei der real vorhandenen Strömung müssen noch die Minderablenkung und Reibungsverluste im Schaufelsystem der Stufe berücksichtigt werden [Sigloch 2021].

$$\frac{p_2}{p_1} = \frac{p_3}{p_2} = \frac{p_4}{p_3} \ldots$$

Bei i Stufen wird das Stufendruckverhältnis

$$\frac{p_{x+1}}{p_x} = \sqrt[i]{\frac{p_A}{p_E}} \tag{4.90}$$

p_A Austrittsdruck des Verdichters, p_E Eintrittsdruck des Verdichters

Die ungekühlte, mehrstufige Verdichtung ist in Bild 4.56 dargestellt. Ist ΔT_s die Temperaturerhöhung eines einstufigen Verdichters mit dem zugehörigen Druckverhältnis p_5/p_1 und sind ΔT_{s1} bis ΔT_{s4} die Temperaturerhöhungen in den Einzelstufen eines vierstufigen Verdichters mit den gleichen Stufen-Druckverhältnissen $p_2/p_1 = p_3/p_2 = p_4/p_3 = p_5/p_4$, ist infolge der Reibungswärme in den Stufen

$$\Delta T_{s1} + \Delta T_{s2} + \Delta T_{s3} + \Delta T_{s4} > \Delta T_s$$

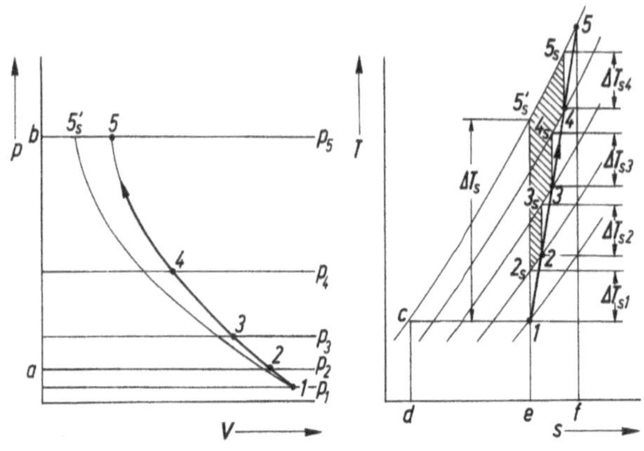

Bild 4.56 Mehrstufige, ungekühlte Verdichtung Verlauf $1-5_s'$ isentrop, 1 - 5 polytrop (hier überisentrop; $n > \varkappa$): a) im p,V-Diagramm, b) im T,s-Diagramm

wegen der Divergenz der progressiv verlaufenden Drucklinien im T,s-Diagramm. Entsprechend ist

$$Y_{s1} + Y_{s2} + Y_{s3} + Y_{s4} > Y_s$$

$$\sum Y_{s,i} = i \cdot Y_{s,St} = \mu \cdot Y_s \tag{4.91}$$

Der Mehrarbeitsbeiwert $\mu > 1$ muss aus dem T,s-Diagramm ermittelt werden, die erforderliche Stufenzahl i nach Formel 4.37. Dazu ist gemäß vorhergehender Festlegung

$$\sum Y_i = i \cdot Y_{St} = Y$$

Der Mehrarbeit wegen Entropiezunahme plus der Mehrarbeit durch Gasreibung entsprechen in Bild 4.56 der Fläche 1 - 2_s - 2 - 3_s - 3 - 4_s - 4 - 5_s - 5 - f - e - 1, wenn man die Stufenverluste für sich allein betrachtet. Durch Hintereinanderschalten der einzelnen Stufen ergibt sich ein Zusatzverlust, der im Bild 4.56 als schraffierte Fläche dargestellt ist. Dieser zusätzliche Wärmeverlust - analog zu der zurückgewonnenen Reibungswärme bei Dampfturbinen - setzt hier allerdings den Gesamtwirkungsgrad herab.

Soll der Vorteil von Arbeitsersparnis durch Kühlung wahrgenommen werden, bieten sich bei mehrstufiger Verdichtung die genannten zwei Möglichkeiten.

Bei der Gehäusekühlung als Innenkühlung (Bild 4.57) tritt eine Abkühlung des Gases erst nach Verlassen des ersten Laufrades ein. Daher wird die Arbeit der Laufräder erst ab der zweiten Stufe durch die Kühlwirkung gemindert. Mit steigenden Temperaturen des unvollkommen gekühlten Arbeitsmittels tritt eine bessere Kühlwirkung ein, weil das Temperaturgefälle zum Kühlwasser größer wird: $\Delta t_7 > \Delta t_1$. Würde man bei der in Bild 4.57 dargestellten Verdichtung noch weitere Stufen nachschalten, so bestünde durchaus die Möglichkeit, dass in den letzten Stufen mehr Wärme abgeführt als entwickelt wird. Die Verdichtungslinie biegt dann unter die Isotherme und der Polytropenexponent n würde kleiner als eins.

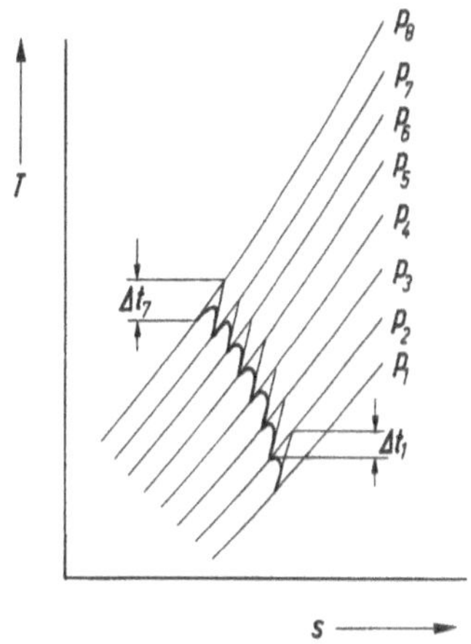

Bild 4.57
Siebenstufige Verdichtung mit Innen- oder Gehäusekühlung

Häufiger als die Gehäusekühlung wird bei Turboverdichtern die Außenkühlung angewendet. Nach Erreichen eines bestimmten Verdichtungsdruckes wird hier das Gas aus dem Gehäuse der Maschine abgezogen, in besonderem Zwischenkühler abgekühlt und danach der nächsten Verdichterstufe zugeführt. In Bild 4.58 ist eine zwölfstufige Verdichtung mit Zwischenkühlung nach jeder dritten Stufe dargestellt. Die Zwischenkühlung kann vollkommen, d. h. zurück auf die Ausgangstemperatur, oder unvollkommen erfolgen. Bei unvollkommener Kühlung vergrößert sich der Arbeitsaufwand gegenüber der vollkommenen Rückkühlung um den in Bild 4.58b als schraffierte Fläche dargestellten Betrag.

Bilanz der vollkommenen Rückkühlung nach Bild 4.58a (dargestellt als Flächen Fl.):

Verdichtung *1-2*: $Y_{\text{pol}\,1} \triangleq$ Fl. *1 - 2 - 3 - f - h - 1*

$Y_{\text{r}1} \triangleq$ Fl. *1 - 2 - i - h - 1* (wegen Gasreibung)

Kühlung *2-3*: $\Delta h_1 \triangleq h_2 - h_3 \triangleq$ Fl. *2 - 3 - f - i - 2*

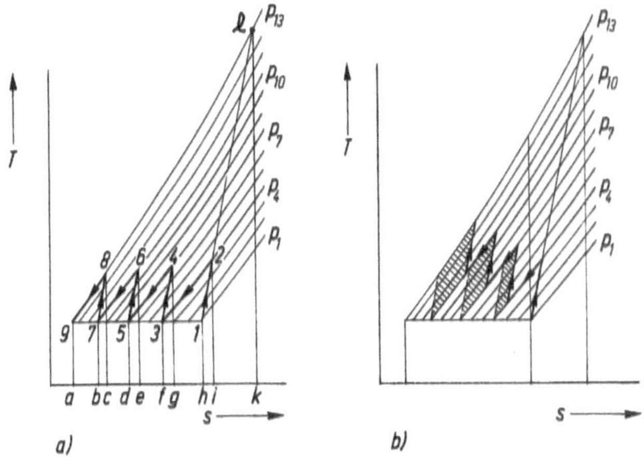

Bild 4.58 Zwölfstufige, gekühlte Verdichtung mit Außenkühlung nach jeder dritten Stufe: a) vollständige Kühlung auf Anfangs-Eintrittstemperatur, b) unvollständige Kühlung auf jeweils höhere Temperaturen

Verdichtung *3 - 4:*	$Y_{pol2} \triangleq$ Fl. *3 - 4 - 5 - d - f - 3*
	$Y_{r2} \triangleq$ Fl. *3 - 4 - g - f - 3*
Kühlung *4-5:*	$\Delta h_2 \triangleq h_4 - h_5 \triangleq$ Fl. *4 - 5 - d - g - 4*
usw.	
Ungekühlte Verdichtung *1- l*:	$Y_{pol} \triangleq$ Fl. *1 - l - 9 - a - h - 1*
	$Y_r \triangleq$ Fl. *1 - l - k - h - 1*

Durch Kühlung ersparte Verdichtungsarbeit:

$$\Delta Y_{pol} = Y_{pol} - (Y_{pol\,1} + Y_{pol\,2} + Y_{pol\,3} + Y_{pol\,4})$$

Durch Kühlung ersparte Reibungsarbeit:

$$\Delta Y_r = Y_r - (Y_{r1} + Y_{r2} + Y_{r3} + Y_{r4})$$

In den Außenkühlern an das Kühlmittel abgegebene Wärme:

$$\Delta h = \Delta h_1 + \Delta h_2 + \Delta h_3 + \Delta h_4$$

Leistungen und Wirkungsgrade

$Y_\infty = u_2 \cdot c_{2u}$	s. Formel 4.7
$Y_{Sch} = k \cdot u_2 \cdot c_{2u} = Y_{pol} + Y_r$	s. Formel 4.8
$Y_F = \eta_h \cdot k \cdot u_2 \cdot c_{2u}$	s. Formel 4.20
$P_e = \dot{V} \cdot \varrho \cdot Y_F = \dot{m} \cdot Y_F$	s. Formel 4.16

Der isentrope Wirkungsgrad der Verdichtung ist

$$\eta_s = \frac{Y_s}{Y} = \frac{Y_s}{Y_{pol} + Y_r} = \frac{h_{2s} - h_1}{h_2 - h_1} = \frac{c_p \left(T_{2s} - T_1\right)}{c_p \left(T_2 - T_1\right)}$$
$$= \frac{T_{2s} - T_1}{T_2 - T_1} = \frac{T_1 \left[\left(\frac{p_2}{p_1}\right)^{\frac{\varkappa - 1}{\varkappa}} - 1\right]}{T_2 - T_1} \tag{4.92}$$

und die wirkliche Temperaturerhöhung

$$\Delta T = T_2 - T_1 = \frac{T_1}{\eta_s} \left[\left(\frac{p_2}{p_1}\right)^{\frac{\varkappa - 1}{\varkappa}} - 1\right] \tag{4.93}$$

Für die Expansion (Ausdehnung) kann ein entsprechender Ausdruck abgeleitet werden. In diesem Fall ist aber der wirkliche Temperaturabfall geringer als der isentrope.

$$\eta_{Exp} = \frac{T_3 - T_4}{T_3 - T_{4s}} = \frac{T_3 - T_4}{T_3 \left[1 - \left(\frac{p_4}{p_3}\right)^{\frac{\varkappa - 1}{\varkappa}}\right]} \tag{4.94}$$

$$T_3 - T_4 = \eta_{Exp} T_3 \left[1 - \left(\frac{p_4}{p_3}\right)^{\frac{\varkappa - 1}{\varkappa}}\right] \tag{4.95}$$

In mehrstufigen Turboverdichtern, ganz besonders in Axialverdichtern, besteht nicht immer die Möglichkeit, das Fördermittel zwischen je zwei Stufen zu kühlen. Die Anfangstemperatur der folgenden Stufe ist dann höher als die der vorangehenden, und damit auch die Verdichtungsarbeit (Mehrarbeitungsfaktor).

Wenn der isentrope Wirkungsgrad η_{St} einer Stufe durch Messung bekannt ist, so wird der Gesamtwirkungsgrad η_v aller (ungekühlten) Stufen nicht derselbe sein, auch nicht im Idealfall, da eben die Anfangstemperaturen jeder folgenden Stufe andere sind.

Nimmt man für jede Stufe gleichen Arbeitsanteil $Y_t = c_p\,(T_2 - T_1)$, also auch gleiche Temperatur*änderung* $T_2 - T_1$ an, so hat jede Stufe ein anderes Temperatur*verhältnis* T_2/T_1 und demnach auch ein anderes Druckverhältnis p_2/p_1.

In mehrstufigen ungekühlten Verdichtern wird $\eta_v < \eta_{St}$ sein, da die Eingangstemperatur von Stufe zu Stufe steigt, d. h. das jeweilige Temperaturverhältnis abnimmt. (Bei voller Zwischenkühlung würde $\eta_v = \eta_{St}$ sein.)

Bei mehrstufiger Expansion kann dagegen $\eta_{Exp} > \eta_{St}$ sein, da die durch Reibung und Wirbelung in Wärme umgesetzten Verluste die Temperatur der folgenden Stufen erhöhen. Man spricht vom **Wiedererwärmungsfaktor**.

Eine nicht umkehrbare, d.h. nicht isentrope Verdichtung kann durch eine Polytrope pv^n dargestellt werden. Bei ungekühlter Verdichtung ist die Polytrope eine Adiabate, sog.Überisentrope, da $n > \varkappa$.

Richtwerte: $n \approx 1{,}45 - 1{,}9$ bei $\varkappa = 1{,}4$ (zweiatomige Gase)

$$\frac{T_2}{T_1} = \left(\frac{p_2}{p_1}\right)^{\frac{n-1}{n}}$$

Beginnen wir mit der Temperatur T und dem Druck p, so ist für infinitesimal kleine $\mathrm{d}T$ und zugehörig $\mathrm{d}p$ gemäß Formel 4.93

$$\mathrm{d}T = (T + \mathrm{d}T) - T = \frac{T}{\eta_{st}}\left[\left(\frac{p + \mathrm{d}p}{p}\right)^{\frac{\varkappa-1}{\varkappa}} - 1\right]$$

oder

$$\eta_{st} \cdot \frac{\mathrm{d}T}{T} = \left(1 + \frac{\mathrm{d}p}{p}\right)^{\frac{\varkappa-1}{\varkappa}} - 1$$

oder, in eine binomische Reihe (Potenz- oder *Taylor*-Reihe) entwickelt unter Vernachlässigung des dritten und höherer Glieder

$$\frac{\mathrm{d}T}{T} = \frac{1}{\eta_{st}}\left[1 + \frac{\varkappa - 1}{\varkappa}\frac{\mathrm{d}p}{p} + \cdots - 1\right]$$

Integriert zwischen den Grenzen 1 und 2:

$$\ln\frac{T_2}{T_1} = \frac{1}{\eta_{st}}\frac{\varkappa - 1}{\varkappa}\ln\frac{p_2}{p_1}$$

Oder

$$\frac{T_2}{T_1} = \left(\frac{p_2}{p_1}\right)^{\frac{1}{\eta_{st}}\cdot\frac{\varkappa-1}{\varkappa}} \tag{4.96}$$

Vergleicht man diesen Ausdruck mit dem der Polytrope

$$\frac{T_2}{T_1} = \left(\frac{p_2}{p_1}\right)^{\frac{n-1}{n}}$$

folgt aus Vergleich mit Beziehung (4.96) für die **Verdichtung**

$$\frac{n-1}{n}=\frac{1}{\eta_{st}}\cdot\frac{\varkappa-1}{\varkappa}$$

Hieraus ist mit aus Versuchen oder Erfahrung bekanntem Stufenwirkungsgrad η_{st} der Polytropenexponent n ermittelbar:

$$n=\frac{1}{1-\frac{1}{\eta_{st}}\cdot\frac{\varkappa-1}{\varkappa}} \tag{4.97}$$

Entsprechend wird für die **Expansion**

$$\frac{T_4}{T_3}=\left(\frac{p_4}{p_3}\right)^{\eta_{st}\cdot\frac{\varkappa-1}{\varkappa}} \tag{4.98}$$

und abermals aus Vergleich

$$\frac{n-1}{n}=\eta_{st}\cdot\frac{\varkappa-1}{\varkappa} \tag{4.99}$$

Umgestellt ergibt sich hieraus Polytropenexponent n entsprechend Formel 4.97.

Der isentrope Wirkungsgrad mehrstufiger, also ungekühlter Verdichtung mit konstanter Temperaturerhöhung ΔT je Stufe ist somit

$$\eta_s=\frac{T_2'-T_1}{T_2-T_1}=\frac{\left(\frac{p_2}{p_1}\right)^{\frac{\varkappa-1}{\varkappa}}-1}{\left(\frac{p_2}{p_1}\right)^{\frac{1}{\eta_{st}}\cdot\frac{\varkappa-1}{\varkappa}}-1} \tag{4.100}$$

Analog ist der isentrope Wirkungsgrad η_s mehrstufiger Expansion mit konstantem ΔT je Stufe

$$\eta_s=\frac{T_3-T_4}{T_3-T_4'}=\frac{1-\left(\frac{p_4}{p_3}\right)^{\frac{1}{\eta_{st}}\cdot\frac{\varkappa-1}{\varkappa}}}{1-\left(\frac{p_4}{p_3}\right)^{\frac{\varkappa-1}{\varkappa}}} \tag{4.101}$$

Für sehr kleine Druckverhältnisse, wie sie bei einer Stufe eines Axialverdichters näherungsweise gegeben sind, nähert sich der Stufenwirkungsgrad dem ***hydraulischen Wirkungsgrad*** η_h, in dem praktisch kein Temperatureinfluss mehr wirksam ist

$[\lim \eta_{st}] = \eta_h$

(für $p_2/p_1 \rightarrow 1$)

Der **hydraulische Wirkungsgrad** ist ein Maß für die strömungstechnische Güte der Maschine. Der Stufenwirkungsgrad η_{st} berücksichtigt zudem den thermischen Einfluss der kompressiblen Fluide.

Wie bereits in 4.4.5.3 für die Kreiselpumpen dargestellt, zeigen auch die Laufräder von Kreiselverdichtern charakteristische Unterschiede, die durch die Radformzahl σ oder die spezifische Drehzahl n_y in eine systematische Ordnung gebracht werden (Bild 4.59). Diese Kenngrößen der Strömungsverdichter werden mit dem sog. mittleren Förderstrom

$$\dot{V} = \frac{\dot{V}_1 + \dot{V}_2}{2} = \dot{m}\frac{v_1 + v_2}{2} = \frac{\dot{m}}{2}\left(\frac{1}{\varrho_1} + \frac{1}{\varrho_2}\right)$$

ermittelt. Dabei beziehen sich die Indizes 1 und 2 auf Laufradeintritt und -austritt.

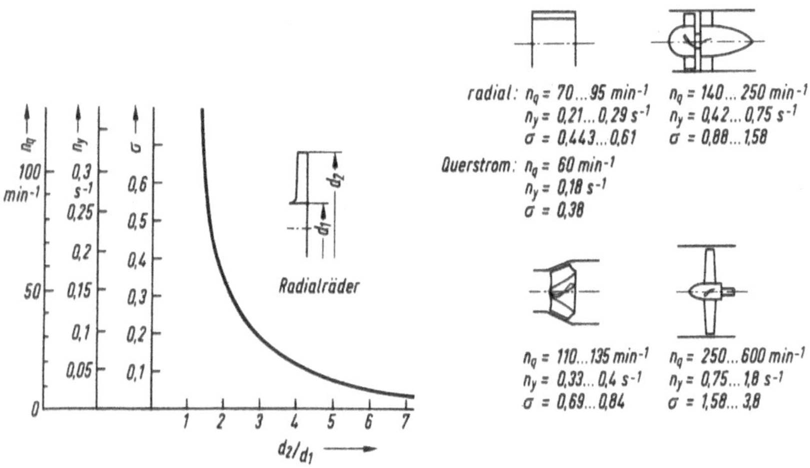

Bild 4.59 Laufradformen von Kreiselverdichtern und ihre Radformzahlen

4.4.7.2 Radialverdichter

Der Radial- oder Zentrifugalverdichter besteht wie die Kreiselpumpe in der Hauptsache aus einem rotierenden Schaufelrad und darum herum einem fest stehenden Diffusor, d.h. einer Anzahl divergenter Kanäle, in denen ein Teil der im Rotor erzeugten kinetischen Energie des Fördermittels (z.B. Luft) in statische (Druck-) Energie verwandelt wird.

Das Gas, meistens Luft, wird in Achsnähe angesaugt, durch das Schaufelrad auf hohe Winkelgeschwindigkeit gebracht und durch die dabei entstehende Zentrifugalkraft nach außen geschleudert. Dadurch entsteht ein statischer Druckanstieg im Rotor, der mit zunehmendem Radius anwächst. Der Rest des statischen Druckanstiegs erfolgt im Diffusor, wo die bei Verlassen des Rotors sehr hohe Gasgeschwindigkeit auf etwa die Größenordnung der Eintrittsgeschwindigkeit abgebaut wird.

Das Verhältnis der statischen Drucksteigerung im Rad, bezogen auf die Gesamtdruckhöhe, ist der Reaktionsgrad. Dieser hängt, wie bei Reaktionsgrad r und Druckkantenschaufelwinkel β_2 in Abschnitt 4.4.1.1 bereits ausgeführt, von der Schaufelform ab. Bei rückwärts gekrümmten Schaufeln (Bild 4.60) ist er am größten, d.h., es braucht nur wenig kinetische Energie im Diffusor umgesetzt zu werden, was wegen der relativ schlechten Diffusorwirkungsgrade erwünscht ist. Ein Nachteil der rückwärts gekrümmten Schaufel ist dagegen die geringere Druckhöhe des Rades für eine gegebene Umfangsgeschwindigkeit.

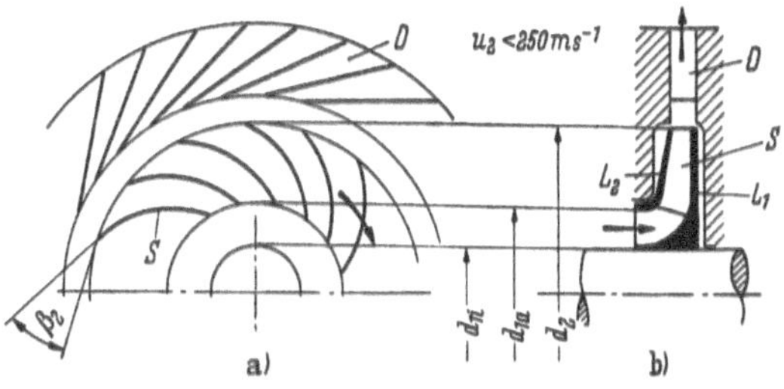

S Schaufeln
L_1 Laufrad-Tragscheibe
L_2 Laufrad-Deckscheibe
D Diffusor (Leitring)

Bild 4.60
Einflutiger Radialverdichter mit rückwärts gekrümmten Schaufeln: a) Querschnitt, b) Meridianschnitt

Bei einfachen Verdichtern werden überwiegend rückwärts gekrümmte Schaufeln verwendet, und die geringe Druckhöhe wird durch Erhöhung der Stufenzahl ausgeglichen. Die Schaufeln (S) werden zwischen Tragscheibe (L_1) sowie Deckscheibe (L_2) eingenietet oder angeschweißt (Bild 4.60b) und ermöglichen in dieser Form Umfangsgeschwindigkeiten $u_2 \leq 250$ m/s.

Bei hochwertigen Verdichtern in Fahrzeugen, besonders Flugzeugen, sind höhere Druckverhältnisse erwünscht. Man baut dafür radiale Schaufeln, die nicht angenietet, sondern mit Nabe und Tragscheibe in einem Stück Duralumin oder Stahl gegossen oder geschmiedet sind (Bild 4.61). Bild 4.61b stellt als Variante ein doppelflutiges Rad für größeren Durchsatz dar. Die radiale Schaufel ist die einzige Schaufelform, die nicht auf Biegung, sondern nur auf Zug beansprucht wird. Sie ermöglicht daher höhere Umfangsgeschwindigkeiten $u_2 \leq 400$ m/s (Bild 4.62).

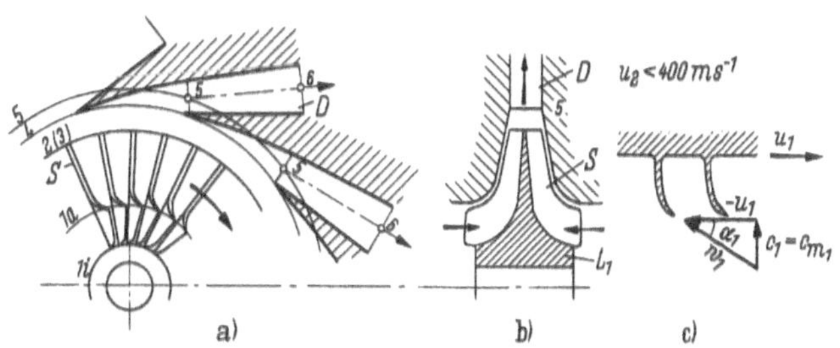

Bild 4.61 Zweiflutiger Radialverdichter mit radialen Schaufeln: a) Querschnitt, b) Meridianschnitt, c) Abwicklung der Schaufel-Eintrittskarte; Bezeichnungen wie in Bild 4.60

Da die radiale Schaufel aber 50 % Reaktion ergibt, d. h. 50 % des Gesamtenergieumsatzes im Diffusor umgesetzt werden müssen, war viel Forschungs- und Entwicklungsarbeit zur Verbesserung der Diffusorwirkungsgrade notwendig. Während früher die Diffusorkanäle mit gekrümmter Achse gebaut wurden (vgl. Bild 4.22), was die Ablösung der Strömung auf der konvexen Seite begünstigte, werden sie heute fast nur noch mit gerader Achse gebaut (Bild 4.61a), und zwar auch bei stationären Maschinen (Bild 4.60a). Die Wirkungsgrade sind dadurch auf fast 80 % gestiegen.

Turbolader, d. h. Radialverdichter, die zum **Aufladen** von Kolbenmotoren bestimmt sind, werden aus konstruktiven Gründen meistens als sog. halboffene Schaufelräder (vgl. Bild 4.61b), d. h. ohne Deckscheibe gebaut. Die Spaltweite zwischen Schaufel und Gehäuse wird, wie erwähnt, gemäß fertigungs- sowie betriebstechnischen Gegebenheiten, so klein wie möglich ausgeführt (Bild 4.22a).

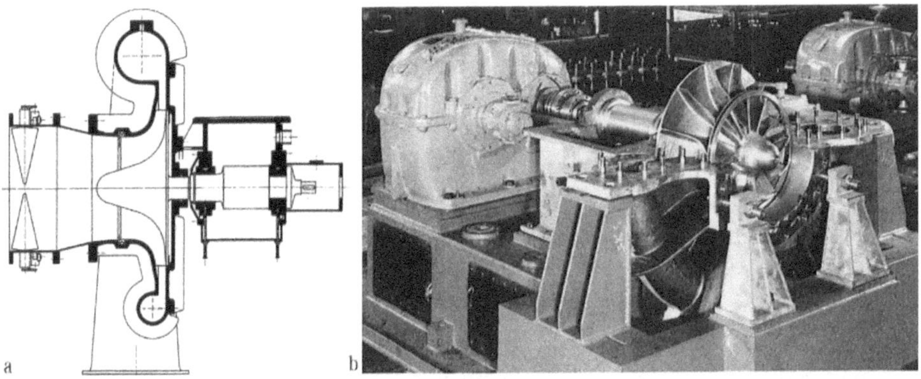

Bild 4.62 Einstufiger Radialverdichter mit $\beta_2 = 90°$, ohne Laufraddeckscheibe, p_2/p_1 bis 2,5, $u_2 = 400$ m/s *(KKK):* a) Längsschnitt, b) Während der Montage

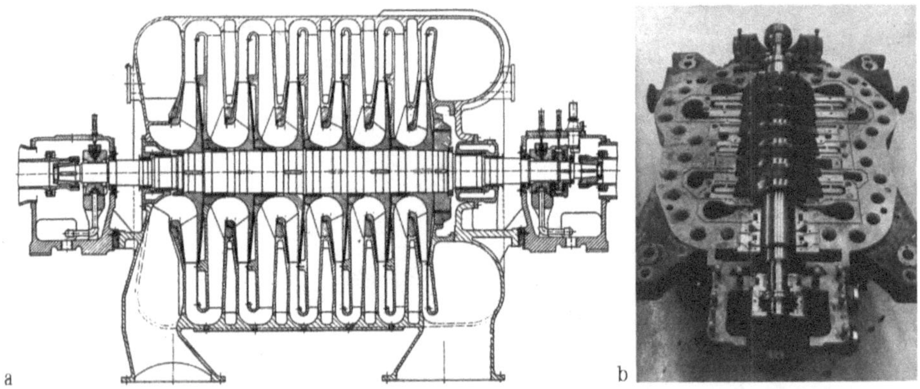

Bild 4.63 Mehrstufige Radialverdichter: a) Schnittbild *(GHH)*, b) Montagebild *(DEMAG)*

Trotzdem lässt es sich nicht vermeiden, dass ein gewisser Leckverlust durch Rückströmen vom Druckraum durch den Spalt in den Saugraum entsteht. Es ist gelungen, wenn auch mit einigem Kostenaufwand, zuverlässige Deckscheibenbefestigungen für $u_2 \leq 400$ m/s zu erreichen.

Bild 4.63 zeigt mehrstufige Radialverdichter im Schnitt und während der Montage.

4.4.7.3 Axialverdichter

Nach Bild 4.64 besteht der Verdichter aus einem Rotor *R* und einem Stator-Gehäuse *G*. Der Rotor trägt mehrere Reihen Laufschaufeln *A* und der Stator zu jeder Laufschaufelreihe eine Leitschaufelreihe *B*. Die Aufeinanderfolge **eine Laufschaufelreihe plus eine Leitschaufelreihe** nennt man eine Stufe *St*. Es ist möglich, am Eintritt zusätzlich eine Leitschaufelreihe *C* anzuordnen, um das Gas mit Gleich- oder Gegendrall zur ersten Laufschaufelreihe zu leiten.

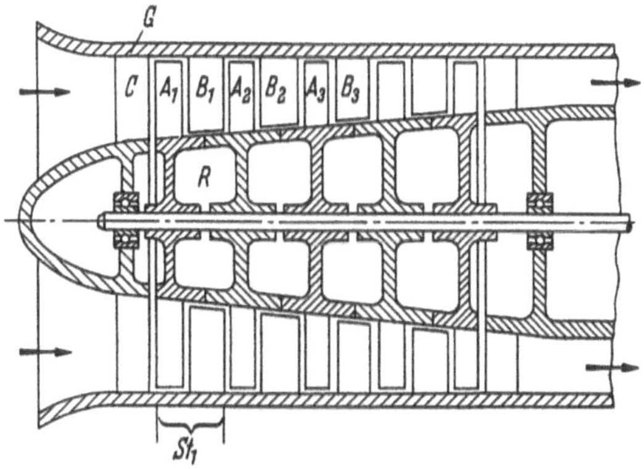

Bild 4.64
Axialverdichter (Längsschnitt-Schema)

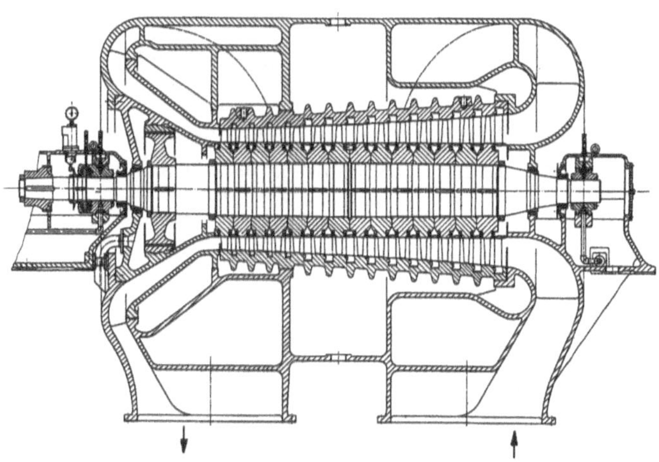

Bild 4.65 Mehrstufiger Axialverdichter mit Achsschubausgleichkolben *(GHH)*

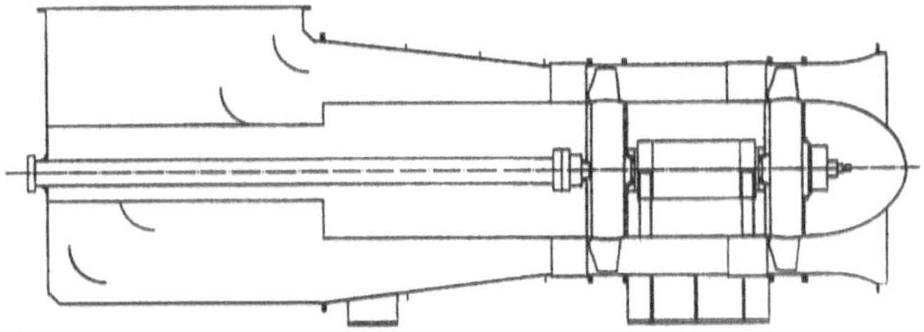

Bild 4.66 Zweistufiges Axialüberdruckgebläse *(KKK)*

Aufgabe der Laufschaufeln ist es, der Luft einen Impuls zu erteilen, der sich in einer Zunahme von Druck und Geschwindigkeit auswirkt. Aufgabe der Leitschaufeln ist, die überschüssige Geschwindigkeitsenergie durch Diffusorwirkung in Druckenergie zu verwandeln und außerdem die Luft in eine Richtung zu drehen, die für den Eintritt in die nächstfolgende Laufschaufelreihe geeignet ist. Von Stufe zu Stufe nehmen die Schaufelhöhen ab nach Maßgabe der Abnahme des spezifischen Volumens bzw. der Zunahme der Dichte. Die Axial- bzw. Meridionalgeschwindigkeit der Luft bleibt dadurch konstant.

Axialverdichter werden für große Förderströme gebaut. Mehrstufig (Bild 4.65) können sie Drücke bis 50 bar erzielen. Ein- bis dreistufig nennt man sie Gebläse. Man erreicht mit Gebläsen p_2/p_1 = 1,1 - 3,0.

Ein ausgeführtes, zweistufiges Axialgebläse zeigt Bild 4.66.

4.4.8 Propeller

Die Propeller sind Strömungsarbeitsmaschinen, bei denen die Nutzenergie nicht dem Arbeitsmittel zugute kommen soll, sondern der Maschine selbst. Beim Propeller ist der Achsschub, sonst eine lästige Nebenerscheinung, das gewünschte Ziel; er soll den Vortrieb, d. h. eine Schubkraft in Bewegungsrichtung erzeugen. Mit der Schubkraft F_S und der Relativgeschwindigkeit w_f des vom Propeller gezogenen oder geschobenen Fahrzeuges gegenüber dem Medium, in dem es sich bewegt, ist die Nutzleistung

$$P_e = F_S \cdot w_f \tag{4.102}$$

Bild 4.47 zeigt idealisiert die Vortriebstheorie des Propellers. Vom Propeller erfasster Fluidstrahl durch sogenannten fiktiven Bezugs- oder Kontrollraum scharf abgegrenzt. Daher einfache (ideale) oder theoretische Propellertheorie. Der durch die vordere Stirnfläche eines angenommenen Kreiszylinders mit dem Querschnitt A_0 eintretende Impulsstrom (zeitlicher Impuls) ist

$$\dot{I}_0 = \dot{m}_0 \cdot w_f = A_0 \cdot \varrho_0 \cdot w_f^2$$

und der durch die hintere Stirnfläche austretende Impulsstrom

$$\dot{I}_2 = \dot{m}_2 \cdot w_2 = \varrho_2 \cdot A_2 \cdot w_2^2$$

Die Impulsstrom-Änderung des Propellers ist somit

$$\Delta\dot{I} = \dot{I}_2 - \dot{I}_0$$

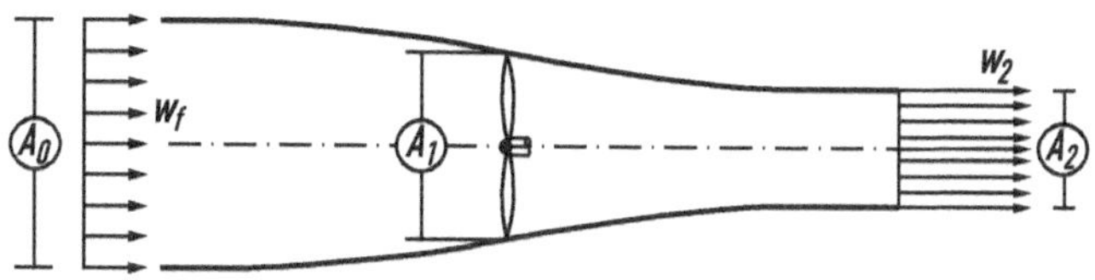

Stelle 0 Eintritt A_0, w_f
Stelle 1 Propellerebene A_1, w_1
Stelle 2 Austritt A_2, w_2

Bild 4.67 Vortriebstheorie des Propellers

Wegen der durch den Propeller bewirkten Geschwindigkeitserhöhung von w_f auf w_2 schnürt sich infolge der Massenerhaltung

$$\dot{m} = \varrho_0 \cdot A_0 \cdot w_f = \varrho_2 \cdot A_2 \cdot w_2$$

und $\varrho_0 = \varrho_2$ der theoretisch scharf abgegrenzt angenommene Fluidstrom ein. Daher

$$A_0 \cdot w_f = A_2 \cdot w_2$$

Andererseits ist

$$\dot{m} = \varrho_1 \cdot \dot{V}_1 = \varrho_1 \cdot A_1 \cdot w_1$$

an der Propellerebene (Stelle 1).

Aus Energiebilanzen(-betrachtungen) vor und nach der Propellerebene, also von Bezugsstellen 0 bis 1 und 1 bis 2, mit $\varrho_1 \approx \varrho_0 \approx \varrho_2$ infolge der geringen Druckänderung in der Propellerebene - ein Kennzeichen von Propellern - ergibt sich $w_1 = (w_f + w_2)/2$. Wegen der Herleitung wird auf den Abschnitt **Weiterführendes Schrifttum** [Sigloch 2021] verwiesen.

Aus dem Impulssatz folgt

$$F_S = \Delta\dot{I} = \dot{I}_2 - \dot{I}_0 = \dot{m} \cdot (w_2 - w_f) \qquad (4.103)$$

Mit dem Leistungsverlust

$$P_\mathrm{v} = \frac{(w_2 - w_\mathrm{f})^2}{2}\dot{m}$$

wird der Wirkungsgrad des Propellers

$$\eta_e = \frac{P_\mathrm{e}}{P_\mathrm{e} + P_\mathrm{v}} = \frac{F_\mathrm{S} \cdot w_\mathrm{f}}{F_\mathrm{S} \cdot w_\mathrm{f} + \dot{m}\frac{(w_2 - w_\mathrm{f})^2}{2}} = \frac{w_\mathrm{f}}{w_\mathrm{f} + \frac{w_2 - w_\mathrm{f}}{2}} = \frac{2w_\mathrm{f}}{w_\mathrm{f} + w_2} = \frac{2}{1 + w_2/w_\mathrm{f}} \tag{4.104}$$

4.4.8.1 Luftschrauben

Der weitestverbreitete Schuberzeuger mit mechanischer Energiezufuhr ist der Schraubenpropeller, der den Schub nach der Tragflügeltheorie erzeugt (Bild 4.68). Gegenüber dem Flugzeugtragflügel ist die Bewegung der Luftschraube insofern eine andere, als die Schraubenflügel sich durch die Drehung des Propellers bei gleichzeitigem Vortrieb auf Schraubenlinien bewegen. Doch kann jeder koaxiale Schnitt des Flügelblattes näherungsweise wie ein Stück eines unendlich langen Tragflügels behandelt werden. Verglichen mit der klassischen Tragflügeltheorie ist eine vollständige Theorie des Schraubenpropellers besonders dadurch erschwert, dass die komplizierte Form der nichtplanaren, abströmenden Wirbelbänder erst bestimmt werden muss. Nachdem das induzierte Geschwindigkeitsfeld ermittelt worden ist, können bei bekannten Profileigenschaften die Kräfte an jedem Propellerschnitt und damit die Kräfte und Momente am ganzen Propeller bestimmt werden.

Der aus der Umströmung resultierende Schub F_S ist eine Komponente der Auftriebskraft F_A. Die Umfangskomponenten F_u ergeben integriert das benötigte Drehmoment. Damit stets der optimale Anstellwinkel α zur Erzielung des größten Auftriebs eingestellt werden kann, muss mit zunehmender Fluggeschwindigkeit w_f der Steigungswinkel φ des Propellerflügels vergrößert werden (Verstellpropeller). Die aus Fluggeschwindigkeit w_f und Umfangsgeschwindigkeit u resultierende Anströmgeschwindigkeit c_a muss genügend weit unter der Schallgeschwindigkeit der umgebenden Luft liegen, damit die verlustbehafteten Verdichtungsstöße und Strömungsablösungen vermieden werden.

Bezeichnet man mit Δp den Drucksprung vor und hinter dem Propeller, dann ist

$$F_\mathrm{S} = \frac{\pi}{4} d_\mathrm{P}^2 \cdot \Delta p \tag{4.105}$$

d_P Propellerdurchmesser

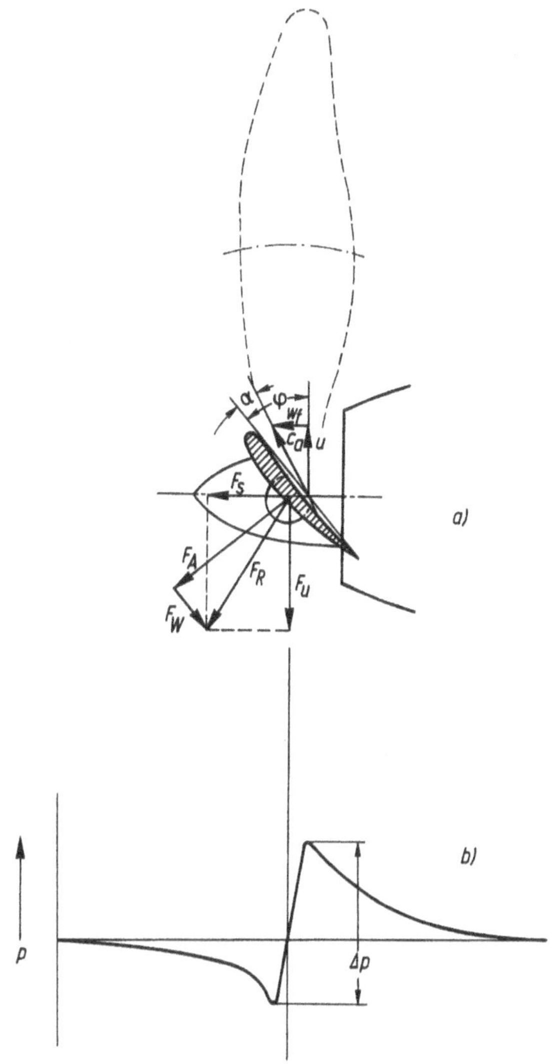

F_A Auftriebskraft
F_W Widerstandskraft
F_R Resultierende aus Auftrieb und Widerstand
F_S Schubkraft
F_U Umfangskraft

Bild 4.68
a) Propeller als Tragflügel,
b) mittlerer Druckverlauf vor und hinter Propeller

Kenngrößen des Schraubenpropellers ergeben sich, wenn Schub, Drehmoment und Leistung dimensionslos gemacht werden.

Schubzahl

$$k_s = \frac{F_S}{\varrho \cdot n^2 \cdot d^4} \tag{4.106}$$

Drehmomentenzahl

$$k_d = \frac{M}{\varrho \cdot n^2 \cdot d^5} \tag{4.107}$$

Leistungszahl

$$k_{\mathrm{p}} = \frac{P_{\mathrm{e}}}{\varrho \cdot n^3 \cdot d^5} \tag{4.108}$$

Außerdem ist auch noch im Gebrauch der Belastungsgrad

$$\begin{aligned} C_{\mathrm{s}} &= \frac{F_{\mathrm{S}}}{\frac{\varrho_0}{2} \cdot w_{\mathrm{f}}^2 \cdot A_1} = \frac{\varrho_1 \cdot w_1 \left(w_2 - w_{\mathrm{f}}\right)}{\frac{\varrho_0}{2} w_{\mathrm{f}}^2} \\ &= 2 \frac{\varrho_1}{\varrho_0} \frac{w_1}{w_{\mathrm{f}}} \left(\frac{w_2}{w_{\mathrm{f}}} - 1\right) \end{aligned} \tag{4.109}$$

Trotz sehr eingehender theoretischer Untersuchungen ist auch heute noch eine zuverlässige Vorausberechnung von Luftschrauben letztlich nicht möglich. Im Allgemeinen wird ein Propeller aufgrund Vorabrechnungen und bekannter Versuchsergebnisse ausgebildet. Sofern ausreichende Versuchsreihen vorliegen, lassen sich mithilfe der Kennzahlen die Hauptdaten des Propellers schnell ermitteln.

4.4.8.2 Schiffsschrauben

Bei Schiffsschrauben ist vor allem darauf zu achten, dass in einer Wasserströmung Hohlräume durch Luftausscheidung oder Dampfbildung dort entstehen, wo der Druck unter den Verdampfungsdruck absinkt. Diese Kavitationserscheinungen führen zu oft starken Erosionen (Ausfressungen) an den Unterdruckseiten von Schiffsschrauben. Das Entstehen von Kavitation, aber auch das Einbrechen von Luft von der Wasseroberfläche, sucht man dadurch zu vermeiden, dass nur flache Profile mit sehr kleinen Anstellwinkeln für die Schrauben benutzt werden. Um bei den dann kleinen Unterdrücken einen ausreichenden Gesamtschub zu erzielen, baut man mehrflügelige Schrauben oder solche mit breiten Flügelblättern.

4.5 Strömungskraftmaschinen

In die Strömungskraftmaschine tritt Primärenergie in Form von umgesetzter Energie der Lage bei Wasserturbinen bzw. thermischer Energie bei Gas- und Dampfturbinen ein. In einer fest im Gehäuse sitzenden Düse wird die Eintrittsenergie in kinetische Energie und zwischen den Schaufeln des Laufrades die kinetische Energie in mechanische Arbeit (Drehenergie) umgewandelt. Dabei ist es unvermeidbar, dass ein Teil der kinetischen Energie das Laufrad (zum Abführen des Mediums) ungenutzt auf der Austrittsseite verlässt.

Die Energiebilanz fällt bei Strömungskraftmaschinen anders aus als bei Strömungsarbeitsmaschinen. Die am Eintritt der Kraftmaschine zur Verfügung stehende spezifische Energie $g \cdot H_0$ bei Flüssigkeit (Δh_s bei Gas sowie Dampf) muss um die Strömungsverluste in Leitapparat und Laufschaufelkanal sowie um die Austrittsverluste größer sein als die an das Laufrad übertragene spezifische Schaufelarbeit Y_{Sch} mit Formel 4.19

$$g \cdot H_0 = Y_{Sch} + h_{Le} + h_{La} + h_A$$
$$Y_{Sch} = g \cdot H_0 - (h_{Le} + h_{La} + h_A) = \eta_u \cdot g \cdot H_0 \tag{4.110}$$

Dazu $Y_{Sch} = k_M \cdot Y_{Sch\infty}$ mit Minderablenkungsfaktor k_M und nach der Hauptgleichung von *Euler*, Formel 4.2:

$$Y_{Sch\infty} = \Delta(u \cdot c_u) = u_1 \cdot c_{1u} - u_2 \cdot c_{2u} = u_1 \cdot c_1 \cdot \cos\alpha_1 - u_2 \cdot c_2 \cdot \cos\alpha_2 \tag{4.111}$$

Bei Turbinen $k_M \approx 1$, bei Pumpen und Verdichter $k_M \approx 0{,}6 - 0{,}8$. Zudem ist bei Wasserturbinen H_0 das nach Abzug der Zuströmverluste in der Druckleitung zur Verfügung stehende Nutzgefälle (Bild 4.69)

$$H_0 = \Delta H - \frac{c^2}{2 \cdot g} \sum \zeta \tag{4.112}$$

ΔH Ortshöhenunterschied zwischen OW und UW, c Strömungsgeschwindigkeit in der Druckleitung, $\sum\zeta$ Gesamtwiderstandzahl aus Rohrreibung und Einbauwiderständen bei c = konst. (Krümmer, Schieber, Armaturen usw. bei gleichem Nenndurchmesser)

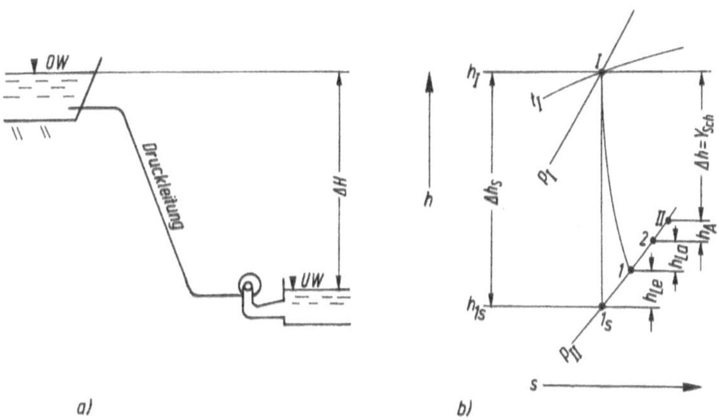

Bild 4.69 a) Höhengefälle bei Wasserturbinen, b) Wärmegefälle bei Dampfturbinen im *h,s*-Diagramm

Bei Gas- und Dampfturbinen entspricht dieser Energie das zur Verfügung stehende isentrope Wärmegefälle Δh_s (Bild 4.69b)

$$g \cdot H_0 \triangleq \Delta h_s$$

Wenn man berücksichtigt, dass die Energieumwandlung in Strömungskraftmaschinen in umgekehrter Weise abläuft wie in Strömungsarbeitsmaschinen, sind alle für Arbeitsmaschinen abgeleiteten Berechnungsvorgänge in entsprechender Weise auch auf die Kraftmaschine anwendbar.

4.5.1 Energieumwandlung im Leitapparat

Die Austrittsgeschwindigkeit aus dem Leitapparat ist zugleich absolute Eintrittsgeschwindigkeit in das Laufrad.

Theoretische Leitkanal-Austrittsgeschwindigkeit (kin. Leitkanal-Eintrittsenergie vernachlässigt) gemäß Formel 2.27 bzw. Formel 2.61 mit Reaktionsgrad r (Formel 4.13; Formel 4.14):

$$c_s = \sqrt{2 \cdot g \cdot H_0 (1-r)} = \sqrt{2 \cdot \Delta h_s (1-r)} \tag{4.113}$$

Tatsächliche Austrittsgeschwindigkeit wegen $c_1^2/2 = \eta_D \cdot c_s^2/2$ (Energien)

$$c_1 = \sqrt{\eta_D} \cdot c_s \tag{4.114}$$

$\sqrt{\eta_D}$ = Geschwindigkeitszzahl (Düsenverlustzahl) für Leitapparate

Anhalt:

$\sqrt{\eta_D}$ = 0,96 - 0,98	bei Freistrahlturbinen
$\sqrt{\eta_D}$ = 0,965	bei nichterweiterten Gas- und Dampfdüsen (Zölly-Düsen)
$\sqrt{\eta_D}$ = 0,96 - 0,92	bei erweiterten Gas- und Dampfdüsen (Laval-Düsen)

Bei Gas- und Dampfturbinen ist die Geschwindigkeitszahl von der Ausführung des Leitapparats (Bild 4.95) abhängig. Bei erweiterten Düsen - Laval-Düsen - ist der Reibungsweg länger, und die Geschwindigkeitszahl nimmt entsprechend ab. Die Länge der Düsenerweiterung und damit die Geschwindigkeit richtet sich nach dem im Leitapparat verarbeiteten, isentropen Wärmegefälle (β = 0,537 für Verbrennungsgase ($\varkappa$= 1,335) Bild 4.70).

Radial und axial durchströmte Wasserturbinen sind mit Drehschaufeln als Leitapparat ausgerüstet. Die profilierten Leitschaufeln des Leitapparates werden mittels Stellringen verdreht (Bild 4.76c), sodass sich der Öffnungsquerschnitt und der Durchsatz ($\dot{V} = c \cdot A$) mit dem Schaufelwinkel verändern, weil damit Leistungsregelung $P \sim \dot{V}$ (Vorteil). Zugleich mit dem Verdrehen der Leitschaufeln ändert sich jedoch auch der Eintrittsdrall in die Laufschaufelkanäle (Nachteil!). Die Zahl der Leitschaufeln wird so gewählt, dass sie sich in geschlossenem Zustand gut decken, damit dann $\dot{V} = 0$.

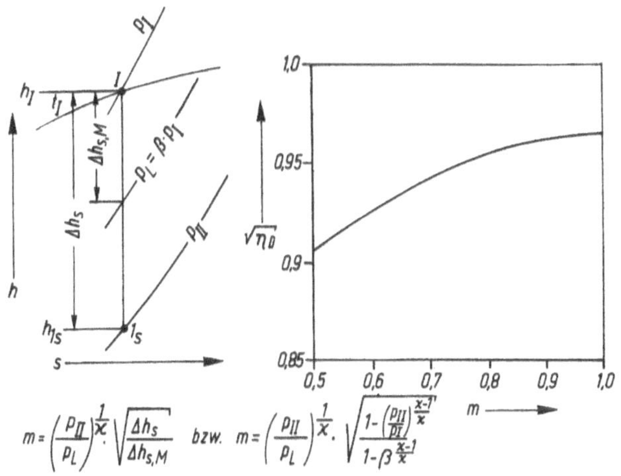

I Leitapparateintritt

1 Laufschaufelkanaleintritt und Faktor *b*

b = 0,546 für Heißdampf

b = 0,53 für Luft

b = 0,577 für Sattdampf

b = 0,537 für Verbrennungsgase ($\varkappa$ = 1,335)

Bild 4.70 Geschwindigkeitszahl $\sqrt{\eta_D}$ (Düsenverlustzahl) von Laval-Düsen in Dampf- und Gasturbinen

Der Energieverlust im Leitapparat ist

$$h_{Le} = \frac{c_s^2}{2} - \frac{c_1^2}{2} = \frac{c_s^2}{2}\left(1 - \sqrt{\eta_D}\right) \tag{4.115}$$

Während bei Francis- und Kaplan-Turbinen der Arbeitsmitteldurchsatz durch Verdrehen der Leitschaufeln geregelt wird, kann bei Dampfturbinen dafür Teilbeaufschlagung vorgesehen werden (s. Abschnitt 4.5.7.1). Bei z dampfdurchströmten Düsen und mit der Düsenteilung t_D ist der Beaufschlagungsgrad

$$\varepsilon = \frac{z \cdot t_D}{\pi \cdot d_m} \tag{4.116}$$

4.5.2 Energieumwandlung im Laufrad

4.5.2.1 Energieumwandlung im radialen Laufrad (Bild 4.71 und Bild 4.72)

Radial durchströmte Laufräder von Strömungskraftmaschinen arbeiten in jedem Fall nach dem Überdruckverfahren. Für den Schaufeleintrittswinkel β_1 gilt dasselbe, wie in Abschnitt 4.4.1.1 für den Schaufelwinkel β_2 der Strömungsarbeitsmaschine erläutert wurde. Bei Wasserturbinen (Francis) wird der Eintrittswinkel $\beta_1 \leq 90°$ bevorzugt, bei radialen Dampfturbinen wählt man am zweckmäßigsten

$\beta_1 = 90°$, weil die Dichte des Mediums geringer ist und sich, bedingt durch die große spezifische Schaufelarbeit Y_{Sch}, sonst zu hohe Umfangsgeschwindigkeiten ergeben.

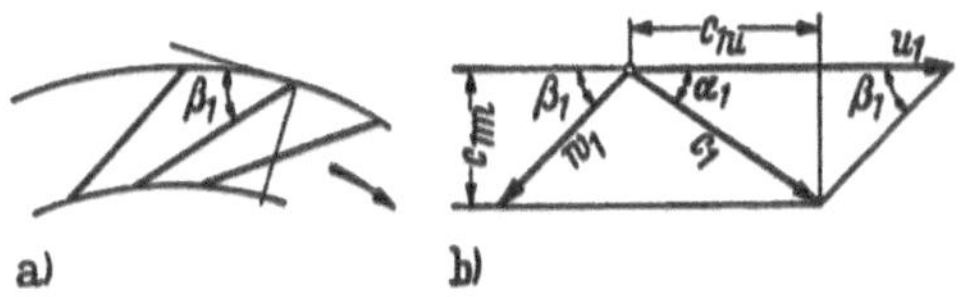

Bild 4.71
Geschwindigkeits- und Schaufelplan für $\beta_1 < 90°$:
a) Schaufelplan,
b) Geschwindigkeitsplan für Laufrad-Eintritt

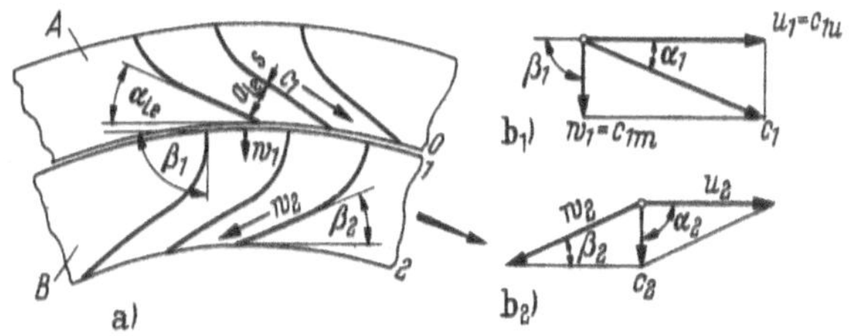

c absolute Geschwindigkeit
w Geschwindigkeit relativ zum Laufrad
u Umfangsgeschwindigkeit
α Winkel zwischen Tangente und *c*
β Winkel zwischen Tangente und *w* bzw. Schaufel
A Leitrad, *B* Laufrad
1 Eintritt in das Laufrad, *2* Austritt aus dem Laufrad

Bild 4.72 Geschwindigkeits- und Schaufelplan für $\beta_1 = 90°$: a) Schaufelplan, b) Geschwindigkeitsplan

Zur optimalen Ausnutzung des verfügbaren Energiegefälles muss der Eintritt in das Laufrad stoßfrei erfolgen, d. h. $\alpha_1 = \alpha_{Le}$, was bei Francis-Turbinen mit Drehring-Leitapparat nur im Volllastpunkt (Optimal- oder Nennbetrieb) der Fall ist. Mit β_1, c_1 und $u_1 = \pi \cdot d_1 \cdot n$ wird $\alpha_1 = \alpha_{Le}$ aus dem Geschwindigkeitsplan ermittelt. Der zunächst unbekannte Eintrittsdurchmesser d_1 wird mit folgender Überlegung festgelegt:

Bei Strömungskraftmaschinen kann die Strömungsablenkung durch den relativen Kanalwirbel (Abschn. 4.4.1.1, Energieumwandlung im radialen Laufrad) i. Allg. unberücksichtigt bleiben, weil Kraftmaschinen entweder gleichbleibende oder sich verengende Laufrad-Kanalquerschnitte haben, sodass die Strömungsführung auch bei endlicher Schaufelzahl gut ist. Es kann daher mit ausreichender Genauigkeit gerechnet werden, als hätte die Kraftmaschine unendliche Schaufelzahl, d. h.

$$Y_{Sch\infty} = Y_\infty = u_1 \cdot c_{1u} - u_2 \cdot c_{2u} \tag{4.117}$$

Bei Wasserturbinen muss zur Kleinhaltung des Austrittsverlustes $\alpha_2 = 90°$ sein. Bei radial durchströmten Dampfturbinen ist für 50 % Reaktion $\alpha_2 = \beta_1$, also ebenfalls 90°. Für $\alpha_2 = 90°$ ist $\cos \alpha_2 = 0$ und dazu

$$Y_{\text{Sch}\infty} = u_1 \cdot c_{1u} - u_2 \cdot c_{2u} = u_1 \cdot c_1 \cos \alpha_1 - u_2 \cdot c_2 \cos \alpha_2$$
$$= u_1 \cdot c_{1u} = u_1 (u_1 - w_{1u}) = u_1 \left(u_1 - \frac{c_{1m}}{\tan \beta_1} \right)$$

Daraus

$$u_1 = \frac{c_{1m}}{2 \cdot \tan \beta_1} \pm \sqrt{\left(\frac{c_{1m}}{2 \tan \beta_1} \right) + Y_{\text{Sch}\infty}} \qquad (4.118)$$

Sinnvoll ist nur das Pluszeichen, weil sonst u_1 negativ würde. Damit ist d_1 bestimmbar.

Radiale Dampfturbinen mit 50 % Reaktion haben kongruente Ein- und Austrittsdreiecke, d. h. $c_2 = w_1$. Die absolute mittlere Austrittsgeschwindigkeit von Wasserturbinen kann man überschlägig bestimmen mit der sog. Auslasszahl

$$\varepsilon = c_{3m} / \sqrt{2 \cdot g \cdot H_0}$$

Umformungen mithilfe anderer Beziehungen, durchgeführt von *Pfleiderer*, ergeben für die Ausflusszahl

$$\varepsilon = 1{,}17 \cdot 10^{-3} \left(\frac{\delta_r \cdot \eta_q}{\sqrt{k_N}} \cdot \tan \beta_{2a} \right)^{4/3}$$
$$= 2{,}69 \left(\frac{\delta_r \cdot \eta_y}{\sqrt{k_N}} \cdot \tan \beta_{2a} \right)^{4/3} \qquad (4.119)$$
$$= 1{,}0 \left(\frac{\delta_r \cdot \sigma}{\sqrt{k_N}} \tan \beta_{2a} \right)^{4/3}$$

Darin sind δ_r Drallzahl (bei Turbinen $\delta_r = 1$), $k_N = 1 - (d_N/d_S)^2$ Verengungsfaktor infolge der Nabe, d_N Nabendurchmesser, d_S Saugrohrdurchmesser, $\beta_{2a} \approx 20°$ (Richtwert) relativer Abströmwinkel am Laufradaußenumfang

Bei Wasserturbinen mit $\alpha_2 = 90°$ ist $c_{2m} = c_2$ und deshalb

$$c_2 = c_{2m} = c_{3m} = \varepsilon \cdot \sqrt{2 \cdot g \cdot H_0} \qquad (4.120)$$

Index 3: Eintritt Saugrohr

Anhaltswert für ε^2 siehe Bild 4.74

$$w_2 = \sqrt{\eta_S} \cdot \sqrt{2 \cdot g \cdot H_0 \cdot r + w_1^2} = \sqrt{\eta_S} \cdot \sqrt{2 \cdot \Delta h_S \cdot r + w_1^2}$$

$\sqrt{\eta_S}$ siehe Abschnitt 4.5.3 (Bild 4.73) Schaufelverlustzahl

4.5.2.2 Energieumwandlung im axialen Laufrad

In axialen Laufrädern kann die Eintrittsenergie nach dem Gleichdruck- und nach dem Überdruckverfahren umgewandelt werden. Gleichdruck-Wasserturbinen sind die Freistrahlturbinen, die man als Axialturbinen anspricht, obwohl sie eigentlich Tangentialturbinen sind. Mit Überdruckwirkung arbeiten die Kaplan-Turbinen. Gleichdruck-Dampfturbinen oder Aktionsturbinen haben *de Laval* und *Zoelly* entwickelt, Überdruck- oder Reaktionsturbinen gehen auf die Erfindung von *Parsons* zurück.

Gleichdruckturbinen können mit Teilbeaufschlagung betrieben werden, d. h., nur ein Teil des Laufradumfanges wird von den Strahlen des aus den Leitkanälen austretenden Arbeitsmediums getroffen. Teilbeaufschlagung wird nötig bei kleinem Volumenstrom, also gegebenenfalls auch bei Teillast, oder bei großer Fallhöhe. Sie wird verwirklicht durch Besetzung nur eines Teils des Radumfangs mit Leitapparaten oder durch Abschaltung einzelner Leitapparate oder ganzer Leitapparatgruppen während des Betriebes. Teilbeaufschlagung ermöglicht eine Vergrößerung des Raddurchmessers. Wasserturbinen können daher auch bei großen Fallhöhen einstufig ausgeführt werden, im Gegensatz zu Flüssigkeitspumpen, die bei großen Förderhöhen mehrstufig gebaut werden müssen, weil Pumpenräder nicht partiell beaufschlagt werden können.

Bezüglich der Energieumwandlung in den Laufrädern axial durchströmter Kraftmaschinen gilt dasselbe, was bereits für Radialräder ausgeführt wurde. Zu beachten ist, dass bei Kaplan-Turbinen infolge Verdrehung der Laufschaufeln die Winkel β_1 und α_2 nicht konstant sind. Allgemein jedoch wird (Bild 4.75)

$$c_1 \cdot \cos\alpha_1 - c_2 \cdot \cos\alpha_2 = w_1 \cdot \cos\beta_1 + w_2 \cdot \cos\beta_2$$

$$Y_{\text{Sch}} = u\left(c_{1\text{u}} - c_{2\text{u}}\right) = u\left(w_{1\text{u}} - w_{2\text{u}}\right) = u \cdot \sum w_{\text{u}} \tag{4.121}$$

$$u = \pi \cdot d_{\text{m}} \cdot n$$

Der mittlere Raddurchmesser d_m lässt sich mithilfe der Schnelllaufzahl u/c_1 finden. Dabei ist Index D für Düse (Leitvorrichtung) und Index S für Schaufel (Laufrad).

Bei Gleichdruckrädern ist $r = 0$ und

$$c_1 = \sqrt{\eta_\text{D}} \cdot \sqrt{2 \cdot g \cdot H_0} = \sqrt{\eta_\text{D}} \cdot \sqrt{2 \cdot \Delta h_\text{S}}$$

$$w_2 = \sqrt{\eta_\text{S}} \cdot w_1$$

Bei Überdruckrädern in mehrstufigen Dampfturbinen ist

$$c_1 = \sqrt{\eta_\text{D}} \cdot \sqrt{2 \cdot g \cdot H_0 (1-r) + c_2^2} = \sqrt{\eta_\text{D}} \cdot \sqrt{2\, \Delta h_\text{S} (1-r) + c_2^2}$$

c_2 Austrittsgeschwindigkeit der vorhergehenden Stufe

$$w_2 = \sqrt{\eta_S} \cdot \sqrt{2 \cdot g \cdot H_0 \cdot r + w_1^2} = \sqrt{\eta_S} \cdot \sqrt{2\,\Delta h_S \cdot r + w_1^2}$$

Mit r = 0,5 werden

$w_2 = c_1 \quad \alpha_1 = \beta_2 \quad \eta_D = \eta_S$

$c_2 = w_1 \quad \beta_1 = \alpha_2 \quad h_{Le} = h_{La}$ (s. Abschn. 4.5.3)

4.5.3 Verluste, Wirkungsgrade, Leistungsbegriffe

Wie bereits in Abschnitt 4.5.2 erwähnt, ist die spezifische Schaufelarbeit oder Umfangsarbeit (bei Axialrädern) um die in Leitapparat und Laufrad auftretenden Verluste kleiner als das am Eintritt der Turbine zur Verfügung stehende Energiegefälle, siehe Formel 4.110.

Der Leitapparatverlust wurde bereits mit Formel 4.115 abgeleitet. Der Verlust beim Durchströmen der Laufschaufelkanäle, hervorgerufen durch Wandreibung, innere Reibung, Umlenkung und Stöße, ist für Gleichdruck

$$h_{La} = \frac{w_1^2}{2} - \frac{w_2^2}{2} \tag{4.122}$$

Bei Gleichdruck zudem

$$w_2 = \sqrt{\eta_S} \cdot w_1$$

$\sqrt{\eta_S}$ Geschwindigkeitszahl für Schaufelkanäle, Schaufelverlustzahl (Anhalt s.Bild 4.73)

und

$$h_{La} = \frac{w_1^2}{2}\left(1 - \sqrt{\eta_S}\right) = \frac{w_2^2}{2}\left(\frac{1}{\eta_S} - 1\right) \tag{4.123}$$

Wenn bei Überdruckturbinen der Reaktionsgrad r = 0,5 gewählt wird, wie es bei Überdruckdampfturbinen der Fall ist, wird $w_2 = c_1$ und $h_{La} = h_{Le}$; Formel 4.115.

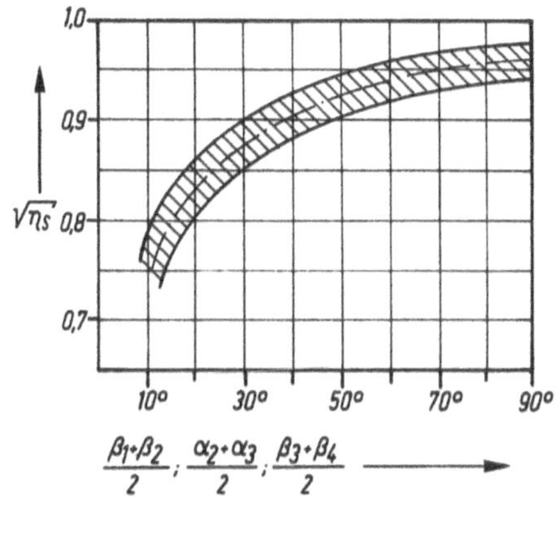

β_1, β_2 Schaufelwinkel der Laufschaufeln
α_2, α_3 Schaufelwinkel der Umlenkschaufeln, 2-C-Rad
β_3, β_4 Schaufelwinkel der 2. Laufschaufelreihe, 2-C-Rad

Bild 4.73
Geschwindigkeitszahl $\sqrt{\eta_S}$ (Schaufelverlustzahl) in Abhängigkeit von den Schaufelwinkeln

Der Austrittsverlust (spezifischer Wert)

$$h_A = c_2^2/2 \tag{4.124}$$

entsteht, weil das Arbeitsmedium das Laufrad mit der Austrittsgeschwindigkeit c_2 verlässt. Die ungenutzte kinetische Energie $c_2^2/2$ geht in den saugrohrlosen Freistrahlturbinen und bei einstufigen Dampfturbinen restlos verloren. In den diffusorartigen Saugrohren der Francis- und Kaplan-Turbinen, in denen der Wasserstrom von c_3 auf c_4 verzögert wird, kann bei einem Diffusorwirkungsgrad η_d = 0,7 - 0,85 der Anteil $\eta_d \cdot c_2^2/2$ zurückgewonnen werden. Entsprechend auch angewendet bei Dampf- und Gasturbinen. Dies ist besonders bei deren hohen Ausströmgeschwindigkeiten erforderlich, um die zur Fluidabführung notwendige Abströmenergie (Verlust!) zu verringern. Wegen der geringen Dichte ergeben sich hier große Volumenströme $\dot{V} = \dot{m}/\varrho$. Zum Erreichen noch verwirklichbarer Querschnitte $A = \dot{V}/c_2$ sind hohe Geschwindigkeiten notwendig. Es ist

$$h_A = (1-\eta_d)c_2^2/2 \tag{4.125}$$

Dann gilt für alle Strömungskraftmaschinen

$$\begin{aligned} Y_{Sch} &= g \cdot H_0 - (h_{Le} + h_{La} + h_A) \\ &= \Delta h_S - (h_{Le} + h_{La} + h_A) \end{aligned} \tag{4.126}$$

In mehrstufigen Dampfturbinen kann die kinetische Austrittsenergie der vorhergehenden Stufe im Leitapparat der nachfolgenden Stufe zurückgewonnen, d. h. genutzt werden, wenn der Spalt zwischen Laufrad und nachfolgendem Leitapparat klein ist. Die Austrittsgeschwindigkeit c_2 der vorausgegangenen Stufe ist dann gleich der Eintrittsgeschwindigkeit c_E der nachfolgenden Stufe, und die Austrittsgeschwindigkeit c_1 aus dem Leitapparat wird gemäß Formel 2.60:

$$c_1 = \sqrt{\eta_D} \cdot \sqrt{c_E^2 + 2 \cdot \Delta h_S (1-r)} \tag{4.127}$$

Das Verhältnis der spezifischen Schaufelarbeit zum theoretisch verfügbaren Energiegefälle bezeichnet man als Umfangswirkungsgrad.

Gleichdruck:

$$\eta_u = \frac{Y_{Sch}}{\Delta h_S} = \frac{Y_{Sch}}{g \cdot H_0} = \frac{u(w_{1u} + w_{2u})2 \cdot \eta_D}{c_1^2}$$

nach Bild 4.75

$$w_{1u} = c_{1u} - u = c_1 \cdot \cos\alpha_1 - u$$

bei α_2 = 90° wobei meist $\beta_2 \approx \beta_1$

$$w_{2u} = w_2 \cdot \cos\beta_2 = \sqrt{\eta_S} \cdot w_1 \cdot \cos\beta_2 = \sqrt{\eta_S}\,(c_1 \cdot \cos\alpha_1 - u)\frac{\cos\beta_2}{\cos\beta_1}$$

$$\eta_u = 2\cdot\eta_D \frac{u}{c_1^2}\left[c_1\cdot\cos\alpha_1 - u + \sqrt{\eta_S}\left(c_1\cdot\cos\alpha_1 - u\right)\frac{\cos\beta_2}{\cos\beta_1}\right]$$

$$\eta_u = 2\cdot\eta_D \frac{u}{c_1}\left(1+\sqrt{\eta_S}\frac{\cos\beta_2}{\cos\beta_1}\right)\left(\cos\alpha_1 - \frac{u}{c_1}\right) \tag{4.128}$$

Bei **Überdruck** ist

$$\Delta h_S = \Delta h_{S,Le} + \Delta h_{S,La}$$

und bei $r = 0{,}5$ und axialer Durchströmung ($w_2 = c_1$; $\eta_S \approx \eta_D$)

$$\Delta h_S = 0{,}5\left(\frac{c_1^2}{\eta_D} - c_2^2\right) + 0.5\left(\frac{w_2^2}{\eta_S} - w_1^2\right) = \frac{c_1^2}{\eta_D} - w_1^2$$

weiter mit Kosinussatz

$$\Delta h_S = \frac{c_1^2}{\eta_D} - \left(c_1^2 + u^2 - 2uc_1\cos\alpha_1\right) = \frac{c_1^2}{\eta_D} - c_1^2 + u\left(2c_1\cos\alpha_1 - u\right)$$

$$Y_{Sch} = u\left(w_{1u} + w_{2u}\right) = u\left(2c_1\cos\alpha_1 - u\right)$$

(Bild 4.75)

$$w_{1u} = c_1\cos\alpha_1 - u$$

$$w_{2u} = w_2\cos\beta_2 = c_1\cos\alpha_1$$

$$\eta_u = \frac{Y_{Sch}}{\Delta h_S} = \frac{u\left(2c_1\cos\alpha_1 - u\right)}{c_1^2\left(\frac{1}{\eta_D} - 1\right) + u\left(2c_1\cos\alpha_1 - u\right)}$$

$$\eta_u = \frac{\frac{u}{c_1}\left(2\cos\alpha_1 - \frac{u}{c_1}\right)}{\frac{1}{\eta_D} - 1 + \frac{u}{c_1}\left(2\cos\alpha_1 - \frac{u}{c_1}\right)} \tag{4.129}$$

Aus jedem dieser Ausdrücke lässt sich entnehmen, dass die Energieausbeute im Laufrad außer von Konstruktionsgrößen nur von u/c_1 und dem Reaktionsgrad abhängig ist. Der Geschwindigkeitsquotient u/c_1 gilt deshalb als eine wichtige Kenngröße und wird Laufzahl genannt (Fehler! Verweisquelle konnte nicht gefunden werden.).

Wie in jeder Strömungsmaschine drehen sich auch die Laufräder von Strömungskraftmaschinen mit ihren Radscheiben in einem Arbeitsmedium, das nicht an der

Energieumwandlung teilnimmt, wodurch jedoch die an das Laufrad übertragene spezifische Schaufelarbeit um den sog. Radreibungsverlust gemindert wird. Der Radreibungsverlust wird empirisch bestimmt und als Leistungsgröße P_R angegeben.

Allgemein:

$$P_R = k \cdot \varrho_m \cdot d_1^2 \cdot u_1^3 \cdot 10^{-6} \tag{4.130}$$

in kW mit Reibungsverlust-Faktor k (Erfahrungswert):
k = 0,81 - 0,89 für Flüssigkeiten
k = 0,74 - 0,88 für Heißdampf
k = 0,96 - 1,10 für Sattdampf
ϱ_m in kg/m³ (mittlere Dichte), d in m und u in m/s

Nach neuesten Erkenntnissen gilt auch hier Formel 4.17 mit entsprechenden Indizes.

$$h_R = \frac{P_R}{\dot{m}} \tag{4.131}$$

Für die Berechnung des Radreibungsverlustes bei Gas- und Dampfturbinen verwendet man auch die Formel von *Keller*

$$P_R = 0{,}513 \cdot \varrho_m \cdot d_m^{4,6} \cdot n^{2,8} \cdot \nu^{0,2} \tag{4.132}$$

in W mit ϱ_m in kg/m³, d_m in m, n in s^{-1} und kinematische Viskosität ν in m²/s

Dazu dann

$$h_R = \frac{P_R}{\dot{m}} = \frac{0{,}513 \cdot \varrho_m \cdot d_m^{4,6} \cdot n^{2,8} \cdot \nu^{0,2}}{\dot{m}}$$

in m²/s² mit $\dot{m}$ in kg/s

Bei Teilbeaufschlagung tritt vor allem in Gas- und Dampfturbinen infolge Wirbelung des Arbeitsmediums in den nichtbeaufschlagten Laufschaufelkanälen eine Ventilatorwirkung (Energieverbrauch!) auf, die einen Ventilationsverlust verursacht. Mit dem Beaufschlagungsgrad ε ist

$$P_V = 0{,}73 \cdot \varrho_m (1-\varepsilon) l_m^{1,5} \cdot d_m^{3,8} \cdot n^{2,8} \cdot 10^{-2} \tag{4.133}$$

in kW mit ϱ_m in kg/m³, mittlere Schaufellänge l_m in m, d_m in m und n in s^{-1}

$$h_V = \frac{P_V}{\dot{m}} \tag{4.134}$$

Spaltverluste treten dort auf, wo zwischen rotierendem Läufer und fest stehendem Gehäuse Spalt- oder Labyrinthdichtungen Räume verschiedenen Druckes gegeneinander abdichten. Der sich durch Spalte oder Labyrinthe hindurchzwängende Massenstrom $\dot{m}_S$ gibt an die Maschine keine Nutzenergie ab und verursacht daher einen Verlust. Dieser Verlust-Massenstrom wird nach den Gesetzen der Strömungslehre ermittelt. Der Spaltverlust ist dann

$$h_S = \frac{\dot{m}_S}{\dot{m}} \cdot Y_{Sch} \tag{4.135}$$

Der Spaltverlust wird bei Wasserturbinen häufig auch durch den Liefergrad (volumetrischen Wirkungsgrad) η_V erfasst. Es ist

$$h_S = \left(\frac{1}{\eta_V} - 1 \right) \cdot Y_{Sch} \tag{4.136}$$

und

$$P_e = \left(\dot{V} \cdot \eta_V \cdot \varrho \cdot g \cdot H_0 \cdot \eta_u - P_R \right) \cdot \eta_m \tag{4.137}$$

$\dot{m}$ bzw. $\dot{V}$ ist in jedem Falle der Arbeitsmitteldurchsatz durch die Strömungskraftmaschine.

Infolge der Radreibungs-, Ventilations- und Spaltverluste verbleibt von der spezifischen Schaufelarbeit nutzbar an der Maschinenwelle

$$Y_i = Y_{Sch} - h_R - h_V - h_S \tag{4.138}$$

Der innere Wirkungsgrad der Strömungskraftmaschinen ist dann

$$\eta_i = \frac{Y_i}{\Delta h_S} = \frac{Y_i}{g \cdot H_0} \tag{4.139}$$

Mit dem mechanischen Wirkungsgrad, der die mechanischen Reibungsverluste der Welle in den Lagern erfasst, wird der effektive Wirkungsgrad

$$\eta_e = \eta_i \cdot \eta_m$$

Anhalt $\eta_m = 0{,}95 - 0{,}99$

und die effektive Kupplungsleistung

$$P_e = \dot{m} \cdot g \cdot H_0 \cdot \eta_e = \dot{V} \cdot \varrho \cdot g \cdot H_0 \cdot \eta_e = \dot{m} \cdot \Delta h_S \cdot \eta_e = \dot{m} Y_i \eta_m \tag{4.140}$$

4.5.4 Kenngrößen von Strömungskraftmaschinen

Die in Abschnitt 4.4.1.1 aus den Ähnlichkeitsbeziehungen abgeleiteten Kenngrößen spezifische Drehzahl n_y, Radformzahl σ und spezifischer Durchmesser δ ermöglichen es auch bei Strömungskraftmaschinen, die aus Modellmaschinen gewonnenen Versuchsergebnisse auf ähnliche Maschinen zu übertragen.

$$\eta_y = n\frac{\dot{V}_m^{0,5}}{(g\cdot H_0)^{0,75}} = n\frac{\dot{V}_m^{0,5}}{\Delta h_S^{0,75}}$$

$$\sigma = 2\sqrt{\pi}\; n\frac{\dot{V}_m^{0,5}}{(2\cdot g\cdot H_0)^{0,75}} = 2\sqrt{\pi}\; n\frac{\dot{V}_m^{0,5}}{(2\cdot \Delta h_S)^{0,75}}$$

für Radialturbinen (bei schräger Schaufeleintrittskante: $d_1 = d_{1a}$)

$$\delta = \frac{\sqrt{\pi}}{2}d_1\frac{(2\cdot g\cdot H_0)^{0,25}}{\dot{V}_m^{0,5}}$$

für axiale Dampfturbinen

$$\delta = \frac{\sqrt{\pi}}{2}d_m\frac{(2\cdot \Delta h_S)^{0,25}}{\dot{V}_m^{0,5}}$$

Bei Gas- und Dampfturbinen für den mittleren Volumenstrom gesetzt

$$\dot{V}_m = \frac{\dot{V}_1 + \dot{V}_2}{2} = \dot{m}\frac{v_1 + v_2}{2}$$

Der optimale mittlere Laufraddurchmesser von axial durchströmten Dampfturbinen lässt sich außer mit δ auch über die Schnelllaufzahl u/c_1 finden. Für verschiedene Laufzahlen u/c_1 wird der innere Wirkungsgrad η_i ermittelt und als Kurve über dem mittleren Laufraddurchmesser aufgetragen. Das Maximum der Kurve gibt den optimalen mittleren Laufraddurchmesser.

Anstelle der Druckzahl $\psi = 2\cdot g\cdot H/u_2^2$, die bei Kreiselpumpen und Kreiselverdichter Verwendung findet, arbeitet man im Wasserturbinenbau lieber mit der Laufzahl $1/\sqrt{\psi}$, welche die Zusammenhänge zwischen Umfangsgeschwindigkeit, Laufradeintrittsgeschwindigkeit und Reaktionsgrad wiedergibt. Die Laufzahl ähnelt in ihrem Anwendungsbereich also der Schnelllaufzahl der Dampfturbinen.

Aus

$$c_1 = \sqrt{\eta_D}\cdot\sqrt{2\cdot g\cdot H_0(1-r)}$$

und für drallfreien Austritt

$$Y_{Sch} = u_1\cdot c_1\cdot\cos\alpha_1 = g\cdot H_0\cdot\eta_u$$

wird

$$2 \cdot g \cdot H_0 \cdot \eta_u = 2 \cdot u_1 \cdot \sqrt{\eta_D} \cdot \sqrt{2 \cdot g \cdot H_0} \cdot \sqrt{1 - r \cdot \cos\alpha_1}$$

$$\frac{u_1}{\sqrt{2 \cdot g \cdot H_0}} = \frac{\eta_u}{\sqrt{\eta_D} \cdot \cos\alpha_1} \cdot \frac{1}{2} \cdot \frac{1}{\sqrt{1-r}} \approx \frac{1}{2 \cdot \sqrt{1-r}} \tag{4.141}$$

die Laufzahl ist

$$\frac{u_1}{\sqrt{2 \cdot g \cdot H_0}} = \frac{1}{\sqrt{\psi}} = \frac{1}{2 \cdot \sqrt{1-r}}$$

da

$$\frac{\eta_u}{\sqrt{\eta_D} \cdot \cos\alpha_1} \approx 1$$

Für die Stufe der axial durchströmten Gleichdruck- und Überdruck-Dampfturbinen schlägt *Pfleiderer* die Laufzahl (da $g \cdot H_0 = \Delta h_S$)

$$\frac{1}{\sqrt{\psi}} = \frac{u}{\sqrt{2 \cdot \Delta h_S}} = (0{,}38 \ldots 0{,}47)(1 + 0{,}8\, r)$$

vor. Die kleineren Zahlenwerte geben für kleine Turbinen, und die größeren für große Turbinen die besten Wirkungsgrade.

Im Wasserturbinenbetrieb findet man, vor allem zur Darstellung der Kennfelder, häufig noch die aus den Affinitätsgesetzen abgeleiteten Einheitswerte, die aber trotz ihres Namens nicht die Einheit 1 haben.

Einheitsdrehzahl

$$n_1' = n \frac{d}{(g \cdot H_0)^{0,5}} \tag{4.142}$$

Einheitsdurchfluss

$$\dot{V}_1' = \frac{\dot{V}}{(g \cdot H_0)^{0,5} \cdot d^2} \tag{4.143}$$

Einheitsleistung

$$P_1' = \frac{P}{(g \cdot H_0)^{1,5} \cdot d^2} \tag{4.144}$$

In diesen Gleichungen ist bei Radialturbinen d_{1a} für d und bei Axialturbinen d_m für d zu setzen.

Zahlenwerte für Kenngrößen von Wasserturbinen enthält Bild 4.74.

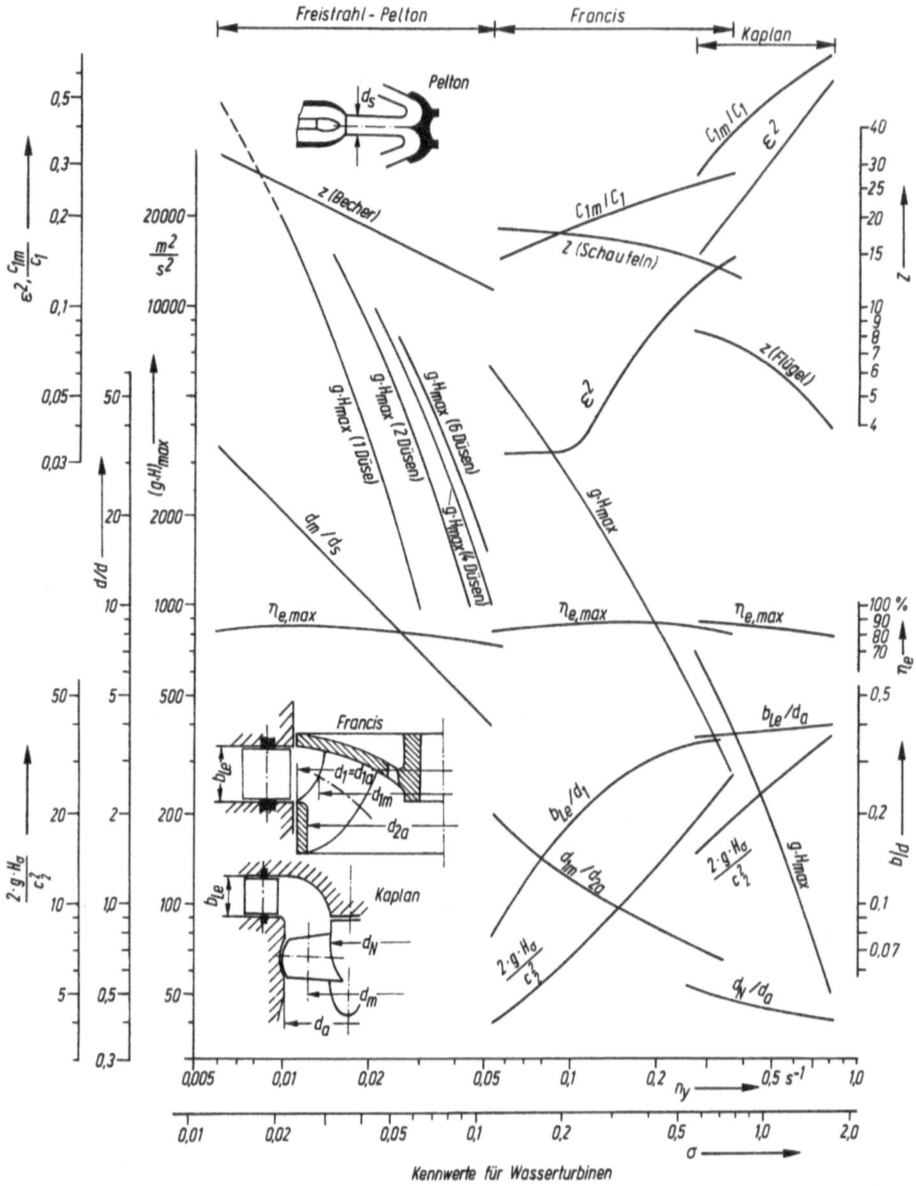

Bild 4.74 Kennwerte von Wasserturbinen

Der Dampfturbinenbau verwendet anstelle der Druckzahl Ψ lieber die Leistungszahl λ, und anstelle der Lieferzahl φ die Durchsatzzahl φ'. Es wird definiert

$$\lambda = \frac{Y_{\mathrm{Sch}}}{u^2/2} = \frac{\eta_{\mathrm{u}}}{\eta_{\mathrm{D}}(1-r)}\left(\frac{c_1}{u}\right)^2 \tag{4.145}$$

$$\varphi' = \frac{c_{1\mathrm{m}}}{u} \tag{4.146}$$

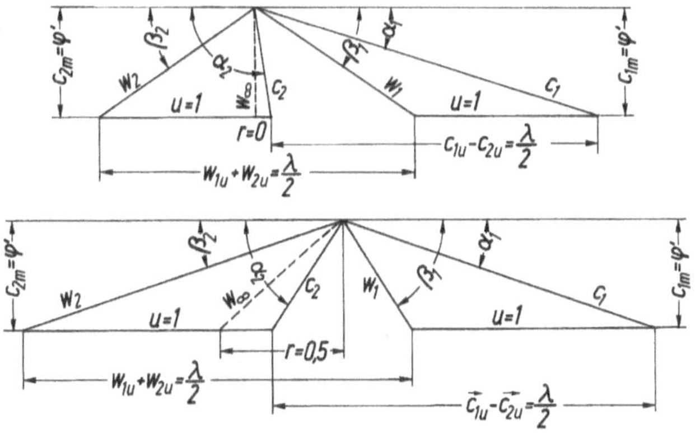

Bild 4.75 Einheits-Geschwindigkeitspläne (u = 1): a) für Gleichdruckturbinen (r = 0); b) für Überdruckturbinen (r = 0,5)

Zwischen diesen Kenngrößen und den Winkeln der Geschwindigkeitspläne lassen sich unter Zugrundelegung der Einheitsdreiecke (Bild 4.75) folgende Zusammenhänge finden:

$$\cot\alpha_1 = \frac{1}{\varphi'}\left(\frac{\lambda}{4}+1-r\right)$$

$$\cot\beta_1 = \frac{1}{\varphi'}\left(\frac{\lambda}{4}-r\right)$$

$$\cot\alpha_2 = \frac{1}{\varphi'}\left(\frac{\lambda}{4}-1+r\right)$$

$$\cot\beta_2 = \frac{1}{\varphi'}\left(\frac{\lambda}{4}+r\right)$$

r Reaktionsgrad

Tabelle 4.1 Kennwerte von Dampfturbinen (2-C-Rad: 1. Stufe Index 1; 2. Stufe Index 2)

	Gleichdruckstufe	2-C-Rad	Überdruckstufe
u/c_1	0,42 - 0,49	0,23 - 0,25	0,7 - 0,9
$1/\sqrt{\psi}$	0,38 - 0,47	0,19 - 0,23	0,55 - 0,7
λ	3,5 - 5,0	λ_1 = 12,5 - 15,0 λ_2 = 3,0 - 4,5	2,0 - 3,5 (- 6)
$\Delta h_{S,max}$	200 kJ/kg	600 kJ/kg	100 kJ/kg
α_1	14° - 17°	16° - 20°	18° - 22° (- 45°)
β_2	20° - 30°	20° - 25°	$= \alpha_1$
α_3	-	24° - 33°	-
β_4	-	30° - 45°	-
r	0	0 - 0,15 r_1 = 0 - 0,05 r_u = 0 - 0,06 r_2 = 0,03 - 0,12	0,5
φ'	0,45 - 0,7	φ_1' = 1,1 - 1,5 φ_2' = 0,5 - 0,7	0,32 - 0,55 (- 0,8)

Bei den durchweg axial durchströmten Dampfturbinen ist es nicht zweckmäßig, die Kennwerte in Abhängigkeit von den Radform-Kenngrößen anzugeben. Dies deshalb, weil Dampfturbinenstufen voll- und teilbeaufschlagt sein können. Kennwerte von Dampfturbinen enthält Tabelle 4.1.

4.5.5 Wasserturbinen

Wasserturbinen nutzen die Gefälleenergie des Wassers aus. Ihre Wirkungsweise zerfällt in zwei Vorgänge:

1. Erzeugung von Geschwindigkeit und
2. Umsetzung der Geschwindigkeitsenergie im Laufrad in Nutzarbeit an der Welle.

Die Erzeugung der Wassergeschwindigkeit erfolgt entweder in feststehenden Düsen, im Laufrad selbst oder zum Teil in feststehenden Düsen und zum Teil im Laufrad.

Die Verschiedenheit der Turbinenbauarten ergibt sich aus der Mannigfaltigkeit der in der Natur angebotenen Wasserkräfte.

4.5.5.1 Francis-Turbine

Vom Oberwasser (OW) fließt das Wasser in der Turbine zunächst in radialer Richtung von außen nach innen durch den Leitschaufelkranz *A*, der von der Reglerwelle *R* aus über den Stellring *St* verstellbar ist und zur Regelung des Durchflussquerschnitts (gewollte Leistungsanpassung) dient, gleichzeitig jedoch auch ungewollt den Drall ändert. Das Wasser durchströmt dann das Laufrad *B* der Turbine, wobei es von der radialen in die axiale Richtung umgelenkt wird. Hinter der Turbine strömt es durch einen Diffusor *S*, hier auch **Saugrohr** genannt, in das Unterwasser (UW) (Bild 4.76).

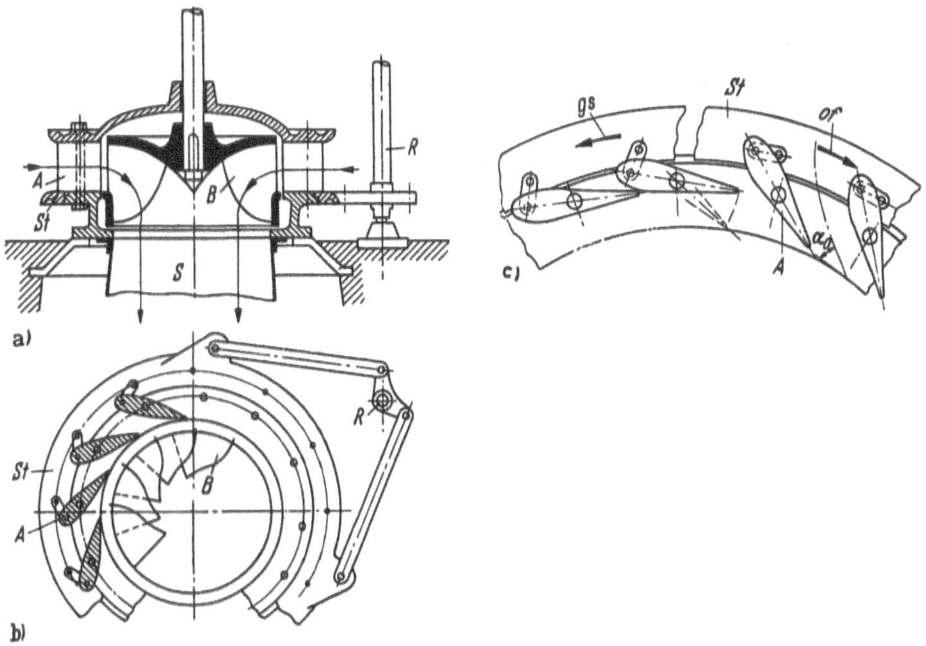

gs geschlossen
of geöffnet
A Leitschaufeln
B Laufrad
St Stellring
R Reglerwelle

Bild 4.76 Francis-Turbine (Turbine mit Überdruck oder Reaktion), Schema: a) Längsschnitt, b) Querschnitt, c) Leitschaufelstellungen

Die Francis-Turbine ist eine Turbine mit Reaktion (Überdruck), denn die Schaufelkanäle sind sowohl im Leitrad als auch im Laufrad düsenartig konvergent, und in beiden wird Druckenergie in Geschwindigkeitsenergie umgesetzt. Im Besonderen ist im Laufrad $w_2 > w_1$, daher $p_1 > p_2$, d.h. im Spalt zwischen Leitrad und Laufrad herrscht Überdruck (Spaltdichtung erforderlich).

Das Wasser tritt mit der Relativgeschwindigkeit w_1 und dem Schaufelwinkel β_1 in den Laufrad-Schaufelkanal ein. Die Umfangsgeschwindigkeit des Laufrades an dieser Stelle ist u_1, und w_1 ergibt sich durch vektorielle Subtraktion $\vec{c}_1 - \vec{u}_1$. Das Wasser muss so zwischen die Schaufeln des Laufrades geleitet werden, dass es parallel zu den Schaufelwänden einströmt, weil andernfalls zusätzliche Stoßverluste infolge innerer Staureibung auftreten.

Für stoßfreien Eintritt muss c_1 (die absolute Eintrittsgeschwindigkeit in das Laufrad) gleich c_{Le} (Austrittsgeschwindigkeit aus dem Leitrad) und $\alpha_1 = \alpha_{Le}$ sein. Im Laufrad wird das Wasser von w_1 auf w_2 beschleunigt und umgelenkt, wobei es Strömungskräfte auf die konkave Seite der Schaufeln ausübt. Am Austritt *2* aus dem Laufrad ergibt sich durch vektorielle Addition von w_2 und Umfangsgeschwindigkeit u_2 die absolute Austrittsgeschwindigkeit c_2, die im Idealfall radial gerichtet sein soll ($\alpha_2 = 90°$; drallfreie Abströmung). Die wirklichen Abweichungen von $\alpha_2 = 90°$ sind i.Allg. nicht groß, sodass die Umfangskomponente c_{2u} = null gesetzt werden kann. Bild 4.77 zeigt eine Francis-Turbine mit Spiralgehäuse und Bild 4.78 eine Francis-Turbine mit horizontaler Welle.

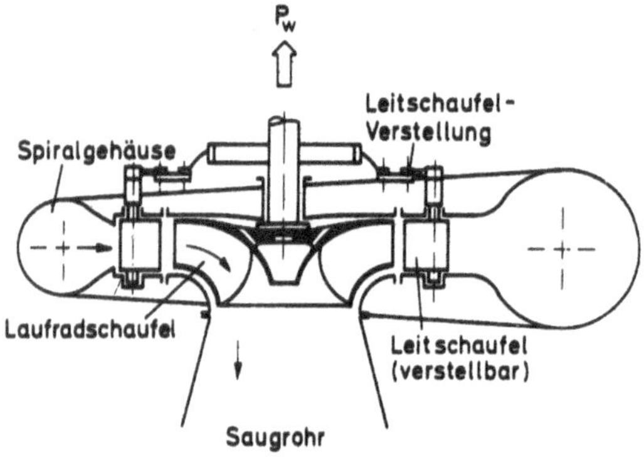

Bild 4.77
Francis-Turbine mit Spiralgehäuse
$n_q = 90\ \text{min}^{-1}$, $\sigma = 0{,}57$

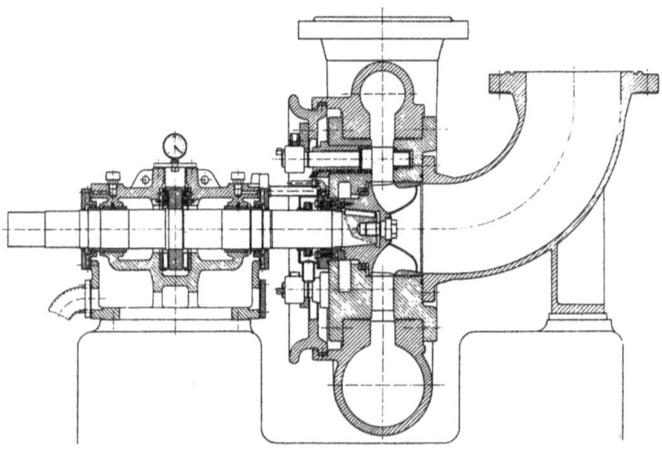

Bild 4.78 Schnitt durch eine Francis-Spiralturbine mit regulierbarem Leitapparat und kombiniertem Spur- und Führungslager *(Voith)*

Konstruktion und Bauarten

Nach Formel 4.141 ist

$$\frac{u_1}{\sqrt{2 \cdot g \cdot H_0}} \approx \frac{1}{2 \cdot \sqrt{1-r}}$$

und nach der Euler-Gleichung ist

$$g \cdot H_0 \sim u_1 \cdot c_1$$

Bild 4.79 gibt die Zusammenhänge wieder.

$$r = \frac{h_s}{h} = \frac{\text{Spaltdruckenergie}}{\text{Gesamtdruckenergie}}$$

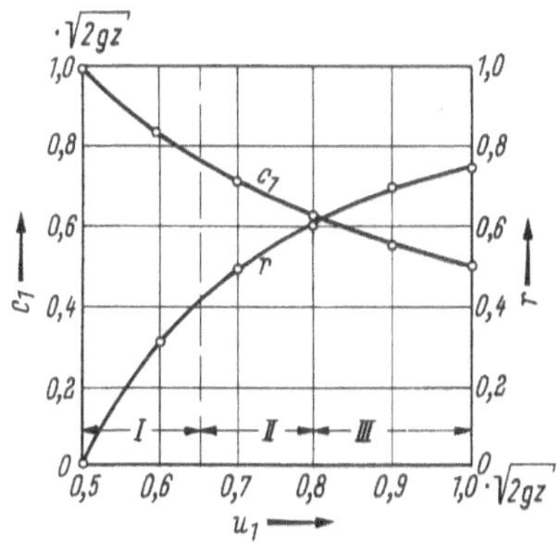

Bild 4.79
Wasser-Eintrittsgeschwindigkeit c_1 in den Läufer und Reaktionsgrad r über der Läufer-Umfangsgeschwindigkeit u_1

Je größer u_1 sein soll, umso mehr muss die Eintrittsgeschwindigkeit c_1 herabgesetzt werden, und umso größer wird der Überdruck p_s im Spalt. Mit steigendem Überdruck wird entsprechend c_1 kleiner und u_1 größer. Die Francis-Turbine lässt sich also bei gegebenem Gefälle ΔH in ziemlich weiten Grenzen mit verschiedenen Umfangsgeschwindigkeiten u_1 bauen und so an den Verbraucher (Generator) anpassen (hydraulische Anpassung).

4.5.5.2 Kaplan-Turbine

Die Kaplan-Turbine ist eine Propellerturbine mit verstellbaren Laufschaufelwinkeln. Jeder Flügel kann um seinen Radius gedreht und der durch Regelung veränderten Zuströmgeschwindigkeit weitgehend angepasst werden (Bild 4.80). Mit der Kaplan-Turbine werden deshalb gute Wirkungsgrade auch bei Teillast erzielt (keine Stoßverluste). Die Propellerflügel werden gewöhnlich hydraulisch verstellt und zwangsläufig mit der Leitschaufelverstellung durch den Regler gekoppelt.

Im Gegensatz zu der bei Francis-Turbinen üblichen Abdeckung der Schaufelaußenkanten durch ein Deckband sind die Schaufeln der Kaplan-Turbine außen nicht abgedeckt. Die durch ein Deckband erzielbare Herabsetzung der Spaltverluste ist bei flach gestellten Schaufeln nicht größer als die durch Oberflächenvergrößerung hinzukommende Reibungsarbeit. Des Weiteren würde die Befestigung eines Deckbandes die Verstellbarkeit der Schaufeln erschweren. Das Gehäuse um die Laufschaufeln wird häufig kugelig ausgebildet, damit die Spaltweite bei allen Schaufeleinstellungen gleich bleibt.

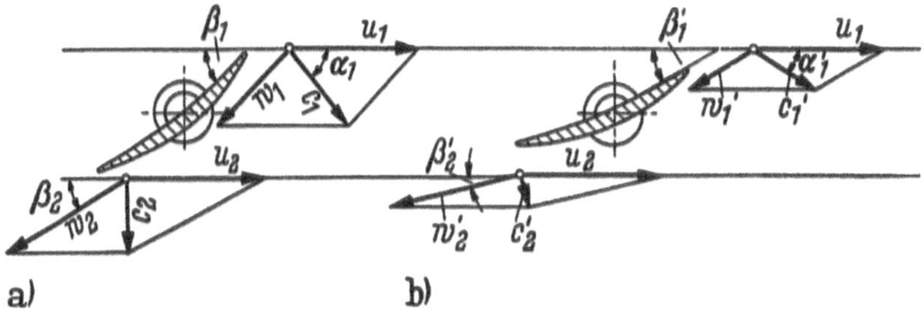

Bild 4.80 Kaplan-Laufschaufelverdrehung: a) für großen Durchsatz, b) für kleinen Durchsatz

Die Blattbreite der Schaufeln hängt von der spezifischen Schaufelbelastung und diese wieder vom Gefälle ab. Daher ist bei größeren Gefällen die Blattbreite größer als die Teilung, d. h. die Schaufeln überlappen einander.

Bild 4.81 zeigt das Schnittbild durch einen Kaplan-Maschinensatz mit achtflügeligem Laufrad. Vergleichsweise niedrige Drehzahlen (n < 1000 min^{-1}) sind bei allen Wasserturbinen-Ausführungen wegen Kavitationsgefahr notwendig.

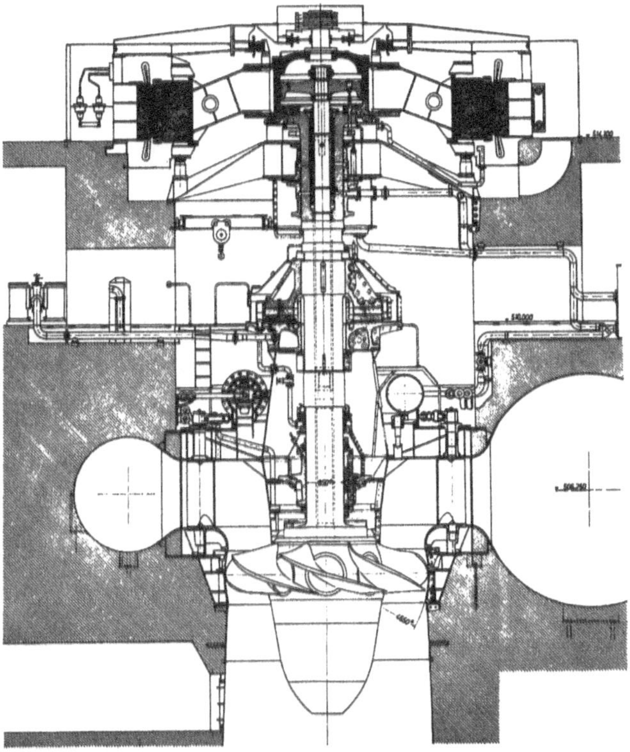

Nutzfallhöhe H_0 = 50 m | Drehzahl n = 163,6 min^{-1}
Durchsatz $\dot{V}$ = 150 m^3/s | Leistung P = 67 000 kW

Bild 4.81 Schnitt durch einen Maschinensatz mit achtflügeligem Kaplan-Laufrad *(Voith)*

Der Bau der heutigen großen Turbineneinheiten für Flusswerke wurde in konstruktiver Hinsicht überhaupt erst möglich, seit es gelang, Axiallager (Mitchel-Lager) zu bauen, die mit Sicherheit die gewaltigen Läufergewichte und Wasserdrücke aufnehmen können.

Bild 4.82 zeigt ein Flusskraftwerk mit einer Kaplan-Turbine, die einen äußeren Schaufeldurchmesser von 4,18 m hat. Bei einer Drehzahl von 1,82 s^{-1} und einem Gefälle von 6 m verarbeitet sie einen Durchsatz von 83 m^3/s.

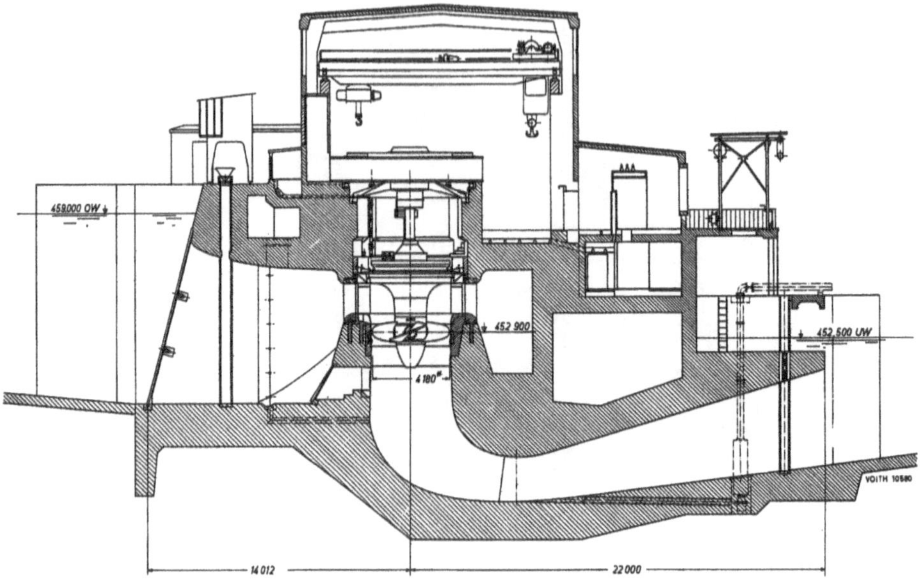

ΔH = 6 m
$\dot{V}$ = 83 m³/s

n = 1,82 s^{-1}
P = 4400 kW

Bild 4.82 Wasserkraftwerk Oberelchingen mit Voith-Kaplan-Turbine

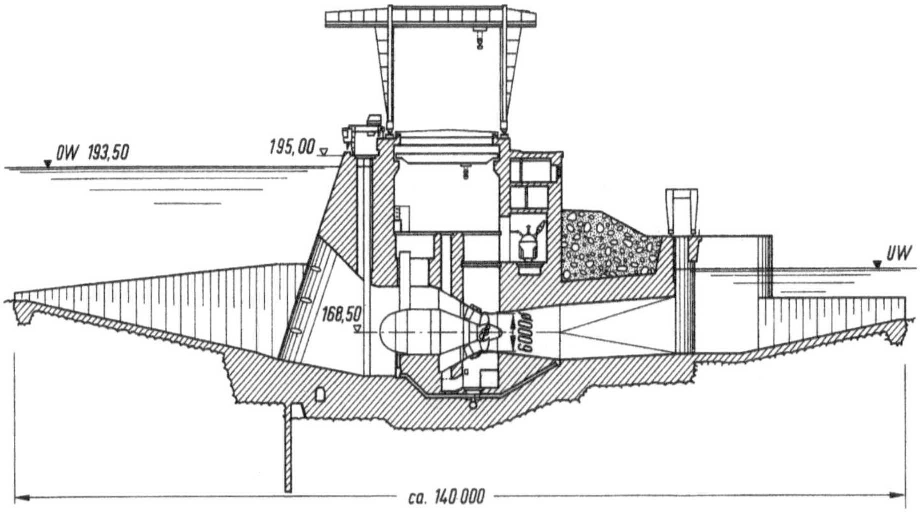

$\dot{V}$ = 335 m³/s
P = 41,2 MW

Bild 4.83 Wasserkraftwerk Altenwörth mit Rohrturbine (*Voith*)

Als Rohrturbinen werden die Kaplan-Turbinen mit schräger oder horizontaler Welle und halbaxialen Leitschaufeln gebaut (Bild 4.83). Wenn der Platz ausreicht, kann der Generator in der Nabe untergebracht werden. Andernfalls wird er durch ein Kegelradgetriebe mit der Turbinenwelle verbunden und außerhalb des Wassers angeordnet.

Wenn bei geschlossenen Wasserturbinen (Francis und Kaplan) der Eintrittsquerschnitt in die Einlaufspirale den Index E (Überdruck $p_{E,ü} = p_E - p_L$, da $p_A = p_{Luftdruck}$) und der Austrittsquerschnitt aus dem Saugrohr den Index A erhalten und die Ortshöhendifferenz zwischen mittlerer Turbinenachse und UW die Bezeichnung z erhält, ist die vom Wasser an die Maschine abgegebene Nutzenergie; Formel 2.56:

$$g \cdot H_0 = g \cdot z + \frac{p_{Eü}}{\varrho} + \frac{c_E^2 - c_A^2}{2} \qquad (4.147)$$

4.5.5.3 Laufradformen

Wie bereits in Abschnitt 4.4.5.3 bei den Kreiselpumpen dargelegt, haben auch die Wasserturbinen charakteristische Unterschiede in Laufradform und Beschaufelung, die durch die Radformkennzahlen n_y und σ in eine systematische Ordnung gebracht werden (Bild 4.84).

Der im Folgenden häufig benutzte Begriff der Schnellläufigkeit bezieht sich auf die spezifische Drehzahl n_y und nicht etwa auf die Betriebsdrehzahl.

Für alle Bauarten der Wasserturbinen gilt:

- Die Durchmesser d_1 bzw. d_m nehmen mit wachsender Schnellläufigkeit ab.
- Die Umfangskomponente c_{1u} (Freistrahl: $c_{1u} \approx 2 \cdot u_1$) nimmt mit wachsender Schnellläufigkeit ab, und u_1 entsprechend zu. n_y und σ nehmen zu, weil d_1 kleiner wird und c_{1u} abnimmt.
- Die absoluten Eintrittswinkel α_1 nehmen zu von $\alpha_1 \approx 0°$ (Freistrahl bei Pelton) bis $\alpha_1 \approx 67°$ (Kaplan).

Für Überdruck-Wasserturbinen gilt:

- Die Leitschaufelhöhe b_1 nimmt wegen größerwerdendem Durchsatz zu mit wachsender Schnellläufigkeit. Der schaufellose Zwischenraum zwischen Leitkanalaustritt und Laufradeintritt wird mit wachsender Schnellläufigkeit größer. Unter derselben Voraussetzung nimmt c_1 ab, d. h., ein immer größerer Teil des Nutzgefälledruckes verbleibt als Überdruck.
- Die Relativgeschwindigkeit w_1, durch welche die Strömungsverluste im Laufschaufelkanal bestimmt sind, nimmt zu. Daher führt man die Laufschaufeln in Strömungsrichtung mit wachsender Schnellläufigkeit immer kürzer aus (Verkleinerung von d_1).

Auch bei Kaplan-Turbinen werden die Schaufeltiefen (Profillängen) mit wachsender Schnellläufigkeit kürzer. Die Schaufelzahl wird kleiner, z. B.

$\sigma = 0{,}5 \quad z_S = 8$

$\sigma = 1{,}1 \quad z_S = 6$

$\sigma = 1{,}8 \quad z_S = 4$

Nur bei $z_S > 4$ Überdeckung.

Mit wachsender Schnellläufigkeit wird $d_{2a} = d_3$ kleiner, daher nimmt c_2 zu.

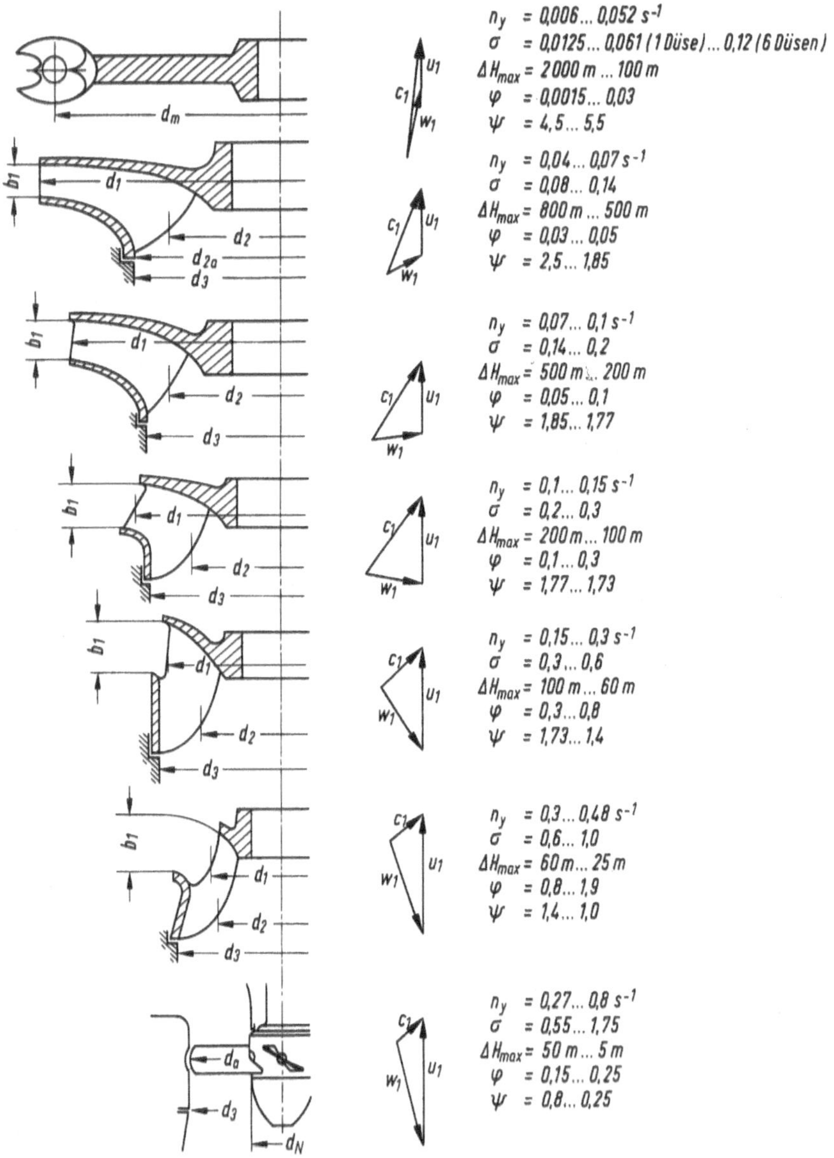

Bild 4.84 Laufradformen von Wasserturbinen und ihre Schnellläufigkeit

Infolge der höheren Austrittsgeschwindigkeiten c_2 bei Laufrädern mit größerer Schnellläufigkeit wird die kinetische Energie, die im Saugrohr (Turbinen-Abströmrohr) zurückgewonnen werden muss, größer. Daher müssen die Saugrohre bei Schnellläufern wesentlich länger ausgeführt werden als bei Langsamläufern.

Die mit wachsender Schnellläufigkeit zunehmende absolute Austrittsgeschwindigkeit c_2 hat, ermöglicht durch das Saugrohr, eine Abnahme des absoluten Druckes bzw. eine Zunahme des Unterdruckes am Laufradaustritt zur Folge. Daher sind die Laufschaufeln der Schnellläufer weit mehr kavitationsgefährdet als die der Langsamläufer.

4.5.5.4 Saugrohr

Zur Nutzbarmachung der kinetischen Austrittsenergie schließt sich an das Laufrad der Francis- und Kaplan-Turbinen ein in Strömungsrichtung erweitertes, gerades oder abgewinkeltes Saugrohr an, welches die Austrittsgeschwindigkeit von c_3 auf c_4 herabsetzt (Bild 4.85) und dadurch, wie zuvor erwähnt, gemäß Energiegleichung den Druck nach der Turbine herabsetzt.

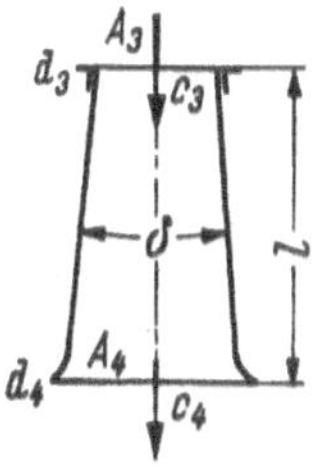

Bild 4.85 Saugrohr, konisch erweitert

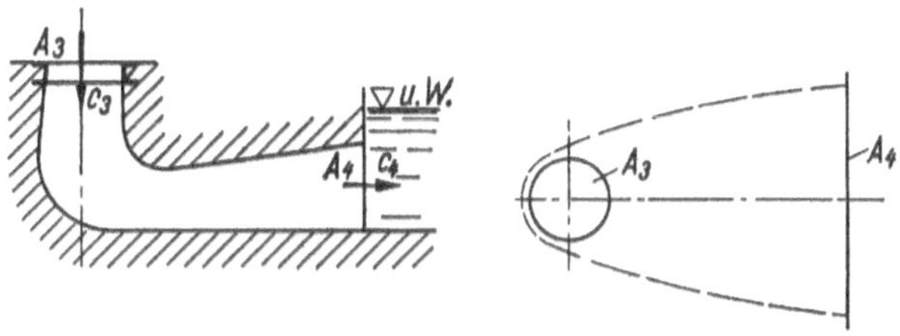

Bild 4.86 Gekrümmtes Saugrohr

Der tatsächliche Austrittsverlust ist nun nur noch

$$h_A = \frac{c_4^2}{2} \tag{4.148}$$

zuzüglich Diffusorverluste des Saugrohres. Zur Vermeidung von Ablösungen darf der Erweiterungswinkel des Saugrohres $\delta = 10°$ möglichst nicht überschreiten. Ausgeführt werden meist Neigungserweiterungen von 1 : 10 bis 1 : 20. Die dadurch erforderliche Länge des Diffusors zwingt häufig zur Abwinkelung des Saugrohres (Bild 4.86).

Neuerdings versucht man mithilfe von Grenzschichtabsaugung oder Abblasen der Grenzschicht kürzere Saugrohrlängen bei besseren Diffusorwirkungsgraden zu erreichen und hat bereits gute Versuchsergebnisse erzielt. Bild 4.87 zeigt den Größenvergleich eines normalen, abgewinkelten Saugrohres mit einem Saugrohr, bei dem durch einen porösen Diffusormantel die Grenzschicht abgesaugt wird.

Bei Vernachlässigung des Einflusses vom Höhenunterschied l, falls vorhanden, ergibt die Energiebilanz für den Diffusorwirkungsgrad (Ursache: Reibung und dadurch Dissipation)

$$\eta_d = \frac{p_4 - p_3}{\frac{\varrho}{2}\left(c_3^2 - c_4^2\right)} \tag{4.149}$$

Anhalt: η_d = 0,7 - 0,85

und ist die im Saugrohr zurückgewonnene spez. Energie

$$\eta_d \cdot \frac{c_3^2 - c_4^2}{2}$$

Sie wird in Druckenergie entsprechend p_4 - p_3 (Bild 4.85) umgewandelt. Da der Druck am Saugrohraustritt durch den äußeren Luftdruck bestimmt ist, entsteht am Austritt aus dem Laufrad ein Unterdruck, der das Nutzenergiegefälle der Turbine um einen Betrag vergrößert, der angenähert gleich der Differenz der kinetischen Energie zwischen Laufradaustritt und Unterwasserspiegel ist. Mithilfe eines Saugrohres ist es bei kleinen Höhengefällen sogar möglich, die Turbine über den Oberwasserspiegel zu setzen (Heberanordnung), ohne dass Nutzgefälle verloren geht.

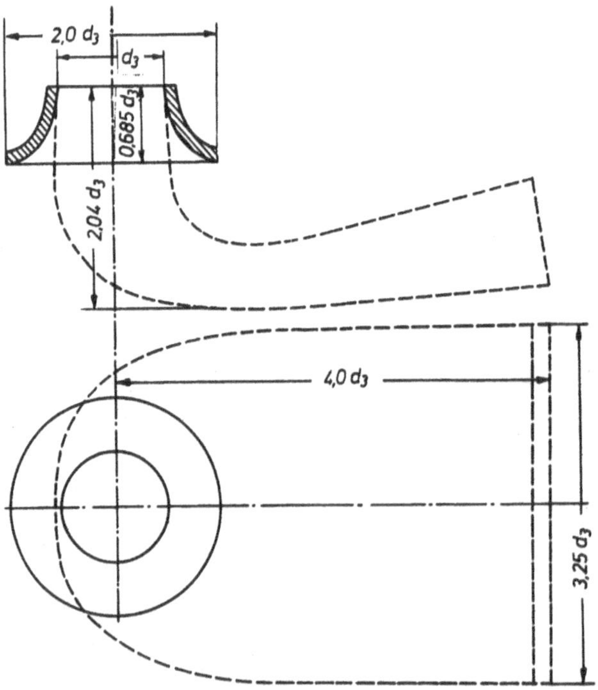

Bild 4.87
Vergleich der Abmessungen von normalem Saugrohr (gestrichelt) und Saugrohr mit Grenzschichtabsaugung (Volllinien)

Der fast immer vorhandene Austrittsdrall, der vor allem bei Abweichung der Beaufschlagung vom Auslegungszustand auftritt, verändert Größe und Richtung der absoluten Laufradaustrittsgeschwindigkeit c_2 und führt auch zu Umfangskomponenten im Saugrohr. Der theoretisch angenommene drallfreie Saugrohreintritt ist also selten vorhanden. Daher empfiehlt es sich, beim Entwurf von Saugrohren die Ergebnisse von Modelluntersuchungen zugrundezulegen.

Der absolute Druck im Saugrohreintritt ist aus Formel 4.149

$$p_3 = p_4 - \eta_d \frac{\varrho}{2}\left(c_3^2 - c_4^2\right) \tag{4.150}$$

Dieser Druck darf nicht so weit absinken, dass der Dampfdruck p_t des Wassers erreicht wird. Er darf sich ihm nicht einmal nähern, denn an den Schaufelwänden des Laufrades entstehen durch Trägheits- bzw. Zentrifugalkräfte zusätzliche dynamische Unterdrücke, die bei großen Gefällen bzw. Wassergeschwindigkeiten so erheblich sein können, dass allein durch sie der Verdampfungsdruck erreicht wird. Es entsteht dann die unerwünschte Kavitation. Mit zunehmendem Höhengefälle ΔH (Bild 4.69) ist Kavitation immer schwieriger zu vermeiden, denn mit dem nutzbaren Gefälle ΔH nehmen gemäß Energiegleichung die Strömungsgeschwindigkeiten und mit den Geschwindigkeiten die dynamischen Unterdrücke an den Schaufeln zu. Hinzu kommt, dass im Gebirge der äußere Luftdruck niedriger ist als in Seehöhe. In 2000 m Höhe z. B. ist $p_L \approx 800$ mbar.

4.5.5.5 Freistrahl-(Pelton-)Turbine

Die Pelton-Turbine wird für Gefällehöhen über rd. 500 m eingesetzt, wenn bei der Francis-Turbine die Kavitationsschwierigkeiten überhandnehmen.

Die Turbine besteht aus Düse und Laufrad (Bild 4.88). In der Düse wird das Nutzenergiegefälle $g \cdot H_0$ in Geschwindigkeitsenergie umgesetzt; aus Formel 2.56, sog. *Torricelli*- oder Ausfluss-Formel

$$c_0 = \sqrt{2 \cdot g \cdot H_0} \tag{4.151}$$

wobei H_0 aus Formel 4.112 mit ΔH die Höhe des Oberwassers (OW) über der Düse ist.

Im Gegensatz zur Francis-Turbine ist die Pelton-Turbine bei geringer Wassermenge nur teilbeaufschlagt, oft durch eine einzige Düse, bei größeren Wasserströmen auch durch zwei oder mehr Düsen. Mehr als zwei Düsen werden bei horizontaler Wellenlage nicht gebaut, weil das Abwasser auf das Laufrad zurückfallen würde und die Düsen dann höher über UW angeordnet werden müssten, wodurch die Verlusthöhe von Düse bis UW größer würde. Man zieht es stattdessen vor, zwei oder mehr Räder auf einer oder getrennter Welle zu setzen. Mit vertikaler Welle sind bis zu sechs Düsen auf ein Rad wirkend gebaut worden. Infolge der Teilbeaufschlagung kann ein Saugrohr nicht angewendet werden. Die (relativ geringe) Überhangshöhe $z_{ü}$ von der Düse bis Unterwasser UW (sog. Freihang) geht verloren.

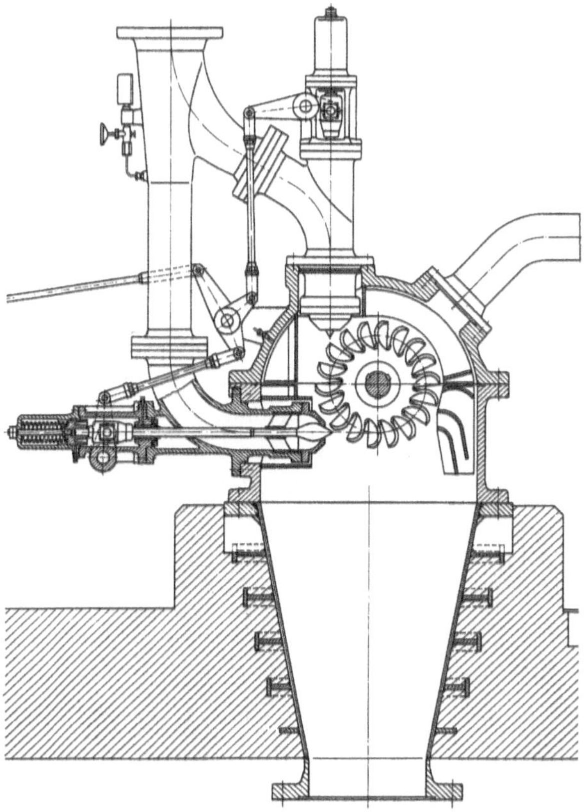

Bild 4.88 Schnitt durch eine Pelton-Turbine mit zwei regulierbaren Düsen ohne Strahlabweiser

Die vom Wasser an die Maschine abgegebene Nutzenergie ist dann nur noch

$$g \cdot H_0 = g \cdot \Delta H - h_w - g \cdot z_{ü}$$

$$h_w = \frac{c_d^2}{2} \sum \zeta_d$$

Index d: Druckleitung

Düse

Die Regulierung der Wassermenge erfolgt fast ausnahmslos durch eine axial verschiebbare Nadel n (Bild 4.89), mit welcher der freie Düsenquerschnitt verändert werden kann. Die Strahlrichtung bleibt dabei unverändert (Vorteil!).

Die Nadelbewegung darf nur langsam erfolgen, da sonst in der langen Hochdruckzuleitung gefährliche dynamische Überdrücke (Druckstöße, Hinweis auf [Sigloch 2021] im Schrifttumverzeichnis) entstehen können. Wenn andererseits die Turbine plötzlich entlastet würde, könnte sie noch während der Nadelbewegung durchgehen, d. h. wegen Werkstoffbelastung (Fliehkraft) unzulässige Überdrehzahlen erreichen. Um dies zu vermeiden, baut man noch einen schwenkbaren Strahlabweiser hinzu, der den Strahl solange vom Rad ganz oder teilweise ablenkt, bis die Nadel die neue Gleichgewichtslage gefunden hat. Eine Querschnittsverminderung verläuft also in der Reihenfolge

a) Ausgangsstellung,

b) Strahlanschnitt und Beginn der Nadelbewegung,

c) Ende der Nadelbewegung und Rückkehr des Strahlablenkers.

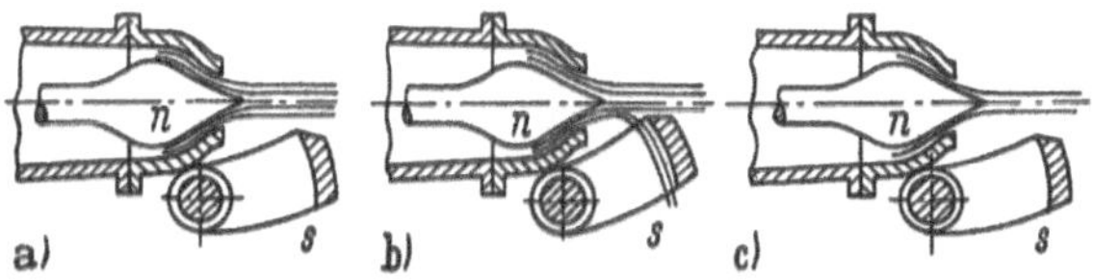

Bild 4.89 Pelton-Düse mit Nadel und Strahlabweiser in verschiedenen Regelstellungen a) bis c)

Becher

Die Pelton-Schaufeln, meist **Becher** genannt, haben die Form eines doppelten Löffels (Bild 4.90). Der Wasserstrahl mit dem Durchmesser d_s trifft mit Geschwindigkeit c_0 gemäß Formel 4.151 tangential auf die Mittelschneide und wird zu gleichen Teilen von beiden Löffelhälften umgelenkt. Die Becher sind meistens am Umfang einer konzentrischen Stahlscheibe angeschraubt bzw. bei großen Maschinen auch angeschweißt oder angegossen (rostfreier Stahlguss).

Bei der Umlenkung herrscht überall längs der freien Strahloberfläche Atmosphärendruck. Längs der Schaufelwand treten durch die durch Strahlumlenkung bedingte Zentrifugalkraft der gekrümmten Strömung nur Überdrücke auf. Eine Kavitationsgefahr besteht nicht. Die Grenzen der Umfangsgeschwindigkeit sind bei der Pelton-Turbine nicht durch Kavitation, sondern durch Festigkeit des Läufers gegeben.

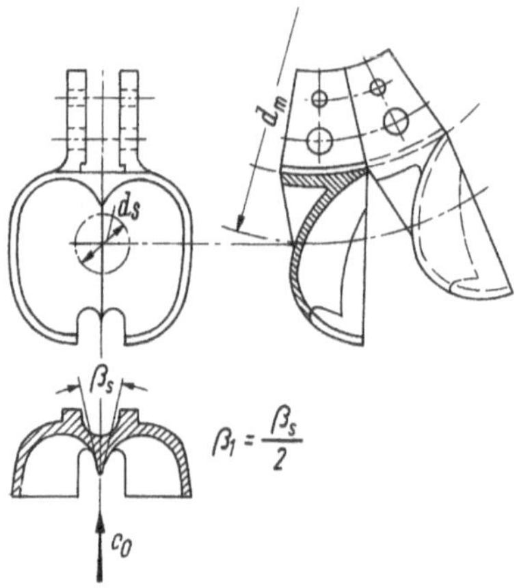

Bild 4.90 Pelton-Schaufeln

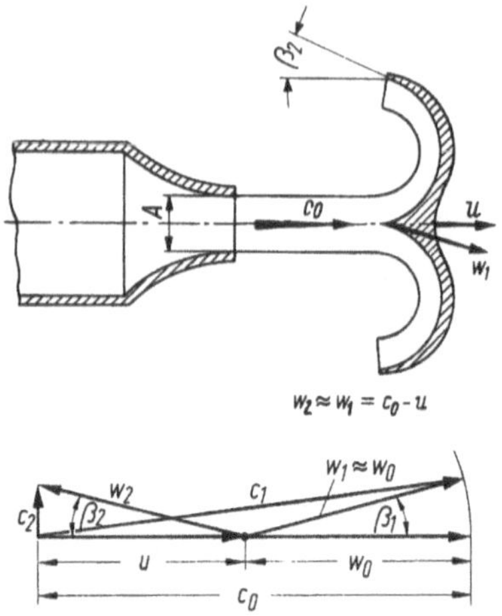

Bild 4.91 Pelton-Strömungsbild (Schema) und Geschwindigkeitsplan

Wirkungsweise

Ist A der Austrittsquerschnitt der Düse, so wird die in der Zeiteinheit ausfließende Masse $\dot{m} = \varrho A c_0$ und ihr Impulsstrom $\dot{I} = \dot{m} c_0 = \varrho A c_0^2$.

Dieser Strahl trifft auf eine Schaufel, die ihn um annähernd 180° umlenkt. Wenn die Schaufel stillsteht, ergibt die Umlenkung eine Kraft auf die Schaufelkraft von fast $F_0 = 2 \times \text{Impulsstrom} = 2\varrho A c_0^2$. Die Austrittsgeschwindigkeit ist $c_2 = -c_0$.

Der Abströmwinkel α_2 (Winkel zwischen den Richtungen von c_2 und u) sollte 90° betragen, da dann kein Drall - entsprechend $c_{2u} = c_2 \cdot \cos \alpha_2 = 0$ - mehr vorhanden, was besten Energieumsatz ergibt. Die Geschwindigkeit c_2 ist somit nur noch zur Abführung des Wassers notwendig.

Bewegt sich die Schaufel mit der Geschwindigkeit u in Richtung des Strahles, so ist die Relativgeschwindigkeit des Strahles an der Schaufel $w_1 = c_0 - u$ und die Kraft auf die Schaufel unter zulässiger Vernachlässigung des Einflusses von β_2

$$F = 2\varrho A (c_0 - u)^2 = F_0 \left(1 - \frac{u}{c_0}\right)^2 \qquad (4.152)$$

Umfangsgeschwindigkeit u bei $\alpha_2 = 90°$ (Bild 4.91) aus Formel 4.111 mit Formel 4.110 und Formel 4.151.

$$F_0 = 2\varrho A_0 c_0$$

bei $u = 0$ (Stillstandskraft des Strahls)

$$\eta_u g H_0 = u c_0 = u \cdot \sqrt{2 g H_0}$$

zu

$$u = \frac{\eta_u}{2} \cdot \sqrt{2gH_0} = \frac{\eta_u c_0}{2}$$

In der Zeiteinheit fließt der Schaufel eine Masse

$$m' = \varrho \cdot A\left(c_0 - u\right) = \varrho \cdot A \cdot c_0/2$$

zu, mit der kinetischen Energie (Leistung)

$$\frac{\varrho \cdot A}{2}\left(c_0 - u\right) \cdot c_0^2 = \frac{\varrho \cdot A}{4} c_0^3$$

Ein scheinbarer Widerspruch in der Energiebilanz ergibt sich aus folgender Betrachtung: Eine Schaufel verarbeitet, wie erwähnt, den Massenstrom von

$$\dot{m}' = \varrho \cdot A \cdot \left(c_0 - u\right)$$

mit der kinetischen Energie

$$\frac{\varrho \cdot A}{2} \cdot \left(c_0 - u\right) c_0^2$$

Andererseits fließt aber aus der Düse in der Zeiteinheit die Masse $\dot{m} = \varrho A c_0$ mit der kinetischen Energie $\frac{\varrho \cdot A}{2} \cdot c_0^3$. Der Unterschied der beiden Massen- und Energieströme verbleibt in dem sich sekundlich um $c_0 - u$ verlängernden Strahlstück zwischen Düse und Schaufel. Die Energie dieses Strahlstückes wird nachträglich in der Schaufel umgesetzt, nachdem der Strahl bereits durch die nachfolgende Schaufel abgeschnitten ist; bis zum Verbrauch des Zwischenstückes wirkt also die Kraft F gleichzeitig auf zwei Schaufeln, weshalb $\dot{m}$ vollständig zur Wirkung kommt.

Die korrekte Herleitung der umgesetzten Energien ergibt sich aus Impulssatz und Geschwindigkeitsplan (Bild 4.91)

$$\begin{aligned} F_u &= \dot{V} \cdot \varrho\left(c_1 - u\right)\left(1 - \cos\delta\right) \\ &= A_{Str} \cdot \varrho \cdot c_0 \left(c_1 - u\right)\left(1 + \cos\beta_2\right) \end{aligned} \tag{4.153}$$

$$\delta = 180° - \beta_2$$

$$A_{Str} = A$$

$$P_u = F_u \cdot u = \dot{m} \cdot Y_{Sch}$$

mit

$$Y_{Sch} = u\left(c_{1u} - c_{2u}\right)$$

und mit $\alpha_2 = 90°$, da dann $c_{2u} = 0$

$$Y_{Sch} = u \cdot c_{1u} \tag{4.154}$$

$$c_{1u} = c_1 \cdot \cos\alpha_1 = c_0 = u + w_0$$

$$\sin\alpha_1 = \frac{w_1}{c_1}\sin\beta_1 \approx \frac{w_0}{c_0}\sin\beta_1 \tag{4.155}$$

4.5.5.6 Wirkungsgrade von Wasserturbinen

Bild 4.92 gibt die Gesamt-Turbinenwirkungsgrade η in Abhängigkeit von der Beaufschlagung $\dot{V}/\dot{V}_1$. Wie die Kurven zeigen, bleiben die Wirkungsgrade bei (a) Pelton- und (b) Kaplan-Turbinen über weiten Lastbereichen erhalten. Bei Pelton-Turbinen entsteht bei Teilbeaufschlagung überhaupt kein Winkelfehler, und bei Kaplan-Turbinen werden die Schaufelwinkel der veränderten Zuströmgeschwindigkeit angepasst (vgl. Bild 4.80). Ohne die Schaufelverstellung erhält man den starken Abfall der Propellerturbine (e) bei Teillast, obwohl ihr Wirkungsgrad im Auslegungspunkt nicht schlechter ist als der mit schwenkbaren Laufschaufeln ausgerüsteten Kaplan-Turbine (b). Zwischen (b) und (e) liegen die Wirkungsgrade der Francis-Turbine, die wie (e) keine verstellbaren Läufer hat, aber weniger empfindlich ist; ihr Teillastabfall steigt mit der Schnellläufigkeit.

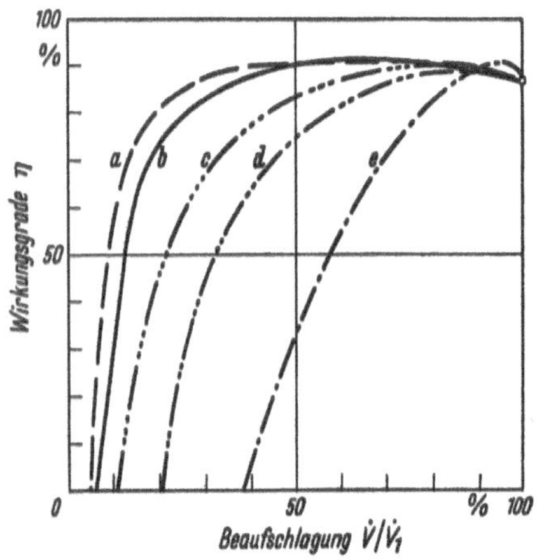

a = Pelton-Turbine	n_q = 4 bis 6 min^{-1} σ = 0,025 - 0,04
b = Kaplan-Turbine	n_q = 210 min^{-1} σ = 1,33
c = Francis-Turbine	n_q = 29 min^{-1} σ = 0,184
d = Francis-Turbine	n_q = 108 min^{-1} σ = 0,685
e = Propeller-Turbine (Laufschaufeln fest)	n_q = 180 min^{-1} σ = 1,14

Bild 4.92 Wirkungsgrade von Wasserturbinen über der Beaufschlagung (nach *Quantz*)

4.5.5.7 Durchströmturbine

Eine besonders für Kleinwasserkraftnutzung geeignete Wasserturbine ist die Durchströmturbine von *Ossberger*. Sie arbeitet im Prinzip wie zwei Teilturbinen, die in einem Gehäuse gekoppelt sind. Das Arbeitsmedium Wasser durchströmt den walzenförmigen Läufer zuerst von außen nach innen und hernach ein zweites Mal als Besonderheit von innen nach außen (Bild 4.93). Die Lastregelung erfolgt durch Unterteilung (Einzelzellen) von verstellbarer Düse und auch Läuferwalze in Zellen und Zu- oder Abschaltung von Düsen-Einzelzellen. Damit wird ein Verlauf der Wirkungsgradkurve ähnlich Kurve a in Bild 4.92 erzielt mit einem Maximum von ca. 82 %.

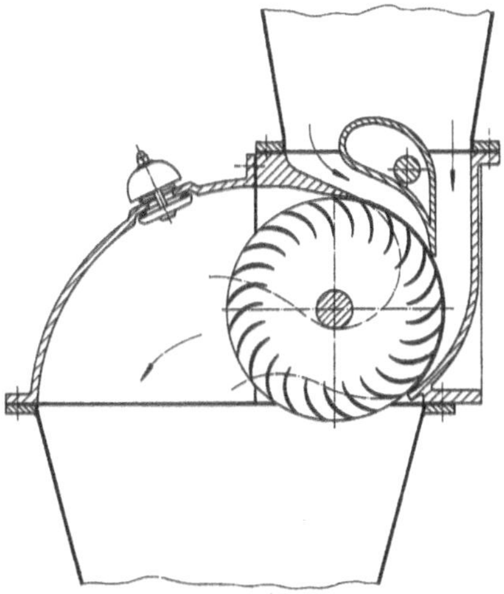

Bild 4.93
Durchströmturbine mit vertikalem Zufluss *(Ossberger)*

4.5.6 Dampfturbinen

Während sich bei den Wasserturbinen Radialturbinen und Axialturbinen etwa die Waage halten, findet man bei den Dampfturbinen heute fast ausschließlich die axiale Bauart. Radiale Dampfturbinen werden praktisch nicht mehr gebaut, weil die heute üblichen Wärmegefälle eine Stufenzahl erfordern, die in Radialbauweise nicht mehr unterzubringen ist.

Obwohl das Prinzip der Dampfturbine bereits im Altertum bekannt war (Heronsches Dampfrad *Eolipyl*, ca. 120 v. Chr.), hat es doch bis zum Ende des 19. Jahrhunderts gedauert, bis die Thermodynamik, die Hydrodynamik und der Werkzeugmaschinenbau einen ausreichenden Entwicklungsstand erreicht hatten, der den Bau von wirtschaftlichen Dampfturbinen erlaubte. *Parsons* trat mit seinem ersten Turbogenerator 1884 an die Öffentlichkeit. Sein mehrstufiger Prototyp leistete 7,5 kW bei $n = 300\ s^{-1}$ und entspannte Dampf von ca. 7 bar bei 160 °C auf Umgebungsdruck. Der Schwede *de Laval* entwarf seine Turbinenkonstruktion in den Jahren 1883 bis 1888, doch wurde die Laval-Turbine erst 1893 auf der Weltausstellung in Chicago weiteren Kreisen bekannt. Die dort ausgestellte einstufige Maschine leistete 4 kW bei n = 500 s^{-1}. Die Dampfentspannung von ca. 5 bar und 150 °C auf Umgebungsdruck in einer Stufe führte zu Dampfgeschwindigkeiten von ca. 825 m/s (Überschall) nach der Düse. Da die Umfangsgeschwindigkeit des Laufrades etwa 50 % der Dampfaustrittsgeschwindigkeit betragen muss, hätten sich für damalige Zeit nicht beherrschbare Zentrifugalkräfte ergeben. Die Laval-Turbine arbeitete mit u = 147 m/s, was eine starke Beeinträchtigung des Wirkungsgrades bedeutete. Heute werden auch die Turbinen nach dem Laval-Prinzip mehrstufig betrieben, was auf *Curtis* zurückgeht.

Arbeitsweise der Dampfturbinen (Bild 4.94)

Der aus dem Dampferzeuger in Rohrleitungen an die Turbine herangeführte Frischdampf wird, nachdem er die Absperr- und Regelarmaturen durchströmt hat, in abgewinkelte, düsenförmige Leiteinrichtungen geführt, die fest im Gehäuse eingebracht sind. In diesen wird der Dampf auf einen niedrigeren Druck entspannt mit einem bestimmten Winkel gegen die dahinterliegenden, gekrümmten Schaufeln des Laufrades gerichtet. Hierbei wird ein Teil der Enthalpie des Dampfes in kinetische Energie umgewandelt. Der entspannte Dampf verlässt daher die Leitapparate mit hoher Geschwindigkeit.

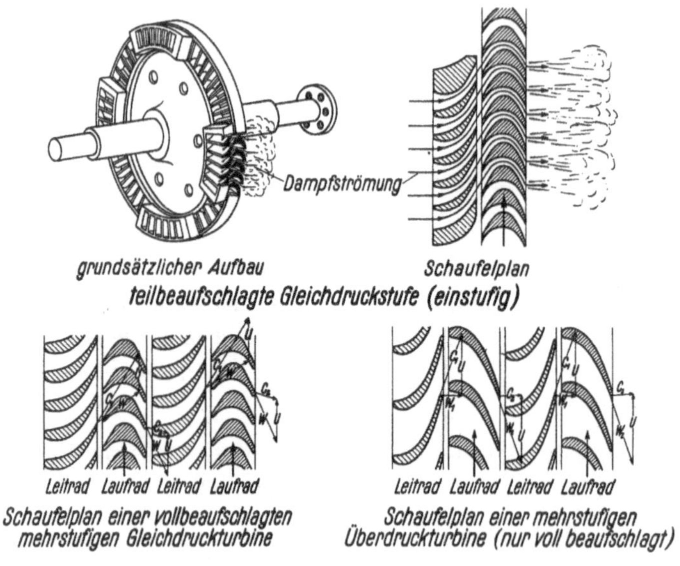

Bild 4.94 Gleichdruck- und Überdruckverfahren

Die folgende Umwandlung der kinetischen Dampfenergie in mechanische Arbeit kann nach zwei Verfahren durchgeführt werden:

Gleichdruck- oder Aktionsverfahren ($r = 0$)

Der hochbeschleunigte Dampf wird zwischen gekrümmten Laufschaufeln, die an einem Radumfang angebracht sind, umgelenkt und übt dadurch eine Strömungskraft - Aktionskraft - auf die Schaufeln aus, welche das Rad in Umdrehung versetzt und ein Drehmoment bewirkt, das die Rotation auch gegen Belastung durch die anzutreibende Maschine (meist Elektrogenerator) aufrecht erhält. Die kinetische Energie des Dampfstrahls wird bei diesem Vorgang in Umfangsarbeit umgewandelt, die über das Drehmoment an der Radwelle abgenommen werden kann. Bei der Durchströmung des Dampfes durch die Schaufelkanäle des Laufrades ändert sich der Dampfdruck nicht. Es wird keine potenzielle Energie umgesetzt. Der Reaktionsgrad ist somit null. Dampfturbinen, die nach dem Gleichdruckverfahren arbeiten, werden immer axial durchströmt.

Überdruck- oder Reaktionsverfahren ($r > 0$)

Bei Turbinen, die nach dieser Methode arbeiten, erhält der Strömungsquerschnitt zwischen zwei gekrümmten Laufschaufeln durch Einschnürung Düsenwirkung. Der hindurchströmende Dampf wird dadurch abermals entspannt und beschleunigt. Die Dampfentspannung erfolgt hier deshalb sowohl in Leitvorrichtung als auch im Laufrad, und zwar aufgeteilt entsprechend dem Reaktionsgrad r. Der Dampf übt auf die Schaufeln des Laufrades eine Umfangskraft aus, die sich zusammensetzt aus der nun geringeren Strömungsdruckkraft durch Umlenkung und einer Rückstoßkomponente - Reaktionskraft - infolge des hochbeschleunigten Austrittes aus den Schaufelkanälen. Kinetische Eintrittsenergie und aus potenzieller Energie umgewandelte zusätzliche kinetische Energie wird mit einem Reaktionsgrad, i. Allg. bei 50 %, in Umfangsarbeit umgewandelt.

Dampfturbinen, die nach dem Überdruckverfahren arbeiten, werden in der Regel ebenfalls axial durchströmt und das heute überwiegend. Reaktionsturbinen können aber auch mit radialer Durchströmung konstruiert werden.

4.5.6.1 Leitapparate

Im Normalfall ist der Winkel α_D bzw. α_{Le}, in dem die Austrittsachse der Leitapparate gegen die Umfangsrichtung des Laufrades angestellt ist, gleich dem Eintrittswinkel α_1 der absoluten Dampfströmung in das Laufschaufelgitter. Das gilt für die sich nur verengenden, sog. Zölly-Düsen (Unterschall), Bild 4.95a, wie für die sich erweiternden sog. Laval-Düsen (Überschall), Bild 4.95b.

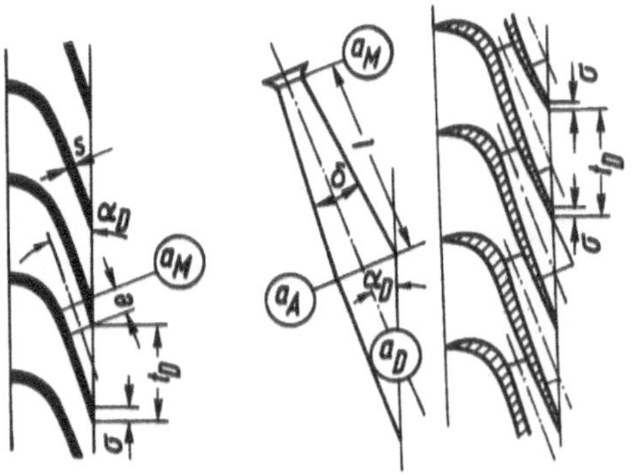

Bild 4.95 Leitapparate von Dampfturbinen: a) Zölly-Düsen, abgewinkelt; b) Laval-Düse, Prinzipdarstellung; c) Laval-Düse, abgewinkelt

Ausnahme:

Wenn bei der Laval-Düse (Überschall) das Querschnittsverhältnis

$$\frac{a_A}{a_M} \leqq 1{,}15$$

auftritt, darf noch eine Zölly-Düse (Unterschall) ohne Düsenerweiterung gewählt werden. In diesem Falle entsteht infolge der dann meist eintretenden, leichten Nachexpansion eine Strahlablenkung, und es ist

$$\sin \alpha_D = \sin \alpha_1 \frac{c_1 \cdot \varrho_1}{c_L \cdot \varrho_L} \tag{4.156}$$

Darin ist

$$c_L = \sqrt{\eta_D} \cdot \sqrt{2 \frac{\varkappa}{\varkappa + 1} R \cdot T_1}$$

die Lavalgeschwindigkeit im engsten Querschnitt a_M der eigentlich erforderlichen Laval-Düse, und ϱ_L die Dichte in a_M. Der Index 1 bezieht sich auf den Austrittsquerschnitt a_A der Laval-Düse, weil der Zustand an dieser Stelle zugleich Eintrittszustand in die Laufschaufelkanäle ist.

Zölly-Düsen werden angewandt, wenn das Druckverhältnis (s. Bild 4.96)

$$p_{II}/p_I \geqq \left(\frac{2}{\varkappa+1}\right)^{\frac{\varkappa}{\varkappa-1}} = P_L \qquad (4.157)$$

Bei H_2O-Heißdampf ($\varkappa$ = 1,30) ist P_L = 0,546 und zugehörig bei Sattdampf ($\varkappa$ = 1,135) beträgt P_L = 0,577. Für kleinere Druckverhältnisse P_L (Ausnahme s. o.) müssen Laval-Düsen verwendet werden.

Der rechte Ausdruck von Formel 4.157 ist das sog. kritische Druckverhältnis oder *Laval*-Druckverhältnis P_L, bei dessen Umsetzung gerade Schallgeschwindigkeit erreicht wird.

Es bestehen somit drei Möglichkeiten:

$p_{II}/p_I > P_L$	unterkritischer Fall (Unterschall)	– Zölly-Düsen
$p_{II}/p_I = P_L$	kritischer Fall (Schall)	
$p_{II}/p_I < P_L$	überkritischer Fall (Überschall)	– Laval-Düsen

Das Erweiterungsverhältnis von Laval-Düsen muss genau auf das vorhandene Druckverhältnis abgestimmt sein, um Verluste zu vermeiden. Ist die Mündung zu eng, so kann nicht die volle Expansionsenergie $\int v \cdot dp$ zur Geschwindigkeitserzeugung ausgenutzt werden. Unter Umständen erfolgt eine unerwünschte Restexpansion mit Strahlablenkung im Schrägabschnitt. Ist dagegen die Mündung zu weit, so wird der Gegendruck bereits innerhalb der Düse erreicht mit nachfolgender Unterdruckzone und verlustbehaftetem Verdichtungsstoß.

Für die Konstruktion der Zölly-Düse gilt:

- Zwecks guter Strahlführung parallelwandiger Austritt mit der Länge $e \geq 2$ mm.
- Düsenteilung — t_D = 42 - 50 mm bei Gussausführung (bis 300 °C)
t_D = 30 - 40 mm bei Blechschaufeln
- Düsenhöhe — $l_D \geq 10$ mm bei Gussausführung
$l_D \geq 7$ mm bei Blechschaufeln
- Wandstärke so gering, wie es die Fertigung zulässt (2 - 3 mm).
- Bei der Konstruktion der Laval-Düse ist zu beachten:
- Düsenteilung — t_D ergibt sich aus der Konstruktion.
- Engster Querschnitt — $a_M \geq 65$ mm² bei gegossenen Düsen
$a_M \geq 40$ mm² bei gefrästen Düsen
- Schrägabschnitt der Wand — σ = 2 mm
- Der Querschnitt des Schrägabschnittes a_D soll immer rechteckig sein.

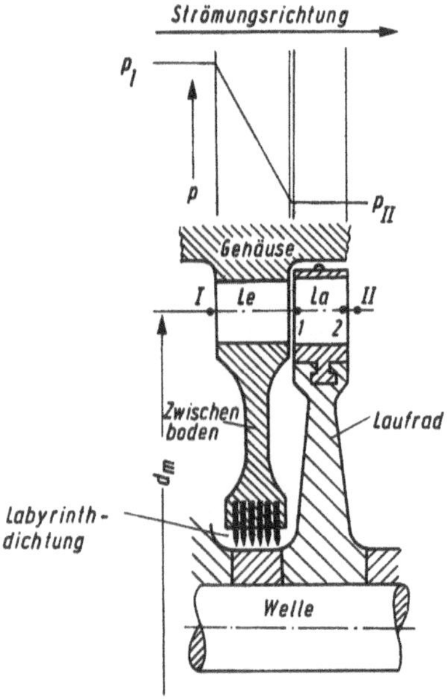

Bild 4.96
Prinzipdarstellung des Aufbaus und des Druckverlaufs einer Gleichdruckstufe

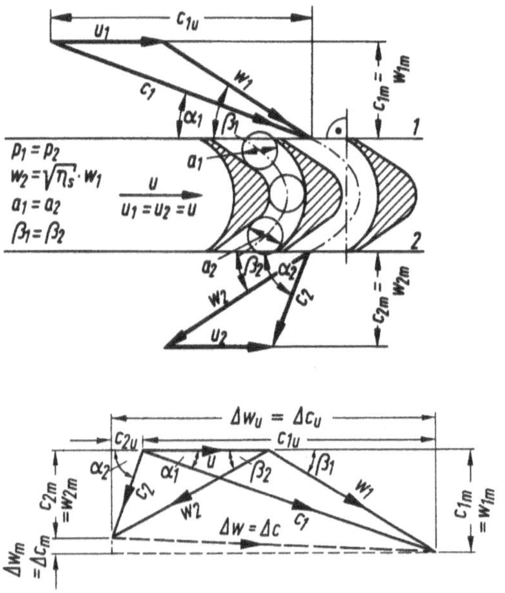

Bild 4.97 Schaufel- und Geschwindigkeitsplan einer Gleichdruck-Dampfturbinenstufe

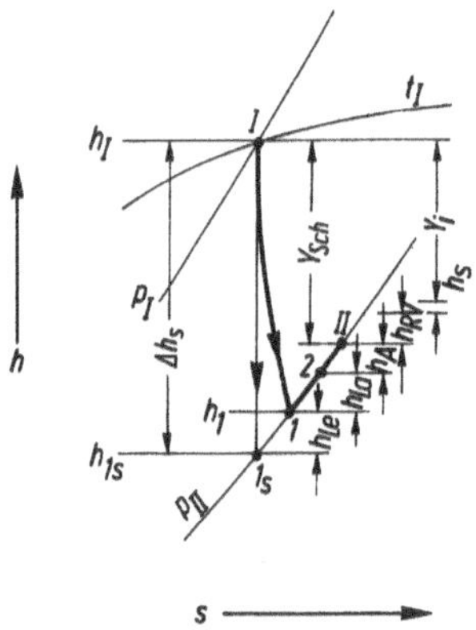

Bild 4.98 Zustandsänderung in der Gleichdruckstufe, dargestellt im *h*,*s*-Diagramm

4.5.6.2 Gleichdruckstufe

Die Arbeitsweise des Gleichdruckverfahrens wurde bereits in Abschnitt 4.5 erklärt. Bild 4.96 zeigt in einer Prinzipskizze den Aufbau einer Gleichdruck-Turbinenstufe. Besonders hervorzuheben ist:

Die Abdichtung der Druckräume p_{I} und p_{II} gegeneinander erfolgt an der Welle, weil wegen Verschleiß (keine Schmiermöglichkeit) nur berührungsfreie Abdichtung durch Labyrinthe möglich ist und die unvermeidbaren freien Spaltquerschnitte $d \cdot \pi \cdot s$, mit Spaltweite s, an der Welle am kleinsten. Die typischen Merkmale der Gleichdruckturbine sind daher die Radscheiben für jeden Laufschaufelkranz und die auf die Welle herabgezogenen Zwischenböden unter den Leitapparaten, sog. Kammer-, Scheiben- oder Kammausführung.

Gleichdruckstufen können teilbeaufschlagt werden, weil hinter dem Leitapparat keine Nachexpansion erfolgt. Regelstufen von Großturbinen arbeiten daher nur nach dem Gleichdruckverfahren.

Da auf den Läufer und auf die Radscheiben keine Differenzdrücke wirken, treten keine nennenswerten Achsschubkräfte auf. (Die Achsschubkraft aus den Axialkomponenten der Schaufelkräfte $F_{\mathrm{a}} = \dot{m} \sum \Delta w_{\mathrm{m}}$ ist relativ klein.)

Den Schaufel- und Geschwindigkeitsplan der Gleichdruckstufe zeigt Bild 4.97. Kennzeichen des Gleichdruck- oder Aktionsverfahrens ist, dass die Laufschaufelkanäle eigentlich nur Rohrkrümmer darstellen, deren Querschnitte a_1 und a_2 allerdings nicht gleich groß sein müssen, weil zur Konstanthaltung des Druckes die Volumensvergrößerung und $w_2 < w_1$ infolge Reibung berücksichtigt werden muss. Die Schaufelwinkel β_1 und β_2 werden i. Allg. gleich groß gemacht, damit die Schaufeln symmetrische Querschnitte haben. Bei Stufen, hinter denen ein größerer Dampfraum folgt, wird zweckmäßiger $\alpha_2 = 90°$ verwirklicht, um den Austrittsverlust klein zu halten. In diesem Falle kann $\beta_2 \neq \beta_1$ werden.

Den Verlauf der Zustandsänderungen, der sich am besten im h,s-Diagramm darstellen lässt, und die Energieverluste, die bei der Energieumwandlung in der Gleichdruckstufe auftreten, zeigt Bild 4.98.

Infolge der Zulässigkeit von Teilbeaufschlagung können Gleichdruckturbinen bis zu kleinsten Leistungen gebaut werden, soweit es die Wirtschaftlichkeit zulässt, da Überhandnahme des Radreibungsverlustes besonders bei Kleinturbinen und deshalb schlechterer Wirkungsgrad.

4.5.6.3 Überdruckstufe

Wie bei jeder Strömungsmaschine ist es auch bei Dampfturbinen möglich, einen Teil der zur Verfügung stehenden Energie erst innerhalb der Laufschaufelkanäle in kinetische Energie umzusetzen. Die Schaufelkanäle sind dann nicht mehr nahezu Rohrkrümmer, sondern als gekrümmte Düsen ausgebildet, in denen Druck abgebaut wird und die Relativgeschwindigkeit entsprechend ansteigt (Bild 4.99). Die Arbeitsweise des Überdruckverfahrens wurde bereits in den Abschnitten 4.1 und 4.4 dargestellt. Angewendet wird üblicherweise Reaktionsgrad r = 0,5. Dann erhalten die Schaufeln von Leitapparat und Laufrad deckungsgleiche Profilform. Entsprechend Formel 2.60:

$$c_1 = \sqrt{\eta_D} \cdot \sqrt{2(1-r)\Delta h_s + c_2'^2} \tag{4.158}$$

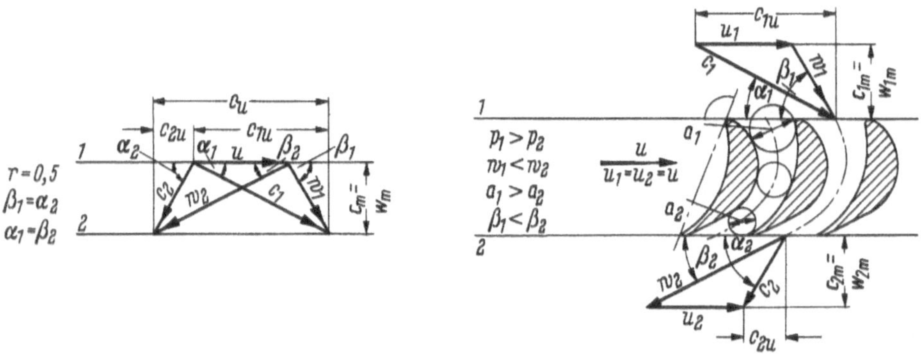

Bild 4.99 Geschwindigkeits- und Schaufelplan einer Überdruck-Dampfturbinenstufe

c_2' ist die Austrittsgeschwindigkeit der vorhergehenden Stufe und etwa so groß wie Laufradabströmgeschwindigkeit c_2 des Fluides, also $c_2' \approx c_2$

$$w_2 = \sqrt{\eta_S} \cdot \sqrt{2 \cdot r \cdot \Delta h_s + w_1^2} \tag{4.159}$$

Für r = 0,5 ist

$$w_2 = c_1 \quad \beta_2 = \alpha_1 \qquad \eta_D = \eta_S$$
$$c_2 = w_1 \quad \alpha_2 = \beta_1$$

Damit sind auch die Verluste in Leitapparat sowie Laufschaufelkanälen gleich groß und gemäß Formel 4.123:

$$h_{Le} = \frac{c_1^2}{2}\left(\frac{1}{\eta_D} - 1\right) = h_{La} = \frac{w_2^2}{2}\left(\frac{1}{\eta_S} - 1\right) \tag{4.160}$$

Besonderheiten der Überdruckstufe (Bild 4.100):

Die Druckdifferenz $\Delta p = p_I - p_{II}$ ist kleiner als bei Gleichdruck, weil wirtschaftlich nur kleine Wärmegefälle verarbeitbar sind. Beweis:

Nach Formel 4.128 bzw. Formel 4.129, ermittelt über das mathematische Extremwertverfahren der Differentialrechnung $d\eta_u/d(u/c_1) = 0$, ist zur Erzielung von $\eta_{u,max}$ für Gleichdruck (Zweitindex G) u/c_{1G} = 0,5 cos α_1 und für Überdruck (Zusatzindex Ü) $u/c_{1Ü}$ = cos α_1 erforderlich. Bei gleicher Umfangsgeschwindigkeit ist also

$c_{1G} = 2 \cdot c_{1Ü}$, d.h., die Gleichdruckstufe muss ein größeres Wärmegefälle verarbeiten als die Überdruckstufe, um wirtschaftliche Energieausbeute zu gewährleisten.

Bei $\eta_D = \eta_S = 1$ und $\alpha_1 = 90°$ wäre in beiden Fällen $\eta_{u,max} = 1$, also ideal.

Vor den Laufschaufeln herrscht ein größerer Druck als dahinter. Zur Vermeidung übergroßer Achsschubkräfte werden die Laufschaufeln daher auf einem Trommelläufer angebracht mit Abdichtungen an den Schaufelenden (Bild 4.100). Wegen des kleineren $p_I - p_S = p_S - p_{II}$ sind die Spaltverluste dennoch nicht übermäßig groß.

Infolge der Differenzdruckwirkung auf die Seitenwände des Trommelläufers und auf die Laufschaufeln ist das Auftreten einer Achsschubkraft unvermeidbar. Der erforderliche Achsschubausgleich erfolgt durch einen sog. Ausgleichkolben am hochdruckseitigen Läuferende.

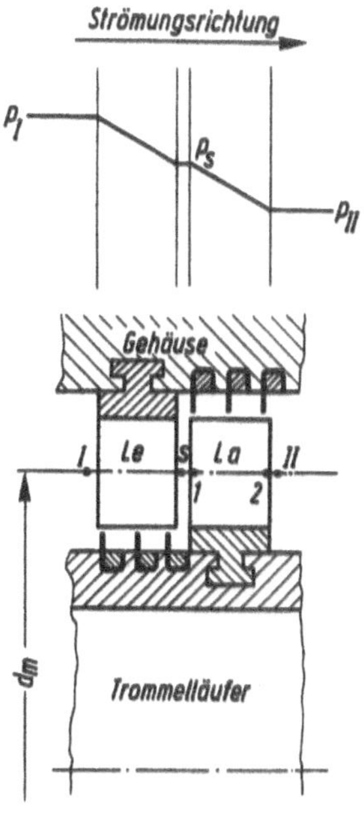

Bild 4.100
Prinzipdarstellung des Aufbaus und des Druckverlaufs einer Überdruckstufe

Wegen dem kleineren Wärmegefälle, das in der Überdruckstufe verarbeitet wird, sind einstufige Überdruckturbinen unwirtschaftlich und werden deshalb nicht gebaut.

Teilbeaufschlagung ist beim Überdruckverfahren nicht zulässig, weil sonst in den nichtbeaufschlagten Laufschaufelkanälen eine ungeordnete Dampfexpansion erfolgt, die zu zusätzlichen Verlusten führt.

Wegen des Trommelläufers und wegen der Vollbeaufschlagung kennt die Überdruckturbine keine Radreibungs- und Ventilationsverluste.

Den Verlauf der Zustandsänderungen in der Überdruckstufe zeigt Bild 4.101. Bei $r = 0{,}5$ ist

$$\Delta h_s' = \Delta h_s'' = 0{,}5\ \Delta h_s$$

nach Formel 4.121

$$\begin{aligned} Y_{Sch} &= \Delta h_s' - h_{Le} + \Delta h_s'' - h_{La} \\ &= \Delta h_s - h_{Le} - h_{La} \\ &= u\left(w_{1u} + w_{2u}\right) \end{aligned} \qquad (4.161)$$

$$Y_i = Y_{Sch} - h_s \qquad (4.162)$$

h_3 Spaltverlust

Der Austrittsverlust h_A ist wegen der Mehrstufigkeit vernachlässigbar, weil die kinetische Austrittsenergie $c_2^2/2$ in der nächsten Stufe zurückgewonnen wird (Formel 4.158).

Mehrstufige Dampfturbinen

Die Verarbeitung der heute üblichen großen Wärmegefälle in einer Stufe ist nicht möglich. Da $u \sim \sqrt{\Delta h_s}$ und aus Festigkeitsgründen $u_{max} \approx 400$ m/s, liegen die Grenzen des in einer Stufe umsetzbaren Wärmegefälles bei den in Tabelle 4.1 angegebenen Werten. Bei größeren Gefällen muss gestuft werden; bis ca. 80 Stufen. Hierzu kennt die Technik zwei Methoden.

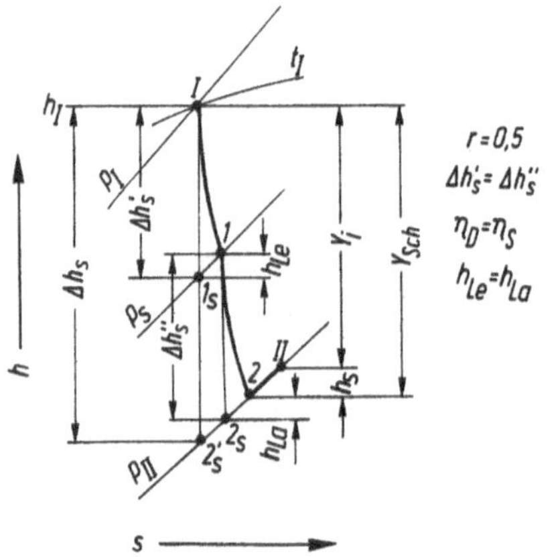

Bild 4.101
Zustandsänderung in der Überdruckstufe, dargestellt im *h*,*s*-Diagramm

4.5.6.4 Geschwindigkeitsstufung

Soll nach dem Gleichdruckverfahren ein größeres Wärmegefälle in einer Stufe verarbeitet werden, müsste für eine wirtschaftliche Lösung entweder $u_{\max}$ überschritten werden, was jedoch die Festigkeit des Laufradkranzes und der Schaufelfüße nicht zulässt, oder bei Einhalten von $u_{\max}$ ergibt sich ein überhöhter Austrittsverlust $c_2^2/2$, und die Maschine wird unwirtschaftlich (Bild 4.102). Damit ist die Voraussetzung für Geschwindigkeitsstufung gegeben. Gestuft wird, indem die kinetische Austrittsenergie zur weiteren Arbeitsabgabe herangezogen wird. Dies kann geschehen durch Nachschalten eines zweiten Laufschaufelgitters hinter das erste. Da der Dampf aus dem ersten Schaufelgitter mit Gegendrall austritt, muss zwischen die beiden Laufschaufelgitter ein Umlenkschaufelgitter geschaltet werden, das an der Energieumsetzung aber keinen Anteil hat. Die beiden Laufschaufelgitter können auf einem Radkranz befestigt werden, weil sich der Dampfdruck infolge des Gleichdruckverfahrens nach Austritt aus der Düse nicht mehr ändert und Dichtungen nicht erforderlich sind. Kleine Reaktionswirkungen, die man den Schaufelgittern gern belässt, um eine gleichmäßige Kanalerweiterung zu erhalten, ändern daran nichts (Bild 4.103a). In den gehäusefesten Zwischenschaufeln erfolgt nur Umlenkung.

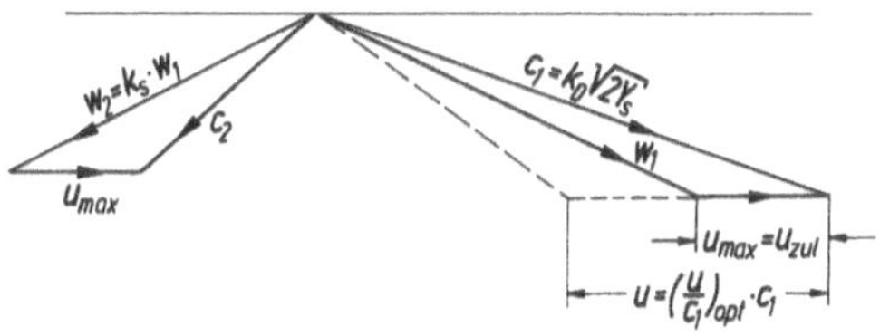

Bild 4.102
Voraussetzung für Geschwindigkeitsstufung

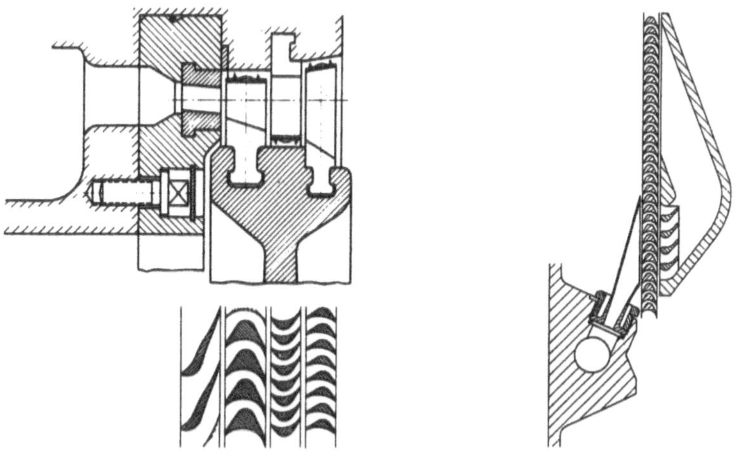

Bild 4.103 Geschwindigkeitsstufung mit Laval-Düsen: a) Schaufelplan eines 2-C-Rades, b) Schaufelplan eines einkranzigen Rades mit Umkehrkammer

Wenn der Eintrittszustand in das zweite Laufschaufelgitter den Index 3 und der Austrittszustand den Index 4 erhält, ergeben sich folgende Geschwindigkeitsverhältnisse

ohne Reaktion | *mit Reaktion*

$$c_1 = \sqrt{\eta_D} \cdot \sqrt{2 \cdot \Delta h_s} \qquad c_1 = \sqrt{\eta_D} \cdot \sqrt{2 \cdot \Delta h_s \left(1 - \sum r\right)}$$

$$w_2 = \sqrt{\eta_{S1}} \cdot w_1 \qquad w_2 = \sqrt{\eta_{S1}} \cdot \sqrt{w_1^2 + 2 \cdot r_1 \cdot \Delta h_s}$$

$$\sqrt{\eta_{S1}} = f\left(\frac{\beta_1 + \beta_2}{2}\right)$$

s. Bild 4.73

$$c_3 = \sqrt{\eta_{SU}} \cdot c_2 \qquad c_3 = \sqrt{\eta_{SU}} \cdot \sqrt{c_2^2 + 2 \cdot r_u \cdot \Delta h_s}$$

$$\sqrt{\eta_{SU}} = f\left(\frac{\alpha_2 + \alpha_3}{2}\right)$$

s. Bild 4.73

$$w_4 = \sqrt{\eta_{S2}} \cdot w_3 \qquad w_4 = \sqrt{\eta_{S2}} \cdot \sqrt{w_3^2 + 2 \cdot r_2 \cdot \Delta h_s}$$

$$\sqrt{\eta_{S2}} = f\left(\frac{\beta_3 + \beta_4}{2}\right)$$

s. Bild 4.73

Anhaltswerte für die Reaktionsgrade r_1, r_u und r_2 enthält Tabelle 4.1.

Die Energieverluste erhöhen sich um den Umlenkverlust und um den Reibungsverlust in den Schaufelkanälen des zweiten Gitters. Es sind dann

ohne Reaktion | *mit Reaktion*

$$h_{L1} = \frac{w_1^2}{2}\left(1 - \eta_{S1}\right) \qquad h_{L1}\left(\frac{w_1^2}{2} + r_1 \cdot \Delta h_s\right)\left(1 - \eta_{S1}\right)$$

$$h_u = \frac{c_2^2}{2}\left(1 - \eta_{SU}\right) \qquad h_u = \left(\frac{c_2^2}{2} + r_u \cdot \Delta h_s\right)\left(1 - \eta_{SU}\right)$$

$$h_{L2} = \frac{w_3^2}{2}\left(1 - \eta_{S2}\right) \qquad h_{L2}\left(\frac{w_3^2}{2} + r_2 \cdot \Delta h_s\right)\left(1 - \eta_{S2}\right)$$

Damit wird

$$\begin{aligned} Y_{Sch} &= \Delta h_s - h_{Le} - h_{L1} - h_u - h_{L2} - h_A \\ &= u\left(w_{1u} + w_{2u} + w_{3u} + w_{4u}\right) \end{aligned} \tag{4.163}$$

Nach dem Engländer *Curtis* nennt man diese Art Dampfturbinen zweistufige Curtis-Turbinen, oder kurz: 2-C-Turbinen. Bild 4.104 zeigt das Schnittbild einer 2-C-Turbine. Mit Frischdampf von 40 bar und 500 °C, der auf 20 bar entspannt wird, leistet die Turbine bis zu 5000 kW. Trotz eines geringeren Wirkungsgrades als druckgestufte Turbinen hat die 2-C-Turbine Vorzüge, die ihre Anschaffung durchaus rechtfertigen können. Dies sind: geringer Aufwand, kleine Bauart, Schnellstart innerhalb von ca. 10 s aus dem kalten Zustand, weil die Läuferdehnung bei Erwärmung vernachlässigbar ist.

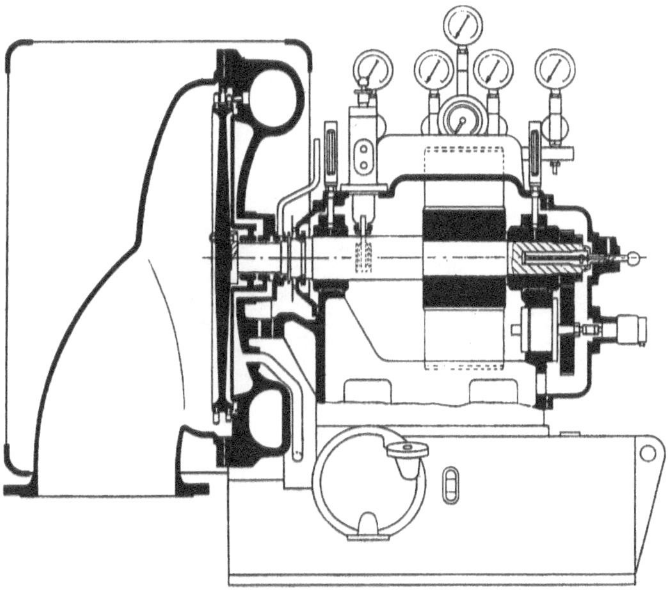

Bild 4.104 Schnittbild einer KKK-Gegendruck-Dampfturbine mit zweifacher Geschwindigkeitsstufung (2-C-Turbine)

2-C-Räder werden häufig auch als Regelstufen von Großturbinen verwendet, weil sie größere Wärmegefälle verarbeiten. Dadurch herrscht hinter den Düsen ein kleinerer Druck und niedrigere Temperatur, und das Gehäusematerial kann entsprechend einfacher ausgelegt werden. Zudem steigt das spezifische Volumen und damit der Volumenstrom des Dampfes durch die stärkere Expansion so an, dass auch bei teilbeaufschlagten Regelstufen in den nachfolgenden Stufen volle Beaufschlagung möglich ist.

Eine andere Methode der Geschwindigkeitsstufung zeigt Bild 4.103b. Die Umlenkung nach Durchströmen des ersten Laufschaufelgitters erfolgt hier durch Kanäle, die den Dampf in dasselbe Schaufelgitter zurücklenken. Diese Bauweise zeichnet sich durch noch größere Einfachheit aus als die 2-C-Turbine. Sie kann allerdings nicht in vollbeaufschlagten Regelstufen Anwendung finden. Bild 4.105 zeigt eine Kleinturbine, die nach diesem Verfahren arbeitet. Das fliegend angeordnete Laufrad ist einkränzig beschaufelt, das Gehäuse vertikal geteilt. Die Turbine entspannt Frischdampf von 100 bar und 500 °C auf 16 bar und erreicht Leistungen von 300 kW.

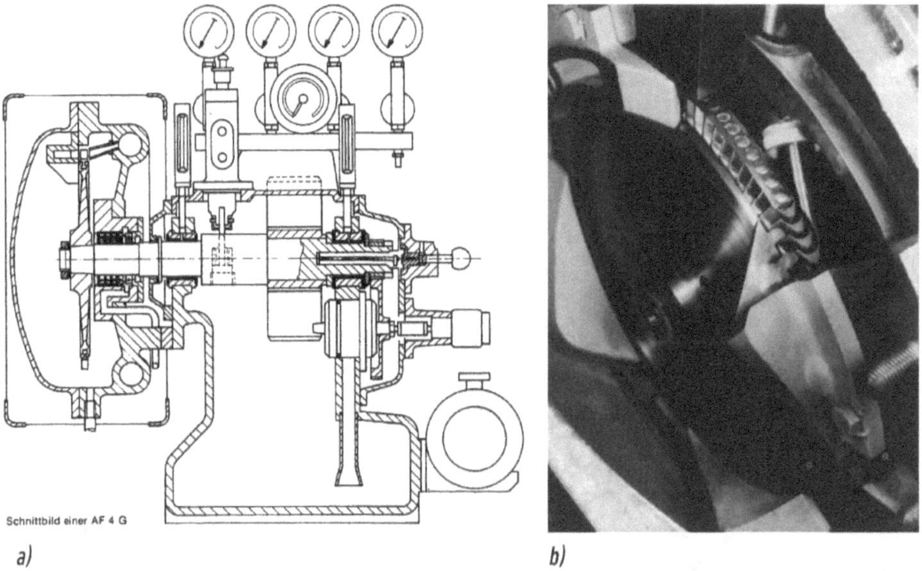

Bild 4.105 Einstufige KKK-Gegendruck-Dampfturbine mit axial durchströmter Beschaufelung in Gleichdruckbauart, geschwindigkeitsgestuft durch Umlenkkanäle: a) Schnitt durch Turbine und Getriebekasten, b) aufgeschnittene Turbine

4.5.6.5 Druckstufung

Größere Wärmegefälle, als die in Tabelle 4.1 für 2-C-Turbinen angegebenen, lassen sich nur noch mit Druckstufung abbauen, d. h., durch Aneinanderreihung einzelner Turbinenstufen. Die Druckstufung wird möglichst so vorgenommen, dass jede Stufe etwa gleiche Leistung abgibt, d. h., die isentropen Wärmegefälle müssen etwa gleich groß sein. Druckstufung erlaubt beim Gleichdruckverfahren, die Druckgefälle so auszuführen, dass die Druckverhältnisse unterkritisch bleiben und die Leitapparate somit aus Zölly-Düsen bestehen. Überdruckturbinen werden, wie bereits erwähnt, stets mehrstufig gebaut. Bei ihnen ist die Druckstufung die einzige Stufungsmöglichkeit. Die einzelne Stufe hat dabei auf jeden Fall unterkritisches Druckverhältnis.

Die unterkritische Entspannung vermindert Strömungsgeschwindigkeiten und Strömungsverluste.

Infolge der Divergenz der Isobaren im h,s-Diagramm ist die Summe der einzelnen Stufengefälle größer als das Gesamtgefälle; sogenannte Wärmerückgewinnung (Bild 4.106).

$$\sum \Delta h_{s,i} > \Delta h_{s,T}$$

Man schreibt

$$\sum \Delta h_{s,i} = m \cdot \Delta h_{s,T} \tag{4.164}$$

$m > 1$ Wiedererwärmungs- oder Wärmerückgewinnungsfaktor

Anhalt:	$m = 1{,}02$	bis 6 Stufen
	$m = 1{,}03 - 1{,}04$	bei 6 - 12 Stufen
	$m = 1{,}05 - 1{,}08$	bei mehr als 12 Stufen

Wahl von Drehzahl und mittlerem Raddurchmesser

Üblicherweise ist die Turbinendrehzahl vorgegeben durch die Drehzahl der angetriebenen Maschine, z. B. bei Elektrogeneratoren. Turbinen kleinerer Leistung (etwa $P_e < 3500$ kW) müssen i. Allg. mit höheren Drehzahlen betrieben werden. Grund: Kleinere Leistung → kleinerer Dampfstrom → kleinere Strömungsquerschnitte und Strömungsquerschnitt ~ $d_m \cdot l$, d. h., großer Raddurchmesser bedingt kurze Schaufeln. Eine Vergrößerung der Drehzahl erlaubt bei gleicher Umfangsgeschwindigkeit kleinere Raddurchmesser und damit längere Schaufeln. Dadurch wird die Dampfführung verbessert.

Bei ungleichen Drehzahlen von Turbine und angetriebener Maschine muss ein Getriebe zwischen die Maschinen geschaltet werden. Trotz Getriebes können Dampfturbinen mit kleinerem Raddurchmesser wirtschaftlicher sein, weil sie leichter sind und infolge kleinerer Radreibungs- und Spaltverluste bessere Wirkungsgrade haben.

Für die Wahl des mittleren Raddurchmessers gelten folgende Richtlinien:

- In Kleinturbinen darf die Schaufellänge wegen Spaltverlusten bestimmte Mindestwerte (Düsenhöhe + 1 mm) nicht unterschreiten. Untere Grenze etwa 10 mm. Das bedingt in den meisten Fällen Teilbeaufschlagung.
- In mehrstufigen Turbinen muss hinter der evtl. teilbeaufschlagten Regelstufe volle Beaufschlagung gewährleistet sein. Entsprechend Drehzahl, spezifischem Dampfvolumen und Mindestschaufellänge muss der mittlere Raddurchmesser festgelegt werden.
- In den Niederdruckstufen, vor allem bei hohem Vakuum, nimmt das spez. Dampfvolumen sehr hohe Werte an. Dadurch werden große Strömungsquer-

schnitte erforderlich, die sehr lange Schaufeln beanspruchen und zu hohen Fliehkräften führen. Als Anhalt gilt meist $d_m/l \approx 3$.

- Sehr lange Schaufeln erfordern besondere Profilformen, weil die Umfangsgeschwindigkeiten zwischen Schaufelfuß und Schaufelende zu unterschiedlich sind. Die Ermittlung der Schaufelwinkel für den mittleren Stromfaden reicht nun nicht mehr für die ganze Schaufelhöhe aus. Es müssen die Geschwindigkeitsverhältnisse auf verschiedenen Durchmessern ermittelt werden. Infolge der verschiedenen Umfangsgeschwindigkeiten ergeben sich unterschiedliche Schaufelwinkel, d. h., die Schaufel wird verwunden, also 3D-Ausbildung (Bild 4.107).

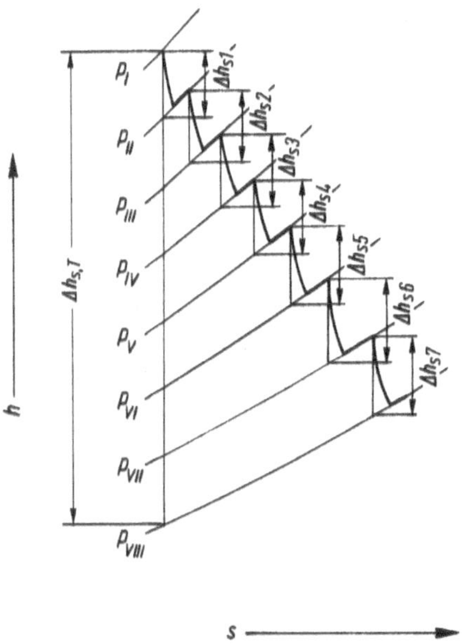

Bild 4.106 Gleichdruck-Druckstufung im *h,s*-Diagramm

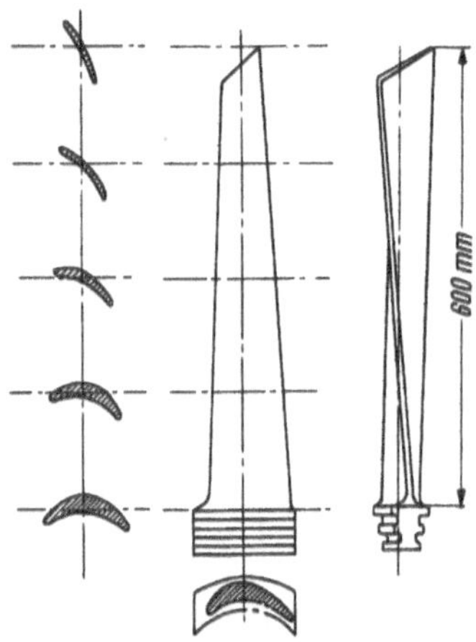

Bild 4.107 Niederdruckschaufel einer großen Kondensationsturbine

Heute werden Schaufeln bis zu Längen von 1200 – 1500 mm gefertigt. Sollte diese maximale Schaufellänge noch nicht für den erforderlichen Strömungsquerschnitt ausreichen, muss der Niederdruckteil der Turbine zwei- oder vierflutig ausgebildet werden.

Für ein vorgegebenes d_m/l und ein gewünschtes u/c_1 gilt für den mittleren Raddurchmesser

$$d_m = \sqrt[3]{\frac{\dot{m} \cdot v_2 (d_m/l)(u/c_1)}{\pi^2 \cdot \tau \cdot n \cdot \sin \alpha_1}} \tag{4.165}$$

Das Verhältnis des mittleren Raddurchmessers d_m zur radialen Schaufellänge l umfasst den Bereich von

$d_m/l = 60 - 70$ bei HD-Stufen
bis
$d_m/l = 3 - 5$ bei Vakuum-Stufen (Niederdruckschaufeln)

Der Verengungsbeiwert τ kann überschlägig mit $\tau = 0{,}9$ angesetzt werden. Er liegt i. Allg. im Bereich von 0,85 bis 0,95.

Die Höhe l der Schaufel wird bestimmt durch die Kontinuitätsgleichung

$$\dot{m} = \frac{A \cdot c}{v} = \text{konst.}$$

Mit Index 1 - Schaufeleintrittskante und Index 2 - Schaufelaustrittskante gilt

$$l_1 = l_D + 1\,\text{mm}$$

$$l_2 = l_1 \frac{\tau_D \cdot w_{1m} \cdot v_1}{\tau_1 \cdot w_{2m} \cdot v_2} \tag{4.166}$$

4.5.6.6 Regelung der Dampfturbinen

Die Regelung der Dampfturbinen erfolgt entsprechend ihrer Aufgabe. Kraftwerksturbinen werden drehzahlgeregelt, wenn der angetriebene Generator zur Frequenzhaltung dient. Wird die Generatordrehzahl vom Netz synchron gehalten, was bei Industriekraftwerken der Fall ist, arbeitet die Turbine mit Gegendruckregelung, d. h., der Druck im Abdampfstutzen der Maschine wird konstant gehalten, damit nachgeschaltete Dampfverbraucher ausreichend versorgt werden. Dient die Dampfturbine zum Antrieb von Hilfsmaschinen, die mit variabler Drehzahl betrieben werden, ist die geforderte Leistung der angetriebenen Maschine maßgebend für die Turbinenregelung. In allen Fällen verändert das Stellglied der Regelung den Dampfstrom zur Turbine, da

$$P_e = \dot{m}_D \cdot \Delta h_s \cdot \eta_e$$

Das Stellglied kann ein Drosselventil in der Dampfzuleitung sein. Ein einziges Ventil hat den Vorteil des geringeren Aufwandes, aber auch den großen Nachteil, dass durch Verkleinerung des Drosselquerschnittes nicht nur der Dampfstrom verringert wird, sondern infolge der erhöhten Strömungsverluste auch eine zusätzliche Druckabsenkung hervorgerufen und damit das nutzbare Wärmegefälle verringert wird. Dieser Drosselvorgang ist eine irreversible Zustandsänderung und verursacht eine Entropievergrößerung, weshalb der thermodynamische Wirkungsgrad sinkt.

Dadurch verringert sich also das für die Arbeitsleistung der Turbine zur Verfügung stehende, isentrope Wärmegefälle. Drosselung bewirkt somit eine Zunahme der thermischen Verluste. Sie wird daher nur bei Kleinturbinen angewendet, wo eine bessere Lösung zu aufwendig wäre.

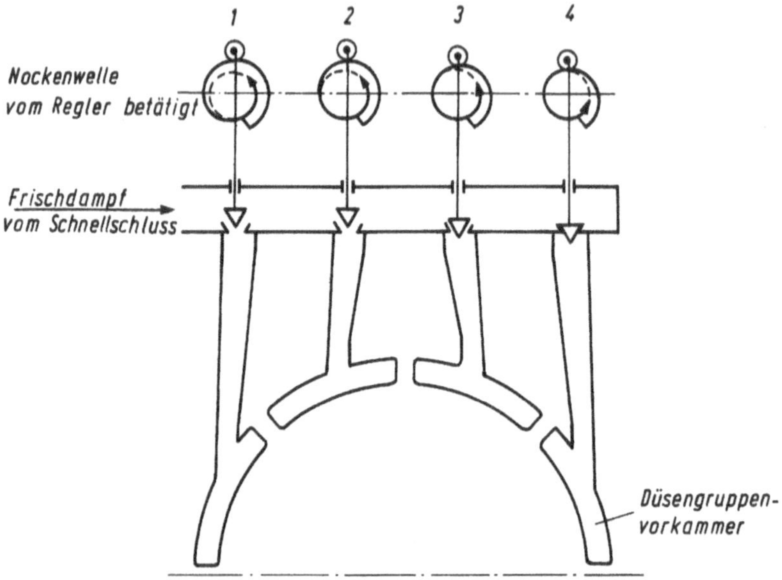

Bild 4.108 Mengenregelung bei Großturbinen: Ventile *1* und *2* voll geöffnet, Ventil *3* im Eingriff, Ventil *4* geschlossen

Die bessere Lösung ($\Delta h_s \approx$ konst., $\dot{m}$ verändern) wird als Mengenregelung bezeichnet. Die Dampfkammer vor den Düsen der Regelstufe wird in mehrere Einzelkammern unterteilt. Jede Kammer erhält ein eigenes (Drossel)ventil (Bild 4.108). Mehrere Düsen werden zu einer Gruppe in einer Kammer (Bild 4.109) zusammengefasst und von einem gemeinsamen Stellorgan über eine Nockenwelle derart betätigt, dass sie nacheinander öffnen oder schließen. Eine Drosselung findet nun nur noch bei dem Teildampfstrom statt, der durch das gerade im Eingriff befindliche Ventil strömt. Die anderen Ventile sind entweder voll geöffnet oder geschlossen. Die thermischen Verluste durch Drosselung treten nur noch bei einem Teil des Dampfstromes auf. Der erhebliche Aufwand dieser Methode macht die Mengenregelung nur für Dampfturbinen größerer Leistung geeignet; der thermische Wirkungsgrad ändert sich nur geringfügig (Vorteil).

Bild 4.109 Düsengruppe vor der Regelstufe einer HD-Dampfturbine *(MAN)*

Zu jeder Turbinenarmatur gehört auch ein Schnellschlussventil (Bild 4.110). Der Schnellschluss unterbricht schlagartig den Dampfzustrom zu den Regelventilen bei Überschreiten einer bestimmten Drehzahl (ca. 1,05 der Nenndrehzahl), um ein Durchgehen der Turbine zu verhindern.

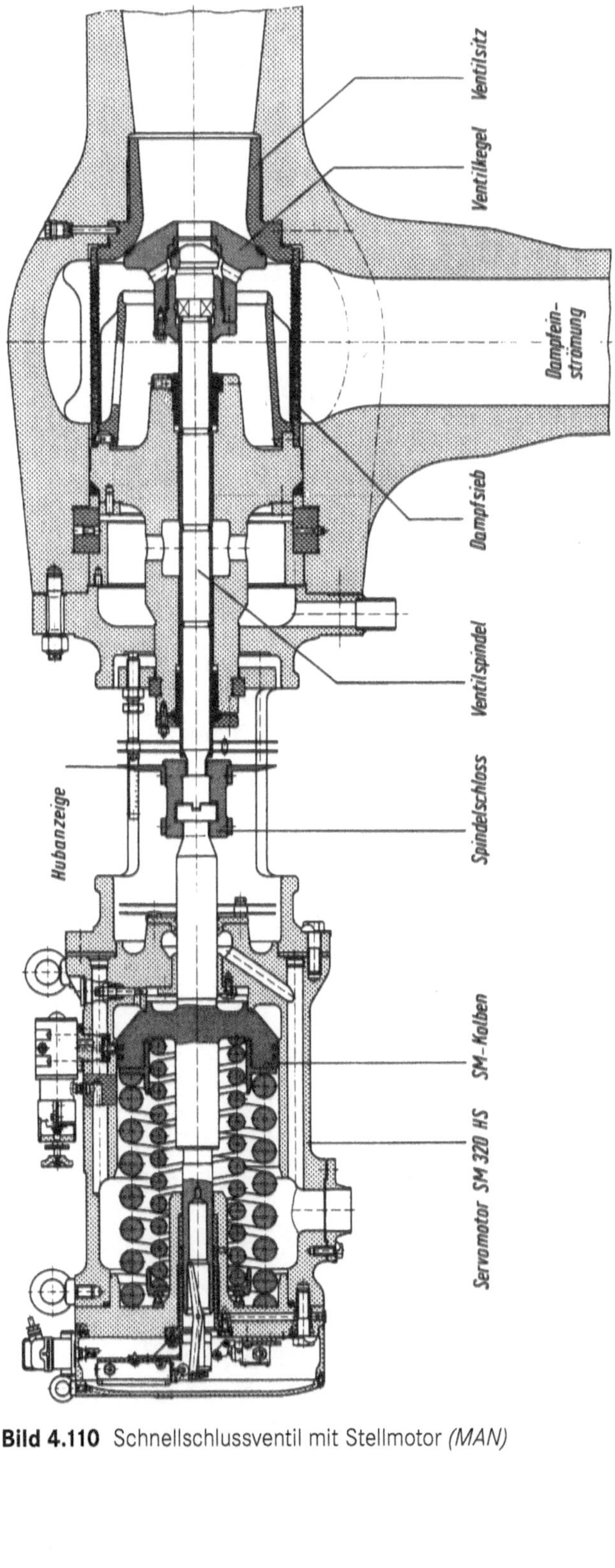

Bild 4.110 Schnellschlussventil mit Stellmotor *(MAN)*

4.5.6.7 Mehrstufige Großturbinen

Die Druckstufung bringt bei HD-Dampfturbinen eine hohe Anzahl von Einzelstufen, die bei Unterbringung in einem Gehäuse einen unzulässig weiten Lagerabstand verursachen würden sowie erhebliche Druck- und Temperaturänderung zur Folge hätten. Daher unterteilt man in mehrere Gehäuse, ordnet aber alle Stufen i. Allg. auf einer Welle an, die zwischen den einzelnen Gehäusen getrennt und durch starre Kupplungen verbunden ist. Achsschubkräfte werden nach Möglichkeit durch Gegeneinanderschaltung ausgeglichen. Wo das nicht ausreicht, werden Ausgleichskolben vorgesehen. Evtl. noch vorhandene Restschübe müssen in Drucklagern aufgefangen werden. Die Abdichtung der Wellendurchtritte durch die Gehäuse erfolgt mit Labyrinthdichtungen (Bild 4.111).

Druckgestufte Großturbinen können nach dem Gleichdruck- oder nach dem Überdruckverfahren arbeiten. Die Regelstufe ist aber in jedem Falle eine teilbeaufschlagbare Gleichdruckstufe, häufig als 2-C-Rad ausgebildet. Die heute sehr hohen Drücke und Temperaturen des Frischdampfes erfordern Sonderentwicklungen des HD-Gehäuses. Man baut hoch beanspruchte HD-Gehäuse entweder in Topfbauweise, wobei Läufer und Leitschaufelträger außen zusammengebaut und dann axial in den Gehäusetopf eingeschoben werden. Oder es werden doppelwandige Gehäuse verwendet, bei denen der Dampf nach Austritt aus der letzten Gehäusestufe zwischen die beiden Gehäusewände geleitet wird, bevor er austritt. Dadurch ergeben sich geringere Wandbeanspruchungen.

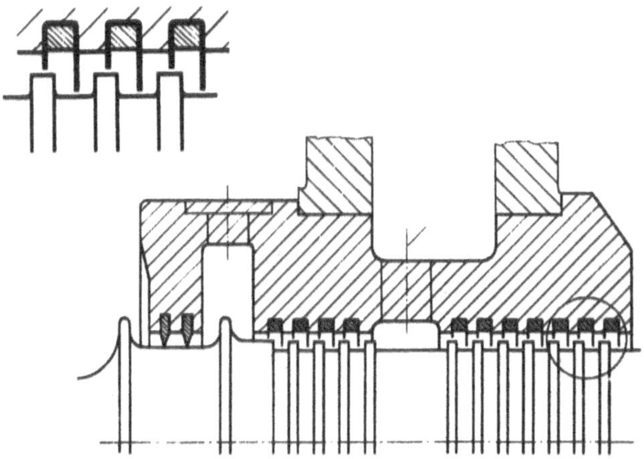

Bild 4.111 Labyrinth-Wellendichtung mit Dichtungsbändern am fest stehenden Teil und Nuten am Turbinenläufer. Vor den letzten Dichtungsstellen zur Atmosphäre hin ist eine Entnahme vorgesehen. Den Wellendichtungen von Kondensationsturbinen, die im Gehäuseinneren unter Vakuum stehen, wird an dieser Stelle Sperrdampf zugeführt.

Infolge der Dampfentspannung in den Turbinenstufen steigt das Dampfvolumen an. Das führt zu erheblichen Schaufellängen im ND-Teil (Bild 4.112). Um die höchstzulässige Umfangsgeschwindigkeit ($u_{max} \approx 450$ m/s) nicht zu überschreiten, sind die Schaufellängen auf etwa 1,5 m begrenzt. Reichen die Strömungsquerschnitte mit solch langen Schaufeln immer noch nicht aus, muss der Dampfstrom unterteilt werden. Die ND- und manchmal bereits die MD-Gehäuse werden dann mehrflutig ausgebildet. Bei Sattdampfturbinen, wie sie unter Umständen in Kernkraftwerken eingesetzt werden müssen, tritt der Dampf bereits nach der ersten Stufe in den Nassdampfbereich, was bei HD-Turbinen erst in den Endstufen der Fall ist. Bei einer Dampffeuchte über 10 % kondensiert der Wasseranteil bereits zu Tröpfchengröße, die im Verein mit den hohen Dampfgeschwindigkeiten zu Schaufelerosion (Anfressung bis Zerstörung) führt. Zur Vermeidung der Erosion ist eine Fließkraftabscheidung des Wasseranteils erforderlich.

Bild 4.113 zeigt den Schnitt durch eine vielstufige Überdruckturbine ohne Regelstufe, d. h., diese Maschine wird im Gleitdruckverfahren betrieben. Belastungsänderungen werden durch Änderung des Frischdampfdruckes (Abschn. 7.3.1) ausgeregelt. Der HD-Teil hat ein Topfgehäuse, der MD-Teil ist zweiflutig, der ND-Teil vierflutig, starr gekuppelt zu einem Maschinensatz. HD steht für Hochdruck, MD für Mitteldruck und ND für Niederdruck.

Bild 4.112 Zweiflutiger ND-Rotor *(KWU)*

$\dot{m}$ = 175 kg/s
p = 0,05 bar
n = 25 s^{-1}
Endstufe: 58 Schaufeln (Kranz)
l = 1355 mm, G = 777 N

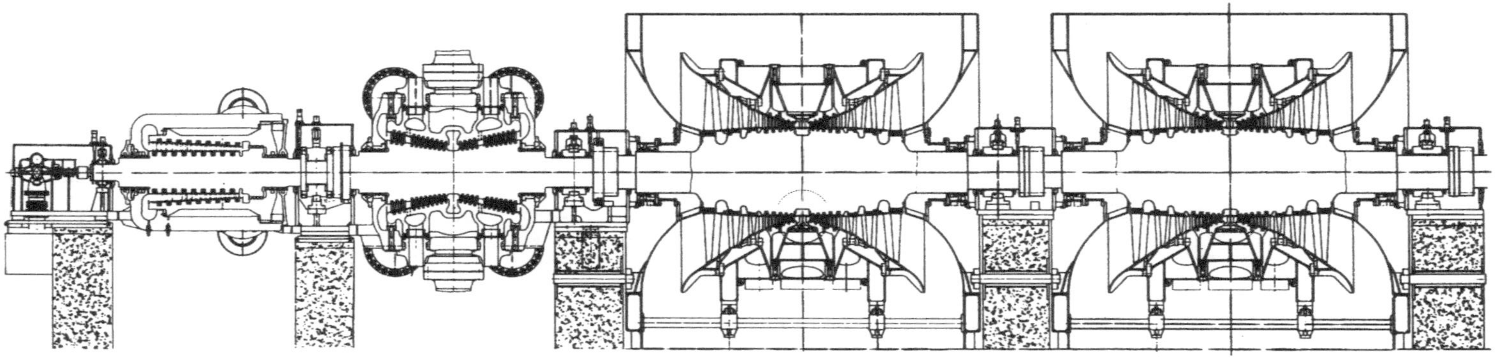

Bild 4.113 Mehrstufige Dampfturbine in Überdruckbauart mit einflutigem HD-Teil, zweiflutigem MD-Teil und vierflutigem ND-Teil. HD-Gehäuse in Topfbauweise *(KWU)*

HD Hochdruck MD Mitteldruck ND Niederdruck

Bild 4.114 ist das Werkfoto einer Gleichdruck-Dampfturbine mit axial getrennten HD- und MD-Gehäusen. Das HD-Gehäuse ist doppelwandig.

Bild 4.114
Werkstattmontage einer mehrstufigen HD-MD-Dampfturbine in Gleichdruckbauart. HD- und MD-Gehäuse geöffnet *(BBC)*

In der Regel haben mehrstufige Großturbinen axial durchströmte Läufer. Jedoch sind auch Radialläufer möglich, wie Bild 4.115 zeigt. Solche Turbinen wurden vor allem von der schwedischen Firma STAL-LAVAL hergestellt und hauptsächlich als Vorschaltturbinen eingesetzt, weil sie in ihrer Stufenzahl begrenzt sind. Bei Radialturbinen können Leit- und Laufschaufeln an gegenläufig drehenden Radscheiben angebracht sein. Leit- und Laufradwelle treiben dann je einen Generator mit halber Leistung an. Radialturbinen arbeiten grundsätzlich nach dem Überdruckverfahren mit $r = 0{,}5$.

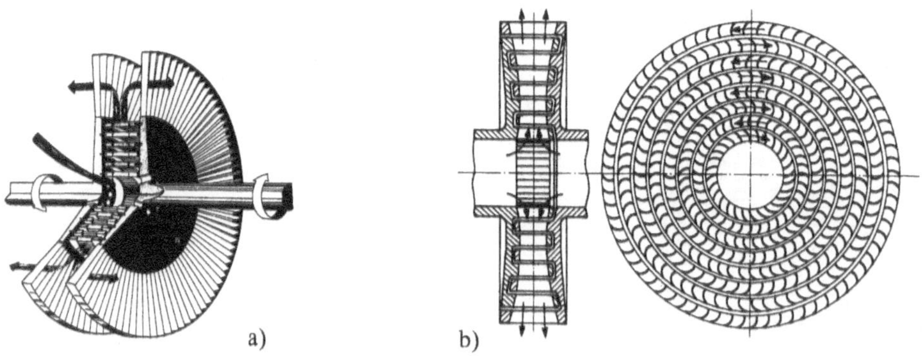

Bild 4.115 Radial-Dampfturbine: a) Schema mit axialer Endstufe, b) Darstellung des Prinzips

Eine Sonderbauform der mehrstufigen Großturbine ist die Dampfturbine für Schiffsantrieb (Bild 4.116). Der Vorteil der turbinengetriebenen Schiffsschraube liegt darin, dass erheblich höhere Leistungen an eine Welle gebracht werden können als bei Antrieb mit Dieselmotor. Auch sind Turbinen, da kein Massenausgleich notwendig, erschütterungsfrei. Der Nachteil liegt in den hohen Betriebsdrehzahlen der Dampfturbine, die ein starkes Untersetzungsgetriebe erfordern. Hinzu kommt, dass Turbinen wegen der starren Schaufelkrümmung nur in einer Drehrichtung laufen können. Zur Manövrierfähigkeit des Schiffes ist also eine entgegengesetzt drehende Rückwärtsturbine auf derselben Welle erforderlich, die i. Allg. der Schnellbereitschaft wegen als 2-C-Rad ausgebildet wird. Schiffsturbinen bilden mit Kondensator und Getriebe eine kompakte Einheit, die möglichst wenig Raum beanspruchen darf.

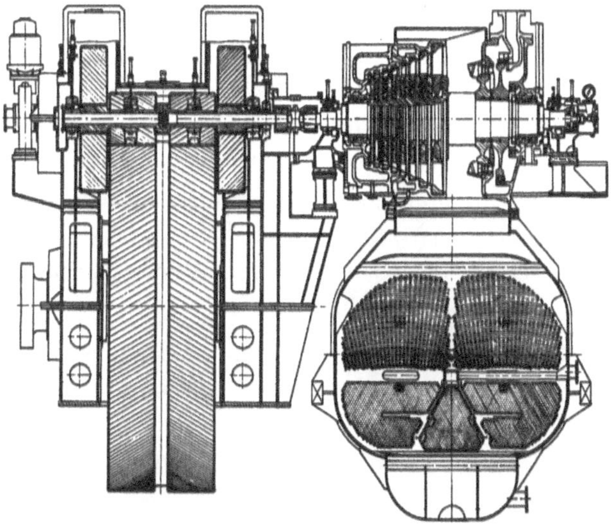

Bild 4.116
Längsschnitt durch eine Schiffsturbinenanlage (Gleichdruckbauart)

4.5.6.8 Gegendruck- und Entnahmeturbinen

Bei der Modernisierung älterer Kraftwerke werden gelegentlich der vorhandenen Anlage HD-Turbinen vorgeschaltet, z. B. eine Turbine für 200 bar und 530 °C einer älteren Turbinenanlage für 36 bar.

Eine solche **Vorschalt-** bzw. **Gegendruckturbine** entspricht etwa dem Höchstdruckteil einer heutigen Kondensationsturbine. Die Abmessungen sind relativ klein, und da keine ND-Schaufelung daran hängt, kann eine solche Maschine allein mit höheren Drehzahlen laufen. Zwischen Turbine und Generator wird dann i. Allg. ein Zahnrad-Untersetzungsgetriebe angeordnet.

Mehr noch als in Kraftwerken werden Gegendruckturbinen in der Industrie verwendet, wo außer mechanischer Energie auch Wärme von bestimmter Temperatur benötigt wird. Das Gleiche gilt für Fernheizwerke, welche die Wärme meistens mit relativ geringen Drücken, z. B. 10 bar, direkt ins Rohrnetz schicken oder Heizwasser über Wärmetauscher erhitzen und dies dann in die Verteilerleitung einspeisen, sog. **Energiekette,** also möglichst weitgehende Nutzung der anfänglichen Primärenergie (Kapitel 5) Das darüberliegende Druckgefälle kann in einer Gegendruckturbine genutzt werden.

Ist der Wärmebedarf wesentlich kleiner als der Bedarf an mechanischer Energie, so wird nur ein Teil des Gegendruckdampfes benötigt, und der Rest bzw. der Hauptteil des Dampfes kann in mehreren ND-Stufen bis zum Vakuum in einem Kondensator entspannt werden. Man spricht dann von **Anzapf**- oder **Entnahmeturbinen**.

4.5.7 Gasturbinen

Obwohl bereits im Jahre 1791 das erste Patent über eine Gasturbine an *J. Barber* in England erteilt wurde, hat sie erst in den letzten Jahrzehnten eine aussichtsreiche Entwicklung erfahren. Ähnlich wie in Verbrennungsmotoren soll in den Gasturbinen die Brennstoffenergie innerhalb der Maschine in mechanische Arbeit umgewandelt werden. Entgegen den Dampfkraftanlagen kommen diese deshalb ohne separate Kesselanlage aus. Gegenüber den Verbrennungsmotoren größerer Leistungen sind ähnliche Vorteile zu erwarten, wie sie die Dampfturbinen gegenüber den daher nicht mehr gebauten Kolbendampfmaschinen bieten.

Gasturbinen arbeiten mit Gleichraumverbrennung (Verbrennung bei konstantem Volumen) oder mit Gleichdruckverbrennung (Verbrennung bei konstantem Druck). Heute wird fast ausschließlich das Gleichdruckverfahren angewendet. Die Brennstoffe können dabei gasförmig (Gichtgas, Erdgas) oder flüssig (Kerosin, Leicht- sowie Schweröl) sein.

Nach dem Sprachgebrauch versteht man unter **Gasturbine** die gesamte Kraftmaschinenanlage, das Gasturbinenkraftwerk, bestehend aus Verdichter, Luftvorwärmer, Brennkammer, Gasturbine und evtl. Kühler. Die Turbine im engeren Sinne ist also nur Expansionsteil der Anlage. Ihr Aufbau und ihre Arbeitsweise unterscheiden sich nur wenig von denen der Dampfturbine, als Arbeitsfluid dient jedoch Verbrennungsgas (Rauchgas) statt Dampf. Die meisten mehrstufigen Gasturbinen arbeiten nach dem Überdruckverfahren, einstufige sind als Laval-Räder ausgelegt. In den folgenden Abschnitten soll etwas näher auf die Gasturbinenanlage eingegangen werden.

4.5.7.1 Offene Gasturbinenanlagen

Einstufige Anlagen ohne Luftvorwärmer

Eine der vorteilhaften Eigenschaften der Gasturbine ist die Möglichkeit, die Nutzleistung P_e auf die verschiedenartigste Weise abzugeben, entweder über Kupplung von der Maschinenwelle (Bild 4.117) zum Antrieb beispielsweise von elektrischen Generatoren, oder in Form von überschüssiger Druckluft (Bild 4.118), z.B. zum Blasen von Hochöfen, oder schließlich in Form von kinetischer Energie entsprechend $c_a^2/2$ beschleunigter Abgase (Bild 4.119) zur Erzeugung eines Reaktions-Vortriebs bei Flugzeugen.

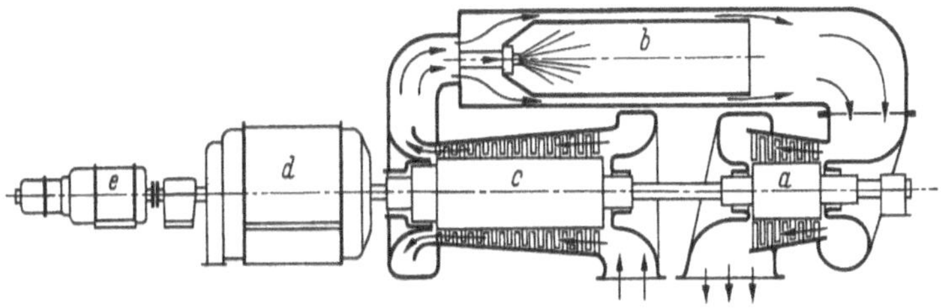

a Gasturbine
b Brennkammer
c Verdichter
d Generator
e Anwurfmotor

Bild 4.117 Einfache Gasturbine mit Energieabgabe an der Welle

Die drei Verfahren können aber auch kombiniert werden; z.B. kann eine Gasturbine gleichzeitig 1. Druckluft und 2. über einen Generator elektrische Energie liefern, oder sie kann 1. einen Propeller antreiben und 2. die verminderte kinetische Energie $c_a^2/2$ der Abgase mit besserem Wirkungsgrad für den Reaktions-Vortrieb einsetzen (PTL = Propeller-Turbinen-Luftstrahltriebwerk). Auch können solche Systeme mit zwei getrennten Turbinen gebaut werden, z.B. gemäß Bild 4.123. Eine Turbine zum Antrieb des internen Verdichters und die andere Turbine zum Antrieb einer Anlage, z.B. eines Fahrzeuges. Dadurch sind unterschiedliche Drehzahlen verwirklichbar, welche bei der sogenannten Fahrturbine einen variablen Betrieb ermöglichen.

Der thermodynamische Prozess ist in allen drei Fällen derselbe einstufige Joule-Prozess (Tabelle 2.5) ohne Wärmetauscher, für den nur bescheidene Wirkungsgrade erreicht werden, selbst wenn die Turbinen- und Verdichterwirkungsgrade hoch sind. In Bild 4.119 wird in der Turbine nur so viel vom Energiegefälle verbraucht, als nötig ist, den Verdichter anzutreiben. Der Rest des Gefälles dient zur Beschleunigung der Abgase in der Düse *D*, die also beim Strahltriebwerk ein zusätzliches Bauteil zur Schuberzeugung darstellt.

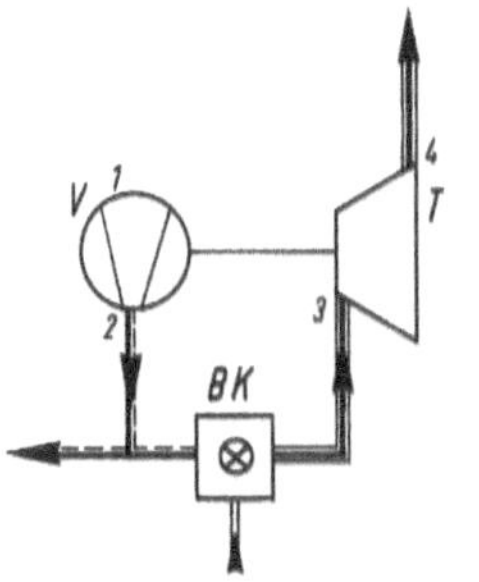

Bild 4.118 Einfache Gasturbine zur Lieferung von Druckluft

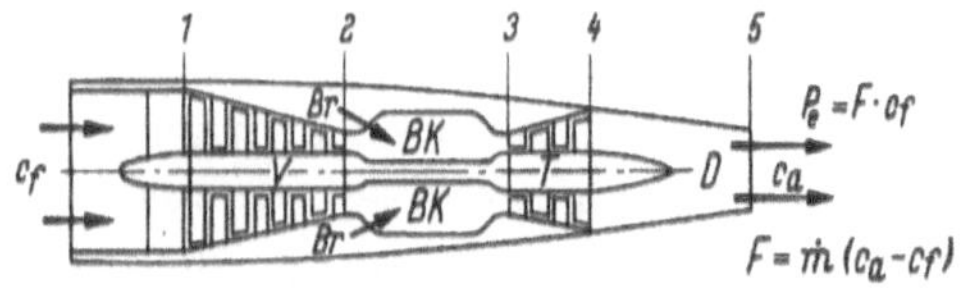

D Abgasdüse

Bild 4.119 Einfache Gasturbine zur Beschleunigung der Abgase (TL Turbinen-Luftstrahlantrieb)

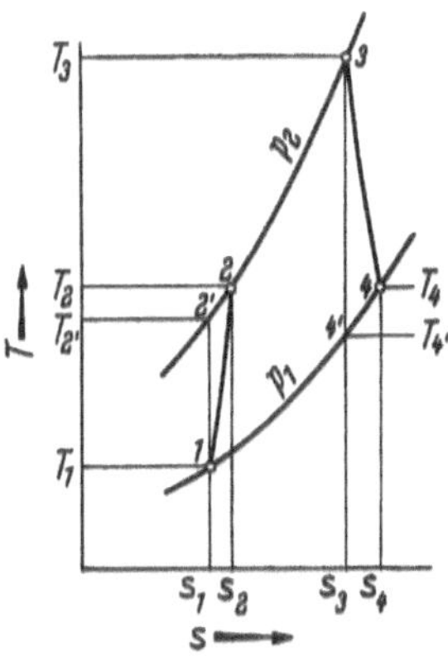

Bild 4.120
T,s-Diagramm einer einfachen Gasturbine gemäß Bild 4.118

Die wirkliche Verdichtung und Ausdehnung erfolgt nicht isentrop *1* → *2'* und *3* → *4'*, sondern mit Entropiezunahme *1* → *2* und *3* → *4* (Bild 4.120), also beide polytrop (überisentrop). Während *2* - *3* Wärmezufuhr in der Brennkammer bei konstantem Druck p_2 (Isobare) und *4* - *1* Wärmeabfuhr beim ebenso konstanten Druck p_1 (Isobare) durch Ausströmen der Abgase in die Atmosphäre, also $p_1 = p_L$ → offener Prozess.

Für die Verdichtung ist nach Formel 4.92 und Formel 4.93 der isentrope Wirkungsgrad

$$\eta_V = \frac{T_2' - T_1}{T_2 - T_1} = \frac{T_1\left[\left(\frac{p_2}{p_1}\right)^{\frac{\varkappa-1}{\varkappa}} - 1\right]}{T_2 - T_1} \tag{4.167}$$

und die wirkliche Temperaturerhöhung

$$T_2 - T_1 = \frac{T_1}{\eta_V} = \left[\left(\frac{p_2}{p_1}\right)^{\frac{\varkappa-1}{\varkappa}} - 1\right] \tag{4.168}$$

Für die Expansion (Ausdehnung) ist nach Formel 4.94 und Formel 4.95 der isentrope Wirkungsgrad

$$\eta_{Exp} = \frac{T_3 - T_4}{T_3 - T_4'} = \frac{T_3 - T_4}{T_3\left[1 - \left(\frac{p_4}{p_3}\right)^{\frac{\varkappa-1}{\varkappa}}\right]} \tag{4.169}$$

und das wirkliche Temperaturgefälle

$$T_3 - T_4 = \eta_{Exp} \cdot T_3 \left[1 - \left(\frac{p_4}{p_3}\right)^{\frac{\varkappa-1}{\varkappa}}\right] \tag{4.170}$$

Die Schubkraft von Flugtriebwerken ist nach dem Impulssatz gemäß Formel 4.103

$$F = \dot{m}_G \left(c_a - c_f\right) \tag{4.171}$$

mit c_f = Fluggeschwindigkeit

Der Strahl-Wirkungsgrad ist entsprechend Formel 4.104

$$\eta_s = \frac{2}{\left(c_a / c_f\right) + 1} \tag{4.172}$$

Soll η_s beispielsweise nicht schlechter als 0,7 sein, so ergibt sich für

$$\frac{c_a}{c_f} \leqq \frac{2}{\eta_s} - 1 = \frac{2}{0{,}7} - 1 = 1{,}86$$

und bei c_a = 538 m/s

$$c_f \geqq \frac{c_a}{1{,}86} = \frac{538}{1{,}86}\,\text{m/s} = 289\,\text{m/s} = 1040\ \text{km/h}$$

Ebenso erhält man für η_s = 0,6 ein c_f = 828 km/h und für η_s = 0,5 ein c_f = 645 km/h.

Bei kleineren Fluggeschwindigkeiten ist demnach der PTL-Antrieb wirtschaftlicher als der TL-Antrieb (TL Turbinen-Luftstrahltriebwerk).

Mit

$$\dot{m}_G \approx \dot{m}_L = \dot{V}_L \cdot \varrho = A_1 \cdot c_1 \cdot \varrho$$

ist die Schubkraft pro m² des Einzugsquerschnitts A_1 (bezogener Wert)

$$\frac{F}{A_1} = c_1 \cdot \varrho\left(c_a - c_f\right) \tag{4.173}$$

und die Schubleistung pro m² des Einzugsquerschnitts A_1 (spezifischer Wert)

$$\frac{P}{A_1} = \frac{F}{A_1} \cdot c_f = c_1 \cdot \varrho \cdot c_f\left(c_a - c_f\right) \tag{4.174}$$

Einstufige Anlage mit Luftvorwärmer

Wenn das Druckverhältnis p_2/p_1 nicht zu groß ist, wird die Expansions-Endtemperatur T_4 wesentlich höher als die Kompressions-Endtemperatur T_2. Dann kann in einem Wärmetauscher *WT* (Bild 4.121) Wärme von den heißen Abgasen an die kühlere verdichtete Luft übertragen werden. Theoretisch ließe sich die Wärmemenge q'_{WT} (Bild 4.122) übertragen und die komprimierte Luft von T_2 bis T_4 vorwärmen, wobei sich das Abgas von T_4 bis T_2 abkühlte. Praktisch ist zur Wärmeübertragung mit endlichen Oberflächen ein Temperaturgefälle ΔT erforderlich. Es kann daher nur eine Wärmemenge $q_{WT} < q'_{WT}$ übertragen werden, wobei die verdichtete Luft bis T_5 vorgewärmt und das Abgas bis T_6 abgekühlt wird. Durch die Brennkammer *BK* ist dann nur noch die Wärmemenge q_{BK} aufzubringen, um die verdichtete Luft von T_5 bis T_3 aufzuheizen ($q \sim \Delta T$).

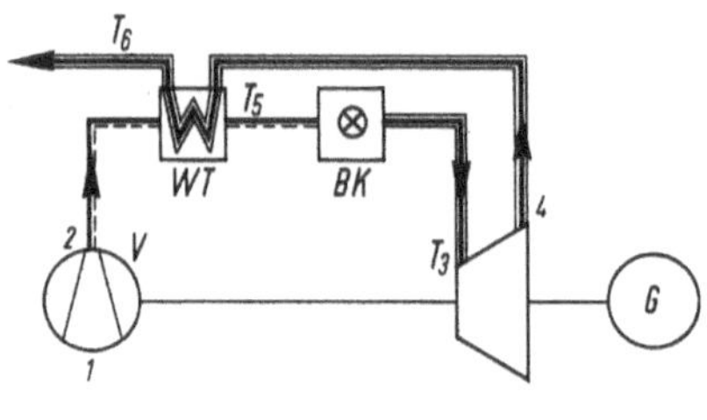

WT Luftvorwärmer (Funktionsschema)

Bild 4.121 Einstufige Gasturbine mit Luftvorwärmer (Wärmeaustauscher)

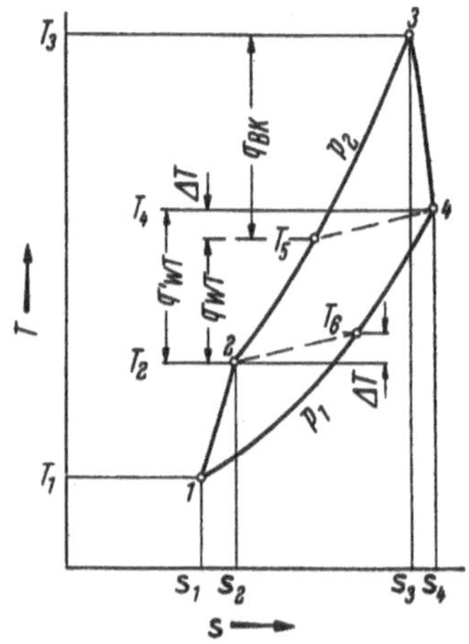

Bild 4.122 *T,s*-Diagramm einer einstufigen Gasturbine mit Luftvorwärmer

Durch den Wärmetauscher *WT* wird der Brennstoffverbrauch gesenkt im Verhältnis

$$\frac{q_{\mathrm{BK}}}{q_{\mathrm{WT}}+q_{\mathrm{BK}}}=\frac{T_3-T_5}{T_3-T_2}$$

Zweistufige Anlage mit Luftvorwärmer

Zweistufige Verdichtung *1 - 2* und *3 - 4* mit Zwischenkühlung *2 - 3*, zweistufige Expansion *5 - 6* und *7 - 8* mit Zwischenerhitzung *6 - 7* (Bild 4.123). Wärmetauscher *WT* heizt die verdichtete Luft von T_4 auf T_9 (Bild 4.124). Abgase geben Wärme ab von T_8 bis T_{10}. Brennkammer BK_1 heizt die verdichtete Luft von T_9 bis T_5; BK_2 heizt von T_6 bis T_7. Getrennte Nutzleistungsturbine T_2, z. B., wie erwähnt, für Fahrzeugantrieb, kann in großem Bereich alle Manöver und Drehzahlen fahren, während die Kreislaufgruppe V_1 - V_2 - T_1 unabhängig davon mit konstanter Drehzahl weiterläuft. Mit zwei- bis dreistufigen Anlagen und reichlich bemessenen Wärmetauschern wurden Wirkungsgrade von 32 bis 38 % erzielt.

Hinweis:

Nicht verwechseln! Buchstabe *T* hat hier zwei verschiedene Bedeutungen, und zwar einmal Temperatur (T_1, T_2 bis T_9) und das andere Mal Turbine (T_1 sowie T_2).

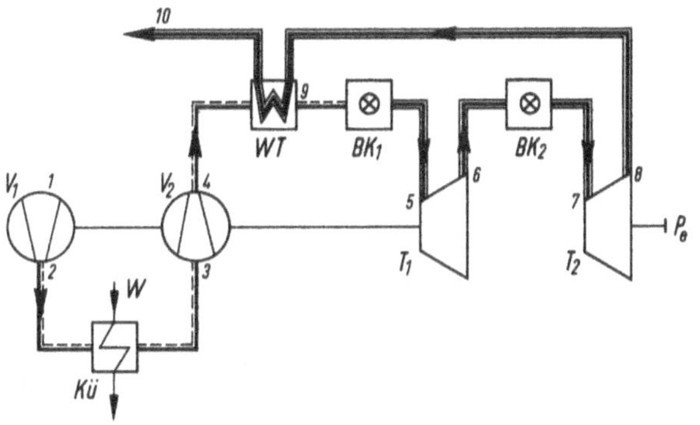

Bild 4.123
Zweistufige Gasturbine mit Luftvorwärmer

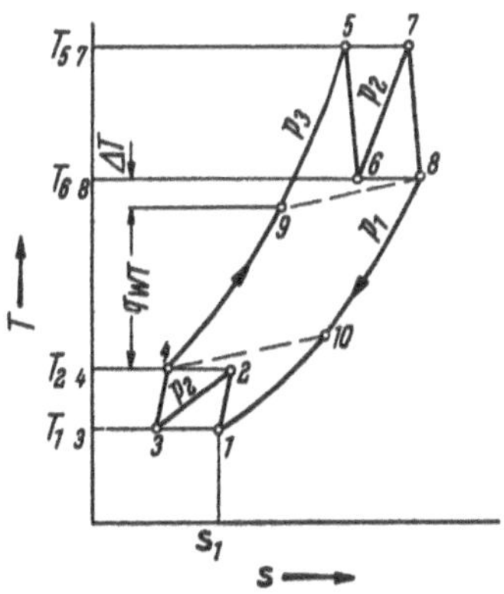

Bild 4.124
T,s-Diagramm einer zweistufigen Gasturbine mit Luftvorwärmer

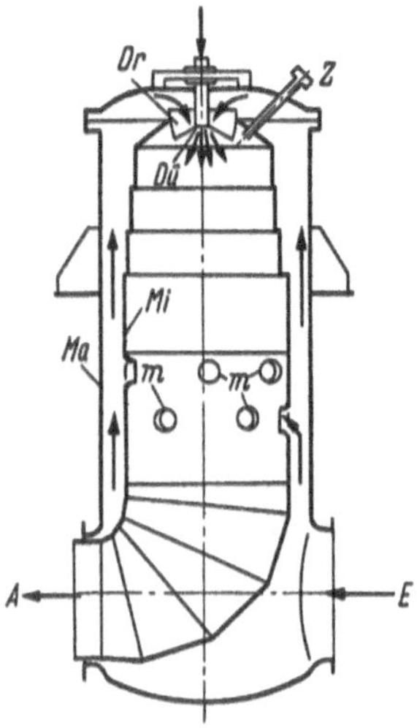

E Eintritt
A Austritt
Mi Innenmantel
Ma Außenmantel
Dr Drehkörper
Dü Brennstoffdüse
Z Zündvorrichtung
m Mischöffnungen

Bild 4.125 Brennkammer von BBC

Brennkammer

Der Luftdurchsatz muss etwa das Fünffache (λ = 5) der stöchiometrischen Menge betragen, um eine Temperatur von rd. ≤ 1200 K vor der Turbine zu erreichen. Bei einer so niedrigen Temperatur ist aber keine einwandfreie Verbrennung möglich. Zur Verbrennung wird daher nur 20 bis 30% des Luftumsatzes (λ = 1,0 bis 1,5) herangezogen und durch einen Drallkörper *Dr* (Bild 4.125) in eine Drehbewegung versetzt, um eine gute Mischung mit dem im Zentrum durch die Zerstäuberdüse *Dü* eingespritzten Brennstoff zu erhalten. Seitlich neben dem Drallkörper ist die Zündvorrichtung Z angeordnet, eine Glühkerze oder ein elektrisch beheizter Silitstab.

Erst *nach* Durchführung der Verbrennung wird der Hauptteil der Luft durch Mischöffnungen *m* den Verbrennungsgasen beigemischt.

Die zwischen Innenmantel *Mi* und Außenmantel *Ma* aufsteigende Frischluft dient zur Kühlung des Innenmantels *Mi* der Brennkammer und wird dabei vorgewärmt.

Luftvorwärmer

Im Luftvorwärmer wird die verdichtete Luft durch ein Röhrenbündel geleitet, das auf der Außenseite im Gegenstrom vom Abgas bespült ist. Das Abgas kühlt sich von T_8 bis T_{10} (Bild 4.124) ab, und die verdichtete Luft erwärmt sich von T_4 auf T_9. Wenn die Wärmekapazitäten beider Seiten gleich groß sind, was annähernd der Fall, bleibt bei Gegenstromführung zwischen beiden ein angenähert konstantes Temperaturgefälle ΔT, das für die Wärmeübertragung erforderlich ist. Je kleiner ΔT, desto besser der thermische Wirkungsgrad, umso größer aber die notwendige Übertragungsfläche und damit der Kostenaufwand.

Würde Luft und Abgas nicht im Gegenstrom, sondern im Gleichstrom oder Kreuzstrom geführt, könnte die Temperatur T_9 nie erreicht werden, sondern es würde sich asymptotisch eine Luft-Endtemperatur einstellen, die dem Mittelwert zwischen T_8 und T_4 zustrebt. Exakte Gegenstromführung ist allerdings konstruktiv schwierig zu verwirklichen.

4.5.7.2 Geschlossene Gasturbinenanlagen

Wenn Luft oder inertes Gas in einem geschlossenen Kreislauf durch die Anlage geführt werden sollte, darf dieses chemisch nicht verändert werden und kann infolgedessen nicht als Verbrennungsluft dienen. Die zuzuführende Wärmemenge muss dann durch die Rohrwände des Lufterhitzers *LE* (Bild 4.126) zugeführt werden, entsprechend wie in einem Dampferzeuger.

Am Ende des Prozesses schließlich muss die Luft durch einen zusätzlichen Kühler $Kü_1$ bis auf die Eintrittstemperatur für den Verdichter V_1 zurückgekühlt werden.

Bild 4.126 zeigt eine zweistufige geschlossene Anlage, deren Kreislauf sich im Übrigen analog der zweistufigen offenen Anlage (Bild 4.123) abspielt: Verdichter V_1; Kühler $Kü_2$; Verdichter V_2; Luftvorwärmer *LV*; Lufterhitzer LE_1; Turbine T_1; Lufterhitzer LE_2; Turbine T_2; Luftvorwärmer *LV*; Kühler $Kü_1$.

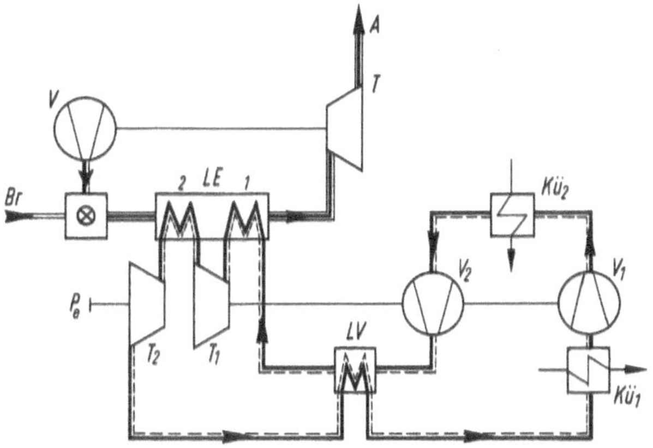

LE Lufterhitzer
V–T Aufladegruppe für die Feuerung
$Kü_1$ Kühler

Bild 4.126
Zweistufige geschlossene Gasturbine mit Luftvorwärmer und Druckfeuerung

Verglichen mit der offenen Gasturbine hat das geschlossene Verfahren den Nachteil eines kostspieligen Lufterhitzers statt einer billigen Brennkammer und den Mehraufwand eines Luftkühlers. Dem stehen aber erhebliche Vorteile gegenüber: Die Turbine arbeitet mit sauberer Luft oder neutralem Gas, und die Anlage wird nicht durch Verschmutzung oder Korrosion aggressiver Verbrennungsgase gefährdet. Der Anfangsdruck braucht nicht gleich dem atmosphärischen Druck zu sein, sondern darf durchaus höher liegen. Wegen dem dann hohen Systemdruck ergeben sich kleinere Abmessungen für die rotierenden Maschinen. Durch Veränderung des Füllungsdruckes kann zudem die Leistung ohne Verlust an thermischem Wirkungsgrad reguliert werden. Schließlich lässt sich die geschlossene Gasturbine auch mit Kohlenfeuerung betreiben.

In Bild 4.126 ist noch als Hilfsgruppe eine offene Gasturbine *V* - *LE* - *T* hinzugefügt, die Druck und Geschwindigkeit der Verbrennungsluft in der Brennkammer des Lufterhitzers erhöht, dadurch den Wärmeübergang wesentlich verbessert und die Abmessungen des *LE* herabsetzt.

Statt Luft kann auch ein beliebiges anderes Gas für den Kreislauf verwendet werden, z.B. einatomige Edelgase. Die dadurch erzielbaren Vorteile sind noch nicht großtechnisch ausgenutzt worden.

4.5.7.3 Kombianlagen

Unter Kombianlagen wird die thermische Kombination von Gasturbinenanlage (GT) und Dampfturbinenanlage (DT) verstanden, sog. GuD-Anlagen. Es sind somit Energieketten. Solche Maschinenkombinationen verwirklichen die höchstmöglichen Wirkungsgrade thermischer Turbomaschinengruppen.

Gemäß der Thermodynamik wird bei einem Kreisprozess der thermische Wirkungsgrad umso höher, je größer die Temperaturspreizung mit zugehörig passenden Druckgefälle ist (Tabelle 2.5). Wird zur folgenden Betrachtung der auch theoretisch nicht verwirklichbare CARNOT-Prozess als Vergleichsmaßstab verwendet, ist folgender Vergleich möglich, wenn der Einfachheit halber mit Grenzwerten gerechnet wird, die wegen Materialwerkstoff- und Kühlproblemen kaum erreichbar sind.

Bei Gasturbinen liegen die Temperaturen des Arbeitsgases - die vielleicht zukünftig erreichbar sind - zwischen maximal 1800 K (Heißgas durch Verbrennung) und 900 K (Abgas). Bei Dampfturbinen zwischen 900 K (Frischdampf) und 300 K (Abdampf). Werden die beiden Maschinen nun thermisch als Energiekette kombiniert, GT und dahinter DT zu GuT mit zwischengeschaltetem Wärmeüberträger - theoretisch ideal, also Temperaturspanne - zur Dampferzeugung aus dem heißen Gasturbinenabgas ergibt sich eine gesamte Temperaturspreizung von 1800 K auf 300 K. Der CARNOT-Wirkungsgrad wäre dann $\eta_C = 1 - 300/1800 = 0{,}83$.

Praktisch sind mit solchen GuD-Anlagen Gesamtwirkungsgrade bis fast bei 60 % erreichbar und ziehen dadurch mit Großdiesel gleich. Bei der GT alleine wäre dessen CARNOT-Wirkungsgrad $\eta_{C,GT} = 1 - 900/1800 = 0{,}5$ und bei der DT ebenfalls entsprechend dann alleine $\eta_{C,DT} = 1 - 300/900 = 0{,}67$. Die tatsächlich erreichbaren liegen entsprechend tiefer, bei der GT etwa 30 % und bei der DT ca. 40 %

Durch derartige Energieketten ist somit die von der Natur bereitgestellte Primärenergie praktisch technisch höchstmöglich in mechanische Nutzenergie umwandelbar (Kapitel 5). Nur Brennstoffzellen erreichen höhere Wirkungsgrade.

5 Grundlagen der Energiewirtschaft

Die Energiewirtschaft befasst sich mit der Beschaffung und der wirtschaftlichen Nutzung natürlicher Primärenergieträger, der wirtschaftlichen Umwandlung dieser Primärenergieformen in Sekundärenergieformen und deren Verteilung zu den Verbrauchern. Bei allen Prozessen der Umwandlung der Energieformen und bei dem Transport der Energie zu den Verbrauchern treten Verluste der nutzbaren Energie auf.

5.1 Historischer Rückblick

Die Erfindungen der Dampfmaschine und des Generators zur Umwandlung chemisch gebundener Brennstoff-Primärenergie in thermische Energie und weiter über mechanische in elektrische Energie machten als Hauptkomponenten den Bau eines frühen Dampfkraftwerkes möglich.

Gegen Ende des 19. Jahrhunderts wurden in Deutschland die ersten Anlagen zur Stromerzeugung mittels Dampfmaschinen und elektrischen Generatoren in Betrieb genommen. Glühlampen der Edison-Technik spielten eine entscheidende Rolle bei der Ablösung von Gaslaternen, auch Elektromotore zum möglichen Ersatz von menschlicher oder tierischer Muskelkraft im Handwerk und die beginnende Industrialisierung wirkten als Treiber der Entwicklung der Kraftwerke als Kernelement der sich etablierenden gewerblichen, später auch industriellen Elektrizitätswirtschaft.

In den folgenden Jahrzehnten bis in die heutige Zeit fand eine stetige Weiterentwicklung der Kraftwerkstechnik insbesondere durch eine stetige Steigerung der Einheitenleistungen der einzelnen Kraftwerkstypen und stetige Wirkungsgradsteigerungen der energetischen Umwandlungskette statt. Parallel zur Entwicklung der Kraftwerkstechnik fand ein kontinuierlicher Ausbau der Übertragungsnetze für elektrische Energie bis hin zu internationalen Verbundnetzen statt. In Ballungsräumen wurden rohrleitungsgebundene Verteilnetze zur wirtschaftlichen Wärmeversorgung aus Kraftwerken etabliert.

Die Reduzierung der umweltbelastenden Einflüsse des Einsatzes fossiler Brennstoffe und auch die kritische Sicht auf Begleiterscheinungen der Nutzung der Kernenergie nahm stetig an Bedeutung zu.

Die politische Situation in Europa im Jahr 2022 stellt einige bislang insbesondere in Deutschland favorisierte Entwicklungsrichtungen der Energiewirtschaft im Zusammenhang mit der Energiewende zumindest zwischenzeitlich sehr infrage, u. a., weil die erforderliche Verfügbarkeit von Erdgas zur Stromerzeugung als sog. Brückentechnologie nicht vollständig gesichert erscheint.

Es ist schwierig, die anteilige Verwendung der einzelnen Primärenergieträger in den zugehörigen Kraftwerkstypen für die nächsten 8 bis 12 Jahre zu prognostizieren.

Auch aus diesem Grund werden im Folgenden die wichtigen klassischen Kraftwerkstypen einschließlich der Windkraftanlagen in ihren Grundzügen behandelt, jeweils etwa in dem Umfang, wie sie an der Stromerzeugung in Deutschland und in Europa beteiligt sind.

Auf die Behandlung der Technik der Stromerzeugung durch Photovoltaik wird verzichtet, weil diese eine eigenständige Technologie ohne die Anwendung von Kraft- und Arbeitsmaschinen ist.

Alle Darstellungen (Diagramme, zahlenmäßige Angaben) zu Situationen des Stromverbrauches und der Stromerzeugung im deutschen Versorgungsnetz basieren auf den veröffentlichten und frei verwendbaren Viertelstundenwerten des Jahres 2021 der Bundesnetzagentur mit der Quellenangabe „Bundesnetzagentur | SMARD.de“.

5.2 Europäische Verbundnetze

Die von den Generatoren der großen Kraftwerke erzeugte Strom mit der Spannung von meist 21 kV oder 27 kV wird über Transformatoren direkt in das 220 kV/380 kV-Verbundnetz als Dreiphasenwechselstrom (Drehstrom) eingespeist. Kleinere Kraftwerke, Industriekraftwerke, Heizkraftwerke und Erneuerbare-Energie-Anlagen (EEA) sind dagegen mit den darunterliegenden Spannungsebenen von 110 kV und tiefer verbunden, die über Umspannwerke oder einzelne Transformatoren mit den spannungsmäßig darüberliegenden Systemen verbunden sind. Diese Leitungssysteme sind ursprünglich konzipiert worden, um Verbraucher zu versorgen, wogegen die 220 kV/380 kV-Leitungssysteme reine Transportsysteme mit nur sehr wenigen direkt angeschlossenen Verbrauchern sind. Durch die o. g. Stromeinspeisung der EEA kehrt sich allerdings die ursprüngliche Lastflussrichtung insbesondere in den 10 kV-/0,4 kV- Systemen zeitweilig um.

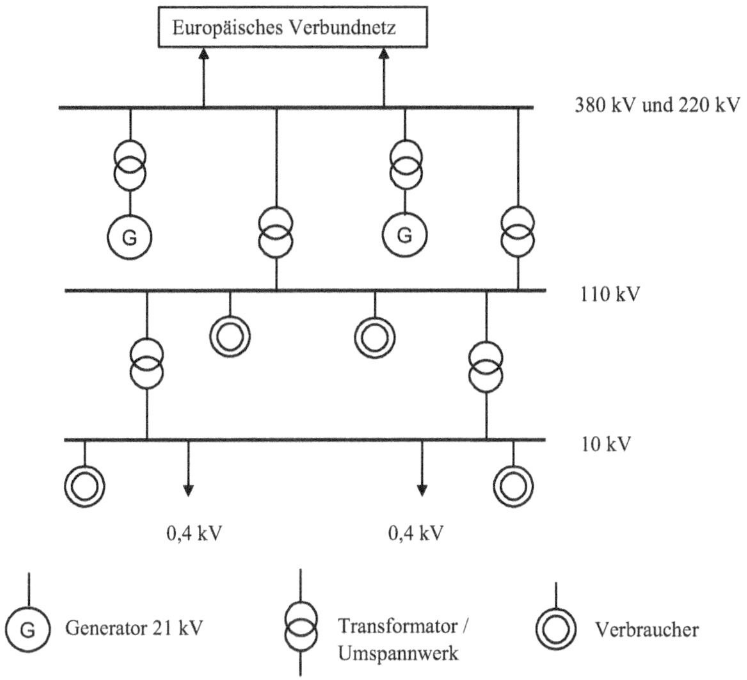

Bild 5.1 Prinzipieller Aufbau des Stromnetzes (stark vereinfacht)

Eine herausragende Eigenschaft des elektrischen Stroms ist die Möglichkeit seiner verlustarmen Übertragung auch über weite Entfernungen, sofern die Stromspannung sehr hoch ist. In Westeuropa haben sich fünf separate Verbundnetze in Zentraleuropa, in Großbritannien, in Irland, in den Baltischen Staaten und in Nordeuropa gebildet.

Das zentraleuropäische 380 kV-Verbundnetz erstreckt sich grob skizziert in Nord-Südrichtung von Dänemark bis Italien, Griechenland, Türkei und in Ost-Westrichtung von Polen bis Portugal.

Ein wichtiges Merkmal dieser fünf separaten europäischen Verbundnetze ist die an jedem Punkt herrschende gleiche Frequenz von 50 Hertz. Der Austausch von elektrischer Energie kann innerhalb dieser Systeme über die Ländergrenzen der Nationalstaaten hinweg erfolgen. Dieser Austausch innerhalb der Verbundsysteme erfolgt im Normalbetrieb geplant als kommerzieller Handel, im Störungsfall jedoch ungeplant nach physikalischen Gesetzen und besonderen technischen und organisatorischen Funktionen.

Neben Kostengesichtspunkten für die vorzuhaltende Reserveleistung ist die größere Stabilität des Netzbetriebes im Verbund insbesondere bei Störungen wie Kraftwerksausfällen oder störungsbedingten Abschaltungen von Übertragungsleitungen von herausragender Bedeutung, weil in dem großen Netz sehr viele Generatoren und Stromleitungen ein entstandenes Leistungsdefizit anteilig kompensieren.

Der Energietransfer über die Grenzen der einzelnen separaten fünf Verbundsysteme ist wegen der nicht gegebenen Synchronizität der einzelnen Verbundsysteme nur über einige bestehende Gleichstromverbindungen möglich und daher sehr begrenzt.

Die fünf europäischen Verbundsysteme werden als eigenständige Verbundnetze gemäß den Regeln der ENTSO-E (European Network of Transmission System Operators for Electricity) betrieben und geführt. Diese übergeordnete Organisation regelt die Zusammenarbeit auf der europäischen Ebene seit dem Jahr 2000.

Im Vergleich zu den anderen kontinentalen europäischen Staaten ergibt sich eine Sonderrolle Deutschlands einerseits aus der zentralen europäischen Lage mit zahlreichen Netzkuppelstellen zu Nachbarstaaten, andererseits auch wegen des weiter zunehmenden Einflusses der volatilen Energieträger Windenergie und Photovoltaik und des beschlossenen Ausstiegs aus der gesicherten Stromerzeugung durch Einsatz von Kernenergie und Kohle. Aufgrund der starken z. T. unplanbaren Änderungen der Stromeinspeisung kommt es zu häufigen Wechseln von Import und Export von und in die deutschen Nachbarstaaten.

Eine Besonderheit stellen die mit der Frequenz von 16,7 Hertz arbeitenden verbundenen Bahnstromnetze in Deutschland, Österreich und der Schweiz zur Versorgung der Triebfahrzeuge dar. Die Fahrzeuge werden mit Einphasenwechselstrom der Spannung 15 kV aus dem Fahrdraht versorgt. Der Transport und die Verteilung der in Bahnstromkraftwerken erzeugten Elektrizität erfolgt über ein eigenständiges 16,7 Hz/110 kV-Netz, welches zunehmend auch über Umrichter durch Leistungselektronik aus dem öffentlichen 50 Hz-Netz versorgt wird.

Das Gegenteil eines elektrischen Verbundnetzes ist ein sog. Inselnetz mit nur einem oder wenigen Stromerzeugern und auch einer begrenzten Anzahl von Stromverbrauchern. Wenn ein gebildetes Inselnetz wieder mit dem Verbundnetz gekuppelt werden soll, muss das Inselnetz hinsichtlich seiner Frequenz und Phasenlage zuvor mit dem Verbundnetz synchronisiert werden.

Auch Gas als Roh- oder Brennstoff lässt sich über sehr große Entfernungen transportieren.

Hingegen ist die Übertragung von Wärme mittels Dampfs oder warmen Wassers nicht über weite Entfernungen verlustarm möglich und ist daher in der Anwendung auf das lokale Umfeld der Wärmequelle begrenzt.

■ 5.3 Strom- und Wärmebedarf

Der Strom- und auch der Wärmebedarf unterliegt jahreszeitlichen, tageszeitlichen und auch von den Wochentagen abhängigen Schwankungen. Großen Einfluss auf den Strom und Wärmebedarf hat die Wirtschaftskonjunktur. Der jahreszeitliche, temperaturabhängige Wärmebedarf für die Gebäudeheizung spielt in der Fernwärmelieferung der Heizkraftwerke eine bestimmende Rolle. Der Bedarf an Prozesswärme in der Industrie ist dagegen hauptsächlich von den Produktionsprozessen abhängig, in der chemischen Industrie und in Raffinerien ist der Strom- und Wärmebedarf relativ gleichbleibend.

Auch das Verhalten der Verbraucher hat einen zunehmend veränderten Einfluss auf den Strombedarf im Tagesablauf, wenn z. B. Elektrofahrzeuge abends nach dem Abklingen der Photovoltaikeinspeisung aufgeladen werden und so die negative Wirkung der Volatilität der Photovoltaikeinspeisung verstärken.

In dem Bahnstromnetz ist der Strombedarf an kalten Wintertagen wegen der elektrischen Weichenbeheizung gegen das Festfrieren besonders hoch.

Grundsätzlich muss elektrischer Strom zu jedem Zeitpunkt mit der gleichen Leistung erzeugt werden, mit der er in dem Versorgungsnetz verbraucht wird. Das Maß für dieses Gleichgewicht ist die Konstanz der Netzfrequenz und der Netzspannung.

Für die Wärmeversorgung zu Heizzwecken gilt die erforderliche Gleichzeitigkeit von Lieferung und Verbrauch in etwas abgeschwächtem Maß, weil die Heizkreisläufe und Verbindungsleitungen ein gewisses Speichervermögen besitzen.

Bedarfsdeckung, tages- und jahreszeitlicher Lastgang, Bedarfskurve

Einen typischen Verlauf des Stromverbrauches und der Stromerzeugung im öffentlichen deutschen Versorgungsnetz an vier aufeinander folgenden Tagen von Donnerstag, den 29.04., bis Sonntag, den 02.05., im Jahr 2021 zeigt Bild 5.2. Der Stromverbrauch erreicht um die Mittagszeit einen Maximalwert und fällt in den Nachtstunden bis auf ca. 70 % des Maximalwertes ab. An Samstagen, Sonntagen und Feiertagen ist der Stromverbrauch um ca. 25 % geringer als an normalen Werktagen. An kalten Werktagen im Winter ist der Strombedarf durchgehend um bis zu ca. 15 % höher, als in Bild 5.2 dargestellt.

Der Strombedarf wird z. T. durch den Einsatz verschiedener erneuerbarer CO_2-neutraler Primärenergieträger in Biomassekraftwerken, Wasserkraftwerken, und jahreszeit- und wetterabhängig durch Windkraftanlagen an Land (onshore) sowie auf See im küstennahen Bereich (offshore) und durch Photovoltaikanlagen gedeckt.

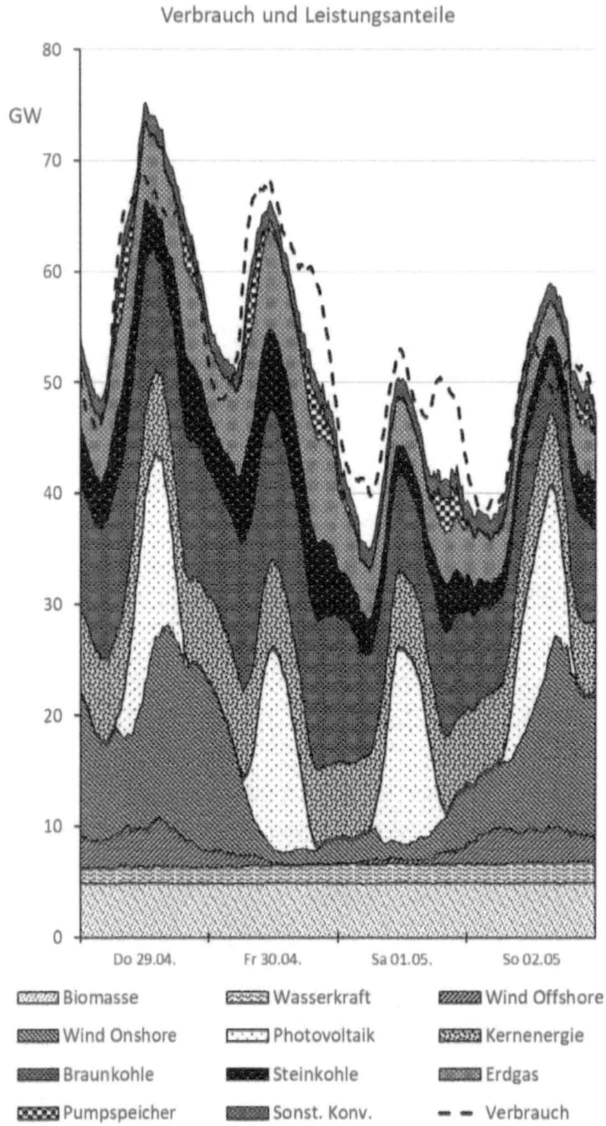

Bild 5.2 Stromverbrauch und Bedarfsdeckung

Die Differenz der EEA-Erzeugung zum Stromverbrauch wird als Residuallast durch Kernkraftwerke, durch Kohlekraftwerke auf der Basis von Braun- und Steinkohle, durch Gaskraftwerke und durch sonstige konventionelle Kraftwerke auf der Basis fossiler Brennstoffe in industriellen Anlagen gedeckt. Auch Stromimporte aus Nachbarstaaten tragen zur Deckung der Residuallast bei. Bei zeitweilig überschüssiger Stromerzeugung ergibt sich eine negative Residuallast (Bild 5.2).

Pumpspeicherkraftwerke können bei hohem Strombedarf zeitlich begrenzt elektrische Arbeit liefern, welche zuvor in Schwachlastzeiten eingespeichert wurde.

Die Differenz zwischen der inländischen Stromerzeugung und dem inländischen Stromverbrauch tritt als Export oder Import an den Grenzen zu den Nachbarstaaten auf.

5.4 Strommarkt und Strommix

Die vorrangige Einspeisung des aus erneuerbaren Energien erzeugten Stroms in das Versorgungsnetz gegenüber anderen Energieträgern ist in Deutschland gesetzlich gesichert. Dieser Vorrang wird jedoch ggf. durch erforderliche Maßnahmen zur Sicherung der Netzstabilität eingeschränkt.

Die Kraftwerke auf der Basis von fossilen und nuklearen Energieträgern werden in der Reihenfolge ihrer angebotenen flexiblen Kosten (im Wesentlichen Brennstoffkosten und Kosten für die CO_2-Emission) eingesetzt, d. h. geringe Kosten führen zu einer besseren Auslastung und steigende Kosten zu geringeren Einsätzen (Bild 5.2). Bei hohen CO_2-Preisen kann das eigentlich teure Erdgas Kohle im Einsatz verdrängen (fuelswitch), da dann die niedrigeren CO_2-Emissionen gegenüber der Kohle die Mehrkosten des Brennstoffes überkompensieren.

Im heutigen liberalisierten Strommarkt ist der Großhandelsstrompreis das bestimmende Element für die Reihenfolge des Einsatzes der verfügbaren Kraftwerke gemäß ihren spezifischen Erzeugungskosten. Der aktuelle Großhandelsstrompreis bildet sich als Marktpreis auf dem Niveau der Erzeugungseinheiten mit den höchsten Preisen, die zur Deckung der Residuallast erforderlich und im Markt verfügbar sind.

Unter Redispatch versteht man Eingriffe in die geplante Erzeugungsleistung von Kraftwerken, um Leitungsabschnitte vor einer Überlastung zu schützen. Droht an einer bestimmten Stelle im Netz ein Engpass, werden Kraftwerke in Lastflussrichtung vor dem Engpass angewiesen, ihre Einspeisung zu verringern, während Anlagen jenseits des Engpasses ihre Einspeiseleistung erhöhen müssen. Auf diese Weise wird ein Lastfluss erzeugt, der dem Engpass entgegenwirkt.

Die Bruttostromerzeugung ist die Summe aus dem kraftwerkseigenem Strombedarf und der aus den Kraftwerken in das Netz gelieferten Nettostromerzeugung. Die Bruttostromerzeugung einzelner konventioneller Kraftwerke ist um den elektrischen Eigenbedarf z. T. bis zu ca. 8 % höher als ihre Nettostromerzeugung.

Strommix

Die Zusammensetzung der gesamten Stromerzeugung oder des Stromverbrauches aus den Anteilen der Primärenergieträger eines Versorgungsgebietes in einem bestimmten Zeitraum wird als Strommix bezeichnet. Im Folgenden wird der Strommix der Nettostromerzeugung als die tatsächliche Einspeisung der Kraftwerke in das öffentliche deutsche Versorgungsnetz beispielhaft für das Kalenderjahr 2021 dargestellt und analysiert.

Die gesamte deutsche Nettostromerzeugung des Kalenderjahres 2021 beträgt gemäß den veröffentlichten Viertelstundenwerten der Strommarktdaten der Bundesnetzagentur 506 TWh, in diesem Betrag ist der Nettoexport von ca. 19 TWh entsprechend 3,8 % enthalten. Wie Bild 5.3 zeigt, liegt der Anteil der Erneuerbaren Energien an der Nettostromerzeugung bei ca. 43 %. Dieser Anteil hängt von der Wettersituation, der Höhe des Stromverbrauches im Zusammenhang mit der wirtschaftlichen Konjunktur und von dem Import und dem Export ab.

Im Vergleich mit anderen Veröffentlichungen treten oft unterschiedliche Werte diesbezüglich auf, weil z. B. die Erzeugung aus den „Sonstigen Konventionellen" dort teilweise nicht berücksichtigt wird, mit der Sichtweise, dass diese Elektrizität fast ausschließlich in der Industrie erzeugt und auch dort verbraucht wird.

Die in Bild 5.3 angegebenen Anteile der Nettostromerzeugung stellen die Durchschnittswerte des Jahres 2021 dar und sind für die Emissionen der Treibhausgase maßgebend. Diese Werte sagen jedoch wenig über den Anteil der erneuerbaren Energien an der gesicherten Elektrizitätsversorgung aus.

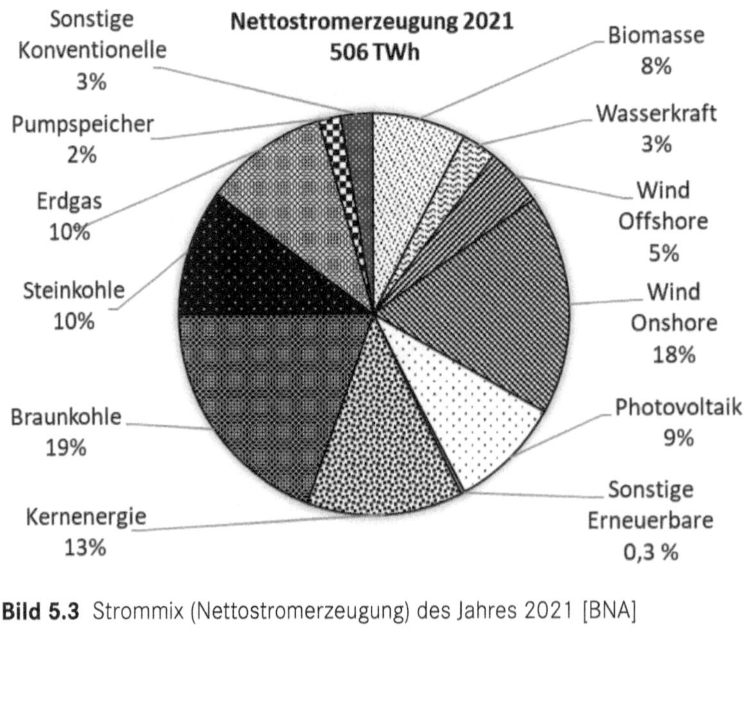

Bild 5.3 Strommix (Nettostromerzeugung) des Jahres 2021 [BNA]

In Bild 5.3 sind in „Sonstige Erneuerbare“ mehrere Energieträger zusammengefasst: Erdwärme, Deponiegas, Klärgas und Grubengas. Diese Energieträger spielen im Strommix praktisch keine Rolle.

„Sonstige Konventionelle“ fasst u.a. die folgenden Energieträger zusammen: abgeleitetes Gas aus Kohle, Mineralöl, Abfall, Gichtgas, Hochofengas, Raffineriegas und Gemische aus mehreren Brennstoffen.

Gemäß den gesetzten Zielen muss dieser aktuelle Strommix im Zuge der Umsetzung der Energiewende stark verändert werden, siehe Abschnitt 5.5.1.

5.5 Energiewende

Energiewende bezeichnet den Ersatz der Nutzung von fossilen Energiequellen durch eine ökologische, nachhaltige Energieversorgung, um dem Klimawandel und allgemein der Belastung der Umwelt entgegenzuwirken. Die Nachhaltigkeit der Energieversorgung bezieht sich im Wesentlichen auf die weitgehende Vermeidung von Treibhausgasen bis hin zur Klimaneutralität und im deutschen Verständnis auch die Vermeidung von langfristig strahlenden Rückständen aus der Stromerzeugung durch Kernenergie.

Die Maßnahmen der Energiewende betreffen neben dem Sektor der Energiewirtschaft auch die Sektoren der industriellen Produktion, der Landwirtschaft, des Verkehrs und der Gebäudebeheizung.

Alle fossilen Brennstoffe (Kohle, Mineralöl, Erdgas) erzeugen bei der Verbrennung das Treibhausgas CO_2, welches als Hauptverursacher der von den Menschen verursachten Klimaveränderung gilt.

Für die Stromerzeugung in Deutschland bedeutet die Energiewende den Ausstieg aus der Kernenergie, die Abkehr von der Dominanz der Stromerzeugung aus heimischer Braunkohle und Importsteinkohle und deren weitgehenden Ersatz durch Windenergie, Photovoltaik, Biomasse und Wasserkraft. Im internationalen Vergleich befindet sich Deutschland hinsichtlich des Ausstiegs aus der Kernenergie, welche eine nahezu CO_2- freie Stromerzeugung ermöglicht, in einer Sonderrolle.

Ein großer Anteil an schnell abrufbarer gesicherter (grundlastfähiger) Stromerzeugung, ggf. künftig aus Stromspeicheranlagen, wird unverzichtbar bleiben, um die Volatilität der Stromeinspeisung durch Windkraft und Photovoltaik zu kompensieren.

5.5.1 Ziele der Energiewende für die Stromerzeugung

Die großen Etappenziele der Energiewende in Deutschland sind durch die Bundesregierung für den Sektor der Energiewirtschaft relativ klar formuliert worden (Stand: April 2022).

- 2022 Stilllegung des letzten deutschen Kernkraftwerkes,
- 2030 Anteil der erneuerbaren Energien an der Stromerzeugung: 80 %,
- 2038 Beendigung der Stromerzeugung aus Braunkohle und Steinkohle.
- Der aktuelle Strommix muss im Zuge der weiteren Umsetzung der Energiewende bereits bis zum Jahr 2030 durch starke Reduzierung der Stromerzeugung aus Braun- und Steinkohle verändert werden, um die Ziele zu erreichen. Zur Umstellung der Stromerzeugung auf den hohen Anteil von 80 % an erneuerbaren Energien müssen die EEA und auch Anlagen zur Stromspeicherung sehr stark ausgebaut werden.
- Bei der prognostizierten gleichzeitigen Erhöhung des Stromverbrauches, u. a. durch die Elektromobilität, und damit der erforderlichen Erhöhung der Nettostromerzeugung im Zieljahr 2030 ist zur Erreichung des o. g. Etappenzieles eine Verdoppelung der installierten Leistungen der Onshore-Windkraftanlagen und zusätzlich eine Vervierfachung der Offshore-Windkraftanlagen und auch der Photovoltaikanlagen gegenüber dem Ausbaustand von 2021 vorgesehen. Die Stromerzeugung aus Wasserkraft und dem Einsatz von Biomasse lässt sich in Deutschland nicht nennenswert steigern, weil zur Wasserkraftnutzung alle sinnvoll möglichen Standorte bereits ausgebaut sind und weil der Anbau von Energiepflanzen bereits ca. 40 % der deutschen Ackerfläche einnimmt.
- Der angestrebte derart starke Ausbau der EAA hat zur Folge, dass es bei klarem und windigem Wetter einen enormen Überschuss der Stromerzeugung geben wird, der nicht durch das Netz aufgenommen werden kann. Diese überschüssige Stromerzeugung kann nur in relativ geringem Umfang von Pumpspeicherkraftwerken und Batteriespeichern aufgenommen werden. Leistungsstarke Anlagen zur Umwandlung von Elektrizität in Wasserstoff mittels Wasserelektrolyse werden erforderlich. Der erzeugte Wasserstoff kann gespeichert werden und bei Bedarf rückverstromt oder einer stofflichen Verwendung in der Industrie zugeführt werden.

Neben dem starken Ausbau der Windkraftanlagen und der Photovoltaikanlagen ist auch der Ausbau der Übertragungsleitungen erforderlich, um den erzeugten Strom zu den Verbrauchern zu transportieren.

5.5.2 Erneuerbare-Energie-Anlagen (EEA)

Erneuerbare-Energie-Anlagen (EAA) sind die technischen Einrichtungen, die zur Umformung der erneuerbaren Energien in elektrische Energie dienen. Die betriebliche Charakteristik dieser Stromerzeugungsanlagen hinsichtlich ihrer Dauerlastfähigkeit, Verfügbarkeit, Betriebskosten, jährlicher Auslastung (Kapazitätsfaktor) unterscheidet sie z. T. wesentlich von den klassischen großen Kraftwerken auf der Basis fossiler oder nuklearer Primärenergie.

- Wasserkraftanlagen, siehe Kapitel 6, sind seit sehr langer Zeit in Deutschland bereits vor der Energiewende gebaut und in Betrieb gesetzt worden. Wasserkraftanlagen nutzen die Energiedifferenz des über einen Höhenunterschied strömenden Wassers. Alle hinsichtlich ihrer Topologie wirtschaftlich nutzbaren Standorte sind bereits bebaut worden, daher ist keine nennenswerte Steigerung der Stromerzeugung aus Wasserkraft in Deutschland möglich.
- Biomasse ist zu einem Teil biogener, d. h. pflanzlicher, organischer Anteil von Abfall, der durch Verbrennung in Abfallverwertungsanlagen zur Stromerzeugung genutzt wird. Zu einem anderen Teil wird landwirtschaftlich gewonnene Biomasse in Form von Mais, Stroh etc. in kleineren Anlagen oder als Zusatzbrennstoff in Kohlekraftwerken flüssig oder gasförmig zur Stromerzeugung genutzt. Ein weiterer Anteil von Biomasse entfällt auf forstwirtschaftlich erzeugte Holzprodukte.

  Biomassekraftwerke ähneln im prinzipiellen Aufbau und Betriebsverhalten den fossilen Kraftwerken und sind grundlastfähig.

  Das von der Biomasse bei der Verbrennung freigesetzte CO_2 ist zuvor von der Biomasse durch die Photosynthese der Atmosphäre entzogen worden, weshalb der Einsatz von Biomasse CO_2-neutral ist.
- Windkraftanlagen, siehe Kapitel 11, gehören zu den ältesten Kraftmaschinen, sie nutzen heute als Erneuerbare-Energie-Anlagen die Energie der bewegten Luft zur Umwandlung in elektrische Energie. Windkraftanlagen sind als Onshore-Anlagen an Land vornehmlich im windreichen Norden Deutschlands errichtet worden. Als Offshore-Anlagen in der Nord- und Ostsee sind diese Anlagen mit Seekabeln mit Trafostationen auf See und daran anschließend über Seekabel mit dem Übertragungsnetz des Festlandes verbunden.
- Photovoltaikanlagen formen die auf die Anlage einfallende Strahlungsenergie des Tageslichtes der Sonne in Elektrizität um. Photovoltaikanlagen werden im privaten Bereich auf Hausdächern und auch kommerziell in Freigeländen aufgestellten größeren Anlagen betrieben. Photovoltaikanlagen benötigen keine Maschinen zu Umwandlung der Energie des Sonnenlichts in elektrische Energie.

5.5.3 Volatilität der Windkraft und der Photovoltaik

Den Verlauf des prozentualen Anteils der Stromerzeugung aus Erneuerbare-Energie-Anlagen (Biomasse, Wasserkraft, Wind offshore/onshore und Photovoltaik) in Deutschland zeigt Bild 5.4 für das Jahr 2021 übersichtsweise.

Während die Stromerzeugung aus Biomasse und aus Wasserkraft weitgehend unabhängig von kurzzeitigen Wetteränderungen eine konstante Grundlast mit einem Anteil von ca. 10% an der Stromerzeugung liefert, gibt es bei der Windkraft und der Photovoltaik eine große wetterabhängige Schwankungsbreite, die den gesamten Anteil der EEA von ca. 15 bis 70% an der Stromerzeugung in kurzer Folge variiert.

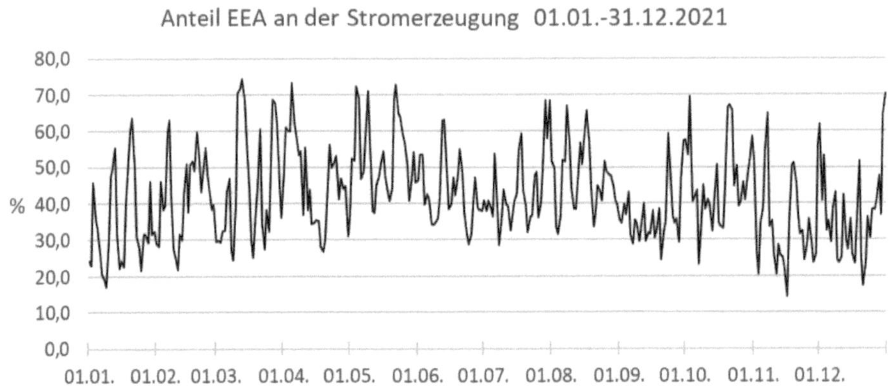

Bild 5.4 Anteil der erneuerbaren Energien an der Stromerzeugung in Deutschland [BNA]

Die Anteile der Erneuerbare-Energie-Anlagen an der Stromerzeugung bei aufkommendem starkem Wind und klarem Wetter zeigt Bild 5.5. Die EEA-Erzeugung erreicht im Ausbauzustand der EEA des Jahres 2021 um die Mittagszeit nahezu das Niveau des Stromverbrauches.

Aus Gründen der Netzstabilität ist ein Mindestanteil von mit der Netzfrequenz rotierenden Massen erforderlich, siehe Abschnitt 5.5.4.

Eine völlig andere Situation ergibt sich an trüben und windstillen Herbsttagen, wie sie beispielhaft Bild 5.6 zeigt. Weil die Anzahl der Sonnenstunden in Deutschland im November gering ist und auch der Stand der Sonne über dem Horizont gering ist, fällt der Beitrag der Photovoltaik bei trübem Wetter auch in den Tagstunden fast ganz aus. Wenn zusätzlich eine Windflaute einsetzt, verbleibt von der gesamten EEA-Erzeugung nur der relativ geringe Anteil aus Biomasse und Wasserkraft. In diesen Situationen muss nahezu die gesamte Stromerzeugung aus den fossilen Energieträgern, ggf. Kernkraft und als Stromimport als Residuallast aufgebracht werden.

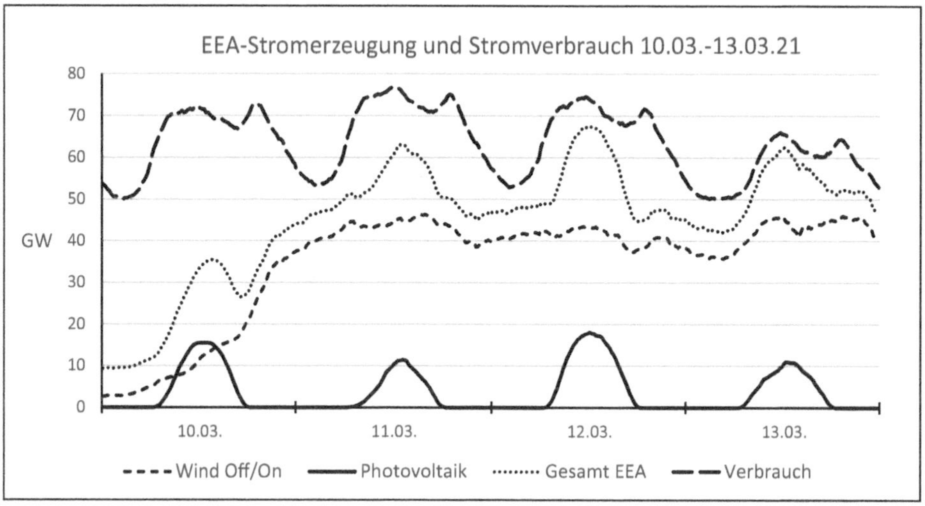

Bild 5.5 Stromerzeugung der EEA bei windigem und klarem Wetter [BNA]

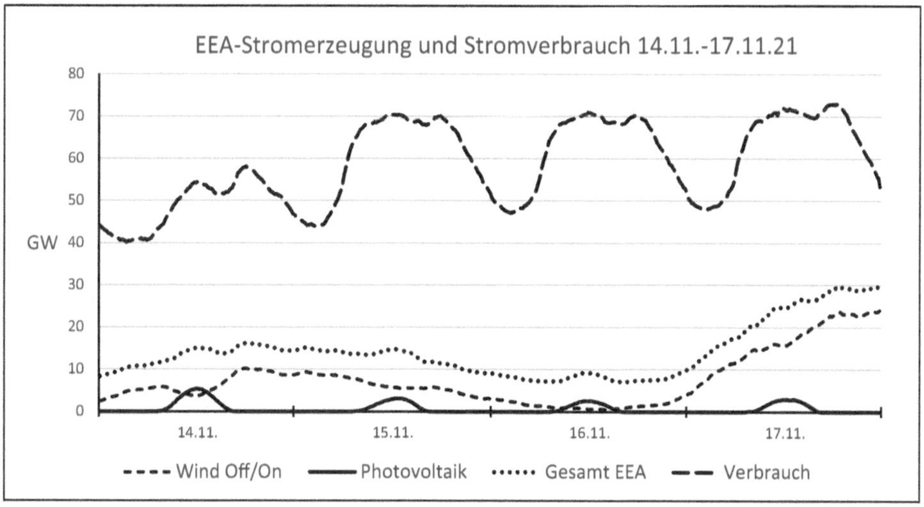

Bild 5.6 Stromerzeugung der EEA bei windstillem und trübem Wetter [BNA]

Infolge der dargestellten Volatilität der Windkraft und der Photovoltaik müssen die konventionellen Kraftwerke auf der Basis fossiler Energieträger oft in Betrieb und auch wieder außer Betrieb genommen werden, was mit erheblichen Start- und Stoppkosten verbunden ist.

5.5.4 Netzstabilität

Netzstabilität wird durch Zuverlässigkeit der Versorgung, Spannungsqualität und Stabilität der Netzfrequenz von 50 Hertz definiert. Zur Sicherung der Netzstabilität sind Systemdienstleistungen von den in das Netz einspeisenden Stromerzeugern zu erbringen.

Momentanreserve

Bei plötzlichem Leistungsdefizit im Netz und damit Frequenzabsenkung Δf, z. B. durch einen Kraftwerksausfall, werden die rotierenden Massen (Schwungräder) der Stromerzeuger abgebremst, wodurch dem Netz stabilisierende elektrische Energie (Momentanreserve) zugeführt wird, bis die Leistungsregelung der verbleibenden Kraftwerke wirksam einsetzt und die Netzfrequenz durch Leistungserhöhung wieder anhebt (Bild 5.7).

Die frequenzstützende Wirkung der rotierenden Massen beruht auf der Umwandlung eines Teils ΔE_{kin} der in den rotierenden Massen gespeicherten mechanischen Energie in elektrische Energie bei Leistungsmangel im Netz und der Umwandlung von elektrischer Energie in mechanische Energie bei Leistungsüberschuss.

Unterstützend tritt bei Frequenzabsenkung ein Selbstregelungseffekt des Netzes dadurch ein, dass mit dem Drehzahlabfall der netzsynchronen Antriebe auf der Verbraucherseite eine Verminderung ihrer Leistungsaufnahme verbunden ist.

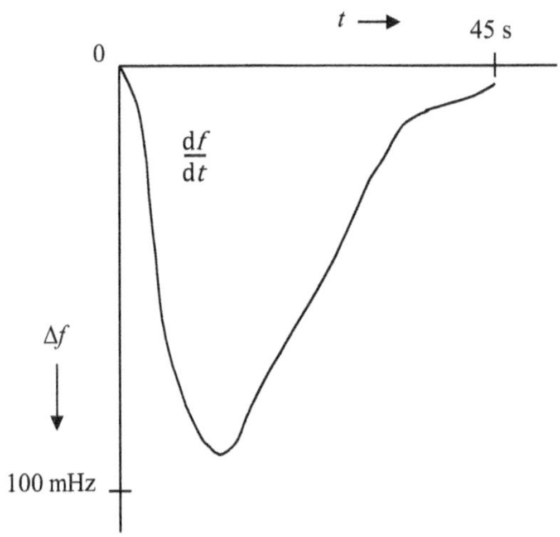

Bild 5.7
Leistungsdefizit und Momentanreserve

Die rotierenden Massen im Verbundnetz werden durch die Maschinen auf der Erzeugerseite und auch auf der Verbraucherseite gebildet. Der zeitliche Frequenzabfall $\mathrm{d}f/\mathrm{d}t$ zu Beginn der Störung hängt von dem Verhältnis des Leistungsdefizits und der Summe der Massenträgheitsmomente der rotierenden Massen bezogen auf die Netzfrequenz ab.

Allgemein gilt für die kinetische Energie eines rotierenden Körpers

$$E_{\mathrm{kin}} = \frac{1}{2} J \cdot \omega^2 \tag{5.1}$$

mit dem auf die Rotationsachse bezogenen Massenträgheitsmoment J des rotierenden Körpers der Masse m

$$J = \int r^2 \, \mathrm{d}m \tag{5.2}$$

und der Winkelgeschwindigkeit

$$\omega = 2\,\pi f \tag{5.3}$$

mit der Drehfrequenz $f\left[\frac{1}{\mathrm{s}}\right]$ bzw.

$$\omega = \frac{2\,\pi}{60} \cdot n \tag{5.4}$$

mit der Drehzahl $n\left[\frac{1}{\mathrm{min}}\right]$.

Somit ergibt sich die kinetische Energie zu

$$E_{\mathrm{kin}} = \frac{1}{2}(2 \cdot \pi \cdot f)^2 \cdot J = \frac{1}{2}\left(\frac{\pi}{30} \cdot n\right)^2 \cdot J \tag{5.5}$$

Die frequenzstützende Wirkung der rotierenden Massen bei Leistungsmangel im Netz beruht auf der Umwandlung eines Teils ΔE_{kin} der gespeicherten mechanischen Energie in den rotierenden Massen bei deren Abbremsung in elektrische Energie.

$$\Delta E_{\mathrm{kin}} = \frac{1}{2} J \cdot \Delta\omega^2 = \frac{1}{2}\Delta(2 \cdot \pi \cdot f)^2 \cdot J = \frac{1}{2}\Delta\left(\frac{\pi}{30} \cdot n\right)^2 \cdot J \tag{5.6}$$

Diese Art der Frequenzstützung erfolgt allerdings nicht bei Anlagen mit Leistungselektronik-Umformern zur Drehzahlanpassung, wie z. B. bei den meisten Windkraftanlagen und auch bei vielen Antrieben auf der Verbraucherseite. Photovoltaikanlegen haben keine rotierenden Massen.

Rotierende Massen können z. B. in kleinen Inselnetzen mit begrenzter Leistung ersatzweise auch elektronisch nachgebildet werden, wenn ausreichend gesicherte elektrische Energie z. B. aus Batterien bereitgestellt werden kann.

Primärregelreserve und Sekundärregelreserve

Die Primärregelung erfolgt zeitlich nahezu parallel zur aktiven Momentanreserve z. B. durch das Aufheben der vorgehaltenen Drosselung an Dampfturbinen bei einer Frequenzabsenkung. Es wird dadurch ein Teil der eingespeicherten thermischen Energie der Kraftwerksblöcke zeitlich begrenzt zur Umwandlung in elektrische Energie eingesetzt.

Die Sekundärregelung wirkt zeitlich nachfolgend über die Leistungsregelung der Kraftwerke durch das Anheben der Feuerungsleistung. Während die Momentanreserve und die Primärregelung nur zeitlich vorübergehend wirken können, gleicht die die Sekundärregelung das eingetretene Leistungsdefizit bleibend aus.

Blindleistungsbereitstellung

Zur Konstanthaltung der Netzspannung muss durch die einspeisenden Stromerzeuger neben der Wirkleistung auch Blindleistung in das Netz geliefert werden. Dies kann durch das Verstellen des Übersetzungsverhältnisses der Netztransformatoren oder bei den rotierenden Synchrongeneratoren auch durch die Einstellung der Generatorerregung erfolgen.

5.6 Eigenschaften der Primärenergieträger

Zur Stromerzeugung und Wärmelieferung werden verschiede Primärenergieträger eingesetzt:

- Wasserkraft: regenerativ, emissionsfrei, keine weitere Ausbaumöglichkeit in Deutschland, z. T. starke Veränderung des Landschaftsbildes
- Biomasse: CO_2-neutral, große Anbauflächen erforderlich
- Windkraft: regenerativ, emissionsfrei, wetterabhängig volatiles Aufkommen, Veränderung des Landschaftsbildes bei Onshore-Anlagen
- Sonnenlicht (Photovoltaik): regenerativ, emissionsfrei, wetterabhängig volatiles Aufkommen, bei Dunkelheit keine Stromerzeugung
- Kernenergie: emissionsfrei, radioaktiv strahlende Reststoffe, Gefahrenpotenzial bei schweren Betriebsstörungen
- Braunkohle: heimischer Energieträger, lagerfähig, hohe CO_2-Emission, starke Veränderung des Landschaftsbildes durch Tagebaue
- Steinkohle: weltweit beschaffbar, lange lagerfähig, relativ hohe CO_2-Emission
- Erdöl: sehr teurer Brennstoff, als schweres Heizöl S mit relativ hohem Schwefelgehalt, als leichtes Heizöl EL fast schwefel- und aschefrei, sehr gut und lange lagerfähig

- Erdgas: pipelinegebunden oder verflüssigt und gekühlt als Liquefied Natural Gas (LNG), relativ geringe CO_2-Emission, schwefelarm, aschefrei, in kombinierten Gas- und Dampfkraftwerken (GUD) sind hohe Wirkungsgrade realisierbar
- Müll: sehr heterogener Brennstoff, der biogene Anteil ist CO_2-neutral, z.T. schwierige Aufbereitung und Verbrennung

5.6.1 Feste und flüssige Kraftwerksbrennstoffe

Feste Brennstoffe

Braunkohle und Steinkohle als feste Brennstoffe sind wesentlich aufwendiger in der Aufbereitung und Verbrennung als flüssige oder gasförmige Brennstoffe, jedoch kostengünstiger in der Beschaffung. Braunkohlen sind aufgrund ihres meist hohen Wassergehaltes heizwertärmer als Steinkohlen. Feste Brennstoffe können sehr problematische Eigenschaften bei der Verbrennung entwickeln. Bei einigen Kohlesorten können die mineralischen unverbrennlichen Bestandteile, sofern sie eine relativ geringe Schmelztemperatur haben, zu großen Verschlackungsproblemen führen. Die bei Verbrennungstemperatur geschmolzenen Aschen legen sich dabei als feste Beläge auf die Heizflächen und behindern die Wärmeübertragung an das Kreislaufmedium.

Die in Deutschland eingesetzte Braunkohle stammt aus Tagebauen des Rheinischen Reviers, des Mitteldeutschen Reviers und des Lausitzer Reviers.

Deutsche Braunkohlen haben einen wesentlich höheren Wassergehalt (ca. 50 %) als die üblicherweise in Deutschland eingesetzten Importsteinkohlen (meist < 8 %). Auch der Schwefelgehalt der Braunkohlen liegt mit bis zu 4 % auch deutlich über dem Schwefelgehalt der Steinkohlen.

Der Heizwert mitteleuropäischer Braunkohlen liegt bei H_u = ca. 8 - 12 MJ/kg, dagegen beträgt z.B. der Heizwert ballastreicher türkischer Braunkohle nur ca. H_u = 5 MJ/kg und erfordert daher besondere feuerungstechnische Maßnahmen.

Das letzte heimische Steinkohlenbergwerk in Deutschland ist 2018 stillgelegt worden. Die zurzeit eingesetzte Importsteinkohle wird hauptsächlich aus Russland, Indonesien, USA und aus Kolumbien geliefert und zu zeitweilig stark schwankenden Weltmarktpreisen eingekauft.

Der Heizwert der Steinkohlen schwankt zwischen H_u = ca. 23 - 29 MJ/kg.

In Bild 5.8 ist die Einteilung der Steinkohlenarten nach flüchtigen Bestandteilen und ihre Zusammensetzung nach der Elementaranalyse dargestellt.

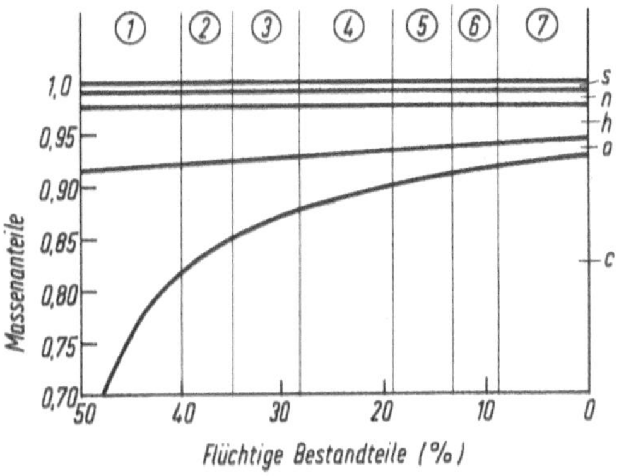

1 Flammkohlen
2 Gasflammkohlen
3 Gaskohlen
4 Fettkohlen
5 Esskohlen
6 Magerkohlen
7 Anthrazite
c Kohlenstoff
h Wasserstoff
s Schwefel
n Stickstoff
o Sauerstoff

Bild 5.8 Elementaranalyse der Steinkohlen (wasser- und aschefreie Substanz)

Zur Vermeidung von unbeherrschbaren Korrosionen im Abgasweg der Dampferzeuger kann das Abgas bei schwefelhaltigen Brennstoffen zur Vermeidung der Bildung von Schwefelsäure nicht bis in den Taupunkt abgekühlt werden, was für die Braunkohle mit einem höheren Wärmeverlust infolge der höheren Abgastemperatur und damit mit einem etwas geringeren Dampferzeugerwirkungsgrad verbunden ist. Moderne Braunkohlenkraftwerke mit einem Gesamtnettowirkungsgrad von über 40 % liegen jedoch auf dem Wirkungsgradniveau und damit auf dem CO_2- Emissionsniveau älterer Steinkohlenkraftwerke.

Flüssige Brennstoffe

In Kraftwerken werden als flüssige Brennstoffe Heizöl EL (extra leichtflüssig) und Heizöl S (schwerflüssig) eingesetzt. Heizöl EL ist nahezu schwefelfrei, der Heizwert liegt bei ca. H_u = 42 MJ/kg. Heizöl S enthält bis zu ca. 2,5 % Schwefel und liegt im Heizwert bei ca. H_u = 41 MJ/kg.

Heizöl wird wegen des hohen Beschaffungspreises nur in Sonderfällen zur Stromerzeugung eingesetzt, sondern zum Anwärmen der Dampferzeuger nach Außerbetriebnahmen, um das erforderliche Temperaturniveau in den Feuerräumen zur Umstellung auf die Kohlefeuerung herbeizuführen.

Bei Störungen im elektrischen Versorgungsnetz werden schnell startbare Gasturbinen mit Heizöl aus eigenen Vorratstanks versorgt.

5.6.2 Gasförmige Kraftwerksbrennstoffe

Erdgas

Erdgas wird wegen seiner positiven Eigenschaften in zunehmendem Umfang zur Stromerzeugung eingesetzt. Der Hauptbestandteil der Erdgase unterschiedlicher Herkunft ist Methan CH_4. Es sind jedoch auch höhere Kohlenwasserstoffe enthalten. Die Verwendung von Erdgas erfordert eine sichere und leistungsfähige Anbindung an ein Gasverteilungsnetz.

Erdgaskraftwerke liegen hinsichtlich der CO_2- Emissionen hauptsächlich aus zwei Gründen auf einem deutlich niedrigeren Niveau als Kohlekraftwerke. Erstens kann die maximale Prozesstemperatur bei der inneren Verbrennung in Gasturbinen mit deutlich über 1000 °C wesentlich höher gewählt werden als die Dampftemperatur von maximal ca. 600 °C in Kohlekraftwerken, was für den thermischen Wirkungsgrad bei hoher Nutzleistung und damit auch für die CO_2- Emissionen entscheidend ist, siehe Kapitel 9.

Zweitens trägt der Wasserstoff im Hauptbestandteil Methan (CH_4) des Erdgases etwa zur Hälfte neben dem Kohlenstoff zur Wärmeentwicklung während der Verbrennung des Gases bei, erzeugt aber kein CO_2, sondern Wasserdampf.

Erdgaskraftwerke sind über ein Rohrleitungssystem an das nationale Gasversorgungsnetz angeschlossen, das im günstigen Fall durch Fernleitungen mit den Standorten der Gasgewinnung verbunden ist.

Erdgas kann jedoch auch verflüssigt werden und durch die damit einhergehende starke Volumenverkleinerung um den Faktor von ca. 600 auch mit Schiffen über die Meere transportiert werden. Flüssiges Erdgas (LNG, Liquefied Natural Gas) wird durch eine starke Abkühlung des natürlichen Gases auf ca. $t_{LNG} = -162\,°C$ erzeugt. Die Abkühlung wird im Anschluss an eine isotherme Kompression des Gases und eine daran anschließende Drosselung (isenthalpe Entspannung) auf einen tieferen Druck unter Nutzung des Joule-Thomson-Effektes erreicht. Dieser Vorgang wird mehrstufig ausgeführt, bis das Gas vor der letzten Kompressionsstufe in einem Gegenstromkühler durch bereits entspanntes Gas soweit gekühlt wird, dass die nachfolgende letzte Drosselung in das Nassdampfgebiet führt und bei t_{LNG} siedende Flüssigkeit ausfällt. Das Verfahren ist dem bekannten Linde-Verfahren zur Luftverflüssigung sehr ähnlich.

Das in den flüssigen Zustand überführte Gas kann in Transportbehälter verladen werden. Die sehr aufwendig isolierten kugelförmigen Transportbehälter auf Schiffen werden nahezu drucklos betrieben. Zur Einspeisung in ein Gasverteilungsnetz zur Versorgung von Verbrauchern muss das verflüssigte Gas durch Wärmezufuhr in den gasförmigen Zustand zurückgeführt (regasifiziert) werden.

Die mehrstufige isotherme Kompression und die isenthalpe Entspannung zur Herbeiführung des flüssigen Zustandes des Erdgases und die Erwärmung bei der Rückführung in den gasförmigen Zustand zehren einen Anteil von ca. 15 - 25 % des auf den Heizwert des Gases bezogenen Energieinhaltes auf. Durch Nutzung der Abwärme bei der isothermen Kompression kann dieser nachteilige Effekt ggf. reduziert werden.

Die Eigenschaft des Erdgases, bei der Verbrennung das Treibhausgas CO_2 freizusetzen, ändert sich durch die zwischenzeitliche Verflüssigung nicht.

Die Eigenschaften allgemein der Brenngase unterschiedlicher Herkunft und Aufbereitung (Hochofengas, Stadtgas, Erdgas, Propan, Butan) werden hinsichtlich des Brennwertes im Normzustand in die Gruppen 1 bis 4 von $H_{o,n}$ = 10 MJ/m³ bis über $H_{o,n}$ = 60 MJ/m³ eingeteilt.

Der volumenbezogene Heizwert der Erdgase beträgt ca. H_u = 30 - 40 MJ/m³.

Die Austauschbarkeit unterschiedlicher Brenngase und deren Mischungen wird u. a. durch den Wobbe-Index beschrieben und in mehrere Gruppen A - F unterteilt. Der Wobbe-Index ist ein relatives Maß für den Energiestrom, der durch einen als Düse aufgefassten Brenner durchgesetzt wird. Der Wobbe-Index W_u eines Brenngases wird meist auf den unteren volumetrischen Heizwert $H_{u,vol}$ bezogen.

$$W_u = \frac{H_{u,vol}}{\sqrt{\frac{\rho}{\rho_L}}} \tag{5.7}$$

mit $\frac{\rho}{\rho_L}$ als relative Dichte bezogen auf Luft im Normzustand.

Wasserstoff

Wasserstoff muss hergestellt werden, er ist kein Primärenergieträger. Mit dem Verfahren der Dampfreformierung kann molekularer Wasserstoff aus fossilen Kohlenwasserstoffen als Synthesegas gewonnen werden, was hier jedoch nicht weiter betrachtet wird.

Im Rahmen der technischen Umsetzung der Energiewende ist es ein Hauptziel, klimaneutralen Wasserstoff aus Erneuerbare-Energie-Anlagen durch Wasserelektrolyse zu erzeugen. Bei dieser Elektrolyse wird Wasser (H_2O) durch die Zufuhr elektrischer Energie in die Bestandteile Wasserstoff (H_2) und Sauerstoff (O_2) zerlegt. Es gilt

$$H_2O \rightarrow H_2 + \frac{1}{2} O_2$$

$$\Delta H = +285{,}9 \frac{\text{MJ}}{\text{kmol}} = +39{,}4 \frac{\text{kWh}}{\text{kg H}_2} \tag{5.8}$$

mit der endothermen Reaktionsenthalpie $\Delta H = H_{om}$ (oberer molarer Heizwert, molarer Brennwert) im physikalischen Normzustand $p = 1{,}01325$ bar, $t = 0$ °C.

Bei einem Wirkungsgrad der Elektrolyse von $\eta = 0{,}7$ ist zur Herstellung von Wasserstoff die elektrische Arbeit

$$W_{el} = \frac{\Delta H}{\eta} = 56\,\frac{\text{kWh}}{\text{kg H}_2} \tag{5.9}$$

erforderlich.

Der untere molare Heizwert H_{um} ergibt sich aus dem molaren Brennwert H_{om} durch Abzug der Kondensationswärme des Wasserdampfes $r = 2{,}442$ MJ/kg bei 25 °C.

$$H_{um} = \Delta H - r \cdot M_{H_2O} = 241{,}8\,\frac{\text{MJ}}{\text{kmol}} \tag{5.10}$$

Der massenbezogene Heizwert

$$H_u = \frac{H_{um}}{M_{H_2}} = 120\,\frac{\text{MJ}}{\text{kg}} \tag{5.11}$$

und der volumetrische Heizwert

$$H_u = \frac{H_{um}}{V_{mn}} = 10{,}8\,\frac{\text{MJ}}{\text{m}^3} \tag{5.12}$$

ergeben sich durch Umrechnung aus dem molaren Heizwert.

Neben vielen Anwendungen in der chemischen Industrie und im Hüttenwesen kann klimaneutral erzeugter Wasserstoff in Zukunft zur CO_2-freien Stromerzeugung in Brennstoffzellen, Kolbenmotoren oder bei großen Leistungen in der Energiewirtschaft als Brenngas in GUD-Anlagen zur Stromerzeugung eingesetzt werden, siehe Kapitel 9. Die Entwicklung von Kolbenmotoren und Gasturbinen zum Einsatz von Wasserstoff als Zumischung z. B. zu fossilem Erdgas oder sogar als alleinigem Brenngas steht zurzeit noch am Anfang. Soweit möglich, werden geplante neue Anlagen der Gaswirtschaft auf eine spätere Umstellung von Erdgas auf Wasserstoff als „H_2-ready" konzipiert.

Im Brennverhalten unterscheidet sich Wasserstoff in einigen Punkten deutlich von Erdgas:

- Wasserstoff verbrennt mit nur gering leuchtender Flamme.
- Die Dichte des Wasserstoffs ist bei Umgebungsdruck mit $\rho = 0{,}09$ kg/m³ sehr gering.
- Der volumetrische Heizwert $H_u = 10{,}8$ MJ/m³ von Wasserstoff ist relativ gering, er liegt bei ca. einem Drittel des Heizwertes handelsüblicher Erdgase.

- Der untere Wobbe-Index des Wasserstoffs liegt mit W_u = 41 MJ/m³ um ca. 10 % unter dem der Erdgase der Gruppe H.
- Die laminare Flammengeschwindigkeit des Wasserstoffs ist ca. um den Faktor 5 größer als bei Erdgas.
- Die theoretische Flammentemperatur (adiabatische, stöchiometrische, vollständige Verbrennung mit Luft) ist mit t = 2252 °C höher als bei Erdgas.
- Die NO_x- Bildung ist deutlich ausgeprägter als bei Erdgas.
- Der Wasseranteil im Verbrennungsgas des Wasserstoffs ist größer.

Auf die Herstellung von Wasserstoff aus erneuerbaren Energien, auf die Speicherung und auf die Rückverstromung des Wasserstoffs wird in Kapitel 12 näher eingegangen.

5.6.3 Biomasse, Abfall

Biomasse sind organische Stoffe, die aus Pflanzen oder Tieren entstanden sind. Primärprodukte sind direkt durch Photosynthese bei Sonneneinstrahlung entstanden, im Wesentlichen landwirtschaftliche und forstwirtschaftliche Produkte. Sekundärprodukte sind dagegen durch Umwandlung in Organismen hervorgegangen, z. B. Klärschlamm.

Als Brennstoff kommt Biomasse in fester, flüssiger und gasförmiger Form je nach Herkunft und Aufbereitung in zum Einsatz. Biomasse ist CO_2-neutral, weil sie bei der Verbrennung nur die Menge an CO_2 freisetzt, welche die Biomassepflanzen vor aus der Atmosphäre aufgenommen haben. Ein erheblicher Teil der deutschen Ackerfläche wird von Energiepflanzungen belegt, weshalb eine Konkurrenzsituation zu dem Anbau von Pflanzen für die Nahrungsmittelherstellung eintreten kann.

Die Ermittlung des Heizwertes, der Verbrennungsluftmenge und der Abgaszusammensetzung erfolgt wie bei den fossilen Brennstoffen auf Basis der chemischen Zusammensetzung der Brennstoffe.

Abgesehen von kleinen dezentralen Anlagen wird Biomasse in fester Form in Biomassekraftwerken oder Biomasseheizkraftwerken kleiner oder mittlerer thermischer Leistung bis zu etwa 100 MW in Strom- und Wärme umgewandelt. In großen kohlegefeuerten Anlagen kann Biomasse als Zusatzbrennstoff eingesetzt werden.

Die Hauptrolle der Biomasse als Brennstoff in der Energiewirtschaft nimmt Holz aufbereitet zu Holzhackschnitzeln mit einer Teilchenlänge von bis zu ca. 200 mm ein.

Der Heizwert des Holzes ist sehr stark von dem Wassergehalt abhängig und liegt bei guter Trocknung im Bereich von ca. H_u = 15 MJ/kg. Wegen der relativ geringen Energiedichte sind Transporte über lange Wegstrecken unwirtschaftlich.

Die Verbrennung von Abfall trägt nur zu einem geringen Anteil an der Stromerzeugung und auch an der Wärmelieferung in der Energiewirtschaft bei.

Die Zusammensetzung von Abfall ist sehr heterogen und zeitlich wechselnd.

Ein Teil des Abfalls, der sog. biogene Anteil, ist aufgrund seiner pflanzlichen oder tierischen Herkunft bei der Verbrennung CO_2-neutral.

5.6.4 Kernbrennstoff

In den westeuropäischen Kernkraftwerken wird Uran als Kernbrennstoff eingesetzt. Uran wird als Erz u. a. in Russland, Australien und den USA in relativ geringer Konzentration abgebaut und in mehreren Schritten aufbereitet. Das spaltbare Isotop U-235 muss zur Verarbeitung für Brennelemente ausgehend von der natürlichen Isotopenzusammensetzung von 0,7 % U-235 und 99,3 % U-238 auf einen Anteil von 3 - 5 % des Isotops U-235 angereichert werden.

Die bei der Kernspaltung nutzbare Energie beruht auf dem sog. Massendefekt. Das bedeutet, dass die aus mehreren Protonen und Neutronen bestehende Atomkerne eine geringere Masse aufweisen, als es der Summe der Einzelmassen der Nukleonen (Protonen und Neutronen) entspricht. Diese Massendifferenz wandelt sich gemäß der berühmten Gleichung von Einstein in Energie um.

$$E = m \cdot c^2 \tag{5.13}$$

Diese Energie fällt als kinetische Energie der durch die Spaltung erzeugten Teilchen an und wird durch deren Abbremsung in Wärme überführt. Die Spaltung der Atome des U-235 erfolgt in Kernreaktoren durch freie Neutronen in einer kontrollierten Kettenreaktion.

Bild 5.9 zeigt, dass mittelschwere Elemente mit der Massenzahl von ca. 60 Nukleonen pro Atomkern die größte Bindungsenergie je Nukleon aufweisen. Die Bindungsenergie der Nukleonen dieser Elemente ist um ca. 0,9 MeV höher als die des Isotops $^{235}_{92}U$. Der Vorgang der Spaltung des $^{235}_{92}U$ setzt daher Energie frei.

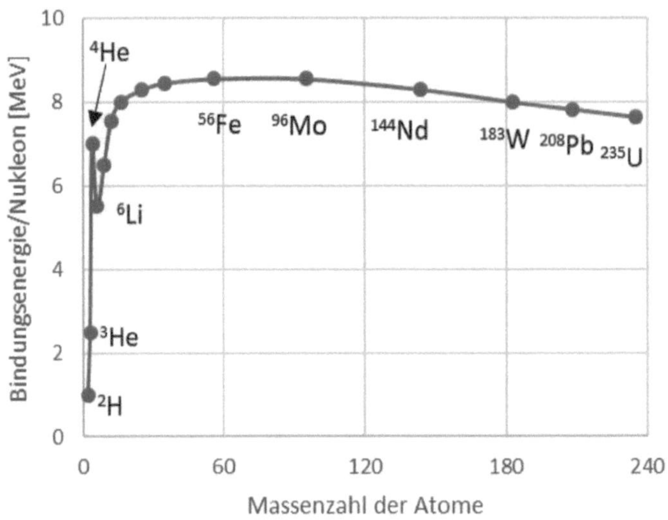

Bild 5.9 Bindungsenergie je Nukleon

Einige wichtige Begriffe der Kernphysik:

Atomarten (Nuklide) unterscheiden sich in der Anzahl der Protonen und Neutronen.

Die Schreibweise, z.B. $^{238}_{92}U$, gibt die Kernladungszahl (Ordnungszahl) 92 und die Massenzahl 238 als Summe der Protonen und Neutronen an. Dieses Isotop des Urans enthält demnach 146 Neutronen. Verschiedene Isotope eines Elementes unterscheiden sich in der Anzahl der Neutronen.

1 Elektronenvolt - 1 eV - ist der Energiebetrag, den ein Elektron mit seiner Elementarladung e = 1,602 · 10^{-19} As beim Durchlauf einer Potenzialdifferenz von 1 Volt erfährt.

$$1\,\text{eV} = 1{,}602 \cdot 10^{-19}\,\text{As} \cdot 1\,\text{V} = 1{,}602 \cdot 10^{-19}\,\text{Ws} = 1{,}602 \cdot 10^{-19}\,\text{J} \tag{5.14}$$

Die Avogadro-Zahl N_A gibt die Anzahl der Atome in einem Mol eines Elementes an.

$$N_A = 6{,}02 \cdot 10^{23}\,/\,\text{Mol} \tag{5.15}$$

Es ist aus Bild 5.9 erkennbar, dass auch die Fusion von leichten Atomkernen zu schwereren Atomkernen mit einem Massendefekt einhergeht, worauf hier jedoch nicht weiter eingegangen wird.

Beispiel: Wie viel Energie *E* wird bei der Spaltung je Gramm $^{235}_{92}U$ überschlägig freigesetzt, wenn die Bindungsenergie der Spaltprodukte um 0,9 MeV/Nukleon höher ist als die des $^{235}_{92}U$?

Lösung:

$$E = \frac{6{,}02 \cdot 10^{23}\,\frac{\text{Atome}}{\text{Mol}}}{235\,\frac{\text{g}}{\text{Mol}}} \cdot 235\,\frac{\text{Nukleon}}{\text{Atom}} \cdot 0{,}9\,\frac{\text{MeV}}{\text{Nukleon}} = 5{,}42 \cdot 10^{23}\,\frac{\text{MeV}}{\text{g}}$$

$$E = 5{,}42 \cdot 10^{23}\,\frac{\text{MeV}}{\text{g}} \cdot 1{,}602 \cdot 10^{-19}\,\frac{\text{MJ}}{\text{MeV}} = 8{,}68 \cdot 10^{4}\,\frac{\text{MJ}}{\text{g}}$$

5.7 Energiekosten

Die Kosten für die Energieformen Elektrizität und Wärme müssen von den industriellen und privaten Verbrauchern durch ihre Zahlungen für die gelieferte Energie getragen werden.

Wesentliche Bestandteile der Energiekosten:

1. Netzentgelte für die Betriebsführung und Instandhaltung der Verteilnetze
2. Steuern, Gebühren, Kosten auf der Basis zahlreicher Gesetze und Verordnungen, u. a.:
   - Gesetz für den Vorrang der Erneuerbaren Energien (EEG) aus dem Jahr 2000, zahlreiche Fortschreibungen
   - Gesetz für die Erhaltung, die Modernisierung und den Ausbau der Kraft-Wärme-Kopplung (KWKG)
   - KWKG-Umlage
   - Stromsteuer (Ökosteuer) zur Finanzierung klimapolitischer Ziele
   - Zuteilung von kostenpflichtigen CO_2-Zertifikaten in nur begrenztem Umfang
   - politisch verfügter Ausstieg aus der Kernenergie
   - politisch verfügter Ausstieg aus der Nutzung der deutschen Braunkohle
3. Amortisation der Investitionskosten für Wärme- und Stromnetze und Kraftwerke
4. Betriebskosten der Kraftwerke

Die Investitionskosten von Kraftwerken sind beträchtlich und werden üblicherweise über viele Jahre abgetragen. Projekte von Kraftwerksneubauten erfordern eine sorgfältige Untersuchung der zu erwartenden Wirtschaftlichkeit und auch eine Abschätzung möglicher Risiken bei der Realisierung der Projekte.

5.7.1 Feste Kosten

Unabhängig von der Einsatz- und Betriebsweise eines fossilen Kraftwerkes fallen laufende Kosten an:

- Rückzahlung des Investitionskapitals,
- Steuern, Gebühren, Versicherungen,
- Personalkosten: Löhne und Gehälter, Schulungen, Arbeitssicherheit,
- Instandhaltung: Aufrechterhaltung der Betriebsbereitschaft, TÜV- Prüfungen, Prüfungen der Emissionsmessgeräte, etc.,
- Wärmeversorgung des Standortes etc.,
- Umlagen der Unternehmensverwaltung.

Den größten Teil der festen Kosten macht die Rückzahlung des Investitionskapitals einschließlich der Zinsen aus. Die Rückzahlung erstreckt sich üblicherweise über ca. 12 bis 16 Jahre nach der Inbetriebnahme der Anlage.

Die Höhe der Zinsen richtet sich nach dem Kapitalmarkt und der Höhe der Anlagekosten.

In Tabelle 5.1 sind die überschlägigen Anteile der Anlagekosten am Beispiel eines Steinkohle-Kraftwerksblocks der 1000 MW-Klasse zusammengestellt. Die Gesamtsumme dieser Investitionskosten erreicht ca. 1,6 Mrd. € (Stand: 2018).

Tabelle 5.1 Investitionskostenanteile eines Steinkohlekraftwerkes

Anlagenteil	Kostenanteil
Bauwerke	22 %
Dampferzeuger	30 %
Turbosatz	9 %
Rauchgasreinigungsanlagen	7 %
Wasser-, Dampfkreislauf	15 %
Wasseraufbereitungsanlage	0,8 %
Ver- und Entsorgungsanlagen	4,5 %
Elektrotechnik	4,5 %
Leittechnik	4 %
Netzanbindung	0,5 %
Planung, Genehmigung	0,7 %
Bauleitung, Inbetriebnahme	1 %
Verschiedenes	1 %

Als Vergleich zwischen verschiedenen grundlastfähigen Kraftwerkstypen dienen in Tabelle 5.2 die spezifischen Anlagekosten = Kapitalaufwand pro kW installierter Leistung. Nachfolgende Angaben sind sehr grobe Anhaltswerte, die nur den Vergleich einiger Kraftwerkstypen untereinander ermöglichen sollen.

Tabelle 5.2 Spezifische Anlagekosten einiger Kraftwerkstypen

Kraftwerkstyp	Relative spez. Anlagekosten
Kernkraftwerk	ca. 250%
Dampfkraftwerk Steinkohle	100%
Dampfkraftwerk Braunkohle	ca. 125%
Gas- und Dampfturbinenkraftwerk (GUD)	ca. 60%

Die spezifischen Anlagekosten nehmen mit der Größe der Einheit ab, weil die Kosten für vieles Zubehör unabhängig von der Anlagegröße nahezu konstant bleiben und da, wie in der sonstigen Technik, mit zunehmender Größe der Maschinen/Anlagen der Herstellungsaufwand relativ sinkt. Eine große Variation der Investitionskosten ergibt sich allerding z. B. durch die Höhe des konstruktiven Wirkungsgrades des Kraftwerkes.

Die Rückzahlung des eingesetzten Investitionskapitals K_I zuzüglich der Zinsen p erfolgt meist durch n konstante jährliche Raten eines Betrages C.

$$q = 1 + p$$

Die Summe der Barwerte $C \cdot q^\mathrm{i}$ der n Raten ist gleich dem Investitionskapital K_I.

$$K_\mathrm{I} = \sum_{\mathrm{i}=1}^{\mathrm{n}} C \cdot q^{-\mathrm{i}} = C \cdot \frac{1-q^n}{q-1} \tag{5.16}$$

mit

$$\sum_{\mathrm{i}=1}^{n} q^{-\mathrm{i}} = \frac{1-q^n}{q-1}$$

Bestimmung der jährlichen Rate C

$$C = K_\mathrm{I} \cdot \frac{q-1}{1-q^n} = K_\mathrm{I} \cdot \frac{q^n \cdot (q-1)}{q^n - 1} = K_\mathrm{I} \cdot a \tag{5.17}$$

mit Annuitätsfaktor a

$$a = \frac{q-1}{1-q^{-n}} = \frac{q^n \cdot (q-1)}{q^n - 1} \tag{5.18}$$

Beispiel: Großer Steinkohlekraftwerksblock: K_i = 1600 Mio. EUR, n = 12 Jahre, p = 7 %

$$a = \frac{q^n \cdot (q-1)}{q^n - 1} = \frac{1{,}07^{12} \cdot (1{,}07-1)}{1{,}07^{12} - 1} = 0{,}1259$$

Jährliche Rückzahlrate:

$$C = K_\mathrm{i} \cdot a = 1{,}6 \cdot 10^9 \text{ EUR} \cdot 0{,}1259 = 0{,}201 \cdot 10^9 \text{ EUR} = 201 \text{ Mio. EUR}$$

Für einen in Betrieb befindlichen oder in Bereitschaft stehenden Kohlekraftwerksblock großer Leistung (ca. 1000 MW) sind ca. 110 Mitarbeiter am Standort erforderlich, somit liegen die jährlichen Personalkosten bei ca. P_i = 15 Mio. EUR.

Für Versicherungsleistungen müssen ca. v = 2,5 % des Investitionskapitals K_i pro Jahr aufgebracht werden, die jährliche Belastung durch Steuern und Gebühren liegt bei ca. s = 3.5 % des Investitionskapitals K_i.

Jährliche Kosten für Versicherungen und jährliche Belastung durch Steuern und Gebühren:

$V = K_\mathrm{i} \cdot v$ = 1600 Mio. EUR · 0,025 = 40 Mio. EUR

$S = K_\mathrm{i} \cdot s$ = 1600 Mio. EUR · 0,035 = 56 Mio. EUR

Feste jährliche Kosten:

$K_\mathrm{F} = C + P_\mathrm{i} + V + S$ = 312 Mio. EUR

5.7.2 Veränderliche Kosten

Als veränderliche Kosten werden die Kosten zusammengefasst, die nur beim Betrieb der Anlage anfallen, weshalb sie auch als Betriebskosten bezeichnet werden.

Als wesentliche erzeugungsabhängige Kosten sind für ein Kohlekraftwerk zu berücksichtigen:

- Brennstoffkosten,
- CO_2-Zertifikate,
- Instandhaltung,
- NH_3 zur Entstickung der Rauchgase,
- Kalk zur Entschwefelung der Rauchgase,
- Verschiedenes: Weißkalkhydrat und Chemikalien in der Wasseraufbereitung, etc.,
- Kühlwasserkosten,
- gewinnabhängige Steuern (Gewerbesteuer).

Die Brennstoffkosten und die Kosten für die CO_2-Zertifikate bilden bei den fossil beheizten Kraftwerken den größten Teil der veränderlichen Kosten, wobei genaue Kosten der einzelnen Brennstoffe nicht angegeben werden können, weil die Preise erheblichen Schwankungen unterliegen, die von der konjunkturell stark beeinflussten momentanen Angebots- und Nachfragesituation abhängen.

Tabelle 5.3 zeigt die überschlägige Relation der auf den Energieinhalt bezogenen Brennstoffpreise des Großhandels aus dem Jahr 2018.

Tabelle 5.3 Brennstoffpreise des Großhandels 2018

Energieträger	Energieinhalt	Preisangabe	Relativer Preis
Kernbrennstoff Uran			< 10%
Braunkohlen	H_u = 8 - 12 MJ/kg	k.A.	ca. 65 - 90%
Steinkohlen	H_u = 23 - 30 MJ/kg	ca. 66€/t	100%
Erdgas	H_u = 30 - 40 MJ/Nm³	ca. 0,022€/kWh	ca. 250%
Heizöl	H_u = ca. 42 MJ/kg	ca. 650€/m³	ca. 320%

Die zusätzlichen Kosten für die jeweils erforderlichen CO_2-Zertifikate bei den fossilen Brennstoffen stellen das Erdgas wegen seiner im Vergleich zu den Kohlen wesentlich geringeren CO_2-Emissionen günstiger. Bei Einsatz der Kernenergie fallen keine CO_2-Kosten an.

Die Kosten für die Instandhaltung eines Kraftwerkes hängen von der Einsatzweise am Strommarkt, d.h. in Grundlast, Mittellast oder in Spitzenlast mit zahlreichen In- und Außerbetriebnahmen und von der Art des Brennstoffes und auch von der konstruktiven und qualitativen Ausführung der Komponenten des Kraftwerkes ab. Zu unterscheiden ist die Reparaturtätigkeit an gestörten, defekten Bauteilen von den laufenden Verschleißreparaturen z.B. an Kohlemühlen, Heizrohren im Dampferzeuger, Gebläsen etc.

- Für einen neuen großen Kohlekraftwerksblock von ca. 1000 MW sind in den ersten Betriebsjahren ca. I_i = 10 Mio. Euro an Instandhaltung durchschnittlich jährlich erforderlich.

Beispiel: Großer Steinkohlekraftwerksblock: Nettoleistung P_{el} = 1050 MW, Nettowirkungsgrad η = 43%.

Es wird Steinkohle mit dem Heizwert H_u = 29 MJ/kg und mit einem Kohlenstoffgehalt c = 0,75 in T_i = 4500 jährlichen Volllastbetriebsstunden eingesetzt. Die Kohle wird im Krisenjahr 2022 zu einem relativ hohen Preis von 160 Euro je 1000 kg eingekauft. Die Kosten für die CO_2-Zertifikate betragen 60 EUR/1000 kg CO_2.

Die auf die Stromerzeugung bezogenen veränderlichen, betriebsabhängigen Kosten setzen sich bei der obigen Einsatzweise aus den folgenden Positionen zusammen.

Brennstoffkosten B_B

$$B_B = P_{el} \cdot T_i \cdot \frac{1}{H_u \cdot \eta} \cdot \frac{160\,\text{EUR}}{1000\,\text{kg}} = 218\,\text{Mio. EUR}$$

Kosten der Einsatzstoffe (NH_3, Kalk, Chemikalien etc.) B_E

$$B_E = 0{,}08 \cdot B_B = 17{,}5\,\text{Mio. EUR}$$

Instandhaltungskosten I_i = 10 Mio. EUR

CO_2-Emission

$$\frac{m_{CO_2}}{m_B} = c \cdot \frac{M_{CO_2}}{M_C} = 0{,}75\,\frac{\text{kg C}}{\text{kg Kohle}} \cdot \frac{44\,\text{kg CO}_2}{12\,\text{kg C}} = 2{,}75\,\frac{\text{kg CO}_2}{\text{kg Kohle}}$$

Kosten B_{CO_2} der CO_2-Zertifikate

$$B_{CO_2} = P_{el} \cdot T_i \cdot \frac{1}{H_u \cdot \eta} \cdot \frac{m_{CO_2}}{m_B} \cdot \frac{60\,\text{EUR}}{1000\,\text{kg CO}_2} = 225\,\text{Mio. EUR}$$

Veränderliche Kosten K_v

$$K_v = B_B + B_E + B_{CO_2} + I_i = 471\,\text{Mio. EUR}$$

5.7.3 Stromgestehungskosten

Die Stromgestehungskosten ε_i, (Energiekosten, Energiegestehungskosten) werden üblicherweise auf 1 kWh gelieferte Energie bezogen und beinhalten die festen und die variablen Kosten. Die Gestehungskosten eignen sich zum Vergleich der Kosten der Stromerzeugung aus unterschiedlichen Kraftwerkstypen und unterschiedlichen Primärenergieträgern. Die Investitionskosten und die Betriebskosten sind oft gegenläufig, d. h. bei teuren Brennstoffen sind die Investitionskosten meist relativ gering und umgekehrt bei preisgünstigen Brennstoffen hoch.

Auch für Wärmelieferungen, Wasserlieferungen etc. kann die dargestellte Methode der Ermittlung der Energiegestehungskosten sinngemäß anwendet werden.

Von großer wirtschaftlicher Bedeutung ist, dass nach Ablauf der Rückzahlungen der Investitionskosten eine deutliche Absenkung der Gestehungskosten eintritt.

Wenn die Einnahmen aus dem erzeugten Strom die Ausgaben übersteigen, d. h., wenn der erzielte Strompreis über den Stromgestehungskosten liegt, ist Wirtschaftlichkeit gegeben.

Die Amortisation des eingesetzten Kapitals ist erreicht, wenn die wirtschaftlichen Gewinne aus dem Stromabsatz die Ausgaben für die Finanzierung und den Betrieb insgesamt übersteigen.

Stromgestehungskosten

$$\varepsilon_\mathrm{i} = \frac{k_\mathrm{i} \cdot (a + s + v)}{T_\mathrm{i}} + \frac{P_\mathrm{i} + I_\mathrm{i}}{P_\mathrm{el} \cdot T_\mathrm{i}} + b_\mathrm{B} + b_\mathrm{E} + b_{\mathrm{CO_2}} \tag{5.19}$$

spez. Investitionskapital $k_\mathrm{i} = K_\mathrm{i}/P_\mathrm{el}$, Annuitätsfaktor a, Steuern s in Prozent der Investition K_i, Versicherung v in Prozent der Investition K_i, jährliche Anzahl der Volllastbetriebsstunden T_i, jährliche Personalkosten P_i, jährliche Instandhaltungskosten I_i, elektrische Nettonennleistung P_el, spezifische, auf 1 kWh bezogene Brennstoffkosten b_B, spezifische, auf 1 kWh bezogene Kosten der Einsatzstoffe b_E, spezifische, auf 1 kWh bezogene Kosten $b_{\mathrm{CO_2}}$ der CO_2-Zertifikate

Beispiel: In einem großen Steinkohlekraftwerksblock der Nettoleistung P_el = 1050 MW und dem Gesamtwirkungsgrad η = 0,43 wird Steinkohle mit dem Heizwert H_u = 29 MJ/kg eingesetzt. Die Kohle wird zu einem Preis von 160 EUR je 1000 kg eingekauft, die jährlichen Volllastbetriebsstunden liegen bei T_i = 4500 h.

Rahmenbedingungen der ersten Betriebsjahre während der Rückzahlung des Investitionskapitals:

K_i = 1600 Mio. EUR, n = 12 Jahre, p = 7 %

Personalkosten P_i = 15 Mio. EUR

Instandhaltungskosten I_i= 10 Mio. EUR

$$b_\mathrm{B} = \frac{1}{\eta \cdot H_\mathrm{u}} \cdot \frac{160\ \mathrm{EUR}}{1000\ \mathrm{kg}} = 0{,}0462\ \frac{\mathrm{EUR}}{\mathrm{kWh}}$$

$$b_\mathrm{E} = 0{,}08\ b_\mathrm{B} = 0{,}0037\ \frac{\mathrm{EUR}}{\mathrm{kWh}}$$

$$b_{\mathrm{CO_2}} = 0{,}0476\ \frac{\mathrm{EUR}}{\mathrm{kW}}$$

Mit den zusätzlichen Bedingungen aus den Beispielen in Abschnitt 5.7.1 und in Abschnitt 5.7.2 zu den festen und den veränderlichen Kosten ergeben sich Stromgestehungskosten des Krisenjahres 2022.

$$\varepsilon_\mathrm{i} = (0{,}063 + 0{,}0047 + 0{,}0462 + 0{,}0037 + 0{,}0476)\ \frac{\mathrm{EUR}}{\mathrm{kWh}}$$

$$\varepsilon_\mathrm{i} = 0{,}165\ \frac{\mathrm{EUR}}{\mathrm{kWh}} = 16{,}5\ \frac{\mathrm{Cent}}{\mathrm{kWh}}$$

6 Wasserkraftwerke

Die verschiedenen in der Natur vorkommenden Wasserkräfte können in individuell angepasster Weise durch Wasserkraftwerke nutzbar gemacht werden. Dies führt zu unterschiedlichen Ausbauformen von Wasserkraftwerken, die an Flüssen, natürlichen Seen und an Talsperren angelegt sein können. Gezeitenkraftwerke an Meeresküsten und Meeresströmungskraftwerke im Meer sind technisch interessante Anlagen, die jedoch einen nur sehr geringen Anteil an der Stromerzeugung haben und deshalb hier nicht betrachtet werden.

In Deutschland haben Wasserkraftwerke einen Anteil von ca. 3 - 5 % an der jährlichen Stromerzeugung. Aus topografischen Bedingungen und auch aus Gründen der Landschaftsbewahrung ist ein sinnvoller weiterer Ausbau in Deutschland nicht möglich. In anderen Ländern mit größeren Höhendifferenzen in der Landschaft ist der Anteil an der Stromerzeugung z. T. wesentlich höher oder kann sogar der dominierende Anteil sein. Die Stromerzeugung aus Wasserkraft ist nicht von kurzfristigen Änderungen des Wetters abhängig, in regenarmen Jahren tritt jedoch ein Rückgang der möglichen Stromerzeugung ein.

Beim Wiederaufbau des Betriebes des Stromnetzes nach einer großen Netzstörung (Blackout) kommt den Wasserkraftwerken durch ihre Schwarzstartfähigkeit eine große Bedeutung zu. Schwarzstart bedeutet in diesem Zusammenhang, dass ein Kraftwerk ohne Strombezug aus dem Versorgungsnetz in Betrieb gesetzt wird, was bei großen Dampfkraftwerken nicht möglich ist.

6.1 Einsatzbedingungen der Wasserkraftwerke

Flusskraftwerke sollen alles zufließende Wasser bis zur vollen Beaufschlagung der Turbinen verarbeiten. Man nennt sie auch Laufwasserkraftwerke. Übersteigt der Zufluss die Schluckfähigkeit des Kraftwerks, so fließt das Überschusswasser ungenutzt über das Wehr ab. Laufwasserkraftwerke können an einem extra dafür angelegten Seitenkanal (Bild 6.1a) oder aber direkt in den Flusslauf (Bild 6.1b) gesetzt werden. Obwohl die beim Stauen eines Flusses erzielbaren Gefälle begrenzt sind, ist diese Form des Ausbaues der Kanalanlage meistens überlegen, denn sie erlaubt eine bessere Erfassung des Flusswasserstromes. Kanäle sind vorzuziehen, wenn die Möglichkeit besteht, eine Flussschleife abzuschneiden. Wegen des geringen Gefälles nennt man Fluss- oder Kanalanlagen auch Niederdruckkraftwerke. Für Niederdruckanlagen bis zu Gefällen von 25 m kommen fast ausschließlich Kaplan-Turbinen zur Anwendung.

In Wasserkraftwerken an Gebirgsseen oder Talsperren können die Turbinen jederzeit abgestellt werden, ohne dass das zufließende Wasser ungenutzt ablaufen muss (Bild 6.1c). Es wird im Stauraum gespeichert und steht in den Zeiten größeren Bedarfs zur Verfügung. Man nennt diese Werke daher Speicherkraftwerke oder Mitteldruckkraftwerke. In Mitteldruckanlagen können sowohl Kaplan- (bis etwa 60 m Gefälle) als auch Francis-Turbinen eingesetzt werden. Mit steigendem Gefälle verlieren die Vorteile der Kaplan-Turbine gegenüber der Francis-Turbine an Bedeutung, weil sich dann beide Bauformen in der Drehzahl und in den Abmessungen immer weniger unterscheiden.

Kaplan-Turbinen erfordern wegen der Schaufelregulierung und der höheren Kavitationsempfindlichkeit größere Aufwendungen, zudem werden die Generatoren wegen der höheren Durchgangsdrehzahl teurer. Daher ist ihre Anwendung in Mitteldruckanlagen nur dann von Vorteil, wenn es auf einen flachen Verlauf der Wirkungsgradkurve ankommt, d. h. bei Verarbeitung eines stark schwankenden Wasserangebotes bei wechselndem Gefälle.

Als Hochdruckkraftwerke bezeichnet man Wasserkraftanlagen mit Fallhöhen von mehr als 100 m (Bild 6.1d). In Höhe des Oberwasserspiegels wird zunächst ein Druckstollen zu einem Wasserschloss geführt, von dem aus die Stahl-Druckleitung abgeht. Am Eingang zur Druckleitung befindet sich ein Einlaufschütz. Wird dieses plötzlich geschlossen, so drückt die im Stollen noch in Bewegung befindliche große Wassermasse nach, und der Pegel im Wasserschloss, als ein oben offenes Rohr oder ein oben offener Behälter, steigt vorübergehend über den oberen Wasserspiegel, bis die kinetische Energie des Stollenwassers aufgezehrt ist. Analoges vollzieht sich bei Betätigung des Absperrventils vor der Turbine, was allerdings im Allgemeinen langsam erfolgen soll.

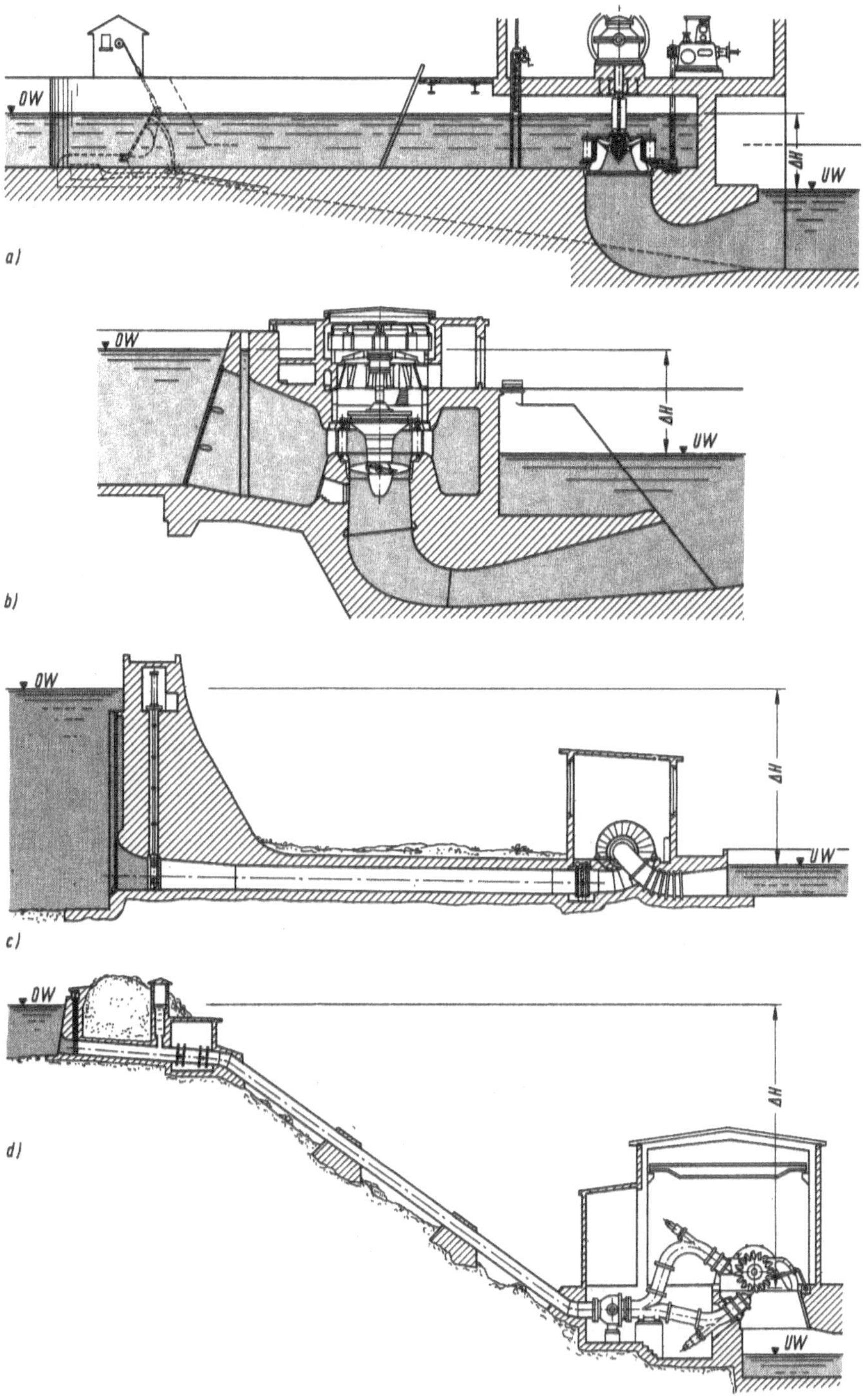

Bild 6.1 Ausbauformen von Wasserkraftwerken: a) Seitenkanalkraftwerk, b) Flusskraftwerk, c) Talsperrenkraftwerk, d) Hochdruck-(Gebirgs-)Kraftwerk

Wird im Störungsfall, z.B. beim Lastabwurf des Generators, das Absperrventil schnell geschlossen, so wird durch den Druckstau in der Druckleitung ein Sicherheitsventil vorübergehend geöffnet (Druckstoß-Vermeidung).

Für die Nutzung großer Gefälle eignen sich Francis- (bis etwa 600 m) und Freistrahl-Turbinen (bis ca. 2000 m). Der wesentliche Vorteil der Francis-Turbine ist ihre Schnellläufigkeit. Sie kann unter sonst gleichen Bedingungen für erheblich höhere Drehzahlen ausgelegt werden als die Freistrahlturbine. Für die Francis-Turbine spricht auch der bessere Wirkungsgrad im oberen Belastungsdrittel. Ein Nachteil der Freistrahlturbinen ist zudem noch der sogenannte Freihang, das ist der Abstand zwischen Laufrad und Unterwasserspiegel, der zu Einbußen an nutzbarem Gefälle führt. Ein Vorteil der Freistrahl-oder Pelton-Turbine ist die einfache Auswechselbarkeit aller hochbeanspruchten Teile und die bessere Zugänglichkeit des Laufrades. Ferner spricht für sie die flach verlaufende Wirkungsgradkurve, die im Bereich der Viertel- und Halblast erheblich über derjenigen der Francis-Turbine liegt. Die Freistrahlturbine lässt sich nicht zuletzt, wegen ihrer Teilbeaufschlagbarkeit, vorteilhaft dort einsetzen, wo kleine Wasserströme mit stark schwankendem Angebot bei großen Fallhöhen auszunutzen sind und wo infolge sandhaltigen Wassers ein größerer Verschleiß zu erwarten ist. Sogenannte Strahlablenker, angebaut bei den Düsen der Pelton-Turbinen, ermöglichen das Vermeiden von Druckstößen beim schnellen Regeln durch Volumenstromverringerung.

6.2 Pumpspeicherkraftwerke

Als Speicher für zeitweilig überschüssige Elektrizität und deren sofort abrufbare Rücklieferung von insgesamt einigen tausend MW für einige Stunden sind Pumpspeicherkraftwerke in Deutschland und weitere im europäischen Verbundnetz im Einsatz.

Pumpspeicherkraftwerke arbeiten an zwei etwa gleich großen Wasserbecken, die auf unterschiedlichen geodätischen Höhen liegen. In Zeiten des Stromüberschusses wird Wasser von dem Unterbecken in das Oberbecken gepumpt, um bei Strombedarf Wasser aus dem Oberbecken zum Antrieb von Turbinen in das Unterbecken zu leiten (Bild 6.2).

Pumpspeicherkraftwerke generieren nur einen geringen Teil ihrer Arbeit aus kontinuierlich fließenden Gewässern. Um unvermeidliche Wasserverluste auszugleichen, ist jedoch eine gewisse Wasserzufuhr in das Oberbecken oder in das Unterbecken aus einem natürlichen Gewässer erforderlich.

Die sehr große wetter- und tageszeitabhängige Volatilität der Einspeisungen aus Windkraft und Photovoltaik kann durch Pumpspeicherkraftwerke nicht kompensiert werden.

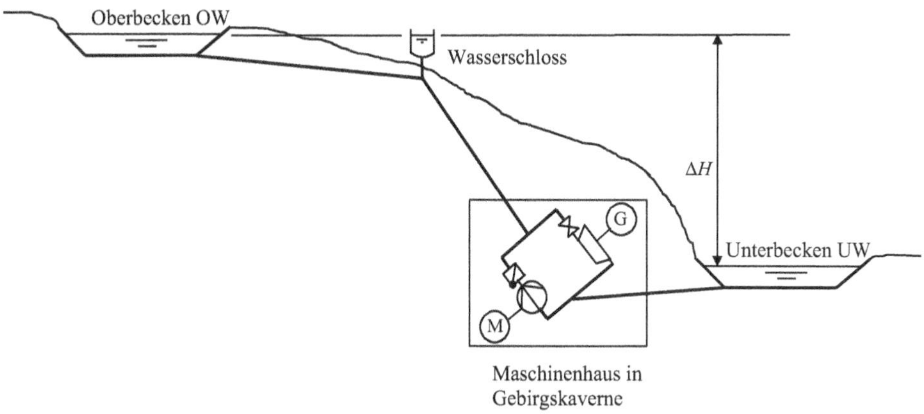

Bild 6.2 Schema Pumpspeicherkraftwerk

6.2.1 Hauptkomponenten

Die beiden Becken der Pumpspeicherkraftwerke können natürliche Gewässer sein oder auch künstlich hergestellt worden sein. Das Unterbecken ist oft ein natürliches Fließgewässer, welches durch Aufstauen vergrößert wurde. Das Leitungssystem vom Ober- zum Unterbecken wird fallweise als Stollen im Gebirge und mit den Maschinen in einer Kaverne ausgeführt. In vielen anderen Fällen sind auch auf dem Berghang verlegte Rohrleitungen mit einem Maschinenhaus am Unterbecken ausgeführt worden.

Das nutzbare Wasservolumen der Becken und der geodätische Höhenunterschied ΔH zwischen dem oberen Wasserspiegel OW und dem unteren Wasserspiegel UW sind die bestimmenden Größen für die speicherbare elektrische Energie. Die Größe des Leitungssystems und der Maschinen bestimmen die mögliche Leistung und die Ein- und Ausspeicherzeiten des Kraftwerkes.

Es wurden bisher drei unterschiedliche Anordnungen von Pumpe und Turbine ausgeführt.

- 4-Maschinen-Satz: Pumpe mit Motor und Turbine mit Generator,
- 3-Maschinen-Satz: Pumpe und Turbine mit gemeinsamer E-Maschine als Motor und Generator,
- 2-Maschinen-Satz: Pumpenturbine mit E-Maschine als Motor und Generator.

Die Anlagenteile Pumpe, Turbine und elektrische Maschine – als Motor oder Generator arbeitend – werden bei dem 3-Maschinen-Satz auf einer gemeinsamen Welle angeordnet. Daher eignen sich für diese Anordnung am besten Freistrahlturbinen, weil ihre Räder bei Leerlauf im freien Luftraum drehen. Francis-Turbinen dagegen müssen dazu von der Druckleitung abgesperrt und entleert, d. h. mittels Druckluft ausgeblasen werden. Während des Turbinenbetriebes wird die Pumpe durch eine lösbare Kupplung von der übrigen Maschinengruppe abgeschaltet. Zur Vermeidung hoher Anfahrbelastung des Elektromotors wird die entleerte Pumpe vor Einschalten des Motors durch eine Anlassturbine angeworfen.

Die aktuell wirtschaftlichste Anordnung ist der 2-Maschinen-Satz, bei dem Pumpe und Turbine in einer Maschine, der Pumpenturbine realisiert werden. Die Turbine arbeitet bei Umkehrung der Drehrichtung als Pumpe. Da die Pumpenturbine in sog. Francis-Ausführung jedoch einen Kompromiss darstellt, ist ihr Wirkungsgrad etwas geringer als der von Einzelmaschinen. Auch ist eine Drehrichtungsumkehr beim Übergang von Pumpen- zum Turbinenbetrieb nötig.

Die Motore und Generatoren sind über Schaltanlagen und Transformatoren mit dem Übertragungsnetz verbunden.

Wasserschlösser werden als oben offene senkrechte Rohre oder Behälter auf den Druckleitungen vorgesehen.

Die rasche und leichte Regelbarkeit der Pumpspeicherkraftwerke legt es nahe, sie über den Belastungsausgleich hinaus auch zur Frequenzregelung im Netz einzusetzen.

6.2.2 Energiebilanz

Die Höhe der zurückgewonnenen elektrischen Arbeit eines Pumpspeicherkraftwerkes im Vergleich mit der zugeführten Arbeit wird durch die Größe der Verluste bei den zahlreichen Energieumwandlungen bestimmt, wie Bild 6.3 mit überschlägigen Werten zeigt.

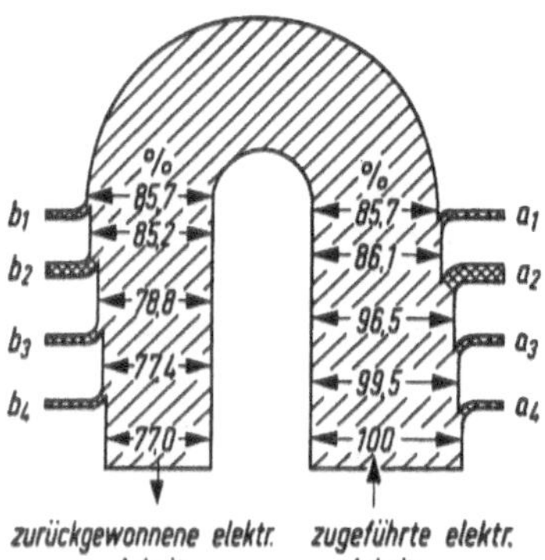

a Verluste beim Hochpumpen
b Verluste bei Leistungsabgabe
1 Rohrleitung
2 Pumpe bzw. Turbine
3 Motor bzw. Generator
4 Transformator

Bild 6.3 Einzelverluste und Gesamtwirkungsgrad bei Pumpspeicherung (Übersicht)

7 Dampfkraftwerke

Der Begriff Dampfkraftwerke gilt für Kraftwerke, bei denen der Energieträger Wasserdampf aus aufbereitetem Wasser durch Verbrennung fossiler Brennstoffe erzeugt wird. Obwohl Kernkraftwerke in ihrer üblichen Bauweise auch Dampfkraftwerke sind ist, wird durch den eigenständigen Begriff auf den nuklearen Energieträger hingewiesen.

Der wichtigste Typ der fossilen Kraftwerke, der auch während der Umsetzung der Energiewende die Hauptlast der gesicherten Stromversorgung in Deutschland tragen wird, ist der Kraftwerksblock mit Kohlenstaubfeuerung auf der Basis von Stein- oder Braunkohle mit einer elektrischen Leistung von ca. 500 - 1000 MW. Die Beschreibung und die Berechnung sehr vieler Funktionen und Komponenten dieses Kraftwerkstyps mit seiner sehr langen technischen Entwicklung trifft sinngemäß auch auf die Kernkraftwerke, auf die kombinierten Gas- und Dampfturbinenkraftwerke und auf die Heiz- und Industriekraftwerke zu, die in separaten Kapiteln dargestellt werden.

Neben festen Brennstoffen wie Steinkohle und Braunkohle können flüssige Brennstoffe wie Heizöl, Raffineriezwischenprodukte und auch Brenngase aller Art und Biomasse jeder Art bei angepassten Fördereinrichtungen und Brennern eingesetzt werden. Diese Brennstoffe können auch zeitgleich kombiniert zum Einsatz kommen.

Ein Kraftwerksblock ist eine autarke Einheit aus einem Dampferzeuger und einer Turbine mit gekuppeltem Generator. Auch die verbindenden Rohrleitungssysteme und elektrischen Anlagen sind nur diesem Block zugeordnet. Ein Kraftwerk kann aus mehreren Kraftwerksblöcken aufgebaut sein. Die Anordnung der Hauptkomponenten eines auf hohe Effizienz ausgelegten Kraftwerksblockes zur Stromerzeugung auf der Basis von Steinkohle ist beispielhaft in Bild 7.1 gezeigt.

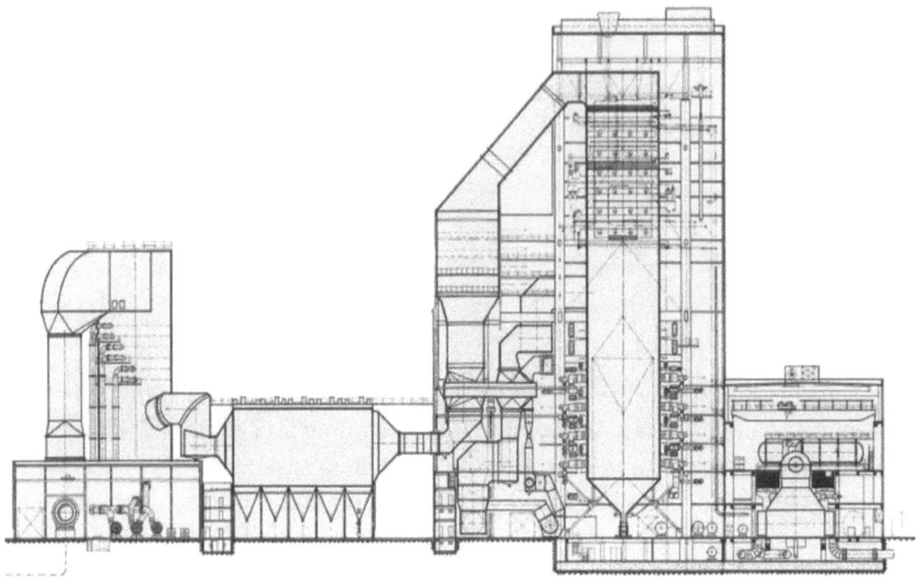

Bild 7.1 Hauptkomponenten eines Kraftwerksblocks

■ 7.1 Hauptkomponenten

Das Gebäude des Dampferzeugers, siehe Bild 7.1, erreicht bei Steinkohlekraftwerken der Leistung 500 - 1000 MW_{el} eine Höhe von ca. 100 m, bei Braunkohlekraftwerken dieser Leistung liegt die Gebäudehöhe bei vergleichbarer Dampferzeugerbauart deutlich darüber. Das Maschinenhaus mit der Turbinenanlage ist unmittelbar neben dem Gebäude des Dampferzeugers angeordnet, um die zahlreichen verbindenden Dampf- und Wasserleitungssysteme möglichst kurz zu halten. Auf der gegenüberliegenden Seite des Dampferzeugergebäudes ist die Anlage der Rauchgasentstickung und der Luftvorwärmer in einem Anbau untergebracht. Das aus diesem Anbau austretende Rauchgas wird durch Rauchgaskanäle in den Elektrofilter und weiter in die Rauchgasentschwefelungsanlage (REA) geführt. Das aus der REA austretende gereinigte Rauchgas wird durch Rauchgaskanäle in einen Naturzugkühlturm oder in einen Schornstein abgeführt.

7.1.1 Dampferzeuger

Der Dampferzeuger ist das mit Abstand größte Anlagenteil in einem Kohlekraftwerksblock. Die Konstruktion des Dampferzeugers ist in den wesentlichen Bereichen individuell auf die einzusetzenden Kohlesorten (Heizwert, Gehalt an flüchtigen Bestandteilen, Asche- und Wassergehalt etc.) abgestimmt, um einen in jeder Hinsicht wirtschaftlichen Betrieb zu ermöglichen.

Die äußere Kontur des Dampferzeugers wird größtenteils von rauchgasdicht aneinander geschweißten Rohren gebildet, siehe Bild 7.7. Der Querschnitt dieser äußeren rauchgasdichten Umschließung ist oft quadratisch oder leicht rechteckig, (Bild 7.2), mit Seitenlängen um ca. 20 m. Diese rauchgasdichte Umschließung führt das in der Brennkammer entstehende Rauchgas bei leichtem Unterdruck, während in den Rohren des Druckteilkörpers das aufzuheizende und zu verdampfende Wasser strömt. Die Rohrwände des Druckteilkörpers sind nach außen mit einer Wärmeisolierung versehen.

Bei den in Bild 7.1 und Bild 7.2 dargestellten Dampferzeugerbauformen handelt es sich um die Turmbauweise oder Einzugbauweise, bei der das Rauchgas ohne Umlenkungen von unten nach oben zum Austritt des Dampferzeugers geführt wird. Es wird auch die Zweizugbauweise ausgeführt, bei der das Rauchgas durch Umlenkung in einen Querzug und in einen abwärtsführenden zweiten Zug zu den konvektiven Heizflächen geleitet wird. Die Zweizugbauweise ergibt eine wesentlich geringere Gesamthöhe des Dampferzeugers und des umschließenden Gebäudes.

Das Stahlbaugerüst zur wärmebeweglichen Aufhängung des Druckteils ruht auf einem massiven Betonfundament. Der gesamte Druckteilkörper ist über Traganker wärmebeweglich in dem Stahlbaugerüst in einem oberen Tragrost aufgehängt und kann frei nach unten und seitlich dehnen. Die Wärmeausdehnung des Druckteils bei voller Leistung und damit voller Temperatur des Dampferzeugers liegt ausgehend von der Aufhängung des Dampferzeugers im oberen Tragrost bei ca. 0,5 - 0,8 m.

Anbauteile z.B. Brenner und Luftkanäle, die fest im Stahlbaugerüst positioniert sind, müssen gleitend an den Druckteilkörper angeschlossen werden, um die freie Wärmedehnung zu ermöglichen.

7.1.1.1 Brennstoff, Luft, Rauchgas

Der Brennstoff (hier Kohle) wird aus einem im Freien befindlichen Vorratslager den Mühlenbunkern im Gebäude des Dampferzeugers zugeführt, die einen Brennstoffvorrat für einige Stunden enthalten. Aus den Bunkern wird die Kohle durch regelbare Zuteiler entnommen und in die Kohlemühlen abgeworfen, wo er zu Staub zermahlen und danach in die Brenner ausgetragen wird. Zusammen mit der Verbrennungsluft, die das Frischluftgebläse aus dem Freien ansaugt und durch einen

Luftvorwärmer in die Brenner fördert, gelangt der Brennstoff in die Brennkammer (Feuerraum) im unteren Teil des Dampferzeugers, wo er in der Schwebe im Aufwärtsstrom der entstehenden Rauchgase verbrennt (Bild 7.2).

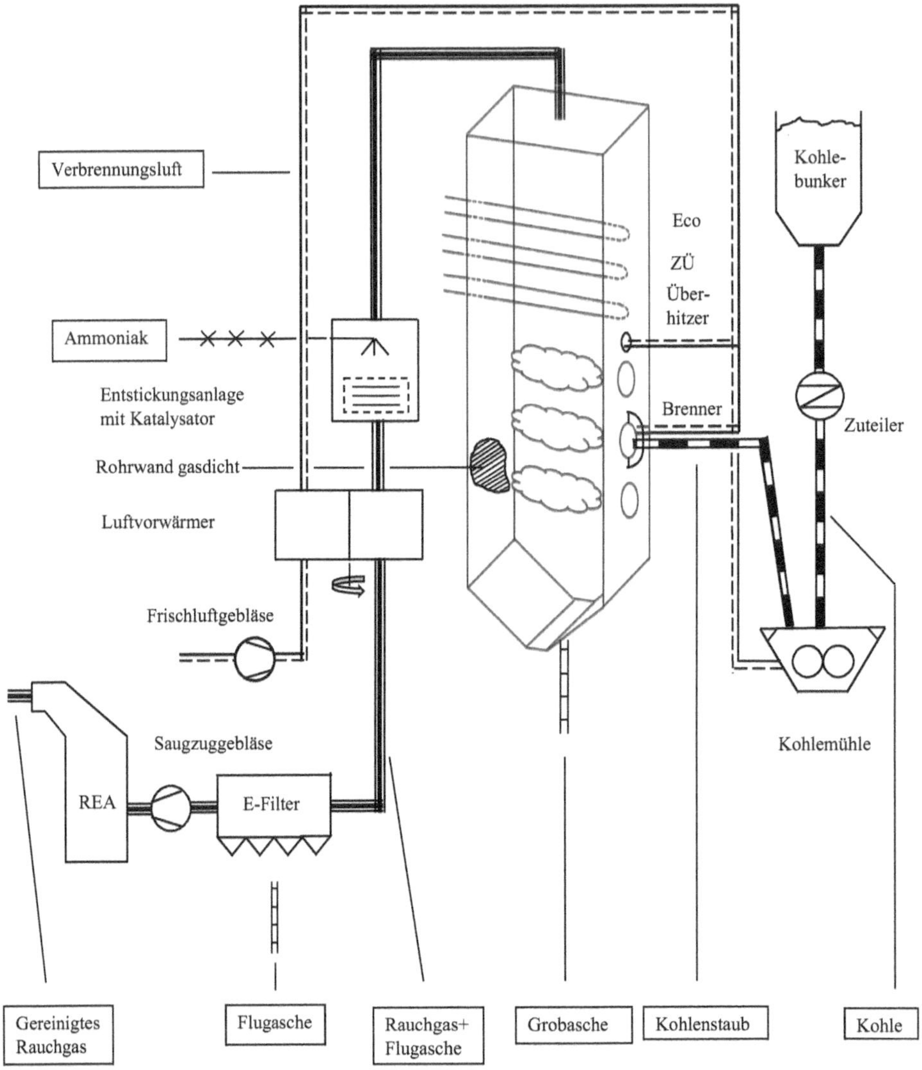

Bild 7.2 Stoffströme am Dampferzeuger

Große braunkohlegefeuerte Dampferzeuger sind mit bis zu ca. 8 Kohlemühlen und ca. 24 Brennern ausgerüstet, Steinkohlefeuerungen für große Dampferzeuger arbeiten mit bis zu ca. 5 Kohlemühlen und max ca. 30 Brennern. Die Ölbrenner der Zündfeuerung auf der Basis von leichtem Heizöl zum Anfahren des Dampferzeugers sind meist in die Kohlenstaubbrenner integriert oder unmittelbar neben den

Kohlenstaubbrennern angeordnet, um das Anzünden des Kohlenstaubes an den Ölflammen zu befördern. Die Ölfeuerung kann bei Bedarf als Stützfeuerung zu der Hauptfeuerung (z. B. bei Ausfall einer Kohlemühle) eingesetzt werden.

Durch die Wärmestrahlung der Flammen wird im Bereich der Brennkammer ein großer Teil der von dem Brennstoff entbundenen Wärme an die umschließenden Rohrwände der Brennkammer übertragen, die in diesem Bereich den Verdampfer bilden, s. auch Wärmeschaltplan Bild 7.9.

Im Feuerraumtrichter, der den unteren Abschluss der Brennkammer bildet, sammelt sich grobe, gesinterte Asche, die in die Entaschungsanlage abgeführt wird. Der weitaus größere Anteil der feinen Asche wird mit dem Rauchgastrom nach oben aus der Brennkammer getragen.

Über der Brennkammer sind die Nachschaltheizflächen angeordnet, in denen eine konvektive Wärmeübertragung von den Rauchgasen an die Rohrbündel der Nachschaltheizflächen stattfindet. Die Nachschaltheizflächen werden durch den HD-Überhitzer, den Zwischenüberhitzer und den Economiser gebildet, s. auch Wärmeschaltplan Bild 7.9.

Nach den Nachschaltheizflächen werden die Rauchgase im Abwärtstrom durch die Denox-Katalysatoren geführt, um das in der Feuerung gebildete Stickoxid umzuwandeln, vgl. Abschnitt 7.1.3.1. Im nachfolgenden Luftvorwärmer (Luvo) wird die Verbrennungsluft durch weitere Abkühlung der Rauchgase auf ca. 280 - 340 °C vorgewärmt. Das Rauchgas verlässt das Dampferzeugergebäude mit einer Temperatur von ca. 120 - 170 °C über einen Verbindungskanal zu dem Elektrofilter zur Abscheidung des Hauptanteils der Kohlenasche (Abschnitt 7.1.3.2) und weiter in die Rauchgasentschwefelungsanlage (Abschnitt 7.1.3.3) als letzte Stufe der Rauchgasreinigung und daran anschließend in einen Naturzugkühlturm oder Schornstein zur Ableitung in die Atmosphäre.

Die erforderliche Druckdifferenz zur Förderung der Verbrennungsluft und der Rauchgase wird durch Frischluftgebläse und Saugzuggebläse erzeugt. Das Frischluftgebläse fördert die Verbrennungsluft über den Luftvorwärmer zu den Brennern. Die Leistung des Saugzuggebläses wird stets so einreguliert, dass in den Rauchgaszügen des Dampferzeugers ein leichter Unterdruck herrscht, um Rauchgasleckagen in den Aufstellungsraum des Dampferzeugers zu verhindern.

7.1.1.2 Feuerung, Brenner, Kohlemühlen

Die Feuerungsanlage umfasst die Brennstoffentnahme aus dem Vorratstank oder Vorratsbunker, die Regulierung des Brennstoffmassenstromes, die Aufbereitung des Brennstoffes (Ausmahlung, Trocknung, Vorwärmung), die Zuführung zu den Brennern und die Brenner. Ein wesentlicher Teil der Feuerungsanlage ist die Vorwärmung und auf die momentane Leistung der Feuerung abgestimmte und geregelte Zuführung der Verbrennungsluft (Bild 7.2).

An heutige leistungsstarke, effektive und umweltfreundliche Feuerungen müssen zahlreiche, sich teils widerstrebende Anforderungen gestellt werden:

- vollständige Verbrennung, d. h. wenig Unverbranntes in der Asche,
- geringer CO-Gehalt des Verbrennungsgases,
- geringer O_2-Gehalt des Verbrennungsgases,
- geringe NO_x-Bildung,
- gute Regelbarkeit der Feuerleistung.

Die leistungsabhängig dosierte gestufte Zuführung der Verbrennungsluft als Primärluft, Sekundärluft und Tertiärluft erfordert einen erheblichen regelungstechnischen Aufwand.

Als Primärluft wird die Luftzufuhr in den Brennstoff bei dem Ausmahlen fester Brennstoffe bezeichnet und dient als Traggas und zur Trocknung der Kohle, die Sekundärluft ist der Hauptanteil der Verbrennungsluft, der den Brennern zugeführt wird. Die Brenner bringen den Brennstoff und die Sekundärluft in möglichst exakt abgestimmter Weise zueinander in den Feuerraum (Brennkammer). Die Tertiärluft (Ausbrandluft) wird dem Restbrennstoff-/Rauchgastrom bei dem Verlassen des Feuerraumes zugeführt.

Das Ziel dieser gestuften Verbrennung ist, den verfügbaren Sauerstoff und damit auch die Temperatur in der Hauptbrennzone der Brennkammer zu begrenzen, um der Bildung von thermischem NO_x entgegenzuwirken. Die Hauptbrennzone wird somit bei leichtem Luftmangel (unterstöchiometrisch) betrieben. Der für die vollständige Verbrennung fehlende Luftanteil wird durch die Tertiärluft in einen Bereich mit bereits abgesenkter Temperatur zugeführt. Die Temperaturabsenkung wird durch die Wärmeaufnahme der Brennkammerwände bewirkt.

Der Brennstoff wird in feiner Verteilung in den Feuerraum eingeblasen oder eingespritzt. Er verbrennt dort in der Schwebe innerhalb von ca. 1 – 2 Sekunden. Brennerfeuerungen können mit Brennstoffen der drei Aggregatzustände betrieben werden, mit Brenngas, Heizöl oder Kohlenstaub. Auch Kombinationen sind möglich. Ersatzbrennstoffe aus Biomasse, Klärschlamm etc. können beigemischt werden.

Von großem Einfluss bei der Auslegung der Kohlefeuerung ist der Heizwert, der Anteil an flüchtigen Bestandteilen und das Ascheschmelzverhalten des Brennstoffes. Magere Brennstoffe zünden schwieriger als z. B. Fett- oder Gaskohlen, Heizöl oder Brenngas. Der Teillastbereich ist daher bei Magerkohlen nach unten begrenzt, und zwar umso früher, je zündunwilliger die Kohle ist. Heizwertarme Brennstoffe, z. B. Braunkohlen, erlauben wegen der begrenzten Flammenstabilität keine niedrigen Teillasten. Falls die Aschebestandteile fester Brennstoffe bei niedrigen Temperaturen teigig oder flüssig werden, können sich schwierig beherrschbare Ablagerungen auf den Heizflächen bilden.

Bild 7.3 zeigt die Bauart eines Kohlenstaubbrenners mit integriertem Ölbrenner. Die Sekundärluftzufuhr des Brenners ist zweistufig ausgeführt, um bereits am Brenner eine gestufte Verbrennung zur NO_x-Minderung einzuleiten.

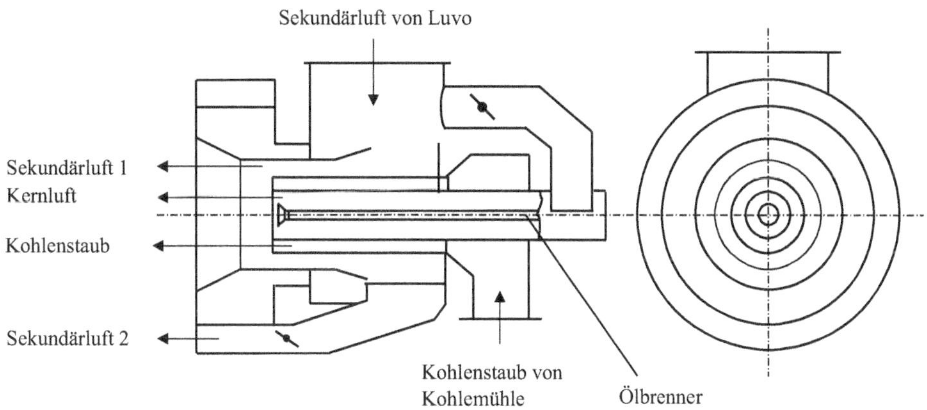

Bild 7.3 Brenner

Eine Walzenringmühle zum Mahlen und Trocknen von Steinkohle zeigt Bild 7.4. Die zu mahlende Kohle aus dem zugehörigen Mühlenbunker wird durch den Zuteiler mengendosiert durch das zentrale Rohr auf den waagerecht liegenden Mahlring aufgegeben. Der umlaufende Mahlring ist von einem Elektromotor über ein Kegelradgetriebe angetrieben. Die federbelasteten Walzen zerquetschen die stückige Kohle auf dem Mahlring, die so erzeugten Kohleteilchen werden von der Mühlenluft (Primärluft) als Traggas und Trocknungsmedium aus dem Mahlring ausgetragen. Während des Mahlens und der anschließenden Förderung in der Mühlenluft erfolgt eine Trocknung der Kohleteilchen bis auf eine geringe Restfeuchte bei einer Temperatur von ca. 95 °C. Der Sichter am Austritt der Kohlemühle führt grobe Kohleteilchen zurück zum Mahlring, die staubfein gemahlene Kohle wird mit der Primärluft als Traggas durch Kohlenstaubleitungen den Brennern des Dampferzeugers zugeführt (Bild 7.2).

Für die Vermahlung unterschiedlicher Kohlen sind verschiedene Verfahren entwickelt worden. Brüchige Kohlen, z.B. Rohbraunkohlen, können durch Schlagwirkung bzw. Stoß- oder Prallwirkung zerkleinert werden, harte Steinkohlen z.B. durch Walzendruck.

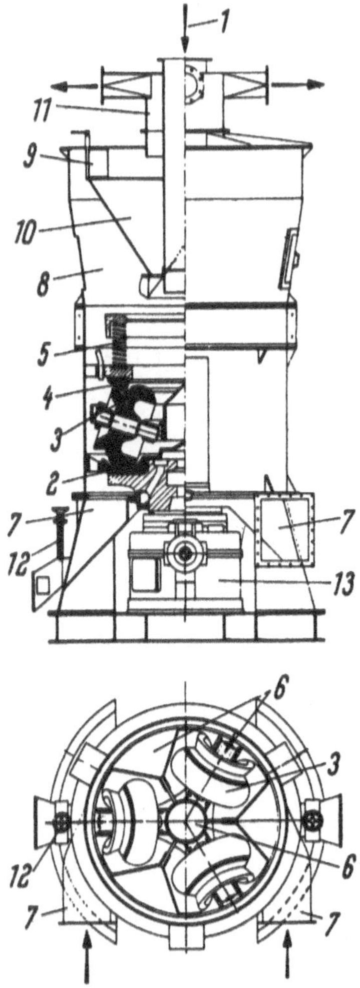

1 Kohlezulauf
2 Mahlring, umlaufend
3 Mahlwalzen
4 Druckring, feststehend
5 Druckfedern
6 Walzenführung
7 Mühlenluft-Eintritt
8 Austragschacht
9 Leitschaufelkranz
10 Sichter (Zyklon)
11 Kohlenstaub-Austritt
12 Reinigungsschieber
13 Mahlring-Antrieb

Bild 7.4 Walzenring-Kohlenmühle

7.1.1.3 Technische Dampferzeugung

Ein betriebsfähiger und betriebssicherer Dampferzeuger arbeitet als System mit Überdruck gegenüber der Atmosphäre und hat die folgenden Merkmale (Bild 7.5).

1. Zur Betriebsfähigkeit sind mindestens erforderlich:
   a) eine geregelte Dampfentnahme, abhängig von den Anforderungen der Dampfverbraucher,
   b) eine geregelte Wärmezufuhr, abhängig von der Dampfentnahme,
   c) eine geregelte Wassernachspeisung, abhängig von der Dampfentwicklung.

2. Zur Betriebssicherheit sind mindestens erforderlich:
   a) Sicherheitseinrichtungen gegen das Überschreiten des höchstzulässigen Druckes (Sicherheitsventile oder ggf. HD-Umleitstation mit Sicherheitsfunktion und ZÜ-Sicherheitsventile),
   b) Abschaltung der Feuerung bei Wassermangel, d. h. bei Naturumlaufdampferzeugern bei Unterschreitung des minimalen Trommelwasserstandes und bei Durchlaufdampferzeugern bei Unterschreitung des Mindestdurchflusses des Verdampfers, Reservespeisepumpe mit Antrieb aus zweiter Energiequelle, z. B. Elektromotor statt Dampfturbine,
   c) Sicherheitseinrichtung gegen Rückentleerung (Rückschlagklappe in der Speiseleitung),
   d) Schutzverriegelungen gegen zu hohen Über- oder Unterdruck in den Rauchgaszügen und Schutzverriegelungen gegen Temperaturüberschreitung in ausgewählten Bereichen der druckführenden Bauteile,
   e) Einrichtungen zur Überwachung der Flammenstabilität.
3. Zu diesen Merkmalen kommt die gesetzlich vorgeschriebene Mindestausstattung an Messeinrichtungen hinzu:
   a) Manometer mit Kennzeichnung des höchstzulässigen Druckes,
   b) Wasserstandsanzeiger mit Fernanzeige an der Warte (nur bei Trommelkesseln).
4. Zur Erzielung einer wirtschaftlichen Betriebsweise, d. h. Absenkung der Abgastemperatur, Erhöhung des verfügbaren Wärmegefälles und Absenkung der Feuerungsverluste, besitzen die modernen Kraftwerksdampferzeuger folgende Bauteile:
   a) einen Überhitzer,
   b) einen rauchgasbeheizten Speisewasservorwärmer (Eco),
   c) einen Luftvorwärmer (Luvo).

Für Bau und Betrieb von technischen Dampferzeugern gelten besondere Vorschriften, deren Einhaltung behördlich überwacht wird.

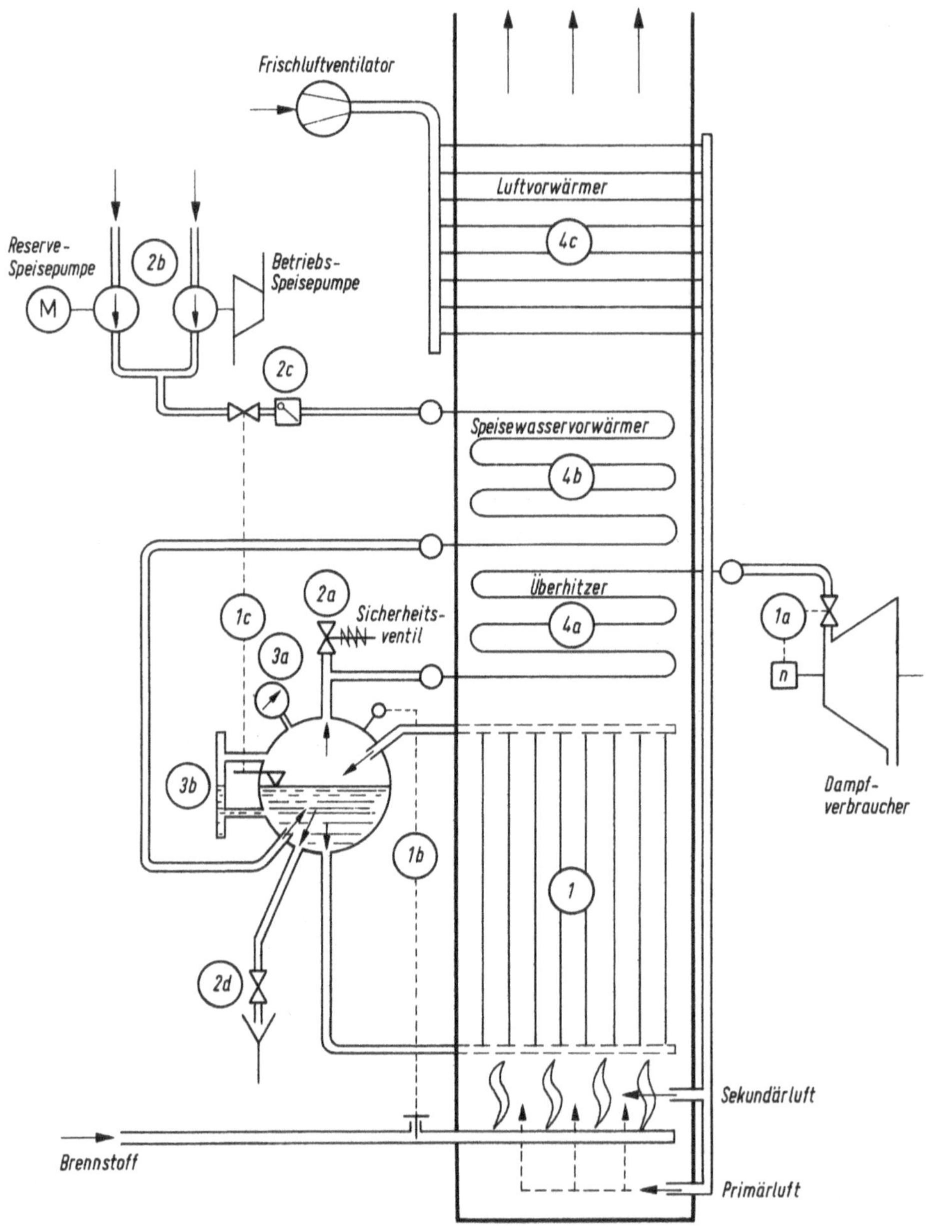

1 eigentlicher Dampferzeuger (Verdampfer)
1a Turbinen-Leistungsregelung
1b Feuerungsregelung
1c Wasserstandsregelung
2a Überdruck-Sicherheitsventil
2b Speiseeinrichtung
2c Dampferzeuger-Rückschlagklappe
2d Abschlämmung
3a Kesselmanometer
3b sichtbarer Wasserstandsanzeiger
4a Überhitzer
4b Wasservorwärmer
4c Luftvorwärmer

Bild 7.5 Technische Dampferzeugung

7.1.1.4 Verdampfersysteme

Die Verdampfung des in den Dampferzeuger eingespeisten Wassers erfordert den größten Anteil des durch den Brennstoff zugführten Wärmestromes.

Bei der Verdampfung des Wassers im überkritischen Druckbereich ($p_{abs} > 221$ bar) gibt es im Gegensatz zu der Verdampfung im unterkritischen Bereich keine ausgeprägte Phase der isothermen Zufuhr der Verdampfungswärme, siehe Abschnitt 2.3.14.

Es können verschiedene Systeme zur Dampferzeugung, siehe Bild 7.6 zum Einsatz kommen:

a) Naturumlauf durch Schwerkraft infolge des Dichteunterschiedes von Sattdampf und siedendem Wasser,

b) Zwangsumlauf mit Pumpen zur Unterstützung des Schwerkraftumlaufes,

c) Zwangsdurchlauf (Benson-Prinzip[1]) in sog. Einrohrdampferzeugern ohne Dampftrommeln.

Naturumlauf-Dampferzeuger mit Schaltung der druckführenden Heizflächen nach Bild 7.6a werden mit Steilrohr-Strahlungsverdampfer gebaut, um die Strömungswiderstände in den Steigrohren auf ein Minimum zu reduzieren. Nicht dampfflüchtige Inhaltsstoffe des Speisewassers reichern sich im Wasserinhalt der Dampftrommel an und können aus dieser abgeführt (abgeschlämmt) werden. Naturumlaufdampferzeuger haben durch den relativ großen Wasserinhalt in der Trommel ein gutes Speichervermögen und stellen keine sehr großen Anforderungen an die Speisewasserqualität. Naturumlaufdampferzeuger hoher Leistung sind in den englischsprachigen Ländern sehr verbreitet.

Die Zwangsumlaufanordnung nach Bild 7.6b unterscheidet sich von dem System a) durch eine Umwälzpumpe, die den Umlauf von der Trommel über die Fallrohre, den Verteiler und weiter durch die Siederohre zurück in die Trommel wirksam unterstützt. Der Einsatz einer Umwälzpumpe ermöglicht einfachere konstruktive Ausführungen des Umlaufsystems und erweitert den Einsatzbereich bis zu einem hohen Systemdruck von ca. 180 bar, weil der bei hohem Druck kleiner werdende Dichteunterschied zwischen dem Wasser und dem erzeugten Sattdampf für den sicheren Umlauf weniger bedeutend ist.

Die Zwangsdurchlaufanordnung Bild 7.6c kann bei allen Systemdrücken angewendet werden, z. B. ist bei großen kohlegefeuerten Dampferzeugern in Deutschland ein deutlich überkritischer Systemdruck ($p_{abs} > 221$ bar) üblich.

Abscheidegefäße am Verdampferaustritt dienen nur bei dem Start oder bei geringer Leistung des Dampferzeugers zur Trennung des noch nicht verdampften Wassers von dem in die Überhitzer geleiteten Dampf, im Durchlaufbetrieb haben die

[1] Mark Benson, österreichischer Ingenieur

Gefäße keine Funktion. Die Zwangsdurchlaufanordnung erfordert stets einen Mindestdurchfluss durch den Verdampfer, um ein ungleiches Durchströmen und Strömungsinstabilitäten und damit Übertemperaturen in einzelnen der parallel geschalteten Rohre des Verdampfers zu vermeiden

Die Zwangsdurchlaufanordnung erfordert im Gegensatz zu den Systemen mit einer Dampftrommel vollentsalztes Speisewasser aus einer Wasseraufbereitungsanlage mit Ionenaustauschern. Die Rohre des Zwangsumlaufsystems können mit relativ geringem Durchmesser und auch relativ geringer Wandstärke ausgeführt werden, wodurch Wärmespannungen gering sind und das System schnell gestartet werden kann und auch schnelle Leistungsänderungen erlaubt.

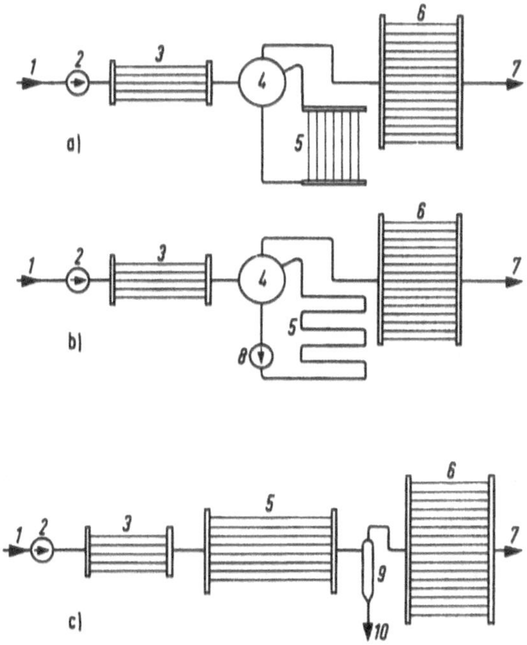

1 Speisepumpenzulauf
2 Speisepumpe
3 Speisewasservorwärmer (Economiser)
4 Trommel
5 Verdampfer
6 Überhitzer
7 Frischdampfaustritt
8 Umwälzpumpe
9 Abscheideflasche
10 Wasserentnahme bei Anfahren

Bild 7.6
Verdampfersysteme: a) Naturumlauf, b) Zwangsumlauf, c) Zwangsdurchlauf

7.1.1.5 Druckteil

Der Druckteil des Dampferzeugers umfasst alle Bauteile des Dampferzeugers, die das unter Druck eingespeiste Speisewasser und den daraus erzeugten Dampf umschließen und führen. Die äußere Wärmezufuhr der Feuerung und der Rauchgase bewirken die Verdampfung des Speisewassers, den Aufbau des Dampfdruckes und auch die Überhitzung des Dampfes in den Rohren des Druckteils.

Der Werkstoff der Bauteile des Druckteils wird durch den Innendruck bis zu ca. 300 bar bei Temperaturen teils bis zu ca. 600 °C beansprucht. Die Berechnung der Bauteile erfolgt nach der Zeitstandsfestigkeit der Werkstoffe und ist ein großes und anspruchsvolles Ingenieurthema. Die Bauteile müssen einerseits eine relativ große Wandstärke erhalten, um dem Innendruck bei der Betriebstemperatur standzuhalten, andererseits aber auch möglichst schnelle Temperaturänderungen ermöglichen, welche zusätzliche thermische Spannungen in großen Wandstärken verursachen.

Das wasser- oder dampfführende Einzelrohr in Rohrbündeln oder in gasdicht zusammengeschweißten Rohrwänden (Bild 7.7) ist das vorherrschende Bauelement des Druckteils des Dampferzeugers. Hinzu kommen Verteiler und Sammler für die Aufteilung und Sammlung von Wasser- oder Dampfströmen, sowie Gefäße zur Trennung von Wasser und Dampf. Zur Temperaturregelung des überhitzten Dampfes wird Speisewasser in Einspritzkühlern, die zwischen die Stufen des HD-Überhitzers und des Zwischenüberhitzers geschaltet sind, in den strömenden Dampf gesprüht. Alle genannten Komponenten werden in geeigneter Weise durch Rohrleitungen miteinander verbunden. Insgesamt ist der Druckteil eines Dampferzeugers eine geometrisch komplexe Anordnung von Bauteilen, wodurch auch die freie Wärmedehnung aller Komponenten eine konstruktive Herausforderung ist.

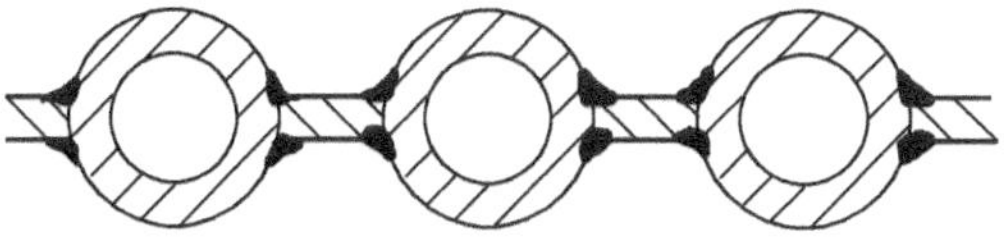

Bild 7.7 Rohrwand

Typisch für die heutigen großen Durchlaufdampferzeuger ist eine Schraubenwicklung der Rohrwände des Verdampfers im Bereich der Brennkammer, um die erforderliche Massenstromdichte in den Rohren in der gesamten durch die Flammen bestrahlten Fläche zu gewährleisten.

Zum Druckteil zugehörig sind aufwendige und umfangreiche Stützelemente der Rohrwände als Bandagen und Trageisen. Die Rohrwände neigen in großen Flächen ohne Stützelemente zum Beulen und Flattern, daher werden sie oft auch als Membranwände bezeichnet.

Die Elemente des Druckteils des Dampferzeugers sind nach außen in den Aufstellungsraum aufwendig vollflächig wärmeisoliert, um Wärmeverluste gering zu halten und um Brandverletzungen von Personen zu vermeiden.

7.1.2 Turbosatz, Wasser-/Dampfkreislauf und Wärmeschaltplan

In einem stromerzeugenden Kraftwerksblock ist die Dampfturbine, die den Generator antreibt eng mit dem Dampferzeuger durch den Wasser-/ Dampfkreislauf verbunden. Die Dampfturbine mit dem direkt gekuppelten stromerzeugenden Generator wird als Turbosatz oder Turbogruppe bezeichnet. In großen Kraftwerken wird eine Dampfturbine ähnlich Bild 4.113 eingesetzt. Seit den 1990er-Jahren wird bei Neubauten zur Verbesserung des Wirkungsgrades meist eine Auslegung mit überkritischen Frischdampfdaten und einfacher Zwischenüberhitzung gewählt (Bild 7.8).

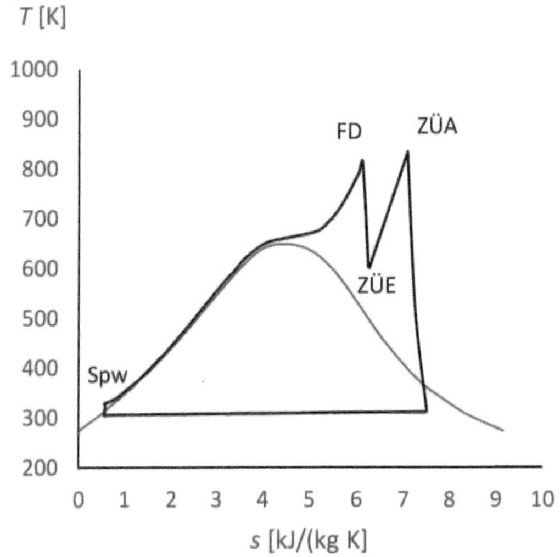

Spw Speisewasser
FD Frischdampf
ZÜE Zwischenüberhitzer Eintritt
ZÜA Zwischenüberhitzer Austritt

Bild 7.8
Überkritischer Clausius-Rankine-Prozess

Der Wärmeschaltplan des Wasser-/Dampfkreislaufes eines auf hohe Effizienz ausgelegten kohlegefeuerten Kraftwerksblocks ist mit den grafischen Symbolen nach DIN 2481 in Bild 7.9 dargestellt.

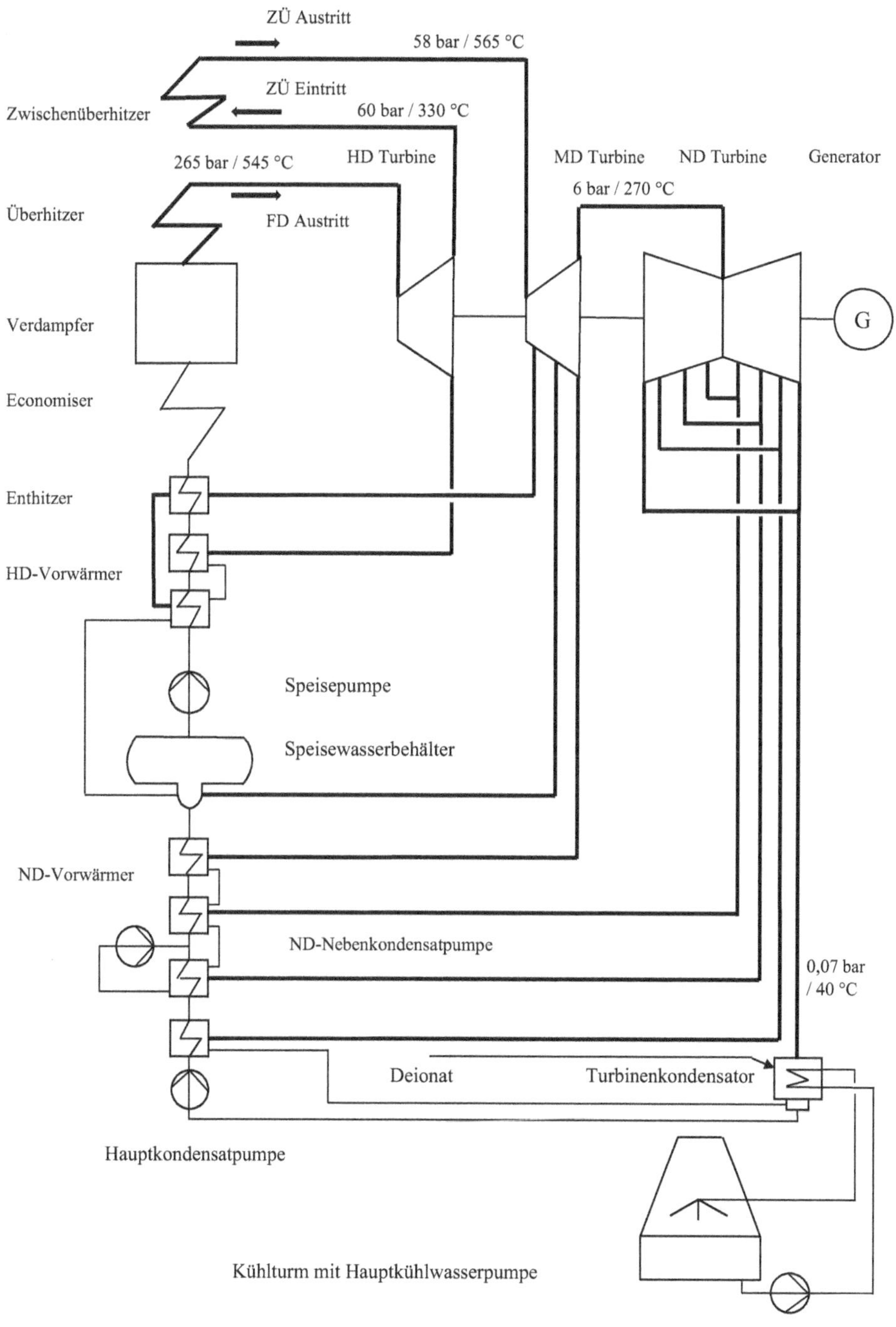

HD Hochdruck
MD Mitteldruck
ND Niederdruck

Bild 7.9 Wärmeschaltplan Kohlekraftwerksblock

Symbolik des Wärmeschaltplans: Fett gezeichnete Linien stellen dampfführende Verbindungen durch Rohrleitungen dar, dünne Linien stellen wasserführende Rohrleitungen dar. Die Lage und Anordnung der einzelnen Komponenten im Wärmeschaltplan sagt nichts über die tatsächliche räumliche Lage in der Anlage aus.

Der Wärmeschaltplan zeigt nur die wesentlichen Stoffströme, welche die Hauptkomponenten der Dampfkraftanlage in einem Kreislauf verbinden. Der Aufbau der Dampfkraftanlage ist wesentlich komplexer mit zahlreichen zusätzlichen Rohrsystemen, einer großen Anzahl von Sicherheits- und Regelarmaturen und Mehrfachanordnung von z.B. Speisepumpen, Hauptkondensatpumpen, Hauptkühlwasserpumpen und Kühltürmen.

Anhand des Wärmeschaltplans Bild 7.9 werden die wesentlichen Kreisläufe in einem Kraftwerksblock erläutert. Das von der Speisepumpe auf Hochdruck gepumpte Speisewasser wird in den HD-Vorwärmern und einem Enthitzer mittels Entnahmedampf aus der Turbine vorgewärmt. Diese Vorwärmung verbessert den thermischen Wirkungsgrad indem sie das mittlere Temperaturniveau der Wärmeübertragung in den Kreislauf anhebt, siehe Abschnitt 7.2.1. Im Dampferzeuger durchströmt das eingespeiste Wasser zunächst die rauchgasbeheizten Vorwärmheizflächen des Economisers und wird danach im Strahlungsverdampfer verdampft. Der aus dem Verdampfer austretende Dampf wird im mehrstufigen Überhitzer bis auf die Frischdampftemperatur überhitzt. Da die Strömungswiderstände bei der Durchströmung der Heizflächen relativ groß sind, liegt der Druck im Druckstutzen der Speisepumpe erheblich (ca. 40 - 60 bar) über dem Austrittsdruck des Dampfes aus dem Überhitzer.

Der Frischdampf strömt in den Hochdruckteil der mehrgehäusigen Dampfturbine und wird, abzüglich des entnommenen Heizdampfes, zurück zum Dampferzeuger in den Zwischenüberhitzer geleitet. Der rauchgasbeheizte Zwischenüberhitzer des Dampferzeugers hebt das mittlere Temperaturniveau der Wärmeübertragung an das Kreislaufmedium an und verbessert dadurch den thermischen Wirkungsgrad des Kreisprozesses, siehe Abschnitt 7.2.1. Zusätzlich bewirkt die Zwischenüberhitzung eine Verschiebung der weiteren Expansion in der MD- und ND-Turbine nach rechts im h,s-Diagramm, wodurch die Endnässe am Austritt der ND-Turbine bei gegebenem Kondensatordruck verringert wird.

Die dargestellte einfache Zwischenüberhitzung ist bei fossil beheizten Dampfkraftanlagen unentbehrlich, Anlagen mit zweifacher Zwischenüberhitzung haben sich dagegen wegen der hohen Komplexität nicht durchgesetzt.

Mit höherer Temperatur, jedoch mit einem um die Strömungsverluste im ZÜ verminderten Druck durchströmt der zwischenüberhitzte Dampf den Mittel- und den Niederdruckteil der Turbine, wobei weitere Heizdampfströme entnommen werden. Der verbleibende Abdampf wird im Kondensator, einem großen Wärmetauscher mit zahlreichen von Hauptkühlwasser durchflossenen Rohren, verflüssigt. Während der Kondensation des Turbinenabdampfes findet die zur Aufrechterhaltung des Kreisprozesses erforderliche Wärmeabfuhr an das Hauptkühlwasser statt. Die Kondensationswärme wird mit dem Hauptkühlwassersystem abgeführt. Der Druck und die Temperatur im Kondensator wird durch die Hauptkühlwassertemperatur bestimmt. Die starke Volumenverkleinerung bei der Kondensation ist eine sehr vorteilhafte Eigenschaft des Clausius-Rankine-Prozesses. Hierbei wird durch Verkleinerung des Volumens ein Vakuum erzeugt, zu dessen Aufrechterhaltung evtl. eingedrungene Luft mit einer Vakuumpumpe abgesaugt werden muss. Zusätzlich wird dem gebildeten Turbinenkondensat im Kondensator vollentsalztes Zusatzwasser (Deionat) aus der Wasseraufbereitungsanlage zugeführt, wo es in der im Vakuum siedenden Flüssigkeit entgast wird. Das Zusatzwasser kompensiert unvermeidbare Dampf- und Wasserverluste des Kreislaufes. Das im Kondensator anfallende Kondensat wird von der Hauptkondensatpumpe durch die dampfbeheizten ND-Vorwärmer in den Speisewasserbehälter gefördert. Die Nebenkondensate der Entnahmedampfströme zu den HD- und ND- Vorwärmern werden in den Hauptkreislauf zurückgeführt. Die Niederdruckvorwärmer dienen wie die Hochdruckvorwärmer der Verbesserung des thermischen Wirkungsgrades der Dampfkraftanlage

Die Dampfturbine ist direkt mit dem Drehstromgenerator gekuppelt. Der Generator wandelt die mechanische Antriebsleistung der Turbine in elektrische Leistung um. Der Generator ist bis zu einer Leistung von ca. 1000 MW eine elektrische Synchronmaschine mit der Polpaarzahl $p = 1$. Bei der Netzfrequenz $f = 50$ Hz beträgt somit die Drehzahl der gesamten Maschine $n = 3000\ \text{min}^{-1}$. Der erzeugte elektrische Strom wird in einem Transformator hochgespannt und in das Übertragungsnetz eingespeist, nachdem zuvor ein Teil für den elektrischen Eigenbedarf (bis zu ca. 8 - 10 %) des Kraftwerks abgezogen und der Eigenverbrauchsverteilung zugeleitet wurde.

Das im Kondensator erwärmte Hauptkühlwasser wird im Kühlturm rückgekühlt, wobei davon durch Verdunstung ein Teil verloren geht, der durch Zusatzkühlwasser aus der Wasseraufbereitungsanlage ersetzt wird. Die Hauptkühlwasserpumpe fördert das rückgekühlte Kühlwasser aus der Kühlturmtasse durch die Kühlwasserrohre des Kondensators in das Rieselwerk des Kühlturms, wo es durch die aufwärts strömende Umgebungsluft abgekühlt wird, wenn es ca. 12 m abwärts in die Kühlturmtasse fällt.

7.1.3 Rauchgasreinigung

Die gesetzlichen Vorschriften zur Reinhaltung der Luft erfordern einen erheblichen konstruktiven und betrieblichen Aufwand zur Reinigung der Rauchgase aus fossil beheizten Kraftwerken.

Die wesentlichen Komponenten zur Rauchgasreinigung in einem Kohlekraftwerk sind Anlagen bzw. Komponenten zur

- Rauchgasentstickung,
- Rauchgasentstaubung,
- Rauchgasentschwefelung.

Mit einfachen und energetisch sinnvollen Maßnahmen ist zurzeit keine Abscheidung des CO_2 aus den Rauchgasen mit anschließender sinnvoller Verwendung oder Lagerung realisierbar, wenn man von der Carbon Capture Storage-Variante absieht, die noch wenig öffentliche Akzeptanz findet.

7.1.3.1 Rauchgasentstickung

Stickoxide reizen und schädigen bei hoher Konzentration die Atemwege von Menschen und Tieren. Stickoxide entstehen in den Flammen und deren Umgebung bei der Verbrennung fossiler Brennstoffe. Es können verschiedene Formen der Stickoxide gebildet werden, weit überwiegend ist es NO, zu einem geringen Anteil auch NO_2. Die unterschiedlichen Formationen werden im Sprachgebrauch zu NO_x zusammengefasst. In der Praxis sind zwei Bildungsmechanismen von Bedeutung.

Thermisches NOx entsteht aus molekularem Stickstoff und Sauerstoff bei hoher Temperatur in den Flammen der Feuerung und deren unmittelbarer Umgebung. Neben der hohen Temperatur (> 1300 °C) ist die Verweilzeit und der Sauerstoffgehalt der Umgebung für die NOx-Bildung ausschlaggebend.

Brennstoff-NOx entsteht durch die Oxidation des im Brennstoff gebundenen Stickstoffs. Die Bildung von Brennstoff-NOx erfolgt bereits bei mäßiger Temperatur und wird wesentlich von der umgebenden Sauerstoffkonzentration und der Mischung von Brennstoff und Luft beeinflusst.

Durch sog. Primärmaßnahmen kann die Bildung von NOx in der Feuerungsanlage wirkungsvoll reduziert werden. Im Wesentlichen laufen die Primärmaßnahmen auf eine reduzierte Sauerstoffkonzentration in den Bereichen hoher Temperatur und auf eine Temperaturabsenkung soweit möglich hinaus. Erreicht wird dieses durch Rückführung von inertem Rauchgas in die Feuerung und eine gestufte Verbrennung in der Weise, dass der heiße Bereich der Verbrennung leicht unterstöchiometrisch, d. h. mit leichtem Luftmangel eingestellt wird. Diesen Maßnahmen sind allerdings brennstoffabhängig durch das Entstehen von CO und unverbranntem Kohlenstoff in der Asche Grenzen gesetzt.

Weil bei heizwertreichen Brennstoffen die Primärmaßnahmen zur Unterschreitung des zulässigen Grenzwertes von z. B. 150 mg/Nm^3 NOx nicht ausreichen, müssen die Rauchgase in einer zusätzlichen Verfahrensstufe behandelt werden.

In großen modernen Steinkohlekraftwerken zur Stromerzeugung kommt ausschließlich das Selektive katalytische Verfahren (SCR, Selective Catalytic Reduction) in einer separaten DeNOx-Anlage zur Anwendung, siehe Bild 7.2.

Das im Rauchgas enthaltene NOx wird durch Ammoniak (NH_3) über der Oberfläche eines Katalysators aus Titan-, Wolfram-, und Vanadiumoxid zu N_2 und H_2O reduziert. Dabei laufen hauptsächlich die folgenden Reaktionen ab:

$$4\,NO + O_2 + 4\,NH_3 \rightarrow 4\,N_2 + 6\,H_2O \tag{7.1}$$

$$2\,NO_2 + O_2 + 4\,NH_3 \rightarrow 3\,N_2 + 6\,H_2O \tag{7.2}$$

Das Ammoniak wird als Ammoniakwasser über zahlreiche Düsen feinverteilt in den Rauchgasstrom eingebracht. Die betrieblich geeignete Temperatur für die Reaktion liegt zwischen ca. 320 - 400 °C.

Die konstruktive Anordnung der DeNOx-Anlage im Rauchgasstrom zwischen dem Economiser und dem Luftvorwärmer (Luvo), siehe Bild 7.1 und Bild 7.2, ergibt sich aus dem o.g. angestrebten Temperaturbereich für die Reaktion.

In einigen osteuropäischen Braunkohlekraftwerken und auch in Müllverbrennungs- und Biomasseanlagen wird auch das selektive nichtkatalytische Verfahren (SNCR, Selective Non Catalytic Reduction) eingesetzt. Bei diesem Verfahren wird das Ammoniak ohne Anwesenheit eines Katalysators in die Rauchgase gesprüht, was allerdings weniger wirksam als das SCR-Verfahren ist.

7.1.3.2 Rauchgasentstaubung

Die festen mineralischen nichtbrennbaren Bestandteile der Kohle werden gemeinsam mit der Kohle in den Kohlemühlen staubfein gemahlen und mit dem Rauchgas als Flugasche aus der Brennkammer des Dampferzeugers ausgetragen.

Zur Abscheidung der Flugasche werden in großen Kraftwerksblöcken in Europa fast ausnahmslos Elektrofilter eingesetzt. Vereinzelt kommen in kleineren Anlagen auch Gewebefilter zum Einsatz.

Das Funktionsprinzip des E-Filters ist aus Bild 7.10 ersichtlich. Die hohe elektrische Gleichspannung von ca. 30 - 60 kV ionisiert Gasmoleküle in den Gassen zwischen den Elektroden, durch die das staubbeladenen Rauchgas strömt. Die überwiegende Anzahl der Flugascheteilchen wandert mit den negativ geladenen Teilchen zu der positiven Niederschlagselektrode, einige Flugascheteilchen wandern auch in die entgegengesetzte Richtung zu der Sprühelektrode.

Durch zeitlich gesteuertes Abklopfen der Sprüh- und der Niederschlagselektroden fällt die agglomerierte Asche von den Elektroden in darunter angeordnete Trichter, wo sie gesammelt und meist pneumatisch abtransportiert wird.

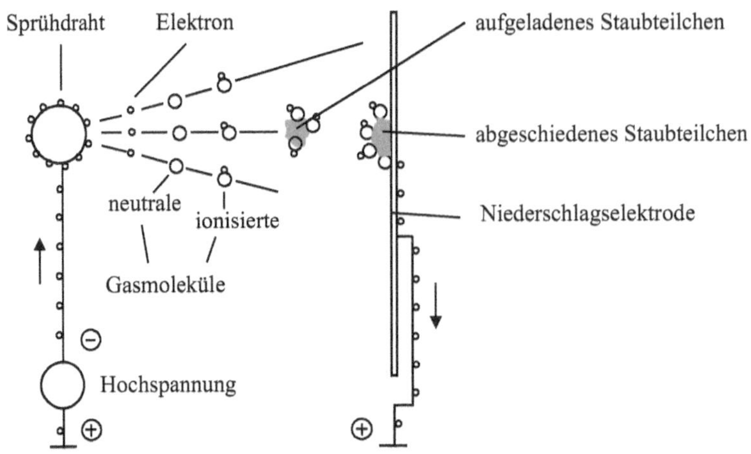

Bild 7.10 Staubabscheidung im Elektrofilter

7.1.3.3 Rauchgasentschwefelung

Der in allen Kohlen in unterschiedlicher Menge enthaltene Schwefel verbrennt in der Feuerung zu Schwefeldioxid SO_2. Ein kleiner Teil des gebildeten SO_2 wird weiter zu SO_3 konvertiert.

Weil SO_2 in wässriger Lösung Schwefelsäure H_2SO_4 bildet und damit eine Hauptursache für sog. sauren Regen ist, wird die SO_2-Emission aus industriellen Feuerungen behördlich auf einem Grenzwert von max. 400 mg/Nm³ oder tiefer im Rauchgas begrenzt. Die SO_2-Konzentration im Rauchgas bei Verlassen der Brennkammer beträgt je nach Heizwert und Schwefelgehalt der Kohle und je nach Primäreinbindung von Schwefel in die Asche ca. 3000 mg/Nm³ bis ca. 15 000 mg/Nm³.

Die Abscheidung des Schwefeldioxids aus den Rauchgasen erfolgt bei kohlegefeuerten Kraftwerken durch eine Rauchgasentschwefelungsanlage (REA). Wegen des erforderlichen hohen Abscheidegrades von mindestens ca. 90 % kommen ausschließlich nasse Verfahren zur Anwendung, in den meisten Fällen ist es das nachfolgend dargestellte Kalkstein /Gips-Verfahren.

In vereinfachter Darstellung reagiert das SO_2 des Rauchgases mit dem Kalk $CaCO_3$ in der wässrigen Waschsuspension zunächst zu Calciumsulfit $CaSO_3 \cdot ½\, H_2O$

$$CaCO_3 + SO_2 + \frac{1}{2}\, H_2O \rightarrow CaSO_3 \cdot \frac{1}{2}\, H_2O + CO_2 \qquad (7.3)$$

und nach Zufuhr von Oxidationsluft weiter zu Calciumsulfat-Dihydrat $CaSO_4 \cdot 2\, H_2O$ (Gips)

$$CaSO_3 \cdot \frac{1}{2}\, H_2O + \frac{1}{2}\, O_2 + \frac{3}{2}\, H_2O \rightarrow CaSO_4 \cdot 2\, H_2O \qquad (7.4)$$

Zur Aufrechterhaltung der dargestellten Reaktion muss im Betrieb des Kraftwerkes kontinuierlich Kalk als gemahlener Kalkstein trocken oder in Wasser gelöst in die Waschsuspension zugeführt werden. Der sich in der Waschsuspension bildende Gips muss ebenso kontinuierlich ausgeschleust werden. Sowohl die Kalksteinzufuhr als auch die Gipsausschleusung mit anschließender Trennung des Gipses aus der Suspension erfordern umfangreiche Nebenanlagen der REA.

Die Anordnung der REA im Rauchgasweg ist aus Bild 7.1 und auch aus Bild 7.2 ersichtlich. Die gereinigten Rauchgase aus der REA werden in einen Kühlturm oder in einen Schornstein abgeleitet.

Den Aufbau und die Wirkungsweise eines REA-Absorbers zeigt Bild 7.11.

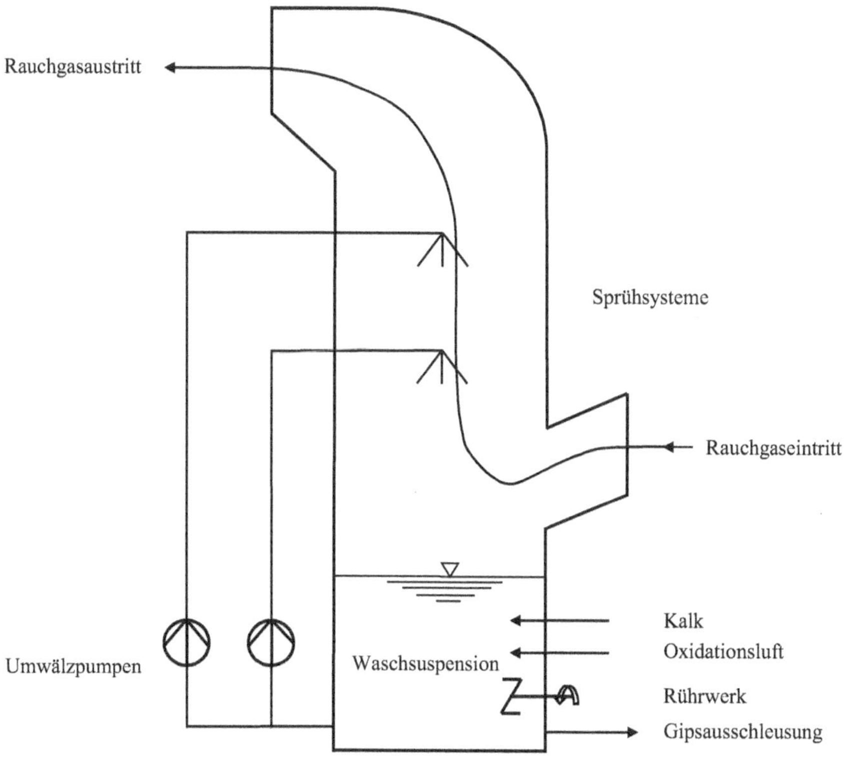

Bild 7.11 REA-Absorber

REA-Absorber werden meist als zylindrische Gefäße mit einem Durchmesser von ca. 8 - 15 m und einer Bauhöhe von ca. 25 - 40 m abhängig von der Rauchgasmenge und der SO_2-Beladung des Rauchgases ausgeführt. Wegen des geringen pH-Wertes der Waschsuspension von 4 - 5,5 müssen die Innenwände gummiert oder ausgemauert oder in rostfreiem Stahl ausgeführt werden.

Hauptkomponenten des Absorbers sind bis zu ca. fünf Umwälzpumpen, die die Waschsuspension zu den Sprühsystemen fördern. Die Sprühsysteme verteilen die Waschsuspension sehr fein im Gegenstrom zum Rauchgasstrom, um den gewünschten Stoffaustausch durch intensiven Kontakt herbeizuführen. Im unteren Teil des Absorbers befindet sich Waschsuspension, die durch Rührwerke in Bewegung gehalten wird, um Ablagerungen zu vermindern und um das Einmischen des Kalks und der Oxidationsluft in die Waschsuspension zu unterstützen.

7.1.4 Speisewasseraufbereitung

Das beste Speisewasser für einen Dampfkessel ist das Kondensat, da es frei von Härtebildnern (Kesselstein) und aggressiven Gasen ist. Theoretisch müsste das anfallende Turbinenkondensat für den Kreislauf zwischen Dampferzeuger, Turbine und Kondensator genügen, falls kein Dampf zu Heiz- oder Produktionszwecken ausgekoppelt wird. Es entstehen Undichtigkeitsverluste, die durch Zusatzwasser gedeckt werden müssen. Dieses Zusatzwasser (ca. 2 bis 5 % der Speisewassermenge) muss vor der Verwendung aufbereitet werden, wobei bei Durchlaufdampferzeugern sehr hohe Anforderungen an die Reinheit des Wassers gestellt werden müssen.

Die Aufbereitung besteht aus verschiedenen Prozessen:

a) Mechanische Aufbereitung durch Filterung, entweder in offenen Kiesfiltern oder geschlossenen Druckfiltern.

b) Chemische Aufbereitung:

   Fällverfahren: Bei den Fällverfahren werden dem Wasser Fällmittel in entsprechender Dosierung zugesetzt. Diese haben die Aufgabe, die Härtebildner auszuflocken, sodass sie herausfiltriert werden können. Als Fällmittel wird oft Kalkmilch als wässrige Weißkalkhydrat-Suspension eingesetzt. Das gereinigte und entkarbonisierte Wasser aus dieser Stufe wird dem Kühlturm als Zusatzwasser zugeführt, um den Verdunstungsverlust und den Abschlämmverlust auszugleichen

   Vollentsalzung: In hintereinandergeschalteten lonenaustauschern wird das vorgereinigte Wasser voll entsalzt. Ionenaustauscher sind organische oder anorganische Feststoffe, die bewegliche Ionen enthalten, die gegen andere Ionen gleichen Ladungsvorzeichen ausgetauscht werden können. Die Entsalzung erfolgt grundsätzlich in zwei Stufen. In der ersten Stufe werden die Kationen im Kationenfilter durch Filtration gegen Wasserstoffionen ausgetauscht. In der zweiten Stufe werden die Anionen gegen Hydroxylionen ausgetauscht. Den ersten beiden Stufen der Vollentsalzungsanlage wird oft ein Mischbettfilter nachgeschaltet, um Deionat als gesichert vollständig salzfreies Wasser zu erhalten. Zur Regeneration werden die Kationenaustauscher mit Säure, die Anionenaustauscher mit Natronlauge gespült.

Die Ionenaustauschermassen sind meist in metallischen stehenden Behältern von ca. 2 - 3 m Durchmesser und ca. 4 - 5 m Höhe untergebracht.

c) Thermische Entgasung

Durch Entgasung sollen die Kohlensäure und Sauerstoff aus dem Speisewasser entfernt werden. Bei Wasser, das sich im Siedezustand befindet, sinken die Gasgehalte sehr schnell. Die thermische Entgasung kann am besten bei hoher Temperatur und niedrigem Druck, ggf. Unterdruck durchgeführt werden.

7.2 Berechnung der Hauptgrößen

Der in der Feuerung eingesetzte Brennstoffmassenstrom $\dot{m}_B$ mit dem unteren Heizwert H_u setzt bei vollständiger Verbrennung den Wärmestrom $\dot{Q}_B$ frei.

$$\dot{Q}_B = \dot{m}_B \cdot H_u \tag{7.5}$$

Der durch Flammenstrahlung und konvektiv durch die entstandenen Rauchgase dem Kreislaufmedium Wasser/Wasserdampf zugeführte Wärmestrom $\dot{Q}_{zu}$ ist um die bei dieser Wärmeübertragung auftretenden Verluste geringer. Der wesentliche Verlust ist der in den Abgasen enthaltene Wärmestrom $\dot{Q}_{AG}$. Vereinfachend kann der Wirkungsgrad des Dampferzeugers mit

$$\eta_{DE} = \frac{\dot{Q}_B - \dot{Q}_{AG}}{\dot{Q}_B} = \frac{\dot{Q}_{zu}}{\dot{Q}_B} \tag{7.6}$$

angegeben werden. Diese für überschlägige Rechnungen zulässige Vereinfachung vernachlässigt den Bedarf des Dampferzeugers an z. B. zusätzlicher elektrischer Energie zum Antrieb der Kohlemahlanlage und der Gebläse zur Luft- und Rauchgasförderung.

Der Wirkungsgrad des Dampferzeugers kann auch durch Bestimmung der Verluste nach DIN 1942 - Abnahmeversuche an Dampferzeugern - ermittelt werden.

$$\eta_{DE} = 100\,\% - \sum(\text{Verluste in }\%) \tag{7.7}$$

Neben dem Abgasverlust sind bei Anwendung dieser Methode zu berücksichtigen:

- Verlust durch Unverbranntes in Asche und Schlacke,
- Verlust durch unvollkommene Verbrennung (CO im Abgas),
- Verlust durch Wärme der Asche und Schlacke,
- Verlust durch Wärmeabstrahlung und -leitung.

Die äußere Wärmezufuhr $\dot{Q}_{zu}$ bewirkt eine Erhöhung der Enthalpie des strömenden Arbeitsmediums Wasser/Wasserdampf. Bei einer Anlage mit einfacher Zwischenüberhitzung, siehe Bild 7.9, gilt

$$\dot{Q}_{zu} = \dot{m}_{B} \cdot H_{u} \cdot \eta_{DE} = \dot{m}_{Spw} \cdot \left(h_{FD} - h_{Spw}\right) + \dot{m}_{ZÜ} \cdot \left(h_{ZÜA} - h_{ZÜE}\right) \quad (7.8)$$

FD = Frischdampf, ZÜE = ZÜ Eintritt, ZÜA = ZÜ Austritt

Im Dampferzeuger finden die Temperaturerhöhung und die Verdampfung des Speisewasserstromes $\dot{m}_{Spw}$ und die Überhitzung des entstandenen Dampfes im Überhitzer statt. Im Zwischenüberhitzer wird der Abdampf der HD-Turbine auf die ZÜ-Austrittstemperatur erhitzt.

Der Dampfstrom durch den Zwischenüberhitzer $\dot{m}_{ZÜ}$ ist gegenüber dem Speisewasserstrom um den Betrag des Anzapfdampfes zu den HD-Vorwärmern vermindert (Bild 7.9).

Ein Teil der im Rauchgas nach der Übertragung an den Wasser-/Dampfkreislauf verbleibenden Wärme wird in dem Luftvorwärmer (Luvo) zur Temperaturerhöhung der Verbrennungsluft eingesetzt (Bild 7.2).

Die innere Leistung der HD-Turbine P_{ITH} bei der Expansion des Frischdampfstromes $\dot{m}_{FD} = \dot{m}_{Spw}$ auf den Eintrittsdruck des Zwischenüberhitzers ergibt sich aus der Multiplikation des Dampfstromes mit dem Enthalpiegefälle der HD-Turbine zu

$$P_{ITH} = \dot{m}_{Spw} \cdot \left(h_{FD} - h_{ZÜE}\right) \quad (7.9)$$

Die innere Leistung der MD- und der ND-Turbine ergibt sich aus der Summe der Produkte aus den Dampfmassenströmen mit dem zugehörigen Enthalpiegefälle zwischen dem Eintritt der MD-Turbine und dem Austritt der ND-Turbine in den Kondensator, siehe Bild 7.9. Infolge der Anzapfdampfentnahmen nimmt der Dampfmassenstrom in den MD- und der ND-Teilturbinen abschnittsweise in Richtung des Austritts zum Kondensator ab. Die Abschnitte i zwischen den Anzapfungen können als separate einzelne Turbinen aufgefasst werden. Daher gilt für die innere Leistung P_{ITM} der MD-/ND-Turbine

$$P_{ITM} = \sum_{i=1}^{n+1} \dot{m}_{i} \cdot \Delta h_{i} \quad (7.10)$$

n =Anzapfungen der MD-, ND-Turbine

Die gesamte innere Leistung der Turbine P_{IT} ist die Summe der Teilleistungen.

$$P_{IT} = P_{ITH} + P_{ITM} \quad (7.11)$$

Der isentrope (hier vereinfachend auch der innere) Turbinenwirkungsgrad η_{ii} in einem Abschnitt i mit gleichem Dampfmassenstrom (z. B. zwischen zwei Anzapfungen) ist der Quotient des realen polytropen Enthalpiegefälles Δh_i und des zugehörigen verlustfreien isentropen Gefälles $\Delta h_{\text{is}\,i}$ in diesem Abschnitt, siehe Bild 7.12.

$$\eta_{\text{i}\,i} = \frac{\Delta h_i}{\Delta h_{\text{is}\,i}} \tag{7.12}$$

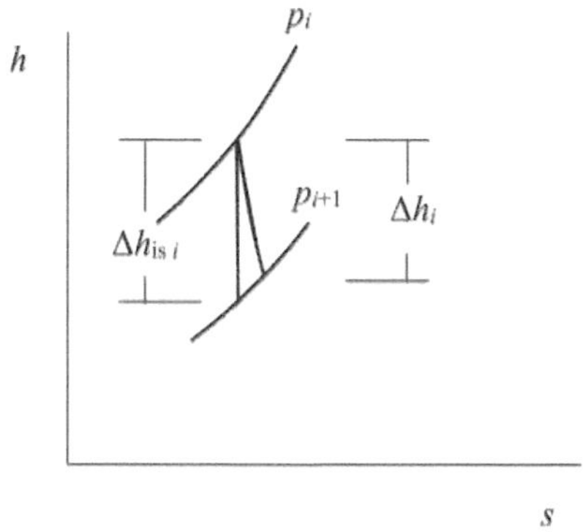

Bild 7.12
innerer (isentroper) Wirkungsgrad eines Expansionsabschnittes

Zur Ermittlung des isentropen Wirkungsgrades der gesamten Turbine η_{iT} einschließlich der HD-Turbine werden die isentropen Wirkungsgrade $\eta_{\text{i}i}$ aus $k = n + 2$ Abschnitten mit jeweils konstantem Dampfstrom entlang der Expansion in der HD-, MD-, ND-Turbine leistungsgewichtet addiert auf die gesamte innere Leistung der Turbine P_{iT} bezogen.

$$\eta_{\text{iT}} = \frac{\sum_{i=1}^{k} \dot{m}_i \cdot \Delta h_i \cdot \eta_{\text{i}\,i}}{\sum_{i=1}^{k} \dot{m}_i \cdot \Delta h_i} = \frac{\sum_{i=1}^{k} \dot{m}_i \cdot \Delta h_i \cdot \eta_{\text{i}\,i}}{P_{\text{iT}}} \tag{7.13}$$

Die effektive mechanische Kupplungsleistung der Turbine P_{eT} ergibt sich aus dem Produkt der inneren Turbinenleistung und dem mechanischen Wirkungsgrad η_{mech}.

$$P_{\text{eT}} = P_{\text{iT}} \cdot \eta_{\text{mech}} \tag{7.14}$$

Der mechanische Turbinenwirkungsgrad erfasst mechanische Verluste in den Turbinenlagern und auch die aufzubringende Leistung von Nebenaggregaten der Turbine z. B. Ölpumpen, Gebläsen etc.

Die zur Aufrechterhaltung des Kreisprozesses erforderliche Wärmeabfuhr $\dot{Q}_{\text{ab}}$ erfolgt über die Kondensationswärme des Dampfmassenstromes $\dot{m}_{\text{NDA}}$ am Austritt der ND-Turbine. Der Austritt aus der ND-Turbine als Endpunkt der gesamten Expansion liegt im Nassdampfgebiet, siehe Bild 7.8.

$$\dot{Q}_{\text{ab}} = \dot{m}_{\text{NDA}} \cdot \left(h_{\text{NDA}} - h'_{\text{NDA}}\right) \tag{7.15}$$

Der thermische Wirkungsgrad η_{th} des verlustbehafteten Prozesses der Dampfkraftanlage wird wie bei allen Kreisprozessen durch den zugführten und den abgeführten Wärmestrom bestimmt (vgl. Formel 2.84).

$$\eta_{th} = \frac{\dot{Q}_{zu} - \dot{Q}_{ab}}{\dot{Q}_{zu}} \tag{7.16}$$

Die elektrische Generatorleistung P_{Gen} errechnet sich aus dem Produkt der effektiven Kupplungsleistung der Turbine P_{eT} und dem Generatorwirkungsgrad η_{Gen}, oder mit guter Näherung aus dem Brennstoffwärmestrom multipliziert mit den wesentlichen Wirkungsgraden der einzelnen Energieumwandlungen.

$$P_{Gen} = P_{eT} \cdot \eta_{Gen} = \dot{m}_B \cdot H_u \cdot \eta_{DE} \cdot \eta_{th} \cdot \eta_{mech} \cdot \eta_{Gen} \tag{7.17}$$

Die von dem Generator gelieferte elektrische Leistung muss auf die Spannungsebene des Übertragungsnetzes transformiert werden. Unter Berücksichtigung des Transformatorwirkungsgrades η_{Tr} beträgt die in das elektrische Netz eingespeiste elektrische Nutzleistung

$$P_{el} = P_{Gen} \cdot \eta_{Tr} \tag{7.18}$$

Der Gesamtwirkungsgrad des Kraftwerksblockes ergibt sich somit zu

$$\eta_{ges} = \frac{P_{el}}{\dot{m}_B \cdot H_u} \tag{7.19}$$

In der Praxis wird oft auch der Wärmeverbrauch q in kJ/kWh als Kehrwert des Gesamtwirkungsgrades angegeben.

$$q = \frac{m_B \cdot H_u}{W_{el}} = \frac{\dot{m}_B \cdot H_u}{P_{el}} = \frac{1}{\eta_{ges}} \tag{7.20}$$

Der Leistungsfluss als zeitlicher Energiefluss in einem Kraftwerksblock kann anschaulich in einem Energieflussbild (Sankey[2]-Diagramm) dargestellt werden. Das Energieflussbild weist die zugeführte Energie, die wesentlichen Verluste und die Nutzenergie in prozentualem Verhältnis zum Energieaufwand aus. Bild 7.13 zeigt das Sankey-Diagramm des Dampfkraftwerks nach Bild 7.9.

---

[2] Henry Riall Sankey, irischer Ingenieur

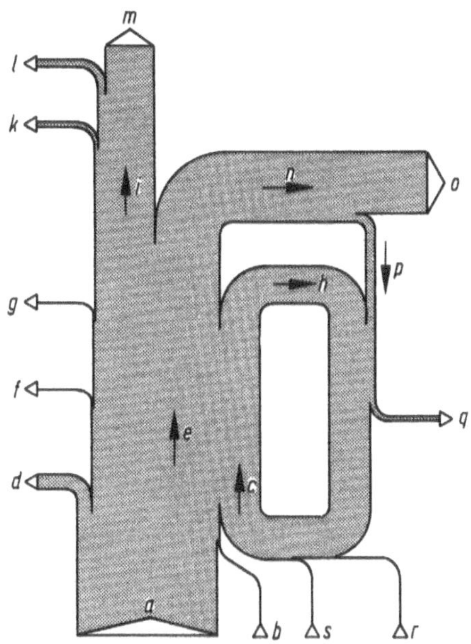

a Brennstoffwärme, *b* Wärme der Verbrennungsluft, *c* Wärme des eingepumpten Speisewassers, *d* Verluste des Dampferzeugers, *e* Frischdampf- und ZÜ-Wärme, *f* Wärme- und Strömungsverluste der Dampfleitungen, *g* mechanische Turbinenverluste, *h* Anzapfwärme, *i* Antriebsenergie des Generators, *k* Generator- und Transformatorverluste, *l* elektrischer Eigenverbrauch des Kraftwerks, *m* elektrische Nutzenergie, *n* Abdampfwärme, *o* Kondensator-, d. h. innere und thermische Maschinenverluste, *p* Wärme des Turbinenkondensates, *q* Wärmeverluste in Behältern, Rohrleitungen, Vorwärmern, *r* Wärme des Zusatzwassers, *s* Förderenergie der Pumpen

Bild 7.13 Energieflussbild (Sankey-Diagramm) eines Kondensations-Dampfkraftwerks

7.2.1 Maßnahmen zur Wirkungsgradverbesserung

Ein einfacher Clausius-Rankine-Prozess, hat wegen der bereichsweise exergetisch ungünstigen Wärmeübertragung bei relativ geringen Temperaturen an das Arbeitsmedium einen unbefriedigenden thermischen Wirkungsgrad. Der Temperaturverlauf der Wärmezufuhr ist sehr weit von der Isotherme des Carnot-Prozesses entfernt, siehe Tabelle 2.5.

Die Wärmeabfuhr $\dot{Q}_{ab}$ erfolgt bei Kondensationskraftwerken in der Nähe der Umgebungstemperatur, wodurch das Verbesserungspotenzial durch Absenkung dieser Temperatur sehr begrenzt ist.

Den Maximaltemperaturen im Wasser-/Dampfkreislauf sind durch die Warmfestigkeit der verfügbaren Werkstoffe für den Druckteil des Dampferzeugers, für die Dampfleitungen und für die Bauteile der Turbine Grenzen gesetzt. Sie liegen bei Verwendung von sog. hochtemperaturbeständigen Stählen, die aus Nickelbasis-

Legierungen bestehen, bei max. ca. 580 - 600 °C am Überhitzeraustritt und am Zwischenüberhitzeraustritt. Die Temperaturen am Eintritt in die HD-Turbine und in die MD-Turbine liegen nur ca. 4 - 6 K darunter.

Die nachfolgend beschriebenen Maßnahmen zur Verbesserung des thermischen Wirkungsgrades zielen daher auf eine Anhebung der thermodynamischen Mitteltemperatur T_m der Wärmezufuhr $\dot{Q}_{zu}$ an das Kreislaufmedium Wasser/Wasserdampf.

$$\dot{Q}_{zu} = \int \dot{m} \cdot T \,\mathrm{d}s = \dot{m}_{Spw} \cdot \left(h_{FD} - h_{Spw}\right) + \dot{m}_{ZÜ} \cdot \left(h_{ZÜA} - h_{ZÜE}\right) \tag{7.21}$$

$$T_m = \frac{\Delta h}{\Delta s} \tag{7.22}$$

Durch die Anhebung der Mitteltemperatur T_m der Wärmezufuhr nähert sich der Clausius-Rankine-Prozess dem Carnot-Prozess etwas an, weshalb man auch von einer teilweisen „Carnotisierung“ spricht.

1. Durch Steigerung des Druckes im Dampferzeuger findet die Verdampfung des Speisewassers bei höherer Temperatur statt. Die Steigerung des Druckes über den kritischen Druck des Wassers von ca. 221 bar hinaus führt zu der sog. überkritischen Auslegung des Wasser-/Dampf-Kreislaufes.

2. Die Anwendung einer Zwischenüberhitzung des Dampfes nach erfolgter Teilexpansion in der Turbine, siehe *T,s*-Diagramm Bild 7.8, führt ebenfalls zur Anhebung der Mitteltemperatur T_m der Wärmezufuhr gegenüber einer einfachen Anlage.

   Die Zwischenüberhitzung macht die unter 1. beschriebene Druckerhöhung im Kreislauf erst möglich, weil durch die Verschiebung der Expansion in der Turbine nach rechts im *h,s*-Diagramm bei gleichem Kondensatordruck eine geringere Dampfnässe erreicht wird.

3. Die Vorwärmung des Speisewassers durch Anzapfdampf aus der Turbine vor Eintritt in den Dampferzeuger bewirkt eine Anhebung der Mitteltemperatur T_m der Wärmezufuhr aus dem Brennstoff an den Kreislauf.

Das Prinzip der regenerativen Speisewasservorwärmung ist aus Bild 7.14 ersichtlich. Bei dem Anzapfdruck p_A wird der Turbine der Dampfstrom α entnommen und in den Speisewasservorwärmer geleitet. An den von dem Speisewasserstrom (1 - α) durchflossenen Wärmetauscherrohren wird der Anzapfdampf zunächst enthitzt und bei dem Druck p_A bis zu dem Zustand 2 kondensiert. Die hierbei freiwerdende Wärme α (h_A - h_2) dient der Speisewassererwärmung von dem Zustand 1 nach dem Zustand 2. Ohne die regenerative Vorwärmung des Speisewassers von 1 nach 2 müsste diese Erwärmung durch den Brennstoff auf einem relativ geringen Temperaturniveau und damit einem ungünstigen Verhältnis der Exergie der Wärmezufuhr zur entstehenden Anergie erfolgen.

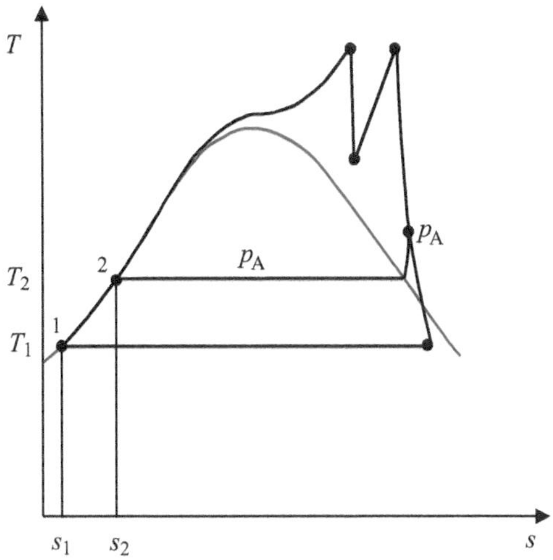

Bild 7.14
Regenerative Speisewasservorwärmung

Der Massenstrom des Anzapfdampfes $\dot{m}_A$ ergibt sich aus der Wärmebilanz

$$\dot{m}_A \cdot (h_A - h_2) = \dot{m}_{Spw} \cdot (h_2 - h_1) \tag{7.23}$$

In heutigen Anlagen werden in der regenerativen Kondensat- und Speisewasservorwärmung bis zu neun Einzelstufen ausgeführt (Bild 7.9), um die Temperaturdifferenzen bei der Wärmeübertragung von dem kondensierenden Anzapfkondensat zum Speisewasser bei vertretbarem konstruktiven Aufwand möglichst gering zu halten. Die konstruktive Ausführung eines HD-Vorwärmers zeigt Bild 7.15.

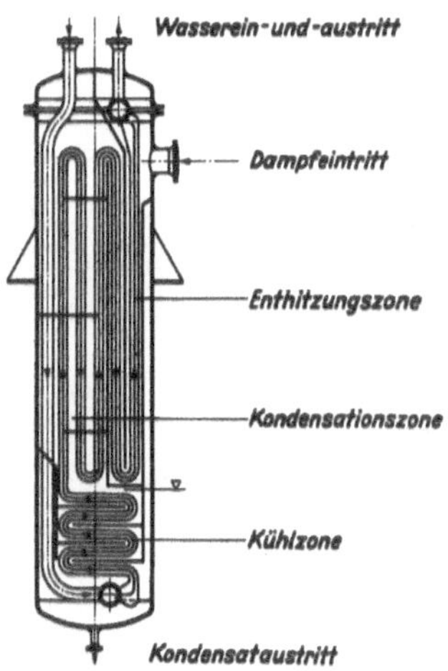

Bild 7.15 HD-Vorwärmer mit Enthitzungs- und Kühlzone

Die Entnahme des Anzapfdampfes mit dem Anzapfdruck p_A aus der Turbine zur Vorwärmung des Speisewassers bewirkt neben der Steigerung des thermischen Wirkungsgrades des Prozesses allerdings auch eine Verringerung der auf den Frischdampfstrom bezogenen Turbinenleistung.

Die regenerative Speisewasservorwärmung muss stets kombiniert mit der regenerativen Vorwärmung der Verbrennungsluft ausgeführt werden, siehe Bild 7.2, um den Wirkungsgrad des Dampferzeugers nicht durch eine erhöhte Abgastemperatur nach dem Economiser zu verschlechtern.

7.3 Regelung in Dampfkraftwerken

In einem Kraftwerksblock ist eine große Anzahl von Einzelregelkreisen im Einsatz. Der überwiegende Teil dieser Regelkreise ist untergeordnet und folgt über seine Sollwerte den Hauptregelkreisen des Turbosatzes und des Dampferzeugers.

Zahlreiche Schutzfunktionen schützen Anlagenteile und Personen in der Anlage vor dem Auftreten von unzulässigen Betriebszuständen.

Die Realisierung der Regelungsstrukturen und auch der Schutzverriegelungen erfolgen heute in einer speicherprogrammierbaren Leittechnikanlage. Die Überwachung, ggf. Störungserkennung und Steuerung und des Anlagenzustandes erfolgt über Bildschirme mit Maus- und Tastaturbedienung von einer zentralen Kraftwerkswarte aus, die durchgehend personell besetzt ist.

Die zentrale Aufgabe der Leittechnik ist die Koordination aller Regelkreise der Dampfkraftanlage, um die elektrische Leistung des Blockes an den jeweils aktuellen Sollwert anzupassen. Hierzu gehören im Wesentlichen die Regelkreise der Brennstoffzufuhr einschließlich der Gebläse für die Verbrennungsluftzufuhr und Rauchgasabfuhr, die Führung der Speisewasserregelung und die Turbinen- und Generatorregelung. Weitere Regelkreise der Rauchgasreinigungsanlagen kommen hinzu.

Die nachfolgenden stark vereinfachten Darstellungen müssen sich auf die wesentlichen Regelfunktionen der Hauptregelkreise und auf die wesentlichen Schutzfunktionen beschränken.

Die Hauptregelfunktionen (Blockregelung) sind aus Bild 7.16 ersichtlich.

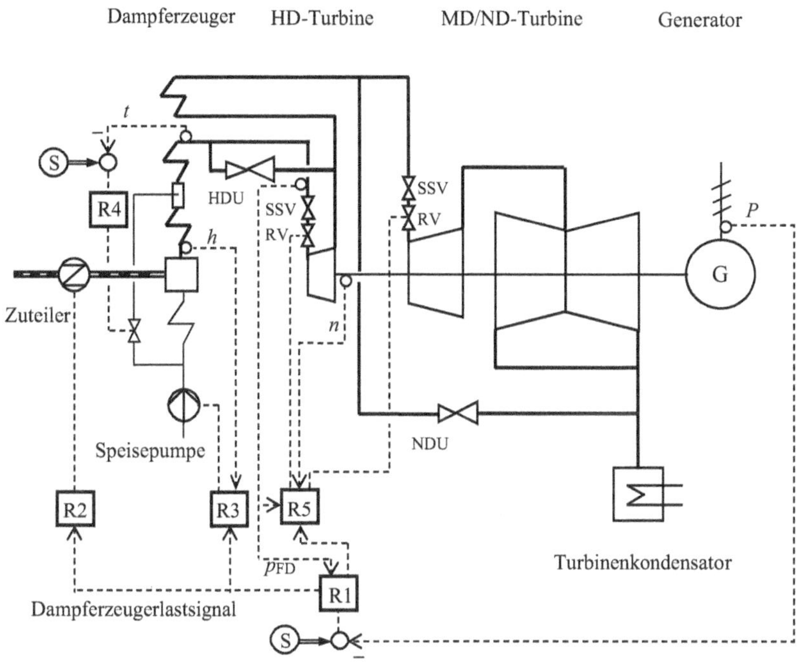

Bild 7.16 Blockregelung mit Durchlaufdampferzeuger

Die Hauptregelgröße eines stromerzeugenden Kraftwerkblockes im Normalbetrieb ist die elektrische Leistung des Generators P. Weil die Wirkleistung des Generators unmittelbar durch die Turbinenleistung bestimmt wird, ist die Turbinenleistung die zentrale Größe in der koordinierenden Regelung des Kraftwerksblockes. Die Stellgröße der Turbinenleistung im ausgeglichenen Zustand der Anlage ist der Brennstoffmassenstrom des Dampferzeugers.

Im Normalbetrieb des Kraftwerksblockes wird ein Sollwert für die Generatorleistung durch Handeingabe oder durch ein Fernsignal des Netzbetreibers vorgegeben. Dieses Signal berücksichtigt den momentanen Leistungsbedarf, ggf. auch schnelle Leistungsänderungen u. a. zur Frequenzhaltung.

Mit der Verstellung des Erregerstromes des Synchrongenerators wird die Blindleistungsabgabe bei Betrieb am starren Netz verstellt.

Die Koordination der Dampferzeugerleistung und der Turbinenleistung mit dem Leistungssollwert erfolgt in der Blockregelung R1 mit der Bildung des Dampferzeugerlastsignals. Dieses Signal wird mit geeignetem Zeitverhalten an die Brennstoffregelung R2 und an die Speisewasserregelung R3 weitergeschaltet.

Die Brennstoffregelung R2 verstellt durch die Drehzahl der Zuteiler (i. A. Trogkettenförderer) den Brennstoffmassenstrom zu den in Betrieb befindlichen Kohlemühlen. Die Verbrennungsluftzufuhr durch das Frischluftgebläse und die Rauchgasabfuhr durch das Saugzuggebläse erfolgen durch separate Regler, die durch den Brennstoffregler R2 geführt werden.

An die Speisewasserregelung R3 werden bei Durchlaufdampferzeugern besondere Anforderungen gestellt. Der Speisewasserstrom durch den Economiser wird mit der variablen Drehzahl der Speisepumpe auf ca. 92 – 95 % des gemessenen oder berechneten Frischdampfstromes einreguliert. Die gewünschte Enthalpie h am Verdampferaustritt wird als Korrektur aufgeschaltet.

Die so zur vollständigen Frischdampferzeugung fehlende Wasserzufuhr erfolgt durch das in mehreren Stufen zugeführte Einspritzwasser des Frischdampftemperaturregelkreises R4.

Die Turbinenregelung R5 verstellt die Regelventile RV am Eintritt der HD-Turbine und der MD-Turbine in Abhängigkeit der Betriebsart und der Leistung der Turbine, siehe Abschnitt 7.3.1.

Zusätzlich besitzt jeder Turbinenregler wichtige Funktionen zur Frequenzstützung insbesondere bei Netzstörungen und die Fähigkeit den Kraftwerksblock bei elektrischer Trennung vom Netz im sog. Inselbetrieb zu halten, um nach Aufforderung des Netzbetreibers nach Synchronisation der elektrischen Phasenlage wieder an das Netz geschaltet zu werden.

Bei einer Netztrennung des Generators, auch aus Volllast, fängt die Regelung R5 die schnell ansteigende Drehzahl der entlasteten Turbine unterhalb der Schnellschlussdrehzahl ab.

7.3.1 Betriebsarten

Gleitdruckbetrieb

Der Gleitdruckbetrieb ist bei großen Kraftwerksblöcken die zweckmäßige Betriebsart, die den z. T. gegenläufigen Anforderungen und konstruktiven Zwängen am besten gerecht wird.

Durch die im mittleren und oberen Lastbereich vollständig geöffneten Regelventile der Turbine entfallen die Drosselverluste. Der Frischdampfdruck p_{FD} gleitet bei Laständerungen und erreicht bei korrekter Auslegung erst bei Volllast den Auslegungsdruck der Anlage, siehe Bild 7.17 und Abschnitt 4.5.6.6.

Die Gleitdruckfahrweise beruht auf der umgekehrten Proportionalität zwischen Dampfdruck und spezifischem Volumen und auf der linearen Abhängigkeit des Dampfdurchsatzes durch die Turbine von dem Eintrittsdruck. Auch das Enthalpiegefälle verringert sich bei geringerem Eintrittsdruck.

Den Vorteilen der reinen Gleitdruckfahrweise steht der Nachteil gegenüber, dass das Speichervermögen des Dampferzeugers nicht genutzt werden kann. Zur Leistungssteigerung ist der Dampferzeuger durch Erhöhen der Feuerleistung auf einen höheren Druck zu bringen. Zum Erhöhen des Systemdruckes ist Zeit notwendig.

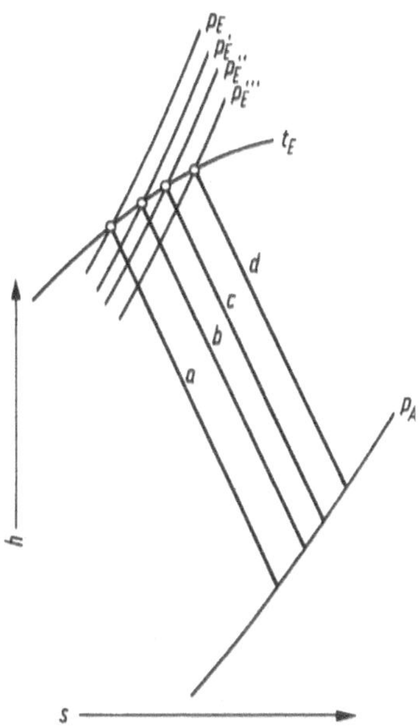

a Volllast
b, *c*, *d* Teillasten
p_E Eintrittsdruck
t_E Eintrittstemperatur
p_A Austrittsdruck

Bild 7.17 Innere Wärmegefälle bei Gleitdruckbetrieb

Modifizierter Gleitdruckbetrieb

Zur Verbesserung des Regelverhaltens des Gleitdruckbetriebes können die Frischdampfregelventile RV der Turbine dauernd etwas gedrosselt werden, um bei einer zusätzlichen Leistungsanforderung kurzzeitig weiter geöffnet zu werden und somit das Speichervermögen des Dampferzeugers etwas zu nutzen.

Kondensatstopp

Zur Leistungserhöhung im Gleitdruckbetrieb kann der Förderstrom der Hauptkondensatpumpe kurzzeitig reduziert werden, wodurch sich die Anzapfdampfströme aus der Turbine auch verringern und somit mehr Dampf zur Energieumwandlung in der Turbine verbleibt. Während der Drosselung der Hauptkondensatpumpe steigt das Flüssigkeitsniveau im Dampfraum des Kondensators und der Flüssigkeitsstand im Speisewasserbehälter sinkt um das gleiche Volumen. Zur spontanen Steigerung der Leistungserhöhung können zusätzlich die Armaturen in den Anzapfleitungen zu den HD- und den ND-Vorwärmern kurzzeitig geschlossen werden.

Festdruckbetrieb

Der Festdruckbetrieb bietet bei kleineren Anlagen, insbesondere bei Naturumlaufdampferzeugern mit relativ großem Wasserinhalt und damit großem Speichervermögen, einige Vorteile.

Der Dampfdruck am Austritt des HD-Überhitzers bleibt bei allen Lastzuständen annähernd konstant. Der Frischdampfdruck p_{FD} wird dem Dampferzeugerlastsignal oder direkt der Brennstoffregelung R2 und der Speisewasserregelung R3 korrigierend aufgeschaltet. Bei Teillastbetrieb wird der Öffnungsquerschnitt der Regelventile der Düsengruppe am Eintritt der Turbine verkleinert, wodurch der Dampfmengenstrom etwa proportional mit der Last zurückgeht, siehe Abschnitt 4.5.6.6. Die Regelventile RV und damit Turbinenleistung reagieren nahezu verzögerungsfrei auf die Stellsignale des Turbinenreglers R5.

Bei Laststeigerungen aus dem Teillastbereich heraus kann der zusätzlich erforderliche Dampfstrom zum Teil dem Speichervermögen des Dampferzeugers entnommen werden bis die erhöhte Feuerleistung wirksam wird, was zu einer zwischenzeitlichen Druckabsenkung führt.

Der Dampfdruck hinter der Regelstufe ändert sich entsprechend dem Dampfkegelgesetz mit der Last. Alle nachfolgenden Turbinenstufen arbeiten also mit lastabhängig veränderlichem Eintrittsdruck, d. h. mit Gleitdruck (Bild 7.18).

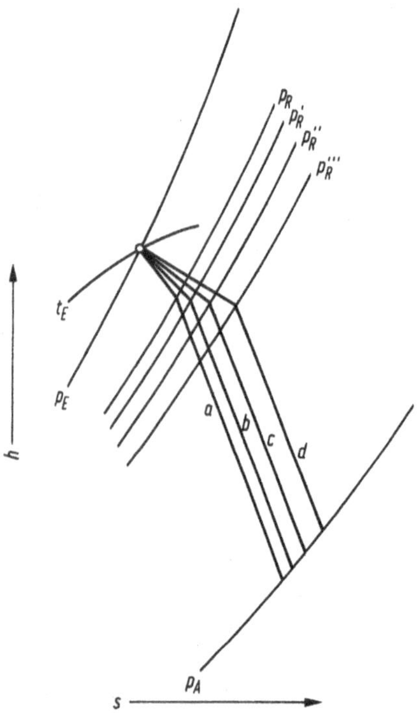

a Volllast
b, *c*, *d* Teillasten
p_E Eintrittsdruck
t_E Eintrittstemperatur
p_R Druck nach der Regelstufe
p_A Austrittsdruck

Bild 7.18 Innere Wärmegefälle bei Festdruckbetrieb

Nachteilig ist der mäßige Wirkungsgrad der Regelstufe, insbesondere in einem Lastpunkt, bei dem ein Regelventil der Düsengruppe drosselnd im Eingriff ist.

Zudem ist die festigkeitsmäßige Auslegung einer Regelstufe bei großen Turbinen mit hohen Frischdampfdaten sehr schwierig oder unmöglich.

Vordruckregelung

Bei Betrieb der Vordruckregelung ist die regelungstechnische Verbindung der Generatorleistung zu dem Sollwert der Dampferzeugerleistung getrennt. Der Frischdampfdruck p_{FD} vor der HD-Turbine wird durch den Turbinenregler R5 mit den Regelventilen RV der HD-Turbine auf einen von Hand einstellbaren konstanten Druck einreguliert. Die Einstellung der Leistung des Kraftwerksblockes erfolgt im Vordruckbetrieb durch Handverstellung des Dampferzeugerlastsignals.

Bei Störungen des Betriebes (z.B. Ausfall einer von zwei Speisepumpen) wird die Vordruckregelung automatisch aktiviert und die Dampferzeugerleistung auf einen zugeordneten festen Wert herabgesetzt.

Der Vorteil des Vordruckbetriebes liegt in der Eindeutigkeit der Lastsignale für den Dampferzeuger und für die Turbine, wodurch eine zwischenzeitlich unübersichtliche Betriebssituation sehr beruhigt werden kann.

Während des Betriebes mit der Vordruckregelung kann kein direkter Sollwert für die Kraftwerksleistung durch die Blockregelung verarbeitet werden, weshalb diese Betriebsart nur vorübergehend gewählt wird.

Inselbetrieb

Eine besondere Betriebssituation ergibt sich, wenn der Kraftwerksblock aus dem Leistungsbetrieb von dem Versorgungsnetz getrennt wird und ein kleines Netz oder nur seinen Eigenbedarf versorgt. An die Stelle der Leistungsregelung muss die Frequenzregelung treten, was durch eine automatische Strukturumschaltung eingeleitet wird. Der Turbinenregler R5 regelt dann die Drehzahl n der Turbine und damit die Netzfrequenz in dem verbleibenden Netz. Falls der Leistungsbedarf in dem verbleibenden Netz kleiner als die Dampferzeugermindestlast ist, wird der überschüssige Frischdampf über die Hochdruck-Umleitstation HDU in den Zwischenüberhitzer geleitet und daraus weiter über die Niederdruck-Umleitstation NDU in den Kondensator.

Anfahrbetrieb

Während der Inbetriebnahme des Dampferzeugers nach Stillständen wird der entstehende Frischdampf über die Hochdruck-Umleitstation HDU, den Zwischenüberhitzer und die Niederdruck-Umleitstation NDU in den Kondensator abgeführt, bis die Dampftemperaturen zum Start der Turbine erreicht sind. Die Umleitstationen regeln den Druck des Frischdampfes und des zwischenüberhitzten Dampfes und kühlen den Dampf während der Drosselung mit Einspritzwasser.

Der An- und Abfahrvorgang heutiger Kraftwerksblöcke ist durch Schrittprogramme einzelner Funktionsgruppen mit integrierten Sollwertführungen der Regelkreise weitgehend automatisiert.

7.3.2 Schutzfunktionen

Die Schutzfunktionen beziehen sich stets auf definierte Kriterien unzulässiger Zustände von einzelnen Anlagenteilen.

Schutzfunktionen werden in der Leittechnikanlage heute meist in drei unabhängigen Kanälen für jedes Schutzkriterium realisiert, wobei zur Auslösung des jeweiligen Anlagenschutzes eine „2 von 3“-Auslösung erforderlich ist. Diese Konfiguration vermeidet weitgehend Fehlauslösungen bei hoher Sicherheit von Auslösungen bei tatsächlich erreichten Auslösewerten der Schutzkriterien.

Vor dem Erreichen der Auslösewerte der Schutzkriterien wird durch die Leitechnikanlage eine warnende Meldung abgesetzt, um Gegenmaßnahmen vor dem Erreichen des Kriteriums einzuleiten.

Beispiel 1: Schutzkriterium Lagertemperatur ND-Turbine:

Meldung „Lagertemperatur hoch“ bei 110 °C; Auslösung „Lagertemperatur zu hoch“ bei 125 °C.

Dieses aktive Schutzkriterium würde die Turbine durch Schließen aller Schnellschlussventile SSV abschalten, wodurch der Block vom Netz getrennt würde.

Beispiel 2: Schutzkriterium Dampftemperatur am Austritt des Verdampfers:

Meldung „Temp. Verdampfer hoch“ bei 440 °C; Auslösung „Temp. Verdampfer zu hoch“ bei 455 °C.

Dieses aktive Schutzkriterium würde die Feuerung des Dampferzeugers abschalten, was auch die Abschaltung der Turbine zur Folge hätte.

8 Kernkraftwerke

Kernkraftwerke wandeln die freiwerdende Energie bei der Spaltung von schweren Atomkernen oder bei der Fusion von leichten Atomkernen in Wärme und weiter in elektrische Energie um. Weltweit gibt es verschiedene Baulinien von Kernkraftwerken und auch mehrere Reaktor- und Kraftwerksprojekte, die sich im Erforschungsstadium, im Planungsstadium oder im Bau befinden.

Die zahlenmäßig weitaus meisten Kernkraftwerke zur Stromerzeugung sind thermische Kraftwerke, bei denen in einer Reaktoranlage Dampferzeugung stattfindet. Die Wärme zur Dampferzeugung wird durch eine kontrolliert ablaufende Kettenreaktion der Spaltung von schweren Atomkernen gewonnen. Die kinetische Energie, der bei der Kernspaltung freiwerdenden Spaltprodukte wird im umgebenden Brennstoff durch Abbremsung in Wärme umgewandelt. Die Wärme wird durch Wasser als Kühlmittel und Wärmeträger aufgenommen, das durch den Reaktorkern gepumpt wird.

Bei Druckwasserreaktoren wird durch dieses Wasser des Primärkreislaufes in Wärmetauschern Dampf erzeugt, der in einem Sekundärkreislauf einer Dampfturbine zugeführt wird. Das Wasser des Primärkreislaufes steht unter hohem Druck und verdampft daher nicht.

In Siedewasserreaktoren erzeugt die Wärme der nuklearen Kernspaltung direkt im Reaktor Dampf, der auch direkt einer Dampfturbine zugeführt wird. Die nachfolgenden Ausführungen sind auf Leichtwasserreaktoren der Bauarten Druckwasserreaktor und Siedewasserreaktor begrenzt. Weil der Druckwasserreaktor die weltweit vorherrschende Baulinie ist, wird diese im Folgenden beispielhaft beschrieben und dabei begleitend auf wesentliche Unterschiede zum Siedewasserreaktor hingewiesen.

Der Kernbrennstoff besteht bei Leichtwasserreaktoren aus Uran 238 mit ca. 3 - 5 % Anreicherung des spaltbaren Uran 235. Das Uran 235 wird durch sog. langsame (thermische) Neutronen gespalten.

8.1 Kontrollierte nukleare Kettenreaktion

Die Umwandlung der freiwerdenden Bindungsenergie bei der Spaltung schwerer Atomkerne durch Neutronen in kinetische Energie der Spaltprodukte und durch deren Abbremsung in Wärme ist in Abschnitt 5.6.4 dargestellt.

Für die kontinuierliche Freisetzung der Wärme aus der Kernspaltung ist eine durch einen steuerbaren Neutronenfluss kontrollierte nukleare Kettenreaktion von zentraler Bedeutung.

Bei der Spaltung eines Kerns werden mehr Neutronen frei, als es der gleichförmigen Fortführung der Kettenreaktion entsprechen würde, wodurch der Reaktor überkritisch würde, was eine Leistungssteigerung zur Folge hätte. Die Kontrolle des Neutronenflusses und damit der Leistung des Reaktors erfolgen bei Druckwasserreaktoren durch Einspeisung von Borsäure in das Kühlwasser und bei kurzfristigeren Leistungsänderungen durch das Ein- und Ausfahren von Steuerstäben in den Reaktorkern. Sowohl die Borsäure als auch das borhaltige Material der Steuerstäbe absorbieren bei richtiger Einstellung die überschüssigen Neutronen.

Zum Entstehen einer Kettenreaktion ist zunächst das Vorhandensein einer kritischen Masse an U-235 erforderlich.

Der Zustand eines Reaktors kann durch den Multiplikationsfaktor k beschrieben werden.

$$k = \frac{\text{Zahl der Spaltungen einer Neutronengeneration}}{\text{Zahl der Spaltungen der vorhergehenden Neutronengeneration}} \tag{8.1}$$

$k < 1$ Reaktor ist unterkritisch, Reaktorleistung fällt ab.

$k = 1$ Reaktor ist kritisch, Reaktorleistung ist gleichbleibend.

$k > 1$ Reaktor ist überkritisch, Reaktorleistung steigt.

Es gibt schnelle und langsame Neutronen. Manche langsamen Neutronen haben etwa die gleiche kinetische Energie wie die Moleküle der Luft bei Zimmertemperatur, daher werden sie oft auch als thermische Neutronen bezeichnet.

Die Kerne des U-235 lassen sich nur durch langsame Neutronen spalten. Da die bei der Kettenreaktion freiwerdenden Neutronen schnelle Neutronen sind, müssen sie vor Eintritt in den Spaltstoff U-235 abgebremst (moderiert) werden. Die Atome des Moderators verringern die kinetische Neutronenenergie durch halbelastische Stöße. Als Moderator wirkt das Leichtwasser, welches als Kühlmittel und Wärmeträger in dem Reaktor zirkuliert. Leichtwasser H_2O ist der Hauptbestandteil des natürlichen Wassers. Schwerwasser D_2O (Deuterium $D = {}^2_1H$) ist zu 0,015 % im natürlichen Wasser enthalten und kommt bei anderen, hier nicht behandelten Reaktorbaulinien als Kühlmittel und Wärmeträger zur Anwendung.

Bei der Spaltung des Kernbrennstoffes entstehen radioaktiv strahlende feste und gasförmige Spaltprodukte, die innerhalb der Anlage gehalten werden müssen.

8.2 Hauptkomponenten

In dem Reaktorgebäude eines Kernkraftwerkes befinden sich alle Anlagen zur kontrollierten Freisetzung und Umformung der Energie aus der Kernspaltung. Die Anlagen und Einrichtungen zur Beherrschung von Störungen und Störfällen sind ebenfalls in dem Reaktorgebäude angeordnet. Das Reaktorgebäude ist während des Betriebes in begehbare Bereiche und nicht begehbare Bereiche unterteilt.

Bild 8.1 zeigt das Reaktorgebäude eines Druckwasserreaktors mit dem zentral darin angeordneten nuklearen Dampferzeugungssystem bestehend aus dem Reaktordruckbehälter, den Primärkühlmittelpumpen, den Dampferzeugern und den verbindenden Rohrleitungen.

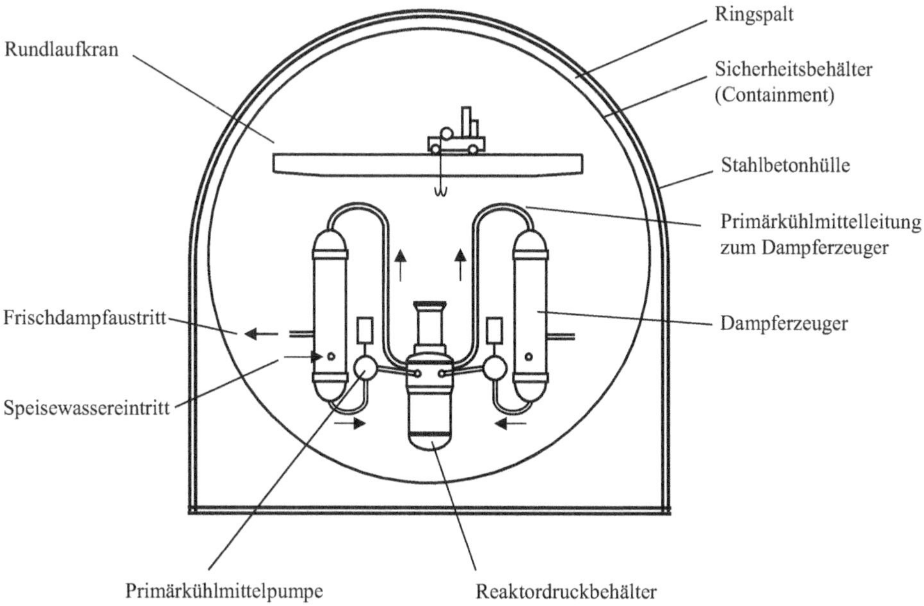

Bild 8.1 Reaktorgebäude mit Druckwasserreaktor

Das Gebäude ist kreisrund mit einem Dachabschluss als Kugelkalotte ausgeführt. In die Gebäudekonstruktion sind mehrere Schutzbarrieren gegen Freisetzung nuklearer Aktivität bei Störfällen nach außen als auch gegen äußere Einwirkungen auf die Reaktorbauteile integriert.

Das Maschinenhaus mit den Komponenten des Wasser-Dampfkreislaufes zur Stromerzeugung (Dampfturbine, Generator, Speisepumpen usw.) ist von dem Reaktorgebäude getrennt.

Reaktordruckbehälter

Der Reaktordruckbehälter, siehe Bild 8.3 und Bild 8.4, enthält im Reaktorkern (Core) den Kernbrennstoff, das Kühlmittel, welches auch als Moderator der Neutronen wirkt, und das Kerngerüst zur Stützung der Kernbauteile und zur Führung des Kühlmittelflusses. Zur schnellen Regelung der Reaktorleistung und zur Reaktorschnellabschaltung befinden sich zahlreiche Steuerstäbe verteilt im Reaktorkern. Bei der Baulinie des Druckwasserreaktors steht der Inhalt des Reaktordruckbehälters unter hohem Druck, um Dampfentwicklung im Kühlmittel zu verhindern. Im Siedewasserreaktor hingegen ist der Innendruck wesentlich geringer, weil die Dampferzeugung direkt im Reaktordruckgefäß stattfindet.

Kernbrennstoff, Brennstäbe, Brennelemente

Der Kernbrennstoff ist in Form von UO_2-Tabletten (Durchmesser ca. 9,3 mm, Höhe ca. 11 mm) in gasdicht verschweißte Hüllrohre eingesetzt und fixiert, siehe Bild 8.2. Jedes derart bestückte Hüllrohr bildet einen Brennstab. Die aktive Länge der Brennstäbe beträgt ca. 4 m, die Wandstärke der Hüllrohre beträgt ca. 1 mm.

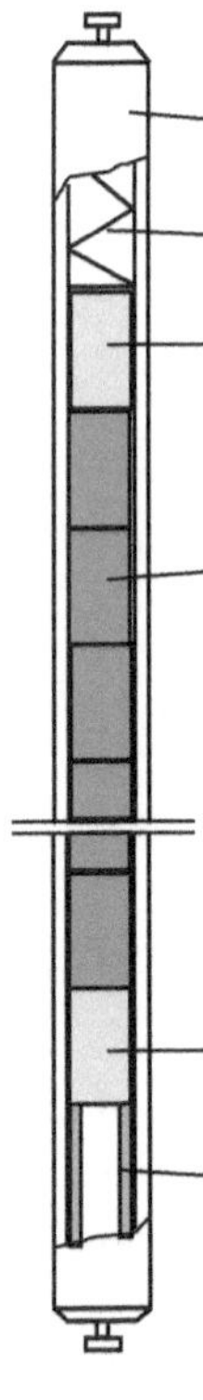

Bild 8.2
Brennstab

Die Brennstäbe werden in Siedewasserreaktoren in meist quadratischer Anordnung von 10 × 10 und bei Druckwasserreaktoren bis zu 16 × 16 Brennelementen zusammengefasst. Bei Kraftwerken der 1300 MW Klasse liegt die Anzahl der Brennelemente in Siedewasserreaktoren bei ca. 700 und bei ca. 200 in Druckwasserreaktoren. Die Brennelemente bilden den Reaktorkern, siehe Bild 8.3 und Bild 8.4. Zum Wechsel teilverbrauchter bzw. verbrauchter Brennelemente können diese bei Reaktorstillstand einzeln herausgezogen, umgesetzt bzw. ersetzt werden.

Kühlmittelumwälzpumpen und Dampferzeuger

Die Kühlmittelumwälzpumpen des Druckwasserreaktors fördern das in den außenliegenden Dampferzeugern abgekühlte Druckwasser zur Aufheizung durch den Reaktordruckbehälter und im Kreislauf wieder zu den Dampferzeugern. Die Kühlmittelpumpen bewirken somit die Wärmeabfuhr aus dem Reaktor.

Bei dem Siedewasserreaktor sind die Kühlmittelpumpen in den Reaktor integriert, um die sichere Umströmung und Kühlung der Brennstäbe zu gewährleisten. Die Wärmeabfuhr aus dem Reaktor erfolgt durch den im Reaktor erzeugten Dampf. Die Drehzahl der Kühlmittelpumpen ist bei Siedewasserreaktoren veränderbar und wird zur Leistungsregelung des Reaktors eingesetzt.

Steuerstäbe

Die Steuerstäbe bestehen aus borhaltigem neutronenabsorbierendem Material und können zwischen die Brennstäbe eingefahren werden, um den Neutronenfluss und damit die Reaktorleistung zu verändern. Im Fall einer Reaktorschnellabschaltung werden die Steuerstäbe sehr schnell maximal in den Reaktorkern eingefahren, wodurch die Kettenreaktion der Kernspaltung sofort zum Stillstand kommt.

Turbinenanlage

Der Wasser-Dampfkreislauf in einem Kernkraftwerk mit Leichtwasserreaktor ist konstruktiv und in seinen Funktionen bis auf die Einbindung des Reaktors anstelle des Dampferzeugers dem Kreislauf eines fossil beheizten Dampfkraftwerkes sehr ähnlich.

Die Turbine mit dem direkt gekuppelten Generator ist gegenüber einer Dampfturbine in einem Kohlekraftwerk ähnlicher Leistung durch ein wesentlich größeres Bauvolumen gekennzeichnet, weil der Dampfmassenstrom wegen der relativ geringen Dampftemperaturen und des dadurch relativ geringen Enthalpiegefälles vergleichsweise sehr groß ist. Die Turbine ist wegen des Betriebes im Nassdampfbereich mit zahlreichen Entwässerungen ausgestattet.

Die Drehzahl der Turbine wird bei der Netzfrequenz 50 Hz meist zu $n = 1500\ \text{min}^{-1}$ gewählt, um die Fliehkraftbeanspruchung der langen Schaufeln der ND-Turbinen zu begrenzen. Der Generator wird bei dieser Drehzahl als Synchronmaschine mit der Polpaarzahl $p = 2$ ausgeführt.

Die regenerative Vorwärmung des Speisewassers dient wie in einem Kohlekraftwerk zur Anhebung des Gesamtwirkungsgrades des Kernkraftwerkes. Weil die Kosten für den Kernbrennstoff im Vergleich zu den Kosten der fossilen Brennstoffe sehr gering sind, kommt dem relativ geringen Gesamtwirkungsgrad der Kernkraftwerke keine vergleichbare Bedeutung wie bei den fossil beheizten Kraftwerken zu.

■ 8.3 Reaktortypen

Der konstruktive Aufbau der Reaktoren und ihre Arbeitsweise sind eigenständige und anspruchsvolle technische Wissensgebiete.

Die in der westlichen Welt am weitesten verbreiteten Reaktortypen zur Stromerzeugung in Kraftwerken sind Leichtwasserreaktoren der Baulinien Druckwasserreaktor und Siedewasserreaktor. Die folgenden Darstellungen beschränken sich auf diese beiden Reaktortypen.

Der Aufbau und die Funktion anderer Reaktortypen muss der einschlägigen Fachliteratur entnommen werden.

8.3.1 Druckwasserreaktor

Bei einem Druckwasserreaktor findet die Dampferzeugung außerhalb des Reaktordruckgefäßes statt. Der Innendurchmesser des Reaktordruckbehälters eines 1300-MW-Kraftwerkes mit Druckwasserreaktor beträgt ca. 5 m, die Höhe des Behälters ohne den Deckel mit den Aufbauten für die Steuerstabantriebe usw. liegt bei ca. 10 m. Die Anordnung der Komponenten im Reaktordruckbehälter zeigt Bild 8.3 schematisch. Die Brennelemente befinden sich in dem Kernbehälter und werden von einem unteren und oberen Kerngerüst getragen und in ihrer Lage gehalten. Mehrere Einbauten unter den Brennelementen sichern eine gleichmäßige Anströmung der Brennelemente durch den Kühlmittelstrom. Der Druck im Primärkreislauf des nuklearen Dampferzeugungssystems wird auf ca. 158 bar eingestellt, die Temperatur des Kühlmittels am Eintritt beträgt ca. 290 °C, am Austritt beträgt die Temperatur ca. 325 °C. Die Steuerstäbe werden von oben in den Reaktorkern eingeführt.

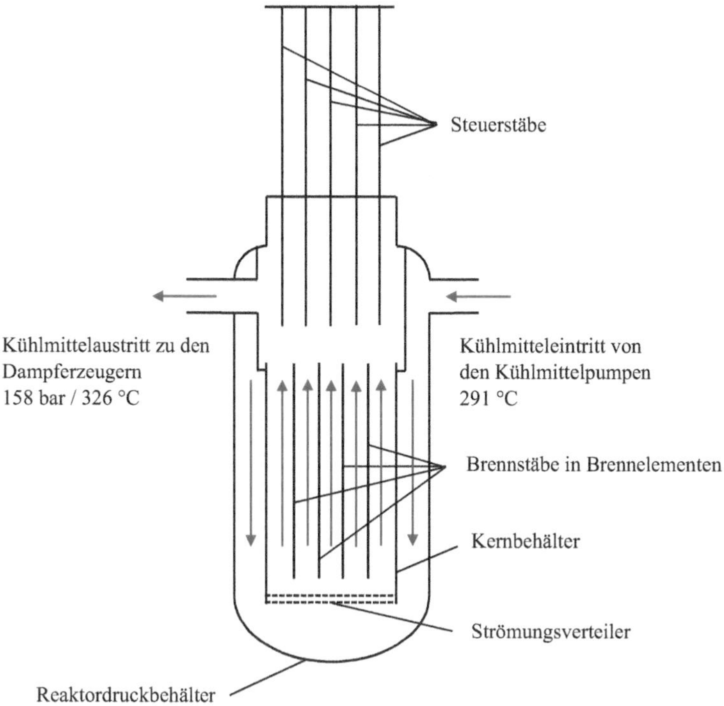

Bild 8.3 Druckwasserreaktor (Prinzipskizze)

Das Kühlmittel wird von bis zu vier Primärkühlmittelpumpen durch den Reaktor und die zugehörigen Wärmetauscher gepumpt, die in Geradrohr- oder U-Rohr-Bauweise ausgeführt sein können. In den Wärmetauschern wird Sattdampf (ggf. auch mit minimaler Überhitzung) erzeugt, der mit ca. 60 bar und ca. 280 °C der Turbine in einem Clausius-Rankine-Prozess zugeführt wird, siehe Wärmeschaltplan Bild 8.6.

8.3.2 Siedewasserreaktor

Bei einem Siedewasserreaktor findet die Dampferzeugung innerhalb des Reaktordruckgefäßes statt. Der Innendurchmesser des Reaktordruckbehälters eines 900-MW-Kraftwerkes mit Siedewasserreaktor beträgt ca. 6 m, die Höhe des Behälters liegt bei ca. 21 m. Die Flüssigkeit siedet und verdampft bei ca. 69 bar und 287 °C. Der im Siedewasserreaktor erzeugte Dampf wird direkt zur Turbine geleitet, das Turbinenkondensat wird nach Vorwärmung als Speisewasser mit einer Eintrittstemperatur von ca. 215 °C wieder in den Reaktor eingeleitet. Der Reaktordruckbehälter eines Siedewasserreaktors ist größer als der Druckbehälter eines Druckwasserreaktors vergleichbarer Leistung, weil die Kühlmittelpumpen für den

Wasserumlauf und die Bauteile zur Trocknung des Sattdampfes in den Behälter integriert sind.

Die Brennelemente werden von einem unteren und oberen Kerngitter getragen und in ihrer Lage gehalten. Die Kühlmittelpumpen sind bei dem Siedewasserreaktor mit in der Drehzahl regelbaren Antrieben ausgerüstet und werden zur Leistungsregelung des Reaktors eingesetzt. Die Steuerstäbe müssen von unten in den Reaktorkern eingeführt werden, weil sich im oberen Teil des Reaktordruckgefäßes die Bauteile zur Dampftrocknung befinden.

Die Anordnung der Komponenten im Reaktordruckbehälter eines Siedewasserreaktors zeigt Bild 8.4 schematisch.

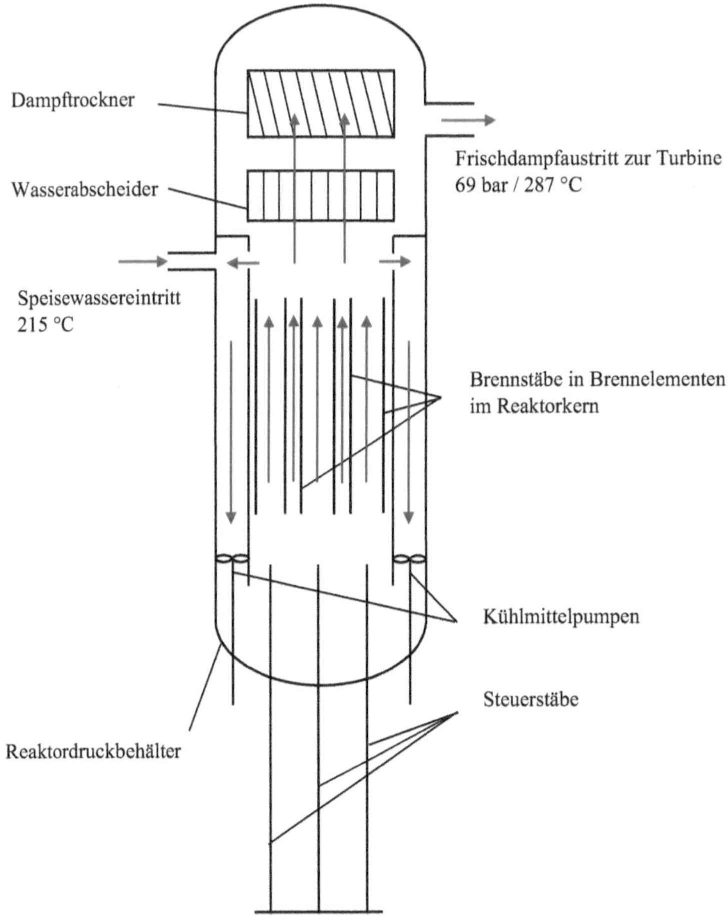

Bild 8.4 Siedewasserreaktor (Prinzipskizze)

8.4 Sicherheitskonzept

Wesentliche Elemente zum Schutz des Reaktors und seiner Umgebung:

- Der Reaktor muss jederzeit sicher abschaltbar sein und danach im unterkritischen Zustand verharren.
- Die Nachzerfallswärme der radioaktiven Spaltprodukte nach dem Abschalten des Reaktors muss unter allen Umständen, auch bei schweren Störfällen und Schäden, zeitlich unbegrenzt abgeführt werden können, die Brennstabtemperaturen dürfen nicht unzulässig ansteigen.

  Zur Absicherung dieser Anforderung müssen mehrere unabhängige, redundante Einrichtungen zur Abfuhr der Nachzerfallswärme unter allen Umständen verfügbar sein.
- Ausreichender Schutz gegen Einwirkungen von außen, z. B. Flugzeugabsturz, Erdbeben, Explosionen muss durch die geeignete konstruktive Ausbildung der Bauwerke gewährleistet sein.
- Der Schutz gegen den Austritt von radioaktiven Spaltprodukten muss unter allen Umständen im Normalbetrieb und bei Störfällen durch mehrfache, einander umschließende Barrieren (Hüllrohre der Brennstäbe, Reaktordruckbehälter, gasdichtes und druckfestes Containment, Stahlbetonhülle gegeben sein.

8.5 Wärmeschaltplan

Aus verfahrenstechnischen und konstruktiven Gründen ist bei Siedewasser- und Druckwasserreaktoren keine bzw. nur eine sehr geringe Überhitzung des Frischdampfes möglich. Eine Zwischenüberhitzung des Abdampfes der HD-Turbine durch Frischdampf wird jedoch vorgesehen, um die Dampfnässe während der nachfolgenden Expansion in den ND-Turbinen zu begrenzen. Wegen des im Vergleich zu fossil beheizten Kraftwerken geringen Frischdampfdruckes und der vergleichsweise geringen Dampftemperaturen ist der Gesamtwirkungsgrad der Kernkraftwerke dieser Baulinien auf Werte von $\eta_{ges} < 0{,}35$ begrenzt. Bild 8.5 zeigt den Prozess im *T,s*-Diagramm. Es ist erkennbar, dass die Mitteltemperatur der Wärmezufuhr bei diesem Clausius-Rankine-Prozess, der größtenteils im Sattdampfgrenzgebiet bzw. im Nassdampfgebiet abläuft, vergleichsweise gering ist.

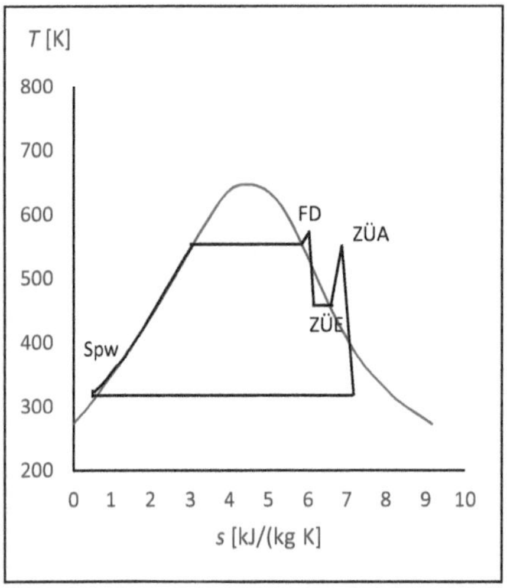

Spw Speisewasser
FD Frischdampf
ZÜE Zwischenüberhitzer Eintritt
ZÜA Zwischenüberhitzer Austritt

Bild 8.5
Clausius-Rankine-Prozess mit Leichtwasserreaktor

Der Wärmeschaltplan eines Kernkraftwerkes mit Leichtwasserreaktor gleicht bis auf die Integration des Reaktors und des dampfbeheizten Zwischenüberhitzers mit vorgeschaltetem Wasserabscheider weitgehend dem Wärmeschaltplan eines fossil beheizten Dampfkraftwerkes (Bild 7.9). Die Anbindung eines Druckwasserreaktors mit vier Dampferzeugern an die Sattdampfturbine eines Kernkraftwerkes zeigt der Wärmeschaltplan in Bild 8.6.

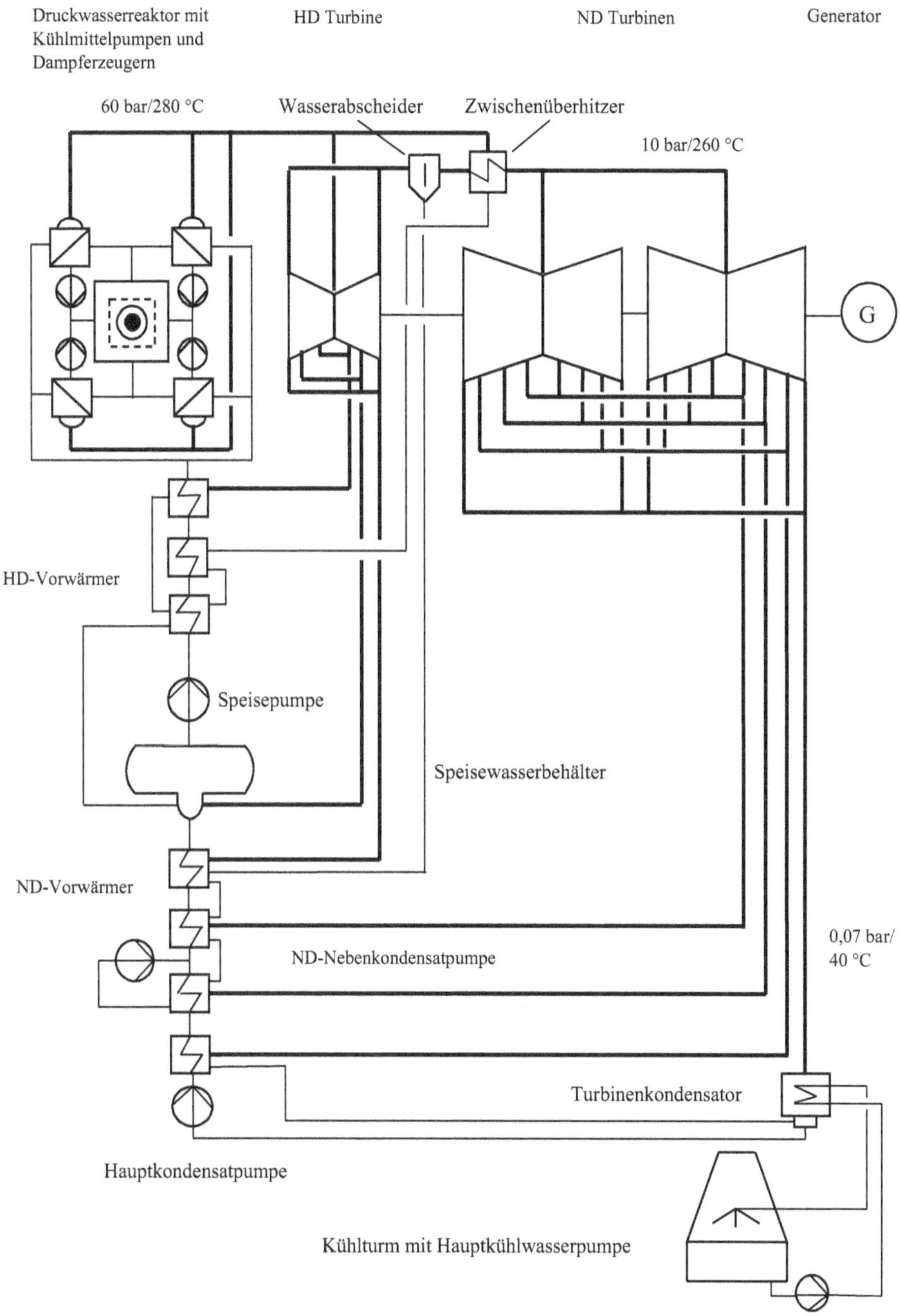

Bild 8.6 Wärmeschaltplan Kernkraftwerk mit Druckwasserreaktor

9 Kombinierte Gas- und Dampfturbinenkraftwerke

Kombinierte Gas- und Dampfturbinenkraftwerke (GUD-Kraftwerke) vereinigen die Vorteile des Gasturbinenprozesses nach Joule und des Clausius-Rankine-Prozesses mit einer Dampfturbine und vermeiden weitgehend deren Nachteile. Der Vorteil der Gasturbine liegt in der Möglichkeit eine hohe Temperatur der Wärmezufuhr bei begrenztem Bauaufwand zu realisieren. Der Dampfturbinenprozess verwirklicht eine Wärmeabfuhr in der Nähe der Umgebungstemperatur. Der Nachteil der relativ hohen Temperatur der Wärmeabfuhr eines reinen Gasturbinenkraftwerkes und der Nachteil des mäßigen Temperaturniveaus der Wärmezufuhr bei dem Dampfkraftprozess werden durch die Kombination vermieden. Moderne GUD-Anlagen erreichen Gesamtwirkungsgrade von ca. 60 %. Diese vergleichsweise hohe Brennstoffausnutzung und der Einsatz von Erdgas mit der im Vergleich zu Kohlen relativ geringen CO_2-Emissionen machen die GUD-Technik im weiteren Verlauf der Energiewende bei Windflauten und noch nicht ausreichend ausgebauten Stromspeicheranlagen unverzichtbar. Vorteilhaft kommt hinzu, dass GUD-Anlagen relativ schnell gestartet werden können und in ihrer Leistung auch schnell regelbar sind.

Als Brennstoffe für GUD-Anlagen kommen Brenngase und auch Heizöle zum Einsatz, Heizöl wegen des sehr hohen Preises jedoch nur in Ausnahmesituationen. Wegen zahlreicher verfahrenstechnischer Schwierigkeiten hat sich das Vergasen von Kohle zum Einsatz in Gasturbinen nicht durchgesetzt.

Zukünftig kann bei einer etablierten Wasserstoffinfrastruktur auch Wasserstoff als Brennstoff in Gasturbinen und GUD-Anlagen eingesetzt werden, was eine CO_2-freie Elektrizitätserzeugung ermöglichen kann, falls der Wasserstoff durch Elektrolyse mit Strom aus Erneuerbare-Energie-Anlagen gewonnen wurde. Der realisierbare Gesamtwirkungsgrad der Umwandlungskette von Elektrizität über Elektrolyse, Speicherung und Rückumwandlung in Elektrizität ist mit max. ca. 35 % jedoch unbefriedigend, siehe Kapitel 12.

9.1 Hauptkomponenten

Die grundsätzliche Bau- und Funktionsweise der Gasturbinen und der Dampfturbinen wird in Abschnitt 4.5.6 und Abschnitt 4.5.7 behandelt, weshalb hier nur auf einige Gesichtspunkte im Zusammenhang mit GUD-Kraftwerken eingegangen wird. Die GUD-Hauptkomponenten und deren Funktion und Anordnung werden im Folgenden am Beispiel einer modernen Einwellenanlage (Bild 9.1) vorgestellt.

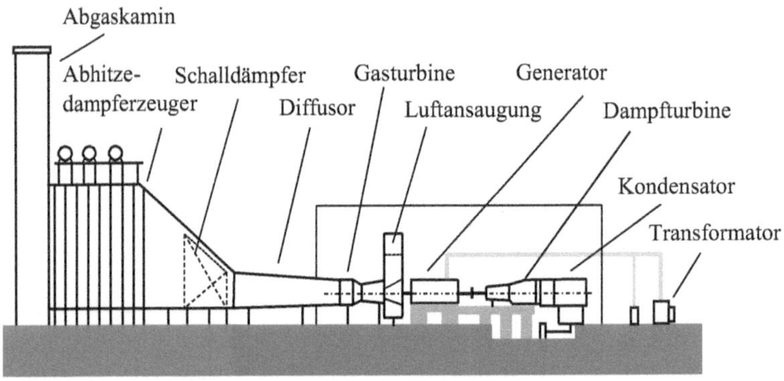

Bild 9.1 Gas- und Dampfturbinenkraftwerk in Einwellenanordnung

Der in der Mitte des gesamten Wellenstranges angeordnete Generator ist an seinem linken Wellenende direkt mit der Gasturbine gekuppelt, das rechte Wellenende ist über eine Schaltkupplung mit der Dampfturbine verbunden. Diese schaltbare Kupplung ermöglicht einen alleinigen Betrieb der Gasturbine bei Stillstand der Dampfturbine, was auch für einen schnellen Start des Kraftwerkes von großem Vorteil ist.

Die Wärmezufuhr in den GUD-Prozess erfolgt durch die Brennstoffzufuhr in die Brennkammer der Gasturbine. Die Abwärme des Gasturbinen-Prozesses im Gasturbinenabgas wird an den nachgeschalteten Dampfkraftprozess übertragen. Der Brennstoffmassenstrom zur Brennkammer der Gasturbine ist daher die leistungsbestimmende Größe eines GUD-Kraftwerkes.

Der Abhitzedampferzeuger links in Bild 9.1, der oft kurz auch als Abhitzekessel bezeichnet wird, nimmt das Abgas der Gasturbine über einen Diffusor und einen Schalldämpfer auf, um mit der Wärmezufuhr aus dem Gasturbinenabgas den Dampf zum Antrieb der Dampfturbine zu erzeugen. Der Abhitzedampferzeuger ist somit die verbindende Komponente zwischen dem Gasturbinenprozess und dem Prozess mit der Dampfturbine.

Die drei Dampftrommeln auf dem Abhitzedampferzeuger sind den drei Druckstufen zugeordnet, auf denen Dampf erzeugt wird, siehe auch Bild 9.3 und Bild 9.4.

Abweichend von diesem Konzept kann die Dampferzeugung in der Hochdruckstufe auch im Zwangsdurchlauf erfolgen, siehe Abschnitt 7.1.1.4.

Der Abgasstrom wird aus dem Abhitzedampferzeuger in den Kamin geleitet. Der dargestellte Abhitzedampferzeuger hat keine zusätzliche Feuerung. Der Wirkungsgrad des Abhitzedampferzeugers wird maßgeblich durch die Temperatur bestimmt, mit der das Abgas in den Kamin geführt wird.

Der Abhitzedampferzeuger ist hinsichtlich seines Bauvolumens, der Komplexität der zahlreichen Wärmetauscherrohre, des wärmeelastischen Gehäuses usw. und damit auch der beträchtlichen Kosten eine wesentliche Komponente einer GUD-Anlage.

Die Dampfturbine ist zweigehäusig als Hochdruckturbine und kombinierter Mitteldruckturbine mit Niederdruckturbine aufgebaut.

Der Turbinenkondensator ist für axiale Abströmung des Abdampfes ausgeführt, was strömungsgünstig ist und die Bauhöhe des Kraftwerkes verringert. Die gesamte maschinentechnische Anlage ruht auf einem gemeinsamen verwindungssteifen Fundament aus Beton.

Die mechanischen Antriebsleistungen der Gas- und der Dampfturbine werden im Generator in elektrische Leistung umgewandelt und von der Generatorspannung von max. ca. 27 kV mit dem Netztransformator auf die Spannung des Übertragungsnetzes von 220 kV oder 380 kV transformiert.

9.2 Wärmeschaltplan

Die gemeinsame Darstellung des Joule-Prozesses mit einer Gasturbine und des Clausius-Rankine-Prozesses mit einer Dampfturbine in einem T,s-Diagramm lässt das thermodynamische Zusammenwirken beider Prozesse erkennen. Bild 9.2 zeigt einen einfachen Joule-Prozess dessen Abwärme in einem nachgeschalteten einfachen Dampfturbinenprozess eingesetzt wird. Das Diagramm ist hinsichtlich der Abszisse mit der unterschiedlichen Entropie der beiden Prozessmedien Luft und Wasser/Wasserdampf keine exakte quantitative Darstellung.

Die Wärmezufuhr $\dot{Q}_{zu}$ erfolgt entlang der Isobare 2 GT → 3 GT, die Wärmeabfuhr aus dem Gasturbinenprozess in den Abhitzedampferzeuger erfolgt entlang der Isobare 4 GT → 1 GT. Die mechanische Leistung der Gasturbine wird über die direkte Kupplung in den Generator geleitet. Bei einer Einwellenanlage mit einem Generator der Polpaarzahl $p = 1$ beträgt die Drehzahl der Gasturbine, des Generators und der Dampfturbine $n = 3000\ \text{min}^{-1}$ an einem Netz mit der Frequenz $f = 50$ Hz.

Die Wärmeübertragung in den Dampfturbinenprozess findet im Abhitzedampferzeuger in Gegenstromschaltung statt, die kleinste Temperaturdifferenz zwischen dem Abgas aus der Gasturbine und dem Inhalt des Verdampfers am Anfang der Isotherme 2 DT wird auch als Pinch-Point bezeichnet.

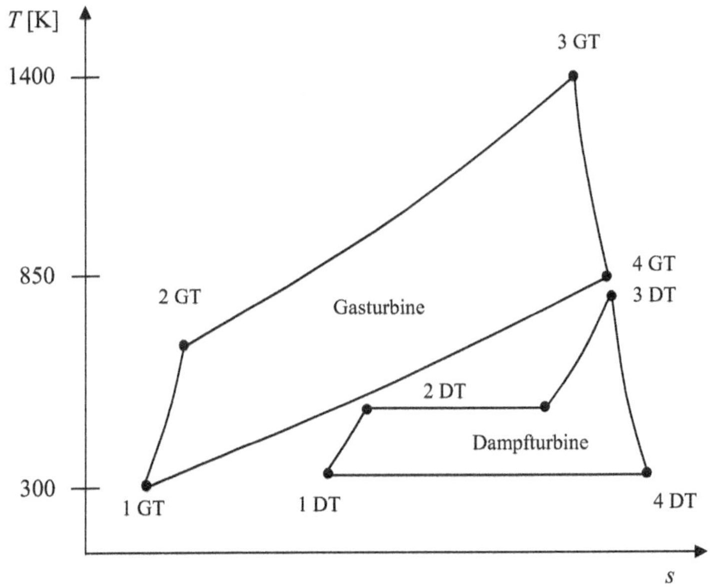

Bild 9.2 GUD-Eindruck-Prozess

Der einfache, in Bild 9.2 dargestellte kombinierte Prozess hat den Nachteil, dass die Wärmeübertragung an den Dampfturbinenprozess mit relativ großem Exergieverlust einhergeht, weil die Temperaturdifferenz zwischen der Isobare 4 GT → 1 GT und der Verdampfung des Speisewassers am Ende der Isotherme 2 DT relativ groß ist. Die thermodynamische Mitteltemperatur T_m der Wärmezufuhr an den Dampfturbinenprozess ist daher relativ gering, was für dessen Wirkungsgrad ungünstig ist.

Der Mehrdruckprozess mit Zwischenüberhitzung in Bild 9.3 verringert die ungünstige Wärmeübertragung des Eindruck-Prozesses durch die Wärmeaufnahme in den Dampfkraftprozess auf mehreren Druckstufen bei der Dampferzeugung, wodurch sich mehrere Pinch-Points und eine insgesamt geringere Temperaturdifferenz bei der Wärmeübertragung ergeben, zusätzlich hebt die Zwischenüberhitzung des Abdampfes der Hochdruckturbine die thermodynamische Mitteltemperatur T_m der Wärmezufuhr an. Vorteilhaft ist zudem, dass die Expansion in der Dampfturbine infolge der Zwischenüberhitzung nicht so weit in das Nassdampfgebiet führt.

Der Mehrdruckprozess wird zur Verbesserung des Gesamtwirkungsgrades auch angewendet, weil eine regenerative Speisewasservorwärmung als alternative Verbesserungsmaßnahme, s. Abschnitt 7.2.2, die Abgastemperatur nach dem Abhitzedampferzeuger ohne nachgeschalteten Vorwärmer für die Verbrennungsluft (Luvo) anheben würde. Der Abhitzedampferzeuger enthält bei GUD-Anlagen jedoch keinen Luftvorwärmer, weil sich eine höhere Temperatur 1 GT ungünstig auf den Wirkungsgrad und auf die maximale Leistung der im Joule-Prozess arbeitenden Gasturbine auswirken würde.

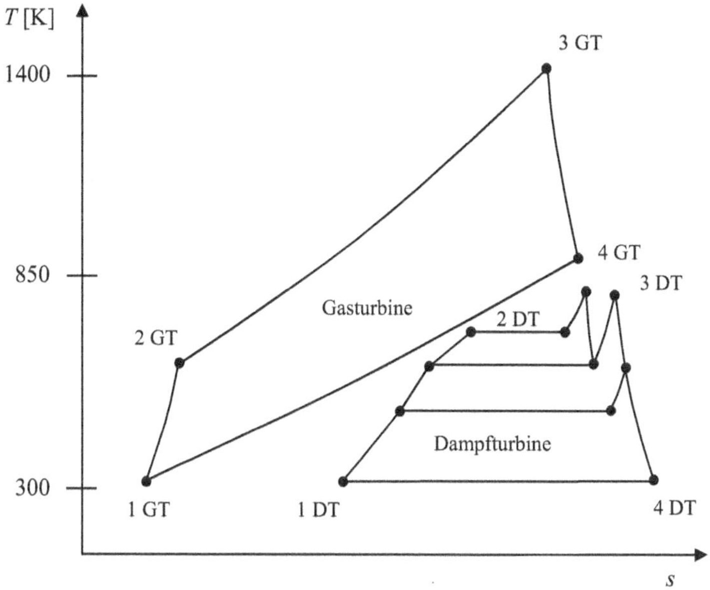

Bild 9.3 GUD-Dreidruck-Prozess mit Zwischenüberhitzung

Der Wärmeschaltplan in Bild 9.4 zeigt vereinfacht die Schaltung einer GUD-Anlage, die in Einwellenanordnung als Dreidruck-Prozess mit Zwischenüberhitzung ausgelegt ist. Diese Schaltung entspricht der GUD-Anlage in Bild 9.1 mit dem thermodynamischen Prozess in Bild 9.3 und Verdampfern mit Zwangsumlauf gemäß Bild 7.6b.

Das Gasturbinenabgas mit der Temperatur 4 GT von ca. 580 - 600 °C wird in den Abhitzedampferzeuger geführt und nach der Wärmeabfuhr in den Dampfturbinenprozess mit ca. 110 °C in den Kamin geleitet. Das entgaste, bei ca. 100 °C siedende Wasser des Speisewasserbehälters wird von den beiden Speisepumpen über rauchgasbeheizte Vorwärmer in die drei Dampftrommeln der drei Druckstufen gefördert.

Der HD-Dampf strömt aus dem HD-Überhitzer mit ca. 150 bar und ca. 540 - 565 °C in die HD-Turbine. Der aus der HD-Turbine austretende Dampf wird durch Einmischung in den MD-Dampf bei ca. 45 bar auf ca. 540 - 565 °C zwischenüberhitzt und in die MD-Turbine eingeleitet. Die ND-Turbine, in die der ND-Dampf bei ca. 5 bar und 300 °C geführt wird, ist mit der MD-Turbine in einem gemeinsamen Gehäuse angeordnet.

Durch die druckstufenweise Dampfzuführung und die nicht vorhandenen Turbinenanzapfungen steigt der Durchmesser der Turbinenbeschaufelung sehr stark zum Austritt in den Kondensator an.

Der Druck im Turbinenkondensator liegt abhängig von der Kühlwassertemperatur bei ca. 40 - 80 mbar, dem entspricht die Temperatur des Abdampfes und des Turbinenkondensates von ca. 30 - 40 °C.

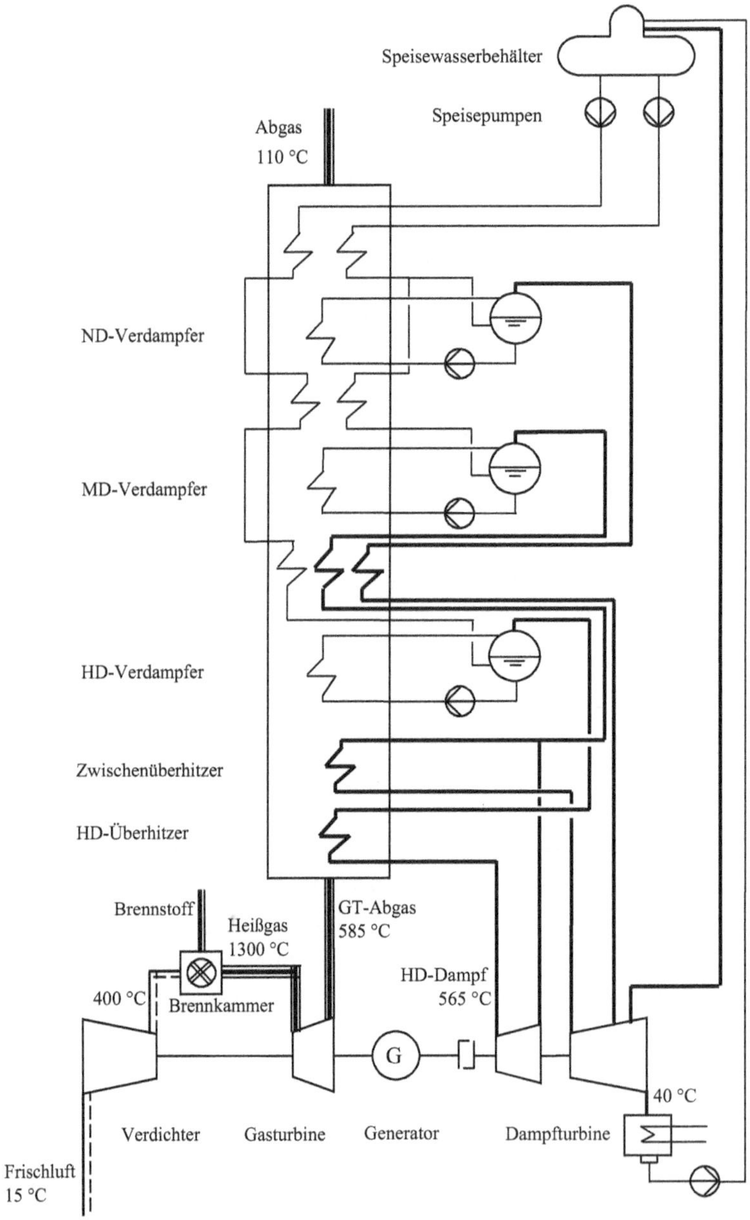

Bild 9.4 Wärmeschaltplan GUD-Anlage als Dreidruck-Prozess mit Zwischenüberhitzung

9.3 Berechnung der Hauptgrößen

Der der Brennkammer der Gasturbine zugeführte Brennstoffmassenstrom $\dot{m}_B$ bzw. Brennstoffvolumenstrom $\dot{V}_B$ mit dem unteren Heizwert H_u setzt den Wärmestrom $\dot{Q}_{zu}$ frei.

Flüssige Brennstoffe:

$$\dot{Q}_{zu} = \dot{m}_B \cdot H_u \tag{9.1}$$

Gasförmige Brennstoffe:

$$\dot{Q}_{zu} = \dot{V}_B \cdot H_u = \dot{n}_B \cdot H_{um} \tag{9.2}$$

mit $\dot{n}_B$ = Brennstoffmengenstrom [kmol/s]

Die Leistung der Gasturbine P_{GT} ergibt sich aus der Wärmezufuhr $\dot{Q}_{zu}$ und dem Wirkungsgrad η_{GT} der Gasturbine.

$$P_{GT} = \dot{Q}_{zu} \cdot \eta_{GT} \tag{9.3}$$

Die Leistung der Dampfturbine P_{DT} ergibt sich aus der Wärmezufuhr durch das Abgas der Gasturbine $\dot{Q}_{zu} \cdot (1-\eta_{GT})$ multipliziert mit dem Wirkungsgrad des Abhitzedampferzeugers η_{DE} und dem Wirkungsgrad des nachgeschalteten Dampfkraftprozesses η_{DT}.

$$P_{DT} = \dot{Q}_{zu} \cdot (1 - \eta_{GT}) \cdot \eta_{DE} \cdot \eta_{DT} \tag{9.4}$$

Die mechanische Leistung der GUD-Anlage P_{GUD} an den Kupplungen des Generators ist die Summe der Gasturbinenleistung P_{GT} und der Dampfturbinenleistung P_{DT}.

$$P_{GUD} = P_{GT} + P_{DT} \tag{9.5}$$

$$P_{GUD} = \dot{Q}_{zu} \cdot \left[\eta_{GT} + (1 - \eta_{GT}) \cdot \eta_{DE} \cdot \eta_{DT}\right] \tag{9.6}$$

Der Wirkungsgrad des kombinierten Gas- und Dampfturbinenkraftwerkes errechnet sich zu

$$\eta_{GUD} = \frac{P_{GUD}}{\dot{Q}_{zu}} = \eta_{GT} + (1 - \eta_{GT}) \cdot \eta_{DE} \cdot \eta_{DT} \tag{9.7}$$

Bei einer Abgastemperatur der Gasturbine $t_{4\ GT}$ = ca. 600 °C und einem nachgeschalteten Dampfkraftprozess mit Zwischenüberhitzung und den Praxiswerten: η_{GT} = 0,38; η_{DE} = 0,85; η_{DT} = 0,37 errechnet sich der Wirkungsgrad

$$\eta_{GUD} = 0{,}38 + (1 - 0{,}38) \cdot 0{,}85 \cdot 0{,}37 = 0{,}575$$

Die Leistungen der beiden Maschinen stehen dabei im Verhältnis

$$\frac{P_{GT}}{P_{DT}} = \frac{\dot{Q}_{zu} \cdot 0{,}38}{\dot{Q}_{zu} \cdot (1 - 0{,}38) \cdot 0{,}85 \cdot 0{,}37} = \frac{0{,}38}{0{,}195} = 0{,}51$$

Die Dampfturbinenleistung P_{DT} beträgt somit ca. ein Drittel der GUD-Leistung P_{GUD}. Die mechanische Leistung P_{GUD} der GUD-Anlage wird mit dem Wirkungsgrad des Generators η_{Gen} in die elektrische Leistung P_{el} umgewandelt, bzw. ergibt sich aus dem Produkt des Brennstoffwärmestroms und dem Gesamtwirkungsgrad der Anlage.

Flüssige Brennstoffe:

$$P_{el} = P_{GUD} \cdot \eta_{Gen} = \dot{m}_B \cdot H_u \cdot \eta_{ges} \tag{9.8}$$

Gasförmige Brennstoffe:

$$P_{el} = P_{GUD} \cdot \eta_{Gen} = \dot{V}_B \cdot H_u \cdot \eta_{ges} = \dot{n}_B \cdot H_{um} \cdot \eta_{ges} \tag{9.9}$$

Von dieser Bruttoleistung des Kraftwerkes sind ggf. der elektrische Eigenbedarf für Kühlwasserpumpen, Gebläse usw. abzuziehen und auch die Transformatorverluste zu berücksichtigen, um die in das Netz eingespeiste Nettoleistung zu erhalten.

9.4 Effizienz und Umweltbilanz

Die herausragend günstige Umweltbilanz von mit Erdgas betriebenen GUD-Kraftwerken beruht auf zwei Faktoren. Erstens erreicht die auf den Heizwert bezogene CO_2-Bildung bei der Verbrennung von Erdgas nur etwa 60 % des Niveaus von Steinkohle, weil der relativ hohe Wasserstoffanteil im Erdgas wesentlich zum Heizwert beiträgt, aber kein CO_2 bei der Verbrennung bildet. Zweitens liegt der Gesamtwirkungsgrad als Maß der Brennstoffausnutzung moderner GUD-Kraftwerke bei ca. 60 %, während die in dieser Hinsicht besten modernen Steinkohlekraftwerke einen Gesamtwirkungsgrad von ca. 46 % erreichen.

Zu beachten ist allerdings, dass in dieser Betrachtung z. B. die CO_2-erzeugenden Kompressor-Stationen zur Förderung des Erdgases über weite Entfernungen und die Energie zur Einspeicherung unter hohem Druck nicht enthalten sind. Hinzu kommt, dass das Gas während der Ausspeicherung geheizt werden muss.

Weiterhin ist von großer Bedeutung, dass der Beschaffungspreis von Erdgas deutlich über dem der Steinkohlen liegt. Bei Einsatz von Erdgas in einer modernen GUD-Anlage entsteht nur ca. 50 % der CO_2-Emission eines leistungsgleichen Steinkohlenkraftwerkes, wie die nachfolgende Beispielrechnung zeigt.

Beispiel:

Ein 500-MW-Steinkohlenkraftwerk mit η_{ges} = 0,46 wird mit einem 500-MW-GUD-Kraftwerk mit Erdgasfeuerung mit η_{ges} = 0,6 im Hinblick auf die CO_2-Emissionen verglichen. Es kommen die beiden folgenden Brennstoffe zum Einsatz:

1. Steinkohle mit der Elementaranalyse

   78,5 % C; 3,7 % H_2; 3,0 % N_2; 1,5 % S; 4,0 % O_2; 2,0 % Wasser; 7,3 % Asche

   Der Heizwert der Kohle kann mit Formel 2.119 zu H_u = 30,5 MJ/kg bestimmt werden.

   Die spezifische, d.h. auf die eingesetzte Brennstoffmasse bezogene CO_2-Emission errechnet sich mit Formel 2.127).

$$v_{CO_2} = \frac{c}{12}\left[\frac{\text{kmol } CO_2}{\text{kg Brennstoff}}\right] = \frac{0{,}785}{12} = 0{,}0654\,\frac{\text{kmol } CO_2}{\text{kg Brennstoff}}$$

   Der Brennstoffverbrauch gemäß Formel 7.19

$$\dot{m}_B = \frac{P}{H_u \cdot \eta_{ges}} = \frac{500\,\frac{\text{MJ}}{\text{s}}}{30{,}5\,\frac{\text{MJ}}{\text{kg}} \cdot 0{,}46} = 35{,}6\,\frac{\text{kg}}{\text{s}}$$

   erzeugt den CO_2-Stoffmengenstrom im Abgas

$$\dot{n}_{CO_2} = \dot{m}_B \cdot v_{CO_2} = 35{,}6\,\frac{\text{kg}}{\text{s}} \cdot 0{,}0654\,\frac{\text{kmol } CO_2}{\text{kg Brennstoff}} = 2{,}33\,\frac{\text{kmol } CO_2}{\text{s}}$$

2. Erdgas mit den Raumanteilen

   85 % CH_4; 2 % C_2H_6; 1 % CO_2; 12 % N_2

   Der molare Heizwert kann mit Formel 2.132 zu H_{um} = 710,7 MJ/kmol bestimmt werden.

   Die spezifische, d.h. die auf die eingesetzte Brennstoffmenge bezogene CO_2-Emission errechnet sich mit Formel 2.136.

$$v_{CO_2} = \left(CO^b + CH_4^b + \Sigma\, n\, C_n H_m^b + CO_2^b\right)\left[\frac{\text{kmol } CO_2}{\text{kmol Brennstoff}}\right] = 0{,}9\,\frac{\text{kmol } CO_2}{\text{kmol Brennstoff}}$$

   Der Brennstoffmengenstrom

$$\dot{n}_B = \frac{P}{H_{um} \cdot \eta_{ges}} = \frac{500\,\frac{\text{MJ}}{\text{s}}}{710{,}7\,\frac{\text{MJ}}{\text{kmol}} \cdot 0{,}6} = 1{,}17\,\frac{\text{kmol}}{\text{s}}$$

erzeugt den CO_2-Stoffmengenstrom im Abgas

$$\dot{n}_{CO_2} = \dot{n}_B \cdot \nu_{CO_2} = 1{,}17\,\frac{\text{kmol}}{\text{s}} \cdot 0{,}9\,\frac{\text{kmol CO}_2}{\text{kmol Brennstoff}} = 1{,}05\,\frac{\text{kmol CO}_2}{\text{s}}$$

Die CO_2-Emission des GUD-Kraftwerkes liegt somit bei ca. 45 % der Emission des leistungsgleichen Steinkohlenkraftwerkes.

Die gesamte Anordnung der Hauptkomponenten einer modernen GUD-Anlage in Einwellenanordnung zeigt Bild 9.5 (v. l.): der Abgaskamin, der Abhitzedampferzeuger, die Haube der Luftansaugung mit der Gasturbine, weiter rechts der Generator mit der elektrischen Ableitung zu den Transformatoren für den elektrischen Eigenbedarf und zum Netztransformator im Vordergrund und auf der linken Bildseite die Dampfturbine mit dem Turbinenkondensator und den Hauptkühlwasserleitungen.

GUD-Anlagen in Einwellenbauweise werden bis zu einer elektrischen Leistung von ca. 550 MW realisiert, die Ausdehnung der gesamten Kraftanlage in Richtung der Wellenachse liegt in dieser Leistungsklasse bei ca. 140 m.

Bild 9.5 Gesamtaufbau Gas- und Dampfturbinenkraftwerk (Bauart Siemens Energy)

10 Kraft-Wärmekopplung

Die gemeinsame Bereitstellung von mechanischer Energie oder Elektrizität und zusätzlich Wärme aus einer Kraftanlage wird als Kraft-Wärmekopplung bezeichnet. Diese gemeinsame Bereitstellung der beiden Energieformen durch einen Koppelprozess erfordert weniger Primärenergie, als die Lieferung der beiden Formen der Nutzenergie in getrennten, einzelnen Prozessen. Infolge des geringeren Bedarfs an fossiler Primärenergie wird auch weniger CO_2 gebildet.

Bei der Stromerzeugung mit thermischen Kreisprozessen muss ein relativ großer Abwärmestrom mit einem hohen Anergieanteil an die Umgebung abgeführt werden. Bei Wärmeströmen zu Heizzwecken wird relativ wenig Exergie und viel Anergie benötigt, wodurch die Anergie aus der Wärmeabfuhr der Kreisprozesse nutzbar wird.

Weil der Wirkungsgrad großer Generatoren deutlich über 95 % liegt, wird die somit geringe Differenz von mechanischer Energie und Elektrizität im Folgenden vernachlässigt.

Bei allen thermischen Kraftwerkstypen kann Kraft-Wärmekopplung angewendet werden. Der Transport der ausgekoppelten Wärme zu den Wärmeverbrauchern erfolgt mittels geeigneter Wärmeträger (meistens Wasser oder Wasserdampf) durch Rohrleitungssysteme. Die Rohrleitungssysteme bestehen aus einem Vorlaufsystem und einem Rücklaufsystem für das Wärmeträgermedium. Das Vorlaufsystem führt das im Kraftwerk aufgeheizte Medium zu einem oder mehreren Verbrauchern, wo dem Medium die Nutzwärme entzogen wird. Das Rücklaufsystem führt den abgekühlten Wärmeträger zur erneuten Wärmeaufnahme im Kreislauf zurück.

Wenn Prozessdampf als Wärmeträger aus einem Kraftwerk ausgekoppelt wird, erfolgt eine Rücklieferung meist in Form des Dampfkondensates. Falls auch das Dampfkondensat bei den Verbrauchern teilweise oder vollständig stofflich verwertet wird, entfällt dementsprechend die Rücklieferung in das Kraftwerk.

10.1 Begriffe und Kennzahlen

Die Art der Wärmeauskopplung wird allgemein durch Begriffe und Kennzahlen beschrieben, die für alle thermischen Kraftwerkstypen anwendbar sind.

Der Nutzungsfaktor ω (auch: Nutzungsgrad) ist das Verhältnis der Summe der mechanischen Leistung P und der Wärmeleistung $\dot{Q}_{\mathrm{H}}$ zu dem Brennstoffwärmestrom $\dot{m}_{\mathrm{B}} \cdot H_{\mathrm{u}}$.

$$\omega = \frac{|P| + |\dot{Q}_{\mathrm{H}}|}{\dot{m}_{\mathrm{B}} \cdot H_{\mathrm{u}}} \tag{10.1}$$

Der Nutzungsfaktor ω ist stets kleiner als 1, jedoch größer als der Wirkungsgrad der reinen Stromerzeugung der Anlage bei gleicher eingesetzter Brennstoffenergie.

Die Stromkennzahl σ (auch: Stromkennziffer, Stromzahl) ist das Verhältnis der mechanischen oder elektrischen Leistung P zu dem ausgekoppelten Wärmestrom $\dot{Q}_{\mathrm{H}}$.

$$\sigma = \frac{P}{\dot{Q}_{\mathrm{H}}} \tag{10.2}$$

Die Stromausbeute β ist nicht als Wirkungsgrad aufzufassen, sondern bezieht den Anteil der Stromerzeugung auf den Brennstoffwärmestrom $\dot{m}_{\mathrm{B}} \cdot H_{\mathrm{u}}$.

$$\beta = \frac{|P|}{\dot{m}_{\mathrm{B}} \cdot H_{\mathrm{u}}} \tag{10.3}$$

Der Nutzungsfaktor ω lässt sich durch die Stromkennzahl σ und die Stromausbeute β darstellen.

$$\omega = \beta \left(1 + \frac{1}{\sigma} \right) \tag{10.4}$$

Die Stromverlustkennziffer τ gibt die auf den Wärmestrom $\dot{Q}_{\mathrm{H}}$ bezogene elektrische oder mechanische Leistungsverringerung ΔP bei gleichbleibender Brennstoffzufuhr an.

$$\tau = \frac{\Delta P}{\dot{Q}_{\mathrm{H}}} \tag{10.5}$$

10.2 Wärmeschaltplan

Bei Dampfkraftwerken kann die Kraft-Wärmekopplung mit Gegendruckturbinen oder Entnahme-Kondensationsturbinen realisiert werden.

Bei Gegendruckturbinen wird der gesamte Turbinenabdampf zur Wärmeauskopplung auf einem Druck- und Temperaturniveau herangezogen, welches deutlich über dem eines im Vakuum arbeitenden Turbinenkondensators liegt, siehe Bild 10.1. Die Gegendruckturbinen werden meist zwischen zwei Dampfnetze unterschiedlichen Druckes geschaltet. Der Abdampfmassenstrom wird durch die Turbinenleistung bestimmt, die Turbinenleistung und die Wärmelieferung sind daher einander fest zugeordnet.

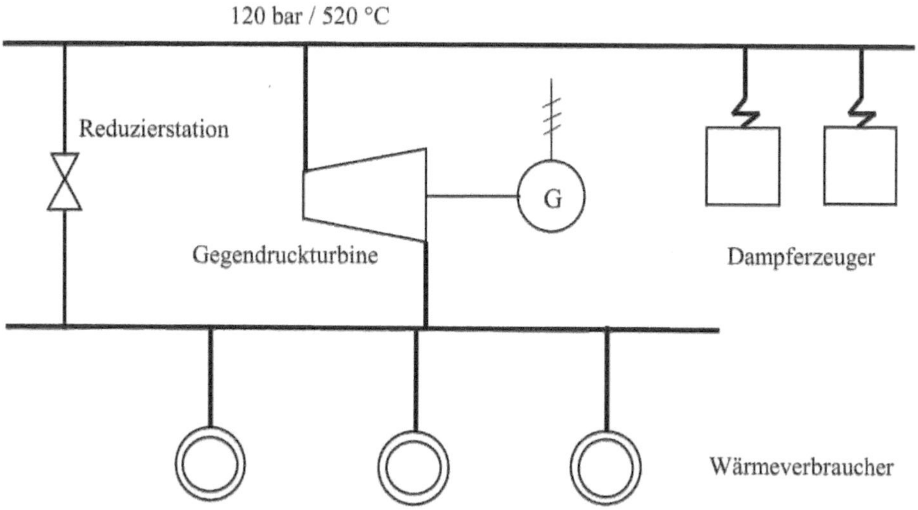

Bild 10.1 Gegendruckturbine mit Reduzierstation und Wärmeverbrauchern

Falls die Turbine nicht oder nicht vollständig zur Verfügung steht, können die Wärmeverbraucher über eine Reduzierstation versorgt werden. Die Reduzierstation ist meist mit einer Wassereinspritzung zur Anpassung der Dampftemperatur an die Wärmeverbraucher ausgerüstet. Der positive Effekt der Kraft-Wärmekopplung entfällt für den über die Reduzierstation strömenden Dampf.

Eine Entnahme-Kondensationsturbine ermöglicht eine weitgehende Entkopplung der Turbinenleistung und der Entnahmedampfströme. Das Prinzip der Anordnung der Komponenten zur Wärmeauskopplung aus einer Entnahme-Kondensationsturbine in ein Fernwärmenetz zeigt beispielhaft Bild 10.2. Im Sommerbetrieb ist die Dampfzufuhr zu den Wärmetauschern außer Betrieb, die Turbine arbeitet als Kondensationsturbine. Bei hoher Fernwärmelast kann die Regelklappe zwischen der

Mitteldruck- und der Niederdruckturbine gedrosselt werden, um ausreichend Entnahmedruck für den im Druckniveau höchsten Wärmetauscher zu erhalten. Die mehrstufige Vorwärmung aus mehreren Entnahmen der Turbine verringert die mittlere Temperaturdifferenz bei der Wärmeübertragung an das Heizwasser und vermindert somit den Exergieverlust.

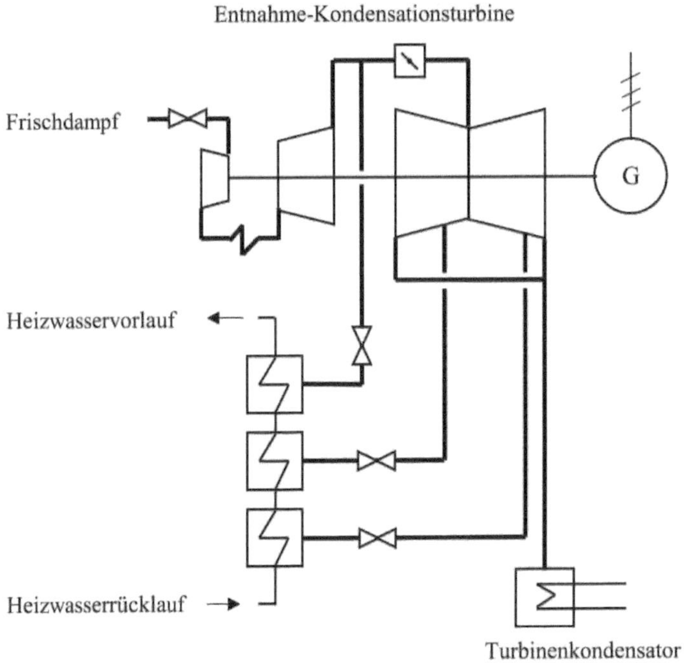

Bild 10.2 Entnahme-Kondensationsturbine mit Heizwasserwärmetauschern

Die Entnahmen der Dampfströme zur Heizwassererwärmung können konstruktiv gemeinsam mit den Anzapfungen für die Speisewasservorwärmung, vgl. Bild 7.9, oder auch zusätzlich an geeigneten Stellen der Turbine vorgesehen werden.

Bei GUD-Anlagen kann die Kraft-Wärmekopplung an der Dampfturbine sinngemäß wie in Bild 10.2 vorgesehen werden. Gasturbinen können durch Ausrüstung mit einem nachgeschalteten Abhitzewärmetauscher Prozess- oder Heizwärme liefern. Die Gasturbinenleistung sinkt dabei durch den von dem Abhitzewärmetauscher verursachten erhöhten Gegendruck geringfügig.

Verbrennungsmotoren werden zunehmend in Kraft-Wärmekopplung in Heizkraftwerken kleiner bis zu mittlerer Leistung eingesetzt. Die Abwärme der Verbrennungsmotoren aus dem Kühlwasserkreislauf, dem Ölkreislauf, aus dem Abgas und bei aufgeladenen Motoren aus der komprimierten Luft oder dem komprimierten Gemisch wird in Wärmetauschern an den Heizwasserkreislauf zur Versorgung der

Wärmeverbraucher übertragen. Die Motoren arbeiten bei Betrieb mit Gas (Erdgas, Biogas, u.a.) meist als Ottomotoren mit äußerer Gemischbildung und Fremdzündung. Saugmotoren sind einfach und kostengünstig und für eine im Vordergrund stehende Wärmelieferung geeignet, während Turbomotoren bei vergleichbarem Hubraum eine höhere mechanische Leistung ermöglichen. Der vereinfachte Schaltplan in Bild 10.3 zeigt einen aufgeladenen Gasmotor, der in einem Heizkraftwerk oder Blockheizkraftwerk zur Strom- und Wärmelieferung arbeitet.

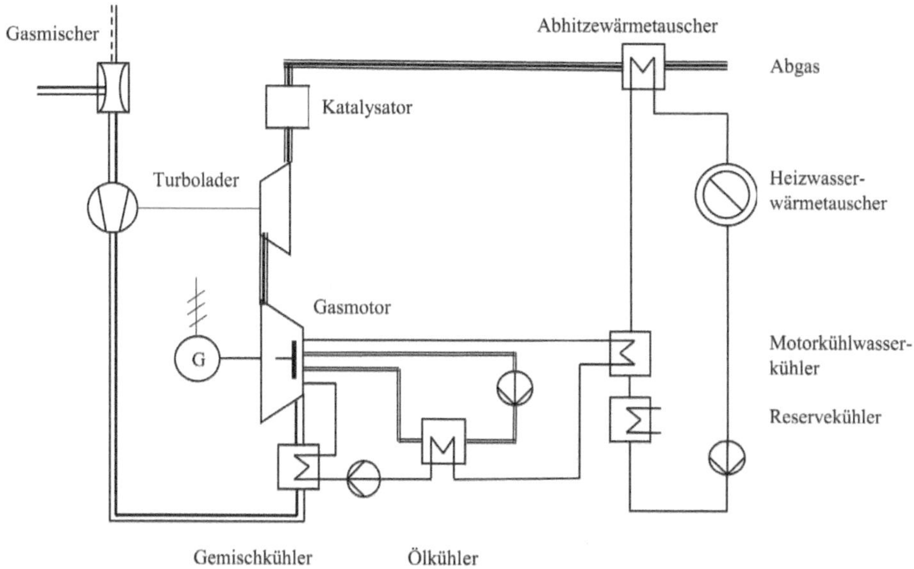

Bild 10.3 Gasmotor mit Wärmeauskopplung

■ 10.3 Industriekraftwerke

In der chemischen Industrie, in Raffinerien, im Hüttenwesen und allgemein in großen Werken der Fertigungsindustrie werden Industriekraftwerke betrieben. Diese Kraftwerke liefern Strom für den Industriestandort und auch Prozesswärme für die betrieblichen Prozesse und Heizwärme zur Gebäudeheizung. Die Kraftwerke sind meist aus mehreren unabhängigen Einheiten aufgebaut, um die sehr hohen Anforderungen an die Versorgungssicherheit, insbesondere hinsichtlich der unterbrechungsfreien Strom- und Wärmelieferung zu erfüllen. Auch Kostengesichtspunkte bei der möglichen Verwendung von Brennstoffen aus der eigenen lokalen Produktion spielen eine große Rolle.

Oft kommen Gegendruckturbinen der Leistung um 10 – 20 MW zum Einsatz (Bild 10.1), ggf. zusätzlich zu Entnahme-Kondensationsturbinen (Bild 10.2). Die Dampfversorgung erfolgt meist aus mehreren Dampferzeugern, die in eine gemeinsame Sammelleitung einspeisen, aus der die Dampfturbinen versorgt werden.

Zunehmend werden Industriekraftwerke, wo es möglich ist, auf Gasturbinen oder GUD-Anlagen umgerüstet, um die Emission des Treibhausgases CO_2 zu verringern und auch um dadurch in der öffentlichen Wahrnehmung Akzeptanz zu finden bzw. zu behalten.

10.4 Heizkraftwerke, Blockheizkraftwerke (BHKW)

Heizkraftwerke versorgen insbesondere in Ballungsräumen oder großen Städten das lokale Umfeld mit Strom und in der Heizperiode zusätzlich auch mit Fernwärme. Diese Kraftwerke stehen oft im Eigentum von Stadtwerken und werden auch durch die Stadtwerke betrieben. Heizkraftwerke sind von Heizwerken zu unterscheiden, welche nur Wärme liefern.

Heizkraftwerke sind ähnlich wie Industriekraftwerke wegen der sehr hohen Anforderungen an die Versorgungssicherheit stets aus mehreren unabhängigen Einheiten aufgebaut, auch wenn mehrere Heizkraftwerke und Heizwerke in ein Fernwärmenetz einspeisen.

In leistungsstarken städtischen Heizkraftwerken mit Leistungen bis ca. 300 MW_{el} oder darüber in Großkraftwerken mit Fernwärmeauskopplung sind im Wasser-/Dampfkreislauf mehrere Entnahme-Kondensationsturbinen eingesetzt, um den wechselnden Strom- und Wärmeanforderungen flexibel nachkommen zu können und außerhalb der Heizperiode ausschließlich Strom liefern zu können.

Verbrennungsmotoren als Diesel- oder Gasmotoren werden in Heizkraftwerken bis ca. 10 MW_{el} eingesetzt. Die Abwärme der Motoren aus dem Kühlwasserkreislauf, dem Ölkreislauf und aus dem Abgas wird in Wärmetauschern an den Heizwasserkreislauf zur Versorgung der Wärmeverbraucher übertragen, siehe Bild 10.3.

Blockheizkraftwerke (BHKW) sind kleine dezentrale Heizkraftwerke, meist auf der Basis von Verbrennungsmotoren, mit Einheitenleistungen der Motoren bis ca. 1 bis 2 MW_{el}. Der Begriff des Blockheizkraftwerkes und die Einordnung nach der Leistung wird sehr unterschiedlich verwendet. Durch die dezentrale Integration in die Wohngebiete werden Leitungsverluste und Investitionskosten gespart. Um eine akzeptable Versorgungssicherheit zu erreichen, sind mehrere Einheiten oder andere Redundanzen erforderlich, insbesondere wenn mehrere Gebäude mit Strom und Wärme versorgt werden. Der Aufbau der BHKW entspricht prinzipiell Bild 10.3. Es werden jedoch zahlreiche Varianten der Schaltung je nach Brennstoff und Einsatzzweck realisiert.

Wärmepumpen

Häufig fällt Abwärme aus thermischen Anlagen auf einem Temperaturniveau an, das eine direkte Nutzung nicht ermöglicht, z. B. in Kühlwasser mit 30 - 40 °C. Durch den Einsatz einer Wärmepumpe kann Wärme unter Einsatz von mechanischer Energie auf ein höheres Temperaturniveau gehoben werden.

Eine Wärmepumpe arbeitet mit einem linkslaufenden Kreisprozess im Prinzip wie eine Kältemaschinenanlage. Der Zweck der Wärmepumpe ist jedoch nicht wie bei der Kälteanlage die Kälteleistung des Verdampfers, sondern die Wärmeabgabe des Kondensators.

Zur Vertiefung in die Thermodynamik und in die Technik von Wärmepumpen wird auf das weiterführende Schrifttum verwiesen.

11 Nutzung der Windenergie

11.1 Vorbemerkungen

Wind- oder Luftturbinen (LT), auch als Windkonverter oder kurz Windräder bezeichnet, sind wegen der Energiewende - Umweltenergie statt konventioneller (Kohle, Öl, Gas, Atom) - von stark wachsender Bedeutung, und zwar hauptsächlich wegen Klima- sowie Umweltschutz. Da jedoch vom natürlichen, d.h. schwankenden Windangebot abhängig, können sie, besonders auf dem Land (onshore) nur immer zeitweise zur Elektrizitätsgewinnung beitragen. Deshalb sind große Speicheranlagen zur Überbrückung der Flauten notwendig. Solche Speichereinrichtungen wären insbesondere hydraulische Pumpspeicheranlagen und Gasspeicher. Im Küstenbereich (offshore) der Meere ist das Windangebot fast immer größer; gleichmäßige und zeitlich dauerhaft hohe Luftgeschwindigkeit. Deshalb sind Offshore-Windturbinenkraftwerke zwar aufwendiger, aber leistungsfähiger und werden deshalb häufiger gebaut. Dies zudem in immer größerer Leistung (bis 10 MW) je Anlage gegenüber solchen an Land. Dazu notwendig sind jedoch meist lange Elektroleitungen mit großer Leistungskapazität für den Transport des gewonnenen elektrischen Stromes zum Verbraucher.

Die wichtigsten Anforderungen an Windkonverter sind:

- einfacher Aufbau und deshalb niedriger Herstellaufwand,
- robust, Böen- und Sturmsicherung, wenig Wartung,
- leise, geräuscharmer Betrieb auch bei unterschiedlicher Windgeschwindigkeit,
- gute Effizienz (Wirkungsgrad), also weitgehende Nutzung des mit der Geschwindigkeit stark schwankenden Windangebotes,
- automatischer Betrieb,
- Verbundbetrieb oder Speichermöglichkeit für die gewonnene Energie.

Infolge geringer Windenergiedichte (Abschnitt 11.2) ergeben sich verglichen mit der Leistung große Anlagen. Die Forderung nach geringem Herstellungsaufwand ist daher kaum erfüllbar. Auch stehen bis heute außer dem hydraulischen noch keine weiteren großtechnischen Energiespeicherverfahren zur Verfügung. Selbst die hydraulische Speicherung (Pump-, Druckluft-Speicherkraftwerke) ist nur bei entsprechenden natürlichen Gegebenheiten möglich. Die Windenergienutzung ist daher bisher nur im Verbundbetrieb mit anderen, leicht regelbaren Elektrizitätserzeugungsverfahren (vor allem Gas- und Dampfkraftanlagen) sinnvoll. Effizienter, geräuscharmer Betrieb erfüllt sich durch exaktes strömungstechnisches Auslegen und Gestalten (Tragflügeltheorie) weitgehend. Um an die schwankende Windgeschwindigkeit (Größe, Richtung) bei möglichst konstanter Rotordrehzahl anzupassen, sollten die Propellerblätter in der Nabe schwenkbar angeordnet sein und während des Betriebs verstellt werden können. Auch muss die gesamte Windanlage um die Vertikalachse drehbar sein, um sich in die jeweilige Windrichtung einstellen zu können.

Da von der Natur angebotene Windenergie nichts kostet, tritt der Wirkungsgrad hinter den Investitionsaufwand. Allerdings sind billige, d. h. strömungstechnisch schlecht ausgebildete Windräder zwangsläufig laut. Sie verursachen zusätzliche Strömungsturbulenzen und dadurch geringe Druckschwankungen (Geräusche).

■ 11.2 Windangebot

Etwa 1,5 - 2,5 % der eingestrahlten Sonnenenergie werden in Bewegungsenergie (Winde) umgewandelt. Das in der Bundesrepublik Deutschland theoretisch verfügbare Windpotenzial beträgt etwa $(3 - 5) \cdot 10^{11}$ kWh/a. Die technisch nutzbare Windenergie liegt etwa bei $2 \cdot 10^{11}$ kWh/a. Zum Vergleich: Die Bruttostromerzeugung in der BRD beläuft sich etwa auf $(1 - 4) \cdot 10^{10}$ kWh/a, zugehörig ein Windpotenzial onshore von fast 200 GW für Windturbinen. Damit ließen sich über 60 % des deutschen Strombedarfs decken. Dazu wären aber ca. 2 % der deutschen Landfläche notwendig. Gemäß Berechnungen der Harvard-Universität reicht die global verfügbare Windenergie aus, um den Weltenergiebedarf mehr als zu decken. Es wären bis zum ca. 40-fachen des gegenwärtigen weltweiten Bedarfs an elektrischer Energie und bis zum 5-fachen des Gesamtenergiebedarfs gewinnbar.

Technisch nutzbare Windgeschwindigkeiten zur Energiegewinnung liegen zwischen 4 und 24 m/s. Die zugehörige Windenergieleistung - bezogen auf den Strömungsquerschnitt - beträgt 40 W/m^2 (bei 4 m/s) bis 8 kW/m^2 (bei 24 m/s). Unter 4 m/s ist der Energiegewinn zu gering (große Rotordurchmesser notwendig), über 24 m/s (Sturm) sind die Windkräfte zu groß (hohe Anlagenstabilität erforderlich). Da die Windgeschwindigkeit in großer Lufthöhe (über ca. 50 m) gleichmäßiger ist, sollten Windkonverter zudem hoch aufgeständert werden. Die größten zurzeit vielfach, vor allem offshore gebauten Windkraftanlagen von etwa 5 MW Nutzleistung benötigen einen in 120 m Höhe (Turm) angeordneten Rotor von ca. 120 m Durchmesser.

Um das gesamte technisch nutzbare Windpotenzial zur Energiegewinnung heranzuziehen, müssten bei einer mittleren Benutzungsdauer von 2500 h/a nahezu 25 000 solcher 5-MW-Großwindanlagen eingesetzt werden. Eine Anzahl, für die in der BRD onshore nicht genügend Platz vorhanden ist, abgesehen vom notwendigen Investitionsaufwand. Außerdem treten in der BRD hauptsächlich in den Gebieten nördlich der Linie Aachen-Düsseldorf-Essen-Osnabrück-Hannover-Braunschweig in Höhen ab 50 - 70 m dauerhaft mittlere Windgeschwindigkeiten ≥ 4 m/s auf, weshalb Offshore-Anlagen notwendig werden.

Derartige im Meerwasser geringer Tiefe, also in Küstennähe (offshore), gebaute Windkraftanlagen sind jedoch drei- bis fünffach so aufwendig wie solche auf dem Land. Andererseits besteht im „Meer" mehr Platz und gleichmäßigeres dauerhaftes Windangebot von höherer Windgeschwindigkeit - im Mittel 8 bis 25 m/s. Bei noch höheren Windgeschwindigkeiten (Sturm) müssen die Windturbinen jedoch gesichert werden durch Abschalten, Segelstellung usw. Das deshalb, da die gegenwärtig verfügbaren Werkstoffe bei vertretbarem Bauaufwand die dann auftretenden Belastungen festigkeitsmäßig nicht beherrschen. Auch sind, wie erwähnt, lange leistungsfähige elektrische Leitungen (Überlandleitung oder Erdkabel) notwendig, um den winderzeugten Strom von der Küste zu den Verbrauchern zu führen.

Gegenwärtig sind in Deutschland (on- und offshore) Windturbinenanlagen von insgesamt etwa 40 000 MW Nennleistung - in steigender Tendenz - installiert und übertreffen damit den Wert der vorhandenen Wasserturbinenanlagen. Weltweit übersteigt zurzeit die Nennleistung der aufgebauten Windturbineneinrichtungen schon 300 000 MW. Beide mit weiter steigender Tendenz. Alle tragen dadurch zur entsprechenden Verringerung des Ausstoßes von umweltschädlichem Treibhausgas CO_2 bei und damit entsprechend zum Klimaschutz.

Werte einer der derzeit noch häufig gebauten großen Offshore-Windkraftanlagen in Deutschland:

Nennleistung	5 MW
Drehzahl	7-12 min^{-1}
Rotorgesamtdurchmesser	126 m
Windgeschwindigkeit im Mittel	8 m/s
Rotorblätter aus Carbonfasermatten	
Anzahl	3
Flügellänge	61,5 m
Masse je Blatt	18 t

Verbunden mit der Nabe durch insgesamt 1000 Schrauben M 48

Stahlturm	
Höhe	114 m
Durchmesser	ca. 6 m
Wanddicke	bis 65 mm
Masse	700 t
Fundament Beton	1300 t
Maschinenhaus	300 t

Projektiert sind, wie erwähnt, schon Offshore-Großwindanlagen für 10 MW Nennleistung bei ca. 11 m/s mittlerer Windgeschwindigkeit. Der dazu je Anlage notwendige dreiblättrige Rotor, sog. Dreistern, hat einen Gesamtdurchmesser von 171 m und eine Drehzahl von 15 Umdrehungen je Minute. Die Rotormitte (Achse) wird ca. 120 m über der Meeresoberfläche angeordnet sein. Die Gesamthöhe einer solchen Anlage beträgt somit über 200 m. Ein entsprechend stabiler Turm sowie kräftiges Fundament sind notwendig.

11.3 Aerodynamische Grundlagen

11.3.1 Einführung

Für folgende, teilweise aus [Sigloch 2009] entnommene Betrachtungen kann das Windrad als durchlässige Kreisscheibe in Propellermittenebene gelten, da die Flügelrandumströmung nicht eingeht. Die Luft strömt vorn - Druck- oder Luvseite - mit der mittleren Geschwindigkeit c_{zu} axial zu und hinten - Saug- oder Leeseite - mit der Geschwindigkeit c_{ab} axial ab. Die Mittenersatzscheibe besitzt deshalb den gleichen Durchmesser wie das Windrad (Propellerfläche A_P). Die vereinfachte Propellertheorie - Abschnitt 11.3.7 - beweist die schon von *Froude* angegebene Beziehung (*Froude*-Theorem), dass die mittlere axiale Luftgeschwindigkeit demnach in der Propellermittenebene, in der sogenannten Ersatzscheibe, $c_P = (c_{zu} + c_{ab})/2$ (Formel 11.19) beträgt. Infolge der Energieabgabe an das Windrad ist die Luftgeschwindigkeit beim Abströmen (c_{ab}) kleiner als beim Zuströmen (c_{zu}). Nach der Kontinuitätsbedingung muss daher der Querschnitt des vom Windrad beeinflussten Luftstromes von vorne nach hinten zunehmen. Die Stromlinien streben entsprechend auseinander. Da innerhalb des Propellers nur geringe Druckänderungen auftreten, kann die Luft hierbei als inkompressibel gelten.

Für die Gestaltung der Windturbinen-Flügelprofile wird auf Abschnitt 4.4.8 verwiesen. Die Propeller- und Tragflügeltheorie ist für die folgenden Betrachtungen nicht notwendig.

11.3.2 Windenergie und Windleistung

Energie und Leistung des Windes sind ausschließlich kinetischer Natur. Mit der Luft- oder Windgeschwindigkeit $c_{Lu} \equiv c_{zu}$, der Zuströmgeschwindigkeit zum Propellerrad (Bild 11.1), wird die **Windenergie:**

$$E_{Lu} = m_{zu} \cdot \frac{c_{zu}^2}{2} = m_{zu} \cdot \frac{c_{zu}^2}{2}$$

Windleistung: Bei konstanter Windgeschwindigkeit c_{zu} gilt allgemein für die „Luftleistung“:

$$P_{Lu} = \dot{E}_{Lu} = \frac{dE_{Lu}}{dt} = \frac{d}{dt}\left(m_{Lu} \cdot \frac{c_{Lu}^2}{2}\right) = \dot{m}_{Lu} \cdot \frac{c_{Lu}^2}{2} \tag{11.1}$$

Auf die **Propellerscheibe** (Index P, Fläche A_P) **zuströmende Windleistung**: Mit dem zugehörigen Luftmengenstrom $\dot{m}_{Lu,P} = \varrho_{Lu} \cdot A_P \cdot c_{zu}$ folgt gemäß Formel 11.1:

$$P_{Lu,P} = \frac{\varrho_{Lu}}{2} \cdot A_P \cdot c_{zu}^3 \tag{11.2}$$

Hinweis: Gemäß Bild 11.1 ist c_{zu} die Geschwindigkeit, mit der der Wind auf den ortsfest angeordneten Propeller in seiner Achsrichtung zuströmt, also die Absolutzuströmgeschwindigkeit. Entsprechend ist c_{ab} die Absolutabströmgeschwindigkeit (Restwert) des Windes. Im Gegensatz hierzu handelt es sich bei Bild 4.67 um analoge Relativgeschwindigkeiten. w_F ist die Kombination der Fortbewegungsgeschwindigkeit c_{Prop} des Propellers und der Fluidgeschwindigkeit c_{Fl}. Demnach gilt $w_F = c_{Prop} \pm c_{Fl}$ mit + bei gegengerichteter und - bei gleichgerichteter Fluidgeschwindigkeit zur Propellerfortbewegung.

11.3.3 Windturbinenleistung

Auf die Luftturbine (Index LT) mit Propellerrotations-Mittenfläche A_P vom Wind theoretisch, d. h. reibungsfrei übertragene Energie ist die Differenz der kinetischen Luftenergie vor und nach dem Propeller:

$$E_{LT} = m_{Lu,P} \cdot \left(\frac{c_{zu}^2}{2} - \frac{c_{ab}^2}{2}\right) = \frac{\varrho_{Lu}}{2} \cdot V_{Lu,P} \cdot \left(c_{zu}^2 - c_{ab}^2\right)$$

Die vom Wind auf den Propeller übertragene Leistung, die theoretische **Luftturbinenleistung** $P_{LT,th}$ (verlustfrei), folgt aus der Differenziation $\left(\rightarrow \dot{V}\right)$:

$$P_{LT,th} = \dot{E}_{LT} = \frac{\varrho_{Lu}}{2} \cdot \dot{V}_{Lu,P} \cdot \left(c_{zu}^2 - c_{ab}^2\right)$$

Mit dem Propeller-Durchflussstrom $\dot{V}_{Lu,P} = c_P \cdot A_P$ des Windes und der Luftgeschwindigkeit in Propellermittenebene (Index P) $c_P = (c_{zu} + c_{ab})/2$ (Ersatzscheibe, Formel 11.19) ergibt sich:

$$P_{LT,th} = \frac{\varrho_{Lu}}{2} \cdot A_P \cdot \frac{1}{2} \cdot (c_{zu} + c_{ab}) \cdot (c_{zu}^2 - c_{ab}^2)$$

$$P_{LT,th} = \frac{1}{4} \cdot \varrho_{Lu} \cdot A_P \cdot c_{zu}^3 \cdot \left[1 + \frac{c_{ab}}{c_{zu}}\right] \cdot \left[1 - \left(\frac{c_{ab}}{c_{zu}}\right)^2\right] \tag{11.3}$$

Oder mit Formel 11.2

$$P_{LT,th} = \frac{1}{2} \cdot P_{Lu,P} \cdot \left[1 + \frac{c_{ab}}{c_{zu}}\right] \cdot \left[1 - \left(\frac{c_{ab}}{c_{zu}}\right)^2\right] \tag{11.4}$$

Durch Differenzieren nach $(c_{ab}/c_{zu}) = \zeta$, der **Geschwindigkeitszahl,** und Nullsetzen (Extremwertbedingung) kann geprüft werden, ob die Funktion $P_{LT,th} = f(\zeta)$ ein Maximum aufweist:

$$\frac{dP_{LT,th}}{d\zeta} = \frac{1}{2} \cdot P_{Lu,P} \cdot \left[(1+\zeta) \cdot (-2+\zeta) + (1-\zeta^2)\right] \stackrel{!}{=} 0$$

Ausgewertet:

$$(1+\zeta) \cdot \left[-2 \cdot \zeta + (1-\zeta)\right] = 0$$

$$(1+\zeta) \cdot (1 - 3 \cdot \zeta) = 0$$

1. Lösung:

$$1 + \zeta = 0 \rightarrow \zeta = -1$$

unbrauchbar!

2. Lösung:

$$1 - 3 \cdot \zeta = 0 \rightarrow \zeta = \frac{1}{3}$$

also:

$$\zeta_{opt} = \left(\frac{c_{ab}}{c_{zu}}\right)_{opt} = \frac{1}{3} \tag{11.5}$$

Das bedeutet, der optimale Energieübertrag vom Wind auf das Laufrad erfolgt, wenn sich die Abströmgeschwindigkeit c_{ab} der Luft auf ⅓ ihrer Zuströmgeschwindigkeit c_{zu} vermindert. Zu bemerken ist, dass die Luft zum Abfördern vom Windrad ohnehin noch eine gewisse Strömungsgeschwindigkeit behalten muss, was damit gleichzeitig erfüllt ist.

Formel 11.5, die optimale Geschwindigkeitsabminderung, eingesetzt in Formel 11.4 gibt die **theoretisch maximale Windturbinenleistung:**

$$P_{\mathrm{LT,th,max}} = \frac{1}{2} \cdot P_{\mathrm{Lu,P}} \cdot \left[1 + \frac{1}{3}\right] \cdot \left[1 - \left(\frac{1}{3}\right)^2\right]$$

$$P_{\mathrm{LT,th,max}} = \frac{16}{27} \cdot P_{\mathrm{Lu,P}} \approx 0{,}6 \cdot P_{\mathrm{Lu,P}} \tag{11.6}$$

Das bedeutet nun, theoretisch können dem Wind etwa 60 % seiner Energie durch den Rotor entzogen werden. Daher mit dem **Rotorgütegrad $\eta_{R,g}$:**

Theoretischer Rotorwirkungsgrad $\eta_{R,g}$ = 0,6 auch als **Betz-Effizienz** oder **-Grad** bezeichnet. Tatsächlicher Rotorwirkungsgrad $\eta_R = \eta_{R,g} \cdot \eta_{R,th}$. Damit und mit dem effektiven Windturbinenwirkungsgrad η_e bzw. dem Wind- oder Luftturbinen-Wirkungsgrad $\eta_{LT} = \eta_e \cdot \eta_R$ ergibt sich die effektive Luftturbinenleistung:

$$P_{\mathrm{LT,e}} = \eta_{\mathrm{e}} \cdot P_{\mathrm{LT}} = \eta_{\mathrm{LT}} \cdot P_{\mathrm{LT,th}} \tag{11.7}$$

$$P_{\mathrm{LT,e,max}} = \eta_{\mathrm{LT}} \cdot P_{\mathrm{LT,th,max}} = \eta_{\mathrm{e}} \cdot \eta_{\mathrm{R}} \cdot P_{\mathrm{Lu,P}} \tag{11.8}$$

Richtwerte:

- $\eta_{R,g}$ = 0,8 - 0,96
- η_R = 0,48 - 0,58
- η_e = 0,5 - 0,9
- η_{LT} = 0,38 - 0,56

11.3.4 Axialkraft

Die Kraft, welche der Wind in axialer Richtung auf den Propeller ausübt, ergibt sich aus dem Impulssatz mit $A_P = D_P^2 \cdot \pi / 4$ und $c_p = (c_{zu} + c_{ab})/2$:

$$F_{\mathrm{ax}} = \dot{m}_{\mathrm{Lu,P}} \cdot \left(c_{\mathrm{zu}} - c_{\mathrm{ab}}\right) = \varrho_{\mathrm{Lu}} \cdot A_{\mathrm{P}} \cdot c_{\mathrm{p}} \cdot \left(c_{\mathrm{zu}} - c_{\mathrm{ab}}\right)$$

$$F_{\mathrm{ax}} = \varrho_{\mathrm{Lu}} \cdot A_{\mathrm{P}} \cdot \frac{1}{2} \cdot \left(c_{\mathrm{zu}} + c_{\mathrm{ab}}\right) \cdot \left(c_{\mathrm{zu}} - c_{\mathrm{ab}}\right)$$

$$F_{\mathrm{ax}} = \frac{\varrho_{\mathrm{Lu}}}{2} \cdot A_{\mathrm{P}} \cdot \left(c_{\mathrm{zu}}^2 - c_{\mathrm{ab}}^2\right) \tag{11.9}$$

Größtmögliche Axialkraft, angenähert bei $c_{ab} \approx 0$:

$$F_{\mathrm{ax,max}} \approx \frac{\varrho_{\mathrm{Lu}}}{2} \cdot A_{\mathrm{P}} \cdot c_{\mathrm{zu}}^2 \tag{11.10}$$

Im Falle größter Leistung $\left(c_{ab} = \frac{c_{zu}}{3}\right)$ beträgt die Axialkraft:

$$F_{ax,opt} = \frac{4}{9} \cdot \varrho_{Lu} \cdot A_P \cdot c_{zu}^2 \qquad (11.11)$$

Der Materialbedarf des Turmes, welcher den Windkonverter trägt, hängt außer von seiner Höhe (> Propellerradius) wesentlich von der maximalen Axialkraft $F_{ax,max}$ ab, die sich gemäß Formel 11.10 aus dem Produkt von Staudruck $q = \varrho_{Lu} \cdot c_{zu}^2/2$ und Propellerrotationsfläche A_P ergibt.

11.3.5 Kennwerte

Bei Windturbinen sind ergänzend zu Abschnitt 4.4.8.1 drei Kennzahlen gebräuchlich:

Geschwindigkeitsabminderungszahl:

$$\zeta = \frac{c_{ab}}{c_{zu}} \qquad (11.12)$$

Nach Formel 11.5

$$\zeta_{opt} = \frac{1}{3}$$

Leistungszahl:

$$C_P = \frac{P_{LT}}{P_{Lu,P}} \qquad (11.13)$$

In Abschnitt 4.4.8.1 mit k_P bezeichnet (Formel 4.108).

Aus Formel 11.6 $C_{P,th,max} = \eta_{R,th} = 0{,}6$

Aus Formel 11.8 $C_{P,e,max} = \eta_{R,th} \cdot \eta_{LT} \approx 0{,}23\text{–}0{,}34$

Schnelllaufzahl:

$$\lambda = \frac{u}{c_{zu}} \qquad (11.14)$$

Langsamläufer: $\lambda \leq 1{,}5$ bei Flügelzahl $z > 4$

Schnellläufer: $\lambda \geq 5$ mit Flügelzahl $z \geq 1$

11.3.6 Ausführungshinweise

Windrotoren werden wie Flugzeugpropeller (Propellertheorie, Abschnitt 11.3.7) mit hochwertigen Profilen berechnet sowie gestaltet und mit glas- oder kohlefaserverstärktem Kunststoff hergestellt.

Aus Regelzwecken - anpassen an Nutzleistung sowie wechselnde Windverhältnisse - und zur Sturmsicherung müssen Propellerflügel schwenkbar ausgeführt sein.

Anforderungen: Um einfachen Aufbau zu erreichen, sind notwendig:

- Freidrehende Axialräder mit wenigen Flügeln, d.h. ohne Randummantelung und Leitrad. Deshalb Reaktionsgrad $r = 1$. Die vom Windrad abströmende Luft weist Drall entgegengesetzt zur Raddrehrichtung auf, weil sonst gemäß Turbinengleichung (*Euler*) kein Drehmoment entstehen könnte.
- Propeller fliegend direkt auf Getriebe oder Generatorwelle angeordnet.
- Hohe Schnelllaufzahl ($\lambda = 5 - 20$) ergibt große Umfangsgeschwindigkeit (Drehzahl), wodurch Getriebeaufwand für Generatorantrieb niedrig. Geringere Schaufelflächen und Luftablenkung notwendig $\left(F_A = \zeta_A \cdot A_{Fl} \cdot w^2/2\right)$. Daher meist Propeller mit drei schlanken Blättern ausreichend. Nur bei Langsamläufern $\lambda \leq 1{,}5$ höhere Flügelzahl $z > 4$ erforderlich. Leistungsgewinn gegenüber Schnellläufern $\lambda \geq 5$ mit $z = 2 - 4$ (meist $z = 3$) steht dabei jedoch in keinem Verhältnis zum höheren Bauaufwand.
- Der gesamte Windkonverter muss, wie erwähnt, auf dem Turm (Ständer) drehbar angeordnet sein, um in die jeweilige Windrichtung geschwenkt werden zu können. Die Sturmsicherung erfolgt durch Verschwenken der Propellerflügel so in die Windrichtung, dass keine bzw. nur minimale Schaufelkraft auftritt (sog. Segelstellung), das ist je nach Flügelprofil mehr oder weniger dicht bei der Nullauftriebsstellung.

11.3.7 Vereinfachte Propellertheorie

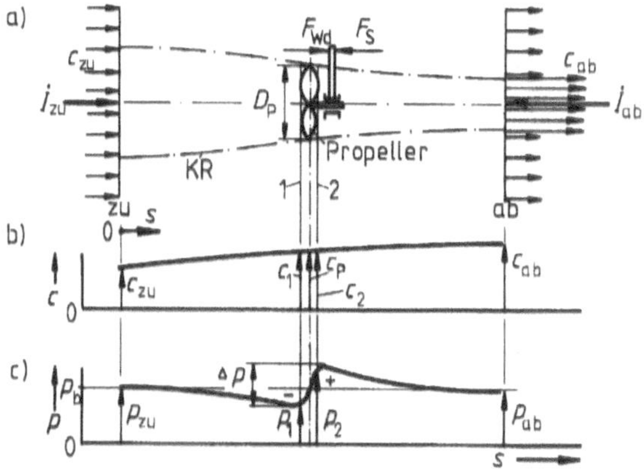

Bild 11.1
Propeller-Strömung (schematisch), der Kontrollraum (KR) umfasst die Stromröhre des vom Propeller erfassten Fluidstromes (Freistrahl),
a) Strombild (Propellerstrahl),
b) Geschwindigkeitsverteilung,
c) Druckverlauf

Der Impulssatz ermöglicht die Schubwirkung von Propellern anzugeben, ohne auf die Profil-, Flügelform und Flügelzahl einzugehen. Diese Betrachtungsweise wird daher auch als vereinfachte Propeller- oder Strahltheorie bezeichnet. Nach *Rankine* wird hierbei der Propeller wie bei Windturbinen als durchlässige Kreisscheibe mit gleichmäßiger Durchströmung sowie Druckverteilung (davor und danach) angesehen. Der Propeller saugt bei Drehung ständig Medium an, beschleunigt dieses und gibt es nach rückwärts mit höherer Geschwindigkeit ab. Dabei schnürt sich der vom Propeller beeinflusste Fluidstrom wegen der Kontinuitätsbedingung ein, allerdings bei schwach belasteten Propellern nur wenig. Wie erwähnt, wird das Medium gleichzeitig in Drehung versetzt. Werden Reibung, Dichteänderung und Rückwirkung der Propellerhalterung sowie Strahldrehung (Schraubenbewegung) vernachlässigt, ergibt der Impulssatz mithilfe von Bild 11.1:

$$\text{IS zu} - \text{ab} \rightarrow \sum F_s = 0$$

Ausgewertet ergibt:

$$\dot{I}_{zu} + F_{wd} - \dot{I}_{ab} = 0$$

Hieraus:

$$F_{Wd} = \dot{I}_{ab} - \dot{I}_{zu} = \dot{m}_{ab} \cdot c_{ab} - \dot{m}_{zu} \cdot c_{zu}$$

Mit

$$\dot{m}_{ab} = \dot{m}_{zu} = \dot{m}_P$$

$$\dot{V}_{ab} = \dot{V}_{zu} = \dot{V}_P \quad \text{da } \varrho \approx \text{konst, weil } p \approx \text{konst}$$

und $F_s = F_{Wd}$ (actio gleich reactio!)

wird

$$F_s = \dot{m}_P \cdot (c_{ab} - c_{zu}) = \varrho \cdot \dot{V}_P \cdot (c_{ab} - c_{zu}) \tag{11.15}$$

Mit der Strömungsgeschwindigkeit c_P in der radialen Propellermittenebene ist der Volumenstrom:

$$\dot{V}_P = c_P \cdot D_P^2 \cdot \pi/4$$

Eingesetzt in die Beziehung für den Propellerschub, Formel 11.15, ergibt

$$F_S = \varrho \cdot D_P^2 \cdot \frac{\pi}{4} \cdot c_P \cdot (c_{ab} - c_{zu}) = \varrho \cdot D_P^2 \cdot \frac{\pi}{4} \cdot c_P \cdot \Delta c \tag{11.16}$$

Dabei entspricht wieder die Zuströmgeschwindigkeit c_{zu} des Fluids gegebenenfalls der Fortbewegungsgeschwindigkeit w_f (Bild 4.67) des Propellers, also der Fahrgeschwindigkeit des Schiffes bzw. der Fluggeschwindigkeit des Flugzeuges, wenn Wasser- bzw. Windgeschwindigkeit vernachlässigt werden.

Wird, wie erwähnt, Reibungsfreiheit vorausgesetzt, ergibt andererseits die Energiegleichung (Abkürzung E) idealer Fluide mit Bild 11.1:

E zu-1, also vor dem Propeller (Zuströmseite):

$$\frac{p_{zu}}{\varrho} + \frac{c_{zu}^2}{2} = \frac{p_1}{\varrho} + \frac{c_1^2}{2} \quad (\text{da } z_{zu} = z_1 = 0)$$

E 2-ab, d. h. nach dem Propeller (Abströmseite):

$$\frac{p_2}{\varrho} + \frac{c_2^2}{2} = \frac{p_{ab}}{\varrho} + \frac{c_{ab}^2}{2} \quad (\text{weil } z_2 = z_{ab} = 0)$$

Infolge des Propeller-Freistrahles ist $p_{ab} = p_{zu}$.

Beide Energiegleichungen addiert:

$$\frac{p_2}{\varrho} + \frac{c_2^2}{2} + \frac{c_{zu}^2}{2} = \frac{p_1}{\varrho} + \frac{c_1^2}{2} + \frac{c_{ab}^2}{2}$$

Näherungsweise gesetzt $c_1 \approx c_2 \approx c_P$ ergibt:

$$\frac{p_2}{\varrho} + \frac{c_{zu}^2}{2} \approx \frac{p_1}{\varrho} + \frac{c_{ab}^2}{2}$$

Hieraus:

$$\Delta p = p_2 - p_1 \approx (c_{ab}^2 - c_{zu}^2) \cdot \frac{\varrho}{2} \tag{11.17}$$

Mit diesem sicher relativ kleinen Druckunterschied Δp zwischen Vorder- und Rückseite der Propellerrotationsfläche $A_P = D_P^2 \cdot \pi/4$ lässt sich der Propellerschub auch wie folgt darstellen:

$$F_S = \Delta p \cdot A_P = \frac{\varrho}{2} \cdot \left(c_{ab}^2 - c_{zu}^2\right) \cdot D_P^2 \cdot \frac{\pi}{4} \tag{11.18}$$

Aus Gleichsetzen von Formel 11.16 mit Formel 11.18:

$$\varrho \cdot D_P^2 \cdot \frac{\pi}{4} \cdot c_P \cdot \left(c_{ab} - c_{zu}\right) = \frac{\varrho}{2} \cdot \left(c_{ab}^2 - c_{zu}^2\right) \cdot D_P^2 \cdot \frac{\pi}{4}$$

$$c_P = \frac{c_{ab} + c_{zu}}{2} \tag{11.19}$$

Diese Beziehung wurde schon von *Froude* angegeben. Die Strahlgeschwindigkeit in Propellermitte ergibt sich als arithmetischer Mittelwert zwischen Zu- und Abströmgeschwindigkeit des Fluids. Der Propellerschub F_S auf das Produkt von Rotorfläche A_P und Staudruck der Anströmgeschwindigkeit c_{zu} bezogen, wird als **Belastungsgrad** oder **Schubbelastungsgrad** C_s bezeichnet:

$$C_S = \frac{F_S}{\varrho \cdot \frac{c_{zu}^2}{2} \cdot A_P} = \frac{\frac{\varrho}{2} \cdot \left(c_{ab}^2 - c_{zu}^2\right) \cdot D_P^2 \cdot \frac{\pi}{4}}{\varrho \cdot \frac{c_{zu}^2}{2} \cdot D_P^2 \cdot \frac{\pi}{4}}$$

$$C_S = \left(\frac{c_{ab}}{c_{zu}}\right)^2 - 1 \tag{11.20}$$

Mit dem Belastungsgrad stellt sich die Propellervortriebskraft gemäß Formel 11.18 wie folgt dar:

$$F_S = C_S \cdot \varrho \cdot A_P \cdot \frac{c_{zu}^2}{2} \tag{11.21}$$

Nach Froude ergibt sich der theoretische **Schub-, Strahl-, Vortriebs-, Propulsions-**[1] oder **Propeller-Wirkungsgrad** $\eta_{S,th}$ zu:

$$\eta_{S,th} = \frac{c_{zu}}{c_P} = \frac{2}{1 + \frac{c_{ab}}{c_{zu}}} \tag{11.22}$$

Mit dem Belastungsgrad C_S nach Formel 11.20 lässt sich Formel 11.22 umschreiben:

[1] Propulsion = Forttreiben

$$\eta_{S,th} = \frac{2}{C_S} \cdot \left(\sqrt{1+C_S} - 1\right) \tag{11.23}$$

Durch Reibungs- und Drallverluste wird der tatsächliche Propeller- oder Schubwirkungsgrad um den sog. Schubgütegrad $\eta_{S,g} \approx 0{,}8 - 0{,}9$ geringer

$$\eta_S = \eta_{S,th} \cdot \eta_{S,g} \tag{11.24}$$

Mit dem Geschwindigkeitsanstieg des Propellerstrahles $\Delta c = c_{ab} - c_{zu}$ und daraus umgestellt $c_{ab} = c_{zu} + \Delta c$ gilt für den Vortriebs- oder Schubwirkungsgrad:

$$\eta_{S,th} = \frac{2}{1 + \dfrac{c_{zu} + \Delta c}{c_{zu}}} = \frac{1}{1 + \dfrac{\Delta c}{2 \cdot c_{zu}}} \tag{11.25}$$

Die mittlere Zuströmgeschwindigkeit c_{zu} entspricht der Fortbewegungsgeschwindigkeit c_{Fort} des Flugzeuges oder Schiffes, wenn Eigengeschwindigkeit des umgebenden Fluids vernachlässigt wird, bzw. der Luftgeschwindigkeit der Zuströmung zur Windturbine.

11.3.8 Kennzahlen

Neben dem Belastungsgrad sind bei Propellern des Weiteren folgende Kennzahlen üblich:

Spezifische Drehzahl: $n_y = 0{,}9 - 3{,}0$

Fortschrittsgrad: $\lambda = c_{Fort}/u$

Völligkeitsgrad: $\varphi = z_P \cdot A_{St}/A_P$

mit

z_P	Flügelzahl des Propellers
A_{St}	Blatt-Stirnfläche eines Flügels
A_P	Propellerkreisfläche

Durch höhere Flügelzahl z_P oder breitere Blätter lässt sich der Völligkeitsgrad erhöhen. Dadurch steigt der Schub, während der Wirkungsgrad zurückgeht. Auf die ebenfalls angewendeten Kennwerte Schub-, Drehmoment- und Leistungszahl soll nicht eingegangen werden. Mithilfe der Kennzahlen lassen sich aufgrund von Versuchsreichen die Hauptdaten von Propellern ermitteln.

11.3.9 Zusammenfassung der Einflüsse bei Windturbinen

Energierücklaufzeit: Dies ist die energetische Amortisationszeit, also die Zeit, die vergeht, bis ein Kraftwerk genau so viel Energie gewonnen hat, wie notwendig ist zu dessen Produktion, Transport, Montage. Diese Zeit beträgt bei Windkraftanlagen derzeit noch ca. 6 bis 12 Monate.

Geräuscherzeugung: Die von Windturbinenanlagen verursachten Geräusche - hauptsächlich Windgeräusche durch Turbulenzen - betragen ca. 100 dB bei Windgeschwindigkeiten von etwa 10 m/s. Im Abstand von 500 m von der Anlage fällt der Geräuschpegel dann unter 50 dB ab.

Gestaltung: Nach den Regeln von Propellern (Abschnitt 11.3.7).

Drehzahl: Windturbinen arbeiten optimal, d. h. mit bestem Wirkungsgrad, wenn der Wind stoßfrei auf die Rotorblätter trifft, also zu dieser relativ tangential zuströmt. Drehzahl und/oder Rotorblattstellung sind deshalb an die Größe der Windgeschwindigkeit bzw. Richtung des Windes anzupassen.

Regelungsarten: Unterschieden wird zwischen Stall- und Picht-Regelung. Bei nicht verstellbaren Rotorblättern ist nur die Stall-Regelung (stall = überziehen) möglich, d. h., Strömungsabriss an den Flügeln begrenzt die Drehzahl des Rotors. Die Rotorflügel werden weit über den konstruktiven Maximal-Anstellwinkel von ca. 15° betrieben. Dann reißt die Strömung jedoch ab, d. h., sie löst sich von den Profilrückseiten ab, wodurch die Drehkraft sinkt. Wegen der Nachteile - schwankende Flügelbelastung (Schwingungen) und Geräusche - wird die konstruktiv einfache Regelung (keine Verstelleinrichtung der Flügel notwendig) nur noch bei kleineren Anlagen bis ca. 500 kW Leistung verwendet.

Schwenkbar angeordnete Rotorflügel ermöglichen die Pitch-Regelung (pitch = anstellen). Die Rotorblätter werden ohne Eintrittsstoß der Windströmung gemäß Auslegungsbereich des Blattprofils vom sog. Nullauftrieb bis zum Maximalauftrieb (Anstellwinkelbereich etwa -5° - +15°) betrieben. Durch die vorhandenen Stellmotoren werden die Anstellwinkel der relativen Anströmungsrichtung des Windes zum rotierenden Flügelprofil der Generatorlast angepasst. Die Frequenz (Drehzahl) kann durch Pitch-Regelung, Getriebe, Gleichstromumrichter mit Leistungsthyristoren (auch bei Stall-Regelung) konstant gehalten werden und ist mit dem vom Elektrizitätsnetz geforderten in Einklang zu bringen.

Betriebsgrenzen: Ab 3 - 4 m/s Windgeschwindigkeit schaltet sich die Windkraftanlage automatisch ein, da erst dann genügend Ertrag, d. h. mehr Leistung als Verlustleistung infolge Reibung der Bauteile zur Verfügung steht. Ab Windgeschwindigkeiten von mehr als 25 - 35 m/s wird die Anlage abgeschaltet, um Schäden wegen mechanischer Überlastung zu vermeiden. Pitch-geregelte Anlagen drehen dazu die Rotorflügel in Segelstellung, d. h. in den Wind (Nullauftriebs-Anstellrichtung), genannt Trudelbetrieb. Stallgeregelte Anlagen werden in den Wind gedreht,

d. h., die Achse des Rotors wird senkrecht zur Windrichtung gebracht und durch die vorhandene Bremse stillgesetzt.

Umwelteinwirkungen: Zu beachten sind vor allem (ohne Wertung):

- Geräusche,
- Vogelschlag,
- Verbrauch und „Verspargeln" der Landschaft,
- Schattenwurf, also Helligkeitsschwankungen durch die Flügelblätter der Rotoren,
- Diskoeffekt infolge periodischer schwankender Lichtreflexionen durch die sich drehenden Rotorblätter, vor allem, wenn diese glänzende und deshalb spiegelnde Oberflächen aufweisen,
- Frequenzstörungen, z. B. des Rundfunkbetriebes (Interferenzen).

12 Energiespeicherung

Den größten Energiespeicher stellt die Natur mit ihren verschiedenen Primärenergieträgern dar. Die Technik gewinnt in Umwandlungsprozessen aus den Primärenergien die verschiedenen Sekundärenergieformen und führt diese den Verbrauchern als Nutzenergie zu. Die Bedeutung der Speicherung von Sekundärenergie liegt darin, die direkte Abhängigkeit vom Umwandlungsprozess aufzuheben. Heute finden die Energiespeicher vielfältige Anwendung in der Technik.

Speicherung von mechanischer Energie

- Speicherung von potenzieller Energie durch Wasserförderung auf Höhe (Abschnitt 6.1),
- Speicherung von Druckenergie durch Gasförderung auf Druck,
- Speicherung von potenzieller Energie in gespannter Feder,
- Speicherung von kinetischer Energie
  a) in rollenden Fahrzeugen,
  b) im Schwungrad.

Speicherung von thermischer Energie

- in Warmwasserspeichern (Nachtstromtherme),
- in Dampfspeichern,
- in Regeneratoren, z. B. kontinuierlich arbeitende Regenerativ-Luftvorwärmer der Bauart Ljungström an fossil beheizten Dampferzeugern (Abschnitt 7.1.1.1), bei denen Speicherbleche sektorenweise achsparallel in einer flachen, zylindrischen Trommel angeordnet sind, die zur Hälfte von Luft, zur anderen Hälfte vom Rauchgas durchflossen wird und durch langsame Drehung die gespeicherte Wärme von der Rauchgasseite auf die Luftseite mitnimmt, oder z. B. keramische Nachtstrom-Wärmespeicher.

Speicherung von chemischer Energie

- in Akkumulatoren (auch nur als Akku oder Batterie bezeichnet).

Eine direkte Speicherung von elektrischer Energie ist in sehr großen Mengen nach den heutigen Erkenntnissen der Technik nur aufwendig und begrenzt möglich. Um elektrische Energie speichern zu können, ist der Umweg über eine andere Energieform notwendig, wobei gewährleistet sein muss, dass der Speicher die Energie auch wieder als elektrischen Strom abgeben kann. Hierfür eignen sich

- bei kleinen Energiebeträgen der schon erwähnte Akkumulator,
- bei größeren Energiebeträgen das Pumpspeicherkraftwerk (Abschnitt 6.2).

Außer den Möglichkeiten der Energiedirektspeicherung ist es auch noch möglich, die Energieträger zu speichern. Unterschieden werden Kurzzeitspeicher und Langzeitspeicher.

Kurzzeitspeicher enthalten i. Allg. einen Tagesvorrat, z. B. Kohlenbunker, Gasbehälter, Öltanks in Kraftwerken oder Warmwasserspeicher in Wohnungen. Auch die Speicher von Latentenergie, das ist Schmelzwärme von Kristallen (Chloride, Hydrate, Fluoride), sind Kurzzeitspeicher. Latentspeicher halten im Sommer tagsüber die Raumtemperatur niedrig, indem sie Raumwärme aufnehmen, die nachts an die Umgebung, z. B. durch die Dachhaut, abgestrahlt wird. Im Winter wird die Abstrahlung unterbunden. Die tagsüber gespeicherte Wärme entlastet die Heizung.

Als **Langzeitspeicher** sind Speicherseen mit wärmedämmenden Wänden und Boden denkbar, deren Wasseroberfläche mit isolierter Kunststofffolie abgedeckt werden kann. Die Seen werden im Sommer mit Sonnenwärme auf 65 – 95 °C aufgeheizt und geben die gespeicherte Wärme im Winter an die Fernheizung ab. Langzeitspeicher sind aber auch die Halden für Kohle, Stahlblechtanks oder Kunststoffspeicherblasen, ja sogar Kavernen im Erdboden für Heizöl und Behälter, Kavernen oder Porenspeicher für Gase. Des Weiteren sind durch Staumauern gebildete Speicherseen, die Regen- und Schmelzwasser für Kraftwerke sammeln, wichtig.

12.1 Fluidspeicherung

Die eingesetzten Druckbehälter sind zugleich Fluidmengen- und Energiespeicher und dienen verschiedentlich aber auch zur Dämpfung von Druckschwankungen infolge schneller Geschwindigkeitsänderungen. Bei Flüssigkeits- und Gasbehältern steht die Fluidspeicherung im Vordergrund, bei Druckbehältern die Energiespeicherung.

Die Aufgaben von Druckbehältern sind somit

- Fluidspeicherung,
- Energiespeicherung,
- Dämpfungseinrichtung (Stöße, Schwingungen).

Das Behältervolumen wird durch die notwendige Speichermenge und die zugelassenen Druckschwankungen bestimmt.

Flüssigkeitsspeicherung (Bild 12.1):

V_B		Behältervolumen
V_{Fl}		Flüssigkeitsvolumen
ΔV	=	$V_{Fl,max} - V_{Fl,min}$ Speichervolumen
V_G	=	$V_B - V_{Fl}$ Gaspolstervolumen

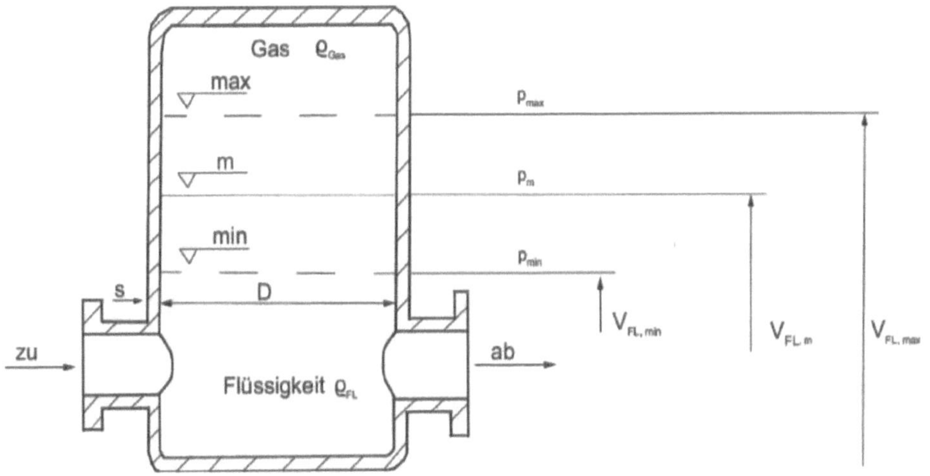

Bild 12.1 Behälter mit Eintragungen (Prinzipdarstellung)

Festlegung: Die Temperatur *t* des Gaspolsters bleibt während des Lade-, bzw. Entladevorgangs näherungsweise konstant - als zulässige Annahme, da der Vorgang meist relativ langsam abläuft, so dass Zeit zum Temperaturausgleich besteht. Dann gilt für das Gaspolster (nach Boyle-Mariotte):

$$p_{Ga} \cdot V_{Ga} = \text{konst.}$$

$$p_{max} \cdot V_{Ga,min} = p_{min} \cdot V_{Ga,max}$$

mit

$$V_{Ga,max} = V_{Ga,min} + \Delta V$$

$$V_{Ga,min} = V_B - \Delta V$$

$$p_{\max} = p_{\min} + \Delta p$$

$$(p_{\min} + \Delta p) \cdot V_{\mathrm{Ga,min}} = p_{\min}\left(V_{\mathrm{Ga,min}} + \Delta V\right)$$

$$\frac{p_{\min} + \Delta p}{p_{\min}} = \frac{V_{\mathrm{Ga,min}} + \Delta V}{V_{\mathrm{Ga,min}}}$$

$$\frac{\Delta p}{p_{\min}} = \frac{\Delta V}{V_{\mathrm{Ga,min}}} = \frac{\Delta V}{V_{\mathrm{B}} - V_{\mathrm{Fl,max}}}$$

$$V_{\mathrm{B}} = V_{\mathrm{Fl,max}} + \Delta V \cdot \frac{p_{\min}}{\Delta p} \qquad (12.1)$$

Gasspeicherung (analog Bild 12.1):

Der Unterschied gegenüber der Flüssigkeitsspeicherung ist, dass sich die Gasmasse *m* ändert (wegen Druckänderung).

Wird die Temperatur wieder näherungsweise als ungefähr konstant angenommen gilt nach Boyle-Mariotte:

$$p_{\max} \cdot v_{\max} = p_{\min} \cdot v_{\min}$$

mit $v = V_B/m$ folgt

$$p_{\max} \cdot V_{\mathrm{B}}/m_{\max} = p_{\min} \cdot V_{\mathrm{B}}/m_{\min}$$

$$\frac{m_{\max}}{m_{\min}} = \frac{p_{\max}}{p_{\min}}$$

$$\frac{m_{\min} + \Delta m}{m_{\min}} = \frac{p_{\min} + \Delta p}{p_{\min}}$$

$$\Delta m = \frac{\Delta p}{p_{\min}} \cdot m_{\min}$$

Auslegung: Die Festigkeitsberechnung (Wanddicke s) erfolgt wie bei Rohrleitungen mit der sog. **Kesselformel:**

$$s = (p_{\max} \cdot D)/(2 \cdot \sigma_{\mathrm{zul}})$$

Diese gilt nur genügend genau für eine sog. dünnwandige Ausführung.

Bei den Behälterböden (bombiert) sind wegen der Biegebeanspruchung und den meist eingeschweißten Rohren zusätzliche Überlegungen notwendig (Finite Elemente-Berechnung).

■ 12.2 Stromspeicheranlagen

Die Umsetzung der Energiewende erfordert neben dem Ausbau der Energieerzeugungsanlagen für erneuerbare Energien (EEA) auch Anlagen zur Stromspeicherung, weil die Stromerzeugung aus Windkraft und Photovoltaik als den leistungsstärksten Stromerzeugern aus EEA wetterabhängig, tageszeitlich und jahreszeitlich sehr volatil ist. Die ebenfalls zu den Energieerzeugungsanlagen für erneuerbare Energien gehörenden Wasserkraftanlagen und Biomassekraftanlagen sind dauerlastfähige Stromerzeuger mit gesicherten Leistungen, allerdings ist ihr Anteil an der gesamten Stromerzeugung relativ gering und auch nicht wesentlich steigerbar.

Die Leistungsdifferenz der gesamten EEA zu einem momentan höheren Stromverbrauch wird als positive Residuallast bezeichnet und muss von den konventionellen Kraftwerken und ggf. zusätzlich durch Stromimport aus Nachbarstaaten in das Versorgungsnetz geliefert werden. Bei Leistungsüberschuss der EEA und somit negativer Residuallast kann in begrenztem Umfang Strom über die Netzkuppelstellen in Nachbarstaaten geliefert werden.

Dieser Zusammenhang wird sich durch die Umsetzung der Energiewende mit dem Hauptziel der Reduzierung der CO_2-Emission aus fossilen Brennstoffen und dem damit erforderlichen starken Zubau von Windkraftanlagen und Photovoltaikanlagen sehr herausfordernd auswirken. Die installierte Leistung der Windkraftanlagen und der Photovoltaikanlagen müssen bis zum Jahr 2030 gegenüber dem Jahr 2021 zur Erreichung der Emissionsminderungsziele mindestens verdoppelt werden. Erwartungsgemäß wird der Stromverbrauch in diesem Zeitraum durch industriellen Bedarf, elektrisch getriebene Wärmepumpen, E-Mobilität usw. ansteigen.

Die große Schwankungsbreite des Anteils der EEA an der Stromerzeugung in Deutschland geht aus dem Vergleich der Netzsituationen in Bild 12.2 und in Bild 12.4 hervor, es wird ein 3-Tageszeitraum mit sonnigem und windreichem Wetter einem windarmem und trübem 3-Tageszeitraum gegenübergestellt.

Die Auswirkung der Verdoppelung der installierten Leistung der Windkraft- und Photovoltaikanlagen bei sonnigem und windigem Wetter zeigt der Vergleich der Strommarktdaten der Bundesnetzagentur in Bild 12.2 mit der Simulation in Bild 12.3.

Die Simulation basiert auf der Annahme gleicher Wetterbedingungen im Jahr 2030 wie in dem Vergleichszeitraum des Jahres 2021. Die installierte Leistung der Windkraft- und Photovoltaikanlagen wurde gegenüber 2021 verdoppelt, die Erzeugung aus Biomasse und Wasserkraft wurde gleich belassen, der Stromverbrauch im Jahr 2030 wurde um 20% gegenüber 2021 erhöht.

Die derart in Bild 12.3 simulierte Netzsituation mit der zeitweilig sehr großen negativen Residuallast ist ohne weitere Maßnahmen völlig unbeherrschbar, es muss entweder zeitweilig EEA-Leistung stark abgeregelt werden oder es muss ein Teil der überschüssigen elektrischen Arbeit in geeigneter Weise eingespeichert werden.

Das Abregeln der überschüssigen elektrischen EEA-Arbeit verursacht in jedem Fall einen Fehlbetrag in dem angestrebten jährlichen Strommix.

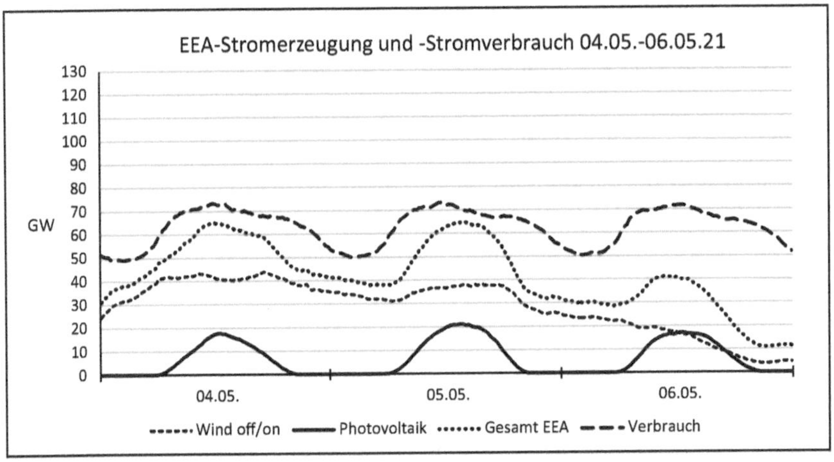

Bild 12.2 EEA-Stromerzeugung bei sonnigem und windigem Wetter [BNA]

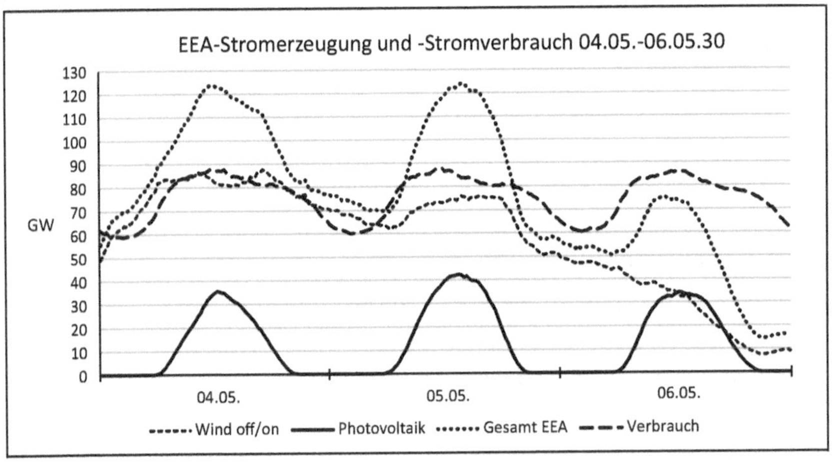

Bild 12.3 Simulation der Stromerzeugung und des Verbrauchs

Die Auswirkung der Verdoppelung der installierten Leistung der Windkraft- und Photovoltaikanlagen an einigen Tagen mit Windflaute zeigt der Vergleich der Strommarktdaten der Bundesnetzagentur in Bild 12.4 mit der darauf basierenden Simulation in Bild 12.5. Es ist ersichtlich, dass sich bei dieser Wetterlage auch bei

Verdoppelung der Stromerzeugung aus Windkraft und Photovoltaik ein sehr großer, zeitweilig sogar erhöhter Anteil an Residuallast ergibt, weil die Verdoppelung der Windkraft und Photovoltaik bei dieser Wetterlage den um 20% höheren Stromverbrauch nicht kompensiert. Die Leistung von Windkraftanlagen wird von der Windgeschwindigkeit in der dritten Potenz bestimmt und nimmt dadurch stark mit fallender Windgeschwindigkeit ab, siehe Kapitel 11. In den Herbstmonaten mit tiefem Sonnenstand und oft trüben Wetter ist die Einspeisung der Photovoltaikanlagen relativ gering und kurz im Tagesablauf.

Die überschüssige elektrische Energie, aus der in Bild 12.3 dargestellten simulierten Netzsituation könnte bei verfügbaren geeigneten Stromspeichern in der simulierten Netzsituation in Bild 12.5 eingesetzt werden. Der Einsatz fossiler Primärenergieträger zur Erzeugung der Residuallast könnte reduziert werden.

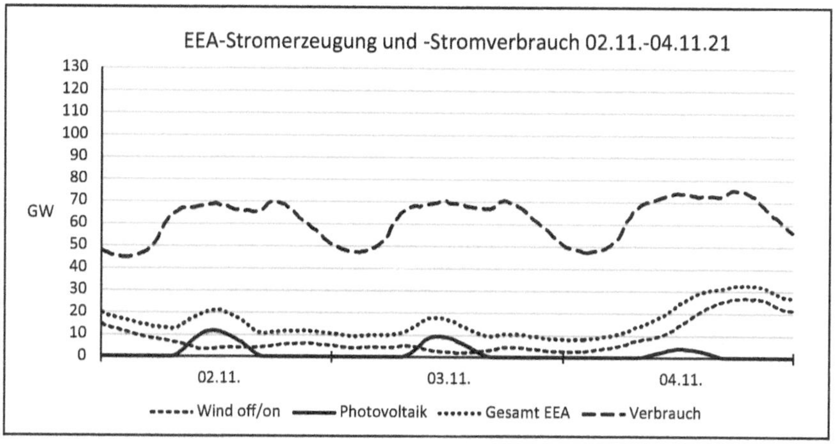

Bild 12.4 EEA-Stromerzeugung bei Windflaute [BNA]

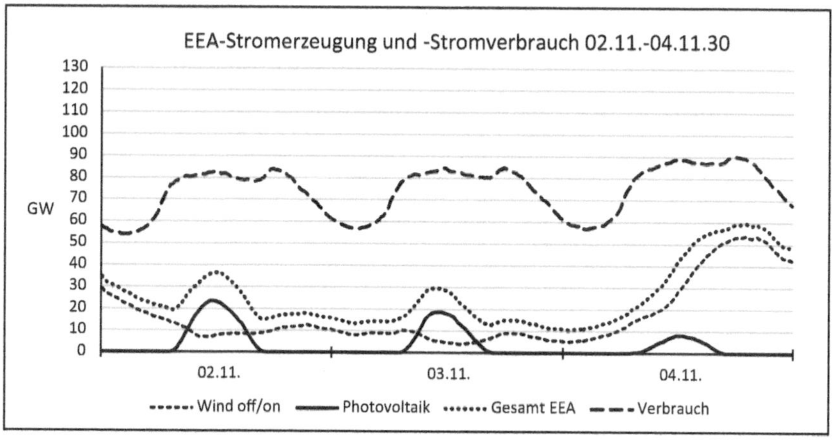

Bild 12.5 Simulation der Stromerzeugung und des Stromverbrauchs

Der Vergleich von Bild 12.4 mit Bild 12.5 zeigt, dass sich z.B. am Abend des 03.11.2030 nach Abklingen der Photovoltaik auch bei erfolgter Verdoppelung der installierten Leistung der Windkraftanlagen eine sogar vergrößerte Residuallast, als der Differenz des Stromverbrauchs zur EEA-Leistung, von ca. 70 000 MW ergibt.

Die in Bild 12.2 bis Bild 12.5 dargestellten Situationen im Versorgungsnetz lassen die Nützlichkeit und Notwendigkeit von großen und leistungsfähigen Stromspeicheranlagen bei der technischen Umsetzung der Energiewende unmittelbar erkennen.

Es ist klar ersichtlich, dass die installierte Leistung der deutschen Pumpspeicherkraftwerke von ca. P_{ges} = 9000 MW und deren Kapazität von einigen Stunden bei Weitem nicht ausreichen, um die große Volatilität der Stromerzeugung aus Windkraft und Photovoltaik über mehrere Tage zu kompensieren.

12.2.1 Anforderungen an Stromspeicher

Die gewünschten technischen Eigenschaften der Stromspeicheranlagen lassen sich vereinfacht in drei wesentlichen Punkten zusammenfassen:

- hohe Leistung bei dem Ein- und Ausspeichern der elektrischen Energie, um den Änderungsgeschwindigkeiten der Residuallast im Idealfall folgen zu können,
- große Kapazität zur Aufnahme möglichst hoher Energiebeträge,
- geringe Energieverluste über längere Zeiträume, auch bei der Einspeicherung und Rückverstromung.

Je weitgehender die obigen Eigenschaften verwirklicht werden können, umso weiter kann die durchschnittliche Residuallast der fossilen Kraftwerke bei dem weiter fortschreitenden Ausbau der Windkraft und der Photovoltaik verringert werden.

Wie bei allen technischen Anlagen spielen die Investitionskosten und die Betriebskosten eine wesentliche Rolle bei der Entscheidung zur Realisierung von Projekten. Es wird nach Kurzzeit- und Langzeitspeichern unterschieden.

Die langfristig wünschenswerte Speicherleistung und Speicherkapazität bei der weiteren Umsetzung der Energiewende sind mindestens um den Faktor 5 – 8 größer als die gesamte installierte Speicherleistung und Speicherkapazität der deutschen Pumpspeicherkraftwerke.

12.2.2 Wasserstoff als Speichermedium

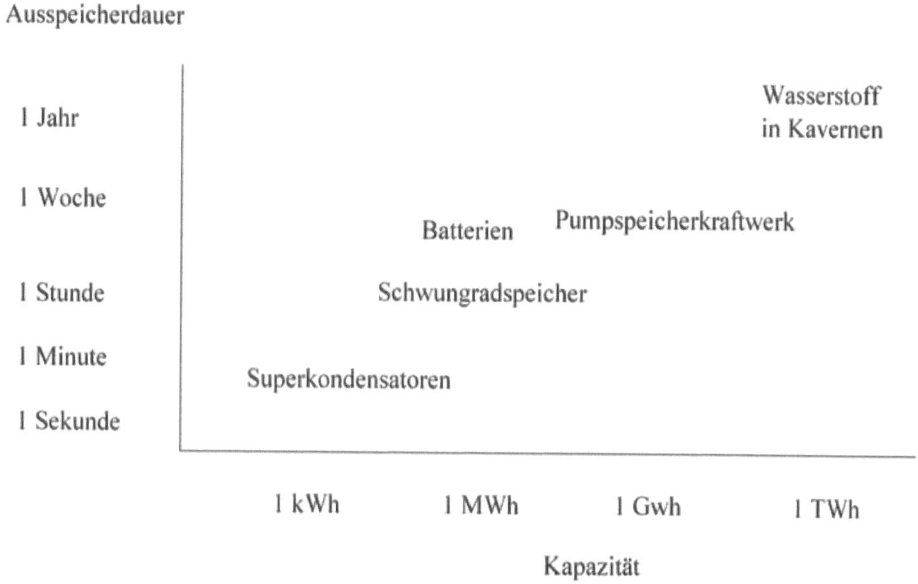

Bild 12.6 Anwendungsbereiche von Stromspeichern

Als Speichermedium in der Elektrizitätswirtschaft bei der weiteren Umsetzung der Energiewende kann nach aktueller Auffassung nur Wasserstoff H_2 großtechnisch sinnvoll zum Einsatz kommen (Bild 12.6). Wasserstoff ist kein natürlich vorkommender Primärenergieträger, sondern er muss hergestellt werden.

- Wasserstoff kann durch Wasserelektrolyse direkt aus Elektrizität und natürlichem Wasser gewonnen werden.
- Als Brenngas in Gasturbinen, Gasmotoren oder in Brennstoffzellen erzeugt Wasserstoff keine Treibhausgase, sondern nur Wasser in flüssiger oder dampfförmiger Phase.
- Der gravimetrische, d. h. auf die Masse bezogene H_2-Heizwert ist sehr hoch, der volumetrische, d. h. auf das Volumen bezogene Heizwert ist relativ gering.
- Wasserstoff kann in Drucktanks oder in untertägigen Kavernen mit mehreren 100 000 m^3 geometrischem Volumen unter hohem Druck gespeichert werden. In begrenzter Konzentration kann Wasserstoff zur Speicherung und zum direkten Verbrauch in das vorhandene Erdgasnetz eingemischt werden.
- Zur Erhöhung der Energiedichte für den Transport über große Entfernungen kann Wasserstoff verflüssigt werden oder chemisch, z. B. in Ammoniak eingebunden werden.

Wasserstoff ist ein sehr leichtes Gas, was an dem hohen Wert seiner speziellen Gaskonstante R erkennbar ist.

Dichte von H_2 im Normzustand p_n = 1,01325 bar, t_n = 0 °C

$$\rho_{H_2} = \frac{m}{V} = \frac{p}{R \cdot T} = \frac{10^5 \frac{N}{m^2}}{4125 \frac{Nm}{kg \cdot K} \cdot 273\,K} = 0{,}089 \frac{kg}{m^3} \tag{12.2}$$

Zum Vergleich Luft im Normzustand

$$\rho_{Luft} = \frac{10^5 \frac{N}{m^2}}{287 \frac{Nm}{kg \cdot K} \cdot 273\,K} = 1{,}28 \frac{kg}{m^3} \tag{12.3}$$

Bei der Berechnung der Zustandsgrößen von Wasserstoff unter hohem Druck ab ca. $p > 160$ bar, z. B. in Druckspeichern, kann die obige Gleichung des idealen Gases wegen zunehmender Ungenauigkeit nicht mehr sinnvoll ohne Einfügen eines Realgasfaktors angewendet werden.

Die volumenbezogene Energiedichte des Wasserstoffs H_2 liegt bei ca. einem Drittel des Methans CH_4 als dem Hauptbestandteil der Erdgase.

12.2.3 Wasserstoffgewinnung, Speicherung, Rückverstromung

Die effizienteste Nutzung des durch EEA erzeugten Stromes ergibt sich bei dem direkten zeitgleichen Verbrauch. Die Speicherung sehr großer Beträge zeitweilig überschüssiger elektrischer Energie zum späteren Verbrauch ist mit deutlichen Verlusten verbunden, jedoch im Zuge der weiteren Umsetzung der Energiewende notwendig.

Die Umformung elektrischer Energie in chemische Energie kann durch die Zerlegung von Wassermolekülen in H_2- und O_2-Moleküle mittels einer Elektrolyse erfolgen. Es existieren mehrere Elektrolyseverfahren mit leicht unterschiedlichen Wirkungsgraden um η_{EL} = 0,7 und auch unterschiedlichen Eigenschaften hinsichtlich der Fähigkeit zu schnellen Leistungsänderungen.

Zu dem konstruktiven Aufbau und zu den verfahrenstechnischen Eigenschaften der verschiedenen Bauarten von Elektrolyseuren wird auf das weiterführende Schrifttum verwiesen.

Die Einspeicherung von in EEA erzeugtem Strom und die Rückverstromung in einem Gas- und Dampfturbinenkraftwerk gliedert sich in mehrere Schritte (Bild 12.7).

1. Umwandlung elektrischer Energie nach Transformation und Gleichrichtung in chemisch umwandelbare Energie durch Erzeugung von Wasserstoff durch

Wasserelektrolyse in Elektrolyseuren. Es fällt Verlustenergie in Form von Wärme an.

2. Kompression und Einspeicherung des erzeugten Wasserstoffs in geeigneten großvolumigen Speichern (Kavernen). Während der Kompression muss das Gas gekühlt werden.
3. Entnahme von gespeichertem Wasserstoff aus dem Druckspeicher. Während der Druck-absenkung steigt die Gastemperatur geringfügig (negativer Joule-Thomson-Effekt).
4. Einsatz des Wasserstoffs als Brenngas zur Stromerzeugung.

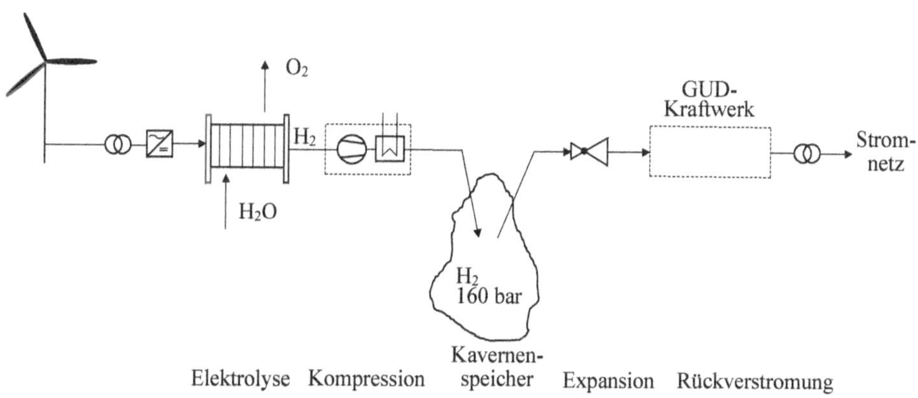

Bild 12.7 Stromspeicherung

Die energetische Analyse der Schritte 1 bis 4 unter den Randbedingungen $\eta_{EL} = 0{,}7$, Speicherdruck $p_2 = 160$ bar und dem Gesamtwirkungsgrad der GUD-Anlage $\eta_{GUD} = 0{,}58$ zeigt erhebliche Verluste entlang der Umwandlungskette. Es wird die Umwandlung der einer Elektrolyse zugeführten elektrischen Energie von $W_1 = 1$ MWh überschlägig betrachtet.

Wasserstoff:

- $R = 4125$ J/(kg · K),
- molare Masse $M = 2{,}016$ kg/kmol,
- unterer molarer Heizwert $H_{um} = 241{,}8$ MJ/kmol.

1. Reaktionsgleichung der Elektrolyse

$$H_2O \rightarrow H_2 + \frac{1}{2} O_2 \qquad \Delta H = +285{,}9 \frac{\text{MJ}}{\text{kmol}} \tag{12.4}$$

mit ΔH = endotherme Reaktionsenthalpie (oberer molarer Heizwert, molarer Brennwert)

Es entsteht die H_2-Stoffmenge n gemäß der Bilanz

$$n \cdot \Delta H = W_1 \cdot \eta_{EL} \tag{12.5}$$

$$n = \frac{W_1 \cdot \eta_{EL}}{\Delta H} = \frac{1\ \text{MWh} \cdot 0{,}7}{285{,}9\ \frac{\text{MJ}}{\text{kmol}}} = \frac{3600\ \text{MJ} \cdot 0{,}7}{285{,}9\ \frac{\text{MJ}}{\text{kmol}}} = 8{,}81\ \text{kmol}$$

und die Abwärme der Elektrolyse

$$Q_{EL} = W_1 \cdot (1 - \eta_{EL}) = 1\ \text{MWh} \cdot (1 - 0{,}7) = 0{,}3\ \text{MWh}$$

Es müssen 8,81 kmol (158,6 kg) Wasser bei der Elektrolyse eingesetzt werden.

2. Kompression

Die vereinfachend als isotherm angenommene Kompression des aus der Elektrolyse kommenden Gases mit der Temperatur t_1 = 50 °C und dem Druck von ca. p_1 = 1 bar abs. erfordert die mechanische Antriebsarbeit W_{Komp} der zwischengekühlten Kompressoren, die das Gas mit dem Wirkungsgrad η_{Komp} = 0,7 auf den Speicherdruck p_2 = 160 bar verdichten.

$$W_{Komp} = \frac{1}{\eta_{Komp}} \cdot m \cdot R \cdot T_1 \cdot \ln \frac{p_1}{p_2} = \frac{1}{\eta_{Komp}} \cdot n \cdot M \cdot R \cdot T_1 \cdot \ln \frac{p_1}{p_2} \tag{12.6}$$

$$W_{Komp} = \frac{1}{0{,}7} \cdot 8{,}81\ \text{kmol} \cdot 2{,}016\ \frac{\text{kg}}{\text{kmol}} \cdot 4125\ \frac{\text{Nm}}{\text{kg} \cdot \text{K}} \cdot 323\ \text{K} \cdot \ln \frac{1\ \text{bar}}{160\ \text{bar}} = -171{,}6 \cdot 10^6\ \text{Nm}$$

$$W_{Komp} = -171{,}6 \cdot 10^6\ \text{Nm} \cdot \frac{\text{MWh}}{10^6 \cdot 3600\ \text{Nm}} = 0{,}0477\ \text{MWh}$$

Abwärme der isothermen Kompression

$$Q_{Komp} = W_{Komp} = 0{,}0477\ \text{MWh}$$

3. Expansion

Bei der Entnahme aus dem Druckspeicher durch Drosselarmaturen (isenthalpe Expansion) steigt die Temperatur des Wasserstoffs etwas an. Im Gegensatz zur Entspannung von z. B. Erdgas aus Druckspeichern ist keine Aufheizung des Wasserstoffs erforderlich (negativer Joule-Thomson-Effekt).

4. Rückverstromung

Bei der Rückverstromung des elektrolytisch erzeugten Wasserstoffs kann die elektrische Arbeit W_2 zurückgewonnen werden.

$$W_2 = n \cdot H_{um} \cdot \eta_{GUD} \tag{12.7}$$

$$W_2 = 8{,}81\ \text{kmol} \cdot 241{,}8\ \frac{\text{MJ}}{\text{kmol}} \cdot 0{,}58 = 1235\ \text{MJ} = 0{,}343\ \text{MWh}$$

Nach Abzug der bei der Einspeicherung eingesetzten Kompressionsarbeit W_{Komp} ergibt sich die nutzbare elektrische Arbeit W_{elnutz}.

$$W_{\text{elnutz}} = 0{,}343\ \text{MWh} - 0{,}0477\ \text{MWh} = \ 0{,}296\ \text{MWh}$$

Der Wirkungsgrad dieser Umwandlungskette ist mit ca. $\eta_{\text{ges}} = 0{,}3$ enttäuschend gering, er kann jedoch bei Steigerung der Einzelwirkungsgrade der Elektrolyse, der Kompression zur Einspeicherung, und der Rückverstromung etwas verbessert werden.

Anstelle der einfachen Drosselung zur Entspannung des eingespeicherten Gases kann der Gesamtwirkungsgrad bei Einsatz einer Gasentspannungsturbine ggf. zusätzlich verbessert werden, allerdings mit erheblichem anlagentechnischen Aufwand.

Weiterführendes Schrifttum (Auswahl)

Grundlagenliteratur

Baehr: Thermodynamik. Berlin, Springer Verlag 2009

Bohn/Bitterlich: Handbuchreihe Energie, Band 1, Grundlagen der Energie- und Kraftwerkstechnik. Gräfelfing, Resch-Verlag 1982

Böswirth: Technische Strömungslehre. Wiesbaden, Vieweg Verlag 2009

Cerbe/Wilhelms: Technische Thermodynamik. München, Carl Hanser Verlag 2021

Doering/Schedwill/Dehli: Grundlagen der Technischen Thermodynamik. Stuttgart, Teubner Verlag 2008

Dubbel: Taschenbuch für den Maschinenbau. Berlin, Springer Verlag 2014

Hahne: Technische Thermodynamik. München, Oldenbourg Verlag 2004

Junge: Einführung in die Technische Strömungslehre. München, Carl Hanser Verlag 2015

Langeheinecke/Jany/Sapper: Thermodynamik für Ingenieure. Wiesbaden, Vieweg Verlag 2008

Schmidt: Wasserstofftechnik. München, Carl Hanser Verlag 2022

Siekmann/Thamsen: Strömungslehre für den Maschinenbau. Berlin, Springer Verlag 2008

Sigloch: Technische Fluidmechanik. Berlin, Springer Verlag 2009

VDI-Gesellschaft Energietechnik: Energietechnische Arbeitsmappe. Berlin, Springer Verlag 2000

Maschinen, Turbinen, Anlagen und Kraftwerke

Allelein: Kernkraftwerke, Kap. 5 aus *Zahoransky*: Energietechnik. Wiesbaden, Springer Verlag 2015

Bitterlich/Ausmeier/Lohmann: Gasturbinen und Gasturbinenanlagen. Stuttgart, Teubner Verlag 2002

BNA: Strommarktdaten der Bundesnetzagentur www.smard.de, Bundesnetzagentur | SMARD.de

Bohl/Elmendorf: Strömungsmaschinen 1. Würzburg, Vogel Verlag 2004

Bräunling: Flugzeugtriebwerke. Berlin, Springer Verlag 2009

Doležal: Kombinierte Gas- und Dampfkraftwerke. Berlin, Springer Verlag 2000

Grohe/Russ: Otto- und Dieselmotoren, Arbeitsweise, Aufbau und Berechnung von Zweitakt- und Viertakt-Verbrennungsmotoren. Würzburg, Vogel Verlag 2015

Gülich: Kreiselpumpen. Berlin, Springer Verlag 2004

Hofmann: Hybridfahrzeuge, ein alternatives Antriebssystem für die Zukunft. Heidelberg, Springer Verlag 2014

Karle: Elektromobilität, Grundlagen und Praxis. München, Carl Hanser Verlag 2022

Klement: Hybridfahrzeuge, Getriebetechnologie an Beispielen. München, Carl Hanser Verlag 2017

Kurek: Nutzfahrzeug-Dieselmotoren. München, Carl Hanser Verlag 2006

Lechner/Seume: Stationäre Gasturbinen. Berlin, Springer Verlag 2009

Menny: Strömungsmaschinen. Stuttgart, Teubner Verlag 2006

Reif: Basiswissen Hybrid-Antriebe und alternative Kraftstoffe, Heidelberg, Springer Verlag 2018

Reif: Kraftfahrzeug-Hybrid-Antriebe. Heidelberg, Springer Verlag 2012

Sigloch: Strömungsmaschinen. München, Carl Hanser Verlag 2021

Todsen: Verbrennungsmotoren. München, Carl Hanser Verlag 2017

Toschöke: Die Elektrifizierung des Antriebsstrangs. Heidelberg, Springer Verlag 2015

Wagner: Kreiselpumpen und Kreiselpumpenanlagen. Würzburg, Vogel Verlag 2006

Zirn: Elektrifizierung in der Fahrzeugtechnik, Grundlagen und Anwendungen. München, Carl Hanser Verlag 2017

Umwelttechnik/Umweltschutz

Bank: Basiswissen Umwelttechnik. Würzburg, Vogel Verlag 2006

Fessmann/Orth: Angewandte Chemie und Umwelttechnik für Ingenieure. Landsberg, Verlag ecomed 2002

Häberle: Umwelttechnik für Schule und Beruf. Haan-Gruiten, Europa Lehrmittelverlag 2001

Quaschning: Erneuerbare Energien und Klimaschutz. München, Carl Hanser Verlag 2021

Quaschning: Regenerative Energiesysteme. München, Carl Hanser Verlag 2021

Schwister: Umwelttechnik. München, Carl Hanser Verlag 2023

Sterner/Stadler: Energiespeicher. Springer Vieweg 2017

Index

N

O

P

Q

R

S

T

Z